KB268190

가메출판사

예제로 배우는
C 프로그래밍

김동근 저

예제로 배우는 C 프로그래밍

259개의 예제 프로그램으로 C 언어 프로그래밍 학습

C99 표준 지원

Visual Studio 2015 사용

Dev C++ 5.11 사용

- 좋은 책 · 알찬 내용 -
가메출판사

C 언어는 1972년에 AT&T Bell 연구소에서 어셈블리언어로 작성된 유닉스 운영체제를 고급 언어로 변경하기 위해, 데니스 리치(Dennis Ritchie)에 의해 개발된 고급 프로그래밍 언어입니다. C 언어는 ALGOL(1960년), CPL(1963), BCPL(1967), B 언어(1970) 등의 영향을 받은 대표적인 구조화 프로그래밍 언어(structured programming language)입니다. 1980년대 중반에 객체지향언어(object oriented programming language) 시대를 연 C++ 언어는 C 언어에 클래스(class)를 추가하고 발전시킨 언어입니다. C 언어는 이후의 많은 언어에 영향을 끼친 중요한 언어로 국내외 대학의 컴퓨터 관련 학과에서 가장 먼저 배우는 언어입니다.

C 언어는 간결한 표현, 빠른 실행속도, 하드웨어 제어 가능, 이식의 편이성, 유닉스 보급 확대, ANSI와 ISO에 의한 지속적인 표준화(C89, C99, C11) 등의 다양한 이유로 임베디드 소프트웨어, 각종 전자기기의 펌웨어, 마이크로 컨트롤러(인텔의 8051, Atmel 사의 AVR, TI의 MCU, 아두이노(Arduino)), 디지털 신호처리(DSP) 등의 하드웨어 제어, 로봇제어, 시스템 프로그래밍, 수치계산, 게임 프로그래밍, 그래픽 프로그래밍, 데이터베이스 프로그래밍, 네트워크 프로그래밍 등 컴퓨터 관련 모든 분야에서 지금도 폭넓게 사용되고 있습니다.

이 책의 구조는 다음과 같습니다.
1장에서 컴퓨터와 프로그래밍 언어, C 언어 프로그래밍 과정, C 언어 기본 프로그램, Visual C++ 컴파일러 사용 등 C 언어의 기초에 대하여 설명합니다. 2장에서 11장까지 C 언어의 기본 문법에 대하여 설명합니다. 2장은 C 언어의 자료형, 상수, 변수, 표준 입출력, 연산자와 수식, 3장은 if, switch, for, while 등의 프로그램 흐름을 제어하는 분기문과 반복문, 4장은 배열, 5장은 포인터, 6장은 함수, 7장은 표준 라이브러리 함수, 8장은 변수의 유효범위와 기억클래스, 9장은 구조체와 공용체, 10장은 파일 입출력, 11장은 전처리에 대하여 간단한 예제를 사용하여 설명합니다. 12장은 좀 더 복잡한 수치계산, 자료구조, 파일처리, 성적 데이터처리, 비트맵, 유니코드 등의 응용 예제 프로그램을 설명합니다. 마지막으로 13장은 오픈 소스인 DEV C++ 5.11의 설치, 프로그램작성, 컴파일 방법, C99, C11 표준 설정, 한글처리 방법을 설명합니다.

이 책의 모든 예제는 32비트 윈도우즈 운영체제에서 C99 표준을 지원하는 Visual Studio 2015(VS2015, v14)에 포함된 Visual C++(MSVC) 컴파일러를 사용하여 C 언어 응용 프로그램을 작성하고, 실행 파일을 빌드하였습니다. 또한 13장에서 DEV C++ 5.11을 사용할 경우 오류가 발생하는 예제를 해결하는 방법을 설명하였습니다.

이 책의 1장부터 11장까지는 C 언어의 기본 문법 설명에 집중하였으며, C99 표준을 따르는 VS2015를 기준으로 설명하였습니다. 또한, 한글에 대한 콘솔 출력 부분을 자세히 다루었으며, 12장은 기본 문법을 학습한 이후에 참고할 수 있도록 수치계산, 자료구조, 파일처리, 비트맵, 유니코드 등 다양한 응용 예제를 추가하였습니다. C 언어의 기본 문법 학습 또는 대학 강의를 위해서는 1장부터 11장까지의 내용을 학습하면 충분하며, 12장은 추가적으로 공부하거나 필요할 때 찾아서 선택적으로 참고하면 좋을 것입니다.

이 책은 쉽게 이해할 수 있는 간단한 예제를 포함하고 있습니다. 이러한 예제를 사용하여 C 언어의 기본 문법과 간단한 문제를 C 언어로 표현하는 방법을 설명하고 있습니다. C 언어의 문법을 완벽히 암기해야 주어진 문제를 해결하는 것은 아니지만, 주어진 문제를 C 언어로 구현할 때 C 언어의 문법을 이해하는 것은 필수입니다.

이 책을 학습하고 난 다음은 단순한 기능을 갖는 프로그램부터 작성해가며 모르는 문법이 있을 때는 교재를 찾아보고, 웹에서 검색해보고, 친구, 선배, 선생님에게 질문도 해가면서 자신의 프로그램을 완성해 가면 실력향상과 더불어 성취감도 느끼게 될 것입니다. 컴퓨터 프로그래밍 언어도 외국어를 배울 때처럼 어느 정도의 학습시간이 필요합니다. 프로그램을 많이 작성해서 컴퓨터와 대화해보고, 다른 사람이 작성한 프로그램을 읽어보고, 이해하고, 자신의 것으로 변경해 보는 훈련을 꾸준히 하면 C 언어 프로그래밍 언어를 빠른 시간에 배우게 될 것입니다. 이 책에서도 연결리스트, 정렬, 탐색, 트리 등의 간단한 자료구조를 소개하고 있지만, 자료구조, 알고리즘, 프로그래밍 패턴 등의 교재를 학습하면 여러분의 프로그래밍 능력 향상에 도움이 될 것입니다.

필자는 대학 4학년 때 처음 C 언어 문법을 공부하였으며, 대학원에 들어가서야 C 언어 프로그래밍을 본격적으로 작성하였으며, 현재는 C, C++, Python을 주로 사용하고, 학생들에게 가르치고 있습니다. 이 책의 처음 집필 의도는 애정이 있는 이전 교재가 절판된 아쉬움도 있고, C 언어와 C++를 함께 소개하고 있어 프로그래밍 언어를 처음 배우는 학생들에게 어렵게 구성되어 있다는 독자로부터 지적도 받아서, 이전 교재의 C 언어 부분을 간략히 발췌하여 얇은 교재를 작성하려 하였으나, 집필하면서 내용이 추가되어 분량이 늘어나게 되었습니다. 여러 권의 교재를 집필하면서 항상 느끼는 점이지만, 이번 C 언어 교재를 집필하면서도 많은 시간을 컴퓨터 앞에 앉아서 예제를 작성하고, 설명을 붙이면서 필자 자신도 새롭게 추가된 C 언어 표준을 포함하여 많은 공부가 되었습니다. 이 책을 공부하는 독자 여러분도 여러분 자신의 문제를 응용 프로그램으로 구현할 수 있기를 기대합니다.

끝으로, 책 출판에 수고하신 가메출판사의 담당자 여러분께 감사드리며, 독자 여러분의 C 프로그래밍 공부에 많은 도움이 되길 바랍니다.

필자 김동근

Contents

CHAPTER 01 C 언어 기초

CHAPTER 02 자료형, 상수, 변수, 연산자, 수식

CHAPTER 03 분기문과 반복문

CHAPTER 04 배열

CHAPTER 05 포인터

CHAPTER 06 함수

CHAPTER 07 표준 라이브러리 함수

CHAPTER 08 변수의 유효 범위와 기억 클래스

CHAPTER 09 구조체와 공용체

CHAPTER 10 파일 입출력

CHAPTER 11 전처리

CHAPTER 13   DEV C++ 컴파일러

C 언어 기초

CHAPTER 01

01 컴퓨터와 프로그래밍 언어

컴퓨터는 우리가 살아가는데 선택이 아닌 필수품이 되었다. 가정, 학교, 은행, 공장, 회사 등 모든 곳에서 컴퓨터 없이는 일을 할 수가 없다. 많은 사람들이 PC 또는 노트북 컴퓨터를 가지고 있으며, 가정, 직장 등 어디서나 PC를 사용할 수 있다. 또한 손에 들고 다니는 스마트폰은 그 자체로 완전한 컴퓨터이다.

컴퓨터는 물리적 기계장치인 하드웨어(hardware)와 소프트웨어(software)로 구성된다. 하드웨어는 중앙처리장치(CPU), 기억장치(memory), 입출력장치 및 주변장치 등으로 구성되어 있다. 기술의 발전으로 더 빠르고(high speed), 더 작은(small size) 하드웨어가 저가(low cost)로 보급되고 있다.

소프트웨어는 컴퓨터 하드웨어에서 동작하는 다양한 컴퓨터 프로그램을 통칭하는 용어이다. 소프트웨어는 운영체제(operating system), 컴파일러(compiler) 같은 시스템 소프트웨어(system software)와 사용자(user)가 작성하는 응용 소프트웨어(application software)인 앱(app)으로 구분한다.

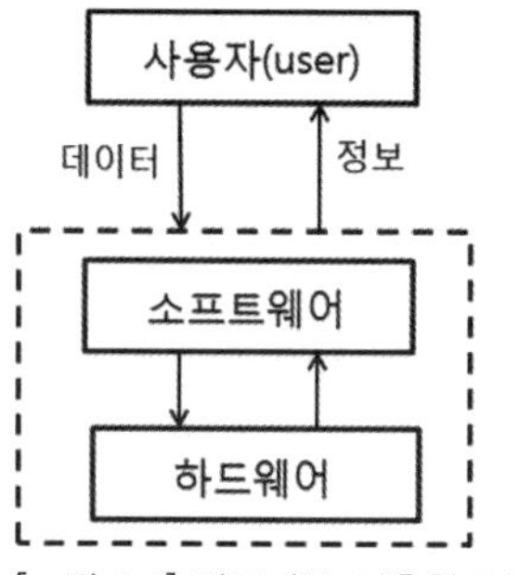

[그림 1.1] 컴퓨터를 이용한 정보처리

[그림 1.1]은 컴퓨터를 이용한 일반적인 정보처리의 개념이다. 컴퓨터를 이용하여 원하는 정보를 얻는 과정은 사용자가 입력한 데이터 또는 네트워크를 통해 관리되는 데이터를 이용하여 프로그램(소프트웨어)으로 컴퓨터(하드웨어)에 작업을 수행시켜, 결과(정보)를 사용자가 얻게 된다.

사용자는 프로그램(소프트웨어)을 사용하여 컴퓨터와 대화를 하면서 원하는 작업한다. 사용자가 원하는 정보를 얻기 위해서는 적절한 성능의 하드웨어를 갖는 컴퓨터가 있어야 하고, 데이터도 중요하며, 프로그램(소프트웨어)은 더 없이 중요하다. 데이터는 "쓰레기를 넣으면 쓰레기가 나온다(garbage-in garbage-out)"고 할 수 있을 만큼 중요하다. 같은 데이터에서, 프로그램(소프트웨어)을 어떤 목적으로 어떻게 작성하였는지에 따라 정보의 종류와 질이 차이가 나며, 같은 컴퓨터 하드웨어에서, 프로그램(소프트웨어)에 따라 컴퓨터가 하는 일이 달라진다.

최근 들어 인공지능(Artificial Intelligence)과 빅 데이터(Big Data)가 큰 이슈이다. 인간의 사고 능력과 유사하게 일을 수행하는 인공지능과 다양한 디지털 기기로부터 실시간으로 생성되는 방대한 빅 데이터처리에서 소프트웨어는 절대적이다. 컴퓨터에서 소프트웨어의 중요성은 아무리 강조해도 지나치지 않다.

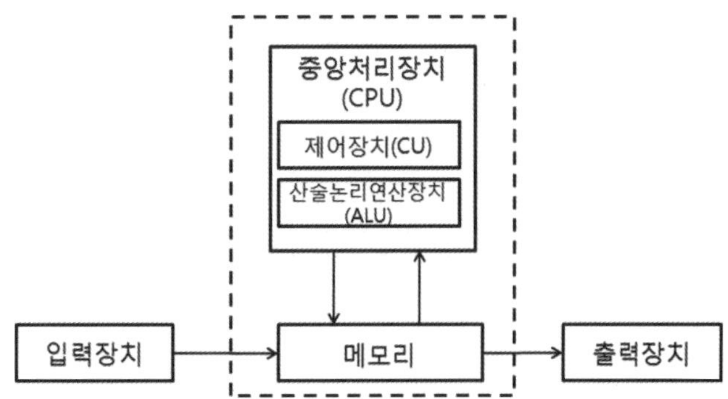

[그림 1.2] 프로그램 내장형 컴퓨터 개념

영국의 수학자 찰스 배비지(Charles Babbage)는 19세기 초에 입력장치(input device), 처리장치(processing device), 출력장치(output device)로 구성된 기계식 컴퓨터 개념을 구상했다. 현재 우리가 사용하는 2진법 체계의 디지털 컴퓨터는 2차 세계대전 중인 1940년대 초에 발명되었다. 초기의 디지털 컴퓨터들은 특정 기능을 수행하는 하나의 프로그램만을 수행할 수 있도록 설계되어 다양한 작업을 수행할 수 없었다. [그림 1.2]는 1940년대 말에 폰노이만(Von Neumann)에 의한 프로그램 내장형 컴퓨터(stored program computer) 개념으로 프로그램과 데이터를 모두 메모리에 적재(load)하여 실행하는 방법이다.

현재 우리가 사용하는 모든 컴퓨터는 외장 메모리(하드디스크, SSD)에 설치된 운영체제 프로그램을 주기억장치(main memory, RAM)에 적재하는 부팅을 하고, 운영체제 프로그램이 주기억장치에 상주하면서, 컴퓨터의 하드웨어와 모든 소프트웨어를 통제한다. 사용자가 작성한 응용 프로그램도 운영체제에 의해 주기억장치에 적재되어 실행된다.

우리가 사용하는 컴퓨터를 폰노이만형 컴퓨터라 한다(폰노이만은 헝가리에서 태어나 2차 세계대전 중에 미국으로 건너가 수학, 양자역학, 통계학, 게임이론 등 다양한 분야에 업적을 남겼으며, 알고리즘과 계산 개념을 튜링 기계라는 수학적 추상 모델로 형식화하여 컴퓨터 과학, 인공지능의 발전에 공헌한 앨런 튜링(Alan Turing)의 박사학위 지도교수이다. wikipedia 참조).

프로그램 내장형 컴퓨터 구조는 컴퓨터 하드웨어 변경 없이, 프로그램(소프트웨어)에 의해 컴퓨터가 수행하는 작업이 결정되는 장점을 갖는다. 즉, 컴퓨터가 모든 분야에서 각각의 목적에 맞게 프로그램(소프트웨어)을 작성하여 사용할 수 있는 범용 컴퓨터가 되었다.

일상용어에서 프로그램(program)은 '진행', '순서', '계획' 등을 의미한다. 컴퓨터 분야에서도 유사한 의미로 프로그램 용어를 사용한다. 좀 더 구체적으로 정의하면, 컴퓨터 프로그램은 컴퓨터의 중앙처리장치(CPU)가 이해하는 명령어(instruction)를 처리되는 순서로 나열한 명령어들의 집합이다. 각 중앙처리장치는 자신이 이해할 수 있는 명령어의 집합(instruction set)을 가지고 있다. 컴퓨터에서 프로그래밍(programming)은 프로그램을 하는 행위, 즉 프로그램을 작성하는 것을 의미한다.

프로그래밍 언어(programming language)는 프로그램을 작성하는데 사용하는 언어이다. 우리가 사용하는 자연어(natural language)는 사람과 사람 사이의 의사소통 수단이며, 컴퓨터 프로그래밍 언어는 사람이 컴퓨터와 의사소통하는 수단이다. 즉, 우리는 프로그래밍 언어로 컴퓨터에 작업을 지시한다. [그림 1.3]은 명령어, 프로그램, 패키지, 소프트웨어 사이의 포함관계이다.

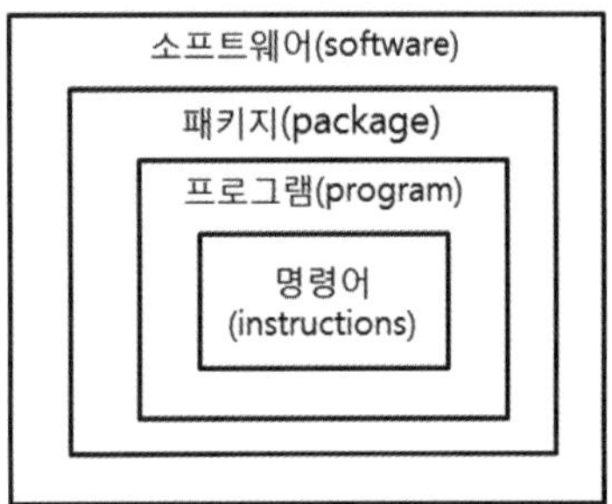

[그림 1.3] 명령어, 프로그램, 패키지, 소프트웨어

컴퓨터가 발명된 초창기에는 사람이 직접 컴퓨터가 이해하는 명령어를 나열해서 프로그램을 작성하여 컴퓨터와 의사소통을 했다. 이러한 프로그래밍 언어를 기계어(machine language)라 한다. 0과 1로 구성된 이진법을 사용하는 컴퓨터 명령어로 프로그램을 작성하는 것은 10진수와 문자를 사용하는 우리에게는 매우 어려운 일이다. 이러한 단점을 해결하기 위해 나타난 언어가 어셈블리 언어(assembly language)이다.

어셈블리 언어는 0과 1로 구성된 명령어를 영어 단어에 대응시켜, 훨씬 편하게 프로그래밍을 할 수 있는 환경을 제공한다. 그러나 단어 중심의 어셈블리 프로그램은 컴퓨터가 이해하는 기계어로 번역하는 소프트웨어인 어셈블러(assembler)가 필요하다. 기계어와 어셈블리 언어는 명령어 집합과 직접 관련이 있기 때문에 저급 언어(low-level language) 또는 기계 중심 언어라 한다.

우리는 문장(statement) 중심으로 의사소통을 한다. 문장 중심 언어를 고급 언어(high-level language) 또는 인간 중심 언어라 한다. 고급 언어는 영어 문장을 간단하게 추상화(abstraction)해서 표현하여 사람인 사용자가 프로그램을 작성하기가 훨씬 쉽다. 고급 언어로 작성된 프로그램은 기계어로 번역하는 과정이 필요하다. 고급 언어를 번역하는 방식에 따라 인터프리터 언어(interpreter language)와 컴파일러 언어(compiler language)로 구분된다.

인터프리터 언어는 한 행씩 번역하여 실행하는 방식으로 베이직(BASIC), 파이썬(Python), LISP, Prolog, 자바 스크립트(JAVA Script) 등 각종 스크립트 언어가 있다. 컴파일러 언어는 프로그램 소스 파일 전체를 한꺼번에 번역하고 실행하는 방식으로 FORTRAN, C, C++, JAVA 등이 있다. 일반적으로 인터프리터 언어는 융통성(flexibility)에 장점이 있고, 컴파일 언어는 실행 속도(speed)에 장점이 있다.

우리가 사용하는 언어처럼, 많은 프로그래밍 언어도 생겨났다가 유행에 따라 사라지기도 한다. [그림 1.4]는 대표적인 프로그래밍 언어의 간략한 시대적 흐름이다. 포트란(FORmular TRANslation)은 수치계산용으로 개발된 언어로 포트란 77, 90, 2003 등으로 발전해 왔다. 코볼(Common Business Oriented Language)은 데이터 처리를 위해 개발된 언어로 프로그램 언어의 흐름에 맞춰서 변화하고 있으나 현재는 포트란과 함께 사용자가 많이 감소된 상태이다.

[그림 1.4]는 프로그래밍 언어 발전 단계를 간략히 나타낸다. 1960년대 초에 많이 사용하던 고급 언어인 포트란과 코볼에서 문장의 흐름을 결정하는데 중요한 GOTO 문장으로 발생하는 스파게티 논리(spaghetti logic)를 해결하려는 움직임으로 나타난 프로그래밍 패러다임(paradigm)이 구조적 프로그래밍(structured programming)이다. ALGOL, PASCAL, C 언어 같은 구조적 프로그래밍 언어는 가능하면 GOTO 문장을 사용하자 않고, 순차적인 문장, 분기문(if, switch), 반복문(for, while) 만으로 프로그램을 작성한다. 이러한 패러다임이 1980년대에 C 언어에 SIMULA 언어의 클래스 개념을 추가하여 발전시킨 C++의 등장으로 현재는 객체지향 언어 시대이다.

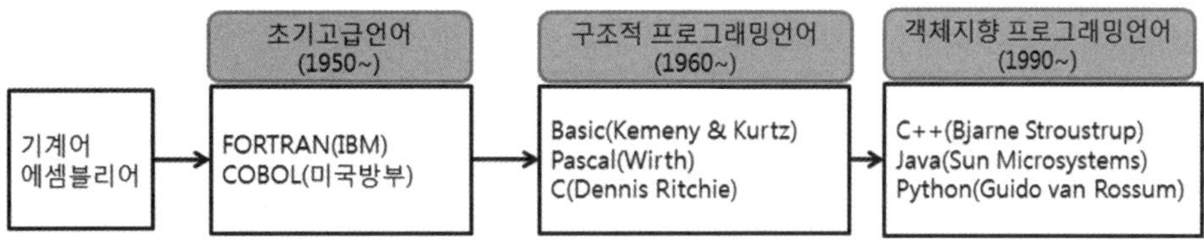

[그림 1.4] 프로그래밍 언어 발전 단계

02 언어의 개발 배경 및 특징

C 언어는 데니스 리치(Dennis Ritchie, 1941–2011)가 개발한 고급 프로그래밍 언어이다. C 언어는 처음에는 유닉스(UNIX) 운영체제를 개발하기 위해 만들어진 언어였다. 유닉스의 첫 번째 버전은 1969년 AT&T Bell 연구소의 켄 톰슨(Ken Thompson)이 이끄는 연구진에 의에 개발되었다. 이후, 멀틱스(MULTICS) 운영체제 개발팀에 속했던 데니스 리치가 켄 톰슨의 팀에 참여하여 새로운 버전의 유닉스를 개발하게 되었으며, 어셈블리 언어로 작성된 유닉스를 C 언어로 다시 작성하였다.

C 언어는 ALGOL(1960년), 캠브리지의 CPL(1963), 마틴 리처드의 BCPL(1967), 켄 톰슨의 B언어(1970) 등의 영향을 받았다. 초기에는 브라이언 커니핸(Brian kernighan)과 데니스 리치가 저술한 "The C Programming Language"(Prentice Hall, 1978)에 소개된 내용이 표준(K&R C)이었다. [표 1.1]은 C 언어 주요 표준화 버전이다. ANSI(American National Standards Institute)에서 1983년부터 표준화를 진행하여 1989년에 C 언어 표준(ANSI C, C89)을 제정하고, 국제표준화 기구 ISO(International Organization for Standardization)에서 1999년에 C99, 2011년에 C11로 C 언어 표준을 개정했다. 표준화가 진행 되며 C++의 기능 중 일부가 추가 되었다.

표 1.1 C 언어 주요 표준

C 언어 표준	년도	설명
C89(C90)	1989	ANSI가 1983년부터 표준화를 시작, 1989년에 제정한 ANSI C ISO가 1990년에 ISO ANS C를 표준(즉, C89, C90은 같음)
C99	1999	인라인 함수, 라인 주석(//), 변수 선언 위치 등 C++의 특징을 추가
C11	2011	다중 스레드, 유니코드 지원 개선, 복소수 매크로 추가 등

C 언어는 시스템 프로그래밍(운영체제, 디바이스 드라이버, 임베디드 시스템 개발 등), 수치 데이터 처리, 게임 개발, 데이터베이스, 보안, 네트워크 프로그래밍 등 다양한 용도로 사용할 수 있는 범용 언어이며, 구조적 프로그래밍 언어에 속한다. 대학의 컴퓨터공학, 전자공학 등 IT 관련 전공에서 필수적으로 배우는 언어이다. 다음은 C 언어의 특징을 간단히 정리한 것이다.

① 시스템 프로그래밍 언어이며 범용 언어이다.
② 뛰어난 이식성(portability)으로, 다양한 플랫폼에서 C 언어를 지원한다.
③ 함수(function) 기반 언어이다.
④ 블록 구조(block structure) 언어이다.

⑤ 포인터를 사용하여 메모리 주소에 접근가능하다.

⑥ 자료형과 연산자가 하드웨어와 직접 관련이 있어서, 실행 속도가 빠르다.

⑦ 포인터, 구조체, typedef 등 다양한 자료형과 연산자로 표현력이 뛰어나다.

⑧ 입출력, 메모리 할당, 문자열 처리 함수를 갖는 표준 실행시간 라이브러리를 지원한다.

03 C/C++ 컴파일러

C++는 1980년 AT&T Bell 연구소의 비아네 스트로스트룹(Bjarne Stroustrup)이 개발한 C 언어의 발전된 형태이다. 1985년 첫 상용 컴파일러가 발표되었고, 일반인들은 1990년대에 들어서 본격적으로 사용하였다. C 언어에 SIMULA 67의 클래스(class) 개념을 추가하여, 초창기에는 "C with class"로 불렸고, 1983년에 릭 매시티(Rick Mascitti)의 제안으로 C++로 부르게 되었다.

C++는 객체지향 언어이다. 객체(object)를 추상화하여 표현하는 클래스(class)를 지원하고, 가상함수(virtual function), 다형성(polymorphism), 템플릿(template), 연산자 중복(operator overloading) 등 C 언어에서 지원하지 않는 새로운 기능을 지원한다. C++는 ISO에 의해 2011년에 C++11, 2014년에 C++14 표준이 제정되었다.

C 언어 컴파일러가 있어야 C 언어로 작성된 프로그램을 번역하여 컴퓨터가 실행할 수 있는 파일을 생성할 수 있다. 대부분의 C++ 컴파일러는 C 언어 컴파일러를 포함하고 있다. [그림 1.5]와 같이 소스 프로그램 파일의 확장자를 통해 C 언어와 C++ 언어를 구분한다. C 언어 파일은 *.c이고, C++ 파일은 *.cpp이다.

컴파일러 역시 소프트웨어이므로 운영체제 플랫폼에 의존한다. 윈도우즈 환경에서 우리가 사용할 수 있는 다양한 C/C++ 컴파일러가 있다. 대표적으로 공개 소프트웨어인 GNU의 GCC와 마이크로소프트의 비주얼 스튜디오(VS)에 있는 비주얼 C++이다. 이 책은 C 언어 표준 버전에 따른 차이점 등의 자세한 내용은 생략하고, C 언어 기본 문법을 설명한다.

이 책의 예제는 비주얼 스튜디오 2015(VS2015, v14)의 Visual C++(MSVC) 컴파일러(cl.exe)를 사용하여 C 언어 프로그램을 설명한다. VS2015는 C99 표준을 완벽지원 한다.

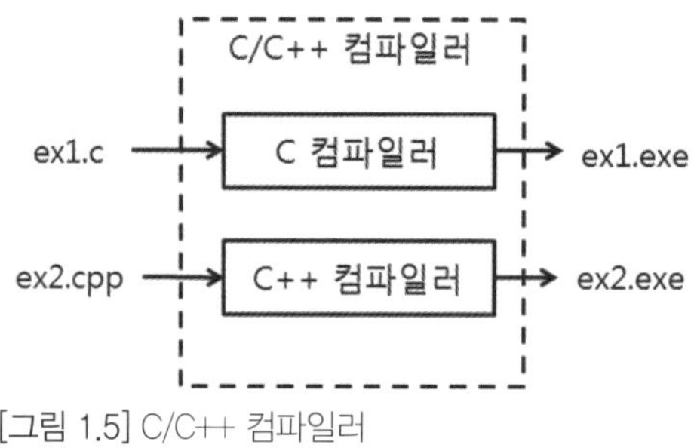

[그림 1.5] C/C++ 컴파일러

04 C 언어 프로그래밍 과정

[그림 1.6]은 C 언어 프로그래밍 과정을 설명한다. 컴퓨터를 이용하여 해결하고자 하는 문제(problem)를 분석하여, 문제 해결을 위한 알고리즘을 설계하고, 편집기로 알고리즘을 C 언어 문법에 맞게 기술하여 프로그램을 작성한다. 이렇게 작성된 C 언어 프로그램을 컴파일러로 번역한다. 컴파일과정 중에 오류(error)가 있으면 수정하여 다시 번역하고, 오류가 없으면 번역된 파일을 실행한다. C 언어는 컴파일 언어이기 때문에 오류가 있으면 실행 파일이 생성되지 않는다.

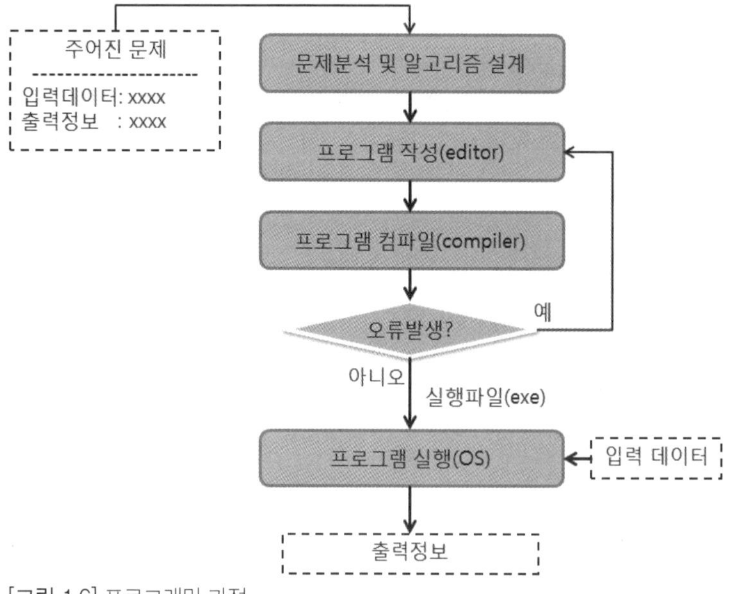

[그림 1.6] 프로그래밍 과정

[그림 1.7]은 프로그램 컴파일 및 실행 과정을 설명한다. 상용 컴파일러는 사용자인 프로그래머의 프로그램 개발을 돕기 위해 편집기(editor), 컴파일러(compiler), 링커(linker) 등을 통합한 개발환경(Integrated Development Environment, IDE)을 지원한다. 이 책에서 사용하는 비주얼 스튜디오도 개발환경이 통합되어 있다. 공개 소프트웨어는 이클립스(Eclipse) 같은 통합 개발환경을 사용한다.

일반적으로, 컴파일과 링크 과정을 통합해서 프로그램을 빌드(Build)라고 한다.

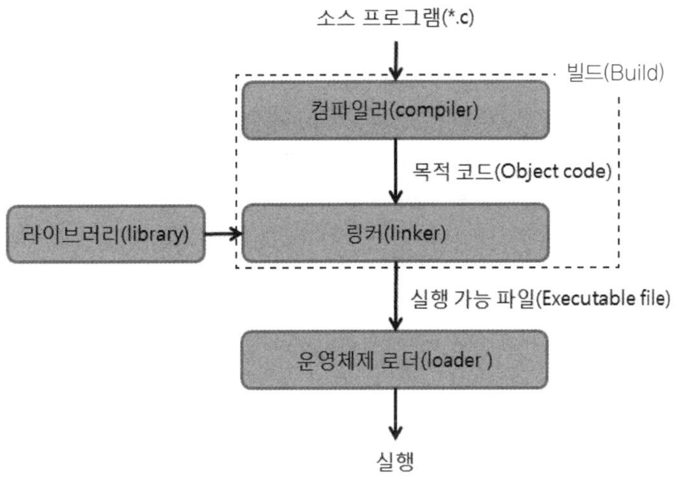

[그림 1.7] 프로그램 컴파일 및 실행 과정

(1) 편집기

편집기(editor)는 프로그램 작성을 위해 사용한다. 윈도우즈의 메모장을 사용하여 작성할 수 있으며, 상용 컴파일러는 프로그램 편집 기능을 통합된 개발환경을 지원하고, 공개 소프트웨어는 이클립스(Eclipse) 같은 통합 개발환경에서 편집 기능을 지원한다.

(2) 컴파일러

C 컴파일러(compiler)는 C 언어 소스파일(*.c)를 분석하여 C 언어 문법 분석(syntax analysis)을 통하여, 문법에 맞지 않으면 프로그래머가 수정하도록 오류 메시지를 출력한다. 오류가 없으면 각 문장의 의미 분석(sematic analysis), 중간 코드 생성(intermediate code generation), 코드 생성(code generation)을 수행하여 명령어 집합의 기계어 코드인 목적 코드(*.obj)를 생성한다.

(3) 링커

링커(linker)는 각 소스 프로그램으로부터 만들어진 목적코드와 라이브러리 함수를 연결하여 실행 파일(*.exe)을 생성한다. 윈도우즈는 실행 파일을 PE(portable executable) 형식으로 저장한다. 링커는 대부분 컴파일러에 기능이 통합되어 있다.

(4) 로더

실행 파일이 만들어지면 컴퓨터가 실행할 수 있다. 사용자가 파일을 실행시키면, 운영체제에 포함된 로더(loader)가 주기억장치(RAM)의 빈곳에 프로그램을 적재시키고 컴파일러가 배정한 주소를 재조정(relocating)하고, 프로그램의 시작 주소를 중앙처리장치(CPU)의 IP(instruction pointer) 레지스터에 저장하여 프로그램을 시작시킨다. CPU는 명령어 가져오기(fetch), 명령어 해석(decode), 명령어 실행(execute)을 반복하며 프로그램을 실행시킨다.

(5) 라이브러리

라이브러리(library)는 프로그램을 작성할 때 사용할 함수들을 미리 작성하고 컴파일해서 제공하는 함수들의 집합이다. 예를 들어 표준입출력을 위한 printf(), scanf() 함수들은 표준 라이브러리에 제공하여 사용자가 손쉽게 입출력을 할 수 있게 한다. 컴파일러들은 프로그램 작성에 꼭 필요한 기능을 표준 라이브러리 함수 형태로 제공하며, 기타 부수적으로 필요한 기능을 라이브러리에 포함하여 추가로 제공하여 프로그램 작성을 도와준다.

라이브러리는 크게 정적 라이브러리(static library, LIB)와 동적 라이브러리(dynamic linking library, DLL)로 구분된다. 정적 라이브러리에 있는 함수를 사용하면, 프로그램을 컴파일, 링크할 때 라이브러리에 있는 함수의 이진 코드가 실행 파일에 포함되어 파일 크기가 커진다. 반면, 동적 라이브러리는 라이브러리의 함수를 실행 파일에 포함시키지 않고, 실행시간(runtime)에 DLL에 있는 함수를 실행하고 되돌아오는 방식을 사용한다. 동적 라이브러리를 사용하면 실행 파일의 크기를 줄일 수 있는 장점이 있다. 동적 라이브러리를 사용하면 실행 파일과 DLL이 함께 있어야 실행할 수 있다. 컴파일러에서 지원하는 표준 라이브러리 이외에 프로그래머가 직접 라이브러리를 생성하여 사용할 수 있다.

Visual C++ 2015를 사용하여 작성하고 빌드한 응용 프로그램은 Visual C++ 2015 재배포가능(redistributable) 패키지(vc_redist.x86.exe, vc_redist.x64.exe)가 설치되어 있어야한다.

05   C 언어 기본 프로그램

문자열을 콘솔에 출력하는 C 언어 기본 프로그램을 설명한다. C 언어는 영문 대문자와 소문자를 서로 다른 문자로 구분하며, 소문자를 주로 사용하여 프로그램을 작성한다.

[예제 1.1] C 언어 기본 프로그램

```
01:   #include <stdio.h>  /* ex0101.c */
02:   int main()
03:   {
04:       printf("hello");
05:       return 0;
06:   }
```

프로그램 설명

① C 언어 파일은 확장자가 *.c이다. 편집기로 프로그램을 타이핑한 후에 파일 이름을 ex0101.c로 저장한다. 이 책에서 행 번호(01:, 02:, ...)는 프로그램의 일부가 아니고 설명을 위한 것이다. 그러므로 프로그램을 작성할 때는 입력하지 않는다.

② 1행
/* ... */는 주석(comment) 처리이다. 프로그램 설명을 위해 사용되며, 컴파일러가 번역하지 않는다. 주석 안에 주석(/*/*   */*/)은 사용할 수 없다. C99 표준을 따르는 VS2015는 라인 주석(//)을 사용할 수 있다.

③ 1행
#include <stdio.h>는 C 컴파일러가 설치된 폴더의 <include> 폴더에서 표준 입출력을 위한 헤더파일 <stdio.h>을 가져와 1행 위치에 포함시킨다. 여기서는, 표준 출력함수인 printf()를 사용하기 위해 포함한다. 대부분의 C 언어 프로그램은 컴퓨터가 처리한 결과를 사용자에게 알리기 위하여 콘솔에 출력하는 printf() 함수를 가지므로 헤더파일 <stdio.h>을 포함한다.

④ 2행
소괄호 쌍이 있으면, 그 앞의 명칭은 함수(function) 이름이다. C 언어 프로그램은 main() 함수에서 시작하여 main() 함수에서 종료한다. C 언어 프로그램 파일을 컴파일하여 실행 파일을 생성하려면, main() 함수가 반드시 하나 있어야 할 수 있다.
int main()은 main() 함수가 반환하는 값이 정수형(int)임을 의미한다. 반환 자료형 int는 생략 가능하다.

⑤ 3-6행
여는 중괄호({)는 블록(block)의 시작이고, 닫는 중괄호(})는 블록의 끝이다. C 언어는 중괄호를 이용한 블록으로 범위를 지정한다. 여기서는 main() 함수의 범위를 지정한다.

⑥ 4행
print() 함수는 표준라이브러리에 있는 표준출력 함수이다. 콘솔(명령창, cmd)에 출력할 때 사용한다. 여기서는 "hello" 문자열을 출력한다. 문자열은 한 개 이상의 문자를 말하며, 문자열 상수는 큰 따옴표(double quote)를 사용한다. 세미콜론(;)은 문장의 끝을 표시한다.

⑦ 5행
return 0은 main() 함수의 값으로 0을 반환(return)한다. main() 함수에서 return 문을 만나면 프로그램 실행을 종료하고, 제어가 운영체제로 돌아간다. 프로그램이 정상적으로 종료하면 main() 함수는 0을 반환하고, 비정상적으로 종료하면 1을 반환한다.

06 Visual C++ 컴파일러 사용

윈도우즈에서는 마이크로소프트의 Visual Studio 2015(VS2015, v14)에 포함된 Visual C++(MSVC) 컴파일러를 사용하여 C 언어 응용 프로그램을 작성하고, 실행 파일을 생성할 수 있다.

본 교재의 예제는 32비트 윈도우즈(x86) 환경에서 VS2015 Professional 버전을 사용하여 작성하고, 빌드 한다. VS2015는 C:\Program Files\Microsoft Visual Studio 14.0 폴더에 설치되고, Visual C++는 \Microsoft Visual Studio 14.0\VC 폴더에 설치된다. 실제 C/C++ 컴파일러는 \VC 폴더의 cl.exe 파일이다. 개발환경은 \Microsoft Visual Studio 14.0\Common7\IDE 폴더에 devenv.exe 파일이다.

비주얼 스튜디오를 설치하면 윈도우즈의 [라이브러리]-[문서]-[Visual Studio 2015] 폴더가 생성되며, 폴더 아래 [Projects] 폴더가 사용자가 작성할 응용 프로그램을 위한 기본 공간이며, 이는 변경할 수 있다.

[그림 1.8]은 Visual C++의 프로젝트 관리를 나타낸다. 하나의 솔루션에 하나의 프로젝트가 기본이지만, 여러 개의 프로젝트가 있을 수 있다. 프로젝트는 C 언어 파일과 헤더 파일을 관리한다. 하나의 프로젝트에 하나 이상의 C 언어 파일이 있을 수 있지만, main() 함수는 하나만 있어야, 실행 파일이 생성된다.

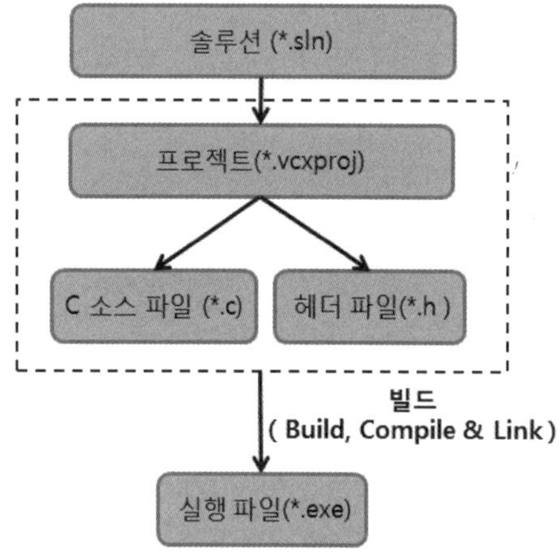

[그림 1.8] Visual C++의 프로젝트 관리

[예제 1.2] Visual Studio 2015를 이용한 콘솔 프로젝트 생성 및 빌드

C 언어의 기본 프로그램을 위한 콘솔 프로젝트를 생성하고, C 언어 파일을 생성하고, 빌드하는 방법을 설명한다. 윈도우즈의 [라이브러리]–[문서]–[Visual Studio 2015]–[Projects]–[cExample] 폴더에 ex0102 프로젝트를 생성한다.

(1) Win32 콘솔 응용 프로그램 생성

Visual Studio 2015를 실행시키고, [파일]–[새로만들기]–[프로젝트(P)] 메뉴를 선택하고, [그림 1.9]의 "새 프로젝트" 대화상자의 [Visual C++] 템플릿에서 [Win32 콘솔 응용 프로그램]을 선택하고, 이름은 ex0102로 지정하고, 위치는 [찾아보기(B)] 버튼을 클릭하여 윈도우즈의 [라이브러리]–[문서]–[Visual Studio 2015]–[Projects]–[cExample] 폴더로 지정하고, [확인] 버튼을 클릭한다.

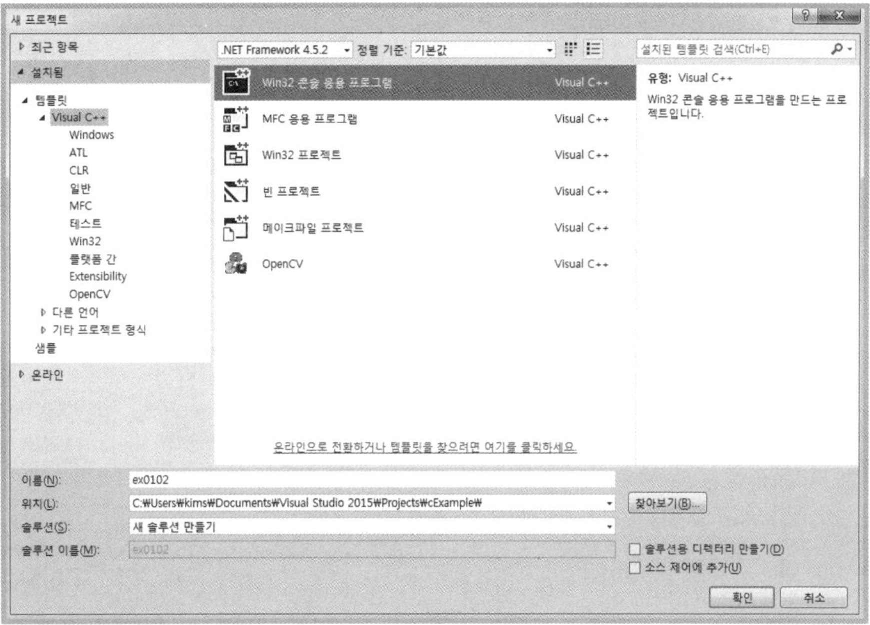

[그림 1.9] Win32 콘솔 응용 프로그램 프로젝트 생성

(2) 프로젝트 설정

"Win32 응용 프로그램 마법사"에서 [응용 프로그램 설정] 또는 [다음] 버튼을 클릭하고, [그림 1.10]의 응용 프로그램 설정에서 추가 옵션으로 "빈 프로젝트"를 선택하고, [마침] 버튼을 누르면 프로젝트(ex0102.vcxproj)와 솔루션(ex0102.sln) 파일을 생성한다.

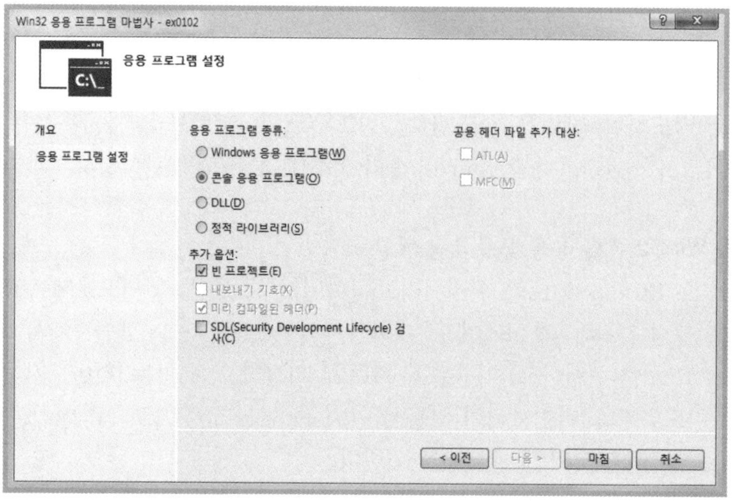

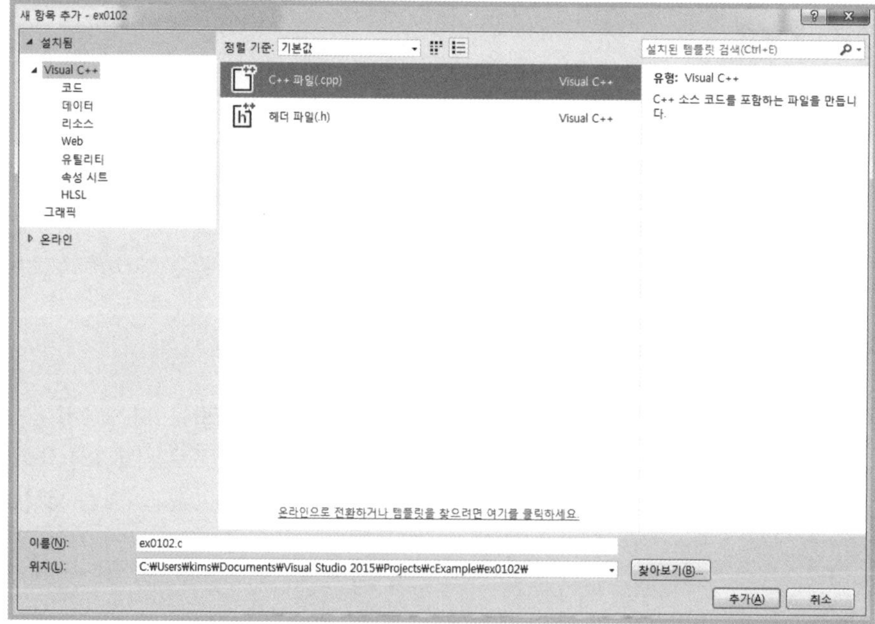

[그림 1.10] 응용 프로그램 설정

(3) C 언어 소스 프로그램 파일 생성

솔루션 탐색기에서 ex0102 프로젝트의 [소스 파일]을 마우스 오른쪽 버튼으로 클릭하면 표시되는 팝업 메뉴에서, [추가]-[새 항목(W)]를 선택하면 나타나는 [그림 1.11]의 "새 항목 추가" 대화상자에서 [C++ 파일(*.cpp)]을 선택하고 [이름]에 "ex0102.c"를 입력한 다음 [추가] 버튼을 선택하여 C 언어 소스 파일을 생성한다. 주의 할 것은 기본적으로 C++ 파일(*.cpp)로 설정되어, 파일 확장자를 C 파일(*.c)로 명시해야 한다.

[그림 1.11] 프로젝트에 C언어 파일(ex0102.c)을 추가

(4) C 언어 소스 프로그램 편집 및 빌드

[예제 1.1]의 "hello"를 출력하는 C 언어 기본 프로그램을 [그림 1.12]와 같이 입력하여 소스 파일을 편집한다. [빌드] 메뉴 아래에서, [솔루션 빌드] 또는 [ex0102 빌드]를 선택하여 프로젝트를 컴파일하고 링크하여 실행 파일을 생성한다. 명령창에서 실행하거나, [디버그] 메뉴에서 [디버그 하지 않고 시작 Ctrl+F5]를 선택하면 실행 결과를 [그림 1.13]과 같이 명령창에 문자열을 표시한다. 일반적으로, 바로 단축키 (Ctrl)+(F5)를 사용하며, 이 때 프로젝트가 빌드되어 있지 않으면 빌드하고, 실행한다.

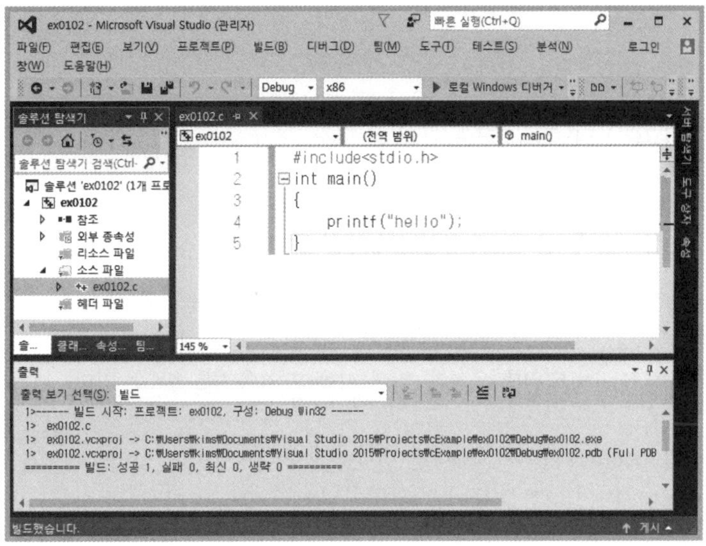

[그림 1.12] C 프로그램 작성 및 빌드

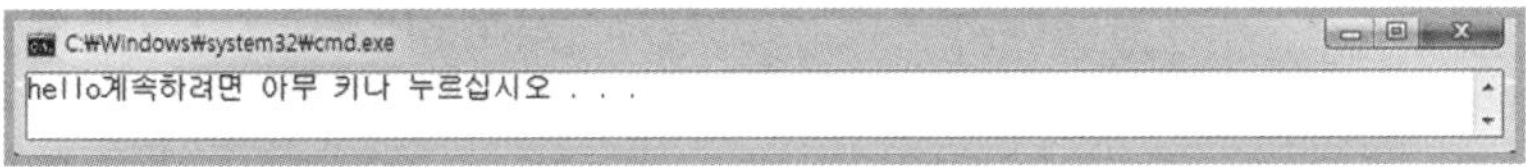

[그림 1.13] 실행 결과

(5) 디버그 구성

기본적인 빌드는 디버그(Debug) 구성(configuration)에서 수행한다. 디버그 구성은 실행 파일을 생성할 때 코드 최적화(optimization)를 수행하지 않기 때문에 실행 파일의 바이트 크기가 릴리즈(Release) 구성보다 크다. 그러나 디버그 구성은 실행 중의 오류(bug)를 잡아내는 디버깅(debugging)을 수행할 수 있는 장점이 있어, 응용 프로그램을 개발할 때는 디버그 구성으로 빌드한다. [그림 1.14]는 디버그 구성으로 빌드한 결과를 [ex0102]−[Debug] 폴더에 실행 파일(ex0102.exe)이 37KB로 생성되었다. 콘솔 응용 프로그램을 마우스로 더블클릭하면 명령창에 실행하고 사라진다.

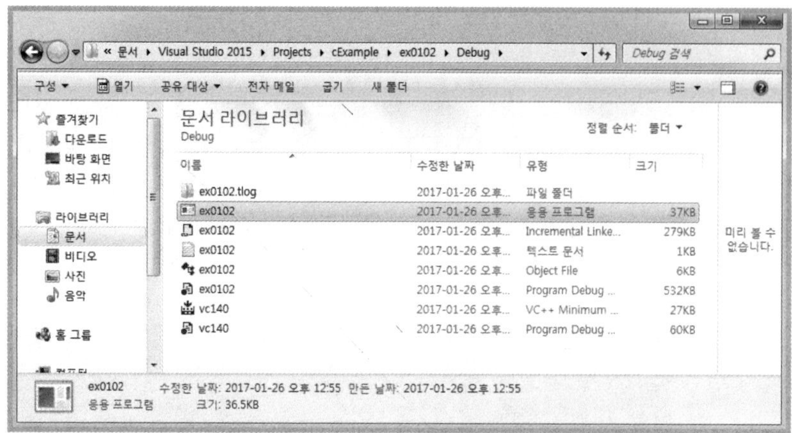

[그림 1.14] 디버그 구성 빌드

(6) 릴리즈 구성

[빌드] 메뉴의 [구성 관리자]를 선택하고, [그림 1.15]에서 활성 솔루션 구성을 "Release"로 선택하고, ex0102 프로젝트의 구성을 Release로 변경한다. 간단하게 [빌드] 메뉴 아래의 콤보박스에서 Release로 변경하면 된다. 또한, [구성 관리자]에서 플랫폼을 x64로 선택하여 64-비트 윈도우즈를 위한 실행 파일을 빌드할 수 있다.

[그림 1.16]는 릴리즈 구성으로 빌드한 결과 폴더이다. 실행 파일(ex0102.exe)이 10KB로 생성되어, 디버그 구성으로 생성한 실행 파일보다 바이트 크기가 줄어든 것을 확인 할 수 있다.

릴리즈 구성으로 빌드하면 코드 최적화를 수행하여 바이트 크기가 줄어든다. 응용 프로그램의 모든 버그를 수정하고, 프로그램 개발을 완료하려면 릴리즈 구성으로 빌드하여 배포한다.

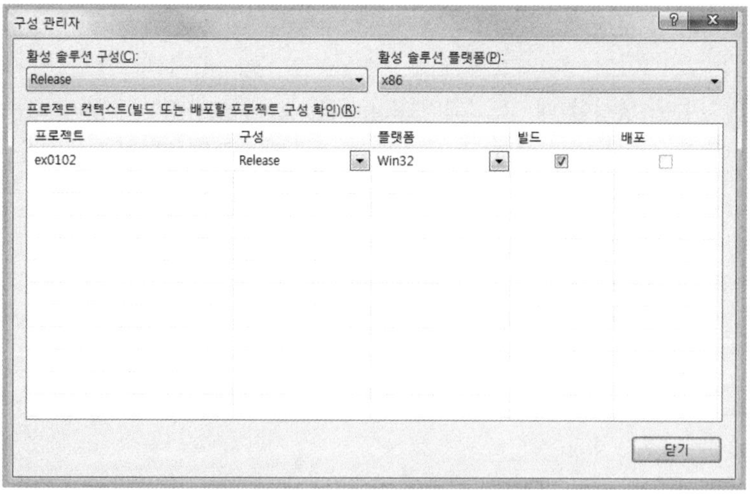

[그림 1.15] 릴리즈 구성 설정

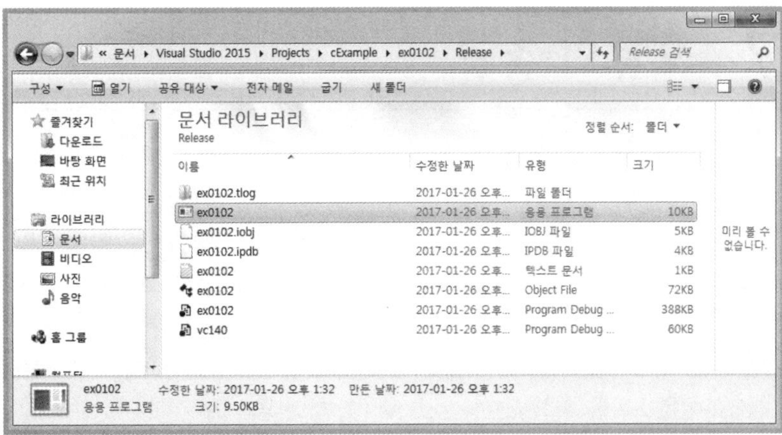

[그림 1.16] 릴리즈 구성 빌드

(7) 기존 C 언어 파일 추가 및 삭제

C 언어 소스 프로그램 파일이 이미 있으면 [추가]–[기존 항목(G)]를 선택하여 파일을 추가하고, 키보드의 Del 키를 누르면 파일을 삭제할 수 있다. [그림 1.17]은 기존 항목 ("ex0101.c", 프로그램 내용은 "ex0102.c"와 같다) ex0102 프로젝트에 추가하고, 빌드한 결과이다. "ex0101.c"와 "ex0102.c" 파일에 main() 함수가 모두 있기 때문에, 각 C 언어 소스 파일을 컴파일한 다음 링크할 때, main() 함수가 2개이기 때문에 에러(ex0102.obj : error LNK2005: _main이(가) ex0101.obj에 이미 정의되어 있습니다.)가 발생한다.

솔루션 탐색기 소스 파일에서 ex0102.c 파일을 선택하고, 키보드의 Del 키를 누르면 나타나는 대화상자에서 [제거] 또는 [삭제]를 할 수 있다. [제거]는 프로젝트에서만 제거되며, [삭제]는 프로젝트에서 제거되고 저장된 파일도 완전히 삭제된다.

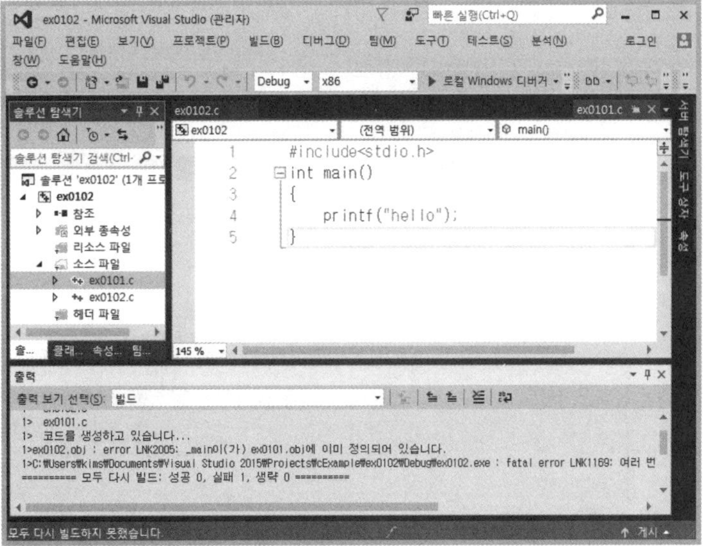

[그림 1.17] 기존 항목("ex0101.c") 추가

07 오류의 종류

처음부터 오류(error) 없이 프로그램을 작성하는 것은 어려운 일이다. C 언어 파일을 실행 파일로 만드는 과정에서 발생하는 오류는 컴파일 오류(compile error)와 링크 오류(link error)로 구분할 수 있다. 컴파일 오류는 문법 오류(syntax error)이다. 즉 C 언어 문법에 맞지 않는 문장이 있을 경우 컴파일 오류가 발생한다. 링크 오류는 컴파일을 마친 후에 라이브러리와 목적코드를 링크할 때 발생한다. 성공적으로 실행 파일이 생성되었지만, 프로그램을 실행할 때, 실행시간 오류(run time error) 또는 원하는 결과가 나오지 않는 논리 오류(logic error)가 발생할 수 있다.

처음에 C 언어를 배울 때, 프로그램을 작성하고 빌드하면 많은 오류가 발생하여 당황하고 겁이 난다. C 언어 컴파일러는 매우 똑똑해서 대부분 정확한 오류 메시지를 출력해주므로, 오류 메시지를 피하지 말고, 읽어보고 수정하다보면 C 언어 문법을 더욱 빨리 습득 할 수 있다.

7.1 경고

경고(warning)는 대부분 컴파일과 프로그램 실행에 영향을 미치지 않지만, 무시할 경우 논리 오류가 발생할 수도 있다. 대부분의 경고는 변수 선언을 하고, 사용하지 않거나, 반환 값이 있는 함수에서 반환하지 않는 경우에 경고가 발생한다. [그림 1. 18]은 변수 a를 선언하고 사용하지 않아 경고(C4101)가 발생한다.

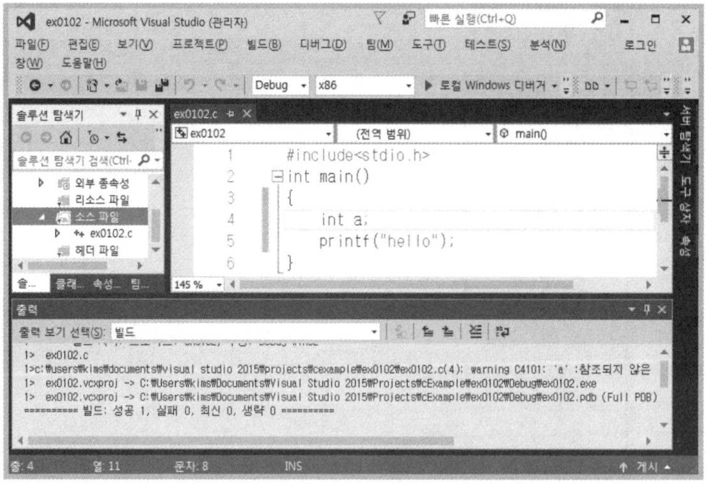

[그림 1.18] 변수 a를 선언하고, 사용하지 않은 경우의 경고(C4101)

7.2 컴파일 오류

컴파일 오류(compile error)는 C 언어 문법에 맞지 않는 문장이 있을 경우 발생하는 문법 오류이다. 컴파일 오류는 선언한 변수 이름과 사용하는 변수 이름의 철자가 달라서 발생하는 오류가 가장 많이 발생한다. C 언어는 영문 대문자와 소문자를 다른 문자로 구별한다. [그림 1.19]는 문자의 끝을 나타내는 세미콜론(;)이 없는 오류(C2143)이고, [그림 1.20]은 함수를 나타내는 소괄호를 닫지 않은 오류(C2143)이다. [그림 1.21]은 블록을 열고 닫지 않은 오류(C1075)이다. 중괄호의 시작과 끝의 개수는 같아야 한다.

오류가 발생하면 가장 먼저 발생한 오류부터 해결하는 것이 좋다. 먼저 발생한 오류를 해결하면 뒤에 나오는 오류가 없어지는 경우가 많다. C 언어는 문법 오류가 없어야 다음 단계인 링크를 통해 실행 파일을 생성할 수 있다.

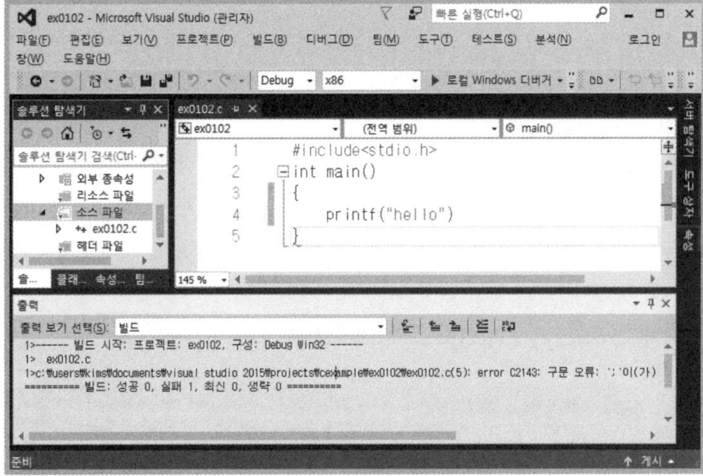

[그림 1.19] 세미콜론(;)이 없는 문법 오류(C2143)

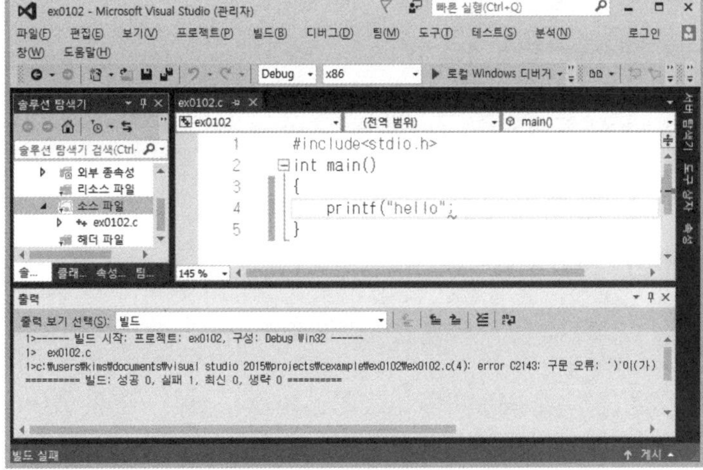

[그림 1.20] printf() 함수 호출에서 닫는 소괄호가 없을 때의 문법 오류

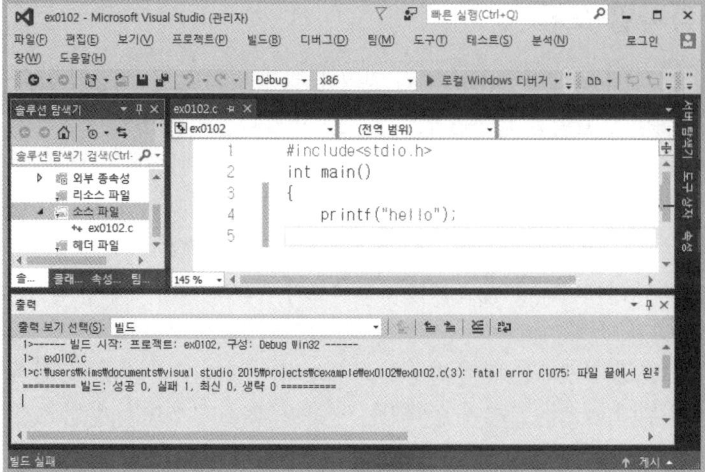

[그림 1.21] 블록을 열고 닫지 않은 오류(C1075)

7.3 링크 오류

링크 오류(link error)는 컴파일을 마친 후에 라이브러리와 목적 코드를 링크할 때 발생한다. 링크 오류는 대부분 함수 이름을 잘못 사용하여 발생한다. [그림 1.22]와 같이 표준 출력함수의 이름 printf를 print로 사용하면, 컴파일하는 동안은 오류가 없지만, 링크할 때 print() 함수가 ex0102.c 파일에도 없고, 표준 라이브러리에도 없기 때문에 2개의 링크오류(LNK2019, LNK1120)가 발생한다.

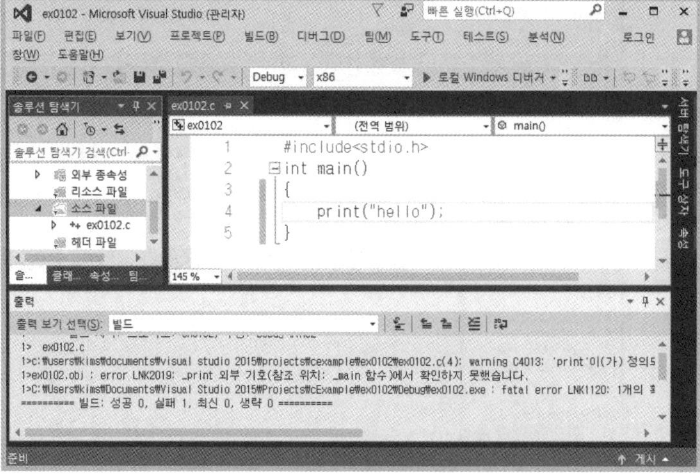

[그림 1.22] 함수 이름을 잘못 입력한 링크 오류

[그림 1.23]은 #include<stdio.h> 문 뒤에 main() 함수 이름이 있는 링크 오류이다. 그러나 #include<stdio.h> 뒤에 행을 변경하면 오류가 발생하지 않는다.

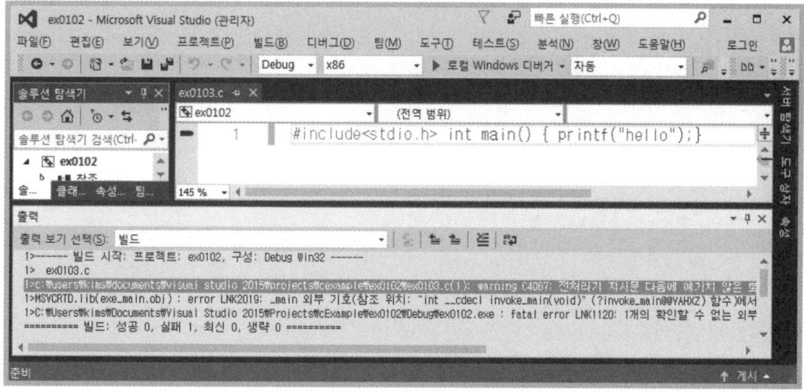

[그림 1.23] #include〈stdio.h〉 문 뒤에 함수 이름이 있는 링크 오류

자료형, 상수, 변수, 연산자, 수식

CHAPTER **02**

01 자료형

우리는 데이터와 정보를 대부분 문자(character)와 숫자(number)로 표현한다. C 언어는 문자와 숫자를 표현할 수 있는 자료형(data type)을 제공한다. 각 자료형에 대한 상수(constant)와 변수(variable) 표현이 있다. [표 2.1]은 문자(char), 정수(int), 실수(float)에 대한 C 언어 기본 자료형이다. 여기서는 기본 자료형(char, int, float, double)의 컴퓨터 내부의 2진 표현법을 설명한다. 자료형의 메모리 바이트 크기는 C 언어 컴파일러에 따라 다를 수 있다. sizeof() 연산자를 사용하면 바이트 크기를 확인 할 수 있다.

표 2.1 C 언어 기본 자료형

비고	자료형	같은 이름	설명, 숫자범위	바이트
문자, 정수	char	unsigned char	문자, 정수 −128 ~ 127	1
	unsigned char		문자, 부호 없는 정수 0 ~ 255	1
정수	short	short int signed short int	정수 −32,768 ~ 32,767	2
	unsigned short	unsigned short int wchar_t	부호 없는 정수 0 ~ 65,535	2
	int	signed signed int	정수 −2,147,483,648 ~2,147,483,647	4
	unsigned int	unsigned int	부호 없는 정수 0 ~ 4,294,967,295	4
	long	long int signed long int	정수 −2,147,483,648 ~2,147,483,647	4
	unsigned long	unsigned long int	부호 없는 정수 0 ~ 4,294,967,295	4
	long long	long long int	−9,223,372,036,854,775,808 ~ 9,223,372,036,854,775,807	8
	unsigned long long	unsigned long long int	0 ~18,446,744,073,709,551,615	8
	enum		열거형 −2,147,483,648 ~2,147,483,647	4
실수	float		단정도 실수 1.2E−38 ~ 3.4E+38	4
	double		배정도 실수 2.3E−308 ~ 1.7E+308	8

1.1 문자

우리가 사용하는 문자를 컴퓨터가 사용하는 2진수로 표현하려면 변환표가 필요하다. 이것을 문자변환 코드 또는 코드표(code table)라고 한다. 컴퓨터에서는 다양한 문자변환 코드를 사용한다. 아스키코드, 확장 아스키코드, 유니코드가 가장 많이 사용되는 문자변환 코드이다.

1.1.1 아스키코드

유닉스 및 윈도우즈 환경에서 현재 기본적으로 사용하는 코드는 미국표준협회(ANSI : American National Standards Institute)가 제정한 아스키(ASCII : American Standard Code for Information Interchange)코드이다.

[표 2.2]는 ASCII(ANSI) 코드표이다. 7비트로 데이터를 표현하고, 1비트는 네트워크에서 데이터를 송수신할 때 오류 정정을 위한 패티리(parity) 비트로 사용한다(1의 개수를 짝수로 맞추는 패리티와 홀수로 맞추는 패리트가 있다). ASCII(ANSI) 코드는 데이터 표현을 위해서 7비트를 사용하기 때문에 표현 가능한 문자는 128개이다.

ASCII 코드의 처음 32개(0x00 ~ 0x1F)는 화면에 문자를 출력하지 않으며, 프린터 또는 모니터 등과 같은 장치제어에 사용하는 제어용 코드이다. 예를 들어, 16진수 0x08은 백스페이스(backspace)를 나타낸다. 0x0A는 라인피드(line feed)로 행을 변경하는 제어 코드이다. 0x20은 공백을 나타내며, 0x21 ~ 0x7E는 알파벳, 숫자, 기호 등으로 출력 가능한 문자이다. 마지막에 위치한 0x7F는 문자를 삭제(delete)하는 제어 코드이다. 아스키코드를 사용하는 C 언어 자료형은 char 또는 unsigned char를 사용한다. char은 부호를 갖는 1바이트 정수로 사용할 수 있으므로, 문자 코드 값을 정수로 사용할 때 주의해서 사용한다.

[표 2.2] ASCII(ANSI) 코드표

$b_6 b_5 b_4$		$b_3 b_2 b_1 b_0$															
	16진	0	1	2	3	4	5	6	7	8	9	A	B	C	D	E	F
16진	2진	0000	0001	0010	0011	0100	0101	0110	0111	1000	1001	1010	1011	1100	1101	1110	1111
0	000	NUL	SOH	STX	ETX	EOT	ENQ	ACK	BEL	BS	HT	LT	VT	FF	CR	SO	SI
1	001	DLE	DC1	DC2	DC3	DC4	NAK	SYN	ETB	CAN	EM	SUB	ESC	FS	GS	RS	US
2	010	space	!	"	#	$	%	&	'	(	)	*	+	,	−	.	/
3	011	0	1	2	3	4	5	6	7	8	9	:	;	<	=	>	?
4	100	@	A	B	C	D	E	F	G	H	I	J	K	L	M	N	O
5	101	P	Q	R	S	T	U	V	W	X	Y	Z	[	\	]	^	_
6	110	`	a	b	c	d	e	f	g	h	i	j	k	l	m	n	o
7	111	p	q	r	s	t	u	v	w	x	y	z	{	|	}	~	DEL

1.1.2 확장 아스키코드

확장 아스키(extended ASCII)코드는 데이터 표현을 위해 8비트 모두를 사용하여 256개 문자를 표현한다. 처음 128개 문자는 표준 ASCII 코드를 포함하고, 나머지 128개 문자는 그래픽 문자 및 다양한 기호를 포함한다.

확장 아스키는 마이크로소프트 MS-DOS에서 사용되었다. 이후 각기 다른 나라의 문자와 폰트 등을 표현하기 위해 코드 페이지(code page) 형태로 코드를 지원한다. 각 코드 페이지마다 서로 다른 256개 문자가 정의되어 있다. 우리나라 한글에 해당하는 코드 페이지 번호는 949(완성형, KSC-5601), 미국의 페이지 번호는 437(영문) 페이지, 유니코드 UTF-8의 페이지 번호는 65001 이다(ANSI/OEM 437, ANSI/OEM 949, UTF-8).

[표 2.3]은 명령창의 코드 페이지와 인코딩 방법과 변경을 위한 chcp 명령을 보인다. chcp 명령은 현재 명령창만 적용된다. 명령창의 코드 페이지와 글꼴을 계속 유지하고 싶으면, 명령창의 타이틀(캡션)에서 마우스 오른쪽 버튼을 누른 후 팝업 메뉴에서 [속성] 또는 [기본값]을 선택하고, [그림 2.1]의 [속성] 창의 [글꼴] 탭에서 "굴림체" 또는 "Lucida Console" 글꼴을 선택하고, [확인] 버튼을 클릭하면 현재 코드 페이지와 글꼴이 유지된다.

표 2.3 명령창(cmd) 코드 페이지

코드 페이지	변경 명령	인코딩
437	chcp 437	ANSI/OEM 437
949	chcp 949	ANSI/OEM 949
65001	chcp 65001	UTF-8

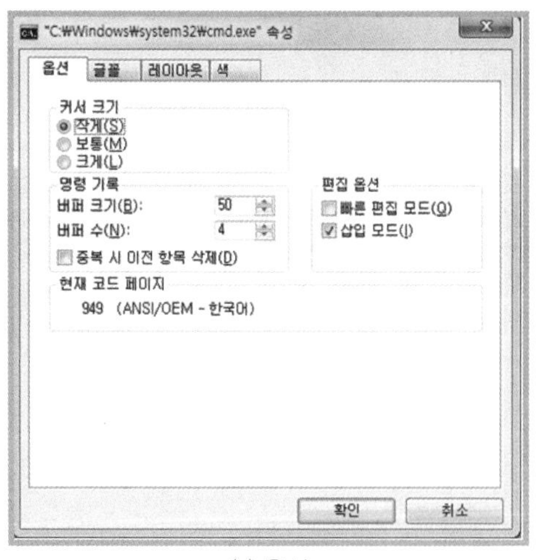

(a) 옵션

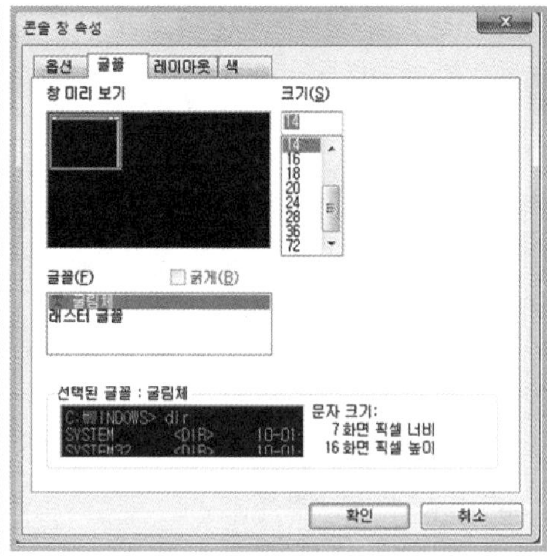

(b) 글꼴

[그림 2.1] 명령창의 현재 코드 페이지 설정

윈도우즈에서는 한글, 한자 등 아시아권 국가의 문자를 표현하기 위해 멀티 바이트 문자셋(MBCS: Multiple Byte Character Set)을 사용한다. 우리나라에 대한 MBCS는 ANSI/OEM 949이며 [그림 2.2]와 같이 영문자 1바이트, 한글은 2바이트로 저장한다. 첫 번째 바이트의 최상위 비트가 0이면 단일 바이트 문자셋(SBCD: Single Byte Character Set)으로 처리하고, 1이면 즉, 128을 넘으면 MBCS로 처리한다.

0x00에서부터 0x7F까지는 표준 아스키코드와 동일하고, 0x81부터 0xFE까지 126개 그룹으로 나눈다. 그룹을 나누는 첫째 바이트(lead byte)와 둘째 바이트를 통해 가능한 문자 256개(실제 사용되지 않은 곳이 많이 있다)를 정의한다. 예를 들어, 코드 페이지 949에서 2바이트 0x8141은 한글 '갂'을 표현한다.

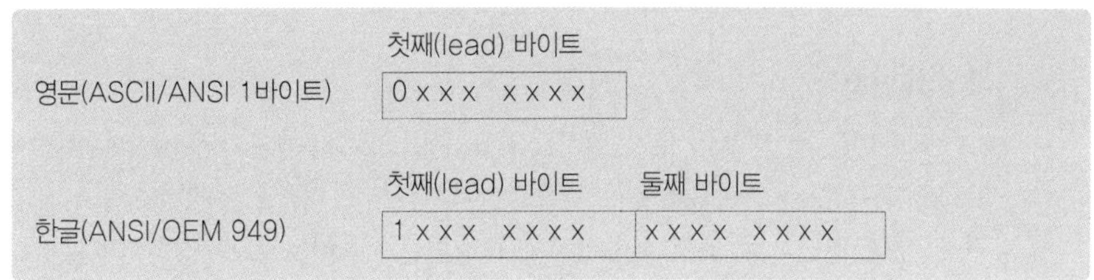

[그림 2.2] MBCS(ANSI/OEM 949)의 한글 및 영문 표현

[표 2.4]은 확장 아스키코드(ANSI/OEM 949)의 첫째(lead) 바이트이고, [표 2.5]는 첫째 바이트 81에 대응하는 둘째 바이트 중 일부이다. 확장 아스키코드(ANSI/OEM 949)는 C 언어 자료형은 char 또는 unsigned char를 사용한다. char은 부호를 갖는 1바이트 정수로 사용할 수 있으므로, 문자 코드 값을 정수로 사용 사용할 때 주의해서 사용한다.

[표 2.4] 확장 아스키코드(ANSI/OEM 949)의 첫째(lead) 바이트

$b_7 b_6 b_5 b_4$								$b_3 b_2 b_1 b_0$								
16진	00	01	02	03	04	05	06	07	08	09	0A	0B	0C	0D	0E	0F
00	NUL 0000	SOH 0001	STX 0002	ETX 0003	EOT 0004	ENQ 0005	ACK 0006	BEL 0007	BS 0008	HT 0009	LF 000A	VT 000B	FF 000C	CR 000D	SO 000E	SI 000F
10	DLE 0010	DC1 0011	DC2 0012	DC3 0013	DC4 0014	NAK 0015	SYN 0016	ETB 0017	CAN 0018	EM 0019	SUB 001A	ESC 001B	FS 001C	GS 001D	RS 001E	US 001F
20	space 0020	! 0021	" 0022	# 0023	$ 0024	% 0025	& 0026	' 0027	(0028	) 0029	* 002A	+ 002B	, 002C	− 002D	. 002E	/ 002F
30	0 0030	1 0031	2 0032	3 0033	4 0034	5 0035	6 0036	7 0037	8 0038	9 0039	: 003A	; 003B	< 003C	= 003D	> 003E	? 003F
40	@ 0040	A 0041	B 0042	C 0043	D 0044	E 0045	F 0046	G 0047	H 0048	I 0049	J 004A	K 004B	L 004C	M 004D	N 004E	O 004F
50	P 0050	Q 0051	R 0052	S 0053	T 0054	U 0055	V 0056	W 0057	X 0058	Y 0059	Z 005A	[005B	\ 005C	] 005D	^ 005E	_ 005F
60	` 0060	a 0061	b 0062	c 0063	d 0064	e 0065	f 0066	g 0067	h 0068	i 0069	j 006A	k 006B	l 006C	m 006D	n 006E	o 006F
70	p 0070	q 0071	r 0072	s 0073	t 0074	u 0075	v 0076	w 0077	x 0078	y 0079	z 007A	{ 007B	| 007C	} 007D	~ 007E	DEL 007F
80	✕	0081	0082	0083	0084	0085	0086	0087	0088	0089	008A	008B	008C	008D	008E	008F
90	0090	0091	0092	0093	0094	0095	0096	0097	0098	0099	009A	009B	009C	009D	009E	009F
A0	00A0	00A1	00A2	00A3	00A4	00A5	00A6	00A7	00A7	00A8	00AA	00AB	00AC	00AD	00AE	00AF
B0	00B0	00B1	00B2	00B3	00B4	00B5	00B6	00B7	00B8	00B9	00BA	00BB	00BC	00BD	00BE	00BF
C0	00C0	00C1	00C2	00C3	00C4	00C5	00C6	00C7	00C8	00C9	00CA	00CB	00CC	00CD	00CE	00CF

D0	00D0	00D1	00D2	00D3	00D4	00D5	00D6	00D7	00D8	00D9	00DA	00DB	00DC	00DD	00DE	00DF
E0	00E0	00E1	00E2	00E3	00E4	00E5	00E6	00E7	00E8	00E9	00EA	00EB	00EC	00ED	00EE	00EF
F0	00F0	00F1	00F2	00F3	00F4	00F5	00F6	00F7	00F8	00F9	00FA	00FB	00FC	00FD	00FE	✕

[표 2.5] 확장 아스키코드(ANSI/OEM 949)의 첫째 바이트 81에 대응하는 둘째 바이트 중 일부

$b_7 b_6 b_5 b_4$	$b_3 b_2 b_1 b_0$															
16진	00	01	02	03	04	05	06	07	08	09	0A	0B	0C	0D	0E	0F
40	✕	갂 AC02	갃 AC03	갅 AC05	갆 AC06	갋 AC0B	갌 AC0C	갍 AC0D	갎 AC0E	갏 AC0F	갘 AC18	갞 AC1E	갟 AC1F	갡 AC21	갢 AC22	갣 AC23
50	갥 AC25	갦 AC26	갧 AC27	갨 AC28	갩 AC29	갪 AC2A	갫 AC2B	갮 AC2E	갲 AC32	갳 AC33	갴 AC34	✕	✕	✕	✕	✕

1.1.3 유니코드

ISO 10646은 전 세계의 문자를 하나의 표현법으로 나타내기 위해 유니버설 문자(UCS : Universal Character Set)을 표준으로 선정했다. 유니코드는 0번 평면부터 16번 평면까지 17개의 평면으로 구성되어 있고, 각 평면은 2바이트로 65536개의 문자를 표현한다. 0번 평면은 기본 다국어 평면(BMP : Basic Multilingual Plane)으로 거의 모든 문자를 포함하고 있다. 1번 평면은 보충 다국어 평면, 2번 평면은 보충 상형문자 평면이고, 3번에서 13번 평면은 사용되지 않고 있다.

유니코드는 공식 사이트(http://unicode.org/)가 운영되고 있으며, 2016년 기준 버전 9.0이 발표되었다. 유니코드는 UTF-8(8bits Unicode Transformation Format), UTF-16(UCS-2), UTF-32(UCS-4) 등의 인코딩(encoding) 방법이 있다.

(1) UTF-32

UTF-32는 모든 문자를 4바이트(32비트)의 고정 길이로 표현한다. UTF-32 인코딩은 C 언어 자료형은 4바이트 정수형인 unsigned int를 사용한다(주의, 32비트 윈도우즈에서 size_t는 unsigned int이고, 64비트 윈도우즈에서는 size_t는 unsigned long long이다).

(2) UTF-16

UTF-16은 유니코드 버전 3.0 이상에서 지원하며 16비트를 사용하여 문자를 코드화하는 UCS-2를 발전시킨 형태로, UCS-2의 기본 다국어 평면(BMP) 문자를 모두 표현한다. 예를 들어, 문자 'A'는 유니코드 0x0041이다. 한글 '갂'은 유니코드로 0xAC02이다.

각 문자의 유니코드는 [그림 2.3]과 같이 한글 워드프로세서(HWP)의 문자표(Ctrl+F10)를 사용하여 확인할 수 있다. 유니코드에서 한글은 첫 글자 '가'(0xAC00)에서 마지막 글자 '힣'(0xD7A3)까지이다. 또한 UTF-16은 코드로 표현할 수 있는 문자의 수를 확장하기 위해 대리자(surrogate)를 사용한다. UTF-16으로 인코딩할 수 있는 가장 큰 수는 0x10FFFF이다. 이 범위의 이진수를 인코딩하기 위해 최소 2바이트, 최대 4바이트(대리자를 사용하는 경우)를 사용한다. UTF-16 인코딩은 C 언어 자료형 wchar_t(unsigned short)를 사용한다. UTF-16을 와이드 문자(WBCS : Wide Byte Character Set)라 한다.

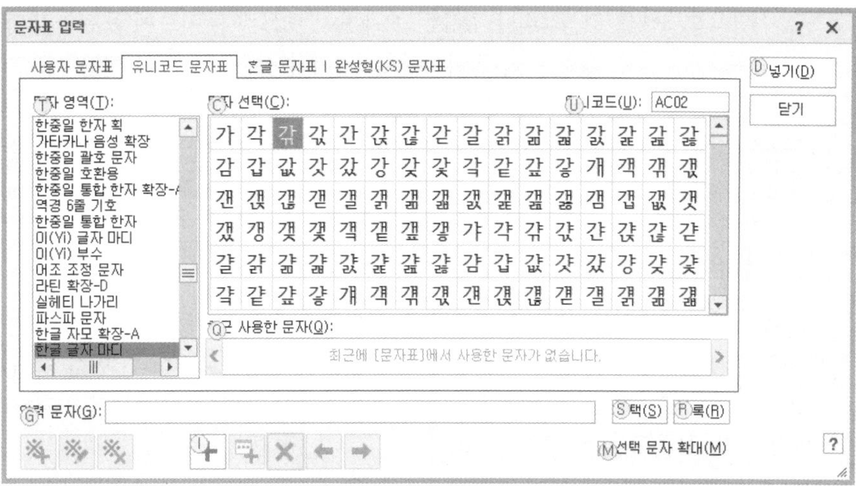

[그림 2.3] 한글에서 '갂'에 대한 유니코드(UTF-16) 확인

(3) UTF-8

UTF-8은 1 ~ 4바이트를 사용하여 유니코드를 가변 길이로 인코딩하는 방법으로, 아스키코드와 호환성 고려한 인코딩이다. 아스키코드는 1바이트로 표현한다. UTF-8 인코딩도 UFT-16과 동일하게 인코딩할 수 있는 가장 큰 수는 0x10FFFF이다.

유니코드 문서는 문서 시작 부분에 [표 2.6]의 BOM(Byte Order Maker)을 추가하여 문서의 인코딩 방법을 표시한다. 컴퓨터에서 메모리의 바이트 저장 순서와 관련된 용어인 리틀 엔디언 방식(little endian)은 최하위 바이트(LSB : Least Significant Byte)가 먼저 저장되고, 최상위 바이트(MSB : Most Significant Byte)가 나중에 저장된다. 빅 엔디언(big endian) 방식은 반대로 MSB가 먼저 저장되고 LSB를 나중에 저장한다. 이와 같은 바이트 저장 순서는 CPU에 의존한다. 인텔 CPU는 리틀 엔디언을 사용한다. UTF-8 인코딩은 C 언어 자료형 char 또는 unsigned char의 배열을 사용한다. BOM이 없으면 ANSI 인코딩이다.

표 2.6 BOM

유니코드 엔코딩	BOM
UTF-16(리틀 엔디안)	FF FE(2바이트)
UTF-16(빅 엔디안)	FE FF(2바이트)
UTF-8	EF BB BF(3바이트)

1.2 정수

컴퓨터에서 숫자(number)를 위해 사용하는 자료형은 정수와 실수가 있다. 컴퓨터는 2진수를 사용하기 때문에 우리가 사용하는 10진수 정수를 2진수로 표현해야 한다. 또한, 수학에서는 정수를 셀 수 있는(countable) 무한 집합, 실수를 셀 수 없는(uncountable) 무한 집합으로 표현한다. 그러나 컴퓨터는 제한된 메모리 바이트에 표현하기 때문에 정수와 실수 모두 셀 수 있는 유한 집합이다. C 언어의 정수 자료형은 할당 메모리의 크기에 따라 1(char), 2(short), 4(int), 8(long long)바이트 형으로 구분할 수 있다. 예들 들어, 문자 저장을 위한 char은 1바이트(8비트) 정수로 사용할 수 있다. 각 정수 자료형에 따라 표현할 수 있는 최대값 및 최소값은 〈limits.h〉 헤더 파일에 정의되어 있다.

1.2.1 1바이트 정수(char)

[그림 2.4]는 1바이트 정수(char, signed char) 표현으로 비트 7이 0이면 양의 정수이고, 수의 크기(magnitude)는 나머지 7개 비트(비트6 ~ 0)로 표현한다. 예를 들어, 10진수 0은 1바이트 정수로 표현하면 0000 0000이며, 0111 1111은 1바이트로 표현할 수 있는 가장 큰 양의 정수인 10진수 127이다.

컴퓨터는 음의 정수를 2의 보수(2's complement)를 사용하여 표현한다. 부호 비트인 비트 7이 1이면 음수이며, 나머지 7개 비트를 이용하여 2의 보수로 표현한다. 2의 보수로 표현하면 0이 하나만 존재하며, 계산이 편리한 장점이 있다.

7	6	5	4	3	2	1	0

비트 7 = 0 : 양수
비트 7 = 1 : 음수

[그림 2.4] 1바이트 정수(char) 표현

[예제 2.1] 10진수 정수를 2진수로 표현

① +1, −1의 1바이트 표현

+1의 1바이트 2진수 표현은 0000 0001이다. 16진수로는 0x01이다(0x는 16진수 표시이다). 여기서는 −1을 1바이트로 표현한다. 음수이므로 부호 비트는 1이다. 나머지 7비트는 000 0001을 2의 보수로 표현한다. 2의 보수는 [그림 2.5]와 같이 2진수의 각 자리에서 1을 뺄셈(−2이면 2를 뺄셈)하여 1의 보수(1's complement)를 계산한 결과에 1을 덧셈하여 계산한다. 이것은 결국 2진수에서 0->1, 1->0으로 변경하고 결과에 1을 덧셈한 결과와 같다. 또 다른 2의 보수 계산 방법은 오른쪽(낮은 쪽) 비트부터 처음 만나는 1까지는 그대로 두고, 나머지는 0->1, 1->0으로 변경한다. 결과적으로, 정수 −1의 1바이트 2진수 표현은 1111 1111이고, 16진수는 0xFF이다.

```
      1 1 1    1 1 1 1
  −   0 0 0    0 0 0 1
      1 1 1    1 1 1 0      : 1의 보수
  +                  1
      1 1 1    1 1 1 1      : 2의 보수
```

[그림 2.5] 1의 2의 보수

② +127, −127의 1바이트 표현

+127의 1바이트 2진수 표현은 0111 1111이다. 16진수로는 0x7F이다. 여기서는 -127을 1바이트로 표현한다. 음수 이므로 부호 비트는 1이다. 나머지 7비트는 111 1111의 2의 보수인 000 0001로 표현한다. 결과적으로, 정수 -127의 1바이트 2진수 표현은 1000 0001이고, 16진수는 0x81이다.

③ 컴퓨터에 2진수로 표현되어 있는 정수를 10진수로 해석

2진수로 표현되어 있는 정수를 10진수로 해석할 때도 같은 방법을 사용한다. 1바이트 2진수 정수 1000 0000을 10진수로 해석할 때, 먼저 부호 비트가 1이므로 음수임을 알 수 있고, 음수인 경우 2의 보수로 표현하므로, 나머지 7비트를 2의 보수로 바꿔보면 크기를 알 수 있다. 000 0000의 2의 보수는 1000 0000이며, 10진수로는 128이다. 결과적으로, 1바이트 2진수 정수 1000 0000은 10진수로 -128이다. 1바이트 2진수 정수는 -128 ~ 127까지의 10진수 정수를 표현할 수 있다. 컴퓨터는 바이트의 크기에 따라 유한 개수의 숫자만 표현할 수 있다는 점에 주의한다.

1.2.2 1바이트 부호 없는 정수(unsigned char)

1바이트 부호 없는 정수(unsigned char)는 비트 7을 부호 비트로 사용하지 않고, 8개 비트 전체를 크기 표현에 사용한다. 부호 없는 정수의 표현 가능한 10진수 정수의 범위는 0 ~ 255이다. 예를 들어, 1000 0000은 10진수로 128이다. 1바이트에 저장된 같은 2진수라도 해석 방법에 따라 값이 다르다.

1.2.3 2바이트 정수(short), 4바이트 정수(int)

[그림 2.6]은 2바이트 정수(short) 표현이다. 2바이트 정수도 음수는 2의 보수 표현을 사용한다. 2바이트 정수(short)의 10진수 표현범위는 −32768 ~ 32767이다. 2바이트 부호 없는 정수(unsigned short)의 표현범위는 0 ~ 65535이다. 4바이트 정수(int)의 표현범위는 − 2,147,483,648 ~ 2,147,483,647이다. 4바이트 부호 없는 정수(unsigned int)의 표현범위는 0 ~ 4,294,967,295이다. long long, unsigned long long은 8바이트 정수 자료형이다.

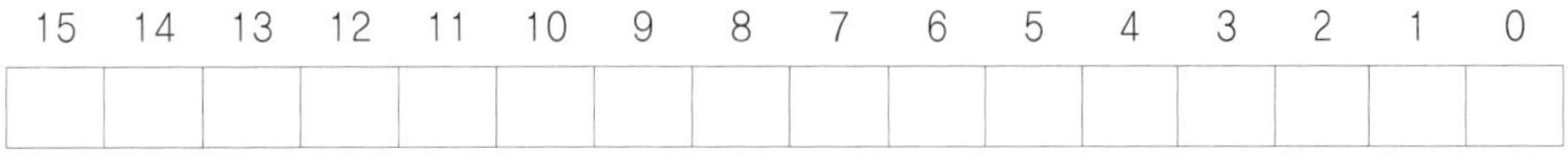

15	14	13	12	11	10	9	8	7	6	5	4	3	2	1	0

비트 15 = 0 : 양수
비트 15 = 1 : 음수

[그림 2.6] 2바이트 정수(short) 표현

1.3 실수

컴퓨터에서 실수(real number)는 국제 표준 IEEE 754에 의한 부동 소수점(floating point) 표현법을 사용한다.

1.3.1 단정도 실수(float) 표현

[그림 2.7]은 단정도 실수(float) 표현이다. 실수를 2진수 표현하고 정규화하여 X로 표현한다. 첫 비트는 실수의 부호(S)를 표현하고, 다음 8개 비트에 지수(E)를 표현한다. 지수에도 부호가 있을 수 있으므로 E=127을 0으로 한다(biased−127). E를 위한 자리가 8비트이므로 실제 지수의 표현 범위는 −127 ~ 128이다. 유효 자리는 1.M 형태로 정규화해서 표현하며, 1.은 실제로는 표현하지 않고 M을 23비트로 표현한다.

$$X = (-1)^s \times 2^{E-127} \times 1.M$$

S: sign bit(0 : 양수, 1 : 음수)
E: 8 bits Exponent(지수), biased 127
M: 23 bits mantissa(normalized fraction with hidden 1)

31	30	23 22	0
S	E(8bits)	M(23bits)	

[그림 2.7] 단정도 실수(float) 표현

[예제 2.2] 10진수 실수−0.75의 단정도 부동 소수점 실수 표현

① −0.75를 2진수 −0.11로 표현하고, 정규화한다.

$$X = -0.11 = -1.1 \times 2^{-1}$$

$$= (-1)^1 \times 2^{126-127} \times 1.1$$

② 위의 식과 비교해보면, S = 1, E = 0111 1110, M = 100 0000 0000 0000 0000 0000이다. 그러므로, −0.75의 단정도 실수의 2진 표현은 1011 1111 0100 0000 0000 0000 0000 0000이다. 16진수는 0xBF400000이다.

1.3.2 배정도 실수(double) 표현

[그림 2.8]은 배정도 실수(double) 표현이다. 실수를 2진수 표현하고 정규화하여 X로 표현한다. 첫 비트는 실수의 부호(S)를 표현하고, 다음 11개 비트에 지수(E)를 표현한다. 지수에도 부호가 있을 수 있으므로 E=1023을 0으로 한다(biased−1023). E를 위한 자리가 11비트이므로 실제 지수의 표현 범위는 −1023 ~ 1024이다. 유효 자리는 1.M 형태로 정규화해서 표현하며, 1.은 실제로는 표현하지 않고 M을 52비트로 표현한다.

$$X = (-1)^s \times 2^{E-1023} \times 1.M$$

S: sign bit(0 : 양수, 1 : 음수)
E: 11 bits Exponent(지수), biased 1023
M: 52 bits mantissa(normalized fraction with hidden 1)

63	62	52 51	0
S	E(11bits)	M(52bits)	

[그림 2.8] 배정도 실수(double) 표현

[예제 2.3] 10진수 실수 -0.75를 배정도 부동 소수점 실수 표현

① -0.75를 2진수 -0.11로 표현하고, 정규화한다.

$$X = -0.11 = -1.1 \times 2^{-1}$$

$$= (-1)^1 \times 2^{1022-1023} \times 1.1$$

② 위의 식과 비교해보면, S = 1, E = 011 1111 1110, M = 1000 0000 0000 0000 0000 0000 0000 0000 0000 0000 0000 0000 0000이다. 그러므로, -0.75의 배정도 실수의 2진 표현은 1011 1111 1110 1000 0000 0000 0000 0000 0000 0000 0000 0000 0000 0000 0000 0000이다. 16진수는 0xBFE8000000000000이다.

1.3.3 실수 표현의 특수값 및 유효 자리

[표 2.7]은 부동 소수점의 실수 표현의 특수 값의 예이다. 예를 들어, 단정도 실수(float)에서 0x00000000은 +0이고, 0x80000000은 −0이다. 0x7F800000은 +Inf이고, 0xFF800000는 −Inf이다.

표 2.7 부동 소수점의 실수 표현의 특수 값

특수값의 설명	조건	비고(float 예)
Zero	E: 모든 비트 0 M: 모든 비트 0	+0: 0x00000000 −0: 0x80000000
Denormalized numbers	E: 모든 비트 0 M: 모든 비트가 0은 아님	정규화되지 않은 수의 해석 예, 0x00400000
Infinity	E: 모든 비트 1 M: 모든 비트 0	+Inf: 0x7F800000 −Inf: 0xFF800000
NAN(Not A Number)	E: 모든 비트 1 M: 모든 비트가 0은 아님	예, 0x7FC00000

[표 2.8]은 부동 소수점의 실수 표현의 주요 상수 값(float.h)이다. 10진수 실수를 제한된 32비트, 64비트의 2진수로 표현하면 모든 실수를 정확하게 표현할 수 없어, 실제 10진수와 부동 소수점에 의한 2진 비트로 표현된 실수 사이에 오차가 발생할 수 있다. 10진수 유효 자리(significant decimals)는 부동 소수점 실수가 소수점 이하 유효 자리까지는

실제 10진수와 일치함을 나타낸다. 단정도 실수(float)는 10진수 유효 자리가 6이고, 배정도 실수(double)는 10진수 유효 자리가 15이다. 즉, 단정도 실수로 표현하면 10진수로 변환했을 때 소수점 6자리까지는 신뢰할 수 있고, 배정도 실수로 표현하면 10진수로 변환했을 때 소수점 15자리까지는 신뢰할 수 있음을 의미한다.

부동 소수점으로 표현하는 실수는 정확히 표현되지 않기 때문에 두 실수가 같은지 비교할 때 주의해야 한다. 두 실수가 응용 프로그램에서 요구하는 오차 범위 안에 있으면 같다고 판단하거나, 유효 자리까지 같으면 같다고 판단한다. 10진수 0.1을 float로 표현하면 0x3DCCCCCD이고, 10진수로 소수점 이하 20자리까지 출력하면 0.10000000149011612000이 출력되어 오차가 발생함을 알 수 있다. 그러나 유효 자리 6까지만 보면 0.100000으로 0.1과 같다. 즉, 10진수 0.1과 0.10000000149011612000을 단정도 실수 32비트로 표현하면 모두 16진수로 0x3DCCCCCD이다. FLT_EPSILON은 단정도 실수(float)에서 1.0+FLT_EPSILON != 1.0을 만족하는 최소값이다. FLT_EPSILON보다 더 작은 실수를 사용하면 같은 실수이다.

표 2.8 부동 소수점의 실수 표현의 주요 상수 값(float.h)

상수	설명
#define FLT_EPSILON 1.192092896e-07F	1.0+FLT_EPSILON != 1.0인 최소값
#define FLT_MIN 1.175494351e-38F	양의 최소 실수값
#define FLT_MAX 3.402823466e+38F	최대 실수값
#define DBL_EPSILON 2.2204460492503131e-016	1.0+DBL_EPSILON != 1.0인 최소값
#define DBL_MIN 2.2250738585072014e-308	양의 최소 실수값
#define DBL_MAX 1.7976931348623158e+308	최대 실수값

02 상수와 변수

문자와 숫자 자료형의 2진수 표현은 이미 설명했다. 여기서는 [표 2.1]의 C 언어 기본 자료형에 대한 상수(constant)와 변수(variable)에 대해 설명한다. C 언어의 상수와 변수는 수학에서와 같은 의미이다. 상수는 데이터 값이 변하지 않으며, 변수는 이름(name, identifier)을 가지며 저장된 데이터 값이 변할 수 있다.

2.1 상수

문자, 정수, 실수 각각의 자료형에 대한 상수 표현이 있다. 상수를 리터럴(literal)이라고도 한다. const 키워드를 사용하여 상수형 변수를 선언할 수 있다.

2.1.1 문자 상수

문자(character) 상수는 'A'와 같이 작은따옴표(single quote) 안에 문자 1개를 표시한다. C 언어에서 작은따옴표를 사용하면 아스키코드이다. 윈도우즈의 Visual C++에서 영문은 1바이트, 한글은 완성형 2바이트의 멀티 바이트 확장 아스키코드(MBCS, ANSI/OEM 949)를 사용한다. [표 2.9]는 C 언어 코드에 따른 문자 상수와 자료형이다. Visual C++ 2015에서는 작은따옴표 앞에 접두어 U, u, L 등을 사용하여 인코딩을 명시한다(Visual C++ 2013은 L만 지원). UTF-32는 대문자 U를 사용하고, UTF-16은 소문자 u 또는 대문자 L 접두어를 사용한다. UTF-16은 다국어 문자 코드로 와이드 문자라 한다.

UTF-32는 문자를 4바이트(unsigned int)로 표현하고, UTF-16는 2바이트(unsigned short, wchar_t)로 표현한다. 문자 상수에 u8 접두어는 지원하지 않고, 접두어를 사용하지 않는 경우는 char이 아니라 int임에 주의한다(sizeof('A') = 4바이트, int의 하위 1바이트, 2바이트를 사용). [표 2.10]의 이스케이프 시퀀스(escape sequence)는 역슬래시(\)와 함께 사용하여 제어명령으로 사용한다. 예를 들어 '\n'은 문자 'n'이 아니라 줄 바꿈(LF) 제어 명령이다.

표 2.9 코드에 따른 문자 상수와 자료형

코드	C 언어 자료형	문자 상수 예
ANSI/OEM 949	int	'A', '\101', '\x41', '한'
UTF-32	unsigned int	U'A', U'한'
UTF-16, WBCS	wchar_t, unsigned short	u'A', u'한', L'A', L'한'

표 2.10 주요 이스케이프 시퀀스 문자

이스케이프 시퀀스	ASCII	설명
\a	0x07	벨소리 출력, BEL
\b	0x08	한 문자 뒤로 이동, BS
\t	0x09	수평 탭 이동, HT
\n	0x0A	줄바꿈(new line), LF
\r	0x0D	현재행의 시작으로 이동, CR
\"	0x22	" 문자
\'	0x27	' 문자
\?	0x3F	? 문자
\\	0x5C	\ 문자
\0	0x00	널(null) 문자
\ooo		3자리 8진수
\xhhh		3자리 16진수

2.1.2 문자열 상수

문자열(character string) 상수는 큰따옴표(double quote)를 사용하여 나타낸다. 문자열 상수는 각 문자 상수들이 차례로 나열되고, 마지막에 문자열 끝을 의미하는 널 문자('\0') 가 자동으로 추가된다. C 언어에서 큰따옴표를 사용하면 아스키코드 문자열이다. 윈도 우즈의 Visual C++에서 큰따옴표는 기본적으로 각 문자는 영문 1바이트, 한글 완성형 2바이트의 멀티 바이트 확장 아스키코드(ANSI/OEM 949)를 사용한다.

[표 2.11]은 문자열 상수의 자료형이다. 문자열의 자료형은 문자배열을 사용한다(4장, 5 장 참조). Visual C++ 2015는 큰따옴표 앞에 접두어 U, u, L, u8 등을 사용하여 인코딩 을 명시한다(Visual C++ 2013은 L만 지원). UTF-32는 대문자 U를 사용하고, UTF- 16은 소문자 u 또는 대문자 L, UTF-8은 u8 접두어를 사용한다. UTF-16은 다국어 문 자 코드로 와이드 문자열이다. u8 접두어는 UTF-8이다. UTF-8은 각 문자를 1에서 4 바이트의 가변 길이로 표현한다.

표 2.11 코드에 따른 문자열 상수의 자료형

코드	C 언어 자료형	문자 상수 예
ANSI/OEM 949	char 배열	"ABCD", "한글", "A한글"
UTF-32	unsigned int 배열	U"ABCD", U"한글", U"A한글"
UTF-16	unsigned short 배열	u"ABCD", u"한글", u"A한글", L"ABCD", L"한글", L"A한글"
UTF-8	char 배열	u8"ABCD", u8"한글", u8"A한글"

2.1.3 정수 상수

정수 상수는 소수점을 포함하지 않는 숫자로 부호 기호(+, −)와 같이 사용할 수 있으며, 10진수, 8진수, 16진수 표현이 있다. [표 2.12]는 정수 상수의 예이다. 8진수 정수 상수 는 0(zero)으로 시작한다. 16진수는 0x(zero x) 또는 0X(zero X)로 시작한다. long은 10 진수 ,8진수, 16진수 숫자 뒤에 문자 L을 추가하여 지정한다. 기본 정수 상수는 4바이트 정수(long)이다.

표 2.12 정수 상수

구분	예
10진수	20, +20, −20
16진수	0x14, +0x14, −0x14, 0X14, +0X14, −0X14
8진수	024, +024, −024
long	20L, 0x14L, 024L

2.1.4 실수 상수

실수 상수는 소수점을 포함하는 숫자로 부호 기호(+, −)와 같이 사용할 수 있으며, 지 수 형태도 있다. 예를 들어, 지수형 실수 상수 0.1E2는 실수 이다. 기본 실수 상수는 8

바이트 배정도 실수(double)이다. 명시적으로 숫자 뒤에 L 문자를 추가하면 배정도 실수 (double), F 또는 f 문자를 추가하면 단정도 실수(float)이다. [표 2.13]은 실수 상수의 예 이다.

표 2.13 실수 상수

구분	예
단정도 실수(float)	3.14f, 3.14F, 0.314E1f, 0.314E1F
배정도 실수(double)	3.14, 3.14L, 0.314E1, 0.314E1L

2.1.5 #define을 이용한 상수 정의

C 언어로 프로그램을 작성할 때 상수를 직접 사용하는 것보다는 #define을 이용해서 상수 의 의미에 맞는 이름으로 정의해서 사용하는 것이 프로그램을 읽고 수정하기 쉽게 한다.

C 언어 프로그램에서 #기호는 전처리(preprocessing) 기호로 컴파일러가 소스 코드 를 컴파일하기 전에 처리하는 부분으로 11장의 전처리에서 자세히 다룬다. [표 2.14]는 #define을 이용한 상수 정의 예이다. #define을 이용해서 정의할 때는 일반적으로 대문 자를 사용한다. 소문자도 사용해도 되지만, 변수 이름과 혼동할 수 있으므로 가급적 대문 자로 정의하여 변수 이름과 구분하여 사용한다.

표 2.14 #define 상수 정의

#define 상수 정의	설명
#define FALSE 0	정수 0을 FALSE로 정의
#define TRUE 1	정수 1을 TRUE로 정의
#define MAX 1024	정수 1024를 MAX로 정의
#define PI 3.141592	실수 3.141592를 PI로 정의
#define STR0 "Error: no input data"	"Error: no input data"을 STR0로 정의

2.1.6 열거형 상수

열거(enumeration)형 상수는 순서대로 정수를 부여할 때 사용한다. 열거형 상수는 키워 드 enum을 사용하여 정의한다. 열거형은 내부적으로 정수형(int)이다. 상수에 값을 지정 하지 않으면 0부터 시작해서 1씩 증가한다.

[표 2.15]는 열거 상수를 정의한다. BOOLEAN, WEEK, MSG, DAY는 열거형 (enumerate data type)이다. 열거형 BOOLEAN에서 FALSE=0, TRUE=1인 상수이 다. 열거형 WEEK에서 SUN=0, MON=1, TUE=2, WED=3, THU=4, FRI=5, SAT=6 인 상수이다. 열거형 MSG에서 OK=100, CANCEL=101, RECEIVE=200, SEND=201, WAIT=202인 상수이다. 열거 상수값은 음수도 가능하며, 같은 열거 상수 값도 가능하 다. 열거형 상수 이름을 중복 정의하면 문법 오류이다. 열거형 DAY에서 SA=0, SU=0, MO=1, TU= 2, WE=-1, TH=0, FR=1인 상수이다.

표 2.15 열거형 상수

열거형 상수 정의
enum BOOLEAN {FALSE, TRUE};
enum WEEK {SUN, MON, TUE, WED, THU, FRI, SAT};
enum MSG {OK=100, CANCEL, RECEIVE=200, SEND, WAIT};
enum DAY {SA, SU=0, MO, TU, WE=-1, TH, FR};

2.2 변수

변수(variable)는 수학에서와 같은 의미로 값이 변할 수 있는 식별자이다(수학에서는 변수 명칭으로 x, y, z 등을 주로 사용). 컴퓨터 프로그래밍 언어에서 변수는 프로그램이 실행되는 동안 데이터의 값을 변경할 수 있는 기억 장소를 가리키는 이름이다.

컴퓨터로 문제를 해결하기 위해 프로그램을 작성하여 실행하는 것은 다음과 같이 설명할 수 있다. [그림 2.9]는 문제 해결을 위한 자료구조와 알고리즘을 간단히 설명한다. 문제에서 처리할 자료를 위한 적절한 변수의 기억 장소(자료구조)를 할당하고, 변수에 할당된 기억 장소에 데이터를 초기화 또는 입력하고, 일련의 지정문, 제어문, 반복문, 함수 등의 문장을 순서(알고리즘)대로 변수의 값을 변경 가공하여, 최종적으로 변수에 저장된 결과를 출력하여 정보를 얻는다.

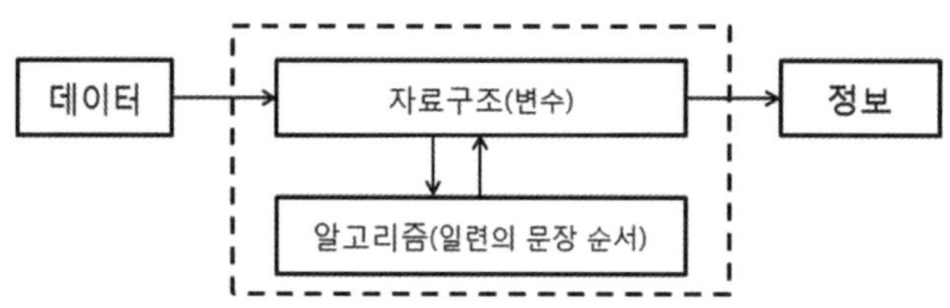

[그림 2.9] 문제 해결을 위한 자료구조와 알고리즘

2.2.1 변수 이름

프로그래머가 변수, 자료형(구조체 이름, typedef 등), 함수, 레이블 등에 부여하는 이름을 식별자(identifier)라 한다. C 언어에서 변수 또는 함수의 이름(식별자)을 만드는 규칙은 다음과 같다.

- **식별자 생성 규칙**
  ① 식별자는 일련의 알파벳 대문자(A-Z), 소문자(a-z), 밑줄(_), 숫자(0~9)로 표현한다.
  ② 식별자의 첫 자는 반드시 대문자, 소문자 또는 밑줄(_)이어야 한다.
  ③ 알파벳 대문자와 소문자는 서로 다른 문자로 구별한다.
  ④ C 언어의 문법을 설명하기 위한 [표 2.16]의 예약어/키워드는 식별자로 사용할 수 없다. 컴파일러에 따라 추가된 예약어도 있다. Visual C++의 C컴파일러는 __asm, __cdecl, __int8, __int16, __int32, __int64 등의 특수 예약어도 있다.
  ⑤ 식별자의 허용 길이는 컴파일러마다 다르다.

프로그램의 변수 이름을 의미에 맞게 작성하면 프로그램을 읽고 이해하기 쉬우며 문서화에도 도움이 된다. 변수 이름을 잘 만들기 위해서는 단어와 단어 사이를 밑줄(_)을 사용하여 연결하거나, 새로운 단어가 시작할 때마다 대문자로 표현하는 방법, 변수 이름에 자료형을 추가하여 표현하는 방법 등이 있다.

프로그램을 작성할 때 참고할 만한 간단하면서도 효과적인 유명한 표기법이 헝가리언 표기법(Hungarian notation)이다. 헝가리언 표기법에서는 변수 이름의 첫 자에 자료형을 나타내는 소문자 c(문자), sz(문자열), n, l(정수), f, d(실수), a(배열), p(포인터) 등을 사용하여 작성한다. 예를 들어, cGrade는 학점의 문자 변수, nScore는 점수의 정수 변수, fAreaCircle은 원의 면적의 실수 변수인 것을 바로 알 수 있다.

이 책에서는 간단한 예제로 C 언어를 설명하기 때문에 변수 이름을 가능한 짧게 사용하였다.

표 2.16 C 언어 예약어

auto	break	case	char	const	continue	default	do
double	else	enum	extern	float	for	goto	if
int	long	register	return	short	signed	sizeof	static
struct	switch	typedef	union	unsigned	void	volatile	while

2.2.2 변수 선언 및 정의

C 언어는 모든 변수를 사용하기 전에 반드시 선언(declaration)해야 한다. 변수 선언은 변수 이름, 변수의 자료형(char, int, float 등), 메모리 할당(memory allocation)에 관한 정보(1, 2, 4, 8바이트 등)를 컴파일러에 알려준다. 여기서 메모리가 할당되는 것을 변수 정의(definition)라고 한다. 대부분 변수 선언은 변수 정의를 포함하고 있으므로 변수 선언과 변수 정의를 구분하지 않아도 된다. 변수 선언과 정의의 구분은 extern을 사용하여 외부 변수를 선언하는 경우이다. 이것은 기억 클래스 부분에서 다룬다. [표 2.17]은 변수 선언과 초기화의 예이다.

- **변수 선언**
  ① 변수는 자료형(char, int, float, double 등)과 변수 이름으로 선언한다.
  ② 동일한 자료형의 변수가 여러 개 필요할 때는 콤마(,)로 구분하여 나열한다.
  ③ 변수를 선언할 때 = 연산자를 사용하여 변수의 값을 초기화할 수 있다. = 연산자는 오른쪽을 계산하여 계산된 결과를 왼쪽에 있는 변수에 저장하는 의미이다.
  ④ 블록 범위에서 선언된 지역변수(자동 기억 클래스)를 선언하고, 초기화하지 않으면 할당된 메모리의 값을 초기화하지 않는다(0이 아닐 수 있다).
  ⑤ 같은 유효범위(scope)에 같은 식별자 이름을 중복 선언할 수 없다.
  ⑥ C 언어는 블록에서 필요한 모든 지역변수를 블록의 시작 부분에 모두 먼저 선언하고 사용한다(C89, VS2010). 그러나 C99 표준을 지원하는 VS2013, VS2015는 변수의 선언

위치를 C++ 문법처럼 문장의 임의 위치에서 허용한다.

표 2.17 변수 선언과 초기화

자료형	변수 선언 예	설명
문자	char cKey; char cGrade = 'A'; char ch1, ch2; wchar_t ch3;	cKey를 1바이트 문자로 선언 cGrade를 1바이트 문자로 선언하고, 문자 'A'의 아스키 값(0x41)으로 초기화 ch1, ch2를 1바이트 문자로 선언 ch3를 2바이트의 와이드 문자로 선언
문자열	char *str1 = "hello"; wchar_t *str2 = L"hello";	문자열은 배열, 포인터를 사용한다.
정수	int nCount; int nSum = 0; int nA, nB;	nCount를 4바이트 정수로 선언 nSum를 4바이트 정수로 선언하고, 0으로 초기화 nA, nB를 4바이트 정수로 선언
실수	float fA; float fB = 0.1f; double fD;	fA를 4바이트 실수로 선언 fB 4바이트 실수로 선언하고, 0.1f로 초기화 fD를 8바이트 실수로 선언

03 간단한 표준 입출력 함수

프로그램을 작성하고, 실행 결과를 확인하기 위해서 printf(), scanf(), printf_s(), scanf_s() 등의 표준 입출력 함수에 대하여 설명한다.

윈도우즈에서 표준 입출력은 명령창(cmd)을 사용한다. 표준 입력(stdin)은 키보드에서 입력하고, 표준 출력(stdout)은 명령창(cmd)에 출력하므로, [표 2.3]의 명령창의 활성 코드 페이지와 밀접한 관련이 있다.

표준 입출력 함수를 사용하려면 #include<stdio.h> 문으로 stdio.h 헤더 파일을 프로그램에 포함시켜 함수 원형(function prototype)을 선언한다. 함수 원형은 컴파일러에 함수 이름, 반환형, 인수의 자료형에 관한 정보를 알려준다.

명령창의 표준 입출력은 ANSI/OEM 949 또는 UTF-8(code page 65001)을 사용한다. getchar(), _getch(), putchar(), _putch(), gets_s(), puts() 등 문자, 문자열 입출력 함수와 SetConsoleOutputCP() 함수에 의한 명령창에서 코드 페이지 설정, 국가 및 언어 설정을 위한 setlocale() 함수, wprintf(), wscanf(), getwchar(), _getwch(), putwchar(), _getws_s(), _putws() 등의 와이드 문자, 문자열 입출력 함수는 7장에서 설명한다.

3.1 printf()와 scanf() 함수

표준 출력함수 printf()를 사용하면 명령창(cmd)에 출력한다. 표준 입력함수 scanf()를 사용하면 키보드에서 데이터를 입력받을 수 있다. 표준 입력 스트림(stream)은 stdin, 표준 출력 스트림은 stdout이다.

비주얼 스튜디오 2015의 컴파일러에서 scanf() 함수를 사용하면 안전하지 않다는 경고 (warning C4996: 'scanf': This function or variable may be unsafe. Consider using scanf_s instead. To disable deprecation, use _CRT_SECURE_NO_WARNINGS)가 발생한다. 이 경고를 없애려면, scanf_s() 함수를 사용하거나, [그림 2.10]과 같이 프로젝트 [속성]-[C/C++]-[전처리기]에서 _CRT_SECURE_NO_WARNINGS을 추가하거나, 프로그램에 #pragma warning(disable: 4996)(11장 참조)을 추가한다.

```
int printf( const char *format, ... );
int scanf( const char *format, ... );
```

① 문자열 format 부분에 입출력 서식을 지정한다. % 기호 뒤에 [표 2.18]의 입출력 서식을 나타내는 변환 문자(c, d, f, s 등)를 사용한다.

② %기호의 개수와 인수의 개수가 같아야 한다.

③ printf() 함수에서 역슬래시(\)에 의한 제어 문자를 사용할 수 있다.

④ %%는 '%'를 출력한다.

⑤ printf() 함수는 앞서 설명한 %와 \를 이용한 제어 문자 외의 일반 문자는 그대로 출력한다.

⑥ scanf() 함수는 인수는 변수의 주소이어야 한다. 일반 변수는 주소 연산자(&)를 사용한다. 이는 키보드에서 값을 읽어서 해당 변수의 주소에 저장하라는 의미이다.

⑦ [표 2.19]와 같이 자릿수를 지정하여 입출력 할 수 있다.

표 2.18 서식 필드 문자

변환 문자	자료형	설명
%c	char	1문자
%d		10진수
%x, %X	int	16진수
%o		8진수
%f		실수
%e	float, double	지수형 실수
%s	char *	문자열
%u	unsigned int	부호 없는 10진 정수
%p		주소

[표 2.19]는 자릿수 지정 변환 서식이다. 예를 들면, printf() 함수의 format 문자열에 %nd를 사용하여 n자리에 10진 정수로 출력할 수 있다. n이 실제 정수의 자릿수보다 작으면, 실제 정수의 자릿수가 우선한다. %0nd는 n자리에 10진 정수를 출력할 때, 공백이 있으면 0으로 채운다. %-nd는 n자리에 10진 정수를 왼쪽 정렬하여 출력한다.

실수는 %f인 경우 기본은 소수점 이하 6자리까지 출력한다. %m.nf에서 총 자리수인 m이 실제 데이터의 크기보다 작은 경우에도 실제 데이터를 따른다. 소수점 이하 자리는 n에 지정된 숫자에 따라 절단된다. 실제 format 문자열은 더 복잡하다.

표 2.19 자릿수 지정 변환 서식

변환문자	설명
%6x	6자리에 16진수 정수
%6d	6자리에 10진수 정수
%010d	10자리에 10진수 정수, 공백은 0으로 채움
%-10d	10자리 10진수 정수를 왼쪽 정렬
%6.1f	전체 6자리 중에서 소수점 이하 1자리

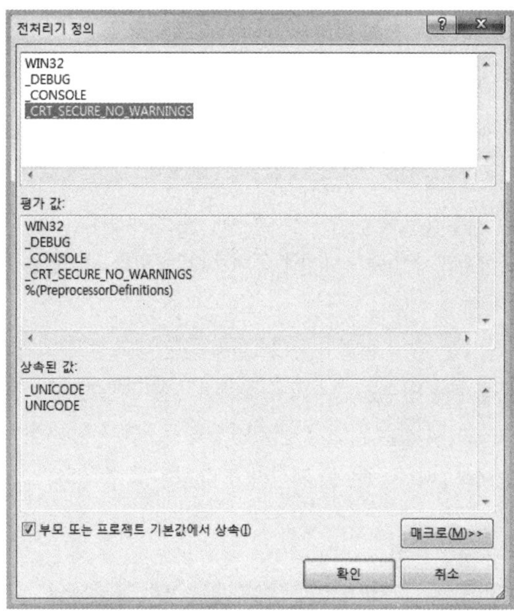

[그림 2.10] 전처리기(CRT_SECURE_NO_WARNINGS) 추가

[예제 2.4] sizeof 연산자를 이용한 자료형의 바이트 크기

```c
01:   #include <stdio.h>
02:   int main()
03:   {
04:       char   a;
05:       short  b;
06:       int    c;
07:       float  d;
08:       double e;
09:       printf("bytes of data type\n");
10:       printf("char   : %d\n", sizeof(char));
11:       printf("short  : %d\n", sizeof(short));
12:       printf("int    : %d\n", sizeof(int));
13:       printf("float  : %d\n", sizeof(float));
14:       printf("double: %d\n", sizeof(double));
15:
16:       printf("\nbytes of variable\n");
17:       printf("sizeof(a) = %d\n", sizeof(a));   /* sizeof a */
18:       printf("sizeof(b) = %d\n", sizeof(b));
19:       printf("sizeof(c) = %d\n", sizeof(c));
20:       printf("sizeof(d) = %d\n", sizeof(d));
21:       printf("sizeof(e) = %d\n", sizeof(e));
22:
23:       printf("\nbytes of character constant\n");
24:       printf("sizeof('A') = %d\n", sizeof('A'));
25:       printf("sizeof(u'A') = %d\n", sizeof(u'A'));   /* sizeof(L'A') */
26:       printf("sizeof(U'A') = %d\n", sizeof(U'A'));
27:
28:       printf("\nbytes of string constant\n");
29:       printf("sizeof(\"A\") = %d\n", sizeof("A"));
30:       printf("sizeof(\"한\") = %d\n", sizeof("한"));
31:       printf("sizeof(u\"한\") = %d\n", sizeof(u"한"));   /* sizeof(L"한") */
32:       printf("sizeof(U\"한\") = %d\n", sizeof(U"한"));
33:       printf("sizeof(u8\"한\") = %d\n", sizeof(u8"한"));
34:       return 0;
35:   }
```

● 실행 결과

```
bytes of data type
char  : 1
short : 2
int   : 4
float : 4
double: 8

bytes of variable
sizeof(a) = 1
sizeof(b) = 2
sizeof(c) = 4
sizeof(d) = 4
sizeof(e) = 8

bytes of character constant
sizeof('A') = 4
sizeof(u'A') = 2
sizeof(U'A') = 4

bytes of string constant
sizeof("A") = 2
sizeof("한") = 3
sizeof(u"한") = 4
sizeof(U"한") = 8
sizeof(u8"한") = 4
```

프로그램 설명

① 4-8행

문자(char) 변수 a, 2바이트 정수(short) 변수 b, 4바이트 정수(int) c, 단정도 실수(float) 변수 d, 배정도 실수(double) 변수 e를 선언한다.

② 9-14행

sizeof 연산자를 사용하여 계산한 각 자료형의 바이트 크기를 printf() 함수로 출력한다. sizeof()는 함수가 아니라 연산자(operator)이다. 괄호 안에 자료형(data type)에 대한 메모리 할당 바이트 크기를 계산한다.

③ 16-21행

sizeof 연산자를 사용하여 계산한 각 변수의 바이트 크기를 printf() 함수로 출력한다. 변수에 대해서는 sizeof(a)와 sizeof a는 같다. 그러나, 자료형은 괄호가 필요하다.

④ 23-26행

Visual C++의 C 언어(*.c)는 sizeof('A')은 1바이트가 아니라 4바이트로 계산한다. 'A'의 자료형이 int이기 때문이다(주의, C++(*.cpp)는 1바이트로 계산한다). sizeof(u'A')와 sizeof(L'A')는 2바이트이다. u'A'와 L'A'는 유니코드 UTF-16의 2바이트 상수이다. sizeof(U'A')는 4바이트이다.

⑤ 28-33행

sizeof("A")는 2바이트, sizeof("한")은 3바이트, sizeof(L"한"), sizeof(u"한")은 4바이트, sizeof(U"한")은 8바이트, sizeof(u8"한")은 4바이트이다. 문자열에 대해서는 배열, 포인터에서 자세히 설명한다. 각, 문자열의 끝에는 널 문자('\0')가 있다. UTF-8에서 '한'은 3바이트이고, 아스키인 널 문자('\0')는 1바이트이다.

[예제 2.5] 멀티 바이트 문자 상수와 변수

```
01:   #include <stdio.h>
02:   int main()
03:   {
04:       char          ch1 = 'A';   /* 65, 0101, 0x41 */
05:       char          ch2 = 0x80;
06:       unsigned char ch3 = 0x80;
07:       wchar_t       ch4 = '한';  /* unsigned short ch2 = '한'*/
08:
09:       printf("'A' =  %c, %d, %o, %x\n", 'A', 'A', 'A', 'A');
10:       printf("hex('한') = %x\n", '한');
11:       printf("char(0xc7d1) = %c%c\n", 0xc7, 0xd1);
12:
13:       printf("ch1 = %c, %X\n", ch1, ch1);
14:       printf("ch2 = %X\n", ch2);
15:       printf("ch2 = %X\n", (unsigned char)ch2);
16:       printf("ch3 = %X\n", ch3);
17:       printf("ch4 = %X\n", ch4);
18:       return 0;
19:   }
```

● 실행 결과

```
C:\Windows\system32\cmd.exe
'A' =  A, 65, 101, 41
hex('한') = c7d1
char(0xc7d1) = 한
ch1 = A, 41
ch2 = FFFFFF80
ch2 = 80
ch3 = 80
ch4 = C7D1
```

▌프로그램 설명

① 한글이 올바르게 출력되려면, 명령창의 코드 페이지가 ANSI/OEM 949이어야 한다. [표 2.3]의 명령창(cmd) 코드 페이지 설정을 참조한다.

② 4-7행
4행은 char 변수 ch1을 선언하고, 멀티 바이트(MBCS, ANSI/OEM 949) 문자 상수 'A'로 초기화한다. 문자 상수 'A' 대신, 10진수 정수 상수 65, 8진수 정수 상수 0101, 16진수 정수 상수 0x41을 사용해도 같다. VC++에서 문자 상수 'A'는 4바이트 정수 int이다. 4바이트 중에서 하위 1바이트를 char 변수 ch1에 저장한다. 5행은 char 변수 ch2를 선언하고, 16진수 정수 상수 0x80으로 초기화한다. 6행은 unsigned char 변수 ch3을 선언하고, 16진수 정수 상수 0x80으로 초기화한다. 7행은 wchar_t 변수 ch4를 선언하고, ANSI/OEM(949) 한글 문자 '한'으로 초기화한다.

③ 9-11행
9행은 문자 상수 'A'를 %c로 문자, %d로 10진수, %o로 8진수 출력, %x로 16진수로 출력한다. 10행은 문자 상수 '한'을 %x로 멀티 바이트(MBCS, ANSI/OEM 949)에서 '한'의 16진수 코드

값 c7d1을 출력한다. 문자 상수 '한'을 1바이트 문자출력 서식인 %c로 출력되지 않는다. 11행에서 %c%c로 '한'의 코드값 0xc7, 0xd1을 출력하면 한글 문자가 출력된다.

④ 13-17행

13행은 char 변수 ch1을 %c로 문자 'A'를 출력하고, %X로 16진수 41을 출력한다. 14행에서 char 변수 ch2를 %X로 출력하면 16진수 FFFFFF80을 출력한다. ch2 변수가 부호가 있는 1바이트 정수이고, 부호 비트가 1이기 때문에, %X에 의해 4바이트 정수로 확장해서 출력했기 때문이다. 15행은 (unsigned char)ch2에 의해 부호가 없는 문자형(unsigned char)으로 변경하면 1바이트만을 16진수로 변경하여 80을 출력한다. 16행은 unsigned char 변수 ch3을 %X로 16진수 80을 출력한다. 17행은 wchar_t(unsigned short) 변수 ch4를 %X로 16진수 C7D1을 출력한다. 16진수 C7D1은 멀티 바이트(MBCS, ANSI/OEM 949)에서 '한'의 코드이다.

[예제 2.6] 유니코드(UTF-16, UTF-32) 문자 상수와 변수

```
01:   #include <stdio.h>
02:   int main()
03:   {
04:       wchar_t       ch1 = u'한';   /* L'한' */
05:       unsigned int  ch2 = U'한';
06:
07:       printf("ch1 = %x\n", ch1);
08:       printf("ch2 = %x\n", ch2);
09:
10:       /* '한'의 UTF-8 코드 */
11:       printf("char(0xed, 0x95, 0x9c) = %c%c%c\n", 0xed, 0x95, 0x9c);
12:       return 0;
13:   }
```

● 실행 결과

▌ 프로그램 설명

① 4-5행

4행은 wchar_t 변수 ch1을 선언하고, UTF-16 한글 문자 u'한' 또는 L'한'로 초기화한다. wchar_t는 2바이트 정수형 unsigned short이다. 5행은 unsigned int 변수 ch2를 선언하고, UTF-32 한글 문자 U'한'으로 초기화한다.

② 7-8행

7행은 변수 ch1에 저장된 UTF-16 한글 문자 u'한'을 %x로 16진수 d55c를 출력한다. 8행은 변수 ch2에 저장된 UTF-32 한글 문자 U'한'을 %x로 16진수 d55c를 출력한다. U'한'의 상위 2바이트가 0이기 때문에 %x는 출력하지 않는다. %08x는 16진수 0000d55c를 출력한다.

③ 11행

UTF-8의 '한'의 코드값 0xed, 0x95, 0x9c를 %c%c%c로 출력하면 한글 문자가 출력된다. 한글이 출력되려면, 명령창의 코드 페이지가 UTF-8(코드 페이지 65001)이어야 한다. 명령창의 글꼴이 "굴림체" 또는 "Lucida Console"이어야 한다. [표 2.3]의 명령창(cmd) 코드 페이지 설정을 참조한다.

[예제 2.7] 문자열 상수와 포인터

```
01:  #include <stdio.h>
02:  int main()
03:  {
04:      char   *s1 = "A한";        /* MBCS  */
05:      char   *s2 = u8"A한";    /* UTF-8 */
06:
07:      printf("sizeof = %d\n", sizeof("A한"));
08:      printf("s1 = %s\n", s1);
09:      printf("%c %c%c\n", s1[0], s1[1], s1[2]);
10:      printf("%hhx, %hhx, %hhx, %hhx\n", s1[0], s1[1], s1[2], s1[3]);
11:
12:      printf("sizeof = %d\n", sizeof(u8"A한"));
13:      printf("s2 = %s\n", s2);
14:      printf("%c %c%c%c\n", s2[0], s2[1], s2[2], s2[3]);
15:      printf("%hhx, %hhx, %hhx, %hhx, %hhx\n",
16:          s2[0], s2[1], s2[2], s2[3], s2[4]);
17:      return 0;
18:  }
```

▌ 프로그램 설명

① 4-5행

4행은 문자 포인터 char * 변수 s1을 선언하고 멀티 바이트(MBCS, ANSI/OEM 949) 문자열 상수 "A한"으로 초기화한다. 5행은 문자 포인터 char * 변수 s2을 선언하고 UTF-8 유니코드 문자열 상수 u8"A한"으로 초기화한다. 포인터에 대한 자세한 내용은 5장을 참고한다.

② 7-10행

7행에서 sizeof(u8"A한")=5 바이트이다. 멀티 바이트에서 영문은 1바이트, 한글은 2바이트이다. 문자열의 끝(string terminated zero)을 표시하는 널('\0') 문자는 1바이트이다. 8행은 문자열 상수 "A한"에 대한 포인터 s1을 문자열 출력을 위한 서식 %s로 출력한다. 9행의 출력 서식 "%c %c%c\n"에서 s1[0]을 %c로 출력하면 문자 'A'를 출력하고, s1[1], s1[2]를 %c%c로 출력하면 '한'을 출력한다. 한글을 %c로 출력할 때는 코드를 연속으로 출력해야 하기 때문에 %c와 %c 사이에 공백이 있어서는 안 된다. 10행은 멀티 바이트 문자열 상수의 코드를 1바이트 16진수로 출력한다. 8-9행의 한글 출력은 명령창의 코드 페이지가 949이어야 올바르게 출력된다. [표 2.3]의 명령창(cmd) 코드 페이지 설정을 참조한다.

● 실행 결과

```
C:\Windows\system32\cmd.exe
sizeof = 4
s1 = A한
A 한
41, c7, d1, 0
sizeof = 5
s2 = A??
A ??
41, ed, 95, 9c, 0
```

③ 12-16행

12행에서 sizeof(u8"A한")=5 바이트이다. UTF-8에서 영문 'A'는 1바이트, '한'은 3 바이트(코드값 0xed, 0x95, 0x9c), 문자열의 끝을 표시하는 널('\0') 문자는 1바이트이다. 13행은 문자열 상수 u8"A한"에 대한 포인터 s2을 문자열 출력을 위한 서식 %s로 출력한다. 14행의 출력 서식 "%c %c%c%c\n"에서 s2[0]을 %c로 출력하면 문자 'A'를 출력하고, s2[1], s2[2], s2[3]을 %c%c%c로 출력하면 '한'을 출력한다. 한글을 출력할 때는 코드를 연속으로 출력해야 하기 때문에 %c 사이에 공백이 있어서는 안 된다. 15-16행은 UTF-8 문자열 상수의 코드를 1바이트 16진수로 출력한다. 13-14행의 한글 출력은 명령창의 코드 페이지가 UTF-8(코드페이지 65001)이고, 글꼴이 "굴림체" 또는 "Lucida Console"이어야 한다. [표 2.3]의 명령창(cmd) 코드 페이지 설정을 참조한다. UTF-8의 한글 문자는 char 포인터 또는 배열을 사용해야 한다.

● 실행 결과

```
C:\Windows\system32\cmd.exe
sizeof = 4
s1 = A□□
A □□
41, c7, d1, 0
sizeof = 5
s2 = A한
A 한
41, ed, 95, 9c, 0
```

④ UTF-16 문자열은 2바이트 정수인 wchar_t(unsigned short) 자료형의 포인터 또는 배열을 사용하고, 문자열 상수는 u"A한" 또는 L"A한"을 사용한다. UTF-32 문자열은 4바이트 정수인 unsigned int 자료형의 포인터 또는 배열을 사용하고, 문자열 상수는 U"A한"을 사용한다. UTF-16 문자, 문자열을 멀티 바이트로 변환하여 출력하는 wprintf(), putwchar(), _putwch(), _putws() 등의 와이드 문자(wide character) 출력과 관련된 함수에 대해서는 7장에서 설명한다.

[예제 2.8] 정수 상수와 변수

```c
01:  #include <stdio.h>
02:  int main()
03:  {
04:      char  a = 0xff;      /* char  a = -1        */
05:      short b = -1;        /* short b = 0xffff    */
06:      int   c = -1;        /* int   c = 0xffffffff */
07:      long  d = -1;        /* long  d = 0xffffffff */
08:      long long e = -1;    /* long long e = 0xffffffffffffffff */
09:
10:      printf("a: Decimal = %d, Hexa = %hhX\n", a, a);
11:      printf("b: Decimal = %d, Hexa = %hX\n", b, b);
```

```
12:        printf("c: Decimal = %d, Hexa = %X\n", c, c);
13:        printf("d: Decimal = %ld, Hexa = %lX\n", d, d);
14:        printf("e: Decimal = %lld, Hexa = %llX\n", e, e);
15:        return 0;
16: }
```

● 실행 결과

```
C:\Windows\system32\cmd.exe
a: Decimal = -1, Hexa = FF
b: Decimal = -1, Hexa = FFFF
c: Decimal = -1, Hexa = FFFFFFFF
d: Decimal = -1, Hexa = FFFFFFFF
e: Decimal = -1, Hexa = FFFFFFFFFFFFFFFF
```

■ 프로그램 설명

① 4-8행

4행은 1바이트 정수형(char) 변수 a를 선언하고 16진수 정수형 상수 0xff로 초기화한다. 5행
은 2바이트 정수형(short, short int) 변수 b를 선언하고 10진수 정수형 상수 -1로 초기화한
다. 6행은 4바이트 정수형(int) 변수 c를 선언하고 10진수 정수형 상수 -1로 초기화한다. 7행
은 4바이트 정수형(long) 변수 d를 선언하고 10진수 정수형 상수 -1로 초기화한다. 8행은 8바
이트 정수형(long long) 변수 e를 선언하고 10진수 정수형 상수 -1로 초기화한다.

② 10-14행

10행은 1바이트 정수형(char) 변수 a를 10진수 %d와 1바이트 16진수 출력 %hhX로 출력한다.
11행은 2바이트 정수형(short) 변수 b를 10진수 %d와 2바이트 16진수 출력 %hX로 출력한다.
12행은 4바이트 정수형(int) 변수 c를 10진수 %d와 4바이트 16진수 출력 %X로 출력한다. 13
행은 4바이트 정수형(long) 변수 d를 10진수 %ld와 4바이트 16진수 출력 %lX로 출력한다. 14
행은 8바이트 정수형(long long) 변수 e를 10진수 %lld와 8바이트 16진수 출력 %llX로 출력한
다. l은 long을 나타내는 영문 소문자 l이다.

[예제 2.9] 실수 상수와 변수

```
01:  #include <stdio.h>
02:  int main()
03:  {
04:       float   a = 3.14f;
05:       double b = 3.14;
06:
07:       printf("a = %f, a = %e\n", a, a);
08:       printf("b = %f, b = %le\n", b, b);
09:       return 0;
10: }
```

● 실행 결과

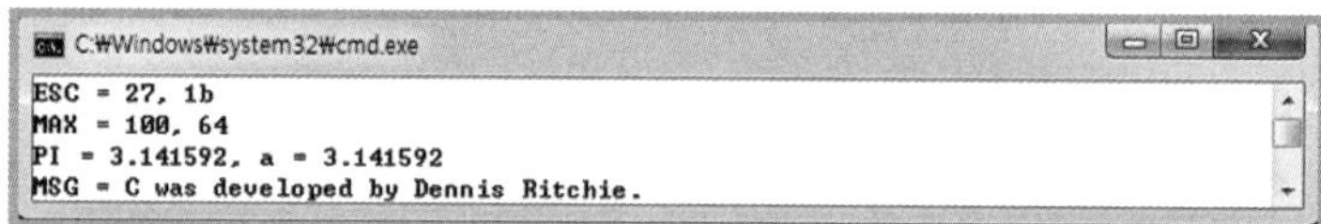

프로그램 설명

① 4-5행

4행은 단정도 실수형(float) 변수 a를 선언하고 단정도 실수 상수 3.14f로 초기화한다. 5행은
배정도 실수형(double) 변수 b를 선언하고 배정도 실수 상수 3.14로 초기화한다.

② 7-8행

7행은 단정도 실수형 변수 a를 10진수 실수 출력 %f와 지수형 실수 출력 %e로 출력한다. 8행
은 배정도 실수형 변수 b를 %lf와 %le로 출력한다. 컴파일러가 변수 b의 자료형이 배정도 실
수인 것을 알기 때문에 %f, %e로 출력해도 올바르게 출력한다.

[예제 2.10] #define 상수 정의

```
01:   #include <stdio.h>
02:   #define ESC  0x1b
03:   #define MAX  100
04:   #define PI   3.141592
05:   #define MSG  "C was developed by Dennis Ritchie."
06:   int main()
07:   {
08:       double a = PI;
09:
10:       printf("ESC = %d, %x\n", ESC, ESC);
11:       printf("MAX = %d, %x\n", MAX, MAX);
12:       printf("PI = %f, a = %f\n", PI, a);
13:       printf("MSG = %s\n", MSG);
14:       /* PI = 3.14 ; */ /* 오류 */
15:       return 0;
16:   }
```

● 실행 결과

프로그램 설명

① 2-5행

ESC는 0x1b, MAX는 100, PI는 3.141592, MSG는 "C was developed by Dennis Ritchie."로
정의한다.

② 8행
배정도 실수 변수 a를 선언하고 PI로 초기화한다.

③ 10-13행
10행은 ESC를 10진수와 16진수로 출력한다. 11행은 MAX를 10진수와 16진수로 출력한다.
12행은 PI와 a를 실수로 출력한다. 13행은 MSG를 문자열로 출력한다.

④ 14행
상수 PI에 3.14를 저장 할 수 없기 때문에 PI = 3.14는 오류가 발생한다.

[예제 2.11] 열거 상수와 변수

```
01:   #include <stdio.h>
02:   int main()
03:   {
04:        enum WEEK { SUN, MON, TUE, WED, THU, FRI, SAT } a;
05:        enum WEEK b = SUN;     /* b = 0 */
06:
07:        a = SUN;            /* a = 0 */
08:        printf("a = %d, b = %d\n", a, b);
09:
10:        a = SAT;           /* a = 6  */
11:        b = 6;             /* b = SAT */
12:        printf("a = %d, b = %d\n", a, b);
13:        return 0;
14:   }
```

● 실행 결과

▌ 프로그램 설명

① 4-5행
4행은 열거형 WEEK에 SUN=0, MON=1, TUE=2, WED=3, THU=4, FRI=5, SAT=6인 상수를
정의하고, 열거형 WEEK 변수 a를 선언한다. 5행은 열거형 WEEK 변수 b를 선언하고 열거형
상수 SUN으로 초기화한다. 정수를 사용하여 b = 0으로 초기화할 수 있다.

② 7-8행
7행은 변수 a의 값을 SUN으로 변경한다. 8행에서 변수 a, b의 값을 10진수로 출력하면 a = 0,
b = 0이다.

③ 10-12행
11행은 변수 a의 값을 SAT로 변경한다. 12행은 변수 b의 값을 6으로 변경한다. 13행, 14행에
서 변수 a, b의 값을 10진수로 출력하면 a = 6, b = 6이다.

[예제 2.12] const 키워드를 이용한 상수

```
01:  #include <stdio.h>
02:  int main()
03:  {
04:      const float pi = 3.14f;
05:      float pi2;
06:
07:      pi2 = 2 * pi;
08:      pi = 2 * pi;   /* 오류 */
09:      printf("pi = %f\n", pi);
10:      printf("pi2 = %f\n", pi2);
11:      return 0;
12:  }
```

프로그램 설명

① 4–5행

4행은 const 키워드를 사용하여 단정도 실수 변수 pi를 상수로 선언한다. pi는 상수로 값을 변경할 수 없다. 5행은 pi2를 단정도 실수형 변수로 선언한다.

② 8행

컴파일하면 "error C2166: l-value가 const 개체를 지정합니다."의 오류 메시지를 출력한다. = 연산자는 오른쪽(r-value) 수식을 계산하여 왼쪽(l-value)의 변수의 값을 변경(저장)하는 연산자이기 때문에 왼쪽(l-value)은 반드시 변수만 가능하다. #define pi 3.14로 상수를 정의하면, 컴파일러의 전처리 단계에서 단지 pi를 3.14로 대치하는 기능만 한다. const 키워드에 의한 상수 정의는 수식에서 자료형 검사(type checking)를 수행하여 오류의 가능성을 줄여준다.

[예제 2.13] 변수의 선언 위치

```
01:  #include <stdio.h>
02:  int main()
03:  {
04:      int  a = 1;
05:  /* float a = 1.0 */   /* 변수 이름 중복 선언 오류 */
06:      printf("a = %d\n", a);
07:
08:      int b = 2;        /* VS2015에서 오류 아님*/
09:      printf("b = %d\n", b);
10:      return 0;
11:  }
```

• 실행 결과

프로그램 설명

① 4-6행

4행은 정수형 변수 a를 선언하고 1로 초기화한다. 5행의 주석이 없으면 4행의 변수 이름과 중복되어 "재정의" 오류가 발생한다. 6행은 a = 1을 출력한다.

② 8-9행

8행은 C 언어 표준 C89에서는 오류이고, C99 표준에서는 오류가 아니다. C99를 지원하는 VS2015에서는 오류가 아니다. 9행은 b=2를 출력한다. 즉, 사용하는 컴파일러 버전에 따라 발생하는 오류가 다를 수 있다.

[예제 2.14] 자릿수 지정 양식 출력

```
01:  #include <stdio.h>
02:  int main()
03:  {
04:      char  a = 'A';
05:      float pi2 = 6.283184f;
06:
07:      printf("%c%c\n", a, a);
08:      printf("%4c%4c\n", a, a);
09:      printf("%-4c%-4c\n", a, a);
10:      printf("%d%d\n", a, a);
11:      printf("%4d%4d\n", a, a);
12:      printf("%-4d%-4d\n", a, a);
13:      printf("%04d%04d\n", a, a);
14:      printf("%1d%1d\n", a, a);
15:
16:      printf("pi2 = %f%f\n", pi2, pi2);
17:      printf("pi2 = %4.3f\n", pi2);
18:      printf("pi2 = %10.3f\n", pi2);
19:      printf("pi2 = %010.1f\n", pi2);
20:      return 0;
21:  }
```

● 실행 결과

```
C:\Windows\system32\cmd.exe

AA
   A   A
A   A
6565
  65  65
65  65
0065 0065
6565
pi2 = 6.2831846.283184
pi2 = 6.283
pi2 =      6.283
pi2 = 00000006.3
```

▌ 프로그램 설명

① 4~5행

4행은 문자형 변수 a를 선언하고, 문자 상수 'A'로 초기화한다. 5행은 단정도 실수형 변수 pi2를 선언하고, 단정도 실수 상수 6.283184f로 초기화한다.

② 7~13행

문자 변수 a를 %c, %4c, %-4c는 문자로 출력하고, %d, %4d, %-4d, %04d, %1d는 10진수로 출력한다. %c는 문자 'A'를 출력한다. %4c는 전체 4자리에 오른쪽 정렬하여 왼쪽 3자리는 공백, 오른쪽 한자리에 문자 'A'를 출력한다. %-4c는 4자리에 왼쪽(-) 정렬하여 오른쪽 3자리는 공백, 왼쪽 한자리에 문자 'A'를 출력한다. %d는 10진수 65를 출력한다. %4d는 4자리에 오른쪽 정렬하여 왼쪽 2자리는 공백, 오른쪽 2자리에 10진수 65를 출력한다. %04d는 4자리에 오른쪽 정렬하여 왼쪽 2자리는 0으로 채우고, 오른쪽 2자리에 10진수 65를 출력한다. %1d는 1자리 10진수 출력 서식인데, 문자 상수 'A'가 10진수로 65이기 때문에 맞지 않는다. 이런 경우, 출력 서식을 무시하고, 변수 a의 값 65를 2자리에 출력한다.

③ 16~19행

%f는 변수 pi2에 소수점 이하 6자리로 출력하고, %4.3f는 전체 4자리, 소수점 이하 3자리까지 출력한다. %10.3f는 전체 10자리, 소수점 이하 3자리까지 출력한다. 소수점 이하 4째 자리에서 반올림한다. %010.1f는 전체 10자리, 소수점 이하 1자리까지 오른쪽 정렬하고, 공백은 0으로 채워서 출력한다. 소수점 이하 둘째 자리에서 반올림이 일어난다.

[예제 2.15] scanf()에 의한 문자 입력

```
01:   #include <stdio.h>
02:   #pragma warning(disable: 4996) /*_CRT_SECURE_NO_WARNINGS*/
03:   int main()
04:   {
05:       char a, b, c;
06:
07:       printf("1:>>>");
08:       scanf("%c%c%c", &a, &b, &c);
09:       printf("a= %c, b= %c, c= %c\n", a, b, c);
10:       printf("a= %d, b= %d, c= %d\n", a, b, c);
11:       a = getchar();   /* fflush(stdin); */ /* Enter 키 '\n' 처리 */
12: /*   scanf("%c", &a); */
13:       printf("a = %d\n", a);
14:
15:       printf("2:>>>");
16:       scanf("%c %c %c", &a, &b, &c);
17:       printf("a= %c, b= %c, c= %c\n", a, b, c);
18:       printf("a= %d, b= %d, c= %d\n", a, b, c);
19:       getchar();     /* fflush(stdin); */ /* Enter 키 '\n' 처리 */
20:
21:       printf("3:>>>");
22:       scanf("%c, %c, %c", &a, &b, &c);
23:       printf("a= %c, b= %c, c= %c\n", a, b, c);
```

```
24:        printf("a= %d, b= %d, c= %d\n", a, b, c);
25:        /*
26:        a = getchar();  // Enter 키 '\n' 처리
27:        */
28:        return 0;
29: }
```

● 실행 결과

▌ 프로그램 설명

① 2행
비주얼 스튜디오 2015의 컴파일러에서 scanf() 함수를 사용하면 안전하지 않다는 경고
(warning C4996: 'scanf': This function or variable may be unsafe. Consider using
scanf_s instead. To disable deprecation, use _CRT_SECURE_NO_WARNINGS)가 발생한
다. 이 경고를 없애려면, [그림 2.10]과 같이 프로젝트 [속성]-[C/C++]-[전처리기]에서 _CRT_
SECURE_NO_WARNINGS을 추가하거나, 프로그램에 #pragma warning (disable: 4996)을
추가한다.

② 5-13행
문자 변수 a, b, c를 선언하고, 문자열 "1:>>>"을 출력하고, scanf() 함수를 만나면, 키보드에
서 입력을 받기 위하여 대기한다. 키보드 입력 XYZ에 대해 변수 a, b, c에 문자 'X', 'Y', 'Z'를
저장한다. scanf() 함수의 인수는 & 연산자를 이용하여 변수의 주소로 지정한다. 11행의 a =
getchar()는 Enter 키에 의해 버퍼에 남아 있는 '\n'을 읽기 위함이다. a은 '\n'에 대한 코드
값 10이 저장된다. scanf("%c", &a) 함수와 같다. 11행을 fflush(stdin)로 변경하여 입력 파일
스트림 stdin에 남아 있는 '\n'을 fflush() 함수로 지울 수 있다.

③ 15-19행
"%c %c %c"는 입력 데이터 사이에 공백(space, tab)으로 데이터를 구분한다. 19행의
getchar()은 Enter 키에 의해 버퍼에 남아 있는 '\n'을 읽어서 사용하지 않고 버린다. 19행을
fflush(stdin)로 변경하여 입력 파일 스트림 stdin에 남아 있는 '\n'을 fflush() 함수로 지울 수
있다.

④ 21-27행
"%c, %c, %c"는 키보드 입력 X, Y, Z에 대해 데이터 사이에 콤마, 콜론, # 등의 기호에 의해
구분한다. 26행과 같이 더 이상의 입력이 없는 경우는 버퍼의 값을 읽어 없애지 않아도 된다.
C++의 행 단위 주석 기호인 //는 C99 표준에 포함되어 있다.

[예제 2.16] scanf()에 의한 멀티 바이트 한글 문자열 입력

```
01:   #include <stdio.h>
02:   int main()
03:   {
04:       char s[3];
05:
06:       printf("1:>>>");
07:  /*   scanf("%2c", &s[0]); */        /* &s[0], s는 같은 주소 */
08:       scanf("%c%c", &s[0], &s[1]);
09:       printf("s[0]= %hhx, s[1]= %hhx\n", s[0], s[1]);
10:       printf("s1 = %c%c\n", s[0], s[1]);
11:       s[2] = 0;
12:       printf("s2 = %s\n", s);
13:       getchar();  /* fflush(stdin); */ /* Enter 키 '\n' 처리 */
14:
15:       printf("2:>>>");
16:       scanf("%s", s);
17:       printf("s[0]=%hhx, s[1]=%hhx, s[2]=%hhx\n", s[0], s[1], s[2]);
18:       printf("s= %s\n", s);
19:       return 0;
20:   }
```

● 실행 결과

▌프로그램 설명

① 4행

문자열을 입력받기 위한 문자형 크기 3의 배열 s를 선언한다. s 배열은 s[0], s[1], s[2]의 3개의
변수가 있는 것이다. 또한 s 배열은 3바이트가 메모리에 연속으로 할당되고, 배열 이름 s는 시
작 주소(&s[0])이다. 배열의 크기가 3바이트이기 때문에 MBCS(ANSI/OEM 949)로 한글은 1
자만 입력할 수 있다. 배열은 4장에서 자세히 다룬다.

② 6-13행

7행과 8행은 키보드에서 '한'을 입력하면, 멀티 바이트(MBCS, ANSI/OEM 949) 코드로
s[0]=0xc7, s[1]=0xd1에 저장한다. 7행의 "%2c"는 2바이트를 &s[0](또는 배열 이름 s) 주소부
터 저장한다. 8행의 "%c%c"는 2바이트 각각을 &s[0], &s[1]에 저장한다. 9행의 "%hhx"는 1바
이트 16진수를 출력한다. 10행의 "%c%c"는 '한'을 출력한다. 11행은 s[2]에 널 문자('\0'은 0
이다)를 저장한다. 12행의 "%s"는 널 문자가 나올 때까지 문자를 출력하는 방식으로 문자열을
출력한다. 13행은 Enter 키 '\n'을 처리한다. 13행을 fflush(stdin)로 변경하여 입력 파일 스트
림 stdin에 남아 있는 '\n'을 fflush() 함수로 지울 수 있다.

③ 15~18행

16행의 "%s"는 키보드에서 입력한 문자열을 배열 s에 저장한다. "%s"에 의한 문자열 입력은 마지막에 널 문자를 자동으로 추가한다. 그러므로 널 문자를 제외하면 배열 s에 저장 가능한 바이트는 최대 2바이트이다. 멀티 바이트(MBCS, ANSI/OEM 949)에서 2바이트(영문 2자, 한글 1자)가 넘을 경우 실행시간 오류(Run-Time Check Failure)가 발생한다. 이러한 오버런을 방지하기 위해서는 scanf_s() 함수를 사용한다.

④ 비주얼 스튜디오 2015의 컴파일러에서 scanf() 함수를 사용하면 안전하지 않다는 경고가 발생한다. 이 경고를 없애려면, scanf_s() 함수를 사용하거나, [그림 2.10]과 같이 프로젝트 [속성]-[C/C++]-[전처리기]]에서 _CRT_SECURE_NO_WARNINGS을 추가하거나, 프로그램에 #pragma warning (disable: 4996)을 추가한다.

[예제 2.17] scanf()에 의한 정수 입력

```
01:   #include <stdio.h>
02:   int main()
03:   {
04:       int kor, eng, math;
05:
06:       printf("1:>>>");
07:       scanf("%d%d%d", &kor, &eng, &math);
08:  /*   scanf("%d %d %d", &kor, &eng, &math); */
09:       printf("kor  = %d\n", kor);
10:       printf("eng  = %d\n", eng);
11:       printf("math = %d\n", math);
12:  /*   getchar();  */
13:
14:       printf("2:>>>");
15:       scanf("%d, %d, %d", &kor, &eng, &math);
16:       printf("kor  = %d\n", kor);
17:       printf("eng  = %d\n", eng);
18:       printf("math = %d\n", math);
19:
20:       printf("3:>>>");
21:       scanf("%d# %d# %d", &kor, &eng, &math);
22:       printf("kor  = %d\n", kor);
23:       printf("eng  = %d\n", eng);
24:       printf("math = %d\n", math);
25:       return 0;
26:   }
```

● 실행 결과

```
C:\Windows\system32\cmd.exe
1:>>>70 80        90
kor  = 70
eng  = 80
math = 90
2:>>>70, 80, 90
kor  = 70
eng  = 80
math = 90
3:>>>70#80#90
kor  = 70
eng  = 80
math = 90
```

▌ 프로그램 설명

① 4-12행

4행은 정수형 변수 kor, eng, math을 선언한다. 7행의 "%d%d%d"는 키보드에서 3개의 정수를 변수 kor, eng, math에 입력한다. 공백(space, tab)으로 숫자를 구분한다. 8행의 "%d %d %d"로 입력해도 같은 결과이다. 9-11행은 입력받은 변수의 값을 출력한다. 12행의 getchar() 함수는 버퍼에 있는 Enter 키에 의한 '\n'을 처리한다. 그러나, 15행의 키보드 입력이 문자 입력이 아니라 정수 입력을 받기 때문에, 12행의 getchar() 함수는 필요 없다.

② 14-18행

15행의 "%d, %d, %d"는 키보드에서 3개의 정수를 콤마로 구분하여 변수 kor, eng, math에 입력한다. 16-18행은 입력받은 정수 변수의 값을 출력한다.

③ 20-24행

21행의 "%d# %d# %d"는 키보드에서 3개의 정수를 # 문자로 구분하여 변수 kor, eng, math에 입력한다. 22-24행은 입력받은 정수 변수의 값을 출력한다.

④ 비주얼 스튜디오 2015의 컴파일러에서 scanf() 함수를 사용하면 안전하지 않다는 경고가 발생한다. 이 경고를 없애려면, scanf_s() 함수를 사용하거나, [그림 2.10]과 같이 프로젝트 [속성]-[C/C++]-[전처리기]에서 _CRT_SECURE_NO_WARNINGS을 추가하거나, 프로그램에 #pragma warning (disable: 4996)을 추가한다.

[예제 2.18] scanf()에 의한 실수 입력

```
01:  #include <stdio.h>
02:  int main()
03:  {
04:      float    kor, eng;
05:      double math;
06:
07:      printf("1:>>>");
08:      scanf("%f%f%lf", &kor, &eng, &math);
09: /*   scanf("%f %f %lf", &kor, &eng, &math); */
10:      printf("kor  = %f\n", kor);
11:      printf("eng  = %f\n", eng);
12:      printf("math = %lf\n", math);
13: /*   getchar(); */
```

```
27:
28:        printf("2:>>>");
29:        scanf("%f, %f, %lf", &kor, &eng, &math);
30:        printf("kor  = %f\n", kor);
31:        printf("eng  = %f\n", eng);
32:        printf("math = %lf\n", math);
33:
34:        printf("3:>>>");
35:        scanf("%f# %f# %lf", &kor, &eng, &math);
36:        printf("kor  = %f\n", kor);
37:        printf("eng  = %f\n", eng);
38:        printf("math = %lf\n", math);
39:        return 0;
40: }
```

● 실행 결과

▌ 프로그램 설명

① 4-5행

단정도 실수형(float) 변수 kor, eng, 배정도 실수형(double) 변수 math을 선언한다.

② 7-13행

8행의 "%f%f%lf"는 키보드에서 float 실수 변수 kor, eng와 double 실수 math에 입력한다. 공백(space, tab)으로 숫자를 구분한다. 9행의 "%f %f %lf"로 입력해도 같은 결과이다. 10-12행은 입력받은 변수의 값을 출력한다. 13행의 getchar() 함수는 버퍼에 있는 Enter 키에 의한 '\n'을 처리한다. 그러나 16행의 키보드 입력이 문자 입력이 아니라 실수 입력을 받기 때문에, 13행의 getchar() 함수는 필요 없다.

③ 15-19행

16행의 "%f, %f, %lf"는 키보드에서 3개의 실수를 콤마로 구분하여 float 변수 kor, eng와 double 변수 math에 입력한다. 17-19행은 입력받은 실수 변수의 값을 출력한다.

④ 20-24행

21행의 "%d# %d# %d"는 키보드에서 3개의 정수를 숫자 문자가 아닌 # 문자로 구분하여 변수 kor, eng, math에 입력한다. 23-25행은 입력받은 실수 변수의 값을 출력한다.

⑤ 비주얼 스튜디오 2015의 컴파일러에서 scanf() 함수를 사용하면 안전하지 않다는 경고가 발생한다. 이 경고를 없애려면, scanf_s() 함수를 사용하거나, [그림 2.10]과 같이 프로젝트 [속성]-[C/C++]-[전처리기]에서 _CRT_SECURE_NO_WARNINGS을 추가하거나, 프로그램에 #pragma warning (disable: 4996)을 추가한다.

[예제 2.19] scanf()에 의한 자릿수 지정 입력

```
01:   #include <stdio.h>
02:   int main()
03:   {
04:         char    s[4];
05:         int     a, b;
06:         float   c;
07:         double  d;
08:
09:         printf("1:>>>");
10:         scanf("%4c%2d%2x", s, &a, &b);
11:         printf("s = %c%c%c%c\n", s[0], s[1], s[2], s[3]);
12:         printf("a = %d, b = %d\n", a, b);
13:
14:         printf("2:>>>");
15:         scanf("%3s", s);
16:         printf("s= %s\n", s);
17:         printf("s= %x,%x,%x,%x\n", s[0], s[1], s[2], s[3]);
18:
19:         printf("3:>>>");
20:         scanf("%2x%d", &a, &b);
21:         scanf("%3f%3lf", &c, &d);
22:  /*   scanf("%2x%d%3f%3lf", &c, &d); */
23:         printf("a = %c, b = %d, c = %f, d=%lf\n", a, b, c, d);
24:
25:         printf("4:>>>");
26:         scanf("%2x, %d, %3f, %3lf", &a, &b, &c, &d);
27:         printf("a = %c, b = %d, c = %f, d=%lf\n", a, b, c, d);
28:         return 0;
29:   }
```

• 실행 결과

▌ 프로그램 설명

① 4–7행

문자형 배열 s, 정수형 변수 a, b, float 변수 c, double 변수 d를 선언한다.

② 9–12행

10행에서 "%4c%2d%2x"는 키보드 입력 AB1241에서 s[0] = 'A', s[1] = 'B', s[2] = 'C', s[3] = 'D', a = 12, b = 0x41을 읽는다. 문자 배열 s는 널 문자('\0') 없이 4 문자가 저장된다.

③ 14–17행

15행의 "%3s"는 키보드 입력 abc에서 s[0] = 'a', s[1] = 'b', s[2] = 'c', s[3] = '\0'를 읽는다. 16행에서 "s= %s\n"는 s를 출력하면 s= abc를 출력하고, 17행에서 "s= %x,%x,%x,%x\n"는 s[0], s[1], s[2], s[3]의 코드값을 16진수로 출력한다. s[3] = 0으로 널 문자가 저장된다.

④ 19–23행

20–21행은 22행의 한 줄과 같다. "%2x%d%3f%3lf"는 키보드 입력 411234 123456에서 %2x에 의해 2자리를 16진수로 읽고, a = 0x41이고, %d에 의해 공백까지의 숫자를 정수로 읽어 b = 1234, %3f에 의해 3자리를 float로 변환하여 c = 123.0f, %3lf에 의해 3자리를 double로 변환하여 d = 123.0이 저장된다.

⑤ 25–27행

26행의 "%2x, %d, %3f, %3lf"는 키보드 입력 42,1234,123,456에서 a = 0x42, b = 1234, c = 123.0f, d = 456.0을 저장한다. 즉, 2자리는 16진수, 자릿수 지정 없이 공백(space, tab)으로 구분되는 10진수, 3자리 float 실수, 3자리 double 실수를 콤마로 구분하여 입력한다.

⑥ 비주얼 스튜디오 2015의 컴파일러에서 scanf() 함수를 사용하면 안전하지 않다는 경고가 발생한다. 이 경고를 없애려면, scanf_s() 함수를 사용하거나, [그림 2.10]과 같이 프로젝트 [속성]-[C/C++]-[전처리기]에서 _CRT_SECURE_NO_WARNINGS을 추가하거나, 프로그램에 #pragma warning (disable: 4996)을 추가한다.

3.2 printf_s(), scanf_s() 함수

C 언어 라이브러리에서 _s("secure") 접미사를 갖는 함수들은 안전 기능을 갖는 함수들로 printf_s(), scanf_s(), strcpy_s(), gets_s(), wprintf_s(), wscanf_s() 함수 등 대부분은 문자열 관련 함수들이다. 안전 기능이란, 예를 들어, 4개 문자를 저장할 수 있는 문자 버퍼에, 5개 문자를 복사하는 경우와 같은 버퍼 오버런을 방지하도록 할당 크기를 함께 전달하는 기능을 갖는다.

안전 기능을 갖는 scanf_s() 함수는 문자와 문자열의 경우, 바이트 크기를 함께 인수로 주어야 한다. printf() 함수는 서식 문자열 또는 버퍼가 포인터인지만 검사한다. printf_s() 함수는 서식 문자열을 검사하여, 잘못된 서식을 사용하면 실행시간 오류("Incorrect format specifier")가 발생한다. 그러나 printf() 함수는 컴파일할 때 경고가 발생하지 않는다.

[예제 2.20] printf_s(), scanf_s() 함수

```
01:    #include <stdio.h>
02:    int main()
03:    {
04:        int   a, b;
05:        char c, s[4];
06:
07:        printf_s("1:>>>");
08:        scanf_s("%c", &c, 1);
09:        printf_s("c = %c\n", c);
10:        getchar();
11:
12:        printf_s("2:>>>");
13:        scanf_s("%3s", s, 4);
14:        printf_s("s1 = %s\n", s);
15:        printf_s("s2= %c%c%c%x\n", s[0], s[1], s[2], s[3]);
16:
17:        printf_s("3:>>>");
18:        scanf_s("%3s%2d%c%2x", s, sizeof(s), &a, &c, sizeof(c), &b);
19:        printf_s("a = %d, b = %d\n", a, b);
20:        printf_s("c = %c\n", c);
21:        printf_s("s1= %s\n", s);
22:        printf_s("s2= %c%c%c%x\n", s[0], s[1], s[2], s[3]);
23:        return 0;
24:    }
```

● 실행 결과

▌ 프로그램 설명

① 4-5행
정수 변수 a, b, 문자 배열 s, 문자 변수 c를 선언한다.

② 7-10행
8행의 scanf_s("%c", &c, 1)의 1은 문자 변수 c의 바이트 크기이다. sizeof(c)를 사용할 수 있다. printf_s() 함수를 사용하여 출력한다.

③ 12-15행
13행의 scanf_s("%3s", s, 4)의 4는 문자 배열 s의 바이트 크기이다. sizeof(s)를 사용할 수 있

다. printf_s() 함수를 사용하여 출력한다.

④ 17-22행

18행의 scanf_s("%3s%2d%c%2x", s, sizeof(s), &a, &c, sizeof(c), &b)에서 "%3s"에 의해 3문자를 배열 s에 읽고, sizeof(s)로 크기 4 바이트를 명시하고, "%3c"에 의해 문자를 변수 c에 읽고, sizeof(c)로 크기 1바이트를 명시한다. printf_s() 함수를 사용하여 출력한다.

⑤ scanf_s() 함수를 사용하였기 때문에 컴파일 경고가 발생하지 않는다. printf_s() 함수는 printf() 함수로 변경해도 차이가 없다. 그러나 printf_s("c = %k\n", c)와 같이 서식에 없는 문자 "%k"를 사용하면 실행시간 오류가 발생한다.

04 연산자와 수식

컴퓨터는 계산을 하는 기계이기 때문에 모든 언어에서 계산(연산)을 위한 연산자(operator)와 수식(expression)을 지원한다. 수식은 피연산자(operand)와 연산자(operator)에 의해 이루어진다. 피연산자(operand)는 상수, 변수, 함수 호출에 의한 반환값 등이다. 연산자는 변수의 값을 변경하는 대입 연산자, 사칙 연산을 위한 산술 연산자, 참 · 거짓 판단을 위한 논리 연산자, 크기 비교를 위한 관계 연산자, 이진 비트 연산자 등 다양한 연산자가 있다.

4.1 대입 연산자

[표 2.21]은 대입(assignment) 연산자의 예이다. 대입 연산자(=)는 오른쪽 수식의 계산 결과 값(r-value)을 왼쪽 변수의 값(l-value)으로 저장한다. 그러므로 대입 연산자의 왼쪽은 반드시 변수이다. 대입 연산자에 의해 변수 값이 바뀌면, 이전에 변수에 저장되었던 값은 없어진다. 다른 연산자와 혼합되어 있는 대입 연산자(+=, -=, *=, /=, %= 등)도 있다. 또한 연속으로 대입 연산자를 사용할 수 있다.

2개 기호를 사용한 연산자(+=, -=, *=, /=, &&, || 등)는 기호 사이에 공백이 있으면 오류가 발생한다. 대입 연산자의 오른쪽 값과 왼쪽 변수의 자료형이 서로 다른 경우는 왼쪽 변수의 값을 기준으로 형변환(type conversion)이 일어난다.

표 2.21 대입 연산자

대입 연산자 예	설명
a = 2;	2를 변수 a에 저장
a += 2;	변수 a의 현재 값을 2 증가, a = a + 2
a -= 2;	a = a - 2
a *= 2;	a = a * 2
a /= 2;	a = a / 2
a %= 2;	a = a % 2
a |= 2;	a = a | 2
a &= 2;	a = a & 2
a ^= 2;	a = a ^ 2
a >>= 2;	a = a >> 2
a <<= 2;	a = a << 2
a = b = c = 0;	c = 0; b = 0; a = 0;

[예제 2.21] 대입 연산자

```
01:  #include <stdio.h>
02:  int main()
03:  {
04:      int a = 1, b = 2, c = 0, d = 10;
05:      short n;
06:
07:      c += a + b;
08:      d *= -1;
09:      printf("c(Decimal) = %d, c(Hexa) = %x\n", c, c);
10:      printf("d(Decimal) = %d, d(Hexa) = %x\n", d, d);
11:
12:      n = 100;
13:      printf("n(Decimal) = %d, n(Hexa) = %hx\n", n, n);
14:
15:      d = n;
16:      printf("d(Decimal) = %d, d(Hexa) = %x\n", d, d);
17:      return 0;
18:  }
```

● 실행 결과

```
C:\Windows\system32\cmd.exe

c(Decimal) = 3, c(Hexa) = 3
d(Decimal) = -10, d(Hexa) = fffffff6
n(Decimal) = 100, n(Hexa) = 64
d(Decimal) = 100, d(Hexa) = 64
```

▮ 프로그램 설명

① 4-5행

4 바이트 정수형(int) 변수 a, b, c, d를 선언하고 초기화하고, 2바이트 정수형(short int) 변수 n을 선언한다.

② 7-10행

7행의 c += a + b는 c = c + a + b와 같다. c = 3으로 변경한다. (a + b)의 결과 3 만큼 변수 c의 값을 증가시켜 변수 c에 다시 저장한다. 주의 할 것은 변수 c에 이미 값이 있어야한다. 여기서는 4행에서 변수 c를 선언하고 0으로 초기화한다. 8행의 d *= -1은 d = d *-1이며 변수 d의 값에 -1을 곱하여 변수 d에 다시 저장한다. d = -10이다. 9-10행은 변수 c, d의 값을 10진수와 16진수로 출력한다.

③ 12-13행

n = 100은 4바이트 정수형 상수 100을 2바이트 정수로 변환하여 n에 저장한다. "%hx"는 2바이트 16진수 출력이다.

④ 15-16행

d = n은 2바이트 정수 변수 n의 값을 4바이트 정수 변수 d에 저장한다.

4.2 산술 연산자

산술 연산자는 더하기(+), 빼기(−), 곱하기(∗), 나누기(/), 나머지(%) 등이 있다. [표 2.22]는 자료형 사이의 산술 연산의 결과이다. ⊗는 +, −, ∗, / 등의 산술 연산자를 표현한다. 또한 같은 자료형 사이의 연산에서는 작은 바이트 표현을 큰 바이트 표현으로 변경하여 연산을 한다. 예를 들어, short 정수와 int 정수 사이의 덧셈은 short 변수를 int로 변환하여 연산을 수행한다. float와 double의 덧셈은 float를 double로 변환하여 연산을 수행한다.

표 2.22 산술 연산

산술연산	연산 결과
정수 ⊗ 정수	정수
실수 ⊗ 실수	실수
정수 ⊗ 실수 실수 ⊗ 정수	실수

[예제 2.22] 산술 연산자

```
01:   #include <stdio.h>
02:   int main()
03:   {
04:       int a, b, c;
05:
06:       scanf("%d %d", &a, &b);
```

```
07:      printf("%d + %d = %d\n", a, b, a + b);
08:      printf("%d - %d = %d\n", a, b, a - b);
09:      printf("%d * %d = %d\n", a, b, a * b);
10:      printf("%d / %d = %d\n", a, b, a / b);
11:      printf("%d modulus %d = %d\n", a, b, a % b);
12:      return 0;
13:  }
```

● 실행 결과

▌프로그램 설명

① 6행

키보드에서 2개의 정수를 변수 a, b에 입력받는다.

② 7~11행

두 정수 변수 a, b의 덧셈(a+b), 뺄셈(a-b), 곱셈(a*b), 나눗셈(a/b), 나머지(a%b)를 계산하여
출력한다. 나눗셈에서 정수 나누기의 결과는 정수임에 주의한다. 예를 들어, 1/2는 0이다.

[예제 2.23] 오버플로우

```
01:  #include <stdio.h>
02:  int main()
03:  {
04:      char  ch = 127, ch2;
05:      short sn = 32767, sn2;
06:      int   n = 0x7fffffff, n2;
07:
08:      ch2 = ch + 1;
09:      sn2 = sn + 1;
10:      n2 = n + 1;
11:
12:      printf("%d + 1 = %d\n", ch, ch2);
13:      printf("%d + 1 = %d\n", sn, sn2);
14:      printf("%d + 1 = %d\n", n, n2);
15:      return 0;
16:  }
```

● 실행 결과

■ 프로그램 설명

① 4–6행

4행은 1바이트 정수로 사용할 char형 변수 ch를 선언하고, ch = 127로 초기화한다. 127은 1바이트로 표현할 수 있는 가장 큰 정수이다. 5행은 2바이트 정수 short형 변수 sn를 선언하고, sn = 32767로 초기화한다. 2바이트로 표현할 수 있는 가장 큰 정수이다. 6행은 4바이트 정수로 int형 변수 n를 선언하고, n = 0x7fffffff로 초기화한다. 4바이트로 표현할 수 있는 가장 큰 정수이다.

② 8행

1바이트 정수의 표현 범위는 -128 ~ +127이다. 127 + 1은 128이 아닌 -128이 된다. 이유는 1바이트로 표현할 수 없어 오버플로우(overflow)가 발생하기 때문이다.

```
      0  1  1  1     1  1  1  1      : 127
  +   0  0  0  0     0  0  0  1
  ─────────────────────────────
      1  0  0  0     0  0  0  0      : -128
```

③ 9행

2바이트 정수의 표현 범위는 -32768 ~ +32767이다. 32767 + 1은 2바이트로 표현할 수 없기 때문에 오버플로우가 발생한다.

```
    0 1 1 1   1 1 1 1   1 1 1 1   : 32767
  + 0 0 0 0   0 0 0 0   0 0 0 1
  ──────────────────────────────
    1 0 0 0   0 0 0 0   0 0 0 0   : -32768
```

④ 10행

4바이트 정수의 표현 범위는 -2147483648 ~ +2147483647이다. 2147483647 + 1은 4바이트로 표현할 수 없기 때문에 오버플로우가 발생한다.

```
    0 1 1 1  1 1 1 1  1 1 1 1  1 1 1 1  1 1 1 1  1 1 1 1   : 2147483647
  + 0 0 0 0  0 0 0 0  0 0 0 0  0 0 0 0  0 0 0 0  0 0 0 1
  ──────────────────────────────────────────────────────
    1 0 0 0  0 0 0 0  0 0 0 0  0 0 0 0  0 0 0 0  0 0 0 0   : -2147483648
```

⑤ -128보다 작은 1바이트 정수, -32768 보다 작은 2바이트 정수, -2147483648 보다 작은 4바이트 정수에서는 언더플로우(underflow)가 발생한다. 실수에서도 표현 범위를 벗어나면 오버플로우 또는 언더플로우가 발생한다. 오버플로우 또는 언더플로우가 발생할 때 별도의 경고를 주지 않기 때문에 주의해서 사용해야 한다.

4.3 관계 연산자

[표 2.23]의 관계 연산자는 크기 비교를 나타내는 〉, 〉=, 〈, 〈=, ==, != 등이 있다. 연산 결과는 참(true), 거짓(false)이다. C 언어에서는 0은 거짓, 0이 아닌 모든 것은 참이다. 참의 대표 값은 1이다. 관계 연산자는 대부분 조건을 나타내는 if 문에서 조건을 나타내기 위해 사용한다.

표 2.23 관계 연산자

관계 연산자	설명
〈	작음(less than)
〈=	작거나 같음(less than or equal to)
〉	큼(greater than)
〉=	크거나 같음(greater than or equal to)
==	같음(equal to)
!=	같지 않음(not equal to)

[예제 2.24] 관계 연산자

```
01:  #include <stdio.h>
02:  int main()
03:  {
04:      int a, b, c, d;
05:
06:      a = 0 > 0;
07:      b = 0 >= 0;
08:      c = 0 == -1;
09:      d = 0 != -1;
10:
11:      printf("a = %d\n", a);
12:      printf("b = %d\n", b);
13:      printf("c = %d\n", c);
14:      printf("d = %d\n", d);
15:      return 0;
16:  }
```

● 실행 결과

▌프로그램 설명

① 6행

0 > 0은 거짓이기 때문에 변수 a = 0이다.

② 7행

0 >= 0은 참이기 때문에 변수 b = 1이다.

③ 8행

0 == -1은 거짓이기 때문에 변수 c = 0이다.

④ 9행

0 != -1은 참이기 때문에 변수 d = 1이다.

4.4 논리 연산자

[표 2.24]의 논리 연산자 ||, &&, !은 각각 논리합(OR), 논리곱(AND), 논리 부정(NOT)으로 참 또는 거짓을 판단한다. 논리합 연산자(||)는 변수 또는 수식이 모두 거짓일 때만 거짓이고, 나머지는 참이다. 논리곱 연산자(&&)는 변수 또는 수식이 모두 참일 때만 참이고, 나머지는 거짓이다. 논리 부정 연산자(!)는 단항 연산자(unary operator)로 오른쪽의 변수 또는 수식이 참이면 거짓이고, 거짓이면 참이 된다. 논리 연산자는 관계 연산자와 함께 쓰이며 대부분 조건을 나타내는 if 문에서 조건을 나타내기 위해 사용한다.

표 2.24 논리 연산자

논리 연산자	설명
||	논리합(OR)
&&	논리곱(AND)
!	논리 부정(NOT)

[예제 2.25] 논리 연산자에 의한 영문자, 숫자 확인

```
01:   #include <stdio.h>
02:   int main()
03:   {
04:       char ch;
05:       int    a, b, c, d, e;
06:
07:       printf(">>>");
08:       scanf("%c", &ch);
09:
10:       a = 'A' <= ch && ch <= 'Z';
11:       b = 'a' <= ch && ch <= 'z';
12:       c = '0' <= ch && ch <= '9';
13:       d = a || b;
14:       e = !d;
```

```
15:        printf("a = %d\n", a);
16:        printf("b = %d\n", b);
17:        printf("c = %d\n", c);
18:        printf("d = %d\n", d);
19:        printf("e = %d\n", e);
20:        return 0;
21: }
```

● 실행 결과

▎프로그램 설명

① 8행
키보드에서 1문자를 변수 ch에 입력한다.

② 10행
변수 ch가 영문 대문자인가 확인한다. ch = 'a'이면 'A' <= ch && ch <= 'Z' 수식이 거짓이므로 a = 0이다. 어떤 값의 구간을 확인할 때는 && 연산자를 사용하여 확인한다.

③ 11행
변수 ch가 영문 소문자인가 확인한다. ch = 'a'이면 'a' <= ch && ch <= 'z' 수식이 참이므로 b = 1이다.

④ 12행
변수 ch가 숫자 문자인가 확인한다. ch = 'a'이면 '0' <= ch && ch <= '9' 수식이 거짓므로 c = 0이다.

⑤ 13행
a || b는 'A' <= ch && ch <= 'Z' || 'a' <= ch && ch <= 'z'와 같고, 영문 대문자 또는 소문자인가 확인한다. ch = 'a'이면 수식이 참이므로 d = 1이다.

⑥ 14행
!d는 d = 1로 참이므로 !d는 거짓이므로 e = 0이다.

4.5 비트 연산자

[표 2.25]는 이진 비트 연산자이다. 비트 연산을 할 때 0은 거짓, 1은 참으로 취급하여 [표 2.26]과 같이 각 비트에 대해 연산을 한다. 비트 이동(shift) 연산에서 부호 비트는 비트가 이동되지 않는다. 왼쪽으로 비트 이동(shift left) 연산(<<)은 오른쪽에 0으로 채워진다. 오른쪽으로 비트 이동(shit right) 연산(>>)은 부호가 있는 정수인 경우는 부호(sign) 비트가 채워지고, 부호 없는 정수인 경우는 0이 채워진다.

표 2.25 비트 연산자

비트 연산자	설명
|	비트 논리합(bitwise OR)
&	비트 논리곱(bitwise AND)
^	비트 배타적 논리합(bitwise XOR)
~	비트 부정(NOT, 1's complement)
⟩⟩	비트 왼쪽 시프트(shift left)
⟨⟨	비트 오른쪽 시프트(shift right)

표 2.26 비트 연산

x	y	x|y	x&y	x^y	~x
0	0	0	0	0	1
0	1	1	0	1	1
1	0	1	0	1	0
1	1	1	1	0	0

[예제 2.26] 비트 연산자

```
01:   #include <stdio.h>
02:   int main()
03:   {
04:       unsigned char a = 0xd4, b, c;
05:       char        d = 0xd4, e, f;
06:
07:       b = a & 0x0f;
08:       c = a & 0xf0;
09:       c = (c >> 4);
10:       e = (d >> 2);
11:       f = (d << 2);
12:
13:       printf("a = %hhx, a = %d\n", a, a);
14:       printf("b = %hhx, b = %d\n", b, b);
15:       printf("c = %hhx, c = %d\n", c, c);
16:       printf("d = %hhx, d = %d\n", d, d);
17:       printf("e = %hhx, e = %d\n", e, e);
18:       printf("f = %hhx, f = %d\n", f, f);
19:       return 0;
20:   }
```

● 실행 결과

```
C:\Windows\system32\cmd.exe
a = d4, a = 212
b = 4, b = 4
c = d, c = 13
d = d4, d = -44
e = f5, e = -11
f = 50, f = 80
```

▌ 프로그램 설명

① 4-5행

4행은 1바이트 부호 없는 정수로 사용할 unsigned char 변수 a, b, c를 선언하고, a = 0xd4로 초기화한다. 5행은 1바이트 정수로 사용할 char 변수 d, e, f를 선언하고, d = 0xd4로 초기화한다.

② 7행

a & 0x0f는 a의 상위 4비트는 0이 되고, 하위 4비트는 a와 같다.

```
      1  1  0  1    0  1  0  0    : a = 0xd4
  &   0  0  0  0    1  1  1  1    : 0x0f
      0  0  0  0    0  1  0  0    : b = 0x04
```

③ 8행

a & 0xf0은 상위 4비트는 a와 같고, 하위 4비트는 0으로 한다.

```
      1  1  0  1    0  1  0  0    : a = 0xd4
  &   1  1  1  1    0  0  0  0    : 0xf0
      1  1  0  1    0  0  0  0    : c = 0xd0
```

④ 9행

c >> 4는 c = 0xd0을 오른쪽으로 4비트 이동시킨다. 변수 c가 unsigned char이므로 상위 비트에 4개의 0이 추가된다.

```
c>>4    1  1  1  1    0  0  0  0    : 0xd0
        0  0  0  0    1  1  0  1    : c = 0x0d
```

⑤ 10행

(d >> 2)는 d = 0xd4를 오른쪽으로 2비트 이동시킨다. 변수 d가 부호가 있는 1바이트 정수형 char이므로 상위 비트에 부호(sign) 비트와 같은 1이 2개 추가된다.

```
d>>2    1  1  0  1    0  1  0  0    : 0xd4
        1  1  1  1    0  1  0  1    : e = 0xf5
```

⑥ 11행

(d << 2)은 d = 0xd4를 왼쪽으로 2비트 이동시킨다. 하위 비트에 0이 2개 추가된다.

```
d>>2 | 1  1  0  1    0  1  0  0    : 0xd4
       0  1  0  1    0  0  0  0    : e = 0x50
```

4.6 증가, 감소 연산자

++는 변수의 값을 1만큼 증가시키는 연산자이고, ――는 변수의 값을 1만큼 감소시키는 연산자이다. 수식에서 증가 연산자 또는 감소 연산자가 변수 앞과 뒤에 올 때 각각 의미가 다른 것에 주의한다. 증가, 감소 연산자를 수식에서 여러 변수들과 함께 사용하면 프로그램을 읽기 어렵게 한다.

[예제 2.27] 증가 연산자, 감소 연산자

```
01:  #include <stdio.h>
02:  int main()
03:  {
04:      int a = 1, b, c, d, e;
05:
06:      a++;
07:      printf("a = %d\n", a);
08:      printf("a = %d\n", a++);
09:      printf("a = %d\n", ++a);
10:
11:      b = a++;
12:      printf("a = %d, b = %d\n", a, b);
13:
14:      c = ++a;
15:      printf("a = %d, c = %d\n", a, c);
16:
17:      d = ++a + a++;
18:      printf("a = %d, d = %d\n", a, d);
19:
20:      e = a++ + ++a;
21:      printf("a = %d, e = %d\n", a, e);
22:
23:      return 0;
24:  }
```

● 실행 결과

프로그램 설명

① 4행
정수 변수 a, b, c, d, e를 선언하고 a = 1로 초기화한다.

② 6행
a++는 a의 값을 1 증가시켜 a = 2이다.

③ 7행
a = 2를 출력한다.

④ 8행
printf() 함수에서 인자로 a++를 사용하면, 현재 값 a = 2를 사용하여 출력하고, 출력이 완료된 뒤에 a가 증가되어 a = 3이다. 즉, 변수 뒤에 증감 연산자를 사용하면, 현재 값을 먼저 사용한 뒤에 증감 연산을 수행한다.

④ 9행
printf() 함수에서 인자로 ++a를 사용하면, 현재 값 a = 3을 먼저 증가시켜 a = 4를 출력한다. 즉, 변수 앞에 증감 연산자를 사용하면, 먼저 증감 연산자를 수행한 뒤에 변수의 값을 사용한다.

⑤ 11-12행
b = a++는 a의 현재 값 4를 b에 저장하고, 다음에 a를 증가시켜 a = 5가 된다. 12행은 a = 5, b = 4를 출력한다.

⑥ 14-15행
c = ++a는 a 변수의 값을 먼저 증가시켜 a = 6이 된 뒤에 변수 c에 저장하므로 c = 6이 저장된다.

⑦ 17-18행
d = ++a + a++는 연산자의 계산 순서와 관련 있다. ++a를 먼저 계산한다. a의 값을 먼저 증가시켜 a = 7이고, 다음 연산 순서인 a++는 현재값 a = 7을 수식에서 사용한다. 그리고 a를 증가시켜 a = 8이다. 그러므로 수식은 d = 7 + 7을 계산하여 d = 14가 되고, a = 8이다.

⑧ 20-21행
e = a++ + ++a는 a++를 제일 먼저 계산한다. 수식에서는 a의 현재 값 a = 8을 사용하고, a를 증가시켜 a = 9이다. 다음 연산 순서인 ++a는 현재값 a = 9를 먼저 증가시켜 a = 10을 수식에서 사용한다. 그러므로 수식은 e = 8 + 10를 계산하여 d = 18이 되고, a = 10이다.

⑨ 17행 또는 20행과 같이 하나의 수식에서 같은 변수에 대한 증감 연산자를 여러 번 사용하면 프로그램을 읽기 어렵게 한다. 권장하지 않는 연산자 사용 방법이다.

4.7 조건 연산자

조건 연산자(?:)는 3항 연산자(ternary operator)이다. 조건이 참이면 ?와 : 사이의 수식, 조건이 거짓이면 : 뒤의 수식을 수행한다. 조건 연산자 안에 조건 연산자를 사용할 수 있지만 많이 사용하지는 않는다. 조건 연산자는 3장의 if 문으로 표현할 수 있다.

(조건) ? 참인 경우 수식1 : 거짓인 경우 수식2;

① 관계 연산자, 논리 연산자 등을 사용한 조건을 수식이 올 수 있다. 괄호는 없을 수 있다.
② 조건이 참(true)인 경우는 수식1을 수행한다.
③ 조건이 거짓(false)인 경우는 수식2를 수행한다.

[예제 2.28] 조건 연산자

```
01:   #include <stdio.h>
02:   int main()
03:   {
04:       int a = -1, b = 2, c = 3, d;
05:       int max, min;
06:
07:       d = (a < 0) ? -a : a;
08:       printf("d = %d\n", d);
09:
10:       min = (a > b) ? b : a;
11:       printf("min = %d\n", min);
12:
13:       max = (a > b) ? a : b;
14:       printf("max = %d\n", max);
15:
16:       max = (a > b) ? (a > c ? a : c) : (b >c ? b : c);
17:       printf("max = %d\n", max);
18:       return 0;
19:   }
```

● 실행 결과

■ 프로그램 설명

① 4-5행
정수형 변수 a, b, c, d, max, min을 선언하고, a = -1, b = 2, c = 3으로 초기화한다.

② 7-8행

(a < 0)이 참이므로 d = -a로 d = 1이다. 여기서, 조건 연산자는 절대값을 계산한다.

③ 10-11행

(a > b)이 거짓이므로 min = a로 min = -1이다. 여기서, 조건 연산자는 두 변수 a, b 중에서 작은 값을 계산한다.

④ 13-14행

(a > b)이 거짓이므로 max = b로 max = 2이다. 여기서, 조건 연산자는 두 변수 a, b 중에서 큰 값을 계산한다.

⑤ 16-17행

(a > b)이 거짓이므로, max = (b > c ? b : c)이다. 다시 조건 b > c가 거짓이므로 max = c이다. max = 3이다. 여기서, 조건 연산자는 세 변수 a, b, c 중에서 큰 값을 계산한다.

4.8 콤마 연산자

콤마 연산자는 수식을 분리하는 연산자이다. 콤마 연산자는 왼쪽부터 오른쪽으로 수식을 계산하고, 콤마 연산자를 사용한 전체 수식의 결과는 마지막에 계산한 결과이다.

[예제 2.29] 콤마 연산자

```
01:   #include <stdio.h>
02:   int main()
03:   {
04:       int a = 1, b, c, d, e;
05:
06:       e = (b = a++, c = b + 2, d = ++c);
07:       printf("a = %d, b = %d, c = %d\n", a, b, c);
08:       printf("d = %d, e = %d\n", d, e);
09:       return 0;
10:   }
```

● 실행 결과

▌프로그램 설명

① 4행

정수형 변수, a, b, c, d, e를 선언하고 a = 1로 초기화한다.

② 6행

콤마 연산자는 왼쪽부터 오른쪽으로 수식을 계산한다. b = a++에 의해 b = 1, a = 2이다. c = b + 2에 의해 c = 3이다. d = ++c에 의해 d = 4, c = 4이다. 마지막 계산 결과 d = 4가 콤마 연산자의 결과가 되어 e = 4이다.

4.9 주소 연산자

&가 변수 앞에서 단항 연산자로 사용되면 주소(address) 연산자이다. 주소 연산자를 사용하면 변수에 할당된 메모리의 주소를 알 수 있다. 키보드에서 변수의 값을 읽어올 때, scanf() 함수에서 변수 앞에 사용한 &가 바로 주소 연산자이다. 주소 연산자는 4장에서 설명할 포인터(pointer)와 함께 자주 사용된다. 메모리의 주소는 1바이트 단위로 지정할 수 있다. printf() 함수로 주소 값을 출력할 때 %d를 사용하면 10진수로 출력하고, %p로 출력하면 16진수로 출력한다.

Win32(x86)에서 주소는 32비트(4 바이트)이고, Win64(x64)에서 주소는 64비트(8바이트)이다. 모든 자료형의 변수에 대해 주소는 모두 4바이트(x86) 또는 8바이트(x64)로 같다. 자료형에 따라 차지하고 있는 바이트의 길이가 char은 1바이트, short는 2바이트, int는 4바이트, floats는 4바이트, double은 8바이트로 다르다.

[예제 2.30] 주소 연산자

```
01:  #include <stdio.h>
02:  int main()
03:  {
04:      char    a = 'A';
05:      int     b = 1;
06:      float   c = -0.75f;
07:      double d = -0.75;
08:
09:      printf("a = %c,  &a = %p\n", a, &a);
10:      printf("b = %d,  &b = %p\n", b, &b);
11:      printf("c = %f,  &c = %p\n", c, &c);
12:      printf("d = %lf, &d = %p\n", d, &d);
13:      return 0;
14:  }
```

● 실행 결과

```
C:\Windows\system32\cmd.exe

a = A,    &a = 0026F81F
b = 1,    &b = 0026F810
c = -0.750000,   &c = 0026F804
d = -0.750000,   &d = 0026F7F4
```

▌프로그램 설명

① 4–7행
char 변수 a, int 변수 b, float 변수 c, double 변수 d를 선언하고 a = 'A', b = 1, c = -0.75, d = 0.75로 초기화한다.

② 9행
&a는 a의 주소 0x0026F81F이다. 주소 0x0026F81F에 저장된 값은 0x41이다.

③ 10행

&b는 b의 주소 0x0026F810이다. 변수 b는 4바이트 정수형(int)이므로, 변수 b에 할당된 메모리는 0x0026F810, 0x0026F811, 0x0026F812, 0x0026F813까지이다. 각 메모리에 저장된 값은 정수 1의 4바이트 표현(0x00000001)을 인텔 CPU가 리틀 엔디언(little endian)으로 자료를 표시하기 때문에 LSB(하위 바이트)부터 MSB(상위 바이트) 순서로 0x01, 0x00, 0x00, 0x00로 저장된다.

④ 11행

&c는 c의 주소 0x0026F804이다. 변수 c는 4바이트 실수형(float)이므로, 변수 c에 할당된 메모리는 0x0026F804~0x0026F807까지이다. 각 메모리에 저장된 값은 실수 −0.75의 4바이트 표현(0xbf400000)을 인텔 CPU가 리틀 엔디언(little endian)으로 자료를 표시하기 때문에 LSB(하위 바이트)부터 MSB(상위 바이트) 순서로 0x00, 0x00, 0x40, 0xbf로 저장된다.

⑤ 12행

&d는 d의 주소 0x0026F7F4이다. 변수 d는 8바이트 실수형(double)이므로, 변수 d에 할당된 메모리는 0x0026F7F4~0x0026F7FB까지이다. 각 메모리에 저장된 값은 실수 −0.75의 8바이트 표현(0xbfe8000000000000)을 인텔 CPU가 리틀 엔디언(little endian)으로 자료를 표시하기 때문에 LSB(하위 바이트)부터 MSB(상위 바이트) 순서로0x00, 0x00, 0x00, 0x00, 0x00, 0x00, 0xe8, 0xbf 순서로 저장된다.

⑥ 위의 주소 설명은 32비트(x86)에서 실행한 결과이다. 변수의 주소는 프로그램을 실행할 때마다 변경될 수 있다. 주소 포인터에 대한 설명은 4장의 배열, 5장의 포인터를 참조한다.

4.10 캐스트(자료형 변환) 연산자

수식에서 자료형의 변환은 기본적으로 기억 장소의 크기가 작은 쪽에서 큰 쪽으로 변환한다. 예를 들어, 정수와 실수를 연산할 때 해당 정수를 실수로 변환하여 연산한다. 프로그램을 작성할 때 수식의 자료형을 명시적(explicit)으로 변경할 때는 괄호 안에 자료형을 기술한다. 예를 들면, (char), (float), (short), (int), (double), (long) 등과 같이 수식의 자료형을 변환한다.

[예제 2.31] 캐스트 연산자

```
01:   #include <stdio.h>
02:   int main()
03:   {
04:        char    a;
05:        int     b;
06:        float   c;
07:        double e = 2.7;
08:
09:        a = (char)(e + 0.5);
10:        printf("a = %d\n", a);
11:
12:        b = (int)(e + 0.5);
```

```
13:        printf("b = %d\n", b);
14:
15:        c = (float)e;
16:        printf("c = %f\n", c);
17:
18:        printf("e = %lf\n", e);
19:        return 0;
20: }
```

● 실행 결과

```
C:\Windows\system32\cmd.exe
a = 3
b = 3
c = 2.700000
e = 2.700000
```

■ 프로그램 설명

① 4-7행
변수 a, b, c, e를 선언하고, e = 2.7로 초기화한다.

② 9-10행
(char)(e + 0.5)는 e + 0.5의 결과 double형 3.2를 (char)로 명시적으로 1바이트 정수형으로
변환하여 a = 3을 저장한다.

③ 12-13행
(int)(e + 0.5)는 e + 0.5의 결과 double형 3.2를 (int)로 명시적으로 4바이트 정수형으로 변환
하여 b = 3을 저장한다.

④ 15-16행
c = (float)e는 double형 변수 e를 (float)로 명시적으로 4바이트 실수형으로 변환하여 c = 3.2f
를 저장한다.

4.11 연산자 우선순위와 결합 규칙

수식에서 연산자들이 혼합되어 있는 경우에 연산자의 처리 순서에 따라 결과가 달라 질
수 있다. 프로그래밍 언어에서는 이러한 모호성(ambiguity)을 없애기 위해 연산자의 우
선순위(priority)를 지정하여 우선순위가 높은 연산자를 먼저 처리한다. 그리고 우선순위
가 같은 연산자는 결합 규칙(associativity)에 따라 왼쪽부터 또는 오른쪽부터 처리한다.

우선순위는 전체적으로 보면 소괄호가 가장 우선순위에 높으며 산술 연산자, 관계 연산
자, 논리 연산자, 대입 연산자 순이다. 프로그램을 작성할 때 수식에서 소괄호를 사용하
면 이러한 모호성을 줄일 수 있다.

표 2.27 연산자 우선순위 및 결합 규칙

순위	연산자	결합 규칙
High	( ) [] –〉 .	left→right
	! ~ ++ -- +(unary) –(unary) *(pointer) &(address)	←
	* / %	→
	+ –	→
	〈〈 〉〉	→
	〈 〈= 〉 〉=	→
	== !=	→
	&(bit and)	→
	^	→
	|	→
	&&	→
	||	→
	?=	←
	= += –= *= /= %= &= ^= |= 〈〈= 〉〉=	←
Low	,	→


```c
01:  #include <stdio.h>
02:  int main()
03:  {
04:      int a, b, c, d, k=20;
05:
06:      a = 1 + 2 - 4;     /* a = (1 + 2)-4   */
07:      b = 1 + 2 * 4;     /* b = 1 + (2*4)   */
08:      c = 2 << 1 + 1;    /* c = 2 << (1+1); */
09:      d = 0 <= k <= 10; /* d = (0 <= k) <= 10; */
10:      printf("a = %d, b = %d, c = %d, d = %d\n", a, b, c, d);
11:      return 0;
12:  }
```

● 실행 결과

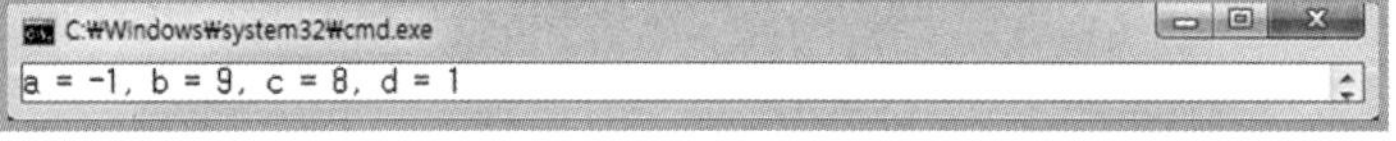

▌ 프로그램 설명

① 6행

덧셈(+)과 뺄셈(-)은 우선순위가 같고, 결합 규칙이 왼쪽에서 오른쪽 방향이기 때문에 1 + 2를 먼저 계산한다. 3 - 4를 계산하여 a = -1이다. a = (1 + 2) - 4와 같다.

② 7행

덧셈(+) 보다 곱셈(*)이 우선순위가 높기 때문에, 2 * 4를 먼저 계산한다. 1 + 8을 계산하여 b = 9이다. b = 1 + (2 * 4)와 같다.

③ 8행

왼쪽 비트 이동연산(<<)보다 덧셈(+)이 우선순위가 높기 때문에 1 + 1을 먼저 계산한다. 2 << 2를 계산하여 c = 8을 저장한다.

④ 9행

<= 연산자는 결합 규칙이 왼쪽에서 오른쪽 방향이기 때문에 0 <= k <= 10은 먼저 (0 <= k)를 계산하면 참이므로 결과는 1이다. 다음은 1 <= 10을 계산하면 참이므로 d = 1로 참을 갖는다. 주어진 조건식에서 k = 20이 0과 10 사이에 있다는 것이 참이 되므로 논리적으로 틀린 결과이다. 그러므로 구간을 조건식으로 표현할 때는 0 <= k && k <= 10과 같이 논리곱을 이용하여 표현해야 한다.

분기문과 반복문

CHAPTER 03

01 개요

컴퓨터 프로그래밍에서 한 문장이 실행된 후에 다음 문장, 또 그 다음 문장을 실행하는 방식으로 프로그램의 문장들을 순차적으로만 실행한다면, 프로그래머는 문장을 계속 나열하는 방식으로만 컴퓨터에 명령을 내려야 한다.

현재 모든 분야에서 컴퓨터를 사용하고 있는데, 그 핵심은 컴퓨터의 빠른 계산 및 데이터 처리 능력이라 할 수 있다. 역사적으로 보면, 컴퓨터는 수학자들에 의해 계산을 빨리, 자동으로 하려고 만든 기계이다.

컴퓨터를 사용하면 수학, 물리학, 공학 등에 나오는 계산 문제를 빠른 시간에 오차 범위 안에서 정확하게 계산할 수 있다. 간단한 문제는 2장에서 설명한 변수와 연산자를 나열하여 쉽게 해결 할 수 있지만, 복잡한 문제들은 조건식의 참/거짓에 따라 서로 다른 프로그램 흐름(flow)을 갖도록 분기하여 처리하는 방법이 필요하다. 또한 모든 데이터에 동일한 연산을 반복하여 수행시키거나, 반복적인 방법으로 문제를 해결해야 할 때도 많이 있다.

데이터 처리 능력을 고려하면, 동일한 데이터에서 특정 조건에 따라 사용자가 원하는 정보가 다른 경우와 하나의 데이터에 대해 처리한 것을 나머지 모든 데이터에 대해서도 동일하게 반복적으로 처리해야 하는 일은 컴퓨터로 수행하기 매우 적합한 일이다. 그렇기 때문에 모든 프로그래밍 언어는 프로그램의 흐름을 변경할 수 있는 제어문인 분기문(branch statements)과 반복문(iteration statements)을 갖고 있다.

C 언어는 if와 switch 같은 조건 분기문과 일정한 문장을 조건에 따라 반복 실행하는 for, while, do ~ while 같은 반복문이 있다.

02 if 문

if 문은 조건식의 결과(참 또는 거짓)에 따라 문장 실행 흐름을 변경한다. 조건식은 관계 연산자와 논리 연산자 등을 이용하고 괄호 안에 표현한다. 조건식의 결과가 0이면 거짓으로 판단하고, 0이 아닌 모든 값은 참으로 판단한다.

2.1 단순 if 문

[그림3.1]은 조건이 참일 때 한 문장 또는 블록(한 문장 이상)을 수행하는 단순 if 문의 순서도를 보여준다. 조건이 참일 때 하나의 문장 이상을 수행할 때는 중괄호를 이용하여 블록으로 묶는다.

```
if (조건식)
    문장1;
```

```
if (조건식)
{
    문장1;
    문장2;
    ....
}
```

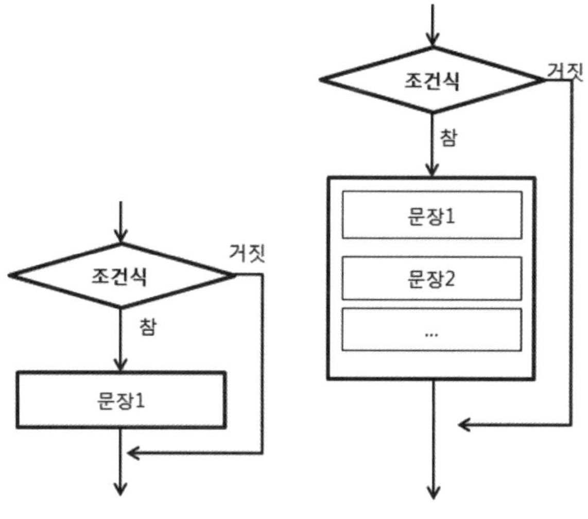

[그림 3.1] 단순 if 문


```
01:   #include <stdio.h>
02:   int main()
03:   {
04:       int a, b;
05:
06:       printf(">>>");
07:   /*  scanf("%d %d", &a, &b); */
08:       scanf_s("%d %d", &a, &b);
09:       if (a == b)
10:           printf("%d is equal to %d\n", a, b);
```

```
11:        if (a > b)
12:            printf("%d is greater than %d\n", a, b);
13:        if (a < b)
14:            printf("%d is less than %d\n", a, b);
15:        return 0;
16:  }
```

• 실행 결과

프로그램 설명

① 7-8행
키보드에서 두 정수를 변수 a, b에 입력한다. 정수 입력은 scanf() 또는 scanf_s() 함수가 같다.

② 9-10행
조건 a == b가 참이면 10행을 수행한다. 거짓이면 10행은 수행하지 않고 11행으로 간다. 예를 들어 a = 10, b = 10이면 10행을 수행한다.

③ 11-12행
조건 a > b가 참이면 12행을 수행한다. 거짓이면 12행은 수행하지 않고 13행으로 간다. 예를 들어 a = 20, b = 10이면 12행을 수행한다.

④ 13-14행
조건 a < b가 참이면 14행을 수행한다. 거짓이면 14행은 수행하지 않고 15행으로 간다. 예를 들어 a = 10, b = 20이면 14행을 수행한다.

⑤ 입력한 변수 a, b의 값에 관계없이, 9행, 11행, 13행의 if 문의 조건을 모두 평가해야 한다. 결과적으로 불필요한 비교를 더 하게 된다. 이러한 것은 if ~ else, if else if else 문을 사용하면 보다 효과적이다.

⑥ if 문의 조건이 참일 때 수행하는 문장(10, 12, 14행)이 하나의 문장이기 때문에 중괄호를 이용한 블록 표시를 하지 않았지만, 확실히 표시하기 위하여 블록으로 묶을 수도 있다.

```
if (a == b)
{
    printf("%d is equal to %d\n", a, b);
}
```

[예제 3.2] 입력 점수의 학점 계산 1

```c
01:   #include <stdio.h>
02:   int main()
03:   {
04:        int   nScore;
05:        char cGrade;
06:
07:        printf(">>>");
08:  /*   scanf("%d", &nScore); */
09:        scanf_s("%d", &nScore);
10:
11:        if (nScore >= 90)
12:            cGrade = 'A';
13:        if (nScore >= 80 && nScore < 90)
14:            cGrade = 'B';
15:        if (nScore >= 70 && nScore < 80)
16:            cGrade = 'C';
17:        if (nScore >= 60 && nScore < 70)
18:            cGrade = 'D';
19:        if (nScore < 60)
20:            cGrade = 'F';
21:
22:        printf("nScore = %d, cGrade = %c\n", nScore, cGrade);
23:        return 0;
24:   }
```

• 실행 결과

▌프로그램 설명

① 8-9행
키보드에서 입력한 점수를 정수형 변수 nScore에 저장한다.

② 11-22행
정수형 변수 nScore에 따라 if 문을 사용하여 학점을 cGrade에 문자로 계산하여 출력한다.
예를 들어, nScore = 95일 때 11행의 조건 nScore >= 90이 참이므로 12행에 의해 cGrade =
'A'이다. 그럼에도 불구하고, 13, 15, 17, 19행의 조건을 모두 평가해야 한다. 모두 거짓이므로
각 조건에 대한 14, 16, 18, 20행 문장을 수행하지 않는다. 또한 조건식에서 구간을 표현할 때
는 nScore >= 80 && nScore < 90과 같이 논리곱을 이용해야 한다.

③ 입력한 변수 nScore의 값에 관계없이, 5개의 if 문의 조건을 모두 평가하기 때문에, 불필요
한 비교를 더 하게 된다. 다중 분기의 경우 if ~ else, if ~ else if ~ else 문을 사용하면 보다 효
과적이다.

2.2 if ~ else 문

[그림 3.2]는 조건식이 참일 때와 거짓일 때 수행하는 문장이 다른 if ~ else 문이다. 조건이 참이면 문장 1을 수행한 후에 다음 문장을 실행하고, 거짓이면 else 뒤의 문장 2를 수행한 후에 다음 문장을 실행한다. if ~ else 문에서 참 또는 거짓일 때 실행할 문장이 하나 이상이면 블록으로 묶는다.

```
if (조건식)
    문장1;
else
    문장2;
```

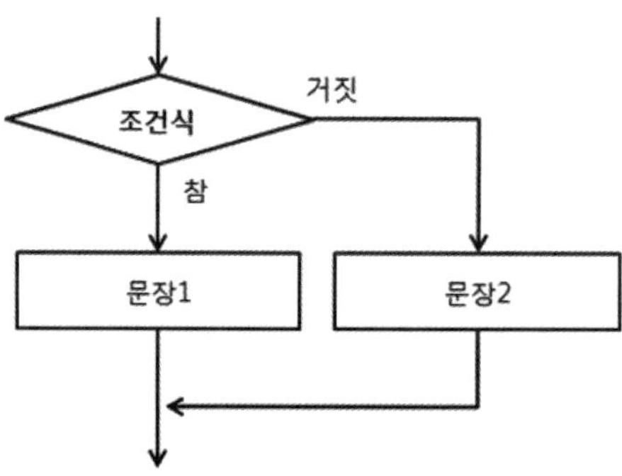

[그림 3.2] if ~ else 문

[예제 3.3] 홀수/짝수 확인 1

```
01:   #include <stdio.h>
02:   int main()
03:   {
04:       int n;
05:  /*   scanf("%d", &n); */
06:       scanf_s("%d", &n);
07:       if (n % 2 == 1)
08:           printf("%d is an odd number.\n", n);
09:       else
10:           printf("%d is an even number.\n", n);
11:       return 0;
12:   }
```

• 실행 결과

█ 프로그램 설명

① 5-6행
키보드에서 정수 n을 입력한다.

② 7-10행
정수 n을 2로 나누어 나머지가 0이면 짝수(even number), 1이면 홀수(odd number)이다. 7
행을 if(n % 2)로 변경해도 된다. n = 11이면 n % 2는 1이므로 홀수이다.

[예제 3.4] 정상 혈압 확인

```
01:   #include <stdio.h>
02:   int main()
03:   {
04:       int bloodPressure;
05:
06:       printf(">>>");
07:   /*  scanf("%d", &bloodPressure); */
08:       scanf_s("%d", &bloodPressure);
09:       if (80 <= bloodPressure  && bloodPressure <= 120)
10:               printf("정상 혈압: %d\n", bloodPressure);
11:       else
12:               printf("비정상 혈압: %d\n", bloodPressure);
13:       return 0;
14:   }
```

• 실행 결과

█ 프로그램 설명

① 7-8행
키보드에서 입력한 혈압을 정수형 변수 bloodPressure에 저장한다.

② 9-12행
혈압이 80 ~ 120 범위이면 정상 혈압이고, 그렇지 않으면 비정상이다. bloodPressure = 118
은 정상 혈압이다.

[예제 3.5] 두 변수의 최대/최소값 계산

```
01:   #include <stdio.h>
02:   int main()
03:   {
04:       int a, b, min, max;
05:
06:       printf(">>>");
07:   /*  scanf("%d %d", &a, &b); */
```

```
08:        scanf_s("%d %d", &a, &b);
09:        if (a <= b)
10:        {
11:             min = a;
12:             max = b;
13:        }
14:        else
15:        {
16:             min = b;
17:             max = a;
18:        }
19:        printf("a = %d, b = %d\n", a, b);
20:        printf("min = %d, max = %d\n", min, max);
21:        return 0;
22: }
```

• 실행 결과

▌ 프로그램 설명

① 7-8행

키보드에서 두 정수를 변수 a, b에 입력한다. 정수 입력은 scanf() 또는 scanf_s() 함수를 사용한다.

② 9-18행

a <= b이면 min = a, max = b이고, a > b이면 min = b, max = a이다. a = 10, b = 20이면, min = 10, max = 20이다.

[예제 3.6] 키보드의 1바이트, 2바이트 키 확인

```
01: #include <stdio.h>
02: #include <conio.h> /* _getch() */
03: int main()
04: {
05:        int ch1, ch2;
06:        ch1 = _getch(); /* getch() */
07:        if (ch1 == 0 || ch1 == 0xe0 || ch1 > 0x80)
08:        {
09:             ch2 = _getch();
10:             printf("2바이트 키: %x, %x\n", ch1, ch2);
11:        }
12:        else
13:        {
14:             printf("1바이트 키: %x\n", ch1);
```

```
15:       }
16:       return 0;
17: }
```

• 실행 결과

▌ 프로그램 설명

① 키보드의 자판은 대부분 1바이트 키이고, 함수키(function key), 방향키(arrow key) 등은 2 바이트 키이다. [표 3.1]은 주요 2바이트 키이다. 비버퍼 문자 입력 함수 _getch() 를 2번 호출하여 키보드의 2바이트 키를 읽을 수 있다. 2바이트 키는 첫 바이트 ch1은 0 또는 0xe0이다. 또한 멀티 바이트 문자에서 한글은 역시 2바이트이다. [표 2.4]와 [표 2.5]의 확장 아스키코드(ANSI/OEM 949)를 참조한다. 멀티 바이트에서 한글은 첫째 (lead) 바이트가 0x80보다 크다.

② 7–15행

6행에서 1바이트를 ch1에 읽고, 7행의 조건식 ch1 == 0 || ch1 == 0xe0|| ch1 > 0x80이 참이면 2바이트 키이므로 8-11행에 의해 ch2 = _getch()로 한 바이트를 더 읽는다. 7행의 조건식이 거짓이면 1바이트 키이므로 12-15행에 의해 ch1을 출력한다. 예를 들어 프로그램을 실행하고 F1을 누르면 ch1 = 0x00, ch2 = 0x3b이다. ↑을 누르면 ch1 = 0xe0, ch2 = 0x48이다. 한글 문자 '한'을 입력하고 스페이스 바를 누르면, '한'의 멀티 바이트 코드값 ch1 = 0xc7, ch2 = 0xd1 이다.

표 3.1 2 바이트 키(key)

2바이트 키(key)	ch1(hexa)	ch2(hexa)
F1	0x00	0x3b
F12	0xe0	0x86
↑	0xe0	0x48
←	0xe0	0x4b
→	0xe0	0x4d
↓	0xe0	0x50
Insert	0xe0	0x52
Del	0xe0	0x53
Page Up	0xe0	0x49
Page Down	0xe0	0x51

[예제 3.7] 입력받은 x, y 좌표가 사각형 내부에 있는지 확인

```
01:   #include <stdio.h>
02:   int main()
03:   {
04:       int x, y;
05:       int left = 0, right = 100, top = 0, bottom = 200;
06:
07:       printf("Input x, y: ");
08:       /*    scanf("%d %d", &x, &y); */
09:       scanf_s("%d %d", &x, &y);
10:
11:       if ((left <= x && x <= right) && (top <= y && y <= bottom))
12:       {
13:           printf("The Point(%d,%d) is in Rect(%d,%d,%d,%d)\n",
14:                         x, y, left, top, right, bottom);
15:       }
16:       else
17:       {
18:           printf("The Point(%d,%d) is outside Rect(%d,%d,%d,%d)\n",
19:                         x, y, left, top, right, bottom);
20:       }
21:       return 0;
22:   }
```

• 실행 결과

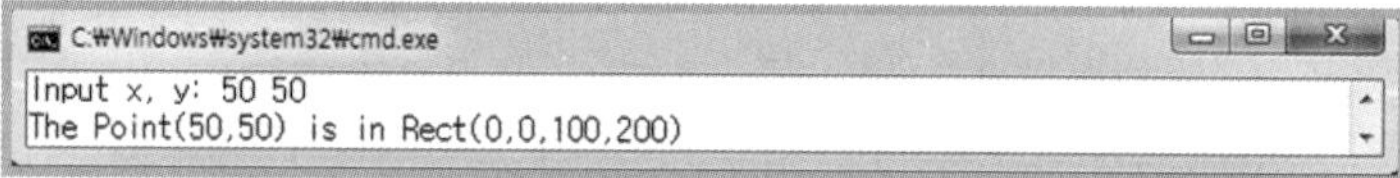

▌ 프로그램 설명

① 5행

x, y는 입력 좌표를 위한 변수이다. left, right는 x축 위의 정수, top, bottom은 y축 위의 정수에 의해 정의되는 사각형을 정의한다. 사각형은 left < right이고, top < bottom이라 가정한다.

② 8-9행

키보드에서 좌표를 변수 x, y에 입력한다. 정수 입력은 scanf() 또는 scanf_s() 함수가 같다.

③ 11-20행

x, y 좌표가 사각형 내부에 있는지 외부에 있는지 판단하여 출력한다. 11행에서 (left <= x && x <= right) && (top <= y && y <= bottom) 조건이 참이면 x, y 좌표가 사각형 내부에 있다. x = 50, y = 50이면 사각형 내부(inside), x = 150, y = 200이면 사각형 외부(outside)이다.

[예제 3.8] 윤년 판단 1

```c
01:  #include <stdio.h>
02:  int main()
03:  {
04:      int nYear;
05:      int nLeap = 0; /* 윤년이 아님 설정 */
06:
07:  /*  scanf("%d", &nYear); */
08:      scanf_s("%d", &nYear);
09:      if (nYear % 4 == 0)
10:      {
11:          nLeap = 1;
12:          if (nYear % 100 == 0)
13:          {
14:              nLeap = 0;
15:              if (nYear % 400 == 0)
16:                  nLeap = 1;
17:          }
18:      }
19:      /*    else
20:      nLeap = 0; */
21:
22:      if (nLeap)
23:          printf("%d년은 윤년(Leap year)입니다.\n", nYear);
24:      else
25:          printf("%d년은 평년(Common year)입니다.\n", nYear);
26:      return 0;
27:  }
```

• 실행 결과

▌ 프로그램 설명

① 1년은 지구가 태양을 한 번 공전하는 시간이다. 대략 365.2422일이다. 1년을 365일로 하면 실제 공전하는 시간보다 짧게 되어 오차를 보정하기 위한 것이 윤년(leap year)이다. 400년 중에서 97년의 윤년을 두어 1년을 366일로 보정하면 1년의 평균 길이가 365.2425로 공전주기에 근사한다. 평년(common year)은 2월이 28일까지 있어 1년이 365일이고, 윤년인 해는 2월을 29일까지 있어 1년이 366일이다.

② 윤년의 판단은 다음과 같이 한다. 4의 배수인 해는 윤년이고, 그 중에서 100의 배수인 해는 평년이고, 그 중에서 400의 배수는 윤년으로 판단한다. 이렇게 판단하면 400년 중에서 97년이 윤년이 된다. nLeap = 0이면 평년이고, nLeap = 1이면 윤년이다. 예를 들어, nYear = 2016은 4의 배수이고, 100의 배수가 아니므로 윤년이다.

[예제 3.9] 윤년 판단 2

```
01:   #include <stdio.h>
02:   int main()
03:   {
04:       int nYear;
05:       int nLeap;
06:
07:   /*  scanf("%d", &nYear); */
08:       scanf_s("%d", &nYear);
09:       if (nYear%4 == 0 && nYear%100 != 0 || nYear%400 == 0)
10:           nLeap = 1;
11:       else
12:           nLeap = 0;
13:
14:       if (nLeap == 1)
15:           printf("%d년은 윤년(Leap year)입니다.\n", nYear);
16:       else
17:           printf("%d년은 평년(Common year)입니다.\n", nYear);
18:       return 0;
19:   }
```

▌프로그램 설명

① 윤년은 4의 배수이고 100의 배수가 아닌 해는 윤년이고, 400의 배수인 해는 윤년이다. 9행에서 if 문의 조건식은 if((nYear%4 == 0 && nYear%100 != 0) || nYear%400 == 0)과 같다.

② 실행 결과는 [예제 3.8]과 같다.

2.3 if ~ else if ~ else 문

[그림 3.3]은 조건식에 따라 다중 분기하는 if ~ else if ~ else 문장의 구조이다. 조건식 1이 참이면 문장 1을 실행한 후 다음 문장을 실행하고, 거짓이면 조건식 2를 평가하여 참이면 문장 2를 실행한 후 다음 문장을 실행한다.

이처럼 else if 뒤의 조건식을 계속 처리한다. 조건식 n이 참이면 '문장 n'을 실행한 후 다음 문장을 실행하고, 조건식 n이 거짓이면 '문장 n+1'을 실행한 후 다음 문장을 실행한다. 즉, 마지막 else에 의한 '문장 n+1'을 실행하는 경우는 조건식 1에서부터 조건식 n까지 모두 거짓인 경우이다. else if에서 else와 if 사이에 공백이 한 개 이상 있어야 한다.

```
if (조건식 1)
   문장 1;
else if (조건식 2)
   문장 2;
...
   else if (조건식 n)
   문장 n;
else
   문장 n+1;
```

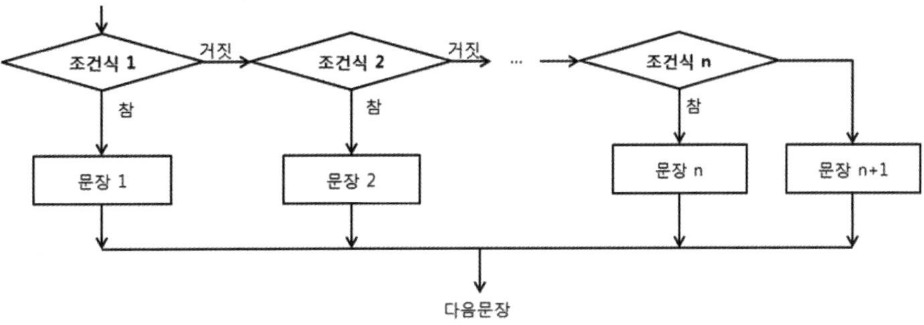

[그림 3.3] if ~ else if ~ else 문

[예제 3.10] 두 변수의 크기 비교 2

```c
01:  #include <stdio.h>
02:  int main()
03:  {
04:      int a, b;
05:  /*   scanf("%d %d", &a, &b); */
06:      scanf_s("%d %d", &a, &b);
07:      if (a == b)
08:          printf("%d is equal to %d\n", a, b);
09:      else if (a > b)
10:          printf("%d is greater than %d\n", a, b);
11:      else
12:          printf("%d is less than %d\n", a, b);
13:      return 0;
14:  }
```

• 실행 결과

```
C:\Windows\system32\cmd.exe
10 20
10 is less than 20
```

▌프로그램 설명

① [예제 3.1]을 효율적으로 다시 작성한다. 입력한 변수 a, b의 값이 같은 경우(예, a = 10, b = 10)는 7행이 참이므로 8행을 수행하고, 다음 문장인 13행으로 간다.

② a > b인 경우(예, a = 20, b = 10)는 7행의 조건식이 거짓이므로 8행은 수행하지 않고, 9행의 조건식이 참이므로 10행을 수행하고, 다음 문장인 13행으로 간다.

③ a < b인 경우(예, a = 10, b = 20)는 7행의 조건식이 거짓이므로 8행은 수행하지 않고, 9행의 조건식이 거짓이므로 10행은 수행하지 않고 11의 else에 대한 12행을 수행하고, 다음 문장인 13행으로 간다.

[예제 3.11] 입력 점수의 학점 계산 2

```
01:   #include <stdio.h>
02:   int main()
03:   {
04:        int  nScore;
05:        char cGrade;
06:
07:        printf(">>>");
08:   /*   scanf("%d", &nScore);*/
09:        scanf_s("%d", &nScore);
10:
11:        if (nScore >= 90)
12:            cGrade = 'A';
13:        else if (nScore >= 80)
14:            cGrade = 'B';
15:        else if (nScore >= 70)
16:            cGrade = 'C';
17:        else if (nScore >= 60)
18:            cGrade = 'D';
19:        else
20:            cGrade = 'F';
21:        printf("nScore = %d, cGrade = %c\n", nScore, cGrade);
22:        return 0;
23:   }
```

• 실행 결과

▌프로그램 설명

① [예제 3.2]를 효과적으로 다시 작성한다.

② 11~20행

정수형 변수 nScore에 따라 if~else if~else 문을 사용하여 점수를 cGrade에 학점으로 계산하여 출력한다. 조건을 1번에서 4번까지 평가한다. 예를 들어 nScore = 95이면, 11행의 조건 nScore >= 90이 참이므로 12행을 cGrade = 'A'를 수행하고, 21행을 수행한다. nScore = 55이면, 4개의 조건을 차례로 수행하여 모두 거짓이어서 else의 cGrade = 'F'를 수행하고, 21행을 수행한다. 결과적으로 [예제 3.2]보다 효과적으로 작성된 프로그램이다.

[예제 3.12] 윤년 판단 3

```
01:    #include <stdio.h>
02:    int main()
03:    {
04:        int nYear;
05:        int nLeap;
06:
07:        /*        scanf("%d", &nYear); */
08:        scanf_s("%d", &nYear);
09:        if (nYear % 400 == 0)
10:            nLeap = 1;
11:        else if (nYear % 100 == 0)
12:            nLeap = 0;
13:        else if (nYear % 4 == 0)
14:            nLeap = 1;
15:        else
16:            nLeap = 0;
17:
18:        if (nLeap == 1)
19:            printf("%d년은 윤년(Leap year)입니다.\n", nYear);
20:        else
21:            printf("%d년은 평년(Common year)입니다.\n", nYear);
22:        return 0;
23:    }
```

▍프로그램 설명

① 윤년 판단하기를 if ~ else if ~ else 문으로 다시 작성하였다.

② 년도 nYear가 400의 배수이면 윤년이고, 그렇지 않은 년도에서 100의 배수이면 윤년이 아니고, 그렇지 않은 년도에서 4의 배수이면 윤년이고, 그렇지 않으면 평년이다. [예제 3.8]과 조건을 반대로 확인하는 방법을 사용하였다. 윤년 판단 문제는 [예제 3.9]가 보다 간결하고 효과적이다.

[예제 3.13] 영문 소문자, 대문자, 숫자 문자 판단

```
01:  #include <stdio.h>
02:  #include<conio.h>  /* _getch() */
03:  int main()
04:  {
05:      int ch;
06:
07:      printf(">>>");
08:      ch = _getch();
09:
10:      if ('A' <= ch && ch <= 'Z')
11:          printf("%c: 영문 대문자\n", ch);
12:      else if ('a' <= ch && ch <= 'z')
13:          printf("%c: 영문 소문자\n", ch);
14:      else if ('0' <= ch && ch <= '9')
15:          printf("%c: 숫자 문자\n", ch);
16:      else
17:          printf("%x: 영문, 숫자 문자가 아닙니다\n", ch);
18:      return 0;
19:  }
```

● 실행 결과

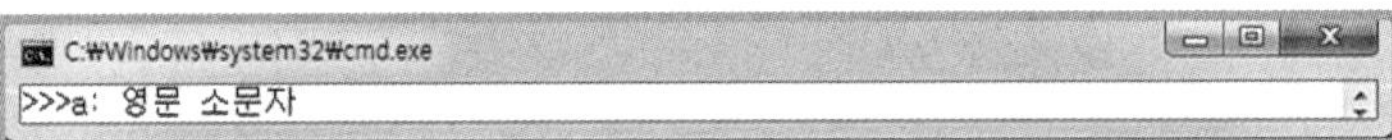

▌ 프로그램 설명

① 8행의 _getch() 함수는 비버퍼 키보드 문자 입력이다.

② 10-17행
if ~ else if ~ else 문으로 입력 문자 ch의 대문자, 소문자, 숫자 문자를 판단한다.

03 switch ~ case 문

[그림 3.4]는 switch ~ case 문의 흐름도이다. 정수 수식을 계산한 결과에 따라, 정수 상수(상수 수식)의 case로 분기하는 다중 택일 문장이다. case에 나열된 상수와 일치하지 않는 경우는 default로 분기한다. switch 문에서 case 상수와 default 뒤에 콜론(:)이 위치한다.

문자도 1바이트 정수이므로 정수 수식 및 상수에서 사용할 수 있다. case에 상수를 나열하는 순서는 중요하지 않지만, 중복은 허용되지 않는다. case에서 문장을 수행하고 break 문을 만나면 switch 문의 블록을 벗어난다. 만약 break 문이 없으면 switch 문의 블록을 벗어나지 않고 계속 아래에 있는 문장을 수행한다.

```
switch (정수 수식)
{
    case 정수_상수1:
        문장 1;
        …
        break;
    …
    case 정수_상수n:
        문장 n;
        …
        break;
    default:
        문장 n+1;
        …
}
```

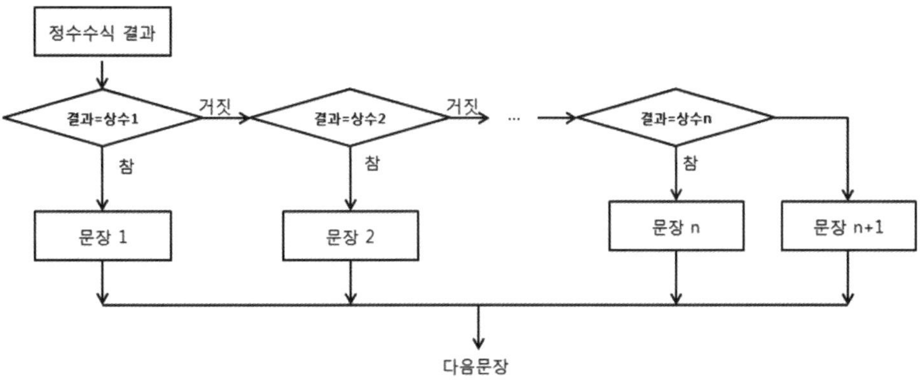

[그림 3.4] switch ~case 문


```
01:   #include <stdio.h>
02:   int main()
03:   {
04:       int n;
05:
06:       printf("양의 정수 n을 입력하세요: ");
```

```
07: /*   scanf("%d", &n); */
08:      scanf_s("%d", &n);
09:
10:      switch (n % 2)
11:      {
12:      case 0:
13:          printf("%d is an even number.\n", n);
14:          break;
15:      default: /* case 1: */
16:          printf("%d is an odd number.\n", n);
17:          break;
18:      }
19:      return 0;
20: }
```

▌ 프로그램 설명

① [예제 3.3]의 홀수/짝수 문제를 switch 문을 사용하여 다시 작성한다.

② 10−18행
n % 2 수식의 결과는 0 또는 1이다. case 0은 짝수, default는 홀수이다. default 대신, case 1
을 사용해도 같은 결과이다.

[예제 3.15] 간단한 계산기

```
01: #include <stdio.h>
02: int main()
03: {
04:     char op;
05:     int operand1, operand2, result;
06:
07:     printf("정수 2개와 연산자(+, -, *, /, %%)를 입력하세요.\n");
08:     printf("operand1 op operand2: ");
09:
10: /*  scanf("%d %c %d", &operand1, &op, &operand2); */
11:     scanf_s("%d %c %d", &operand1, &op, 1, &operand2);
12:
13:     switch (op)
14:     {
15:     case '+':
16:         result = operand1 + operand2;
17:         break;
18:     case '-':
19:         result = operand1 - operand2;
20:         break;
21:     case '*':
22:         result = operand1 * operand2;
```

```
23:            break;
24:        case '/':
25:            result = operand1 / operand2;
26:            break;
27:        case '%':
28:            result = operand1 % operand2;
29:            break;
30:        default:
31:            printf("잘못된 연산자를 입력했습니다!!!\n");
32:        }
33:        if (op =='+' || op== '-' || op=='*' || op=='/' || op=='%')
34:            printf("%d %c %d = %d\n", operand1, op, operand2, result);
35:        return 0;
36:  }
```

● 실행 결과

▌ 프로그램 설명

① operand1 op operand2 양식으로 입력을 받고, operator에 따라 연산을 수행한다.
operand1, operand2는 정수이고, operator는 +, -, *, /, % 등의 연산자 문자이다.

② 10~11행
scanf_s() 함수에서 "%d %c %d"로 operand1, operand2에 정수를 입력하고, op에 문자를
입력한다. scanf_s() 함수는 "%c"에 대응하는 &op 뒤에, 바이트 크기 1이 있어야 한다.

③ 13~32행
연산자 op에 따라 '+', '-', '*', '/', '%'인 경우에 result에 대응하는 계산을 수행한다. 이외의
op 문자는 default에서 "잘못된 연산자를 입력했습니다!!!\n"을 출력한다.

[예제 3.16] switch 문에 의한 논리합

```
01:   #include <stdio.h>
02:   int main()
03:   {
04:       int ch;
05:
06:       ch = getchar();
07:       switch (ch)
08:       {
09:       case 'a':
10:       case 'A':
11:           printf("a 또는 A를 입력했습니다.\n");
```

```
12:              break;
13:         default:
14:              printf("a, A 이외의 문자를 입력했습니다.");
15:         }
16:
17:         return 0;
18: }
```

● 실행 결과

▌프로그램 설명

① swich 문에서 case에서 break를 사용하지 않으면 아래로 계속 수행한다. 대응하는 case
의 논리합과 같다.

② 7-15행
9행과 10행은 논리합과 같다. 변수 ch가 'a' 또는 'A'이면 11행의 printf() 문을 수행하고, 12
행의 break에 의해 switch 문을 벗어나 17행으로 간다. 'a' 또는 'A'가 아니면 13행의 default
에 대한 14행을 수행한다.

04 while 문

while 문은 [그림 3.5]와 같이 조건식이 참인 동안 '문장 1'을 반복 수행한다. 조건식이
거짓이면 반복을 종료한다. 반복 실행할 문장이 하나 이상이면 중괄호를 사용하여 블록
을 지정한다.

```
while(조건식)
{
      문장 1;

      ...

}
```

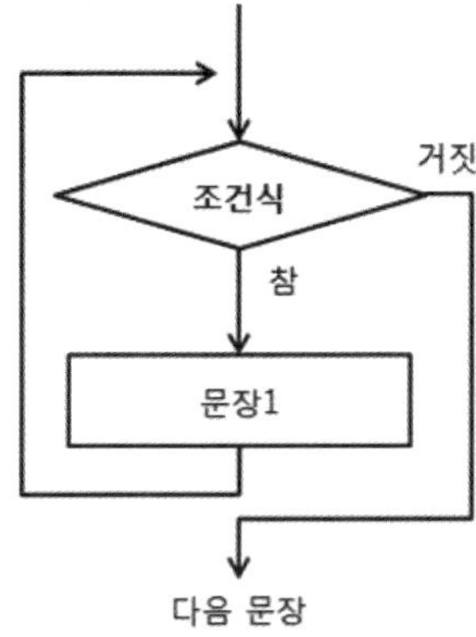

[그림 3.5] while 문

[예제 3.17] 반복 문자 입력

```
01:   #include <stdio.h>
02:   int main()
03:   {
04:        int ch;
05:        while ((ch = getchar()) != EOF)
06:              putchar(ch);
07:        return 0;
08:   }
```

● 실행 결과

▌ 프로그램 설명

① getchar() 함수를 이용하여 키보드에서 문자를 ch에 입력받아 EOF(end of file)가 아니면 putchar() 함수로 출력한다.

② Enter 키를 누르면 ch = '\n'에 입력하고, putchar('\n')에 의해 줄 바꿈이 일어 난다. EOF 는 <stdio.h>에 #define EOF −1로 정의되어 있다. 콘솔에서 Ctrl+Z를 누르면 getchar() 함수는 −1을 반환하여 반복문을 종료한다.

[예제 3.18] 'A'~ 'Z'까지의 ASCII 코드(16진수) 출력 1

```
01:   #include <stdio.h>
02:   int main()
03:   {
04:        char  ch = 'A';
05:
```

```
06:        while (ch <= 'Z')
07:        {
08:                printf("ch = %c, %hhx\n", ch, ch);
09:                ch++;
10:        }
11:        return 0;
12:  }
```

● 실행 결과

■ 프로그램 설명

① 4행
문자 변수 ch를 선언하고 ch = 'A'로 초기화한다.

② 6-10행
6행의 조건식 ch <= 'Z'가 참인 동안 7-10행의 블록을 수행한다. 8행은 변수 ch를 "%c"에 의해 문자로 출력하고, "%hhx"에 의해 1바이트 16진수로 출력한다. 9행은 다음 문자를 위해 1 증가한다. ASCII 코드에서 영문 대문자는 차례로 정의된다.

[예제 3.19] n 까지의 정수의 합 1

```
01:   #include <stdio.h>
02:   int main()
03:   {
04:        int n, sum = 0;
05:
06:        printf("양의 정수 n 입력: ");
07: /*    scanf("%d", &n); */□
08:        scanf_s("%d", &n);
09:
10:        while (n > 0)
```

```
11:      {
12:           sum += n--;
13:      }
14:
15:      printf("sum = %d\n", sum);
16:      return 0;
17:  }
```

● 실행 결과

프로그램 설명

① 4행
정수 변수 n은 키보드 입력을 위한 정수 변수이다. sum은 합계를 계산할 변수로 sum = 0으로 초기화한다.

② 6-8행
키보드에서 양의 정수를 변수 n에 입력한다.

③ 10-13행
조건식 n > 0이 참인 동안 sum += n--에 의해 sum의 현재 값에 n을 덧셈하고, n-- 에 의해 1 감소한다.

[예제 3.20] n 까지의 정수의 합 2

```
01:   #include <stdio.h>
02:   int main()
03:   {
04:      int i = 1, n, sum = 0;
05:
06:      printf("양의 정수 n 입력: ");
07:  /*   scanf("%d", &n); */
08:      scanf_s("%d", &n);
09:
10:      while (i <= n)
11:      {
12:           sum += i;
13:           i++;
14:      }
15:
16:      printf("1에서 %d까지 정수의 합은 %d\n", n, sum);
17:      return 0;
18:  }
```

● 실행 결과

```
C:\Windows\system32\cmd.exe
양의 정수 n 입력: 10
1에서 10까지 정수의 합은 55
```

▌프로그램 설명

① 4행
정수 변수 i는 반복문에서 1에서 n까지 1씩 증가하기 위한 변수이고, n은 키보드 입력을 위한 정수 변수이다. sum은 합계를 계산할 변수로 sum = 0으로 초기화한다.

② 7-8행
키보드에서 정수를 변수 n에 입력한다.

③ 10-14행
조건식 i <= n이 참인 동안 sum += i에 의해 sum의 현재 값에 i를 덧셈하고, i++에 의해 1증가한다. 12-13행을 한줄로 sum += i++로 변경해도 된다. 13행을 i += 2로 변경하면 i = 1부터 2씩 증가하므로, sum은 홀수의 합을 계산한다. 4행에서 i = 0으로 초기화하고, 13행을 i += 2;로 변경하면 i = 0부터 2씩 증가하므로, sum은 짝수의 합을 계산한다.

④ 16행
n 값을 변경하지 않았기 때문에 입력한 n 값을 출력할 수 있다.

[예제 3.21] 무한루프 1

```
01:   #include <stdio.h>
02:   int main()
03:   {
04:       unsigned int i = 1, sum = 0;
05:
06:       while (1)
07:       {
08:           sum += i;
09:           printf("i = %u, sum = %u\n", i, sum);
10:           i++;
11:       }
12:
13:       return 0;
14:   }
```

● 실행 결과

```
C:\Windows\system32\cmd.exe

i = 92506, sum = 4278726271
i = 92507, sum = 4278818778
i = 92508, sum = 4278911286
i = 92509, sum = 4279003795
i = 92510, sum = 4279096305
i = 92511, sum = 4279188816
i = 92512, sum = 4279281328
i = 92513, sum = 4279373841
i = 92514, sum = 4279466355
i = 92515, sum = 4279558870
i = 92516, sum = 4279651386
i = 92517, sum = 4279743903
i = 92518, sum = 4279836421
i = 92519, sum = 4279928940
i = 92520, sum = 4280021460
i = 92521, sum = 4280113981
i = 92522, sum = 4280206503
i = 92523, sum = 4280299026
i = 92524, sum = 4280391550
i = 92525, sum = 4280484075
i = 92526, sum = 4280576601
i = 92527, sum = 4280669128
i = 92528, sum = 4280761656
i = 92529, sum = 4280854185
i = 92529, sum = 4280854185
```

▌ 프로그램 설명

① 4행

부호가 없는 정수 변수 i, sum은 합계를 계산할 변수이고, sum = 0으로 초기화한다.

② 6-11행

6행은 상수 1에 의해 무한 반복하는 while 문이다. sum += i에 의해 sum의 현재 값에 i를 덧셈하고, i++에 의해 1증가한다. "%u"에 의해 부호없는 정수로 i와 sum을 출력한다.

③ 프로그램은 무한 반복하여, i 값을 1씩 증가하며 sum에 합계를 덧셈한다. 부호가 없는 정수 변수 sum과 i 값에서 오버플로우가 발생한다.

④ 4행을 부호가 있는 정수(int)로 변경하여 프로그램을 실행하면, 반복이 계속되면 sum, i 값이 오버플로우가 발생하여 음수가 된다.

05   do ~ while 문

do ~ while 문은 먼저 문장 또는 블록을 실행하고, 뒤에 나오는 조건식을 평가한다. 이후 while 문과 마찬가지로 조건식이 참인 동안 블록을 반복 실행한다. do ~ while 문은 while 조건식 뒤에 세미콜론(;)이 반드시 있어야 한다.

```
do
{
      문장 1;

      ...
} while(조건식);
```

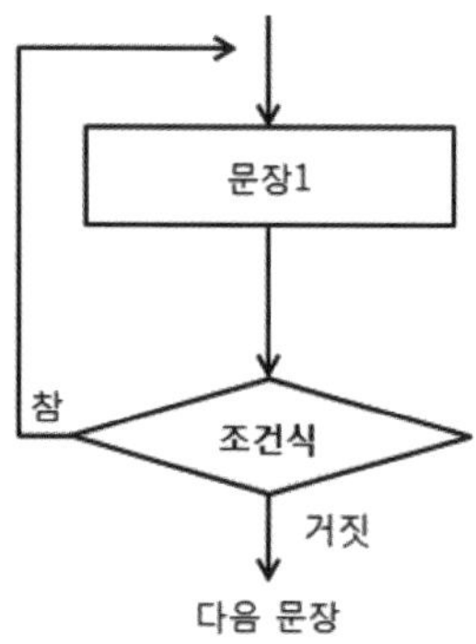

[그림 3.6] do ~ while 문

 n까지의 합계 3

```
01:   #include <stdio.h>
02:   int main()
03:   {
04:       int  n, sum = 0;
05:
06:       printf("양의 정수 n 입력: ");
07:   /*   scanf("%d", &n); */
08:       scanf_s("%d", &n);
09:
10:       do
11:       {
12:            sum += n--;
13:       } while (n > 0);
14:
15:       printf("sum = %d\n", sum);
16:       return 0;
17:   }
```

● 실행 결과

```
C:\Windows\system32\cmd.exe
양의 정수 n 입력: 10
sum = 55
```

▌프로그램 설명

① 4행

정수 변수 n은 키보드 입력을 위한 정수 변수이다. sum은 합계를 계산할 변수로 sum = 0으로 초기화한다.

② 6-8행

키보드에서 양의 정수를 변수 n에 입력한다.

③ 10-13행

먼저 12행을 수행하고, 조건식 n > 0이 참이면 12행을 다시 수행한다. 12행에서 먼저 n을 sum에 덧셈하기 때문에 8행에서 반드시 양의 정수 n을 입력해야 한다. 만약 8행에서 입력한 n이 음수이면 sum = n이다.

06   for 문

for 문은 C 언어에서 가장 많이 사용되는 중요한 반복문이다. 특히 배열의 첨자와 함께 자주 사용한다. for 문은 세미콜론(;)이 반드시 2개 있어야 한다. [그림 3.7]은 for 문의 실행 흐름으로 다음처럼 수행한다.

① 먼저 초기식을 수행한다. C99 표준에서는 변수 선언이 가능하다.
② 다음은 조건식을 평가하여, 참이면 블록을 실행하고, 거짓이면 블록을 벗어난다.
③ 조건식이 참이어서 블록을 수행한 경우, 증감식을 수행하고, 조건식이 참이면 블록을 실행하고, 거짓이면 블록을 벗어난다.
④ 초기식과 증감식이 없고, 조건식만 있으면 while 문과 같다.
⑤ 초기식, 조건식, 증감식 모두 없고, 세미콜론(;)만 2개 있으면 무한루프이다.

```
for(초기식; 조건식 ; 증감식)
{
    문장 1;

     ...

}
```

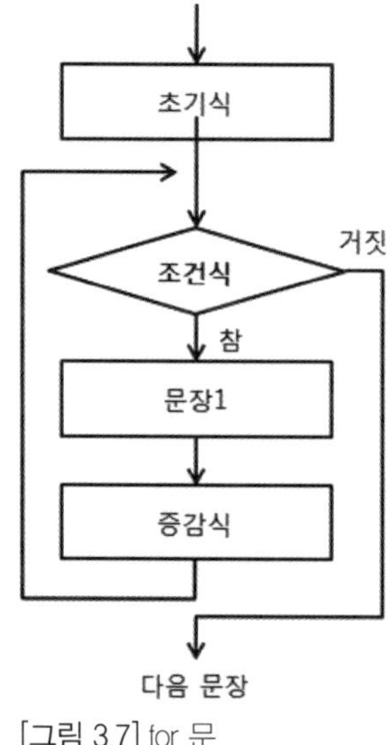

[그림 3.7] for 문

[예제 3.23] 'A'~ 'Z'까지의 ASCII 코드(16진수) 출력 2

```
01:  #include <stdio.h>
02:  int main()
03:  {
04:      char c1;
05:
06:      for (c1 = 'A'; c1 <= 'Z'; c1++)
07:          printf("c1 = %c, %hhx\n", c1, c1);
08:      printf("***c1 = %c, %hhx\n", c1, c1);
09:
10:  /* char c2: C99(VS2013, VS2015) 표준에서는 오류 아님 */
11:      for (char c2 = '0'; c2 <= '9'; c2++)
12:          printf("c2 = %c, %hhx\n", c2, c2);
13:
14:      return 0;
15:  }
```

● 실행 결과

```
C:\Windows\system32\cmd.exe
c1 = V, 56
c1 = W, 57
c1 = X, 58
c1 = Y, 59
c1 = Z, 5a
***c1 = [, 5b
c2 = 0, 30
c2 = 1, 31
c2 = 2, 32
c2 = 3, 33
c2 = 4, 34
c2 = 5, 35
c2 = 6, 36
c2 = 7, 37
c2 = 8, 38
c2 = 9, 39
```

■ 프로그램 설명

① 4-8행

4행은 문자를 반복할 변수 c1을 선언하고, 6행의 for 문으로 c1 = 'A'에서 조건 c1 <= 'Z'이 참일 때까지 c1++에 의해 한 문자씩 증가하여 7행을 반복한다. c1 <= 'Z'이 거짓이 되어 for 문을 벗어나 8행으로 가면 c1 = 0x5b이다. 변수 c1은 main() 함수 어디에서도 사용 할 수 있다.

② 11-12행

for 문의 초기식에서 문자 변수 c2를 선언하고 c2 = '0'로 초기화한다. C99(VS2013, VS2015) 표준에서는 C++에서와 같이 변수 선언을 임의의 위치에서 허용한다. 조건 c2 <= '9'이 참일 때까지 c2++에 의해 한 문자씩 증가하여 12행을 반복한다. c2 <= '9'가 거짓이 되어 for 문을 벗어날 때는 c2 = 0x3a일 때이다. 그러나 11행과 같이 for 문의 초기식에서 선언한 변수는 11-12행의 for 문에서만 사용할 수 있다. for 문을 벗어난 13행에서 c2를 사용하면 오류가 발생한다. 변수의 유효범위는 8장에서 자세히 다룬다.

[예제 3.24] n까지의 합계 4

```
01:   #include <stdio.h>
02:   int main()
03:   {
04:        int  n, sum = 0;
05:
06:        printf("양의 정수 n 입력: ");
07:   /*   scanf("%d", &n); */
08:        scanf_s("%d", &n);
09:
10:        /*  int i: C99(VS2013, VS2015) 표준에서는 오류 아님 */
11:        for (int i = 0; i <= n; i++)
12:             sum += i;
13:        printf("sum = %d\n", sum);
14:
15:        return 0;
16:   }
```

● 실행 결과

■ 프로그램 설명

① 11-12행

for 문의 초기식에서 정수 변수 i를 선언하고 i = 0으로 초기화한다. C99(VS2013, VS2015) 표준에서는 C++에서와 같이 변수 선언을 임의의 위치에서 허용한다. 조건 i <= n이 참일 때까지 i++에 의해 1씩 증가하여 12행을 반복하여 합계를 구한다.

② 11행의 증감식을 i += 2로 변경하여 for(int i = 0; i <= n; i += 2)이면 sum은 짝수의 합을 계
산한다. 증감식을 i += 3으로 변경하여 for(int i = 0; i <= n; i += 3)이면 sum은 3의 배수의 합
을 계산한다. 11행에서 i = 1로 초기화하고, 증감식을 i += 2로 변경하여 for(int i = 1; i <= n;
i += 2)이면 sum은 홀수의 합을 계산한다.

③ 11행에서 선언한 변수 i는 11-12행에서만 사용할 수 있다.

[예제 3.25] n까지의 합계 5

```
01:  #include <stdio.h>
02:  int main()
03:  {
04:      int  n, sum = 0;
05:
06:      printf("양의 정수 n 입력: ");
07:  /*  scanf("%d", &n); */
08:      scanf_s("%d", &n);
09:
10:      /* int i: C99(VS2013, VS2015) 표준에서는 오류 아님 */
11:      for (int i = n; i > 0; i--)
12:          sum += i;
13:      printf("sum = %d\n", sum);
14:
15:      return 0;
16:  }
```

▌프로그램 설명

① 11-12행
for 문의 초기식에서 정수 변수 i를 선언하고 i = n으로 초기화한다. C99(VS2013, VS2015) 표
준에서는 C++에서와 같이 변수 선언을 임의의 위치에서 허용한다. 조건 i > 0이 참일 때까지
i--에 의해 1씩 감소하여 12행을 반복하여 합계를 구한다.

③ 11행에서 선언한 변수 i는 11-12행에서만 사용할 수 있다.

[예제 3.26] n1에서 n2까지의 합계

```
01:  #include <stdio.h>
02:  int main()
03:  {
04:      int  m, n, sum = 0;
05:
06:      printf("양의 정수(m <= n) 입력: ");
07:  /*  scanf("%d %d", &m, &n); */
08:      scanf_s("%d %d", &m, &n);
09:
10:  /* int i: C99(VS2013, VS2015) 표준에서는 오류 아님 */
11:      for (int i = m; i <= n; i++)
12:          sum += i;
```

```
13:        printf("sum = %d\n", sum);
14:
15:        return 0;
16: }
```

● 실행 결과

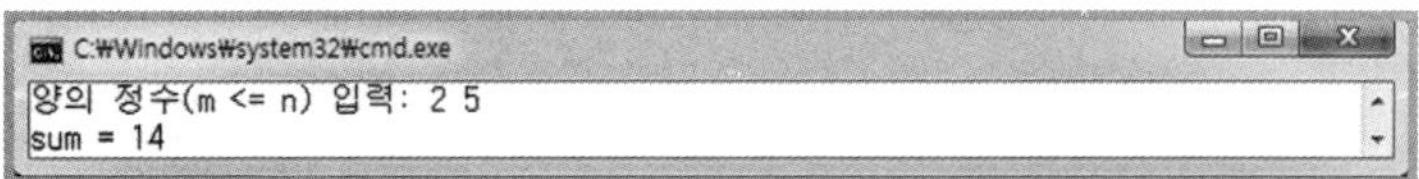

▌ 프로그램 설명

① 7-8행
키보드에서 양의 정수 m, n를 입력한다. 여기서는 m <= n를 가정한다.

② 11-12행
for 문의 초기식에서 정수 변수 i를 선언하고 i = m으로 초기화한다. C99(VS2013, VS2015) 표준에서는 C++에서와 같이 변수 선언을 임의의 위치에서 허용한다. 조건 i <= n이 참일 때까지 i++에 의해 1씩 증가하여 12행을 반복하여 합계를 구한다.

③ 11행에서 선언한 변수 i는 11-12행에서만 사용할 수 있다.

[예제 3.27] n까지의 홀수/짝수의 합계

```
01:  #include <stdio.h>
02:  int main()
03:  {
04:       int n, oddSum = 0, evenSum = 0;
05:
06:       printf("양의 정수 n 입력: ");
07:  /*   scanf("%d", &n);*/
08:       scanf_s("%d", &n);
09:
10:       for (int i = 1; i <= n; i++)
11:       {
12:            if (i % 2 == 0)
13:                 evenSum += i;
14:            else
15:                 oddSum += i;
16:       }
17:
18:       printf("짝수의 합 = %d\n", evenSum);
19:       printf("홀수의 합은 %d\n", oddSum);
20:       return 0;
21:  }
```

● 실행 결과

```
C:\Windows\system32\cmd.exe
양의 정수 n 입력: 10
짝수의 합 = 30
홀수의 합은 25
```

프로그램 설명

① 4행

정수 변수 n은 키보드 입력을 위한 정수 변수이다. oddSum은 홀수 합계 변수이고, evenSum
은 짝수 합계 변수이고, oddSum = 0, evenSum = 0으로 초기화한다.

② 10-16행

for 문의 초기식에서 정수 변수 i를 선언하고 i = 1으로 초기화한다. C99(VS2013, VS2015) 표
준에서는 C++에서와 같이 변수 선언을 임의의 위치에서 허용한다. 조건 i <=n이 참일 때까지
i++에 의해 1씩 증가하여 11-16행을 반복한다. 12행의 조건 i % 2 == 0이 참이면 i는 짝수이므
로 13행의 evenSum += i를 수행하고, 거짓이면 홀수이므로 15행의 oddSum += i를 수행하
여 홀수/짝수 합계를 계산한다.

[예제 3.28] n!(factorial)

```c
01:  #include <stdio.h>
02:  int main()
03:  {
04:      unsigned int n, fact = 1;
05:
06:      printf("양의 정수 n 입력: ");
07:  /*  scanf("%d", &n); */
08:      scanf_s("%d", &n);
09:
10:  /*  for (unsigned  int i = n; i > 0; i--) */
11:      for (unsigned  int i = 1; i <= n; i++)
12:      {
13:          fact *= i;
14:      /* printf("%u! = %u\n", i, fact); */
15:      }
16:
17:      printf("%d! = %d\n", n, fact);
18:      return 0;
19:  }
```

● 실행 결과

```
C:\Windows\system32\cmd.exe
양의 정수 n 입력: 4
4! = 24
```

▌프로그램 설명

① 양의 정수 n을 입력받아, n! = n * (n - 1) * ... * 2 * 1을 계산한다.

② 10-15행
10행의 for 문은 fact = n * (n - 1) * ... * 2 * 1을 계산한다. 11행은 fact = 1 * 2 * ... * (n - 1) * n을 계산한다. 13행에서 fact *= i 의해 fact의 현재값에 i를 곱셈하므로 4행에서 fact를 fact = 1로 최기화해야 한다. 중간 결과를 알고 싶을 때는 14행의 주석을 해제한다.

③ 주의할 것은 n이 약간만 커져도 fact 값이 매우 큰 값이 되어 오버플로우가 발생할 수 있음에 주의한다.

[예제 3.29] 소수(prime number) 판단 1

```
01:   #include <stdio.h>
02:   int main()
03:   {
04:       int n, bPrime = 1;
05:
06:       printf("양의 정수 n 입력: ");
07:  /*   scanf("%d", &n); */
08:       scanf_s("%d", &n);
09:
10:       for (int i = 2; i < n; i++)
11:       {
12:           if (n % i == 0)
13:               bPrime = 0;
14:       }
15:       if (bPrime)
16:           printf("%d는 소수이다.\n", n);
17:       else
18:           printf("%d는 소수가 아니다.\n", n);
19:
20:       return 0;
21:   }
```

● 실행 결과

```
C:\Windows\system32\cmd.exe
양의 정수 n 입력: 11
11는 소수이다.
```

▌프로그램 설명

① 4행
키보드에서 입력받을 정수 변수 n을 선언하고, 소수 판단을 표시할 변수 bPrime을 선언하고 bPrime = 1로 초기화하여, 소수라고 설정한다.

② 10-14행

소수는 1과 자기 자신 이외에는 나누어지지 않는 정수이다. i = 2부터 n - 1까지의 정수로 n을
나눈 나머지가 0이면 나누어지므로 bPrime = 0으로 소수가 아니라한다.

③ 15-18행

bPrime = 1이면 소수이고, bPrime = 0이면 소수가 아니다.

[예제 3.30] 1년부터 nYear까지의 모든 윤년 출력

```
01:  #include <stdio.h>
02:  int main()
03:  {
04:      int nYear, count = 0;
05:
06:      printf("년도 nYear 입력: ");
07: /*   scanf("%d", &nYear); */
08:      scanf_s("%d", &nYear);
09:
10:      for (int y = 1; y <= nYear; y++)
11:      {
12:          if (y % 4 == 0 && y % 100 != 0 || y % 400 == 0)
13:          {
14:              count++;
15:              printf("%d년: 윤년(Leap year)\n", y);
16:          }
17:          else
18:              printf("%d년: 평년(Common year)\n", y);
19:      }
20:      printf("윤년 수: %d years\n", count);
21:
22:      return 0;
23:  }
```

● 실행 결과

```
C:\Windows\system32\cmd.exe
2012년: 윤년(Leap year)
2013년: 평년(Common year)
2014년: 평년(Common year)
2015년: 평년(Common year)
2016년: 윤년(Leap year)
윤년 수: 489 years
계속하려면 아무 키나 누르십시오 . . .
```

프로그램 설명

① [예제 3.9]의 윤년 판단을 이용하여 1년부터 nYear까지의 윤년/평년을 판단하고, 전제 윤
년의 수를 변수 count에 계산하여 출력한다.

② 10-19행

10행의 for 문은 y = 1년부터 nYear까지 11-19행을 반복한다. 12행의 윤년 조건을 만족하면
13-16행의 블록을 수행한다.

[예제 3.31] for 문을 while 문처럼 사용 : 공약수 계산 1

```
01:   #include <stdio.h>
02:   int main()
03:   {
04:       int m, n;
05:
06:       printf("양의 정수(m, n) 입력: ");
07:   /*  scanf("%d %d", &m, &n); */
08:       scanf_s("%d %d", &m, &n);
09:
10:       for( ; n != m; )
11:       {
12:           if (n < m)
13:               m -= n;
14:           else
15:               n -= m;
16:       }
17:       printf("공약수(gcd): %d\n", m); /* m, n은 같은 값*/
18:       return 0;
19:   }
```

● 실행 결과

프로그램 설명

① 양의 정수(m, n)를 입력하여 공약수(gcd)를 계산한다.

② 10-16행

10행의 for 문은 조건식만을 사용하여 while(n != m)와 같다. 두 수가 같을 때까지 큰 수에서
작은 수를 뺀다.

③ 17행

두 수가 같게 되면 for 문을 벗어난다. 17행에서 m, n은 같은 값이다. m, n이 공약수이다. 처
음 입력한 두 수가 m = 4, n = 6이라면 공약수는 2이다.

④ 참고로 최소공배수(lcm)는 lcm = m * n / gcd이다. 즉, 두 수의 곱셈을 공약수로 나누면
최소공배수이다.

[예제 3.32] for 문을 while 문처럼 사용 : 공약수 계산 2

```
01:  #include <stdio.h>
02:  int main()
03:  {
04:      int n, m, t;
05:
06:      printf("양의 두 정수(n, m) 입력: ");
07:  /*  scanf("%d %d", &n, &m); */
08:      scanf_s("%d %d", &n, &m);
09:
10:      for (; n != 0;)
11:      {
12:          t = n;
13:          n = m % n;
14:          m = t;
15:      }
16:
17:      printf("공약수(gcd): %d\n", m);
18:      return 0;
19:  }
```

█ 프로그램 설명

① 양의 정수(m, n)를 입력하여 나머지를 이용하여 공약수(gcd)를 계산한다.

② 10-15행
n이 0이 될 때까지 반복한다. 임시변수 t = n, n = m % n로 변경하고, m = t에 의해 변경 전의 n으로 저장한다.

③ [예제 3.31]보다 빨리 계산하며 결과는 같다.

[예제 3.33] 무한루프 2

```
01:  #include <stdio.h>
02:  int main()
03:  {
04:      unsigned int i = 1, sum = 0;
05:
06:      for (;;)
07:      {
08:          sum += i;
09:          printf("i = %u, sum = %u\n", i, sum);
10:          i++;
11:      }
12:
13:      return 0;
14:  }
```

▌프로그램 설명

① [예제 3.21]의 while 문에 의한 무한루프를 for 문으로 다시 작성한다.
② 6행은 for 문은 무한루프이다.

07　중첩된 반복문

for, while, do~while 등의 반복문 안에 또 다른 반복문을 중첩(nested loop)할 수 있다. 반복문의 중첩은 대부분의 경우 2중 또는 3중 중첩이며, 많아야 4중 중첩 반복문이 대부분이다.

[예제 3.34] 중첩루프 : 구구단

```
01:  #include <stdio.h>
02:  #define N 10
03:  int main()
04:  {
05:      for (int i = 1; i < N; i++)
06:      {
07:          for (int j = 1; j < N; j++)
08:          {
09:              printf("%2dx%2d=%2d", i, j, i * j);
10:          }
11:          printf("\n");
12:      }
13:      return 0;
14:  }
```

● 실행 결과

┃ 프로그램 설명

① 5행

변수 i에 대한 for 문은 출력에서 단(행)을 나타낸다. 각각의 i에 대해, 7-11행을 반복한다.

② 7행

변수 j에 대한 for 문은 출력에서 열을 나타낸다.

③ 9행

printf() 함수는 N * N번 수행한다. "%2d"는 2자리에 정수를 출력하여 자릿수를 맞추기 위함이다.

④ 11행

printf("\n") 함수는 각 단(행)이 출력한 후에 라인 변경을 한다.

[예제 3.35] 중첩루프 : n개의 소수 출력

```c
01:   #include <stdio.h>
02:   int main()
03:   {
04:       int nPrime, bPrime;
05:       int k = 0, n = 2;
06:
07:       printf("소수의 개수: ");
08:       /*      scanf("%d", &nPrime); */
09:       scanf_s("%d", &nPrime);
10:
11:       while (k != nPrime)
12:       {
13:               bPrime = 1;
14:               for (int i = 2; i < n; i++)
15:               {
16:                       if (n % i == 0)
17:                       bPrime = 0;
18:               }
19:               if (bPrime)
20:               {
21:                       k++;  /* 소수의 개수 카운트 */
22:                       printf("%d는 소수이다.\n", n);
23:               }
24:               n++; /* 다음 숫자 */
25:       }
26:
27:       return 0;
28:   }
```

● 실행 결과

```
C:\Windows\system32\cmd.exe
소수의 개수: 5
2는 소수이다.
3는 소수이다.
5는 소수이다.
7는 소수이다.
11는 소수이다.
```

▌프로그램 설명

① 11행
k는 소수의 개수에 대한 카운트 변수이다. n = 2부터 시작하여 1씩 증가시키면서 k가 nPrime
일 때까지 소수를 출력한다.

② 13-23행
n이 소수인지를 판단한다. 소수 판단은 [예제 3.29]를 이용한다.

08 break, continue, goto 문

8.1 break문

break 문은 switch ~ case 문의 블록을 벗어나며, 또한 while, for, do~while 등의 반
복문에서 반복을 중지한다.

[예제 3.36] while 문에 의한 무한루프 중지

```
01:  #include <stdio.h>
02:  #include <conio.h> /* _getch() */
03:  #define  ESC  0x1b
04:  int main()
05:  {
06:      int ch1, ch2;
07:
08:      while (1) /* 무한 루프 */
09:      {
10:          ch1 = _getch();
11:          if (ch1 == 0 || ch1 == 0xe0)
12:          {
13:              ch2 = _getch();
14:              printf("2바이트: ch1 = %x, ch2 = %x\n", ch1, ch2);
15:          }
```

```
16:             else
17:                 printf("1바이트: ch1 = %x\n", ch1);
18:             if (ch1 == ESC)
19:                 break;
20:         }
21:     return 0;
22: }
```

● 실행 결과

프로그램 설명

①8행
while 문에 의한 9-20행을 블록을 반복 처리한다.

② 10-17행은 키보드의 1바이트 키, 2바이트 키의 16진수 코드값을 출력한다.

③ 18-19행
Esc 키(0x1b)를 누루면 break 문에 의해 while 문을 중지하고, 21행을 수행한다.

[예제 3.37] for의 반복 중지

```
01:   #include <stdio.h>
02:   int main()
03:   {
04:       int i, n, sum = 0;
05:
06:       printf("양의 정수 n 입력: ");
07: /*    scanf("%d", &n);*/
08:       scanf_s("%d", &n);
09:
10:       for (i = 1; i <= n; i++)
11:       {
12:           sum += i;
13:           if (sum > 5)
14:               break;
15:       }
16:
17:       printf("i = %d, n = %d, sum = %d\n", i, n, sum);
18:       return 0;
19:   }
```

● 실행 결과

```
C:\Windows\system32\cmd.exe
양의 정수 n 입력: 10
i = 3, n = 10, sum = 6
```

▌프로그램 설명

① 6-8행
양의 정수 n을 입력받는다.

② 10-15행
for 문으로 변수 i를 1에서부터 n까지 반복한다. 12행은 sum에 i를 덧셈한다. 13-14행은
sum > 5 보다 크면 break 문에 의해 for 문을 중지한다. 즉, i = 3일 때 sum = 6이 되어, 조건
식 sum > 5이 참이 되어 break을 수행하여 for 문을 중지하고, 17행을 수행한다.

③ 17행
i = 3, sum = 6이다. for 문 밖에서 반복 변수 i를 사용하려면, for 문의 초기식 위치에서 변수
를 선언하지 않는다.

[예제 3.38] 오버플로우 발생할 때 까지 1씩 더하기

```c
01:  #include <stdio.h>
02:  int main()
03:  {
04:      char            sum = 0;
05:  /*  unsigned char   sum = 0; */
06:  /*  short int        sum = 0; */
07:  /*  unsigned short  sum = 0; */
08:  /*  int sum = 0;             */
09:  /*  unsigned int sum = 0;    */
10:
11:      for (; ;)
12:      {
13:          sum += 1;
14:          printf("sum = %d\n", sum);
15:          if (sum <= 0)
16:              break;
17:      }
18:      return 0;
19:  }
```

● 실행 결과

```
C:\Windows\system32\cmd.exe
sum = 123
sum = 124
sum = 125
sum = 126
sum = 127
sum = -128
```

▌ 프로그램 설명

① 4-9행
각 정수 자료형에 대하여 오버플로우를 확인하기 위하여 sum 변수를 선언하고, sum = 0으로 초기화한다.

② 11-17행
for 문에 의한 무한루프로 12-17행을 반복한다. 13행은 sum의 현재 값을 1증가한다. 15-16행은 조건식 sum <= 0이 참이면, break 문으로 for 문을 중지한다. 13행에서 sum 값을 1씩 증가하기 때문에 오버플로우가 발생하지 않으면 절대로 sum <= 0이 참이 될 수 없다. 그러나 컴퓨터는 1바이트, 2바이트, 4바이트 등의 제한된 바이트로 정수를 표현하기 때문에 오버플로우가 발생한다.

③ 4행의 1 바이트 부호를 갖는 정수형(char)인 경우, sum = 127에 1을 덧셈한 결과가 sum = -128이 되어 반복문을 멈춘다.

④ 5행의 1 바이트 부호 없는 정수형(unsigned char)인 경우, sum = 255에 1을 덧셈한 결과가 sum = 0이 되어 반복문을 멈춘다.

[예제 3.39] 소수 판단 2

```
01:   #include <stdio.h>
02:   int main()
03:   {
04:       int i, n;
05:
06:       printf("양의 정수 n 입력: ");
07: /*   scanf("%d", &n); */
08:       scanf_s("%d", &n);
09:
10:       for (i = 2; i < n; i++)
11:       {
12:           if (n % i == 0)
13:               break;
14:       }
15:       if (i == n)
16:           printf("%d는 소수이다.\n", n);
17:       else
18:       {
19:           printf("i = %d\n", i);
20:           printf("%d는 소수가 아니다.\n", n);
21:       }
22:       return 0;
23:   }
```

● 실행 결과

▌프로그램 설명

① [예제 3.29]의 소수 판단을 다시 효율적으로 작성한다.

② 10-14행
i = 2부터 n - 1까지의 정수 중에서 n을 나눈 나머지가 0인 정수가 하나라도 있기만 하면 소수가 아니므로, break 문에 의해 바로 for 문을 멈추는 것이 효과적이다.

③ 15-21행
i == n이면 for 문이 끝까지 반복한 것으로 12-13행의 break 문에 의해 for 문을 멈춘것이 아니어서 i = 2부터 n - 1까지의 정수 어느 것도 나머지가 0인 것이 없다는 것으로 n은 소수이다. 그렇지 않으면 중간에 나머지가 0인 것이 있어서 12-13행에 의해 for 문을 중간에 멈춘 것이므로 n은 소수가 아니다.

④ 소수인 경우는 for 문에서 i = 2부터 n - 1까지의 모두 반복한다. 그러나 소수가 아닌 경우는 for 문이 중간에 멈추게 되어 효과적이다. 예를 들어, n = 10은 i = 2에 의해 바로 나누어지므로 소수가 아니다.

⑤ for 문 밖에서 반복 변수 i를 사용하려면, 초기식에서 선언하면 안 된다.

8.2 continue 문

while, for, do ~ while과 같은 반복문의 블록에서 continue 문을 만나면 블록 안의 continue 문 이후의 문장을 건너뛰고 반복을 진행한다. 예를 들면, for 문의 블록 안에서 continue 문을 만나면 블록 안에 있는 다음 문장들은 건너뛰고 for 문의 증감식 부분으로 진행한다. while 문이나 do ~ while 문에서는 블록 안의 continue 문 이후 문장은 건너뛰고 조건식 부분으로 진행한다.

[예제 3.40] continue 문을 이용한 n까지 홀수의 합계

```
01:  #include <stdio.h>
02:  int main()
03:  {
04:      int i, n, oddSum = 0;
05:
06:      printf("양의 정수 n 입력: ");
07:  /*  scanf("%d", &n);*/
08:      scanf_s("%d", &n);
09:
10:      for (i = 1; i <= n; i++)
```

```
11:        {
12:            if (i % 2 == 0)
13:                continue;
14:            oddSum += i;
15:        }
16:        printf("n = %d, i = %d, oddSum = %d\n", n, i, oddSum);
17:        return 0;
18:    }
```

● 실행 결과

▌프로그램 설명

① 10-15행

for 문은 i = 1에서 n까지 1씩 증가하면서 11-15행을 반복한다. 12-13행에서 i % 2 == 0은 i가 짝수 일 때 참이고 continue 문에 의해 14행을 수행하지 않고, 10행의 증감식을 수행한다. 결국 14행은 i가 홀수 일 때만 수행하여 oddSum에 홀수의 합계를 계산한다.

② 16행

10행의 for 문은 i = n + 1일 때 거짓이 되어 16행을 실행한다. n= 10이면, 16행에서 i = 11이다. oddSum은 1에서 n = 10까지의 홀수의 합계는 oddSum = 25이다.

8.3 레이블과 goto문

C 언어에서 레이블은 3가지가 있다. switch 문에서 case 레이블과 default 레이블이 있고, 또 다른 하나는 이름 붙은 레이블(named label)로 goto 문과 함께 사용한다.

레이블 뒤에 콜론(:)이 오며, 레이블 이름은 변수 이름의 규칙과 같다. 레이블은 변수와 달리 자료형이 없으며, 프로그램에서 변수와 혼동하지 않기 위해 주로 대문자로 사용한다.

goto 문은 프로그램의 제어 흐름을 무조건 지정한 레이블로 옮긴다. goto 문으로 case 레이블과 default 레이블로는 분기할 수 없고, 이름 붙은 레이블로만 분기할 수 있다. goto 문과 if 문을 사용하면 모든 반복문을 구현할 수 있다. 그러나 goto 문을 많이 사용하면 프로그램을 읽고 이해하기 어려워 기존의 프로그램을 수정하거나 재사용하는 유지 보수를 어렵게 한다. 그러므로 반복을 위해서는 for, while, do ~ while 문을 사용하고 goto 문은 가능한 사용하지 말아야 한다. 그러나 goto 문은 다중 반복문에서 모든 반복문을 한 번에 탈출할 때는 유용하기도 하다.

goto 문을 많이 사용하여 프로그램의 실행 흐름이 꼬이는 것을 스파게티 로직(spaghetti

logic)이라 한다. 1960년대 초에 다익스트라(Dijkstra) 등은 구조적 프로그래밍
(structured programming)을 제안했다. 구조적 프로그래밍은 프로그램을 작성할 때 가
능한 한 goto 문을 사용하지 않고, 프로그램을 크게 3가지 구조(순차 실행문, 선택 분기
문, 반복문)에 의해 작성하는 것이다. 대표적인 구조적 프로그래밍 언어가 C 언어이며,
현재는 구조적 프로그래밍 언어시대를 넘어 객체지향 언어(objected oriented language)
시대이다. 객체지향 언어에도 구조적 프로그래밍의 원리가 포함되어 있다.

[예제 3.41] goto 문을 이용한 이중 for 문 탈출

```c
01:   #include <stdio.h>
02:   int main()
03:   {
04:       int i, j;
05:
06:       for (i = 1; i <= 10; i++)
07:       {
08:           printf("i = %d\n", i);
09:           for (j = 1; j <= 10; j++)
10:           {
11:               printf("j = %d, ", j);
12:                   if (j == 5)
13:                       goto L1;  /*  break;와는 다름  */
14:           }
15:           printf("\n");
16:       }
17:
18:   L1: printf("\n***i = %d, j = %d\n", i, j);
19:       return 0;
20:   }
```

● 실행 결과

▌ 프로그램 설명

① 6-16행
for 문이 중첩되어 있다. 12-13행에서 j == 5가 참이면 goto L1에 의해 이중 for 문을 중단하
고 18행으로 실행이 넘어 간다. 18행에서 i = 1, j = 5이다. 즉 6행의 i=1일 때만 반복하고, 13
행의 goto L1에 의해 18행을 수행한다.

② 13행의 goto L1을 break 문으로 변경하면 6행의 for 문에서 i = 1에서 i = 10까지 각 i에 대
하여 9행의 j가 j = 1에서 j = 5까지 반복한다. 18행에서 i =11, j = 5이다.

배열

CHAPTER **04**

01 개요

배열(array)은 하나의 이름으로 동일한 자료형(homogeneous data type)의 변수가 여러 개 필요할 때 사용한다. 배열을 구성하는 각각의 변수를 배열 요소(element)라 하고, 배열 요소는 첨자를 사용하여 구분한다.

1차원 배열은 수학에서 (a_i), $i = 0, 1, ..., N-1$ 형태의 N 요소를 갖는 벡터(vector)를 표현하고, 2차원 배열은 (a_{ij}), $i = 0, 1, ..., N-1$, $j = 0, 1, ..., M-1$의 형태의 $N \times M$행렬(matrix)을 표현한다.

프로그래밍 언어는 아래첨자를 사용할 수 없으므로, C 언어는 각괄호([])를 사용하여 각괄호 안에 첨자를 표현한다. 위의 수학표현에서 $i = 0, 1, ..., N$은 프로그래밍 언어에서 for문과 같은 반복문을 이용해서 for(i = 0; i ⟨ N; i++)로 표현된다. 다음은 C 언어 배열의 특징이다.

C 언어 배열의 특징

① 모든 자료형을 배열로 선언할 수 있다.

② 배열의 각 요소는 각괄호([]) 안에 양의 정수를 사용하는 첨자로 구분한다.

③ 배열의 첨자는 0부터 시작한다.

④ 배열의 기억 장소는 연속으로 할당된다.

⑤ 배열의 이름은 연속으로 할당된 메모리의 시작 바이트의 상수 주소이다. 상수 주소(constant address)란 주소를 변경할 수 없다는 의미이다. 반면, 5장의 포인터는 주소를 저장하고 변경할 수 있는 변수이다.

⑥ 주소에 대해 덧셈(+)과 뺄셈(−)이 가능하다.

⑦ 32비트 윈도우즈 운영체제(x86)에서 주소는 4바이트로 표현된다.

⑧ 64비트 윈도우즈 운영체제(x64)에서 주소는 8바이트로 표현된다.

⑨ 변수, 배열, 포인터 등에서 사용하는 주소는 물리적인 주기억장치인 RAM의 주소가 아니고, 가상 주소(virtual address)이기 때문에 프로그램이 실행되는 컴퓨터에 따라 실제 주소가 다를 수 있다. 페이지 테이블(page table)을 통해 가상 주소를 실제 물리적 주소(physical address)에 연결(mapping)한다. 이렇게 물리적인 주소와 프로그램에서 사용하는 논리적인 주소인 가상 주소를 분리하면, 물리적으로 제한된 RAM 크기보다 훨씬 큰 크기의 메모리를 사용할 수 있어, 운영체제를 안정적으로 동작하도록 하는 장점이 있다.

02 1차원 배열

1차원 배열은 수학에서 $(a_i), i = 0, 1, ..., N-1$ 형태의 N 요소를 갖는 벡터(vector)를 표현한다. 1차원 배열은 1개의 각괄호([])를 사용한다.

2.1 1차원 배열의 선언

C 언어의 char, int, float, double 등 모든 자료형을 배열로 선언할 수 있다. 배열을 선언할 때는 자료형, 배열 이름, 배열 크기를 설정한다. 배열 크기는 배열 요소의 개수로 각괄호 안에 0 보다 큰 양의 정수로 선언한다. 배열 첨자는 0부터 시작한다. 배열의 크기가 N이면 사용 가능한 배열의 첨자는 0부터 N−1까지이다.

다음은 크기가 3인 char, int, double 자료형의 1 차원 배열의 선언의 예이다.

1차원 배열의 선언 예

① char   cName[3]; /* 1차원 문자 배열 선언 */

1차원 문자 배열 cName은 cName[0], cName[1], cName[2]에 문자 3개를 저장할 수 있다. 문자가 메모리 1바이트를 차지하므로 cName 배열은 3바이트가 연속으로 할당된다. 배열 이름 cName은 배열의 시작 요소인 cName[0]의 주소 (&cName[0])와 같은 상수 주소이다.

② int   nData[3]; /* 1차원 정수 배열 선언 */

1차원 정수 배열 nData는 nData[0], nData[1], nData[2]에 정수 3개를 저장할 수 있다. int가 4바이트 정수이므로, 12바이트의 메모리가 연속으로 할당된다. 배열 이름 nData는 nData[0]의 주소 (&nData[0])와 같은 상수 주소이다.

③ double dAvg[3];   /* 1차원 배정도 실수 배열 선언 */

1차원 배정도 실수 배열 dAvg는 dAvg[0], dAvg[1], dAvg[2]에 3개 배정도 실수를 저장할 수 있으며, double이 8바이트 실수이므로 24바이트의 메모리가 연속으로 할당된다. 배열 이름 dAvg는 dAvg[0]의 주소 (&dAvg[0])와 같은 상수 주소이다.

[예제 4.1] 1차원 문자 배열의 주소 및 값 출력

```c
01:  #include <stdio.h>
02:  #define N 3
03:  int main()
04:  {
05:      char cName[N];  /* 문자 배열 선언 */
06:
07:      printf("sizeof(cName) = %d\n", sizeof(cName));
08:      printf("Address:cName = %p, &cName  = %p\n", cName, &cName);
09:      printf("Address:cName + 1=%p, &cName+1=%p\n",cName + 1,&cName + 1);
10:
11:      /* 'A', 'B', 'C' 저장 및 출력*/
12:      for(int i = 0; i < N; i++)
13:      {
14:          cName[i] = 'A' + i;
15:          printf("cName[%d]: Address = %p, Value = %c\n",
16:                    i, &cName[i], cName[i]);
17:      }
18:
19:      /* 문자열 출력 */
20:      printf("cName = %s\n", cName);
21:
22:      cName[N-1] = 0; /* cName[N-1] = '\0' */
23:      printf("cName = %s\n", cName);
24:      return 0;
25:  }
```

● 실행 결과

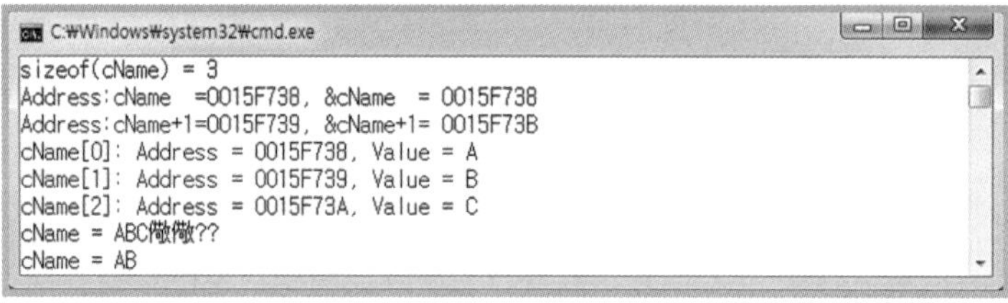

▌ 프로그램 설명

① 2행, 5행

2행은 N을 3으로 정의한다. 5행은 크기가 N인 문자 배열 cName을 정의한다. 배열 요소는
cName[0], cName[1], cName[2]이다.

② 7행

sizeof(char) = 1이므로, sizeof(cName) = sizeof(char) * N = 3바이트가 연속으로 할당된다.

③ 8행

cName을 주소 출력서식 "%p"로 출력하면 배열 cName에 할당된 3바이트 중에서 시작 바이트의 주소(&cName[0])를 출력한다. cName, &cName[0], &cName은 모두 같은 주소(0015F738)를 출력한다. 주의할 것으로 출력되는 주소는 실행할 때마다 다를 수 있다.

④ 9행
주소에 대한 덧셈, 뺄셈이 가능하다. cName+1은 cName의 주소에 sizeof(char)을 더한 주소(0015F739)이다. 즉 다음 요소가 저장된 주소(&cName[1])이다. 한편 &cName+1은 (&cName)+1과 같고 &cName[1] 배열에 할당된 메모리의 다음 주소(0015F73B)이다.

⑤ 12−17행
for 문을 사용하여 cName[0] = 'A', cName[1] = 'B', cName[2] = 'C'를 저장하고, 각 배열 요소의 주소(&cName[i])와 값(cName[i])을 출력한다. [표 4.1]은 배열 cName의 값과 주소를 보여준다. 주의할 것은 예제를 실행할 때마다 할당된 주소는 달라질 수 있다.

표 4.1 1차원 배열 cName의 값과 주소

| 배열 요소 | 값(Value) | | 주소 (Address) | 배열 이름 주소 |
	10진수	16진수		
cName[0]	65	41	0015F738	cName, &cName, &cName[0]
cName[1]	66	42	0015F739	cName+1, &cName[1]
cName[2]	67	43	0015F73A	cName+2, &cName[2]
			0015F73B	&cName+1

⑥ 20행
문자열 출력서식 "%s"로 cName을 출력하면 ABC를 출력하고, 널 문자('\0')가 나올 때까지 이상한 문자들이 출력된다. "%s"는 cName의 주소(0015F738)부터 시작해서, 저장된 값에 널 문자('\0')가 나올 때까지 문자로 출력한다.

⑦ 22−23행
배열의 마지막 요소에 널 문자('\0')를 저장하고, 문자열 출력서식 "%s"로 cName을 출력하면 AB가 출력된다.

[예제 4.2] 1차원 정수(int) 배열의 주소 및 값 출력

```
01:  #include <stdio.h>
02:  #define N 3
03:  int main()
04:  {
05:      int nData[N]; /* 정수 배열 선언 */
06:
07:      printf("sizeof(nData) = %d\n", sizeof(nData));
08:      printf("Address: nData   = %p, &nData   = %p\n",
09:              nData, &nData);
10:      printf("Address: nData + 1 = %p, &nData + 1 = %p\n",
11:              nData + 1, &nData + 1);
12:
13:      /* 배열에 정수(0, 100, 200) 저장, 출력  */
14:      for(int i = 0; i < N; i++)
```

```
15:     {
16:         nData[i] = i * 100;
17:         printf("nData[%d]: Address = %p, nData = %d\n",
18:                 i, &nData[i], nData[i]);
19:     }
20:     return 0;
21: }
```

● 실행 결과

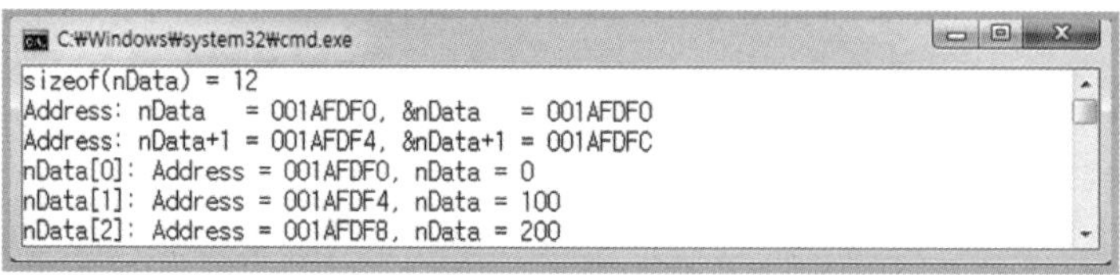

▌ 프로그램 설명

① 2행, 5행
2행은 N을 3으로 정의한다. 5행은 크기가 N인 int 정수배열 nData를 정의한다. 배열의 요소
는 nData[0], nData[1], nData[2]이다.

② 7행
sizeof(int) = 1이므로, sizeof(nData) = sizeof(int) * N = 12바이트가 연속으로 할당된다.

③ 8행
nData을 주소 형식인 "%p"로 출력하면 배열 nData에 할당된 12바이트 중에서 시작 바이트의
주소(&nData[0])를 출력한다. nData, &nData[0], &nData은 모두 같은 주소(001AFDF0)를
출력한다.

④ 9행
주소에 대한 덧셈, 뺄셈이 가능하다. nData + 1은 nData의 주소에 sizeof(int)을 더한 주
소(001AFDF4)이다. 즉 다음 요소가 저장된 주소(&nData[1])이다. 한편, &nData + 1은
(&nData) + 1과 같고 nData 배열에 할당된 메모리의 다음 주소(001AFDFC)이다.

⑤ 12-17행
for 문을 사용하여 nData[0] = 0, nData[1] = 100, nData[2] = 200을 저장하고, 각 배열 요소
의 주소(&nData[i])와 값(nData[i])을 출력한다.

⑥ [표 4.2]는 배열 nData의 값과 주소를 보여준다. 주의할 것은 실행할 때마다, 할당된 주
소는 달라질 수 있다. nData[1]는 4바이트(001AFDF4~ 001AFDF7)에 10진수 정수 100
을 저장한다. Intel CPU는 리틀 엔디안(little endian)을 사용하므로 10진수 100의 16진수
0x00000064를 낮은 바이트(LSB, least significant byte)부터 차례로 4바이트에 저장한다.

표 4.2 1차원 배열 nData의 값과 주소

배열 요소	값(Value)		주소 (Address)	배열 이름 주소
	10진수	16진수		
nData[0]	0	0	001AFDF0	nData, &nData, &nData[0]
		0	001AFDF1	
		0	001AFDF2	
		0	001AFDF3	
nData[1]	100	64	001AFDF4	nData+1, &nData[1]
		0	001AFDF5	
		0	001AFDF6	
		0	001AFDF7	
nData[2]	200	c8	001AFDF8	nData+2, &nData[2]
		0	001AFDF9	
		0	001AFDFA	
		0	001AFDFB	
			001AFDFC	&nData+1

[예제 4.3] 1차원 배정도 실수(double) 배열의 주소 및 값 출력

```c
01:  #include <stdio.h>
02:  #define N 3
03:  int main()
04:  {
05:      double dAvg[N];
06:
07:      printf("sizeof(dAvg) = %d\n", sizeof(dAvg));
08:      printf("Address: dAvg   = %p, &dAvg   = %p\n", dAvg, &dAvg);
09:      printf("Address: dAvg + 1 = %p, &dAvg + 1 = %p\n", dAvg + 1, &dAvg + 1);
10:
11:      /* 배열에 실수(0.0, 100.0, 200.0) 저장, 출력  */
12:      for(int i = 0; i < N; i++)
13:      {
14:          dAvg[i] = (double)(i * 100);
15:          printf("dAvg[%d]:Address=%p, dAvg=%f\n", i, &dAvg[i], dAvg[i]);
16:      }
17:      return 0;
18:  }
```

● 실행 결과

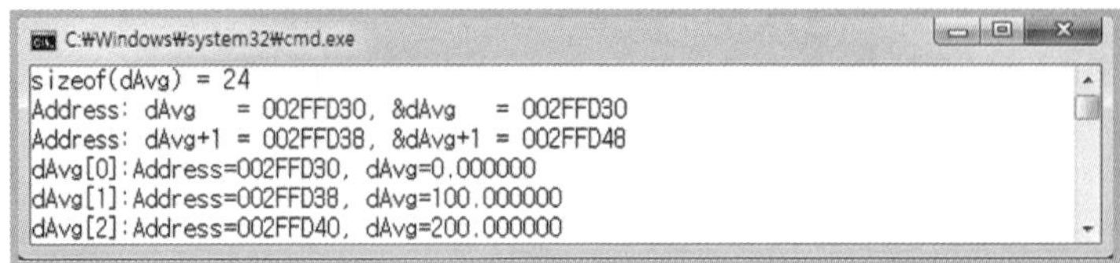

■ 프로그램 설명

① 2행, 5행
2행은 N을 3으로 정의한다. 5행은 크기 N인 double 실수 배열 dAvg를 정의한다. 배열의 요소
는 dAvg[0], dAvg[1], dAvg[2]이다.

② 7행
sizeof(double) = 8이므로, sizeof(dAvg)= sizeof(double) * N = 24바이트가 연속으로 할당된다.

③ 8행
dAvg을 주소 형식인 "%p"로 출력하면 배열 dAvg에 할당된 24바이트 중에서 시작 바이트의
주소(&dAvg[0])를 출력한다. dAvg, &dAvg[0], &dAvg은 모두 같은 주소(002FFD30)를 출력
한다.

④ 9행
주소에 대한 덧셈, 뺄셈이 가능하다. dAvg + 1은 dAvg의 주소에 sizeof(double)을 더한 주소
(002FFD38)이다. 즉 다음 요소가 저장된 주소(&dAvg[1])이다. 한편, &dAvg + 1은 (&dAvg) +
1과 같고 dAvg 배열에 할당된 메모리의 다음 주소(002FFD48)이다.

⑤ 12-17행
for 문을 사용하여 dAvg[0] = 0.0, dAvg[1] = 100.0, dAvg[2] = 200.0을 저장하고, 각 배열 요
소의 주소(&dAvg[i])와 값(dAvg[i])을 출력한다.

⑥ [표 4.3]는 배열 dAvg의 값과 주소를 보여준다. 주의할 것은 실행할 때마다, 할당된 주
소는 달라질 수 있다. dAvg[1]은 8바이트(002FFD38~ 002FFD3F)에 10진수 실수 100.0
을 저장한다. Intel CPU는 리틀 엔디안(little endian)을 사용하므로 10진수 100.0의 16진수
0x4059000000000000을 낮은 바이트(LSB, least significant byte)부터 차례로 8바이트에 저
장한다.

표 4.3 1차원 배열 dAvg의 값과 주소

배열 요소	값(Value)		주소 (Address)	배열 이름 주소
	10진수	16진수		
dAvg[0]	0.0	0	002FFD30	dAvg, &dAvg, &dAvg[0]
		0	002FFD31	
		0	002FFD32	
		0	002FFD33	
		0	002FFD34	
		0	002FFD35	
		0	002FFD36	
		0	002FFD37	
nData[1]	100	0	002FFD38	dAvg + 1, &dAvg[1]
		0	002FFD39	
		0	002FFD3A	
		0	002FFD3B	
		0	002FFD3C	
		0	002FFD3D	
		59	002FFD3E	
		40	002FFD3F	
nData[2]	200	0	002FFD40	dAvg + 2, &dAvg[2]
		0	002FFD41	
		0	002FFD42	
		0	002FFD43	
		0	002FFD44	
		0	002FFD45	
		69	002FFD46	
		40	002FFD47	
			002FFD48	&dAvg + 1

2.2 1차원 배열의 초기화

배열을 선언하고, 배열의 값을 초기화할 수 있다. 초기화는 블록을 지정할 때 사용하는 중괄호를 사용하며, 요소 값의 구분은 사이에 콤마를 사용한다. 배열을 초기화할 경우 요소의 개수를 알 수 있으므로 배열의 크기를 생략할 수 있다. 배열의 크기보다 적은 값으로 초기화 하면 나머지는 0으로 초기화된다.

(1) 1차원 문자 배열의 초기화

문자열(string)은 연속된 문자의 모임으로, C 언어는 문자열에 대한 기본 자료형이 없고, 문자 배열을 사용하여 문자열을 나타낸다. 문자 배열을 선언하고, 큰 따옴표 또는 중괄호를 사용하여 초기화 할 수 있다. 큰 따옴표를 사용하는 경우 마지막에 문자열의 끝을 나타내기 위한 널 문자('\0')가 자동으로 추가된다. 큰 따옴표 쌍(pair)을 연속해서 사용하면 마지막 따옴표 뒤에만 널 문자가 추가된다. 다음 문장은 모두 [표 4.4]와 같이 문자 배열 cName을 5바이트로 초기화한다.

- **1차원 문자 배열의 초기화 예**

  ① char cName[5] = "ABCD";

  ② char cName[] = "ABCD";

  ③ char cName[5] = {'A', 'B', 'C', 'D', '\0'};

  ④ char cName[] = {'A', 'B', 'C', 'D', '\0'};

  ⑤ char cName[5] = "AB"
                          "CD";

표 4.4 차원 배열 cName의 값과 주소

배열 요소	값(Value)		주소 (Address)	배열 이름 주소
	문자	16진수		
cName[0]	'A'	41	0015F740	cName, &cName, &cName[0]
cName[1]	'B'	42	0015F741	cName+1, &cName[1]
cName[2]	'C'	43	0015F742	cName+2, &cName[2]
cName[3]	'D'	44	0015F743	cName+3, &cName[3]
cName[4]	'\0'	0	0015F744	cName+4, &cName[4]

[예제 4.4] 문자열의 문자 개수(길이) 계산

```
01:   #include <stdio.h>
02:   int main()
03:   {
04:       char cName[] = "AB"
05:                      "CD";
06:       char str[5] = { 'A', 'B' };
07:       int i, nCount = 0;
08:
09:    /*  cName 문자열 */
10:       for(i = 0; cName[i] != '\0'; i++)
11:           nCount++;
12:       printf("sizeof(cName) = %d\n", sizeof(cName));
13:       printf("cName = %s, nCount = %d\n", cName, nCount);
14:
15:    /*  str 문자열 */
16:       nCount = 0;
17:       for(i = 0; str[i] != '\0'; i++)
18:           nCount++;
19:       printf("sizeof(str) = %d\n", sizeof(str));
20:       printf("str = %s, nCount = %d\n", str, nCount);
21:       return 0;
22:   }
```

● 실행 결과

```
C:\Windows\system32\cmd.exe
sizeof(cName) = 5
cName = ABCD, nCount = 4
sizeof(str) = 5
str = AB, nCount = 2
```

▌프로그램 설명

① 4–5행

문자 배열 cName에 "AB" "CD"를 초기화한다. 큰 따옴표 쌍(pair)을 연속해서 사용하면 마지막 따옴표 뒤에만 널 문자가 추가된다. "ABCD"로 초기화 한 것과 같다. 배열 cName은 크기가 5바이트이다.

② 6행

크기가 5인 문자 배열 str을 선언하고, str[0] = 'A', str[1] ='B'를 초기화하고, 나머지 str[2], str[3], str[4]는 0으로 초기화된다.

③ 10–13행

10–11행은 배열 cName의 저장된 문자열의 길이를 nCount에 계산한다. 12행의 배열에 할당된 바이트 크기는 sizeof(cName) = 5이다. 13행에서 문자열은 cName = ABCD, 문자열의 길이는 nCount = 4이다.

④ 16–20행

문자열 str의 길이를 다시 계산하기 위하여 nCount = 0으로 설정한다. 17–18행은 배열 str의 저장된 문자열의 길이를 nCount에 계산한다. 19행의 배열에 할당된 바이트 크기는 sizeof(str) = 5이다. 20행에서 문자열은 str = AB, 문자열의 길이는 nCount = 2이다.

[예제 4.5] 입력 문자열의 문자 개수(길이) 계산

```
01:  #include <stdio.h>
02:  int main()
03:  {
04:      char cName[128];
05:      int i, nCount = 0;
06:
07:      printf("문자열 입력: ");
08:  /*  scanf("%s", cName); */ /* scanf("%s", &cName[0]); */
09:      scanf_s("%s", cName, sizeof(cName));
10:
11:      for(i = 0; cName[i] != '\0'; i++)
12:          nCount++;
13:
14:      printf("sizeof(cName) = %d\n", sizeof(cName));
15:      printf("cName = %s, nCount = %d\n", cName, nCount);
16:      return 0;
17:  }
```

● 실행 결과

프로그램 설명

① 4행
문자 배열 cName을 크기 128로 선언한다.

② 8-9행
키보드에서 문자열을 cName에 입력한다.

③ 11-15행
11-12행은 배열 cName의 저장된 문자열의 길이를 nCount에 계산한다. 14행의 배열에 할당된 바이트 크기는 sizeof(cName) = 128 바이트이다. 15행에서 cName 배열에 저장된 문자열을 출력하고, 문자열의 길이 nCount를 출력한다.

④ 영문 아스키(ANSI) 문자열에 대해서만 올바르게 문자열의 길이를 계산한다.

[예제 4.6] 아스키(ANSI/OEM 949) 문자열 길이 계산

```
01:   #include <stdio.h>
02:   int main()
03:   {
04:       unsigned char cName[] = "ABC가DE나다金";
05:       unsigned char cTmp[3];
06:       int i, nAscii = 0, nNonAscii = 0;
07:
08:       printf("sizeof(cName) = %d\n", sizeof(cName));
09:       for(i = 0; cName[i] != '\0';)
10:       {
11:           if (cName[i] < 0x80) // ASCII
12:           {
13:               nAscii++;
14:               printf("cName[%d] = %c, %x\n", i, cName[i], cName[i]);
15:               i++;
16:           }
17:           else // Non-ASCII: 2 byte character
18:           {
19:               nNonAscii++;
20:               cTmp[0] = cName[i];
21:               cTmp[1] = cName[i + 1];
22:               cTmp[2] = '\0';
23:               printf("cName[%d]: %s, %x, %x\n",
24:                       i, cTmp, cName[i], cName[i + 1]);
25:               i += 2;
```

```
26:            }
27:        }
28:        printf("nAscii = %d\n", nAscii);
29:        printf("nNonAscii = %d\n", nNonAscii);
30:        return 0;
31: }
```

● 실행 결과

프로그램 설명

① 4-6행

문자 배열 cName을 "ABC가DE나다金"으로 초기화한다. 아스키(ANSI/OEM 949) 코드에서 영문 아스키는 1바이트, 한글 등은 2바이트를 사용한다. cTmp 배열은 2바이트 문자를 임시로 저장할 배열이다. 1바이트 문자와 2바이트 문자를 위한 카운터로 사용할 변수를 선언하고 nAscii = 0, nNonAscii = 0으로 초기화한다.

② 9행

i = 0부터 cName[i] != '\0'에 의해 문자열의 끝까지 반복한다.

③ 11-16행

조건식 cName[i] < 0x80이 참이면 1바이트 문자이다. nAscii++에 의해 카운터를 증가시키고, i++에 의해 다음 문자로 진행한다.

④ 17-25행

2바이트 문자이다. nNonAscii++에 의해 카운터를 증가시키고, i += 2에 의해 다음 문자로 진행한다. cTmp 배열에 2바이트 문자를 문자열로 저장하고, 문자열과 16진수 코드를 출력한다.

⑤ 28-29행

cName = "ABC가DE나다金"에서 1바이트 문자의 개수는 nAscii = 5("ABCDE")이고, 2바이트 문자의 개수는 nNonAscii = 4("가나다金")이다.

[예제 4.7] 유니코드 문자열 길이 계산

```
01:   #include <stdio.h>
02:   int main()
03:   {
04:       wchar_t          uName1[] = L"AB가나";    /* UTF-16 유니코드 문자열 상수 */
05:       unsigned short uName2[] = u"AB가나";    /* UTF-16 유니코드 문자열 상수 */
06:       unsigned int     uName3[] = U"AB가나";     /* UTF-32 유니코드 문자열 상수 */
07:       int i;
08:
09:       printf("sizeof(uName1) = %d\n", sizeof(uName1));
10:       for(i = 0; uName1[i] != 0; i++)
11:           printf("uName1[%d]: %04hx\n", i, uName1[i]);
12:       printf("uName1[%d]: %04hx\n", i, uName1[i]);
13:
14:       printf("sizeof(uName2) = %d\n", sizeof(uName2));
15:       for(i = 0; uName2[i] != 0; i++)
16:           printf("uName2[%d]: %04hx\n", i, uName2[i]);
17:       printf("uName2[%d]: %04hx\n", i, uName2[i]);
18:
19:       printf("sizeof(uName3) = %d\n", sizeof(uName3));
20:       for(i = 0; uName3[i] != 0; i++)
21:           printf("uName3[%d]: %08x\n", i, uName3[i]);
22:       printf("uName3[%d]: %08x\n", i, uName3[i]);
23:       return 0;
24:   }
```

● 실행 결과

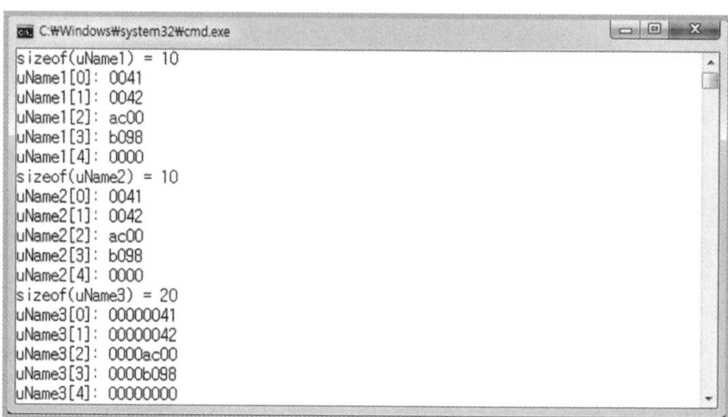

▌ 프로그램 설명

① 4-6행

wchar_t은 unsigned short와 같은 자료형이다. 문자열 상수 L"AB가나"와 u"AB가나"는 UTF-16 유니코드 문자열 상수이다. U"AB가나"는 UTF-32 유니코드 문자열 상수이다.

② 9-12행

sizeof(uName1)는 10바이트이다. 영문, 한글에 대해 모두 2바이트이고, 문자열의 끝은 0이다. uName1 배열의 코드값을 16진수로 출력한다.

③ 14-17행

sizeof(uName2)는 10바이트이다. 영문, 한글에 대해 모두 2바이트이고, 문자열의 끝은 0이다. uName2 배열의 코드값을 16진수로 출력한다.

④ 19-22행

sizeof(uName3)는 20바이트이다. 영문, 한글에 대해 모두 4바이트이고, 문자열의 끝은 0이다. uName3 배열의 코드값을 16진수로 출력한다.

(2) 1차원 정수, 실수 배열의 초기화

정수 및 실수 등의 배열은 중괄호 사이에 자료형의 상수 값을 지정하여 초기화한다. 배열을 초기화할 경우 요소의 개수를 알 수 있으므로 배열의 크기를 생략할 수 있다. 배열의 크기보다 적은 값으로 초기화 하면 나머지는 0으로 초기화된다. 다음은 모두 5개의 요소를 갖는 정수, 실수 배열을 초기화한다.

- **1차원 정수, 실수 배열의 선언 예**

```
① int  nData[5]   = {60, 70, 80, 90, 100};
② int  nData[]    = {60, 70, 80, 90, 100};
③ float fAvg[5]    = {60.0f, 70.0f, 80.0f, 90.0f, 100.0f};
④ float fAvg[]     = {60.0f, 70.0f, 80.0f, 90.0f, 100.0f};
⑤ double dAvg[5] = {60.0, 70.0, 80.0, 90.0, 100.0};
⑥ double dAvg[]  = {60.0, 70.0, 80.0, 90.0, 100.0};
```

[예제 4.8] 1차원 정수, 실수 배열의 초기화

```c
01:  #include <stdio.h>
02:  int main()
03:  {
04:      int   nData[] = { 60, 70, 80, 90, 100 };
05:      float fAvg[5] = { 60.0f, 70.0f };
06:      int i;
07:
08:      for(i = 0; i < sizeof(nData) / sizeof(nData[0]); i++)
09:          printf("nData[%d]: %d\n", i, nData[i]);
10:
11:      for(i = 0; i < sizeof(fAvg) / sizeof(fAvg[0]); i++)
12:          printf("fAvg[%d]: %f\n", i, fAvg[i]);
13:      return 0;
14:  }
```

● 실행 결과

```
C:\Windows\system32\cmd.exe
nData[0]: 60
nData[1]: 70
nData[2]: 80
nData[3]: 90
nData[4]: 100
fAvg[0]: 60.000000
fAvg[1]: 70.000000
fAvg[2]: 0.000000
fAvg[3]: 0.000000
fAvg[4]: 0.000000
```

▌ 프로그램 설명

① 4-5행

4행은 정수 배열 nData를 선언하고, 5개의 값(60, 70, 80, 90, 100)으로 초기화한다. nData[5]
로 크기를 명시한 것과 같다. 5행은 실수 float 배열 fAvg를 크기 5로 선언하고, 2개의 값만을
초기화한다. 중괄호에서 초기화 되지 않은 3개의 요소 값은 0으로 초기화된다.

② 8-9행

정수 배열 nData의 요소값을 출력한다. 배열의 크기를 계산하기 위하여 sizeof(nData) /
sizeof(nData[0])에 의해 배열 전체의 바이트 크기를 배열 요소 하나의 바이트 크기로 나누어
계산하였다. sizeof(nData) / sizeof(nData[0]) = 20/4 = 5바이트이다.

③ 11-12행

실수 배열 fAvg의 요소값을 출력한다. 배열의 크기를 계산하기 위하여 sizeof(fAvg) /
sizeof(fAvg[0])에 의해 배열 전체의 바이트 크기를 배열 요소 하나의 바이트 크기로 나누어
계산하였다. sizeof(fAvg) / sizeof(fAvg[0]) = 20/4 = 5바이트이다. 배열의 크기보다 적은 개
수로 초기화 한 경우 나머지는 0으로 초기화된다. 즉, fAvg[2] = 0.0, fAvg[3] = 0.0, fAvg[4] =
0.0이다.

[예제 4.9] 1차원 배열의 합계, 평균, 분산 계산

```c
01:  #include <stdio.h>
02:  #define N 5
03:  int main()
04:  {
05:      int nData[] = { 70, 100, 80, 60, 90 };
06:      int i, nSum = 0, nSum2 = 0;
07:      float  fAvg, fAvg2, fVar;
08:
09:      for(i = 0; i < N; i++)
10:      {
11:          nSum += nData[i];
12:          nSum2 += nData[i] * nData[i];
13:      }
14:
15:      fAvg = nSum / (float)N;
16:      fAvg2 = nSum2 / (float)N;
17:      fVar = fAvg2 - fAvg * fAvg;
```

```
18:        printf("nSum = %d, fAvg = %f, fVar = %f\n", nSum, fAvg, fVar);
19:        return 0;
20:   }
```

● 실행 결과

```
C:\Windows\system32\cmd.exe
nSum = 400, fAvg = 80.000000, fVar = 200.000000
```

프로그램 설명

① 5-7행

정수 배열 nData를 선언하고, 5개의 값(60, 70, 80, 90, 100)으로 초기화한다. 합계와 제곱합계를 계산한 변수를 선언하고 nSum = 0, nSum2 = 0으로 초기화한다. 평균(fAvg), 제곱평균(fAvg2), 분산(fVar)을 위한 변수를 선언한다.

② 9-13행

배열 nData의 합계와 제곱합계를 nSum0, nSum2에 계산한다.

③ 15-18행

평균(fAvg), 제곱평균(fAvg2), 분산(fVar)을 계산한다. 분산은 제곱평균에서 평균제곱을 뺀다. 분산의 제곱근이 표준편차이다.

[예제 4.10] 입력 문자열의 문자 개수(길이) 계산

```
01:   #include <stdio.h>
02:   int main()
03:   {
04:        int nData[] = { 70, 100, 80, 60, 90 };
05:        int i, min, max;
06:
07:        min = max = nData[0];
08:        for(i = 1; i < sizeof(nData) / sizeof(nData[0]); i++)
09:        {
10:             if (min > nData[i])
11:                  min = nData[i];
12:             if (max < nData[i])
13:                  max = nData[i];
14:        }
15:        printf("min = %d, max = %d\n", min, max);
16:        return 0;
17:   }
```

● 실행 결과

```
C:\Windows\system32\cmd.exe
min = 60, max = 100
```

▌ 프로그램 설명

① 4-5행

정수 배열 nData를 선언하고, 5개의 값(70, 100, 80, 60, 90)으로 초기화한다. 최소값, 최대값을 계산할 변수 min, max를 선언한다.

② 7-14행

7행은 min, max를 배열의 첫 요소 nData[0]로 설정한다. 나머지 요소에 대해 for 문을 사용하여 조건식 min > nData[i]이 참이면 min = nData[i]에 의해 min 값을 변경하고, 조건식 max < nData[i]이 참이면 max = nData[i]에 의해 max 값을 변경한다.

[예제 4.11] 주민등록번호 오류 확인

```
01:  #include<stdio.h>
02:  #define N 14
03:  int main()
04:  {
05:      char sId[N + 1];
06:      int nW[] = { 2, 3, 4, 5, 6, 7, 0, 8, 9, 2, 3, 4, 5 };
07:      int i, nSum = 0, nLength = 0;
08:      int nCheckDigit;
09:
10:      printf("주민번호 입력('-'포함): ");
11:  /*  scanf("%s", sId); */
12:      scanf_s("%s", sId, sizeof(sId));
13:
14:      for(i = 0; sId[i] != 0; i++)
15:          nLength++;
16:      printf("nLength = %d\n", nLength);
17:
18:      if (nLength != N || sId[6] != '-')
19:      {
20:          printf("Invalid.\n");
21:          return 0;
22:      }
23:
24:      for(i = 0; i < N - 1; i++)
25:      {
26:          if (i == 6)     continue;
27:          if (sId[i] < '0' || sId[i] > '9')
28:          {
29:              printf("Invalid.\n");
30:              return 0;
31:          }
32:      }
33:
34:      for(i = 0; i < N - 1; i++)
```

```
35:             nSum += (sId[i] - '0') * nW[i];
36:         nCheckDigit = (11 - nSum % 11) % 10;
37:
38:         printf("nCheckDigit = %d\n", nCheckDigit);
39:
40:     /*  if (sId[N - 1] == (nCheckDigit + '0'))  */
41:         if ((int)(sId[N - 1] - '0') == nCheckDigit)
42:             printf("%s : Valid.\n", sId);
43:         else
44:             printf("%s : Invalid.\n", sId);
45:         return 0;
46: }
```

● 실행 결과

▌ 프로그램 설명

① 주민등록번호는 $y_1y_2m_1m_2d_1d_2 - sx_1x_2x_3x_4zc$ 형식이다. y_1y_2는 출생년도, m_1m_2는 출생월, d_1d_2는 출생일, s는 성별(s=1, 3은 남자, s=2, 4는 여자이고, 1, 2는 1900년대 출생이고, 3, 4는 2000년대 출생)이다. $x_1x_2x_3x_4$는 주민등록을 신고한 행정기관(읍, 면, 동)의 코드, z는 출생신고 접수 순서이고, c는 오류 확인을 위한 숫자(check digit)이다.

② 11-12행
문자 배열 sID에 주민등록번호를 하이픈(-)을 포함하여 읽는다.

③ 14-22행
14-15행은 문자열의 길이를 nLength에 계산하고, 18-22행은 조건식 nLength != N || sId[6] != '-'이 참이면, 즉 길이가 안 맞고, sId[6]에 하이픈이 없으면 프로그램을 중단한다.

④ 24-32행
 sId[6]를 제외하고 숫자 이외의 문자가 있으면 프로그램을 중단한다.

⑤ 34-36행
$nSum = y_1*2+y_2*3+m_1*4+m_2*5+d_1*6+d_2*7+s*8+x_1*9+x_2*2+x_3*3+x_4*4+z*5$
을 계산한다. 하이픈(-) 위치 sID[6]의 값을 더하지 않기 위해 가중치 배열 nW[6] = 0으로 초기화 했다. 주의할 것은 배열 sID의 각 요소가 문자이므로 (sId[i] - '0')에 의해 숫자로 변경해야 한다. nCheckDigit = (11 - nSum % 11) % 10에 의해 오류 확인 숫자를 nCheckDigit에 계산한다.

⑥ 40-44행
조건식 (int)(sId[N - 1] - '0') == nCheckDigit이 참이면 올바른(Valid) 주민등록번호이다. 조건식을 sId[N - 1] == (nCheckDigit + '0')로 확인해도 같은 결과이다.

03 다차원 배열

모든 자료형에 2차원 이상의 다차원 배열을 선언할 수 있다. 다차원 배열의 기억장소도 연속으로 할당된다. C 언어는 다차원 배열을 연속적인 기억 장소에 할당하는 방법으로 행우선(row major order) 방식을 사용한다.

3.1 2차원 배열의 선언 및 초기화

3.1.1 2차원 배열의 선언

2차원 배열은 수학의 (a_{ij}), $i = 0, 1, ..., N-1$, $j = 0, 1, ..., M-1$의 형태의 $N \times M$ 행렬(matrix)을 표현한다. 2차원 배열은 행(row)과 열(column)에 대해 하나씩, 각괄호 두 개를 사용하여 선언한다. 다음은 char, int, double 자료형에 대한 2×3 행렬을 선언한다.

- **2차원 배열의 선언 예**

  ① char cName[2][3]; /* 2차원 문자 배열 선언 */

  2행 3열의 2차원 문자 배열 cName은 cName[0][0], cName[0][1], cName[0][2], cName[1][0], cName[1][1], cName[1][2]에 문자 6개를 저장할 수 있다. 메모리에 6바이트 연속으로 할당된다.

  cName, cName[0], &cName[0][0]은 모두 같은 주소이다. 그리고 cName[1]과 &cName[1][0]은 같은 주소이다. 2차원 배열의 행 이름은 각 행의 시작 주소가 된다. 즉, cName[0]은 &cName[0][0]과 같은 주소이고, cName[1]은 &cName[1][0]과 같은 주소이다. cName + 1, cName[1], &cName[0] + 1, &cName[0][0] + 3, &cName[1][0]은 모두 같은 주소이다. &cName+1은 배열 cName에 할당된 6바이트의 다음 주소를 나타내며, &cName[0]+1은 0행에 할당된 3바이트의 다음 주소이다. 주소 연산자를 포함한 주소의 덧셈과 뺄셈은 주의해야 한다.

  ② int   nData[2][3]; /* 정수 2차원 배열 선언 */

  2행 3열의 2차원 정수 배열 nData는 nData[0][0], nData[0][1], nData[0][2], nData[1][0], nData[1][1], nData[1][2]에 정수 6개를 저장할 수 있다. int가 4바이트 정수이므로, 24바이트의 메모리가 연속으로 할당된다. 배열 이름 nData는 nData[0][0]의 주소 (&nData[0][0])와 같은 상수 주소이다.

  ③ double dAvg[2][3];   /* 배정도 실수 2차원 배열 선언 */

  2행 3열의 2차원 배정도 실수 배열 dAvg는 dAvg[0][0], dAvg[0][1], dAvg[0][2], dAvg[1][0], dAvg[1][1], dAvg[1][2]에 6개 배정도 실수를 저장할 수 있으며, double이 8바이트 실수이므로 48바이트의 메모리가 연속으로 할당된다. 배열 이름 dAvg는 dAvg[0][0]의 주소 (&dAvg[0][0])와 같은 상수 주소이다.

3.1.2 2차원 문자 배열의 초기화

2차원 배열을 선언하고, 초기화할 때 행(row) 크기는 생략할 수 있다(③, ④). 그러나 열(column)의 크기는 생략할 수 없다(⑤, ⑥)

아래의 예에서 ①~④는 2×3 문자행렬 cName을 선언하고 두 개("AB", "CD")의 문자열로 초기화한다. [그림 4.1]은 2차원 문자 배열 cName의 행렬 표현이고, [표 4.5]는 2차원 배열 cName의 메모리 할당, 초기화, 배열이름 주소이다. 주소는 실행할 때마다 다를 수 있다. 중요한 점은 6바이트의 메모리가 연속으로 할당되는 점과 cName[0][2] 다음에 cName[1][0]이 위치한다. 즉, 0행이 모두 채워진 다음에 1행이 시작된다. 이러한 배열의 기억 장소 할당이 행우선(row major order) 방식이다.

- **2차원 문자 배열의 선언 예**
  ① char cName[2][3] = { "AB", "CD" };
  ② char cName[2][3] = { 'A', 'B', '\0', 'C', 'D', '\0' };
  ③ char cName[][3]   = { {"AB"}, {"CD"} } ;
  ④ char cName[][3]   = { "AB", "CD" };
  ⑤ char cName[2][]   = { "AB", "CD" }; /* 열 생략 오류 */
  ⑥ char cName[][]   = { "AB", "CD" }; /* 열 생략 오류 */

	0	1	2
0	'A'	'B'	'\0'
1	'C'	'D'	'\0'

[그림 4.1] 2차원 배열 cName의 행렬 표현

표 4.5 2차원 배열 cName의 값과 주소

배열 요소	값(Value) 문자	값(Value) 16진수	주소 (Address)	배열 이름 주소
cName[0][0]	'A'	41	002FFC20	cName, &cName, &cName[0], cName[0], &cName[0][0]
cName[0][1]	'B'	42	002FFC21	&cName[0][1]
cName[0][2]	'\0'	0	002FFC22	&cName[0][2]
cName[1][0]	'C'	43	002FFC23	&cName[1][0], cName[1], cName+1
cName[1][1]	'D'	44	002FFC24	&cName[1][1]
cName[1][2]	'\0'	0	002FFC25	&cName[1][2]
			002FFC26	&cName+1, &cName[1]+1

[예제 4.12] 2차원 문자 배열의 선언, 초기화, 주소, 값

```c
01:   #include <stdio.h>
02:   #define N 2
03:   #define M 3
04:   int main()
05:   {
06:       char cName[N][M] = { "AB", "CD" };
07:       int i, j;
08:       int i1, j1;
09:
10:       printf("sizeof(cName) = %d\n", sizeof(cName));
11:
12:       printf("\n** 저장된 문자열 출력 **\n");
13:       printf("cName[0] = %s\n", cName[0]);
14:       printf("cName[1] = %s\n", cName[1]);
15:
16:       printf("\n** 배열 이름과 관련된 주소 출력 **\n");
17:       printf("cName = %p\n", cName); /* cName 배열의 시작 주소 출력 */
18:       printf("Address: cName[0] = %p, &cName[0] = %p\n", cName[0], &cName[0]);
19:       printf("Address: cName[1] = %p, &cName[1] = %p\n", cName[1], &cName[1]);
20:       printf("Address: cName+1 = %p, &cName+1 = %p\n", cName + 1, &cName + 1);
21:       printf("Address: cName[0]+1 = %p, &cName[0]+1 = %p\n",
22:                       cName[0]+1, &cName[0]+1);
23:       printf("Address: cName[1]+1 = %p, &cName[1]+1 = %p\n",
24:                       cName[1]+1, &cName[1]+1);
25:
26:       printf("\n** for 문 1개를 이용한 cName 배열의 주소와 값 출력 **\n");
27:       for(i = 0; i < N * M; i++)
28:       {
29:           i1 = i / M;
30:           j1 = i % M;
31:           printf("&cName[%d][%d] = %p, &cName[0][0]+%d = %p,
32:                   cName[%d][%d] = %c\n",
33:                   i1, j1, &cName[i1][j1], i, &cName[0][0] + i, i1, j1,
34:                   cName[i1][j1]);
35:       }
36:
37:       printf("\n** for 문 2개를 이용한 cName 배열의 주소와 값 출력 **\n");
38:       for(i = 0; i < N; i++)
39:       for(j = 0; j < M; j++)
40:           printf("&cName[%d][%d]= %p, cName[%d][%d] = %c\n",
41:                       i, j, &cName[i][j], i, j, cName[i][j]);
42:       return 0;
43:   }
```

● 실행 결과

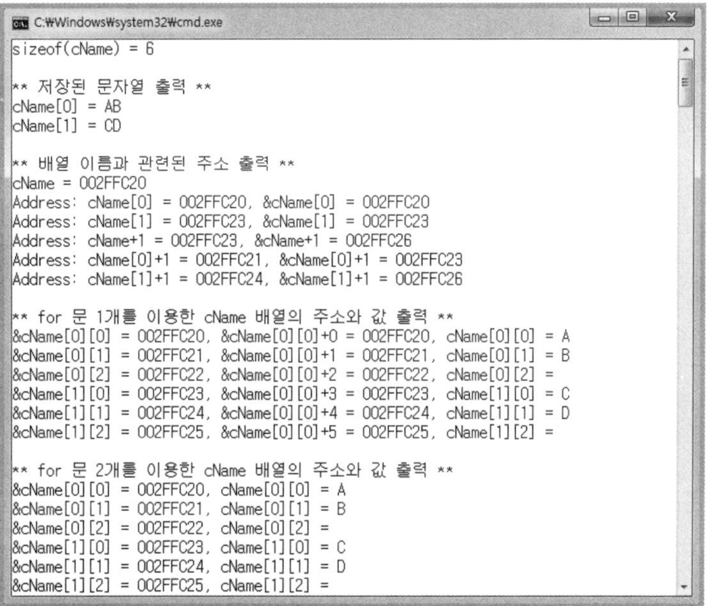

■ 프로그램 설명

① sizeof(cName) = 6바이트이고, 2차원 배열 cName의 값과 주소는 [표 4.5]와 같다.

② 12–14행
각 행에 저장된 문자열을 출력한다. cName[0]은 0행의 시작 주소이다. cName[1]은 1행의 시작 주소이다.

③ 16–24행
배열의 이름과 관련된 주소를 출력한다. cName, cName[0], &cName[0], &cName[0][0]은 모두 같은 주소이다. cName[1], &cName[1], &cName[0] + 1, &cName[1][0]은 모두 같은 주소이다.

④ 26–34행
for문 하나를 이용하여 2차원 배열 cName의 주소와 저장된 문자를 출력한다. i를 0부터 N * M - 1까지 증가시키면서 &cName[0][0] + i의 주소를 출력하고, 행 첨자(i1 = i / M), 열첨자(j1 = i % M)를 계산하여 cName[i1][j1]의 값을 문자로 출력한다.

⑤ 37–41행
for 문 2개를 사용하고 행첨자(i)와 열첨자(j)를 사용하여 주소 &cName[i][j]와 문자 cName[i][j]를 출력한다.

[예제 4.13] 2차원 문자 배열의 선언, 초기화, 주소, 값

```
01:  #include <stdio.h>
02:  #define N 2
03:  #define M 3
04:  int main()
05:  {
06:      char cName[N][M] = { "AB" };
07:
08:      printf("sizeof(cName) = %d\n", sizeof(cName));
09:
10:      printf("\n** 저장된 문자열 출력 **\n");
11:      printf("cName[0] = %s\n", cName[0]);
12:      printf("cName[1] = %s\n", cName[1]);
13:
14:      for(int i = 0; i < N; i++)
15:          for(int j = 0; j < M; j++)
16:              printf("&cName[%d][%d] = %p, cName[%d][%d] = %hhx\n",
17:                      i, j, &cName[i][j], i, j, cName[i][j]);
18:      return 0;
19:  }
```

● 실행 결과

```
C:\Windows\system32\cmd.exe
sizeof(cName) = 6

** 저장된 문자열 출력 **
cName[0] = AB
cName[1] =
&cName[0][0] = 002BF7E4, cName[0][0] = 41
&cName[0][1] = 002BF7E5, cName[0][1] = 42
&cName[0][2] = 002BF7E6, cName[0][2] = 0
&cName[1][0] = 002BF7E7, cName[1][0] = 0
&cName[1][1] = 002BF7E8, cName[1][1] = 0
&cName[1][2] = 002BF7E9, cName[1][2] = 0
```

❚ 프로그램 설명

① sizeof(cName) = 6바이트이고, 2차원 배열 cName의 값과 주소는 [표 4.5]와 같다.

② 2×3 문자 배열 cName을 선언하고, 배열의 크기보다 적게 { "AB" }로 초기화한다. 문자열 "AB"의 마지막의 널 문자에 의해 cName[0][2] = 0으로 초기화 되고, 배열의 크기(6 바이트)보다, 초기화 데이터("AB")가 적기 때문에 나머지 배열 요소 cName[1][0], cName[1][1], cName[1][2]의 값이 0으로 초기화된다.

3.1.3 2차원 정수 배열의 초기화

2차원 배열 nData를 2행 3열로 선언하고 6개의 정수로 초기화한다. 2차원 배열을 초기화 할 때 행(row) 크기는 생략할 수 있다(③, ④). 그러나 열(column)의 크기는 생략할 수 없다(⑤, ⑥). [그림 4.2]는 2차원 정수 배열 nData의 행렬 표현이고, [표 4.6]은 2차원 배열 nData의 메모리 할당, 초기화, 배열이름 주소이다. 주소는 실행할 때마다 다를

수 있다. 중요한 점은 24바이트의 메모리가 연속으로 할당되는 점과 nData[0][2] 다음에 nData[1][0]이 위치한다. 즉, 0행이 모두 채워진 다음에 1행이 시작된다. 이러한 배열의 기억 장소 할당이 행우선(row major order) 방식이다.

2차원 정수 배열의 선언 예

① int nData[2][3] = { {0, 100, 200}, {300, 400, 500} };

② int nData[2][3] = { 0, 100, 200, 300, 400, 500};

③ int nData[][3] = { 0, 100, 200, 300, 400, 500};

④ int nData[][3] = { {0, 100, 200}, {300, 400, 500} };

⑤ int nData[2][] = { {0, 100, 200}, {300, 400, 500} }; /* 열 생략 오류 */

⑥ int nData[][]   = { {0, 100, 200}, {300, 400, 500} }; /* 열 생략 오류 */

	0	1	2
0	0	100	200
1	300	400	500

[그림 4.2] 2차원 배열 nData의 행렬 표현

표 4.6 2차원 배열 nData의 값과 주소

배열 요소	값(Value)	주소 (Address)	배열 이름 주소
nData[0][0]	0	0028F890	nData, &nData, &nData[0] nData[0], &nData[0][0]
		0028F891	
		0028F892	
		0028F893	
nData[0][1]	100	0028F894	&nData[0][1]
		0028F895	
		0028F896	
		0028F897	
nData[0][2]	200	0028F898	&nData[0][2]
		0028F899	
		0028F89A	
		0028F89B	
nData[1][0]	300	0028F89C	&nData[1][0], nData[1], nData + 1
		0028F89D	
		0028F89E	
		0028F89F	
nData[1][1]	400	0028F8A0	&nData[1][1]
		0028F8A1	
		0028F8A2	
		0028F8A3	

nData[1][2]	500	0028F8A4	&nData[1][2]
		0028F8A5	
		0028F8A6	
		0028F8A7	
		0028F8A8	&nData + 1 , &nData[1] + 1

[예제 4.14] 2차원 정수 배열의 선언, 초기화, 주소, 값

```
01:  #include <stdio.h>
02:  #define N 2
03:  #define M 3
04:  int main()
05:  {
06:      int nData[][M] = { 0, 100, 200,   300, 400, 500 };
07:
08:      printf("sizeof(nData) = %d\n", sizeof(nData));
09:
10:      printf("\n** 배열 이름과 관련된 주소 출력 **\n");
11:      printf("nData = %p\n", nData);
12:      printf("nData[0] = %p, &nData[0] = %p\n", nData[0], &nData[0]);
13:      printf("nData[1] = %p, &nData[1] = %p\n", nData[1], &nData[1]);
14:      printf("nData+1 = %p,    &nData+1 = %p\n", nData + 1, &nData + 1);
15:      printf("nData[0]+1 = %p, &nData[0]+1 = %p\n", nData[0] + 1, &nData[0] + 1);
16:      printf("nData[1]+1 = %p, &nData[1]+1 = %p\n", nData[1] + 1, &nData[1] + 1);
17:
18:      printf("\n** for 문 2개를 이용한 nData 배열의 주소와 값 출력 **\n");
19:      for(int i = 0; i < N; i++)
20:          for(int j = 0; j < M; j++)
21:              printf("&nData[%d][%d] = %p, nData[%d][%d] = %d\n",
22:                  i, j, &nData[i][j], i, j, nData[i][j]);
23:  }
```

● 실행 결과

```
C:\Windows\system32\cmd.exe

sizeof(nData) = 24

** 배열 이름과 관련된 주소 출력 **
nData = 0028F890
nData[0] = 0028F890, &nData[0] = 0028F890
nData[1] = 0028F89C, &nData[1] = 0028F89C
   nData+1 = 0028F89C,    &nData+1 = 0028F8A8
nData[0]+1 = 0028F894, &nData[0]+1 = 0028F89C
nData[1]+1 = 0028F8A0, &nData[1]+1 = 0028F8A8

** for 문 2개를 이용한 nData 배열의 주소와 값 출력 **
&nData[0][0] = 0028F890, nData[0][0] = 0
&nData[0][1] = 0028F894, nData[0][1] = 100
&nData[0][2] = 0028F898, nData[0][2] = 200
&nData[1][0] = 0028F89C, nData[1][0] = 300
&nData[1][1] = 0028F8A0, nData[1][1] = 400
&nData[1][2] = 0028F8A4, nData[1][2] = 500
```

▌ 프로그램 설명

① 6-8행

6행은 2×3 정수 배열 nData를 선언하고, 정수로 초기화한다. 8행의 sizeof(nData) = 24바이트이고, 2차원 배열 nData의 값과 주소는 [표 4.6]과 같다.

② 10-16행

배열의 이름과 관련된 주소를 출력한다. nData, nData[0], &nData[0], &nData[0][0]은 모두 배열에 할당된 24바이트의 시작 주소이고, 0행의 시작 주소이다. nData[1], &nData[1], &nData[0]+1, &nData[1][0]은 모두 1행의 시작 주소이다.

③ 18-22행

for 문 2개를 사용하고 행첨자(i)와 열첨자(j)를 사용하여 주소 &nData[i][j]와 문자 nData[i][j]를 출력한다.

[예제 4.15] 2차원 배열을 이용한 전치행렬(transpose matrix)

```c
01:   #include <stdio.h>
02:   #define N 2
03:   #define M 3
04:   int main()
05:   {
06:        int A[N][M] = { 1, 2, 3, 4, 5, 6 };
07:        int tA[M][N]; /* transpose(A) */
08:        int i, j;
09:
10:        for(i = 0; i < N; i++)
11:             for(j = 0; j < M; j++)
12:                  tA[j][i] = A[i][j]; /* transpose */
13:
14:        printf("\n** Matrix A **\n");
15:        for(i = 0; i < N; i++)
16:        {
17:             for(j = 0; j < M; j++)
18:                  printf("%2d", A[i][j]);
19:             printf("\n");
20:        }
21:
22:        printf("\n** Matrix tA(A) **\n");
23:        for(i = 0; i < M; i++)
24:        {
25:             for(j = 0; j < N; j++)
26:                  printf("%2d", tA[i][j]);
27:             printf("\n");
28:        }
29:        return 0;
30:   }
```

● 실행 결과

```
C:\Windows\system32\cmd.exe

** Matrix A **
 1 2 3
 4 5 6

** Matrix tA(A) **
 1 4
 2 5
 3 6
```

▌ 프로그램 설명

① 6-7행

6행은 N × M 행렬로 사용할 2차원 정수 배열 A를 선언하고, 정수 1에서 6으로 초기화한다.
7행은 A의 전치행렬을 저장할 M × N 행렬로 사용할 2차원 정수 배열 tA를 선언한다.

② 10-12행

행과 열의 첨자를 바꾸어 저장하는 방법으로 행렬 A의 전치행렬 tA를 계산한다.

③ 14-28행

14-20행은 행렬 A, 22-28행은 행렬 tA를 출력한다.

[예제 4.16] 2차원 배열을 이용한 행렬의 곱셈

```c
01:   #include <stdio.h>
02:   #define N 3
03:   #define L 2
04:   #define M 2
05:   int main()
06:   {
07:       int A[N][L] = { 1, 2, 3, 4, 0, 1 };
08:       int B[L][M] = { 4, 3, 2, 1 };
09:       int C[N][M];
10:       int i, j, k;
11:
12:       for(i = 0; i < N; i++)
13:           for(j = 0; j < M; j++) {
14:               C[i][j] = 0;
15:               for(k = 0; k < L; k++)
16:                   C[i][j] += A[i][k] * B[k][j];
17:           }
18:
19:       printf("\n** Matrix A **\n");
20:       for(i = 0; i < N; i++) {
21:           for(j = 0; j < L; j++)
22:               printf("%2d", A[i][j]);
23:           printf("\n");
24:       }
```

```
25:
26:        printf("\n** Matrix B **\n");
27:        for(i = 0; i < L; i++) {
28:            for(j = 0; j < M; j++)
29:                printf("%2d", B[i][j]);
30:            printf("\n");
31:        }
32:
33:        printf("\n** Matrix C = AB **\n");
34:        for(i = 0; i < N; i++) {
35:            for(j = 0; j < M; j++)
36:                printf("%4d", C[i][j]);
37:            printf("\n");
38:        }
39:        return 0;
40: }
```

● 실행 결과

▌프로그램 설명

① 12–17행

$N \times L$ 행렬 $A = (a_{ij})$와 $L \times M$ 행렬 $B = (b_{ij})$의 행렬 곱셈하여, $N \times M$ 행렬 $C = (c_{ij})$을 계산한다. 행렬 C의 요소 $c_{ij} = \sum_{k=0}^{L-1} a_{ik} \times b_{kj}$ 이다.

② 19–38행

19–22행은 행렬 A, 26–31행은 행렬 B, 33–38행은 행렬 C를 출력한다.

3.2 3차원 배열의 선언 및 초기화

3차원 배열은 면(surface), 행(row), 열(column)로 구성된 3차원 구조를 표현하며, 2차원 배열이 면의 개수만큼 있는 것이다.

3차원 배열 cName은 2면 2행 3열인 구조로, 2×3 행렬이 2개인 것과 같다. 3차원 배열을 선언하면서 초기화할 경우 면의 수는 생략할 수 있다. 그러나 행과 열의 수는 생략할 수 없다. [그림 4.3]은 3차원 문자배열 cName의 0-면, 1-면의 행렬 표현이고, [표 4.7]은 3차원 배열 cName의 메모리 할당, 초기화, 배열이름 주소이다. 12바이트의 메모리가 연속으로 할당되었으며, 0-면이 나타나고, 1-면이 나온다. 각 면에서는 0-행이 나오고, 1-행이 나온다. 주소는 실행할 때마다 다를 수 있다.

- **3차원 문자 배열의 선언 예**

  ① char cName[][2][3] = { { 'A', 'B', '\0' }, { 'C', 'D', '\0' },
  { 'E', 'F', '\0' }, { 'G', 'H', '\0' } };

  ② char cName[][2][3] = { 'A', 'B', '\0' , 'C', 'D', '\0',
  'E', 'F', '\0', 'G', 'H', '\0'};

  ③ char cName[][2][3] = { { "AB","CD" }, { "EF","GH" } };

  ④ char cName[][2][3] = { "AB", "CD", "EF", "GH" };

  ⑤ char cName[2][][3] = { "AB", "CD", "EF", "GH" }; /* 행 생략 오류   */

  ⑥ char cName[2][2][] = { "AB", "CD", "EF", "GH" }; /* 열 생략 오류   */

  ⑦ char cName[2][][]   = { "AB", "CD", "EF", "GH" }; /* 행, 열 생략 오류 */

	0	1	2
0	'A'	'B'	'\0'
1	'C'	'D'	'\0'

(a) 0-면: cName[0]

	0	1	2
0	'E'	'E'	'\0'
1	'G'	'H'	'\0'

(b) 1-면: cName[1]

[그림 4.3] 3차원 배열 cName의 표현

표 4.7 3차원 배열 cName의 값과 주소

배열 요소	값 (Value)	주소 (Address)	배열 이름 주요 주소
cName[0][0][0]	'A'	0019FCF0	cName, cName[0], cName[0][0]
cName[0][0][1]	'B'	0019FCF1	cName[0][0]+1
cName[0][0][2]	'\0'	0019FCF2	
cName[0][1][0]	'C'	0019FCF3	cName[0][1], cName[0]+1
cName[0][1][1]	'D'	0019FCF4	
cName[0][1][2]	'\0'	0019FCF5	
cName[1][0][0]	'E'	0019FCF6	cName+1, cName[1], cName[1][0], &cName[0]+1

cName[1][0][1]	'F'	0019FCF7	
cName[1][0][2]	'\0'	0019FCF8	
cName[1][1][0]	'G'	0019FCF9	cName[1][1]
cName[1][1][1]	'H'	0019FCFA	
cName[1][1][2]	'\0'	0019FCFB	
		0019FCFC	&cName+1, &cName[1]+1

[예제 4.17] 3차원 문자 배열의 선언, 초기화, 주소, 값

```c
01:  #include <stdio.h>
02:  #define L 2
03:  #define N 2
04:  #define M 3
05:  int main()
06:  {
07:      /*
08:      char cName[][N][M] = { { 'A', 'B', '\0' },
09:                             { 'C', 'D', '\0' },
10:                             { 'E', 'F', '\0' },
11:                             { 'G', 'H', '\0' } };
12:      */
13:      /*
14:      char cName[][N][M] = { 'A', 'B', '\0' ,
15:                             'C', 'D', '\0',
16:                             'E', 'F', '\0',
17:                             'G', 'H', '\0'};
18:      */
19:      /*
20:      char cName[][N][M] = { { "AB","CD" },
21:                             { "EF","GH" } };
22:      */
23:      char cName[][N][M] = { "AB","CD", "EF","GH" };
24:
25:      int i, j, k;
26:      int i1, j1, k1;
27:
28:      printf("sizeof(cName) = %d\n", sizeof(cName));
29:      printf("\n** 배열 이름과 관련된 주소 출력 **\n");
30:
31:      printf("cName = %p\n", cName);
32:      printf("cName[0]=%p,&cName[0]=%p, &cName[0][0][0] = %p\n",
33:               cName[0], &cName[0], &cName[0][0][0]);
34:      printf("cName[1]=%p,&cName[1]=%p, &cName[1][0][0] = %p\n",
35:               cName[1], &cName[1], &cName[1][0][0]);
36:      printf("  cName+1 = %p,   &cName+1 = %p\n", cName + 1, &cName + 1);
```

```
37:         printf("cName[0]+1 = %p, &cName[0]+1 = %p\n", cName[0] + 1, &cName[0] + 1);
38:         printf("cName[1]+1 = %p, &cName[1]+1 = %p\n", cName[1] + 1, &cName[1] + 1);
39:
40:         printf("\ncName[0][0]+1 = %p, &cName[0][0]+1 = %p\n",
41:                 cName[0][0] + 1, &cName[0][0] + 1);
42:
43:         for(i = 0; i < L; i++)
44:             for(j = 0; j < N; j++)
45:             {
46:                 printf("cName[%d][%d] = %s, cName[%d][%d] = %p"
47:                     ",&cName[%d][%d] = %p\n",
48:                     i, j, cName[i][j], i, j, cName[i][j], i, j, &cName[i][j]);
49:             }
50:
51:         printf("\n** for 1개를 이용한 cName 배열의 주소와 값 출력 **\n");
52:         for(i = 0; i <L * N * M; i++)
53:         {
54:             i1 = i / (N * M);
55:             j1 = (i % (N * M)) / M;
56:             k1 = i % M;
57:
58:             printf("&cName[%d][%d][%d]=%p, &cName[0][0][0]+%d=%p,"
59:                 " cName[%d][%d][%d] = %c\n",
60:                 i1, j1, k1, &cName[i1][j1][k1],
61:                 i, &cName[0][0][0] + i, i1, j1, k1, cName[i1][j1][k1]);
62:         }
63:
64:         printf("\n** for 3개를 이용한 cName 배열의 주소와 값 출력 **\n");
65:         for(i = 0; i < L; i++)
66:             for(j = 0; j < N; j++)
67:                 for(k = 0; k < M; k++)
68:                     printf("&cName[%d][%d][%d]=%p,cName[%d][%d][%d]=%c\n",
69:                         i, j, k, &cName[i][j][k], i, j, k, cName[i][j][k]);
70:         return 0;
71:  }
```

프로그램 설명

① 7-29행

2 × 2 × 3 크기의 3차원 문자배열 cName을 선언하고, 초기화한다. sizeof(cName) = 12바이트이고, 3차원 배열 cName의 값과 주소는 [표 4.7]과 같다.

② 12-14행

각 행에 저장된 문자열을 출력한다. cName[0]은 0행의 시작 주소이다. cName[1]은 1행의 시작 주소이다.

③ 31-41행

배열의 이름과 관련된 주소를 출력한다. cName은 배열에 할당된 12바이트의 시작 주소, cName[0], &cName[0]은 0-면의 주소, cName[1], &cName[1]은 1-면의 주소이다. cName+1은 cName[1]과 같고, &cName + 1은 cName 배열에 할당된 12바이트 이후의 주소이다.

④ 43-49행

각 문자열이 저장되어 있는 면과 행에 해당하는 L × N 크기의 cName[0][0], cName[0][1], cName[1][0], cName[1][1]의 주소와 문자열을 출력한다. printf() 함수의 서식 문자열이 길어져서 두 개의 문자열로 분리하였다.

⑤ 51-62행

for 문 하나를 이용하여 3차원 배열 cName의 주소와 저장된 문자를 출력한다. i를 0부터 L * N * M - 1까지 증가시키면서 &cName[0][0][0] + i의 주소를 출력하고, 면첨자(i1), 행첨자(j1), 열첨자(k1)를 계산하여 cName[i1][j1][k1]의 값을 문자로 출력한다. printf() 함수의 서식 문자열이 길어져서 두 개의 문자열로 분리하였다.

⑥ 64-69행

for 문 3개를 사용하여 면첨자(i), 행첨자(j), 열첨자(k)를 사용하여 주소 &cName[i][j][k]와 문자 cName[i][j][k]를 출력한다.

● 실행 결과

```
C:\Windows\system32\cmd.exe

sizeof(cName) = 12

** 배열 이름과 관련된 주소 출력 **
cName = 0019FCF0
cName[0] = 0019FCF0, &cName[0] = 0019FCF0, &cName[0][0][0] = 0019FCF0
cName[1] = 0019FCF6, &cName[1] = 0019FCF6, &cName[1][0][0] = 0019FCF6
   cName+1 = 0019FCF6,      &cName+1 = 0019FCFC
cName[0]+1 = 0019FCF3, &cName[0]+1 = 0019FCF6
cName[1]+1 = 0019FCF9, &cName[1]+1 = 0019FCFC


cName[0][0]+1 = 0019FCF1, &cName[0][0]+1 = 0019FCF3
cName[0][0] = AB, cName[0][0] = 0019FCF0, &cName[0][0] = 0019FCF0
cName[0][1] = CD, cName[0][1] = 0019FCF3, &cName[0][1] = 0019FCF3
cName[1][0] = EF, cName[1][0] = 0019FCF6, &cName[1][0] = 0019FCF6
cName[1][1] = GH, cName[1][1] = 0019FCF9, &cName[1][1] = 0019FCF9

** for 1개를 이용한 cName 배열의 주소와 값 출력 **
&cName[0][0][0] = 0019FCF0, &cName[0][0][0]+0 = 0019FCF0, cName[0][0][0] = A
&cName[0][0][1] = 0019FCF1, &cName[0][0][0]+1 = 0019FCF1, cName[0][0][1] = B
&cName[0][0][2] = 0019FCF2, &cName[0][0][0]+2 = 0019FCF2, cName[0][0][2] =
&cName[0][1][0] = 0019FCF3, &cName[0][0][0]+3 = 0019FCF3, cName[0][1][0] = C
&cName[0][1][1] = 0019FCF4, &cName[0][0][0]+4 = 0019FCF4, cName[0][1][1] = D
&cName[0][1][2] = 0019FCF5, &cName[0][0][0]+5 = 0019FCF5, cName[0][1][2] =
&cName[1][0][0] = 0019FCF6, &cName[0][0][0]+6 = 0019FCF6, cName[1][0][0] = E
&cName[1][0][1] = 0019FCF7, &cName[0][0][0]+7 = 0019FCF7, cName[1][0][1] = F
&cName[1][0][2] = 0019FCF8, &cName[0][0][0]+8 = 0019FCF8, cName[1][0][2] =
&cName[1][1][0] = 0019FCF9, &cName[0][0][0]+9 = 0019FCF9, cName[1][1][0] = G
&cName[1][1][1] = 0019FCFA, &cName[0][0][0]+10 = 0019FCFA, cName[1][1][1] = H
&cName[1][1][2] = 0019FCFB, &cName[0][0][0]+11 = 0019FCFB, cName[1][1][2] =

** for 3개를 이용한 cName 배열의 주소와 값 출력 **
&cName[0][0][0] = 0019FCF0, cName[0][0][0] = A
&cName[0][0][1] = 0019FCF1, cName[0][0][1] = B
&cName[0][0][2] = 0019FCF2, cName[0][0][2] =
&cName[0][1][0] = 0019FCF3, cName[0][1][0] = C
&cName[0][1][1] = 0019FCF4, cName[0][1][1] = D
&cName[0][1][2] = 0019FCF5, cName[0][1][2] =
&cName[1][0][0] = 0019FCF6, cName[1][0][0] = E
&cName[1][0][1] = 0019FCF7, cName[1][0][1] = F
&cName[1][0][2] = 0019FCF8, cName[1][0][2] =
&cName[1][1][0] = 0019FCF9, cName[1][1][0] = G
&cName[1][1][1] = 0019FCFA, cName[1][1][1] = H
&cName[1][1][2] = 0019FCFB, cName[1][1][2] =
```

04 프로그램 디버깅

프로그램을 작성한 다음 컴파일과 링크 과정에서 오류가 발생하지 않으면 실행 파일이 생성된다. 그러나 프로그램이 실행 중에 중단되거나 실행 결과가 잘못 계산되는 경우가 있다. 이 경우에 프로그램에서 실행 오류가 발생한 지점을 찾아서 수정하는 디버깅(debugging)을 수행한다. 프로그램의 디버깅은 디버그 구성(debug configuration)으로 빌드할 때만 가능하다.

[예제 4.18] 중단점 지정 및 변수의 주소 및 값 확인

(1) 중단점(break point) 설정

프로그램 실행을 중지할 행에 입력 캐럿을 위치시키고 비주얼 스튜디오의 [디버그]-[중단점 설정/해제 F9] 메뉴 항목을 선택하면 [그림 4.4]와 같이 중단점이 빨강색 원으로 설정되고, 다시 선택하면 해제된다. 마우스로 중지할 행 앞부분의 회색 영역을 클릭하면 중단점이 설정된다.

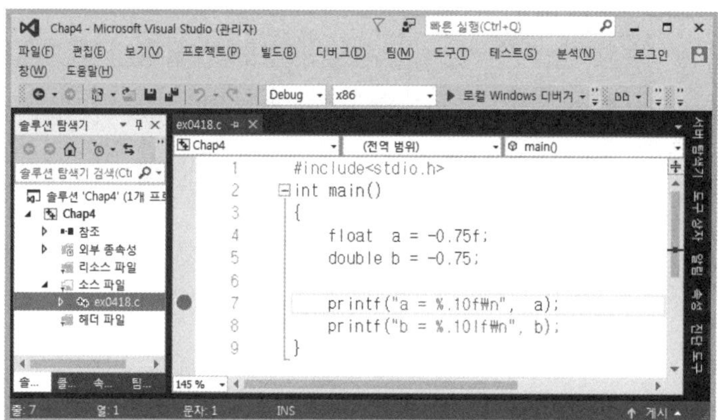

[그림 4.4] 중단점 설정

(2) 디버깅 시작, 조사식에서 변수의 주소 확인

프로그램 디버깅을 시작하기 위하여 [디버그]-[디버깅 시작 F5] 메뉴 항목을 선택하면 [그림 4.5]와 같이 설정된 중단점에서 프로그램의 실행이 멈춘다. 빨강색 원 내부에 노란색 화살표가 표시된다.

[디버그]-[창]의 [자동], [지역], [조사식1]~[조사식 4], [메모리1]~[메모리4]에 의한 메뉴 항목을 이용하여 현재 상태의 변수의 값 및 메모리 내용을 확인할 수 있다. [그림 4.5] 아래의 [조사식1] 창은 조사식 창의 이름에서 마우스를 더블클릭하고 &a, &b를 입력한 결과이다. 변수 a의 주소(0x18fa90)와 b의 주소(0x0018fa80)가 16진수로 보이고, 저장된 값이 표시된다.

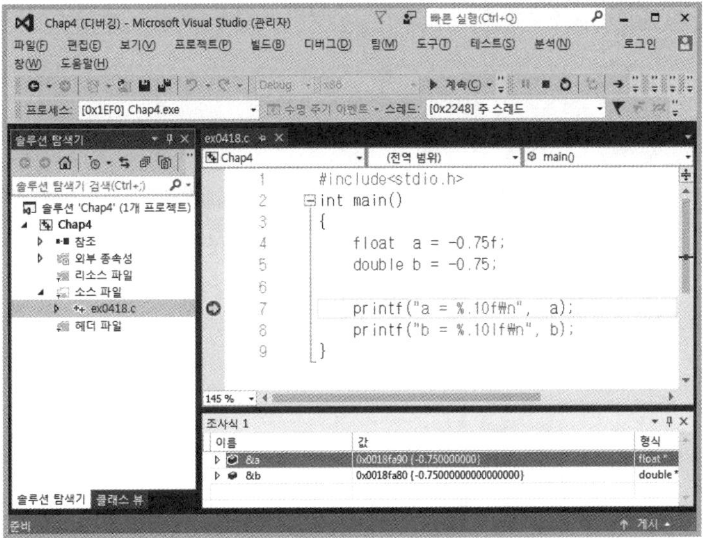

[그림 4.5] 디버깅 시작(F5)과 자동 창

(3) 메모리 확인

[그림 4.6]은 [디버그]-[창]-[메모리]-[메모리1] 메뉴 항목을 선택하고, 조사식의 이름에서 확인한 변수 a의 주소(0x18fa90)를 입력하면, 입력된 주소부터 메모리에 저장된 값을 16진수로 보여준다. float 변수 a는 4바이트(0x18fa90, 0x18fa91, 0x18fa92, 0x18fa93)에 할당되므로, 각 주소에 저장된 값은 16진수로 00, 00, 40, bf이다. 인텔 CPU는 리틀 엔디언(LSB부터 저장)이므로, 16진수 0xbf400000이다.

[그림 4.7]은 조사식의 이름에서 확인한 변수 b의 주소(0x18fa80)를 입력하면, 입력된 주소부터 메모리에 저장된 값을 16진수로 보여준다. double 변수 b는 8바이트(0x18fa80~0x18fa87)에 할당되므로, 각 주소에 저장된 값은 16진수로 00, 00, 00, 00, 00, 00, e8, bf이다. 인텔 CPU는 리틀 엔디언(LSB부터 저장)이므로, 16진수 0xbfe8000000000000이다. 2장의 실수 표현과 같은 값이다.

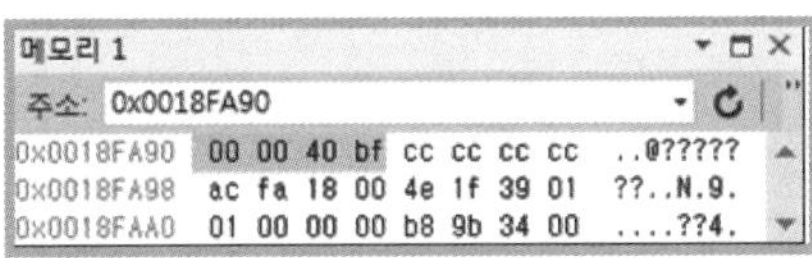

[그림 4.6] 변수 a의 주소(0x18fa90)

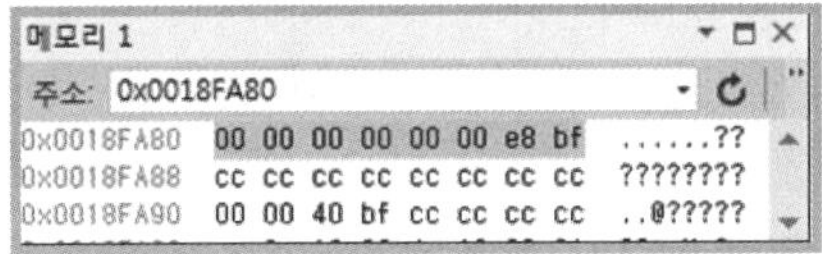

[그림 4.6] 변수 b의 주소(0x18fa80)

[예제 4.19] 배열의 합계 계산 프로그램을 한 단계씩 디버깅

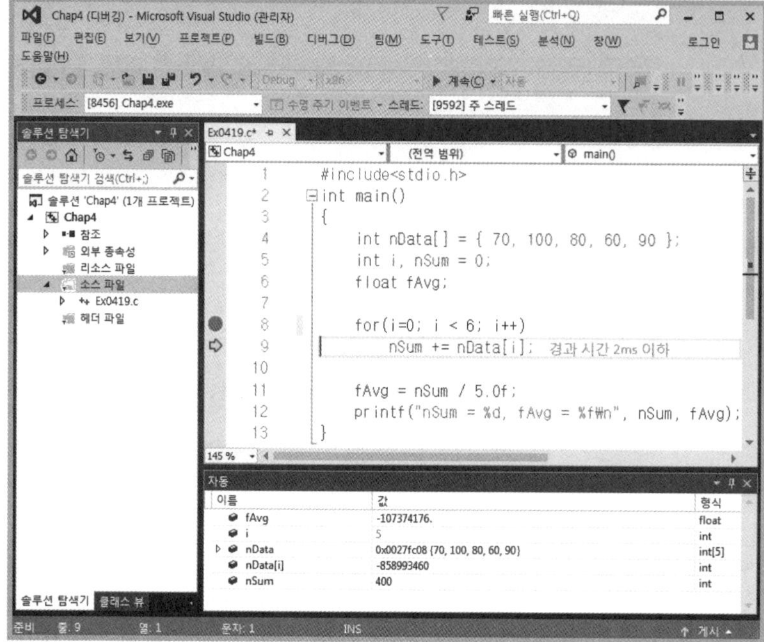

[그림 4.7] 중단점을 설정하고 디버깅

(1) 중단점(break point) 설정

for 문의 시작에 중단점을 설정하여 디버깅을 수행하고, [디버그]-[창]-[자동] 메뉴 항목을 선택하면 [그림 4.7]과 같이 변수 이름과 값이 보인다. 마우스 오른쪽 버튼을 눌러 [16진수 표시]를 선택하면 정수의 경우 16진수로 표시한다.

(2) [디버그]-[프로시저 단위 실행] F10

F10 키를 누르면 프로그램이 한 행씩 디버깅이 진행한다. F10 키는 함수 호출의 경우에 함수 내부로 들어가지 않고, 바로 다음 행으로 진행한다. 변수의 값이 [자동] 창에서 변경되는 것을 알 수 있다. 값이 변경되면 빨강색으로 표시된다.

[그림 4.7]의 아래쪽 [자동] 창은 F10 키를 계속 눌러 한 문장씩 for 문 의 실행을 i = 5일 때 9행을 실행하기 전까지 진행한 결과이다. nSum = 400, fAvg의 값은 초기화가 되지 않았기 때문에 임의의 값이 보인다.

한번 더 F10 키를 누르면 nSum값이 엉뚱한 값으로 변경된다. 배열 nData의 요소는 nData[0]~nData[4]까지이므로 nData[5]는 배열의 범위를 벗어난다. C 언어는 배열 첨자의 범위를 어느 정도 벗어나도 실행 오류를 발생시키지 않는다.

(3) [디버그]-[한 단계씩 코드 실행] F11

F11 키를 누르면 프로그램이 한 단계씩 진행한다. F11 키는 함수 호출의 경우에 함수 내

부로 호출이 넘어간다. 함수의 나머지 코드의 디버깅하지 않고, (Shift)–(F11) 키를 누르면 함수를 빠져나간다.

포인터

CHAPTER 05

01 포인터 변수

포인터(pointer) 변수는 메모리 주소(address)를 저장하는 변수이다. C 언어가 고급 언어이면서도 어셈블리 언어처럼 메모리를 접근할 수 있는 것은 주소 연산자와 포인터 변수 때문이다.

포인터 변수의 특징

① 포인터(pointer) 변수는 메모리 주소를 저장하는 변수이다.

② 32비트 운영체제(x86)에서 포인터 변수의 메모리 할당 크기는 모두 4바이트(32비트)이다. 즉, sizeof(char *), sizeof(int *), sizeof(double *) 모두 4바이트이다.

③ 다만 포인터 변수가 가리킬 수 있는 메모리의 자료형은 각각 문자, 정수, 배정도 실수 자료형이다.

④ 포인터 변수 선언으로 실제 문자, 정수, 실수 데이터가 저장될 공간이 할당되는 것이 아니라는 사실이다. 문자, 정수, 실수 데이터가 저장된 메모리의 주소를 저장할 있는 포인터 변수에 대한 4바이트 기억 공간이 할당된 것뿐이다.

⑤ 64비트 운영체제(x64)에서 포인터 변수의 메모리 할당 크기는 모두 8바이트(64비트)이다. 즉 sizeof(char *), sizeof(int *), sizeof(float *) 모두 8바이트이다.

1.1 포인터 변수의 선언 및 초기화

모든 자료형에 대해 포인터 변수 선언이 가능하다. 다음은 문자, 정수, 배정도 실수 데이터를 가리키는 포인터 변수 선언이다. 여기서 애스터리스크(*)는 포인터 변수임을 나타내는 기호이며, 포인터라고 읽는다.

- **포인터 선언 예**

① char *pC;

문자 포인터 변수 pC는 문자가 저장된 메모리의 주소를 저장할 수 있는 변수이다.

② int *pI;

정수 포인터 변수 pI는 정수가 저장된 주소(4바이트의 메모리 주소 중에 첫 바이트의 주소)를 저장할 수 있는 변수이다.

③ double *pD;

배정도 실수 포인터 변수 pD는 실수가 저장된 주소(8바이트의 메모리 주소 중에 첫 바이트의 주소)를 저장할 수 있는 변수이다.

char a, int b, float c 같은 일반 변수 선언은 실제 문자, 정수, 실수 등이 저장될 메모리 공간이 할당되며, 주소는 & 연산자를 통해 알 수 있다. 일반 변수 a는 값을 사용할 때는 변수 이름 a, 주소는 &a를 사용한다. 포인터 변수는 자신의 주소(&pI), 저장된 주소(pI), 저장된 주소의 값(*pI)이 있다. [표 5.1]과 [표 5.2]는 일반 변수와 포인터 변수에서 주소와 값의 관계를 설명한다.

표 5.1 일반 변수의 주소와 값

구분	의미
int a = 10;	변수 a를 int형으로 선언하고 할당된 4바이트에 10을 초기화
&a	변수 a를 위해 할당된 4바이트의 시작 주소
a	변수 a에 저장된 값

표 5.2 포인터 변수의 주소와 값

구분	의미
int a = 10;	변수 a를 int형으로 선언하고 할당된 4바이트에 10을 초기화
int *pI = &a;	정수형 포인터 pI를 선언하고, 변수 a의 주소(&a)를 저장
&pI	포인터 변수 pI를 위해 할당된 4바이트의 시작 주소
pI	포인터 변수 pI에 저장된 주소(&a)
*pI	포인터 변수 pI가 가리키는 값, pI에 저장된 주소의 값(10)

[예제 5.1] 포인터에 일반 변수의 주소 저장

```
01:   #include <stdio.h>
02:   int main()
03:   {
04:       int a = 10;
05:       int *pI;   /* int *pI = &a; */
06:       pI = &a;
07:
08:       printf(" a = %d\n", a);
09:       printf(" &a = %p\n", &a);
10:       printf("&pI = %p\n", &pI);
11:       printf(" pI = %p\n", pI);
12:       printf(" *p = %d\n", *pI);
13:
14:       *pI = 20;
15:       printf("*pI = %d\n", *pI);
16:       printf(" a = %d\n", a);
17:       return 0;
18:   }
```

- 실행 결과

▌프로그램 설명

① 4-6행

4행은 정수형 변수 a를 선언하고 10으로 초기화한다. 5행은 정수형 포인터 변수 pI를 선언한다. 6행은 포인터 변수 pI에 a의 주소(&a)를 저장한다. 5-6행을 한 줄로 int *pI = &a로 포인터 변수 선언과 초기화를 같이 할 수 있다.

② 8-12행

일반 변수 a의 값(a), 주소(&a), 포인터 변수 pI의 의미는 [표 5.2]와 같고, 메모리의 내용은 [그림 5.1]과 같다. 8행은 변수 a에 저장된 값 10(16진수 0x0000000A)을 출력한다. 9행은 변수 a에 할당된 4바이트(0x001FF8CC~0x001FF8CF)의 시작 주소(0x001FF8CC)를 출력한다. 10행의 &pI는 포인터 변수 pI에 할당된 4바이트(0x001FF8C0~0x001FF8C3)의 시작 주소(0x001FF8C0)를 출력한다. 11행의 pI는 pI에 할당된 메모리(0x001FF8C0~0x001FF8C3)에 리틀 엔디언(little endian)에 의해 LSB 순서로 저장된 16진수 0x001FF8CC를 출력한다. 12행의 *pI는 포인터 pI가 가리키는 값(pI 주소 0x001FF8CC에 저장된 값)인 10(16진수 0x0000000A)을 출력한다.

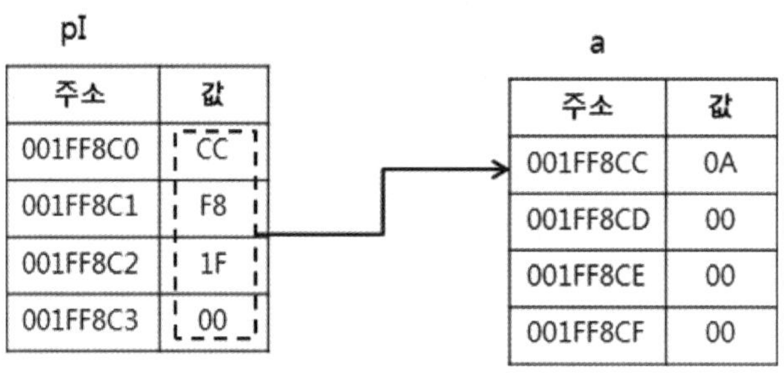

[그림 5.1] pI = &a 문장 실행

③ 14-16행

14행은 *pI = 20에 의해 포인터 pI가 가리키는 값을 20으로 변경한다. *pI와 a의 값을 출력하면 모두 20을 출력한다.

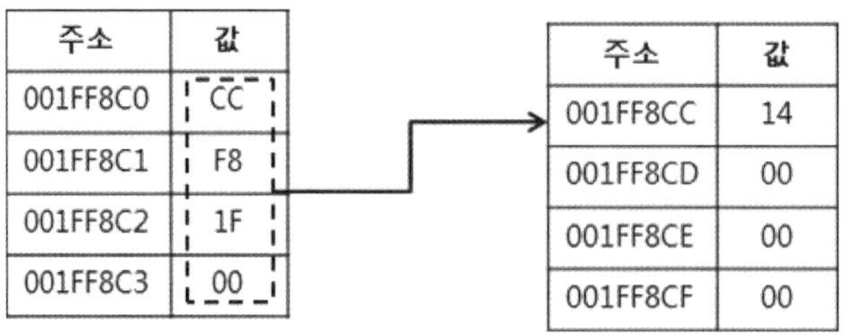

[그림 5.2] *pI = 20 문장 실행

④ 8행에 중단점을 설정하고 디버깅의 [조사식], [메모리]를 이용하면 보다 자세히 알 수 있다.

1.2 1차원 배열과 포인터

4장에서 설명한 배열은 메모리가 연속적으로 할당된다. 포인터 변수에 배열의 시작 주소를 저장하고, 포인터를 증가시켜 배열 요소의 값을 접근하여 읽고, 변경할 수 있다.

[예제 5.2] 1차원 문자 배열과 포인터

```
01:   #include <stdio.h>
02:   int main()
03:   {
04:       char cName[] = "ABCD";
05:       char *pC;
06:       int i;
07:
08:       printf("cName = %s\n", cName);
09:
10:       printf("\n** while **\n");
11:       pC = cName; /* pC = &cName[0]; */
12:       while (*pC != 0)
13:       {
14:           printf("pC = %p, *pC = %c\n", pC, *pC);
15:           pC++;
16:       }
17:
18:       printf("\n** for1 **\n");
19:       for (pC = cName; *pC != 0; pC++)
20:           printf("pC = %p, *pC = %c\n", pC, *pC);
21:
22:       printf("\n** for2 **\n");
23:       for (pC = cName, i = 0; pC[i] != 0; i++)
24:           printf("pC = %p, *pC = %c\n", &pC[i], pC[i]);
25:
26:       return 0;
27:   }
```

● 실행 결과

```
C:\Windows\system32\cmd.exe
cName = ABCD

** while **
pC = 001BF928, *pC = A
pC = 001BF929, *pC = B
pC = 001BF92A, *pC = C
pC = 001BF92B, *pC = D

** for1 **
pC = 001BF928, *pC = A
pC = 001BF929, *pC = B
pC = 001BF92A, *pC = C
pC = 001BF92B, *pC = D

** for2 **
pC = 001BF928, *pC = A
pC = 001BF929, *pC = B
pC = 001BF92A, *pC = C
pC = 001BF92B, *pC = D
```

▌ 프로그램 설명

① 4-6행

문자 배열 cName을 선언하고 문자열 상수 "ABCD"로 초기화한다. 문자 포인터 변수 pC를 선언한다.

② 8행

문자 배열 cName에 저장된 문자열을 출력한다.

③ 10-16행

11행은 포인터 변수 pC에 문자 배열 cName의 시작 주소를 저장하고, pC가 가리키는 값이 0이 아닐 때 까지 while 문을 반복시켜 pC와 *pC를 출력하고 pC++에 의해 다음 배열 요소를 가리키도록 하는 방법으로 cName의 요소를 출력한다.

④ 18-20행

초기식 pC = cName, 조건식 *pC != 0, 증감식 pC++에 의한 for 문을 사용하여 포인터 pC를 사용하여 cName의 요소를 출력한다.

⑤ 22-24행

초기식을 pC = cName, i = 0으로 설정하고 포인터 pC를 이용하여 주소는 &pC[i], 값은 pC[i]로 배열과 같이 접근하여 출력한다.

[예제 5.3] 1차원 문자 배열 초기화와 포인터 초기화의 차이

```
01:  #include <stdio.h>
02:  int main()
03:  {
04:
05:      char cA[] = "ABCD";
06:      char *pA = "ABCD";
07:
08:      printf("cA = %s\n", cA);
09:      printf("pA = %s\n", pA);
10:
```

```
11:        *cA = 'a'; /* cA[0] = 'a'; */
12:        printf("cA = %s\n", cA);
13:
14:        *pA = 'b'; /* 실행 시간 오류 */
15:        printf("pA = %s\n", pA);
16:        return 0;
17:  }
```

▌ 프로그램 설명

① 5행

1차원 문자 배열 cA를 선언하고, 문자열 상수 "ABCD"로 초기화한다.

② 문자 포인터 배열 pA를 선언하고, 문자열 상수 "ABCD"가 저장된 시작 주소(문자 'A'가 저장된 주소)로 초기화한다.

③ 7-8행

두 문장 모두 ABCD를 출력한다.

④ 11-12행

11행의 *cA = 'a'는 cA[0]의 문자열을 'a'로 변경한다. 12행은 aBCD를 출력한다.

⑤ 14행

*pA = 'b'는 실행 시간 오류가 발생한다. pA가 가리키는 곳의 값이 상수이기 때문이다.

[예제 5.4] 1차원 정수 배열과 포인터

```
01:  #include<stdio.h>
02:  #define N 5
03:  int main()
04:  {
05:        int nScore[] = { 60, 70, 80, 90, 100 };
06:        int *pI;
07:
08:        pI = nScore;  /* pI = &nScore[0]; */
09:        printf("nScore = %p, *nScore = %d\n", nScore, *nScore);
10:        printf("\n&pI = %p, pI = %p, *pI = %d\n", &pI, pI, *pI);
11:
12:        printf("\n** for **\n");
13:        for (int i = 0; i < N; i++, pI++)
14:              printf("pI = %p, *pI = %d\n", pI, *pI);
15:
16:        return 0;
17:  }
```

● 실행 결과

```
C:\Windows\system32\cmd.exe
nScore = 0014FCA0, *nScore = 60

&pI = 0014FC88, pI = 0014FCA0, *pI = 60

** for **
pI = 0014FCA0, *pI = 60
pI = 0014FCA4, *pI = 70
pI = 0014FCA8, *pI = 80
pI = 0014FCAC, *pI = 90
pI = 0014FCB0, *pI = 100
```

▌ 프로그램 설명

① 8-10행

8행은 정수 포인터 변수 pI에 배열 nScore의 시작 주소를 저장한다. 9행에서 nScore는 배열
의 시작 주소를 출력하고, *nScore는 nScore[0]의 값 60을 출력한다. 10행의 &pI는 포인터
변수 자신을 위해 할당된 4바이트 중에서 첫 번째 바이트의 주소를 출력하고, pI는 nScore와
같은 주소(0x0014FCA0)를 출력하고, *pI는 60을 출력한다.

② 12-14행

for 문으로 pI, *pI에 의해 주소와 값을 출력하고, pI++로 증가시켜 가면서 배열 nScore의 주
소와 값을 출력한다. pI++는 정수 포인터(int *)에 의해 4바이트씩 증가한다. 14행을 배열과
같이 printf("pI = %p, *pI = %d\n", &pI[i], pI[i])로 변경해도 된다.

1.3 다차원 배열과 포인터

2차원 이상의 다차원 배열은 메모리가 행우선(row major order)으로 연속 할당되므로
포인터 변수에 배열의 시작 주소를 저장하고, 포인터를 증가시켜 행우선으로 배열 요소
의 값을 접근하여 읽고 변경할 수 있다.

[예제 5.5] 2차원 문자 배열과 포인터

```
01:  #include <stdio.h>
02:  #define Y   2
03:  #define X   3
04:  int main()
05:  {
06:      char cName[Y][X] = { "AB", "CD" };
07:      int i, j;
08:      char *pC;
09:
10:      pC = cName; /* pC = &cName[0][0]; pC = cName[0]; pC = &cName; */
11:      printf("cName = %s\n", pC);
12:      printf("cName = %s\n", pC + X);
13:
14:      for (i = 0; i < Y; i++)
15:          for (j = 0; j < X; j++)
```

```
16:                    printf("&cName[%d][%d] = %p,  cName[%d][%d] = %c\n",
17:                               i, j, (pC + i * X + j), i, j, *(pC + i * X + j));
18:
19:        for (i = 0; i < Y * X; i++, pC++)
20:             printf("pC = %p,  *pC = %c\n", pC, *pC);
21:
22:        return 0;
23: }
```

● 실행 결과

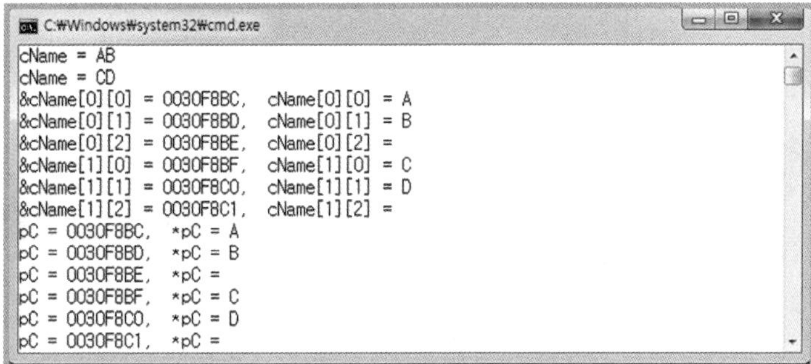

프로그램 설명

① 6-8행

6행은 2차원 배열 cName을 선언하고 두 개의 문자열을 초기화한다. 8행은 문자 포인터 변수
pC를 선언한다.

② 10-12행

10행은 pC에 배열 cName의 시작 주소를 저장한다. 11행은 AB를 출력한다. 12행은 CD를 출
력한다.

③ 14-17행

for 문 2개와 문자 포인터 변수 pC를 이용하여 배열 cName의 주소와 문자를 출력한다. 이때
pC는 변경되지 않는다.

④ 19-20행

for 문 1개와 문자 포인터 변수 pC를 이용하여 배열 cName의 주소와 문자를 출력한다. pC
가 문자 포인터(char *)이므로 pC++는 1바이트씩 증가한다.

[예제 5.6] 2차원 정수 배열과 포인터

```
01:  #include <stdio.h>
02:  #define Y  2
03:  #define X  3
04:  int main()
05:  {
06:       int nScore[Y][X] = { 50, 60, 70, 80, 90, 100 };
07:       int i, j;
```

```
08:        int *pI;
09:
10:        pI = nScore; /*pI = &nScore[0][0]; pI = nScore[0];*/
11:        for (i = 0; i < Y; i++)
12:            for (j = 0; j < X; j++)
13:                printf("nScore[%d][%d]= %p, nScore[%d][%d] = %d\n",
14:                    i, j, (pI + i * X + j), i, j, *(pI + i * X + j));
15:
16:        for (int i = 0; i < Y * X; i++, pI++)
17:            printf("pI = %p, *pI = %d\n", pI, *pI);
18:
19:        return 0;
20: }
```

● 실행 결과

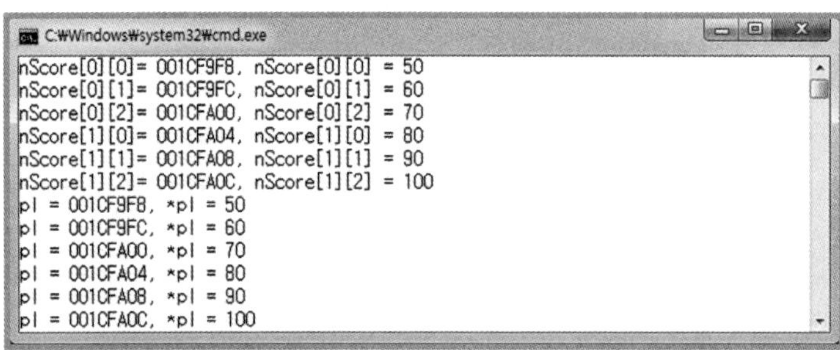

▌ 프로그램 설명

① 6-8행
6행은 2차원 배열 nScore를 선언하고 정수를 초기화한다. 8행은 정수 포인터 변수 pI를 선언한다.

② 10행
정수 포인터 변수 pI에 배열 nScore의 시작 주소를 저장한다.

③ 11-14행
for 문 2개와 정수 포인터 변수 pI를 이용하여 배열 nScore의 주소와 정수를 출력한다. 이때 pI는 변경되지 않는다.

④ 16-17행
for 문 1개와 포인터 변수 pI를 이용하여 배열 nScore의 주소와 정수를 출력한다. pI가 정수 포인터이므로 pI++는 4바이트씩 증가한다.

02 포인터 배열

포인터 변수도 배열로 선언할 수 있다. 포인터 배열은 포인터가 배열 개수만큼 있는 것이고, 포인터 배열의 메모리는 연속으로 할당된다.

- **포인터 선언 예**

  ① char *pA[3] = {"AB", "CDE", "1234"};

  문자 포인터 배열 pA를 선언하고 3개 문자열 상수로 초기화한다. 포인터 배열 pA는 pA[0], pA[1], pA[2]를 위해 12바이트가 연속으로 할당한다. pA[0]은 문자열 상수 "AB"의 문자 'A'의 주소를 저장한다. pA[1]은 문자열 상수 "CDE"의 문자 'C'의 주소를 저장한다. pA[2]는 문자열 상수 "1234"의 문자 '1'의 주소를 저장한다. 각각의 문자열은 연속으로 저장되어 있지만, 문자열 사이는 연속이 아니다. [그림 5.3]은 메모리 할당과 초기화를 보인다.

  ② char *pWeek[7]={"Sun", "Mon", "Tue", "Wed", "Thu", "Fri", "Sat"};

  문자 포인터 배열 pWeek를 선언하고 7개 문자열 상수로 초기화한다. 포인터 배열 pWeek는 pWeek[0], pWeek[1], pWeek[2], pWeek[3], pWeek[4], pWeek[5], pWeek[6]를 위해 28바이트가 연속으로 할당한다. 초기화된 문자열 상수들은 연속적인 기억 장소에 할당되어 있지 않다. 예를 들면, 문자열 상수 "Sun"에 대한 메모리는 연속으로 할당되고, 'S', 'u', 'n', '\0'이 차례로 저장된다. 그리고 "Mon"에 대한 메모리는 연속으로 할당되고 'M', 'o', 'n', '\0'이 차례로 저장된다. 그러나 "Sun"의 '\0' 뒤에 반드시 'M'이 있다는 보장은 없다. 물론 컴파일러에 의해 연속으로 할당될 수도 있다.

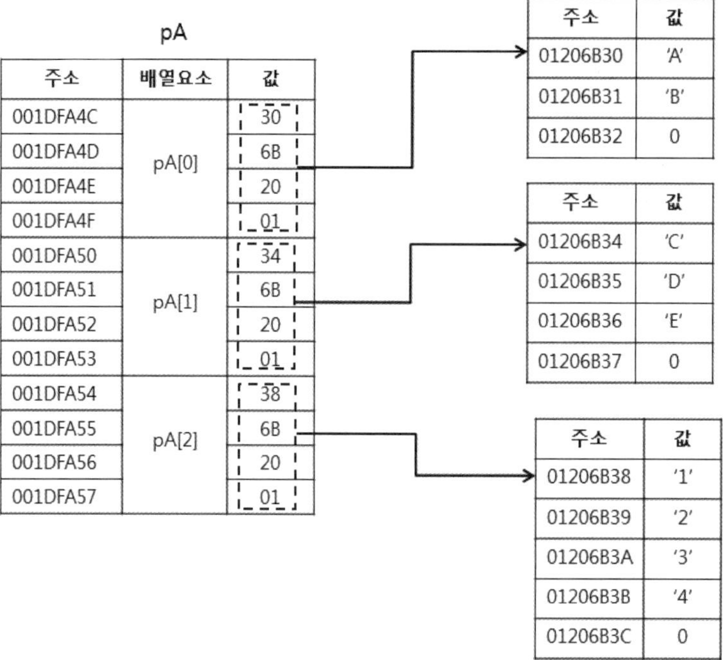

[그림 5.3] char *pA[3] = {"AB", "CDE", "1234"};

[예제 5.7] 포인터 배열 1

```
01:  #include <stdio.h>
02:  #define Y 3
03:  int main()
04:  {
05:      char *pA[] = { "AB", "CDE", "1234" };
06:      char *pC;
07:      int i;
08:
09:      printf("sizeof(pA) = %d\n", sizeof(pA));
10:
11:      printf("포인터 배열 pA의 각 요소의 주소와 저장된 주소\n");
12:      for (i = 0; i < Y; i++)
13:          printf("&pA[%d]=%p, pA[%d]=%p, %s\n",
14:                  i, &pA[i], i, pA[i], pA[i]);
15:
16:      printf("\n문자 포인터를 이용하여 %%c로 모든 문자 출력\n");
17:      for (i = 0; i < Y; i++)
18:      {
19:          printf("pA[%d] = ", i);
20:          for (pC = pA[i]; *pC != 0; pC++)
21:              printf("%c", *pC);
22:          printf("\n");
```

```
23:       }
24:
25:       return 0;
26:  }
```

●실행 결과

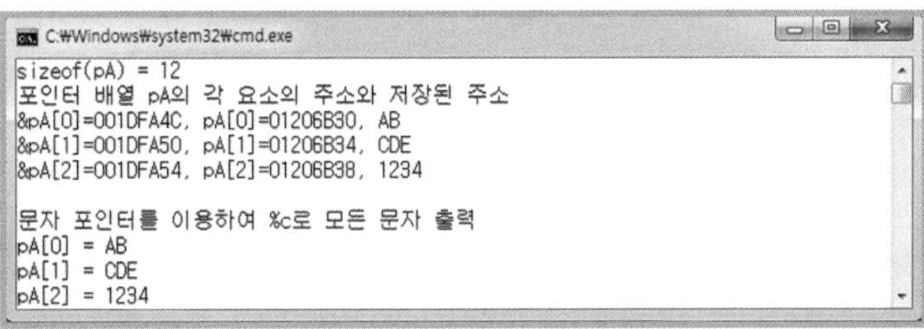

프로그램 설명

① 5-9행

문자 포인터 배열 pA를 선언하고 3개 문자열 상수로 초기화한다. 포인터 배열 pA는 pA[0], pA[1], pA[2]를 위해 각각 4바이트씩 전체 12바이트가 연속으로 할당된다. [그림 5.3]은 메모리 할당과 초기화를 보인다.

② 11-14행

포인터 배열 요소 pA[i]의 주소(&pA[i]), 저장된 주소 pA[i]를 출력하고 pA[i]를 "%s"로 문자열을 출력한다.

③ 16-23행

문자 포인터를 이용하여 pC = pA[i]로 초기화하고, 문자열을 널 문자('\n')가가 나올 때까지 출력한다.

[예제 5.8] 포인터 배열 2

```
01:   #include <stdio.h>
02:   #define X 4
03:   #define Y 7
04:   int main()
05:   {
06:       char *pWeek[Y] = { "Sun","Mon","Tue","Wed","Thu","Fri","Sat" };
07:       char aWeek[Y][X] = { "Sun","Mon","Tue","Wed","Thu","Fri","Sat" };
08:       char *pC;
09:       int i;
10:
11:       printf("sizeof(pWeek) = %d\n", sizeof(pWeek));
12:       printf("포인터 배열 pWeek\n");
13:       for (i = 0; i < Y; i++)
14:           printf("&pWeek[%d]=%p, pWeek[%d]=%p, %s\n",
15:               i, &pWeek[i], i, pWeek[i], pWeek[i]);
16:
17:       printf("sizeof(aWeek) = %d\n", sizeof(aWeek));
```

```
18:        printf("문자 배열 aWeek\n");
19:        for (i = 0; i < Y; i++)
20:            printf("&aWeek[%d]=%p, aWeek[%d]=%p, %s\n",
21:                    i, &aWeek[i], i, aWeek[i], aWeek[i]);
22:
23:        printf("문자 배열 aWeek의 문자 출력\n");
24:        for (i = 0, pC = aWeek[0]; i < X * Y; i++, pC++)
25:        {
26:            if (*pC != 0)
27:                printf("%c", *pC);
28:            else
29:                printf("\n");
30:        }
31:
32:        return 0;
33: }
```

● 실행 결과

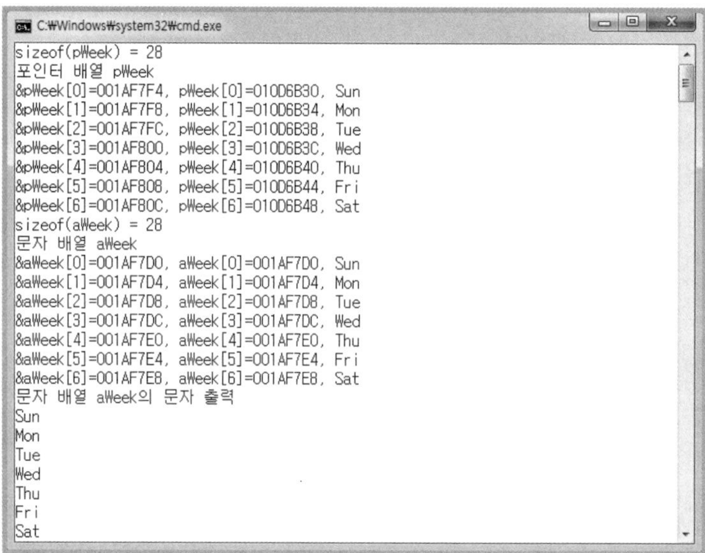

▌ 프로그램 설명

① 6행

문자 포인터 배열 pWeek를 선언하고, 7개 문자열 상수로 초기화한다. 각 문자열의 길이(널문자 제외)는 반드시 3일 필요는 없다.

② 7행

7 × 4 2차원 문자 배열 aWeek를 선언하고, 7개의 문자열로 초기화한다. 각 문자열의 길이(널문자 제외)는 반드시 3보다 클 수는 없다.

③ 11행

sizeof(pWeek) = 28바이트이다. 포인터 배열 pWeek는 7개의 포인터를 위해 할당된 28바이트
이다.

④ 13-15행

포인터 배열 요소 pWeek[i]의 주소(&pWeek[i]), 저장된 주소 pWeek[i]를 출력하고 pWeek[i]
를 "%s"로 문자열을 출력한다. &pWeek[0]에서 &pWeek[6]까지 보면 4바이트씩 연속이다. 포
인터 배열의 각 요소에 저장된 주소인 pWeek[0]에서 pWeek[6]까지 보면 역시 4바이트씩 연
속이지만, 이것은 반드시 연속일 필요는 없다.

⑤ 17행

sizeof(aWeek) = 28바이트이다. 28개의 문자를 저장할 수 있는 연속할당 메모리이다.

⑥ 19-21행

2차원 문자 배열 aWeek에서 &aWeek[i], aWeek[i]는 모두 i-행의 시작 주소이다.

⑦ 23-30행

2차원 문자 배열 aWeek의 각 문자열을 "%c" 문자 출력 방법으로 출력한다.

03 다중 포인터

포인터(*)를 여러 개 사용하는 다중 포인터를 사용하면 더 다양하게 메모리를 접근할 수
있다. 다중 포인터는 또 다른 포인터 변수를 가리키기 위해 사용한다.

3.1 이중 포인터(**)

포인터가 1개(*)인 단일 포인터는 값을 담고 있는 변수의 주소를 저장하는 데 사용하며,
포인터가 2개(**)인 이중 포인터는 단일 포인터(*) 변수의 주소를 저장하는 데 사용한다.

다음 예제는 [그림 5.4]와 같이 정수 변수 a의 주소를 정수 포인터 pI에 저장(pI = &a)하
고, 포인터 pI 자신의 주소를 이중 포인터 변수 pD에 저장(pD = &pI)한다. 즉, 포인터
변수 pD는 포인터 변수 pI의 주소를 저장하고 있는 이중 포인터이다. 32 비트 운영체제
에서 sizeof(int *)와 sizeof(int **)는 모두 4바이트이다.

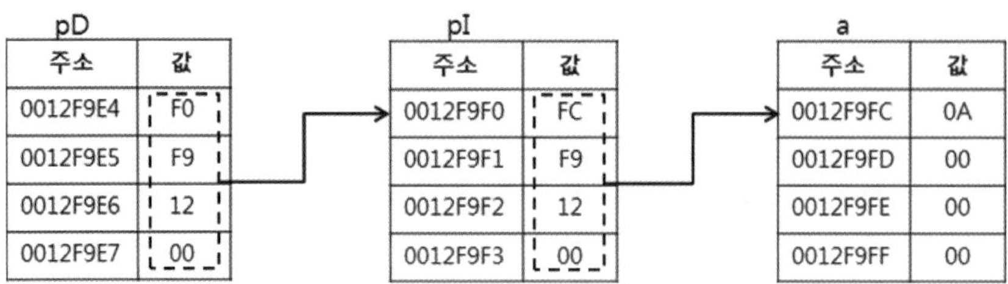

[그림 5.4] 이중 포인터

[예제 5.9] 이중 포인터

```
01:   #include <stdio.h>
02:   int main()
03:   {
04:        int a = 10;
05:        int *pI = &a;
06:        int **pD = &pI;
07:        /*
08:        pI = &a;
09:        pD = &pI;
10:        */
11:        printf("\npI 주소, 값\n");
12:        printf(" &a  = %p\n", &a);
13:        printf("&pI  = %p\n", &pI);
14:        printf(" pI  = %p\n", pI);
15:        printf(" *pI  = %d\n", *pI);
16:
17:        printf("\npD 주소, 값\n");
18:        printf("&pD  = %p\n", &pD);
19:        printf(" pD  = %p\n", pD);
20:        printf("*pD = %p\n", *pD);
21:        printf("**pD = %d\n", **pD);
22:
23:        printf("\npD를 이용한 변수 a값 변경\n");
24:        **pD = 20;
25:        printf("**pD = %d\n", **pD);
26:        printf("   a = %d\n", a);
27:        return 0;
28:   }
```

● 실행 결과

```
C:\Windows\system32\cmd.exe

pI 주소, 값
 &a  = 0012F9FC
&pI  = 0012F9F0
 pI  = 0012F9FC
 *pI = 10

pD 주소, 값
&pD  = 0012F9E4
 pD  = 0012F9F0
*pD = 0012F9FC
**pD = 10

pD를 이용한 변수 a값 변경
**pD = 20
   a = 20
```

▌프로그램 설명

① 4–10행
5행은 단일 포인터 pI를 선언하고, 일반 변수 a의 주소(&a)로 초기화한다. 6행은 이중 포인터 pD를 선언하고, 포인터 변수 pI의 주소(&pI)로 초기화한다. [그림 5.4]는 일반변수 a, 단일 포인터 pI, 이중 포인터 pD 사이의 관계를 보인다.

② 11–15행
일반 변수 a의 주소(&a), 포인터 변수 pI의 주소(&pI), 포인터 pI에 저장된 주소(pI)를 출력한다. pI와 &a는 같은 주소를 출력한다. *pI는 pI가 가리키는 주소(0012F9FC)에 저장된 값(10)이다.

③ 17–21행
이중 포인터 주소(&pD)를 출력하고, pD와 &pI와 같은 주소를 출력한다. *pD, pI, &a는 같은 주소이다. *pD는 pD 주소(0012F9F0)의 값(0012F9FC)이다. **pD는 *pD 주소(0012F9FC)에 저장된 값(10)이다.

④ 24–26행
24행의 **pD = 20은 변수 a의 값을 20으로 변경한다.

[예제 5.10] 1차원 포인터 배열과 이중 포인터

```c
01:  #include <stdio.h>
02:  #define Y  7
03:  int main()
04:  {
05:      int i;
06:      char *pWeek[]={ "Sun", "Mon", "Tue", "Wed", "Thu", "Fri", "Sat" };
07:      char **pD;
08:
09:      pD = pWeek;
10:      printf("&pWeek=%p, pWeek=%p, *pWeek=%p, **pWeek=%c\n",
11:          &pWeek, pWeek, *pWeek, **pWeek);
12:      printf("&pD = %p, pD = %p, *pD = %p, **pD = %c\n",
13:          &pD, pD, *pD, **pD);
```

```
14:
15:        for (i = 0; i < Y; i++)
16:            printf("&pD[%d] = %p,  pD[%d] = %p, %s\n",
17:                   i, &pD[i], i, pD[i], pD[i]);
18:
19:        pD++;
20:        printf("&pD = %p, pD = %p, *pD = %p, **pD = %c\n",
21:               &pD, pD, *pD, **pD);
22:        return 0;
23:    }
```

● 실행 결과

```
C:\Windows\system32\cmd.exe

&pWeek = 0025FC78,  pWeek = 0025FC78,  *pWeek = 00C36B30,  **pWeek = S
&pD = 0025FC6C,  pD = 0025FC78,  *pD = 00C36B30,  **pD = S
&pD[0] = 0025FC78,   pD[0] = 00C36B30,  Sun
&pD[1] = 0025FC7C,   pD[1] = 00C36B34,  Mon
&pD[2] = 0025FC80,   pD[2] = 00C36B38,  Tue
&pD[3] = 0025FC84,   pD[3] = 00C36B3C,  Wed
&pD[4] = 0025FC88,   pD[4] = 00C36B40,  Thu
&pD[5] = 0025FC8C,   pD[5] = 00C36B44,  Fri
&pD[6] = 0025FC90,   pD[6] = 00C36B48,  Sat
&pD = 0025FC6C,  pD = 0025FC7C,  *pD = 00C36B34,  **pD = M
```

■ 프로그램 설명

① 6-7행

6행은 문자 포인터 배열 pWeek을 선언하고, 7개 문자열 상수로 초기화한다. 각 문자열의 길이(널 문자 제외)는 반드시 3일 필요는 없다. 7행은 문자 이중 포인터 pD를 선언한다.

② 9행

이중 포인터 pD에 포인터 배열 pWeek의 시작 주소를 저장한다. [그림 5.5]는 1차원 포인터 배열 pWeek와 이중 포인터 pD를 표시한다.

③ 10-11행

문자 포인터 배열 pWeek의 시작 주소(&pWeek, pWeek), 시작 주소에 저장된 주소(*pWeek), 시작 주소에 저장된 주소에 저장된 값(**pWeek)을 출력한다.

④ 12-13행

이중 포인터 pD 자신의 주소 &pD는 0025FC6C를 출력한다. pD는 저장된 주소 0025FC78을 출력한다. *pD는 pD가 가리키는 주소의 값 00C36B30을 출력한다. **pD는 *pD 주소의 값 'S'를 출력한다.

⑤ 15-17행

for 문으로 &pD[i], pD[i]에 의해 &pWeek[i], pWeek[i]의 주소를 출력하고, pD[i]를 "%s"에 의해 문자열을 출력한다.

⑥ 19행

pD++는 pD를 4바이트 증가시킨다. 결과적으로 pD = pWeek[1]과 같다.

⑦ 20-21행

이중 포인터 pD 자신의 주소 &pD는 0025FC6C를 출력한다. pD는 저장된 주소 0025FC7C을 출력한다. *pD는 pD가 가리키는 주소의 값 00C36B34를 출력한다. **pD는 *pD 주소의 값 'M'을 출력한다.

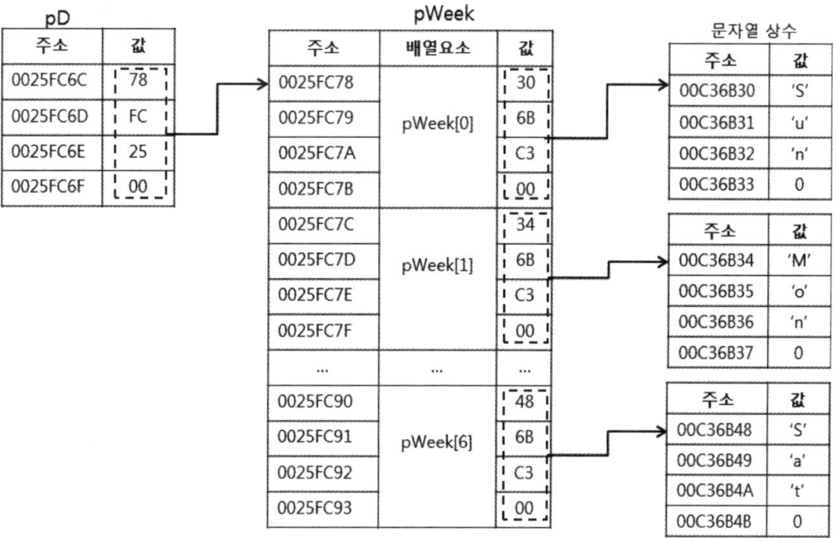

[그림 5.5] 1차원 포인터 배열 pWeek과 이중 포인터 pD

3.2 삼중 포인터(***)

포인터가 3개(***)인 삼중 포인터는 포인터가 2개(**)인 포인터 변수의 주소를 저장한다. 32비트 운영체제(x86)에서 포인터 변수에 할당되는 메모리 크기는 모두 4바이트이므로, sizeof(int ***) 역시 4바이트이다. [그림 5.6]은 [예제 5.11]에서 삼중 포인터 변수 pT를 선언하고 &pD로 이중 포인터의 주소로 초기화한 결과이다.

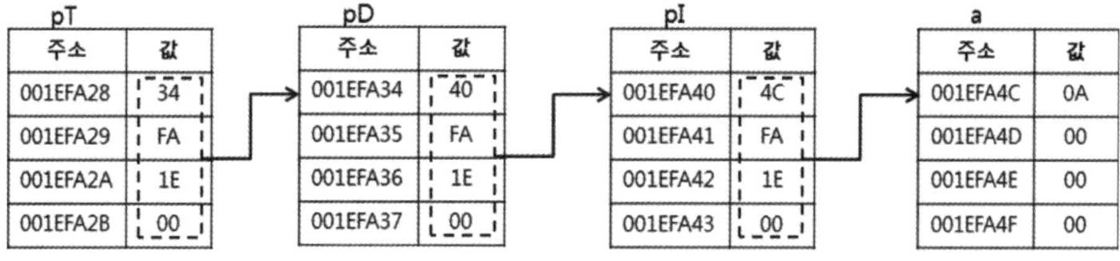

[그림 5.6] 삼중 포인터

[예제 5.11] 삼중 포인터

```
01:   #include <stdio.h>
02:   int main()
03:   {
04:         int a = 10;
05:         int *pI = &a;
06:         int **pD = &pI;
07:         int ***pT = &pD;
08:
09:         printf("\n 포인터 변수 자신의 주소 출력\n");
10:         printf(" &a  = %p\n", &a);
11:         printf("&pI  = %p\n", &pI);
12:         printf("&pD  = %p\n", &pD);
13:         printf("&pT  = %p\n", &pT);
14:
15:         printf("\n 포인터 변수에 저장된 주소 출력\n");
16:         printf("pI  = %p\n", pI);
17:         printf("pD  = %p\n", pD);
18:         printf("pT  = %p\n", pT);
19:
20:         printf("\n 값 출력\n");
21:         printf("   a = %d\n", a);
22:         printf("  *pI = %d\n", *pI);
23:         printf(" **pD = %d\n", **pD);
24:         printf("***pT = %d\n", ***pT);
25:
26:         printf("\n***pT = 20에 의한 값 변경\n");
27:         ***pT = 20;
28:         printf("   a = %d\n", a);
29:         printf("  *pI = %d\n", *pI);
30:         printf(" **pD = %d\n", **pD);
31:         printf("***pT = %d\n", ***pT);
32:         return 0;
33:   }
```

● 실행 결과

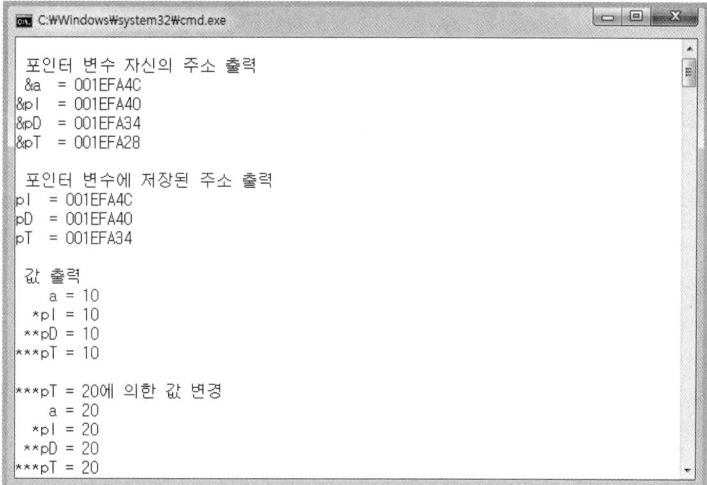

▌프로그램 설명

① 4-7행

단일 포인터 pI를 선언하고 일반 변수 a의 주소(&a)로 초기화하고, 이중 포인터 pD를 선언하고 단일 포인터 변수 pI의 주소(&pI)로 초기화하고, 삼중 포인터 변수 pT를 선언하고 이중 포인터 변수의 주소(&pD)로 초기화한다. 포인터 변수들의 메모리 관계는 [그림 5.6]과 같다.

② 9-13행

일반 변수 a, 포인터 변수 pI, pD, pT 자신의 주소를 출력한다.

③ 15-18행

포인터 변수 pI, pD, pT에 저장된 주소를 출력한다.

④ 20-24행

a, *pI, **pD, ***pT는 모두 변수 a의 값(10)을 출력한다.

⑤ 26-31행

27행의 ***pT = 20은 변수 a의 값을 20으로 변경한다. a, *pI, **pD, ***pT은 모두 변경된 값(20)을 출력한다.

04 void 포인터와 널 포인터

void 포인터(void *)와 널 포인터(NULL)에 대하여 설명한다.

4.1 void 포인터

포인터 변수는 메모리 주소를 저장할 수 있는 변수이므로, 일반적으로 해당 주소에 저장되어 있는 데이터의 형에 따라 char *, int *, float *, double * 등과 같이 자료형과 같이 사용한다.

그러나 자료형을 명시하지 않고, void *로 선언하고, 캐스트 연산자를 이용하여 필요할 때 원하는 자료형으로 변환하여 융통성 있게 사용할 수 있다. void *는 가리키는 주소에 저장된 값을 위해 할당된 크기를 알 수 없기 때문에 주소 덧셈 및 뺄셈 연산을 할 수 없다. sizeof(void *)는 다른 포인터와 같이 32비트 운영체제(x86)에서 4 바이트이다.

[예제 5.12] void 포인터

```
01:   #include <stdio.h>
02:   int main()
03:   {
04:         float a = -0.75f;
05:         int *pI;
06:         float *pF;
07:         char *pC;
08:
09:         void *p = (void *)&a;
10:         pC = (char *)p;  /* pC = (char *)&a; */
11:         pI = (int *)p;     /* pI = (int *)&a;  */
12:         pF = (float *)p;  /* pF = (float *)&a; */
13:
14:         printf("sizeof(void *) = %d\n", sizeof(void *));
15:         printf("&a = %p\n", &a);
16:         printf("p = %p\n", p);
17:         printf("pC = %p\n", pC);
18:         printf("pI = %p\n", pI);
19:         printf("pF = %p\n", pF);
20:
21:         /* p++;  Unknown size error */
22:         /* printf("*p = %d\n", *p);  illegal indirection error */
23:
```

```
24:        printf("    *pC = %hhx\n", *pC);
25:        printf("*(pC+1) = %hhx\n", *(pC + 1));
26:        printf("*(pC+2) = %hhx\n", *(pC + 2));
27:        printf("*(pC+3) = %hhx\n", *(pC + 3));
28:
29:        printf("pI = %x\n", *pI);
30:        printf("pF = %f\n", *pF);
31:        return 0;
32:  }
```

● 실행 결과

▌프로그램 설명

① 4-7행
float 실수 변수 a를 선언하고 -0.75로 초기화한다. 정수 포인터 변수 pI, float 포인터 변수
pF, 문자 포인터 변수 pC를 선언한다.

② 9행
void 포인터 변수 p를 선언하고 (void *)&a로 초기화한다.

③ 10행
문자 포인터 변수 pC에 (char *)p를 저장한다. (char *)&a를 저장해도 같다.

④ 11행
정수 포인터 변수 pI에 (int *)p를 저장한다. (int *)&a를 저장해도 같다.

⑤ 12행
float 포인터 변수 pF에 (float *)p를 저장한다. (float *)&a를 저장해도 같다.

⑥ 14-19행
sizeof(void *)는 다른 포인터와 같이 32비트 운영체제(x86)에서 4 바이트이다. &a, p, pC, pI,
pF는 모두 같은 주소이다.

⑦ 21-22행
void 포인터 변수 p는 가리키는 주소에 저장된 값을 위해 할당된 크기를 알 수 없기 때문에
p++와 같은 주소 연산을 할 수 없다. *p와 같이 가리키는 주소에 저장된 값을 알 수도 없다.

⑧ 24-27행

문자 포인터 변수 pC로 4바이트 값을 16진수로 출력하면 00, 00, 40, bf를 출력한다.

⑨ 29행

*pI를 16진수로 출력하면 bf400000을 출력한다.

⑩ 30행

*pF를 실수로 출력하면 -0.75를 출력한다.

4.2 널 포인터

포인터 변수가 어떤 주소도 가리키고 있지 않는 상태를 나타내는 포인터를 널 포인터 (null pointer)라고 하며, 〈stdio.h〉 헤더파일에 다음과 같이 0으로 정의되어 있다. 널 포인터는 포인터 변수를 초기화할 때, 함수의 반환 값이 포인터인 경우 반환되는 포인터가 없음을 알릴 때, 연결 리스트의 마지막을 가리킬 때 등에 사용한다.

```
#define NULL ((void *) 0)
```

[예제 5.13] 널 포인터

```
01:    #include <stdio.h>
02:    int main()
03:    {
04:        int a = 10;
05:        int *pI = NULL; /* NULL로 초기화하지 않고 실행해 보자. */
06:
07:        if (pI != NULL)
08:        {
09:            printf("pI = %p, *pI = %d\n", pI, *pI);
10:        }
11:
12:        pI = &a;
13:        if (pI != NULL)
14:        {
15:            printf("pI = %p, *pI = %d\n", pI, *pI);
16:        }
17:        return 0;
18:    }
```

● 실행 결과

▌프로그램 설명

① 5행

정수 포인터 pI를 선언하고 NULL로 초기화한다. int *pI = 0으로 초기화해도 같다.

② 7-10행

조건식 pI != NULL은 거짓으로 9행은 실행하지 않는다.

③ 12-16행

12행은 변수 a의 주소를 포인터 변수 pI에 저장한다. 조건식 pI != NULL은 참으로 15행이 실행되어 pI, *pI를 출력한다. *pI는 변수 a의 값 10을 출력한다.

④ 5행에서 포인터 변수 pI를 NULL로 초기화하지 않고, 프로그램을 실행하면 7행의 조건식 pI != NULL이 참이 되어 9행을 실행할 때 실행 시간 오류가 발생한다.

함수

CHAPTER 06

01 개요

C 언어는 함수를 기반으로 프로그램을 작성한다. C 언어 프로그램은 main() 함수가 있어야 실행 파일이 생성되고, 프로그램의 실행은 main() 함수에서 시작한다.

지금까지 예제 프로그램은 모두 main() 안에서 작성했다. main() 함수에서 간단하게 C 언어의 문법을 설명하기 위해 작성했다. 그러나 실제 응용 프로그램을 main() 함수에서 모두 작성하면 여러 가지 문제점이 발생한다.

- **main() 함수에서 모든 프로그램을 작성할 경우의 문제점**
  ① 프로그램의 행 수가 많아지며, 프로그램의 논리도 복잡해져서 결과적으로 코드를 이해하기가 힘들어 프로그램의 수정을 어렵게 한다. 사용자가 읽고 이해할 수 있게 프로그램을 작성하는 것은 프로그램의 문서화와 함께 매우 중요하다.
  ② 프로그램 코드의 중복이 발생하게 되어 실행 파일의 크기가 커질 수 있다.
  ③ 이미 작성한 프로그램의 일부를 분리하여 다시 사용하기가 어렵다.

프로그램을 작성할 때 관련 있는 작은 논리 단위로 나누어 작성하는 것이 좋다. 일반적으로 이러한 단위를 모듈(module)이라 하며, C 언어의 모듈은 함수(function)이다. C 언어로 작성한 프로그램을 보면, 특정 기능을 담당하는 함수들을 작성하고, 호출(call)과 반환(return)을 반복하며 원하는 작업을 수행한다. 이러한 이유로 C 언어는 함수 기반 언어이다.

C 언어에서 사용할 수 있는 함수는 [그림 6.1]과 같이 사용자 정의 함수(user-defined function)와 라이브러리 함수(library function)로 구분할 수 있다. 이 장에서는 함수의 일반적인 사항과 사용자 정의 함수를 설명하고, 7장에서 표준 라이브러리 함수에 대해 자세히 설명한다.

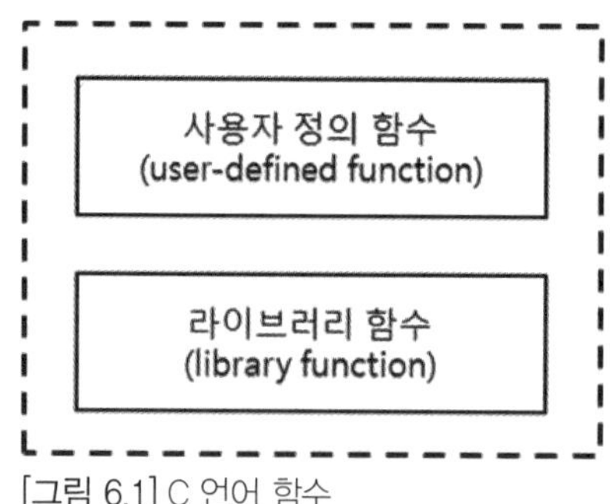

[그림 6.1] C 언어 함수

02 콘솔 프로그램의 실행 순서

여기서는 윈도우즈 운영체제 환경에서 콘솔 응용 프로그램이 실행되는 순서를 간략히
언급한다. 컴파일러를 이용해서 실행 파일을 생성한 후에 사용자가 프로그램을 실행하
면, 윈도우즈 커널 안에 있는 함수가 CRT(C Run-Time Library)의 mainCRTStartup()
함수를 호출한다. mainCRTStartup() 함수는 프로그램을 구동하기 위한 메모리를 확
보하는 등의 초기화 작업을 수행하고, 프로그래머가 작성한 프로그램의 진입점(entry
point)인 main() 함수를 호출(call)해 준다. main() 함수에서 프로그래머가 호출한
라이브러리 함수와 사용자 정의 함수들을 순서대로 모두 호출하고 나서 반환하면,
mainCRTStartup() 함수로 되돌아가 프로그램을 종료하기 위한 작업을 실행하고, 윈도
우즈의 커널의 안에 있는 함수로 반환하여 프로그램이 종료된다.

단순하게 프로그래머 입장에서 보면 main() 함수의 시작 부분에서 프로그램을 실행을
시작하고, main() 함수의 끝 부분에서 종료하는 것이다. [그림 6.2]는 간단한 C 언어 콘
솔 응용 프로그램의 실행 순서를 보여준다. 원문자 순서로 실행한다. 실선은 함수 호출,
점선은 반환을 의미한다. CRT는 C 언어 실행시간 라이브러리이다. 7장에서 자세히 설명
한다.

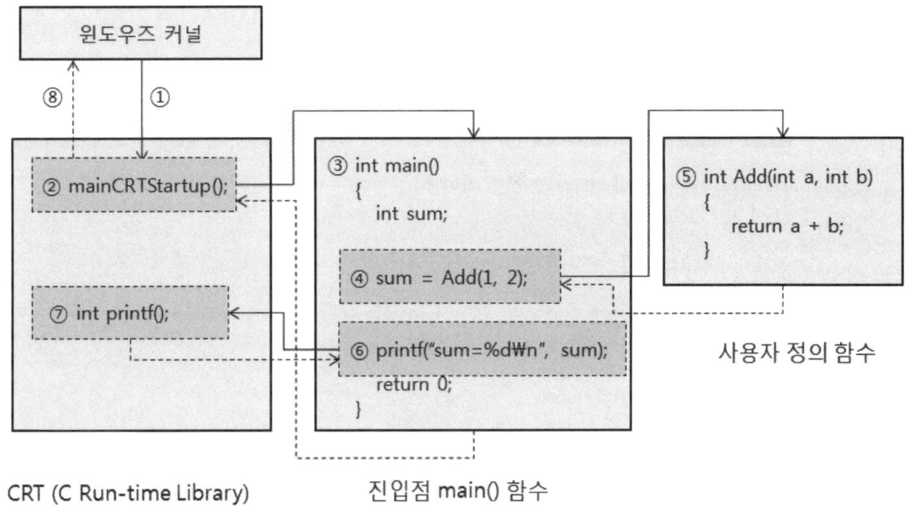

[그림 6.2] C 언어 콘솔 응용 프로그램의 실행 순서

03 함수 정의 및 선언

3.1 함수 정의

C 언어의 함수 정의(function definition)는 함수의 머리 부분과 함수의 몸체로 구성된다. 함수의 머리 부분은 반환형(return type), 함수 이름, 괄호 안에 인수(parameter)의 자료형과 이름을 지정한다. 함수의 몸체는 중괄호({})를 이용해서 블록으로 묶는다.

- **함수 정의**

  ① 함수 이름은 중복하여 작성할 수 없다. 함수 이름은 변수 이름과 같이 식별자(identifier)이다. 첫 번째 문자는 알파벳 대소문자 또는 밑줄(_)이고, 두 번째 문자부터는 알파벳 대소문자, 밑줄, 숫자를 이용하여 함수 이름을 의미에 맞게 작성한다.

  ② 함수는 값을 하나만 반환할 수 있다.

  ③ return 문은 함수를 종료하고, 프로그램의 제어를 함수를 호출한 곳으로 돌아간다.

  ④ return 문의 수식 값을 함수 값으로 반환한다.

  ⑤ 함수에 return 문이 없으면 함수의 모든 문장을 수행하고, 호출한 곳으로 돌아간다.

  ⑥ 함수가 값을 반환하지 않으면 반환형을 void로 한다. 반환형을 생략하면 int로 간주한다.

  ⑦ 함수의 인수가 없으면 괄호 안에 void를 사용한다. 인수의 void는 생략할 수 있다.

  ⑧ 함수는 괄호로 알 수 있다. 즉, 소괄호 앞에 있는 식별자는 함수 이름이다. #define을 이용한 매크로 함수도 소괄호를 사용한다.

[예제 6.1] Add() 함수 정의

```
01:  int Add(int a, int b) /* 함수 정의 */
02:  {
03:      return a + b;
04:  }
```

▌ 프로그램 설명

① 1행

1행은 Add() 함수의 머리 부분으로 반환형(return type)은 정수(int)이고, 정수 인수 a와 b를 갖는다.

② 2-4행

중괄호를 이용한 Add() 함수의 몸체이다. 3행은 수식 a + b의 결과를 Add() 함수의 값으로 반환한다.

③ 함수 정의만으로는 함수가 실행되지 않는다. 함수 이름으로 호출해야 한다.

3.2 함수 호출

정의된 함수를 실행하려면 적절한 인수와 함께 함수 이름으로 호출(call)해야 한다. 호출된 함수의 반환 값을 저장하려면 = 연산자를 사용한 대입문을 이용한다. 컴파일러가 프로그램을 컴파일 할 때 프로그램의 위에서 아래로 수행하기 때문에 함수 정의가 함수 호출 이전에 있어야 한다.

[예제 6.2] Add() 함수 호출

```
01:  #include <stdio.h>
02:  int Add(int a, int b)
03:  {
04:       return a + b;
05:  }
06:  int main()
07:  {
08:       int sum;
09:
10:       sum = Add(1, 2);
11:       printf("Add(%d, %d) = %d\n", 1, 2, sum);
12:
13:       sum = Add(10, 20);
14:       printf("Add(%d, %d) = %d\n", 10, 20, sum);
15:       return 0;
16:  }
```

● 실행 결과

▌프로그램 설명

① 2-5행
두 정수 변수를 더하여 반환하는 함수 Add()를 정의한다.

② 6-16행
main() 함수를 정의한다. main() 함수는 사용자 프로그램의 진입점이다. 10행에서 Add(1, 2)에 의해 Add() 함수를 호출하면 인수에 a = 1, b = 2가 전달된다. 4행에서 a + b, 즉 3을 반환하면 10행에서 sum = 3이다. 11행의 printf() 함수로 sum을 출력하고, 13행에서 Add(10, 20)에 의해 Add() 함수를 호출하면 인수에 a = 10, b = 20이 전달된다. 4행에서 a + b, 즉 30을 반환하면 13행에서 sum = 30이다. 14행의 printf() 함수로 sum을 출력하고 15행에서 return 문을 만나면 프로그램은 종료한다.

3.3 함수 선언

함수 정의가 함수 호출 이후에 있는 경우에는 몸체를 제외한 함수 머리 부분을 함수 호출 이전에 선언해야 한다. 이러한 선언을 함수 원형(function prototype) 선언이라고 한다. 함수 원형 선언은 마지막에 세미콜론이 반드시 있어야 한다. 함수 원형은 반환형, 함수 이름, 인수 개수, 자료형 등 함수에 관한 정보를 컴파일러에 제공한다.

함수 원형에서 인수의 자료형만 있어도 컴파일러가 자료형 검사(type checking)를 수행하는 데 필요한 충분한 정보가 되므로, 함수 원형에는 변수 이름은 생략 가능하다. 일반적으로는 함수 정의를 먼저 작성하고, 함수 정의의 첫 번째 행인 함수 머리 부분을 복사하고, 마지막에 세미콜론을 추가하는 방법으로 함수 원형을 선언한다.

[예제 6.3] Add() 함수 원형 선언

```
01:    #include <stdio.h>
02:    /* int Add(int, int);  */
03:    int Add(int a, int b); /* 함수 원형 */
04:    int main()
05:    {
06:         int sum;
07:
08:         sum = Add(1, 2);
09:         printf("Add(%d, %d) = %d\n", 1, 2, sum);
10:
11:         sum = Add(10, 20);
12:         printf("Add(%d, %d) = %d\n", 10, 20, sum);
13:         return 0;
14:    }
15:    int Add(int a, int b)
16:    {
17:         return a + b;
18:    }
```

▌ 프로그램 설명

① 2-3행
Add() 함수 원형을 선언한다. Add() 함수 정의는 15-18행에 있는 반면, 함수 호출은 8행, 11행에 있으므로 함수 원형을 선언해야 한다.

② 실행 결과는 [예제 6.2]와 같다.

[예제 6.4] 두 변수에서 Min(), Max() 함수

```c
01:  #include <stdio.h>
02:  /* 함수 원형 */
03:  int Max(int a, int b);
04:  int Min(int a, int b);
05:  int main()
06:  {
07:      int a = 1, b = 2;
08:      printf("max(%d, %d) = %d\n", a, b, Max(a, b));
09:      printf("min(%d, %d) = %d\n", a, b, Min(a, b));
10:      return 0;
11:  }
12:  int Min(int a, int b)
13:  {
14:  /*
15:      if (a > b)
16:          return b;
17:      else
18:          return a;
19:  */
20:      return a > b ? b : a;
21:  }
22:  int Max(int a, int b)
23:  {
24:      return a > b ? a : b;
25:  }
```

● 실행 결과

▌프로그램 설명

① 3-4행

Min(), Max() 함수 원형을 선언한다.

② 8-9행

Max(a, b), Min(a, b)을 호출하여 두 변수 중에서 큰 값과 작은 값을 계산한다.

③ 12-21행

Min() 함수를 정의한다. return a > b ? b : a에 의해 작은 값을 반환한다.

④ 22-25행

Max() 함수를 정의한다. return a > b ? a : b에 의해 두 변수에서 큰 값을 반환한다.

[예제 6.5] 1에서 n까지 더하는 Sum() 함수

```
01:   #include <stdio.h>
02:   int Sum(int n); /* 함수 원형 */
03:   int main()
04:   {
05:       printf("Sum(5) = %d\n", Sum(5));
06:       printf("Sum(10) = %d\n", Sum(10));
07:       return 0;
08:   }
09:   int Sum(int n)
10:   {
11:       int i, s = 0;
12:       for(i = 1; i <= n; i++)
13:                s += i;
14:       return s;
15:   }
```

● 실행 결과

프로그램 설명

① 2행
Sum() 함수 원형을 선언한다.

② 5-6행
Sum(5), Sum(10)을 호출하여 5까지의 합계 15와 10까지의 합계 55를 계산한다.

③ 9-15행
정수 n까지의 합계를 계산하는 Sum() 함수를 정의한다. 합계를 위한 변수 s = 0으로 초기화가 필요하다.

04 인수 전달

함수 호출에서 전달하는 매개변수를 실인수(actual argument)라 하고, 함수 정의의 인수를 형식인수(formal argument)라고 한다. 실인수는 상수일 수도 있지만, 형식인수는 반드시 변수여야 한다.

C 언어의 함수에서 실인수와 형식인수 사이의 전달 방법은 값에 의한 인수 전달(call by value)과 주소에 의한 인수 전달(call by reference/address)이 있다.

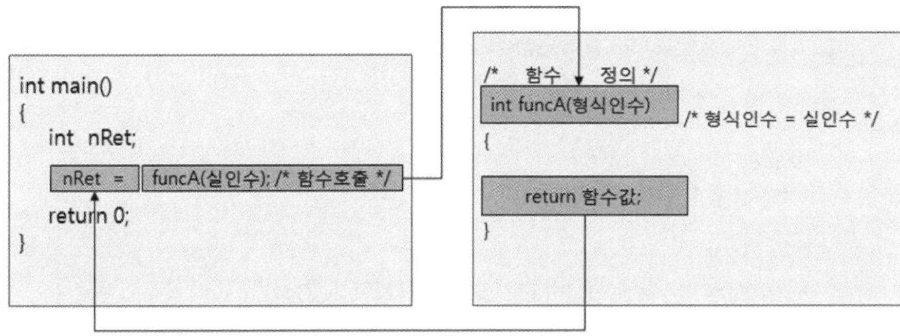

[그림 6.3] 실인수와 형식인수

4.1 값에 의한 인수 전달

값에 의한 인수 전달(call by value)은 실인수와 형식인수가 독립된 기억장소를 차지하므로, 이름이 같더라도 서로 다른 변수이다. 함수가 호출되면 [그림 6.3]과 같이 실인수의 값이 형식인수의 값으로 각각 차례로 복사된다. 즉, 함수를 호출할 때 "형식인수 = 실인수"의 지정문이 있는 것과 같다. 그러므로 형식인수는 반드시 상수가 아닌 변수여야 하며, 실인수는 상수와 변수 모두 가능하다.

[예제 6.6] 값에 의한 인수 전달

```
01:  #include <stdio.h>
02:  void funcA(int a);
03:  int main()
04:  {
05:      int a = 10;
06:
07:      printf("&a = %p in main\n", &a);
08:      funcA(a);
09:
10:      printf("After return from funcA, a = %d in main\n", a);
11:      return 0;
12:  }
13:  void funcA(int a)    /* int a = a; */
14:  {
15:      printf("&a = %p in funcA\n", &a);
16:      a = 20;
17:  }
```

● 실행 결과

```
C:\Windows\system32\cmd.exe
&a = 002AFD14 in main
&a = 002AFC40 in funcA
After return from funcA, a = 10 in main
```

▋ 프로그램 설명

① 2행

funcA() 함수 원형을 선언한다.

② 3-12행

5행은 정수 변수 a를 선언하고 10으로 초기화한다. 7행은 main() 함수의 변수 a의 주소(&a)를
출력한다. 8행의 funcA(a)로 함수를 호출하면, 실인수와 형식인수 사이는 "int a = a"에 의해
main() 함수의 변수 a의 값을 13행의 funcA() 함수의 형식인수 a에 복사한다.

③ 13-17행

funcA() 함수를 정의한다. funcA() 함수는 반환형이 void로 반환 값이 없다. 15행은 형식인수
a의 주소(&a)를 출력한다. 7행의 주소와 15행의 주소는 다른 주소를 출력한다. 즉, main() 함
수와 funcA() 함수의 형식인수의 변수 a는 이름은 같지만 서로 다른 변수이다. 16행에서 변수
a의 값을 20으로 변경하고 main() 함수로 돌아가도 10행의 값은 변경되지 않고 a = 10으로 출
력된다.

4.2 주소에 의한 인수 전달

주소에 의한 인수 전달(call by reference/address)은 호출받은 함수에서 변경한 내용
이 호출한 함수에 영향을 주게 할 때 사용하며, 호출하는 함수에서 실인수로 주소를 전달
하고, 호출받는 함수의 형식인수에서 포인터로 받는 방법이다. 즉, 호출하는 부분에서는
주소를 전달하고, 호출을 받는 부분에서는 포인터를 사용한다. 주소에 의한 인수 전달에
서 실인수와 형식인수는 동일한 주소를 가리키는 별칭(alias)이 된다.

[예제 6.7] 주소에 의한 인수 전달

```
01:  #include <stdio.h>
02:  void funcA(int *a);
03:  int main()
04:  {
05:      int a = 10;
06:
07:      printf("&a = %p in main\n", &a);
08:      funcA(&a);
09:
10:      printf("After return from funcA, a = %d in main\n", a);
11:      return 0;
12:  }
13:  void funcA(int *pA)  /* int *pA = &a */
```

```
14:  {
15:       printf("pA = %p in funcA\n", pA);
16:       *pA = 20;
17:  }
```

● 실행 결과

프로그램 설명

① 2행
funcA() 함수 원형을 선언한다.

② 3-12행
5행은 정수 변수 a를 선언하고 10으로 초기화한다. 7행은 main() 함수의 변수 a의 주소(&a)는 0035FE58를 출력한다. 8행의 funcA(&a)로 함수를 호출하면, main() 함수의 변수 a의 주소 (&a)를 13행의 funcA() 함수의 형식인수인 포인터 pA로 복사한다.

③ 13-17행
funcA() 함수를 정의한다. funcA() 함수의 형식인수는 주소를 받을 수 있는 포인터 변수 int *pA로 선언한다. 8행의 실인수와 13행의 형식인수 사이는 지정문(int *pA = &a)이 있는 것과 같다. 15행은 형식 인수 포인터 pA의 저장된 주소는 0035FE58로, 7행의 변수 a의 주소와 같다. 16행에서 *pA = 20으로 값을 변경하면, main() 함수의 변수 a의 값이 변경되어 10행에서 a = 20을 출력한다.

[예제 6.8] 두 변수의 값을 교환하는 swap() 함수

```
01:  #include <stdio.h>
02:  void swap(int *pA, int *pB);
03:
04:  int main()
05:  {
06:       int a = 10, b = 20;
07:       swap(&a, &b);
08:       printf("a = %d, b = %d\n", a, b);
09:       return 0;
10:  }
11:
12:  void swap(int *pA, int *pB) /* int *pA = &a;  int *pB = &b; */
13:  {
14:       int temp;
15:       temp = *pA;
16:       *pA = *pB;
```

```
17:         *pB = temp;
18:  }
```

● 실행 결과

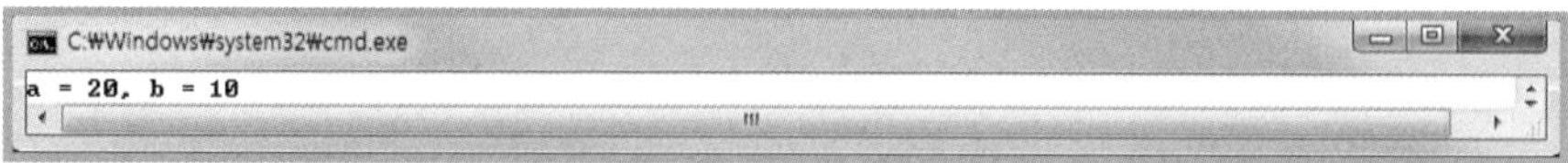

프로그램 설명

① 2행
swap() 함수 원형을 선언한다.

② 4-10행
7행은 swap(&a, &b)로 함수를 호출하면, main() 함수의 변수 a의 주소(&a)와 b의 주소(&b)를 12행의 swap() 함수의 형식인수인 포인터 pA, pB로 각각 복사한다. 8행은 swap() 함수에 의해 교환된 값 a = 20, b = 10을 출력한다.

③ 12-18행
두 변수의 값을 교환하는 swap() 함수를 정의한다. 7행의 실인수와 12행의 형식인수 사이에는 지정문(int *pA = &a, int *pB = &b)에 의해 [그림 6.4]와 같이 포인터 pA가 변수 a를 가리키고, 포인터 pB는 변수 b를 가리킨다. swap() 함수에서 포인터가 가리키는 곳의 값을 *pA, *pB를 변경하면 main() 함수의 변수 a, b의 값이 변경된다. [그림 6.4]는 일반 변수, 포인터 변수의 메모리를 간단히 표시하였다. 두 변수의 값을 교환하기 위해서는 *pA의 값을 temp 변수에 저장하고, *pA = *pB를 수행하고, *pB = temp에 의해 [그림 6.5]와 같이 교환된다.

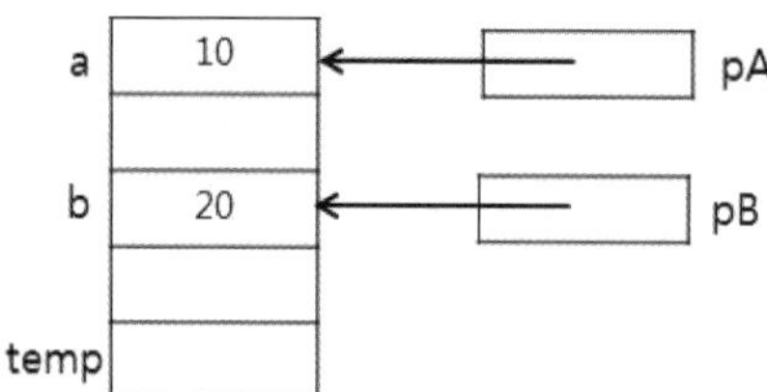

[그림 6.4] swap(&a, &b) 호출에 의한 인수전달

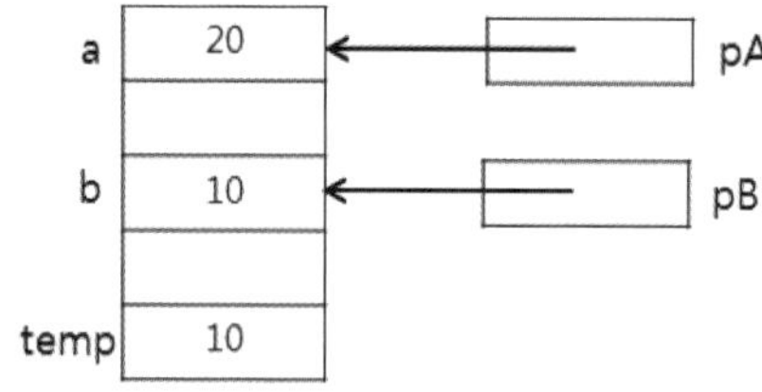

[그림 6.5] swap()에 의한 변수 a와 b의 값 교환

4.3 함수 호출 규약

함수 호출에서 호출하는 쪽(caller)과 호출을 받는 쪽(callee) 사이의 약속을 함수 호출 규약(calling convention)이라 한다. 호출규약은 __cdecl, __stdcall, __fastcall 등이 있다(밑줄이 2개이다). 함수 호출에서 인수 전달과 복귀주소(return address)를 저장하기 위하여 스택(stack) 자료구조를 이용한다. 스택의 연산은 스택에 데이터를 넣는 푸시(push) 연산과 스택에서 데이터를 꺼내는 팝(pop) 연산이 있다.

컴파일러는 프로그램을 컴파일 할 때 함수 이름을 변경하여 사용한다. 변경된 이름은 함수 이름, 함수 인수의 자료형, 호출 규약, 반환형 등의 정보를 포함한다. 이것을 이름 장식(name decoration 또는 name mangling)이라 한다. [표 6.1]은 함수의 주요 호출 규약을 설명한다. 매개 변수를 스택에 넣는 순서는 오른쪽에서 왼쪽의 순서로 넣는다.

표 6.1 호출 규약

호출규약	설명
__cdecl	C/C++의 기본 호출규약 함수를 호출하는 쪽에서 스택 정리(실행 코드 크기가 큼) 가변인수 지원 이름 장식: 함수 이름 앞에 밑줄 추가(예, _funcA)
__stdcall	Windows API 기본 호출 규약 함수를 호출받는 쪽에서 스택 정리(실행 코드 크기가 작음) 가변인수 지원하지 않음 이름 장식: 함수 이름 앞에 밑줄 추가하고, @ 뒤에 인수의 바이트 수를 추가 (예, _funcB@8)
__fastcall	en 인수는 레지스터(ECX, EDX)로 전달하고, 나머지는 __stdcall과 같음 이름 장식: 함수 이름 앞, 뒤에 @추가하고, 인수의 바이트 수를 추가 (예, @funcC@8)

[예제 6.9] 함수 호출 규약(__cdecl, __stdcall, __fastcall)

```
01:  #include <stdio.h>
02:  /* 함수 원형 */
03:  int __cdecl funcA(int a, int b);
04:  int __stdcall funcB(int a, int b);
05:  int __fastcall funcC(int a, int b);
06:
07:  int main()
08:  {
09:      int nRet;
10:
11:      nRet = funcA(1, 2);
12:      printf("nRet = %d\n", nRet);
13:
```

```
14:        nRet = funcB(1, 2);
15:        printf("nRet = %d\n", nRet);
16:
17:        nRet = funcC(1, 2);
18:        printf("nRet = %d\n", nRet);
19:        return 0;
20: }
21:
22: /* int funcA(int a, int b) */
23: int __cdecl funcA(int a, int b)
24: {
25:        return a + b;
26: }
27: int __stdcall funcB(int a, int b)
28: {
29:        return a + b;
30: }
31: int __fastcall funcC(int a, int b)
32: {
33:        return a + b;
34: }
```

● 실행 결과

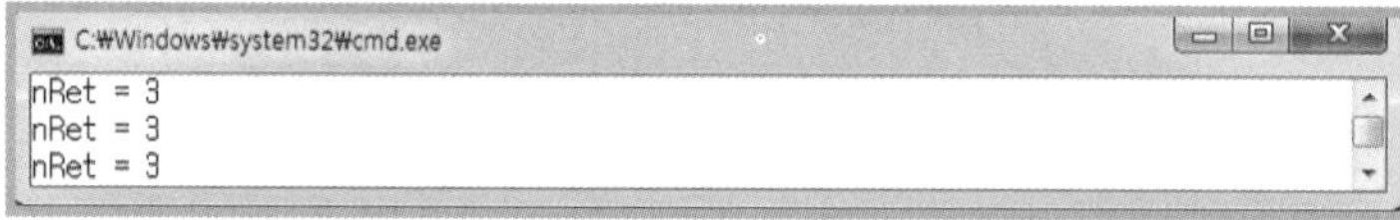

▌프로그램 설명

① 3~5행
호출 규약을 포함하여 funcA(), funcB(), funcC() 함수 원형을 선언한다.

② funcA(), funcB(), funcC() 함수는 모두 인수(a, b)의 합을 반환한다. 예제에서 이들 함수
는 별 차이가 없다. 자세한 사항은 중단점을 설정하고 [디버그]-[창]-[디스 어셈블리 Alt-8]을
선택하여 나타나는 어셈블리 코드를 보면 알 수 있다. 여기서는 어셈블리 코드에 대한 설명은
생략한다.

[예제 6.10] 인수 전달 순서

```
01: #include <stdio.h>
02: /* 함수 원형 */
03: int Add(int m, int n);
04: int main()
05: {
06:        int a, b, c, d, e;
07:        int n1, n2, n3, n4, n5;
```

```
08:
09:        a = b = c = d = e = 10;
10:        n1 = Add(a, a++);
11:        printf("n1 = %d\n", n1);
12:
13:        n2 = Add(b++, b);
14:        printf("n2 = %d\n", n2);
15:
16:        n3 = Add(++c, c);
17:        printf("n3 = %d\n", n3);
18:
19:        n4 = Add(d++, ++d);
20:        printf("n4 = %d\n", n4);
21:
22:        n5 = Add(++e, e++);
23:        printf("n5 = %d\n", n5);
24:        return 0;
25: }
26: int Add(int m, int n)
27: {
28:        return m + n;
29: }
```

● 실행 결과

프로그램 설명

① 9행

변수 a, b, c, d, e에 모두 10을 저장한다.

② 10행

함수 호출에서 인수는 스택에 오른쪽에서부터 왼쪽으로 넣는다. Add(a, a++) 함수 호출에서 26행의 형식인수 m = 11, n= 10이 전달된다.

③ 13행

Add(b++, b) 함수 호출에서 26행의 형식인수 m = 10, n = 11이 전달된다. b가 n에 전달되고, b++가 m에 전달되면 m = 10, n = 10일 것 같지만, 증감연산자(b++)에 의해 b 값이 영향을 받아 n = 11이 전달된다.

④ 16행

Add(++c, c) 함수 호출에서 26행의 형식인수 m = 11, n = 11이 전달된다. ++c에 의해 m = 11이 전달되고, 이 값에 영향을 받아 n = 11이 전달된다.

⑤ 19행

Add(d++, ++d) 함수 호출에서 26행의 형식인수 m = 11, n = 12가 전달된다. ++d에 d = 11이 되고, d++에 의해 m = 11이 전달되고, 이 값에 영향을 받아 n = 12가 전달된다.

⑥ 22행

Add(++e, e++) 함수 호출에서 26행의 형식인수 m = 12, n = 10이 전달된다. e++에 의해 n = 10이 전달되고 e = 11, ++e에 의해 m = 12가 전달된다.

⑦ 예제에서와 같이 인수로 증감연산자를 사용할 경우, 컴파일러에 따라 결과가 다를 수 있음에 주의한다.

05 배열과 포인터 변수의 인수 전달

5.1 배열의 인수 전달

배열의 이름은 배열에 할당된 메모리의 시작 바이트의 상수 주소이므로, 함수를 호출할 때 실인수로 주소를 넘겨주고, 함수 정의 부분의 형식인수로 배열 또는 포인터로 받으면 주소에 의한 함수 호출(call by reference)이 된다. 그러므로 호출 받은 함수에서 배열요소의 값을 변경하면 호출한 함수의 배열 요소의 값이 변경된다.

[예제 6.11] 1차원 배열의 인수 전달

```
01:  #include <stdio.h>
02:  #define N  5
03:  /* 함수 원형 */
04:  void InitArray(int arr[], int n, int nValue);
05:
06:  int main()
07:  {
08:      int nDataArr[N];
09:      int i;
10:
11:      InitArray(nDataArr, N, 10);
12:      for(i = 0; i < N; i++)
13:          printf("nDataArr[%d] = %d\n", i, nDataArr[i]);
14:      return 0;
15:  }
16:  /* void InitArray(int arr[N], int n, int nValue) */
17:  /* void InitArray(int *arr, int n, int nValue)   */
```

```
18:   void InitArray(int arr[], int n, int nValue)
19:   {
20:       int i;
21:       for(i = 0; i < n; i++)
22:           arr[i] = nValue;
23:   }
```

● 실행 결과

▌ 프로그램 설명

① 11행

InitArray(nDataArr, N, 10) 함수 호출로 배열 nDataArr의 모든 요소를 10으로 저장한다. 배열 이름 nDataArr은 배열에 할당된 메모리의 시작 바이트의 상수 주소이다.

② 16-18행

함수 정의에서 실인수에서 전달하는 배열을 받을 형식인수 배열은 배열의 크기를 지정하거나 (int arr[N]), 크기를 생략하거나(int arr[]), 포인터(int *arr)로 선언할 수 있다.

③ 21-22행

InitArray() 함수에서 arr[i] = nValue에 의해 배열 요소값을 변경하고, main() 함수로 돌아가서 12-13행에서 배열 요소 값을 출력하면 변경된 값이 출력된다.

[예제 6.12] 1차원 배열의 최소값 계산

```
01:   #include <stdio.h>
02:   int minimum(int data[], int n);        /* 함수 원형 */
03:
04:   int main()
05:   {
06:       int engScore[] = { 70, 80, 60, 90, 100 };
07:       int mathScore[] = { 80, 70, 60, 50 };
08:       int minEng, minMath;
09:
10:       minEng = minimum(engScore, 5);
11:       minMath = minimum(mathScore, 4);
12:       printf("minEng = %d, minMath = %d\n", minEng, minMath);
13:
14:       return 0;
15:   }
16:
17:   int minimum(int data[], int n)
18:   {
```

```
19:        int i, min;
20:        min = data[0];
21:        for(i = 1; i < n; i++)
22:        {
23:            if (min > data[i])
24:                min = data[i];
25:        }
26:        return min;
27: }
```

● 실행 결과

■ 프로그램 설명

① 6~7행
배열 engScore와 mathScore를 선언하고, 초기화한다.

② 10~11행
minimum() 함수로 1차원 배열 engScore, mathScore의 최소값을 계산하여 minEng, minMath에 각각 저장한다.

③ 17~27행
배열의 크기가 n인 정수 배열 data에서 최소값을 계산하여 반환하는 mininum() 함수를 정의한다.

[예제 6.13] 2차원 배열의 인수 전달

```
01:  #include <stdio.h>
02:  #define Y 2
03:  #define X 3
04:  int minimum(int data[][X], int n, int m); /* 함수 원형 */
05:
06:  int main()
07:  {
08:        int engScore[Y][X] = { 70, 80, 60, 90, 50, 100 };
09:        int mathScore[Y][X] = { 90, 40, 80, 70, 60, 100 };
10:        int minEng, minMath;
11:
12:        minEng = minimum(engScore, Y, X);
13:        minMath = minimum(mathScore, Y, X);
14:
15:        printf("minEng = %d, minMath = %d\n", minEng, minMath);
16:        return 0;
17:  }
18:
19:  /* int minimum(int data[Y][X], int n, int m) */
```

```
20:   int minimum(int data[][X], int n, int m)
21:   {
22:         int min;
23:         int i, j;
24:
25:         min = data[0][0];
26:         for(i = 0; i < n; i++)
27:             for(j = 0; j < m; j++)
28:             {
29:                     if (min > data[i][j])
30:                         min = data[i][j];
31:             }
32:         return min;
33:   }
```

● 실행 결과

▌프로그램 설명

① 12-13행

minimum() 함수로 2차원 배열 engScore, mathScore의 최소값을 계산하여 minEng, minMath에 각각 저장한다.

② 19-33행

minimum() 함수는 2차원 배열 data의 최소값을 반환한다. 함수 정의에서 실인수에서 전달하는 2차원 배열을 받을 형식인수 배열은 배열의 크기를 지정하거나(int data[Y][X]), 행 크기를 생략하거나(int data[][X])로 선언할 수 있다. 열 크기는 생략할 수 없다.

[예제 6.14] 포인터를 이용한 2차원 배열의 인수 전달

```
01:   #include <stdio.h>
02:   #define Y 2
03:   #define X 3
04:   int minimum(int *data, int n, int m);      /* 함수 원형 */
05:   int main()
06:   {
07:         int engScore[Y][X] = { 70, 80, 60, 90, 50, 100 };
08:         int mathScore[Y][X] = { 90, 40, 80, 70, 60, 100 };
09:         int minEng, minMath;
10:
11:         minEng = minimum(engScore, Y, X);
12:   /*    minEng  = minimum(&engScore[0][0], Y, X); */
13:
14:         minMath = minimum(mathScore, Y, X);
```

```
15:    /*    minMath = minimum(&mathScore[0][0], Y, X);  */
16:
17:        printf("minEng = %d, minMath = %d\n", minEng, minMath);
18:        return 0;
19:  }
20:
21:  int minimum(int *data, int n, int m)
22:  {
23:        int i, min;
24:
25:        min = data[0];
26:        for(i = 1; i < m * n; i++)
27:        {
28:            if (min > data[i])
29:                min = data[i];
30:        }
31:        return min;
32:  }
```

▌ 프로그램 설명

① 11-15행
minimum() 함수로 2차원 배열 engScore, mathScore의 최소값을 계산하여 변수 minEng,
minMath에 각각 저장한다. 실인수에 배열 이름(engScore, mathScore) 또는 첫 번째 요소
의 주소(&engScore[0][0], &mathScore[0][0])를 준다. 11행과 14행의 실인수 배열과 21행의
포인 형식 매개변수 사이의 자료형이 다르다는 경고가 발생하지만 문제없이 동작한다.

② 21-32행
형식인수를 주소를 받을 수 있는 포인터(int *data) 변수로 선언한다. 2차원 배열도 메모리가
연속으로 할당되므로 포인터를 이용하여 1차원 배열과 같이 접근할 수 있다.

③ 결과는 [예제 6.12]와 같다.

5.2 포인터의 인수 전달

배열을 포인터로 받을 수 있으며, 실인수에서 포인터를 사용하고, 형식인수에서 포인터
로 받을 수 있다. 이때 포인터의 메모리 할당 관련 사항을 설명한다.

[예제 6.15] 포인터 변수의 인수 전달 1

```
01:  #include<stdio.h>
02:  #include <malloc.h>
03:  void SetInt(int *p, int key);
04:
05:  int main()
06:  {
07:      int *pt = NULL;
08:      pt = (int *)malloc(sizeof(int));
09:      SetInt(pt, 10);
10:      printf("%d\n", *pt);
11:      free(pt);
12:      return 0;
13:  }
14:  void SetInt(int *p, int key) /* int *p = pt; int key = 10; */
15:  {
16:      *p = key;
17:  }
```

● 실행 결과

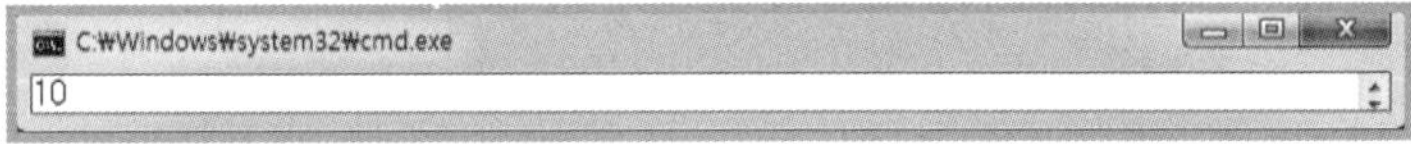

▌프로그램 설명

① 7행
정수 포인터 변수 pt를 선언하고, NULL로 초기화한다.

② 8행
malloc() 함수로 sizeof(int) = 4 바이트를 할당하고 시작 주소를 (int *)형으로 캐스팅하여 정수 포인터 변수 pt에 저장한다.

③ 9행
SetInt(pt, 10) 함수 호출은 [그림 6.6]과 같이 실인수(pt, 10)를 14행의 형식인수에 복사한다.

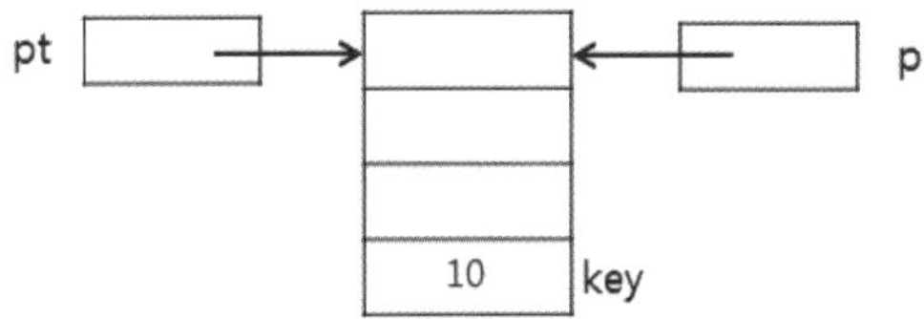

[그림 6.6] SetInt(pt, 10)

④ 14~17행
SetInt() 함수를 정의한다. 9행의 실인수와 14행의 형식인수 사이의 관계는 [그림 6.6]과 같다. 실인수와 형식인수 사이에 지정문(int *p = pt, int key = 10)이 있는 것과 같다. 16행의 *p = key는 [그림 6.7]과 같이 key의 값 10을 p가 가리키는 주소의 값(*p)으로 저장한다.

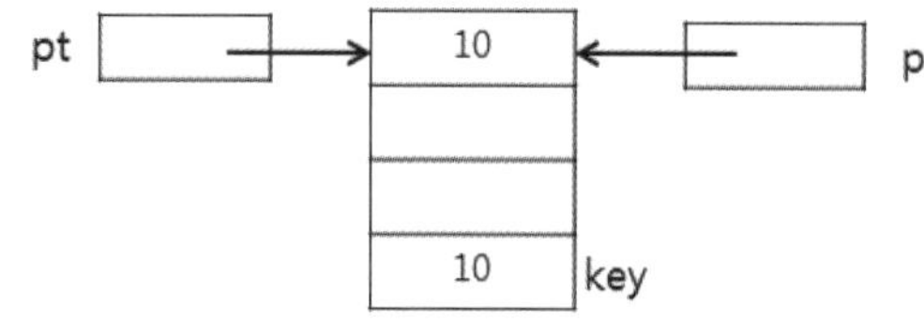

[그림 6.7] *p = key

⑤ 10행

main() 함수로 리턴하고, 10행의 *pt는 SetInt() 함수에서 포인터 p에 의해 저장된 10을 올바르게 출력한다.

⑥ 11행

8행에서 malloc() 함수로 할당한 메모리를 free() 함수로 해제한다. malloc() 함수로 실행시간에 동적으로 할당한 메모리를 해제하는 책임은 사용자에게 있다.

⑦ [그림 6.6]과 [그림 6.7]은 일반 변수, 포인터 변수의 메모리를 간단히 표시하였다.

[예제 6.16] 포인터 변수의 인수 전달 2

```
01:    #include<stdio.h>
02:    #include <malloc.h>
03:    void SetInt(int *p, int key);
04:
05:    int main()
06:    {
07:        int *pt = NULL;
08: /*     pt = (int *)malloc(sizeof(int)); */
09:        SetInt(pt, 10);
10:        printf("%d\n", *pt);
11:        return 0;
12:    }
13:    void SetInt(int *p, int key) /* int *p = pt; int key = 10; */
14:    {
15:        *p = key;
16:    }
```

▌프로그램 설명

① 8행

8행을 주석 처리하면 포인터 변수 pt = NULL이다. 즉, pt가 할당된 메모리를 가리키지 않게 된다.

② 9행

SetInt(pt, 10) 함수 호출은 [그림 6.8]과 같이 실인수(pt, 10)를 13행의 형식인수에 복사한다. pt가 NULL이므로, int *p = NULL이다.

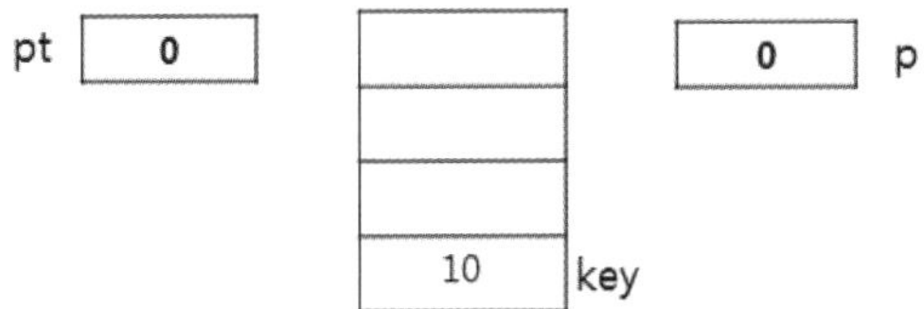

[그림 6.8] SetInt(pt, 10)

③ 13~16행

SetInt() 함수를 정의한다. 15행의 *p = key에 의해 key의 값 10을 p가 가리키는 주소의 값
(*p)으로 저장하면 p = NUUL이므로 실행시간 오류가 발생한다.

[예제 6.17] 포인터 변수의 인수 전달 3

```
01:  #include<stdio.h>
02:  #include <malloc.h>
03:  void SetInt(int *p, int key);
04:
05:  int main()
06:  {
07:       int *pt = NULL;
08:       SetInt(pt, 10);
09:       printf("%d\n", *pt);
10:       return 0;
11:  }
12:  void SetInt(int *p, int key)
13:  {
14:       p = (int *)malloc(sizeof(int));
15:       *p = key;
16:  }
```

프로그램 설명

① 8행

SetInt(pt, 10) 함수 호출은 [그림 6.8]과 같이 p = NULL이다.

② 14행

malloc() 함수로 sizeof(int) = 4 바이트를 할당하고 시작 주소를 (int *)형으로 캐스팅하여 정
수 포인터 변수 p에 저장하면 [그림 6.9]와 같다.

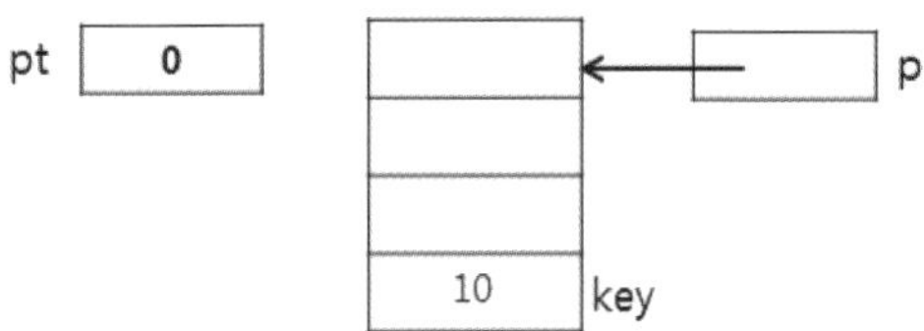

[그림 6.9] p = (int *)malloc(sizeof(int))

③ 15행

*p = key에 의해 key의 값 10을 p가 가리키는 주소의 값(*p)으로 저장하면 [그림 6.10]과 같다.

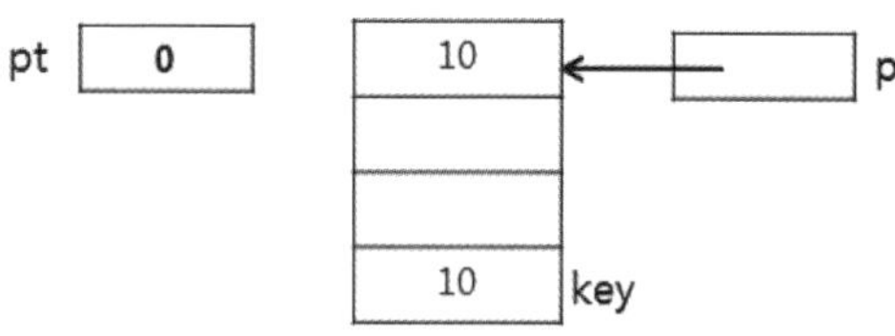

[그림 6.10] *p = key

④ SetInt() 함수의 실행이 끝나고 main() 함수의 9행을 실행하면 pt = NUUL이기 때문에 *pt에 의해 실행시간 오류가 발생한다.

⑤ main() 함수에서 포인터 pt를 사용하여 14행에서 malloc() 함수로 할당한 메모리를 해제할 방법이 없다.

[예제 6.18] 포인터 변수의 인수 전달 4(이중 포인터 사용)

```
01:   #include<stdio.h>
02:   #include <malloc.h>
03:   void SetInt(int **p, int key);
04:
05:   int main()
06:   {
07:       int *pt = NULL;
08:       SetInt(&pt, 10);
09:       printf("%d\n", *pt);
10:       free(pt);
11:       return 0;
12:   }
13:   void SetInt(int **p, int key) /*  int **p = &pt */
14:   {
15:       *p = (int *)malloc(sizeof(int));
16:       **p = key;
17:   }
```

● 실행 결과

▌프로그램 설명

① 8행

SetInt(&pt, 10)는 실인수로 포인터 변수 자신의 주소(&pt)를 전달하여 함수를 호출한다.

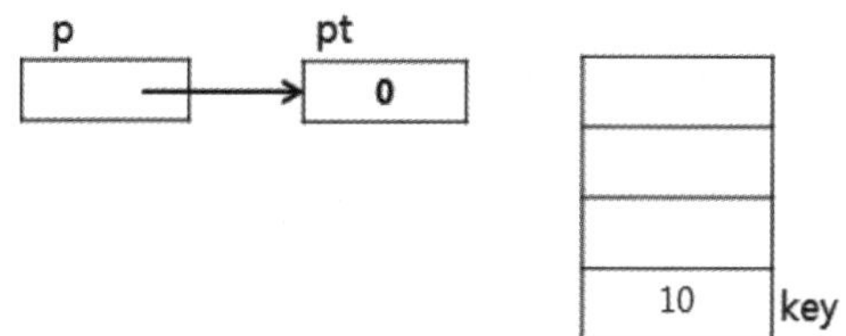

[그림 6.11] SetInt(&pt, 10)

② 12−16행

SetInt() 함수를 정의한다. 8행의 실인수와 형식인수 사이의 관계는 [그림 6.11]과 같다. 실인수로 포인터 변수 자신의 주소(&pt)를 받기 위하여 형식인수를 int **p의 이중 포인터로 선언한다. 14행은 malloc() 함수로 sizeof(int) = 4 바이트를 할당하고 시작 주소를 (int *)형으로 캐스팅하여 이중 포인터 변수의 값 *p에 저장하고, 15행에서 **p에 10을 저장하면 [그림 6.12]와 같다.

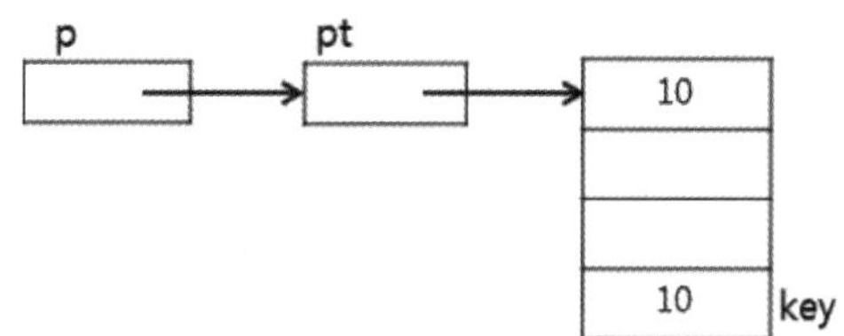

[그림 6.12] *p = (int *)malloc(sizeof(int));　**p = key;

③ 9행

*pt는 SetInt() 함수에서 이중 포인터 p를 사용하여 저장한 10을 올바르게 출력한다.

④ 10행

15행에서 malloc() 함수로 할당한 메모리를 free() 함수로 해제한다. malloc() 함수로 실행시간에 동적으로 할당한 메모리를 해제하는 책임은 사용자에게 있다.

5.3 함수 포인터

C 언어에서 함수 이름은 주소이다. 따라서 함수 이름을 포인터 변수에 저장할 수 있다. 이러한 포인터를 함수 포인터(function pointer)라 한다. 함수 포인터를 사용하여 함수를 호출할 수 있으며, 함수를 인수로 전달할 수 있다. 함수 포인터는 함수의 반환형과 인수의 자료형을 함께 선언한다.

- **함수 포인터**

  ① int (*func) (int, int);

  　func는 반환형이 int이고, 정수형 인수 두 개를 받는 함수의 포인터이다.

  ② typedef int (*FUNC) (int, int);

  　typedef 문을 사용하여 함수 포인터를 FUNC로 정의한다.

③ FUNC f;

FUNC를 함수 포인터 자료형으로 사용할 수 있다. f(10, 20)과 같이 호출할 수 있다.

[예제 6.19] 함수 포인터를 이용한 함수 호출

```
01:  #include <stdio.h>
02:  /* 함수 원형 */
03:  int minInt(int x, int y);
04:  int maxInt(int x, int y);
05:
06:  int main()
07:  {
08:  /*    int (*func)(int x, int y); */
09:        int(*func)(int, int);      /* 함수 포인터 */
10:        int min, max;
11:
12:        func = minInt;
13:        min = func(10, 20);
14:        printf("min = %d\n", min);
15:
16:        func = maxInt;
17:        max = func(10, 20);
18:        printf("max = %d\n", max);
19:        return 0;
20:  }
21:  int minInt(int x, int y)
22:  {
23:        return (x < y) ? x : y;
24:  }
25:  int maxInt(int x, int y)
26:  {
27:        return (x < y) ? y : x;
28:  }
```

● 실행 결과

▌프로그램 설명

① 8-9행

반환값이 정수이고, 인수로 정수 2개를 받는 함수의 함수 포인터 func를 선언한다. 인수는 자료형만 있으면 된다.

② 12-14행

12행은 함수 이름 minInt를 함수 포인터 func에 저장한다. 13행에서 func(10, 20)은 minInt(10, 20)의 함수 호출과 같다. min = 10이다.

③ 16-18행

16행은 함수 이름 maxInt를 함수 포인터 func에 저장한다. 17행에서 func(10, 20)은 maxInt(10, 20)의 함수 호출과 같다. max = 20이다.

④ 21-24행

두 변수 x, y 중에서 작은 값을 반환하는 minInt() 함수를 정의한다.

⑤ 25-28행

두 변수 x, y 중에서 큰 값을 반환하는 maxInt() 함수를 정의한다.

[예제 6.20] 함수를 인수로 전달

```c
01:   #include <stdio.h>
02:   typedef int(*FUNC)(int, int);
03:
04:   /* 함수 원형 */
05:   int minInt(int x, int y);
06:   int maxInt(int x, int y);
07:   /* int testFunc(int(*f)(int, int), int a, int b); */
08:   int testFunc(FUNC, int, int);
09:
10:   int main()
11:   {
12:       int min, max;
13:
14:       min = testFunc(minInt, 10, 20);
15:       max = testFunc(maxInt, 10, 20);
16:       printf("min = %d, max = %d\n", min, max);
17:       return 0;
18:   }
19:   /* int testFunc(int(*f)(int, int), int a, int b) */
20:   int testFunc(FUNC f, int a, int b)
21:   {
22:       return f(a, b);  /* return (*f)(a, b); */
23:   }
24:   int minInt(int x, int y)
25:   {
26:       return (x < y) ? x : y;
27:   }
28:   int maxInt(int x, int y)
29:   {
30:       return (x < y) ? y : x;
31:   }
```

● 실행 결과

▌프로그램 설명

① 2행

typedef 문을 사용하여 인수로 정수 2개를 받아서, 정수를 반환하는 함수 포인터를 FUNC로 정의한다.

② 7-8행

7행은 함수 포인터 f와 정수 2개를 인수로 받아 정수를 반환하는 testFunc 함수 원형을 선언한다. 8행은 2행에서 정의한 함수 포인터 자료형 FUNC를 사용하여 함수 포인터 인수를 사용하여 testFunc 함수 원형을 선언한다.

③ 14-15행

14행은 testFunc 함수의 실인수로 minInt 함수, 정수 10, 20을 전달한다. 15행은 testFunc 함수의 실인수로 maxInt 함수와 정수 10, 20을 전달한다.

④ 19-23행

testFunc 함수를 정의한다. 형식인수로 FUNC 자료형의 f와 정수 a, b를 받아, f(a, b)를 반환한다. (*f)(a, b)로 호출해도 같다.

⑤ 24-31행

두 변수의 값 중 작은 값을 반환하는 minInt() 함수와 큰 값을 반환하는 maxInt() 함수를 정의한다.

[예제 6.21] 함수 포인터 배열

```
01:   #include <stdio.h>
02:   typedef int(*FUNC)(int, int);
03:
04:   /* 함수 원형 */
05:   int minInt(int x, int y);
06:   int maxInt(int x, int y);
07:
08:   int main()
09:   {
10:       /* int(*funcArr[2])(int, int) = { NULL, NULL }; */
11:       FUNC funcArr[2] = { NULL, NULL };
12:       int min, max;
13:
14:       funcArr[0] = minInt;
15:       funcArr[1] = maxInt;
16:
17:       min = funcArr[0](10, 20);
18:       max = funcArr[1](10, 20);
19:       printf("min = %d, max = %d\n", min, max);
20:       return 0;
21:   }
22:   int minInt(int x, int y)
23:   {
24:       return (x < y) ? x : y;
```

```
25:  }
26:  int maxInt(int x, int y)
27:  {
28:      return (x < y) ? y : x;
29:  }
```

● 실행 결과

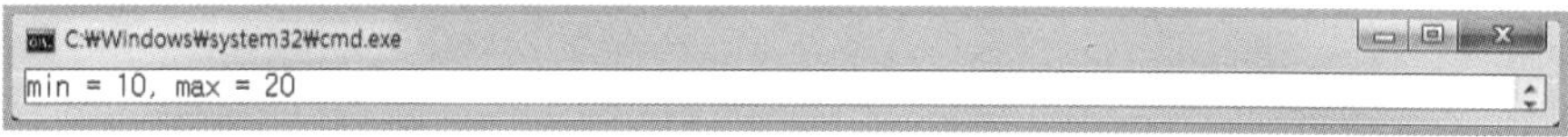

▌ 프로그램 설명

① 2행
typedef 문을 사용하여 인수로 정수 2개를 받아서, 정수를 반환하는 함수 포인터를 FUNC로
정의한다.

② 10-11행
2행에서 정의한 함수 포인터 자료형 FUNC를 사용하여 함수 포인터 배열 funcArr를 배열 크
기 2로 선언하고, NULL로 초기화한다. 이 예제에서는 함수 포인터를 초기화하지 않아도 된다.

③ 14-15행
함수 포인터 배열 funcArr[0]에 minInt를 저장하고, funcArr[1]에 maxInt를 저장한다.

④ 17-18행
funcArr[0](10, 20), funcArr[1](10, 20)로 minInt(), maxInt() 함수를 호출한다.

06 main() 함수의 인수 및 가변 인수

6.1 main() 함수의 argc, argv 인수

main() 함수는 argc, argv 인수를 가질 수 있다. argc, argv 인수에 의해 명령창에서 옵
션을 main 함수로 전달할 수 있다. 여기서 argc는 공백으로 구분되는 인수의 개수이며,
argv는 문자 포인터 배열이며 공백으로 구분되는 문자열을 저장한다. 인수 이름(argc,
argv)은 변경할 수 있지만 그대로 사용하는 것이 좋다.

[예제 6.22] main() 함수의 인수 argc, argv

```
01:   #include <stdio.h>
02:   int main(int argc, char *argv[])
03:   {
04:       int i;
05:       printf("argc = %d \n", argc);
06:       for(i = 0; i < argc; i++)
07:               printf("argv[%d] = %s\n", i, argv[i]);
08:       return 0;
09:   }
```

● 실행 결과

▌프로그램 설명

① 2행

main() 함수의 형식인수 argc는 명령 인수의 개수, argv는 각 인수의 이름이 문자열로 전달된다.

② 5-7행

명령 인수의 개수인 argc와 각 인수의 이름을 문자열인 argv를 출력한다.

③ 위의 실행 결과는 명령창에서 실행한 결과이고, [그림 6.13]과 같이 비주얼 스튜디오에서도 명령 인수를 설정할 수 있다. 비주얼 스튜디오의 [프로젝트]-[속성]-[디버깅]의 명령 인수 설정에서 명령 인수 "input.txt"와 "output.txt"를 설정하고 디버깅하면 argc = 3, argv[0]에는 실행 파일 이름, argv[1]은 "input.txt", argv[2]는 "output.txt"이다.

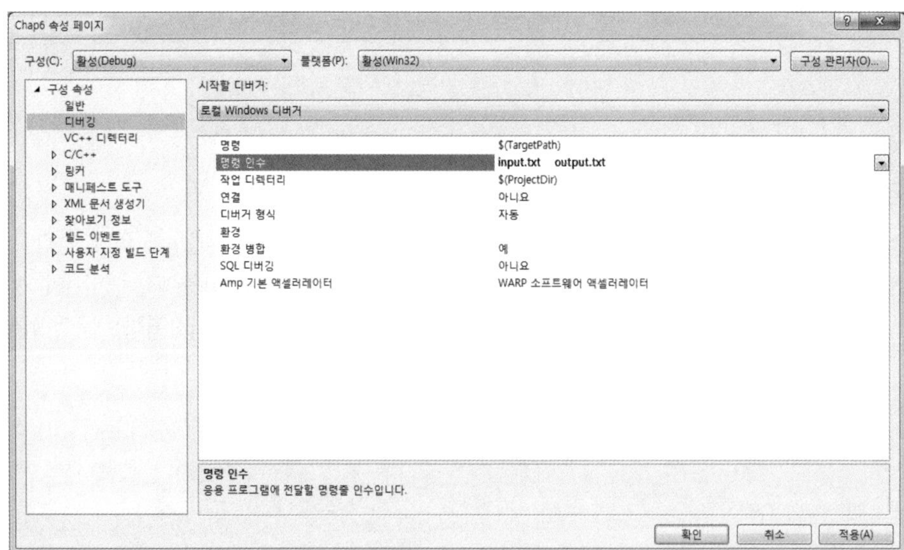

[그림 6.13] [프로젝트]-[속성]-[디버깅]의 명령 인수 설정

6.2 가변 인수

__cdecl 함수 호출 규약을 사용하면 함수의 인수 개수를 고정하지 않고 가변으로 할 수 있다. 가변 인수 함수는 스택의 포인터를 얻어 사용하며, 필요한 함수가 stdarg.h 파일에 정의되어 있다. 함수 정의에서 가변 인수는 고정 인수를 1개 이상 나열한 다음, 오른쪽에 생략 기호(...)를 사용하여 표시한다. _INTSIZEOF() 매크로로 함수를 사용하여 4의 배수로 크기를 계산한다. 그리고 가변 인수 함수를 호출할 때, 실인수에 나오는 char와 short int는 int형으로 변환되어 스택에 저장되고, float는 double형으로 변환되어 스택에 저장된다. 다음은 stdarg.h 파일에 정의된 va_list, va_start(), va_arg(), va_end() 함수에 관한 설명이다.

- **가변 인수**

  ① typedef char * va_list;
  va_list는 가변 인수를 가리키기 위한 문자 포인터 자료형이다. 가변 인수를 정의하는 함수 안에서 va_list ap와 같이 포인터 변수를 하나 선언한다.

  ② #define va_start (ap, v) (ap=(va_list)&v + _INTSIZEOF(v))
  마지막 고정 인수 v의 주소(&v)와 크기(_INTSIZEOF(v))를 계산하여, &v + _INTSIZEOF(v) 주소를 포인터 변수 ap에 저장한다.

  ③ #define va_arg(ap, t) (*(t*) ((ap +=_INTSIZEOF(t)) − _INTSIZEOF(t)))
  인수의 자료형 t에 맞게 값을 읽어오고, 포인터 ap를 증가시킨다.

  ④ #define va_end(ap) (ap = (va_list)0)
  포인터 ap를 NULL 포인터로 만든다.

[예제 6.23] 가변 인수 1(인수의 개수 고정)

```c
01:   #include <stdio.h>
02:   #include <stdarg.h>
03:   int varSum(int nArgCount, ...);     /* 함수 원형 */
04:
05:   int main()
06:   {
07:        int s1, s2;
08:
09:        s1 = varSum(2, 10, 20);
10:        s2 = varSum(3, 10, 20, 30);
11:        printf("s1 = %d, s2 = %d\n", s1, s2);
12:        return 0;
13:   }
14:   int varSum(int nArgCount, ...)
15:   {
```

```
16:        int i, sum = 0;
17:        va_list pArg;
18:
19:        va_start(pArg, nArgCount);
20:        for(i = 0; i < nArgCount; i++)
21:            sum += va_arg(pArg, int);
22:        va_end(pArg);
23:        return sum;
24: }
```

● 실행 결과

▌프로그램 설명

① 2-3행

2행은 <stdarg.h> 헤더 파일을 포함한다. 3행은 가변 인수 함수 varSum()의 함수 원형을 선언한다.

② 9-10행

9행의 varSum(2, 10, 20)에서 2는 varSum() 함수의 형식인수 nArgCount에 전달되어 가변 인수의 개수가 2개(10, 20)임을 나타낸다. 10행의 varSum(3, 10, 20, 30)에서 3은 varSum() 함수의 형식인수 nArgCount에 전달되어 가변 인수의 개수가 3개(10, 20, 30)임을 나타낸다.

③ 14-24행

고정된 인수의 개수를 받는 형식인수 nArgCount를 갖는 varSum() 함수를 정의한다. 17행은 va_list 자료형의 가변인수 포인터 pArg를 선언하고, 19행의 va_start(pArg, nArgCount)는 가변인수 포인터 pArg를 nArgCount의 주소(&nArgCount) + 4로 저장하여, 포인터 pArg가 첫 번째 가변인수의 주소를 저장하게 한다. 20-21행은 nArgCount 만큼 반복하면서 va_arg(pArg, int) 호출에 의해 int형의 데이터를 읽어서 sum에 덧셈한다. 22행의 va_end(pArg)는 포인터 pArg를 NULL로 만든다.

[예제 6.24] 가변 인수 2(인수의 마지막에 종료를 나타내는 값 전달)

```
01:  #include <stdio.h>
02:  #include <stdarg.h>
03:  int varSum2(int n1, ...);      /* 함수 원형 */
04:
05:  int main()
06:  {
07:        int s1, s2, s3;
08:
09:        s1 = varSum2(10, 20, -1);
10:        s2 = varSum2(10, 20, 30, -1);
```

```
11:        s3 = varSum2(10, 20.0, -1);  /* 논리 오류 */
12:        printf("s1 = %d, s2 = %d, s3 = %d\n", s1, s2, s3);
13:        return 0;
14: }
15: int varSum2(int n1, ...)
16: {
17:        int i, sum = 0;
18:        va_list pArg;
19:
20:        va_start(pArg, n1);
21:        for(i = n1; i != -1; i = va_arg(pArg, int))
22:        {
23:             sum += i;
24:        }
25:        va_end(pArg);
26:        return sum;
27: }
```

● 실행 결과

▌프로그램 설명

① 2-3행

2행은 <stdarg.h> 헤더 파일을 포함한다. 3행은 가변 인수 함수 varSum()의 함수 원형을 선언한다.

② 9-11행

가변 인수 함수 varSum2()는 -1이 나오기 전까지의 정수의 합계를 계산한다. 9행은 varSum2() 함수에 의해 s1 = 30, 10행은 s2 = 60을 계산한다. 11행에서 정수가 아닌 배정도 실수 20.0을 사용하면 잘못된 결과를 s3에 저장한다. sum2() 함수에서 va_arg(pArg, int)에 의해 인수가 정수로 접근하고 있기 때문이다.

③ 15-27행

인수의 마지막에 종료를 나타내는 -1을 전달받는 varSum2() 함수를 정의한다. 18행은 va_list 자료형의 가변 인수 포인터 pArg를 선언하고, 20행의 va_start(pArg, n1)는 가변 인수 포인터 pArg를 n1의 주소(&n1) + 4로 저장하여, 포인터 pArg가 두 번째 가변 인수의 주소를 저장하게 한다. 21-24행의 for 문에서 i = n1으로 초기화하여 n1을 sum에 덧셈하게 하고, 조건식 i != -1이 참일 때, i = va_arg(pArg, int)에 의해 다음 정수를 읽어 sum에 덧셈한다. 25행의 va_end(pArg)는 포인터 pArg를 NULL로 만든다.

[예제 6.25] 가변 인수 3(자료형 정보를 문자열로 전달)

```c
01:  #include <stdio.h>
02:  #include <stdarg.h>
03:  double sumVar3(const char *type, ...); /* 함수 원형 */
04:
05:  int main()
06:  {
07:      double s1, s2;
08:
09:      s1 = sumVar3("%f %f", 10.0, 20.0f);
10:      s2 = sumVar3("%d %f %f", 10, 20.0f, 30.0);
11:      printf("s1 = %f, s2 = %f\n", s1, s2);
12:      return 0;
13:  }
14:  double sumVar3(const char *type, ...)
15:  {
16:      int nValue, fValue;
17:      double sum = 0.0;
18:      char *p;
19:
20:      va_list pArg;
21:      va_start(pArg, type);
22:      for(p = type; *p != 0; p++)
23:      {
24:          if (*p == '%')
25:              p++;
26:          else
27:              continue;
28:          switch (*p)
29:          {
30:          case 'd':   /* 정수 */
31:              nValue = va_arg(pArg, int);
32:              sum += (double)nValue;
33:              break;
34:          case 'f': /* 부동 소수점 수 */
35:              fValue = va_arg(pArg, double);
36:              sum += (double)fValue;
37:              break;
38:          }
39:      }
40:      va_end(pArg);
41:
42:      return sum;
43:  }
```

● 실행 결과

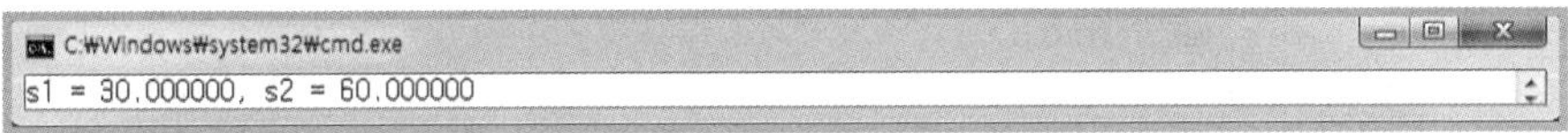

▌ 프로그램 설명

① 2-3행

2행은 <stdarg.h> 헤더 파일을 포함한다. 3행은 가변 인수 함수 varSum3()의 함수 원형을 선언한다. varSum3() 함수는 type 문자열에 의해 가변인수의 자료형 정보를 갖는다. printf() 함수와 같이 %f는 실수 %d는 10진수 정수를 나타낸다.

② 9-10행

9행은 서식문자열 "%f %f"에 의해 실수 2개(10.0, 20.0f)의 가변 인수 자료형을 명시한다. 10행은 서식 문자열 "%d %f %f"에 의해 정수 1개(10), 실수 2개(20.0f, 30.0)의 가변인수 자료형을 명시한다.

③ 14-43행

인수의 자료형을 나타내는 서식 문자열 type을 갖는 varSum3() 함수를 정의한다. 20행은 va_list 자료형의 가변인수 포인터 pArg를 선언하고, 21행의 va_start(pArg, type)는 가변 인수 포인터 pArg를 type 문자열의 주소(&type) + sizeof(type)로 저장하여, 포인터 pArg가 서식 문자열 뒤의 가변 인수의 주소를 저장하게 한다. 22행의 for 문에서 type 문자열을 p에 초기화하고 '%' 문자를 찾는다. '%' 문자를 찾으면 p++에 의해 '%' 문자 뒤의 문자로 이동하여 28-38행에서 'd'이면 nValue = va_arg(pArg, int)에 의해 pArg에서 정수로 nValue에 읽고, 'f'이면 fValue = va_arg(pArg, double)에 의해 pArg에서 배정도 실수로 fValue에 읽는다.

④ 실인수에 단정도 실수(float) 20.0f를 사용해도 가변 인수를 위한 스택에 배정도 실수(double)로 전달된다.

---

07 재귀 함수

함수가 직접 또는 간접적으로 함수 자신을 호출하는 것을 재귀(recursion)라고 한다. 많은 알고리즘과 수학식이 재귀로 정의된다. 재귀는 중지 조건이 있어야 무한 루프에 빠지지 않는다. 재귀가 일어날 때마다 스택에 현재 상태의 지역 변수 값과 반환 주소(return address) 등의 정보를 저장한다. 따라서 재귀가 많이 일어나면 스택 메모리가 부족하게 되어 오버플로우(overflow)가 일어날 수 있으므로 주의해야 한다. 또한 일반적으로 재귀를 이용한 방법의 처리 속도는 반복(iteration)을 이용한 방법에 비해 느리다.

[예제 6.26] n!, C(n, k) 계산

```
01:   #include <stdio.h>
02:   int fact(int n);
03:   int comb(int n, int k);
04:   int main()
05:   {
06:       int n = 5, k = 2;
07:
08:       printf("%d! = %d\n", n, fact(n));
09:       printf("C(%d, %d) = %d\n", n, k, comb(n, k));
10:       return 0;
11:   }
12:   int fact(int n)
13:   {
14:       if (n <= 0)
15:           return 1;
16:       return n * fact(n - 1);
17:   }
18:   int comb(int n, int k)
19:   {
20:       return fact(n) / (fact(k) * fact(n - k));
21:   }
```

● 실행 결과

▌ 프로그램 설명

① 계승(factorial) 계산은 다음과 같다.

n! = n * (n - 1)!
0! = 1

② 조합(combination)은 다음과 같이 계산한다.

C(n, k) = n! / (k! * (n - k)!)

③ 12-17행
계승 함수 fact()를 정의한다. 16행은 14행의 조건식이 거짓일 때 수행한다.

[예제 6.27] 피보나치 수열

```
01:   #include <stdio.h>
02:   int Fib(int n);
03:   int main()
04:   {
05:       for(int n = 0; n< 10; n++)
06:           printf("Fib(%d) = %d\n", n, Fib(n));
07:       return 0;
08:   }
09:   int Fib(int n)
10:   {
11:       if (n <= 1)
12:           return n;
13:       return Fib(n - 1) + Fib(n - 2);
14:   }
```

● 실행 결과

█ 프로그램 설명

① 피보나치(Fibonacci) 수열은 다음과 같다.

$$F_n = F_{n-1} + F_{n-2} \quad \text{if} \quad n > 1$$

$$F_1 = 1, F_0 = 0$$

② 9~14행
피보나치 함수 Fib()를 정의한다. 13행은 11행의 조건식이 거짓일 때 수행한다.

[예제 6.28] 문자열의 길이 계산

```
01:   #include <stdio.h>
02:   int stringLen(char *str);
03:   int main()
04:   {
05:       printf("%d\n", stringLen("abcd"));
06:       return 0;
07:   }
08:   int stringLen(char *str)
09:   {
10:       if (*str == 0)
```

```
11:                    return 0;
12:          return 1 + stringLen(str + 1);
13:  }
```

● 실행 결과

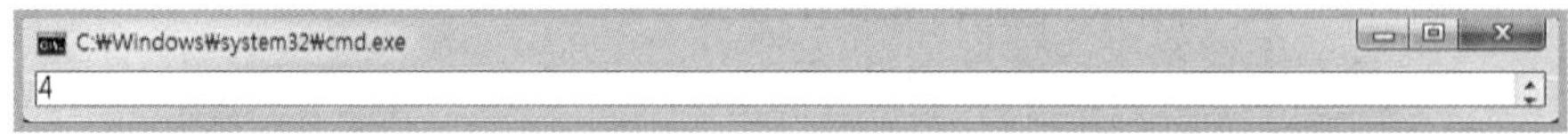

▌ 프로그램 설명

① 5행

stringLen("abcd") = 1 + stringLen("bcd")이고, stringLen("bcd") = 1 + stringLen("cd")이고, stringLen("cd") = 1 + stringLen("d")이고, stringLen("d") = 1 + stringLen('\0')이며, stringLen('\0') = 0이다. 그러므로 stringLen("abcd") = 4이다.

② 8-18행

문자열의 길이를 계산하는 stringLen() 함수를 재귀 함수로 정의한다.

표준 라이브러리 함수

CHAPTER 07

01 개요

프로그래밍 언어에서 모든 함수를 사용자가 직접 작성하기는 어렵다. 특히, 입출력 함수는 대부분 표준 라이브러리 함수로 제공한다. 이미 6장까지 printf(), scanf(), getchar(), putchar(), exit() 등의 표준 라이브러리 함수를 사용하였다.

여기서는, C 언어의 표준 입출력 함수, 콘솔 입출력 함수, 수학 함수, 문자 검사 및 변환 함수, 문자열 함수, 국가 및 언어 설정 함수, 공통 라이브러리 함수, 메모리 버퍼 함수, 메모리 할당 함수, 시간 함수, 프로세스 함수 등의 표준 라이브러리 함수에 대해여 설명한다. 대부분의 표준 라이브러리 함수의 호출 규약(calling convension)은 __cdecl이다.

1.1 C 런타임 라이브러리

Visual C++의 C 런타임 라이브러리(CRT)는 C 언어 프로그램을 실행할 수 있도록 하는 실행 시간 라이브러리(runtime library)와 표준 라이브러리(standard library)를 포함한다. 그리고 CRT는 C99 표준 라이브러리를 통합하는 C++ 표준 라이브러리의 일부이다. CRT는 정적 라이브러리(static linking library)와 동적 라이브러리(dynamic linking library, DLL) 형태로 제공된다.

(1) 정적 라이브러리

정적 라이브러리(static linking library)는 파일 확장자가 *.lib이며, 링크할 때 함수의 목적 코드가 실행 파일에 포함되므로 실행 파일만 있으면 실행 가능하다. 그러나 실행 파일의 바이트 크기가 커지는 단점이 있다.

(2) 동적 라이브러리

동적 라이브러리(dynamic linking library, DLL)는 실행 파일에 함수의 호출 정보만을 포함하고 실제 목적 코드는 외부의 DLL 파일에 있으며, 실행 시간에 호출된다. DLL 라이브러리를 사용하는 실행 파일을 실행하려면 현재 폴더 또는 패스가 설정된 폴더(예, C:\Windows\system32)에 사용하는 DLL 파일이 있어야 한다. 그러므로 DLL을 사용하는 응용 프로그램은 실행 파일과 함께 DLL도 함께 배포한다. DLL을 사용하면 실행 파일의 바이트 크기가 줄어드는 장점이 있다.

(3) 재배포가능(redistributable) 패키지

Visual C++ 2015를 사용하여 작성하고 빌드한 응용 프로그램을 Visual Studio 2015가 설치되지 않은 컴퓨터에서 실행하려면, [그림 7.1]과 같이 마이크로소프트사의 다운로드

사이트에서 Visual C++ 2015 재배포 가능(redistributable) 패키지(vc_redist.x86.exe, vc_redist.x64.exe)를 다운로드하여 응용 프로그램을 실행하기 위한 런타임 구성 요소 (CRT)를 설치해야 한다. 재배포 가능 패키지는 배포(Release) 구성 실행 파일만을 실행 시킬 수 있다.

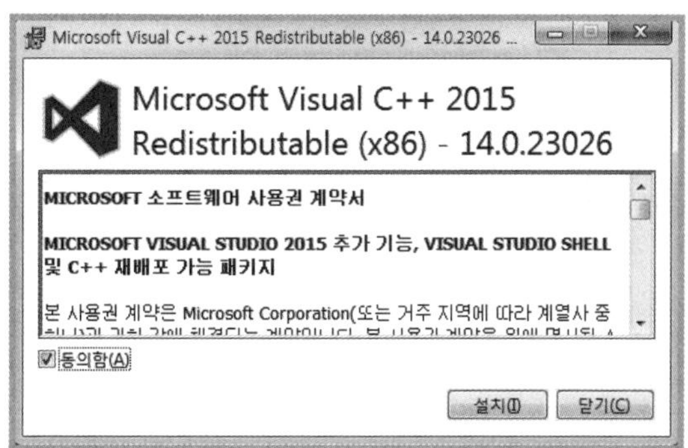

[그림 7.1] Visual C++ 2015 재배포가능 패키지(vc_redist.x86.exe)

1.2 C 런타임 라이브러리 옵션

Visual Studio 2015의 CRT는 UCRT, vcruntime, CRT 초기화 및 종료 라이브러리로 구성되어 있다.

[표 7.1]의 UCRT(유니버설 CRT)는 표준 C99 CRT 라이브러리의 전역 변수 및 함수를 포함한다. UCRT는 윈도우즈의 구성 요소이며 윈도우즈 10의 일부로 제공된다. 다른 버 전의 윈도우즈에 대해서는 vcredist를 사용하여 재배포 될 수 있다.

[표 7.2]의 vcruntime 라이브러리는 예외 처리, 디버깅 지원, 실행 시간 검사 및 형식 정 보, 구현 세부 정보 및 확장된 라이브러리 기능 등 Visual C++ CRT 구현 관련 코드를 포함한다.

[표 7.3]은 주요 네이티브(C/C++) CRT 초기화 및 종료 라이브러리이다. 라이브러리 코 드는 CRT 시작, 내부 스레드 단위 데이터 초기화 및 종료를 처리하며, 사용된 컴파일러 버전에 따라 다를 수 있다. 이 라이브러리는 동적으로 연결된 UCRT를 사용하는 경우에 도 항상 정적으로 연결된다.

컴파일 옵션(/MT, /MTd, /MD, /MDd)에 따라 자동으로 기본 라이브러리가 연결된다. 그러나 링커에서 모든 기본 라이브러리 무시(/NODEFAULTLIB)를 설정하면 추가 종속 성에서 적절한 라이브러리를 명시해야 한다.

표 7.1 UCRT 라이브러리

LIB 파일	관련 DLL	설명	컴파일 옵션
libucrt.lib	없음	다중 스레드, 정적 링크, 릴리즈	/MT
libucrtd.lib	없음	다중 스레드, 정적 링크, 디버그	/MTd
ucrt.lib	ucrtbase.dll	다중 스레드, 동적 링크, 릴리즈	/MD
ucrtd.lib	ucrtbased.dll	다중 스레드, 동적 링크, 디버그	/MDd

표 7.2 vcruntime 라이브러리

LIB 파일	관련 DLL	설명	컴파일 옵션
libvcruntime.lib	없음	다중 스레드, 정적 링크, 릴리즈	/MT
libvcruntimed.lib	없음	다중 스레드, 정적 링크, 디버그	/MTd
vcruntime.lib	vcruntime140.dll	다중 스레드, 동적 링크, 릴리즈	/MD
vcruntimed.lib	vcruntime140d.dll	다중 스레드, 동적 링크, 디버그	/MDd

표 7.3 주요 CRT 초기화 및 종료 라이브러리

LIB 파일	설명	컴파일 옵션
libcmt.lib	네이티브 CRT, 다중 스레드, 정적 링크, 릴리즈	/MT
libcmtd.lib	네이티브 CRT, 다중 스레드, 정적 링크, 디버그	/MTd
msvcrt.lib	UCRT, vcruntime의 네이티브 CRT, 다중 스레드, 동적 링크, 릴리즈	/MD
msvcrtd.lib	UCRT, vcruntime의 네이티브 CRT, 다중 스레드, 동적 링크, 디버그	/MDd

[예제 7.1] 런타임 라이브러리 옵션 및 Dependency Walker

① Win32 콘솔 응용 프로그램 기본 응용 프로그램을 생성하면, <Debug> 구성으로 설정되고, [프로젝트]-[속성]-[C/C++]-[코드생성]의 런타임 라이브러리를 확인하면 [그림 7.1]과 같이 다중 스레드 디버그 DLL(/MDd)로 설정되어 있다. 다중 스레드 디버그 DLL(/MDd)과 다중 스레드 DLL(/MD)는 동적 링크 런타임 라이브러리이다. 다중 스레드 디버그 DLL(/MDd)로 응용 프로그램을 생성하면 36.5KB 바이트의 실행 파일이 생성된다.

② 다중 스레드(/MT)와 다중 스레드(/MTd)는 정적 링크(static link) 런타임 라이브러리이다. 실행 파일에 코드가 포함되기 때문에 바이트 크기가 늘어난다. 정적 링크 디버그인 다중 스레드(/MTd)로 응용 프로그램을 생성하면 762KB 바이트의 실행 파일이 생성된다.

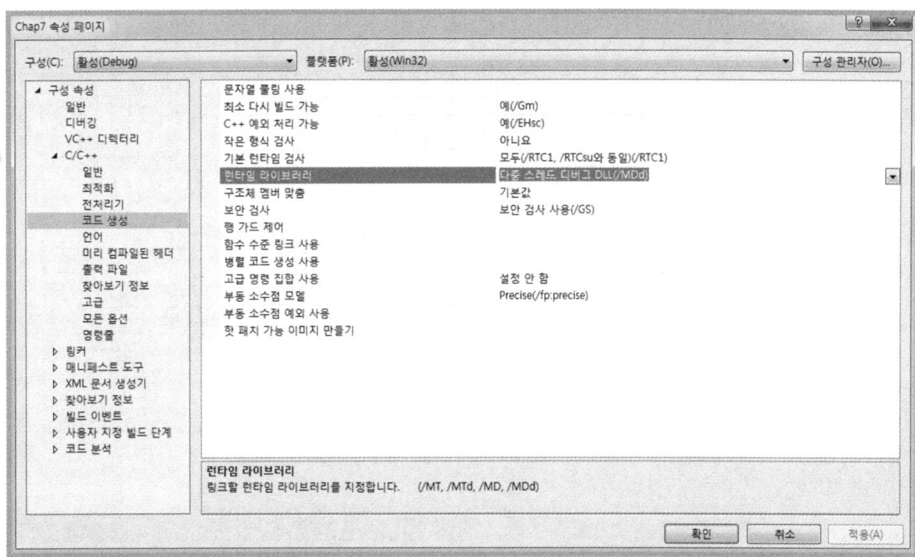

[그림 7.2] 런타임 라이브러리 설정(/MDd)

③ 컴파일 옵션(/MT, /MTd, /MD, /MDd)에 따라 자동으로 기본 라이브러리가 연결된다. 그러나 링커에서 [그림 7.3]과 같이 기본 라이브러리 무시(/NODEFAULTLIB)를 설정하면 추가 종속성에서 적절한 라이브러리(ucrtd.lib;vcruntimed.lib;msvcrtd.lib)를 명시해야한다.

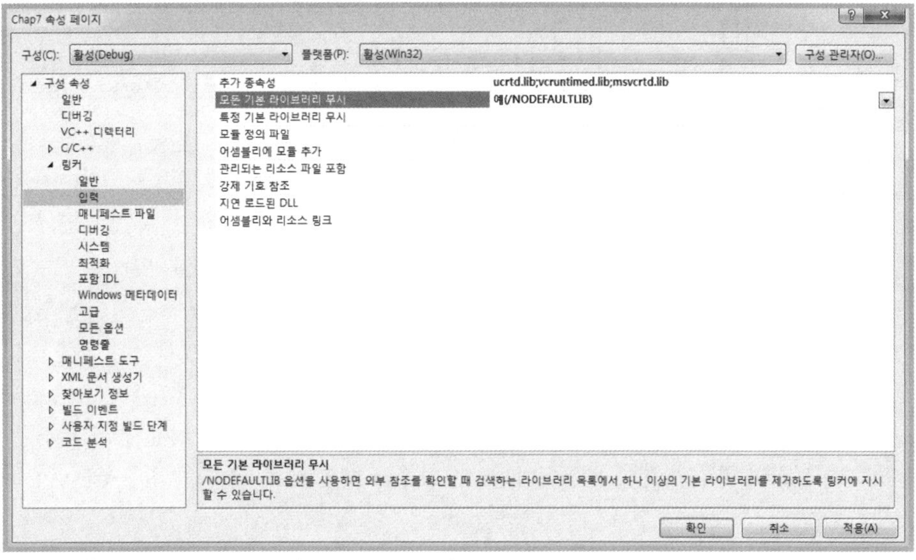

[그림 7.3] 기본 라이브러리 무시(/NODEFAULTLIB) 및 추가종속성

④ http://www.dependencywalker.com/의 Dependency Walker 버전 2.2를 사용하면, 응용 프로그램에서 사용하는 DLL 라이브러리 모듈을 확인할 수 있다. [그림 7.4]는 다중 스레드 동적 링크 디버그(/MDd) 런타임 라이브러리 설정으로 빌드한 응용 프로그램을 Dependency Walker로 확인한 결과로, ucrtbased.dll, vcruntime140d.dll, kernel32.dll가 사용되는 것을 확인할 수 있다. [그림 7.5]는 다중 스레드 정적 링크 디버그(/MTd) 런타임 라이브러리 설정으로 빌드한 응용 프로그램을 Dependency Walker로 확인한 결과로 윈도우즈 커널

(Kernel32.DLL)만을 사용하는 것을 확인 할 수 있다.

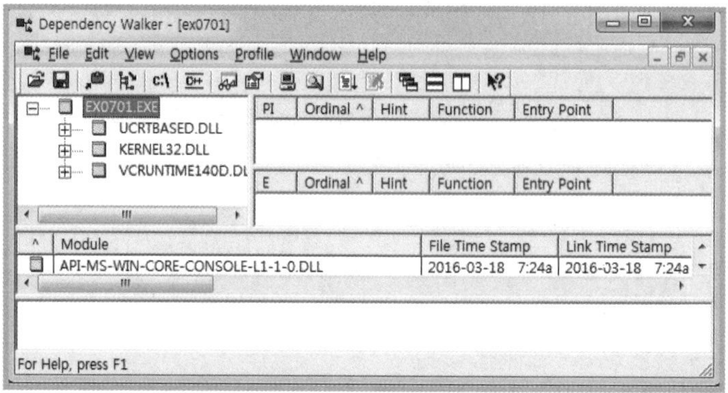

[그림 7.4] Dependency Walker(/MDd, 동적 링크, 디버그)

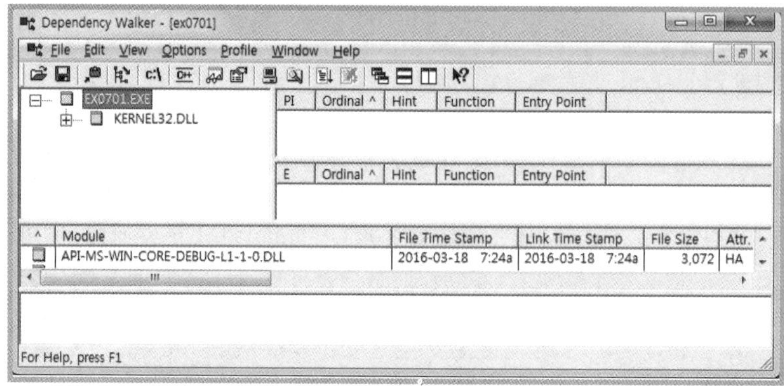

[그림 7.5] Dependency Walker(/MTd, 정적 링크, 디버그)

1.3 주요 표준 라이브러리 함수의 헤더 파일

C 언어 프로그램에서 라이브러리 함수를 사용하려면 함수 원형이 선언되어 있는 헤더 파일(*.h)을 프로그램에 포함하여 컴파일하고, 라이브러리를 링크시켜서 실행 파일을 생성해야 한다. 헤더 파일은 비주얼 스튜디오가 설치되어 있는 폴더의 \VC\include 폴더 또는 C:\Program Files\Windows Kits\10\Include 폴더에 있다. [표 7.4]는 주요 표준 라이브러리 함수의 헤더 파일이다. 일부 함수는 서로 다른 헤더 파일에 중복되어 선언되어 있다.

표 7.4 주요 표준 라이브러리 함수의 헤더 파일

헤더 파일	설명	주요 함수
〈stdio.h〉	표준 입출력	printf(), scanf(), putchar(), getchar(), sprintf(), sscanf(), sscanf_s(), sprintf_s(), gets_s(), puts(), fprintf(), fscanf(), fgets(), fputs(), wprintf(), wscanf(), getwchar(), _getws_s(), _putws()

⟨conio.h⟩	콘솔 입출력	_getch(), _putch(), _getche(), _kbhit(), _ungetch() _getwch(), _putwch()
⟨math.h⟩	수학 함수	abs(), fabs(), sin(), cos(), tan(), asin(), acos(), atan(), sqrt(), pow()
⟨ctype.h⟩	문자 검사/변환	isalpha(), isupper(), islower(), isdigit(), isxdigit(), isspace(), isalnum(), toupper(), tolower()
⟨string.h⟩	문자열 함수	strcpy(), strcat(), strcmp(), strlen(), strset()
⟨stdlib.h⟩	공통 라이브러리	_countof(), srand(), rand(), exit(), atoi(), atof(), itoa(), gcvt(), ecvt(), qsort(), bsearch(), calloc(), malloc(), free(), realloc(), system()
⟨locale.h⟩	국가/언어 설정	setlocale(), _wsetlocale()
⟨memory.h⟩	메모리 버퍼	memset(), memcpy(), memcmp()
⟨malloc.h⟩	메모리 할당	calloc(), malloc(), free(), realloc()
⟨time.h⟩	시간 함수	clock(), time(), localtime()
⟨process.h⟩	프로세스 함수	system(), _beginthread(), _endthread()
⟨uchar.h⟩	유니코드	mbrtoc16(), c16rtomb(), mbrtoc32(), c32rtomb()
⟨wchar.h⟩	와이드 문자 처리	_wsetlocale(), mbrlen(), mbrtowc(), mbsrtowcs(), wcrtomb(), wcsrtombs(), mbsrtowcs_s(), wcrtomb_s()

02 표준 입출력 함수(stdio.h)

표준 입출력함수 printf(), scanf()와 안전 기능 입출력 함수 printf_s(), scanf_s()는 2장에서 이미 설명하였다. 여기서는 ⟨windows.h⟩ 헤더 파일에 선언된 SetConsoleOutputCP() Win32API 함수에 의한 코드 페이지 설정, locale.h 헤더 파일에 선언된 setlocale() 함수에 의한 국가/언어 설정, wprintf(), wscanf() 등의 와이드 문자 관련 함수, sscanf(), sprintf(), sscanf_s(), sprintf_s() 등의 문자열 서식 입출력 함수 등의 ⟨stdio.h⟩ 헤더 파일에 선언된 표준 입출력함수에 대해 설명한다.

문자, 문자열 처리 입출력 함수는 2장에서 설명하였고, 표준 파일 입출력 함수는 fprintf(), fscanf(), fgets(), fputs() 등은 10장의 파일 입출력에서 설명한다.

2.1 SetConsoleOutputCP() 함수에 의한 코드 페이지 설정

Win32 API 함수 SetConsoleOutputCP()를 사용하면 프로그램에서 명령창의 코드 페이지를 설정할 수 있다.

[예제 7.2] 멀티 바이트(MBCS, ANSI/OEM 949) 코드 페이지 설정

```
01:   #include <windows.h> /* SetConsoleOutputCP() */
02:   #include <stdio.h>
03:   int main()
04:   {
05:         char *s = "A한";
06:
07:         SetConsoleOutputCP(949);
08:         printf("멀티 바이트(MBCS, ANSI/OEM 949)\n");
09:
10:         printf("sizeof = %d\n", sizeof("A한"));
11:         printf("s = %s\n", s);
12:         printf("%c %c%c\n", s[0], s[1], s[2]);
13:         printf("%hhx, %hhx, %hhx, %hhx\n", s[0], s[1], s[2], s[3]);
14:         return 0;
15:   }
```

● 실행 결과

```
C:\Windows\system32\cmd.exe
멀티바이트(MBCS, ANSI/OEM 949)
sizeof = 4
s = A한
A 한
41, c7, d1, 0
```

▌프로그램 설명

① 1행, 7행

1행은 Win32 API 함수 SetConsoleOutputCP()를 사용하기 위하여 <windows.h> 헤더 파일을 포함한다. 7행은 SetConsoleOutputCP(949)는 콘솔(명령창)의 코드 페이지를 ANSI/OEM 949로 변경한다.

② 5행

문자열 포인터 s를 선언하고 멀티 바이트(MBCS, ANSI/OEM 949) 문자열 상수 "A한"으로 초기화한다.

③ 8-13행

10행은 sizeof("A한") = 4바이트이다. 멀티 바이트 문자열 "A한"에서 'A'는 1바이트, '한'은 2바이트, '\0'은 1바이트이다. 11행은 출력 서식 "%s"로 문자열 포인터 s의 주소부터 시작해서 널 문자('\0')가 나올 때까지 문자열을 출력한다. 12행은 출력 서식 "%c"로 s[0]의 문자 'A'를 출력한다. s[1], s[2]를 "%c%c"로 출력하면 '한'을 출력한다. 한글을 출력할 때는 코드를 연속으로 출력해야 하기 때문에 %c 사이에 공백이 있어서는 안 된다. 13행은 문자열 "A한"의 멀티 바이트(MBCS, ANSI/OEM 949) 코드를 1바이트 16진수로 출력한다.

[예제 7.3] UTF-8 코드 페이지(65001) 설정

```c
01:  #include <windows.h> /* SetConsoleOutputCP() */
02:  #include <stdio.h>
03:  int main()
04:  {
05:      char *s = u8"A한";
06:
07:      SetConsoleOutputCP(65001);
08:      printf(u8"유니코드( UTF-8)\n");
09:
10:      printf("sizeof = %d\n", sizeof(u8"A한"));
11:      printf("s = %s\n", s);
12:      printf("%c %c%c%c%c\n", s[0], s[1], s[2], s[3]);
13:      printf("%hhx, %hhx, %hhx, %hhx, %hhx\n",
14:                  s[0], s[1], s[2], s[3], s[4]);
15:      return 0;
16:  }
```

● 실행 결과

```
C:\Windows\system32\cmd.exe
유니코드( UTF-8)
sizeof = 5
s = A한
A 한
41, ed, 95, 9c, 0
```

▌ 프로그램 설명

① 1행, 7행

1행은 Win32 API 함수 SetConsoleOutputCP()를 사용하기 위하여 <windows.h> 헤더 파일
을 포함한다. 7행은 SetConsoleOutputCP(65001)는 콘솔(명령창)의 UTF-8을 위한 코드 페
이지를 65001로 변경한다.

② 5행

문자열 포인터 s를 선언하고 UTF-8 문자열 상수 u8"A한"으로 초기화한다.

③ 8-14행

8행은 UTF-8 문자열 상수 u8"유니코드(UTF-8)\n"을 출력한다. 10행은 sizeof(u8"A한") = 5
바이트이다. UTF-8 문자열 u8"A한"에서 'A'는 1바이트, '한'은 3바이트, '\0'은 1바이트이
다. 11행은 출력 서식 "%s"로 문자열 포인터 s의 주소부터 시작해서 널 문자('\0')가 나올 때까
지 문자열을 출력한다. 12행은 출력 서식 "%c"로 s[0]의 문자 'A'를 출력하고, s[1], s[2], s[3]을
"%c%c%c"로 출력하면 '한'을 출력한다. 한글을 출력할 때는 코드를 연속으로 출력해야 하기
때문에 %c 사이에 공백이 있어서는 안 된다. 13-14행은 UTF-8 문자열 u8"A한"의 코드를 1
바이트 16진수로 출력한다.

2.2 setlocale() 함수에 의한 국가/언어 설정

setlocale() 함수는 언어 및 국가/언어 로케일을 설정한다. [그림 7.6]과 같이 제어판의 [국가 및 언어]가 한국어(대한민국)로 설정되어 있으면 setlocale(LC_ALL, "")는 setlocale(LC_ALL, "korean")과 같다. setlocale() 함수는 현재의 설정된 국가/언어 로케일을 문자열로 반환한다. setlocale() 함수를 설정하고 wprintf(), wscanf() 함수 등의 와이드 문자, 문자열을 함수를 사용하여 입출력하면, 문자, 문자열을 멀티 바이트 변환에 의해 입출력한다.

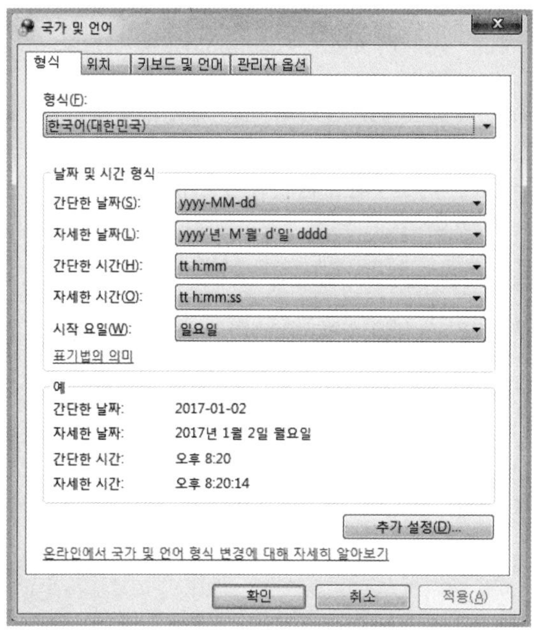

[그림 7.6] 제어판의 [국가 및 언어] 설정

[예제 7.4] 유니코드(UTF-16) 문자열 출력 : setlocale(), wprintf()

```
01:  #include <stdio.h>
02:  #include <locale.h>   /* setlocale() */
03:  int main()
04:  {
05:      wchar_t *s = L"A한";      /*  u"A한"  */
06:
07:      setlocale(LC_ALL, "");    /*  "korean" */
08:
09:      printf("sizeof = %d\n", sizeof(L"A한"));
10:      wprintf(L"s = %s\n", s);
11:      wprintf(L"%c %c\n", s[0], s[1]);
12:      wprintf(L"%hx, %hx\n", s[0], s[1]);
13:      printf("%hx, %hx\n", s[0], s[1]);
14:      return 0;
15:  }
```

● 실행 결과

```
C:\Windows\system32\cmd.exe
sizeof = 6
s = A한
A 한
41, d55c
41, d55c
```

■ 프로그램 설명

① 2행, 7행

2행은 setlocale() 함수를 사용하기 위하여 <locale.h> 헤더 파일을 포함한다. 7행은 유니코드(UTF-16) 한글 출력을 위하여 setlocale() 함수로 국가/언어 로케일을 설정한다. setlocale(LC_ALL, "korean")과 같다. 명령창은 멀티 바이트(MBCS, ANSI/OEM 949) 코드 페이지로 설정되어 있어야 한다.

② 5행

유니코드 UTF-16 문자 포인터 wchar_t * 변수 s를 선언하고 u"A한" 또는 L"A한"으로 초기화한다.

③ 9-13행

9행은 sizeof(L"A한") = 6 바이트이다. L'A', L'한', L'\0'이 각각 2바이트이다. 10행은 wprintf() 함수로 L"s = %s\n" 서식으로 문자열 s를 출력한다. 11행은 wprintf() 함수로 L"%c %c\n" 양식에 의해 s[0]의 문자 L'A', s[1]의 문자 L'한'을 출력한다. 12-13행은 L'A', L'한'의 유니코드(UTF-16)의 코드를 2바이트 16진수로 출력한다.

④ 10행-11행은 UTF-16의 문자열과 문자를 멀티 바이트로 변환하여 출력한다.

[예제 7.5] 유니코드(UTF-16) 문자열 입력 : setlocale(),wscanf(), wscanf_s()

```
01:  #include <stdio.h>
02:  #include <locale.h> /* setlocale() */
03:  #include <stdlib.h> /* _countof() */
04:  int main()
05:  {
06:      wchar_t s[10];
07:
08:      setlocale(LC_ALL, ""); /* "korean" */
09:
10:      printf("1:>>>");
11: /*   wscanf(L"%c", &s[0]); */
12:      wscanf_s(L"%c", &s[0], 1);
13:
14:      printf("s[0]= %hx\n", s[0]);
15:      wprintf(L"s1 = %c\n", s[0]);
16:      s[1] = 0;
17:      wprintf(L"s2 = %s\n", s);
18:
19:      printf("2:>>>");
```

```
20:  /*    wscanf(L"%s", s); */
21:        wscanf_s(L"%s", s, _countof(s));
22:        printf("s[0]=%hx, s[1]=%hx\n", s[0], s[1]);
23:        wprintf(L"s= %s\n", s);
24:        return 0;
25: }
```

● 실행 결과

```
C:\Windows\system32\cmd.exe
1:>>>한
s[0]= d55c
s1 = 한
s2 = 한
2:>>>한
s[0]=d55c, s[1]=0
s= 한
```

▌프로그램 설명

① 2행, 8행

2행은 setlocale() 함수를 사용하기 위하여 <locale.h> 헤더 파일을 포함한다. 8행은 유니코드(UTF-16) 한글 출력을 위하여 setlocale() 함수로 국가/언어 로케일을 설정한다. setlocale(LC_ALL, "korean")과 같다. 명령창은 멀티 바이트(MBCS, ANSI/OEM 949) 코드 페이지로 설정되어 있어야 한다.

② 6행

UTF-16 유니코드 문자열을 입력받기 위한 wchar_t 자료형의 배열 s를 선언한다. wchar_t 는 2바이트 정수형 unsigned short이므로 배열 s는 20 바이트가 연속으로 할당된다.

③ 10-17행

11-12행은 키보드에서 '한'을 입력하면, UTF-16 유니코드로 s[0] = 0xd55c를 입력한다. 14행은 s[0]을 2바이트 16진수로 출력한다. 15행은 wprintf() 함수로 s[0]의 UTF-16 유니코드 문자를 출력한다. 16행은 s[1]에 널 문자를 저장한다. 17행은 wprintf() 함수로 유니코드 문자열 s를 출력한다.

④ 19-23행

20-21행은 wscanf() 함수에서 키보드에서 입력한 문자열을 UTF-16 유니코드 문자열로 배열 s에 입력한다. 문자열의 마지막에 널(L'\0')문자를 자동으로 추가한다. 그러므로 널 문자를 제외하면 배열 s에 저장 가능한 최대 UTF-16 유니코드 문자는 9자이다. wscanf() 함수는 9자가 넘을 경우 실행 시간 오류(Run-Time Check Failure)가 발생한다. 이러한 오버런을 방지하기 위해서는 wscanf_s() 함수를 사용한다. wscanf(), wscanf_s() 함수의 반환 값은 성공적으로 입력된 데이터의 개수이다.

2.3 문자열 buffer에서 format에 맞게 인수에 입력

sscanf(), swscanf(), sscanf_s(), swscanf_s() 등의 함수는 문자열 buffer에서 형식 format에 맞추어 인수에 읽는(string scanf) 함수이다. scanf() 함수와 유사하지만, 키

보드에서 입력받지 않고 문자열 버퍼에서 입력받는다. 함수의 반환값은 성공적으로 읽은 데이터의 개수이다. swscanf() 함수는 유니코드 입력 함수이고, sscanf_s(), swscanf_s() 함수는 오버런을 방지하기 위해 문자열 버퍼 뒤에 문자열의 크기가 뒤따르는 안전 기능을 갖는 함수이다.

표 7.5 문자열 buffer에서 입력하는 함수

함 수	설 명
int sscanf(const char *buffer, const char *format, arg ...);	ANSI 문자열
int swscanf(const wchar_t *buffer, const wchar_t *format, arg ...);	와이드 문자열
int sscanf_s(const char *buffer, const char *format, arg ...);	ANSI 문자열
int swscanf_s(const wchar_t *buffer, const wchar_t *format, arg...);	와이드 문자열

[예제 7.6] ANSI 문자열 buffer에서 입력 : sscanf(), sscanf_s() 함수

```
01:   #include <stdio.h>
02:   #pragma warning(disable: 4996) /* _CRT_SECURE_NO_WARNINGS */
03:   #define N 128
04:   int main()
05:   {
06:       char sIn[] = "abcd 12 efg 34";
07:       char sBuf1[N], sBuf2[N];
08:       int n1, n2, nRet;
09:
10:       nRet = sscanf(sIn, "%s %d %s %d", sBuf1, &n1, sBuf2, &n2);
11:       printf("sscanf() 함수\n");
12:       printf("sBuf1 = %s\n", sBuf1);
13:       printf("sBuf2 = %s\n", sBuf2);
14:       printf("n1 = %d, n2 = %d\n", n1, n2);
15:       printf("nRet = %d\n", nRet);
16:
17:       nRet=sscanf_s(sIn,"%s %d %s %d", sBuf1,N,&n1, sBuf2, N, &n2);
18:       printf("\nsscanf_s() 함수\n");
19:       printf("sBuf1 = %s\n", sBuf1);
20:       printf("sBuf2 = %s\n", sBuf2);
21:       printf("n1 = %d, n2 = %d\n", n1, n2);
22:       printf("nRet = %d\n", nRet);
23:       return 0;
24:   }
```

● 실행 결과

```
C:\Windows\system32\cmd.exe
sscanf() 함수
sBuf1 = abcd
sBuf2 = efg
n1 = 12, n2 = 34
nRet = 4

sscanf_s() 함수
sBuf1 = abcd
sBuf2 = efg
n1 = 12, n2 = 34
nRet = 4
```

▌프로그램 설명

① 2행

비주얼 스튜디오 2015의 컴파일러에서 scanf() 함수를 사용하면 안전하지 않다는 경고 (warning C4996: 'sscanf': This function or variable may be unsafe. Consider using sscanf_s instead. To disable deprecation, use _CRT_SECURE_NO_WARNINGS)가 발생한다. 이 경고를 없애려면, [그림 2.10]과 같이 프로젝트 [속성]-[C/C++]-[전처리기]에서 _CRT_SECURE_NO_WARNINGS을 추가하거나, 프로그램에 #pragma warning (disable: 4996)을 추가한다.

② 10-15행

sscanf() 함수는 문자열 버퍼 sIn에서 서식 문자열 "%s %d %s %d"를 사용하여, sBuf1에 문자열 "abcd" , n1에 10진수 정수 12, sBuf2에 문자열 "efg", n2에 10진수 정수 34를 읽는다. 입력한 데이터의 개수는 nRet = 4이다.

③ 17-22행

sscanf_s() 함수와 sscanf_s() 함수는 결과가 같다. sscanf_s() 함수는 문자열 sBuf1, sBuf2 뒤에 버퍼의 크기 N을 지정한다. N 대신 sizeof(sBuf1), sizeof(sBuf2)를 사용할 수 있다. 또는 <stdlib.h> 헤더 파일에 정의된 배열 요소의 개수를 반환하는 _countof() 매크로 함수를 사용하여 _countof(sBuf1), _countof(sBuf2)를 사용할 수 있다.

[예제 7.7] 유니코드 문자열 buffer에서 입력 : swscanf(), swscanf_s() 함수

```c
01:  #include <stdio.h>
02:  #pragma warning(disable: 4996) /* _CRT_SECURE_NO_WARNINGS */
03:  #define N 128
04:  int main()
05:  {
06:      wchar_t sIn[] = L"abcd 12 efg 34";
07:      wchar_t sBuf1[N], sBuf2[N];
08:      int n1, n2, nRet;
09:
10:      nRet = swscanf(sIn, L"%s %d %s %d", sBuf1, &n1, sBuf2, &n2);
11:      printf("sscanf() 함수\n");
12:      wprintf(L"sBuf1 = %s\n", sBuf1);
13:      wprintf(L"sBuf2 = %s\n", sBuf2);
14:      printf("n1 = %d, n2 = %d\n", n1, n2);
```

```
15:        printf("nRet = %d\n", nRet);
16:
17:        nRet=swscanf_s(sIn,L"%s %d %s %d", sBuf1,N,&n1,sBuf2,N,&n2);
18:        printf("\nsscanf_s() 함수\n");
19:        wprintf(L"sBuf1 = %s\n", sBuf1);
20:        wprintf(L"sBuf2 = %s\n", sBuf2);
21:        printf("n1 = %d, n2 = %d\n", n1, n2);
22:        printf("nRet = %d\n", nRet);
23:        return 0;
24: }
```

● 실행 결과

```
C:\Windows\system32\cmd.exe
sscanf() 함수
sBuf1 = abcd
sBuf2 = efg
n1 = 12, n2 = 34
nRet = 4

sscanf_s() 함수
sBuf1 = abcd
sBuf2 = efg
n1 = 12, n2 = 34
nRet = 4
```

▌프로그램 설명

① 2행

비주얼 스튜디오 2015의 컴파일러에서 swscanf() 함수를 사용하면 안전하지 않다는 경고
(warning C4996: 'swscanf': This function or variable may be unsafe. Consider using
swscanf_s instead. To disable deprecation, use _CRT_SECURE_NO_WARNINGS)가 발
생한다. #pragma warning (disable: 4996)은 4996 경고를 해제한다.

② 6-7행

유니코드(와이드 문자) 문자열 버퍼를 위해 wchar_t 자료형으로 문자열 sIn, sBuf1, sBuf2를
선언한다. wchar_t는 2바이트 정수 자료형 unsigned short와 같다.

③ 10-15행

swscanf() 함수는 유니코드(와이드 문자, UTF-16) 문자열 버퍼 sIn에서 유니코드 서식 문자
열 L"%s %d %s %d"를 사용하여, sBuf1[] = L"abcd" , n1 = 12, sBuf2[] = L"efg", n2 = 34로 읽
는다. 입력한 데이터의 개수는 nRet = 4이다. 12-13행에서 wprintf() 함수는 유니코드 문자열
sBuf1, sBuf2를 출력한다.

④ 17-22행

swscanf_s() 함수와 swscanf() 함수의 결과는 같다. swscanf_s() 함수는 문자열 sBuf1,
sBuf2 뒤에 버퍼의 크기 N을 지정한다. 유니코드에서는 메모리 할당 바이트 크기 연산자인
sizeof를 사용하면 안 된다. N 대신 stdlib.h 헤더 파일에 정의된 배열 요소의 개수를 반환하
는 _countof() 매크로 함수를 사용하여 _countof(sBuf1), _countof(sBuf2)를 사용할 수 있
다. sizeof(sBuf1) = 256이고, _countof(sBuf1) = 128이다. 19-20행에서 wprintf() 함수는 유
니코드 문자열 sBuf1, sBuf2를 출력한다.

⑤ 12-13행, 19-20행에서 wprintf() 함수로 한글 유니코드(와이드 문자, UTF-16) 문자열을 출력하려면 [예제 7.4], [예제 7.5]와 같이 setlocale() 함수로 국가/언어 로케일을 설정해야한다.

2.4 format에 맞게 인수의 값을 문자열 buffer에 출력

sprintf(), swprintf(), sprintf_s(), swprintf_s() 등의 함수는 형식 format에 맞게 인수의 값을 문자열 buffer에 출력(string printf)하는 함수이다. printf() 함수와 유사하지만, 콘솔에 출력하지 않고 문자열 버퍼에 출력한다. 함수의 반환값은 출력된 문자의 개수이다. 오류가 발생하면 −1을 반환한다. swprintf() 함수는 유니코드 함수이고, sprintf_s(), swprintf_s() 함수는 안전 기능을 갖는 문자열 출력 함수이다.

표 7.6 문자열 buffer에 출력하는 함수

함 수	설 명
int sprintf(char *buffer, const char *format, arg ...);	ANSI 문자열
int swprintf(wchar_t *buffer, size_t count, const wchar_t *format, arg...);	와이드 문자열
int sprintf_s(char *buffer, size_t sizeOfBuffer, const char *format, ...);	ANSI 문자열
int swprintf_s(wchar_t *buffer, size_t sizeOfBuffer, const wchar_t *format, ...);	와이드 문자열

[예제 7.8] ANSI 문자열 buffer에 출력 : sprintf(), sprintf_s() 함수

```
01:   #include <stdio.h>
02:   #pragma warning(disable: 4996) /* _CRT_SECURE_NO_WARNINGS */
03:   #define N 128
04:   int main()
05:   {
06:       char sOut[N];
07:       char sBuf1[] = "abcd";
08:       char sBuf2[] = "efg";
09:       int n1 = 12, n2 = 34, nRet;
10:
11:       nRet = sprintf(sOut, "%s %d %s %d", sBuf1, n1, sBuf2, n2);
12:       printf("sprintf() 함수\n");
13:       printf("sOut = %s\n", sOut);
14:       printf("nRet = %d\n", nRet);
15:
16:       nRet = sprintf_s(sOut, N, "%s %d %s %d", sBuf1, n1, sBuf2, n2);
17:       printf("\nsprintf_s() 함수\n");
18:       printf("sOut = %s\n", sOut);
19:       printf("nRet = %d\n", nRet);
20:       return 0;
21:   }
```

● 실행 결과

```
C:\Windows\system32\cmd.exe
sprintf() 함수
sOut = abcd 12 efg 34
nRet = 14

sprintf_s() 함수
sOut = abcd 12 efg 34
nRet = 14
```

프로그램 설명

① 2행
비주얼 스튜디오 2015의 컴파일러에서 sprintf() 함수를 사용하면 안전하지 않다는 경고 (warning C4996: 'sprintf': This function or variable may be unsafe. Consider using sprintf_s instead. To disable deprecation, use _CRT_SECURE_NO_WARNINGS)가 발생한다. #pragma warning (disable: 4996)은 4996 경고를 해제한다.

② 11-14행
11행의 sprintf() 함수는 서식 문자열 "%s %d %s %d"를 사용하여, sBuf1, n1, sBuf2, n2의 값을 문자열 버퍼 sOut에 출력한다. 출력한 문자의 개수는 nRet = 14이다.

③ 16-19행
sprintf_s() 함수와 sprintf() 함수는 결과가 같다. sprintf_s() 함수는 출력 문자열 버퍼 sOut 뒤에 오버런을 방지하기 위하여 버퍼의 크기 N을 지정한다. N 대신 sizeof(sOut) 또는 _countof(sOut)를 사용할 수 있다. 출력한 문자의 개수는 nRet = 14이다.

[예제 7.9] 유니코드 문자열 buffer에 출력: swprintf(), swprintf_s() 함수

```
01:  #include <stdio.h>
02:  #define N 128
03:  int main()
04:  {
05:      wchar_t sOut[N];
06:      wchar_t sBuf1[] = L"abcd";
07:      wchar_t sBuf2[] = L"efg";
08:      int n1 = 12, n2 = 34, nRet;
09:
10:      nRet = swprintf(sOut, N, L"%s %d %s %d", sBuf1, n1, sBuf2, n2);
11:      wprintf(L"sprintf()\n");
12:      wprintf(L"sOut = %s\n", sOut);
13:      wprintf(L"nRet = %d\n", nRet);
14:
15:      nRet=swprintf_s(sOut,N, L"%s %d %s %d", sBuf1, n1, sBuf2, n2);
16:      wprintf(L"\nsprintf_s()\n");
17:      wprintf(L"sOut = %s\n", sOut);
18:      wprintf(L"nRet = %d\n", nRet);
19:      return 0;
20:  }
```

● 실행 결과

프로그램 설명

① 10-13행

10행의 swprintf() 함수는 서식 문자열 L"%s %d %s %d"를 사용하여, sBuf1, n1, sBuf2, n2의 값을 유니코드 문자열 버퍼 sOut에 출력한다. swprintf() 함수는 문자열 버퍼 sOut 뒤에 버퍼의 크기 N을 지정한다. N 대신 _countof(sOut)를 사용할 수 있다. 출력한 문자의 개수는 nRet = 14이다. 13행은 정수 nRet를 출력하므로 printf("nRet = %d\n", nRet)와 같다.

② 15-18행

swprintf_s() 함수와 swprintf() 함수는 결과가 같다. 출력한 문자의 개수는 nRet = 14이다.

③ wprintf() 함수로 한글 유니코드(와이드 문자, UTF-16) 문자열을 출력하려면 [예제 7.4], [예제 7.5]와 같이 setlocale() 함수로 국가/언어 로케일을 설정해야한다.

03 문자, 문자열 입출력 함수(stdio.h, conio.h)

scanf(), printf(), printf_s(), scanf_s() 등의 함수는 문자, 문자열, 정수, 실수를 모두 입출력 할 수 있는 함수이다. 우리가 사용하는 데이터에 문자, 문자열이 많기 때문에 C 언어는 문자, 문자열 입출력 함수를 별도로 제공한다.

[표 7.7]은 문자, 문자열 입출력 함수를 표시한다. 와이드 문자, 문자열 함수는 〈wchar.h〉 헤더 파일에도 선언되어 있다. 표준 입출력 헤더 파일 stdio.h에 선언된 getchar(), putchar(), getwchar(), putwchar() 등의 함수는 버퍼 입출력 함수들이고, 콘솔 입출력 헤더 파일 〈conio.h〉에 선언된 _getch(), _putch(), _getwch(), _putwch() 등의 함수는 비버퍼 입출력 함수이다.

표 7.7　문자, 문자열 입출력 함수

구 분	표준 입출력(stdio.h)	콘솔 입출력(conio.h)
ANSI 문자 함수	getchar(), putchar()	_getch(), _putch()
ANSI 문자열 함수	gets_s(), puts()	
와이드 문자 함수	getwchar(), putwchar()	_getwch(), _putwch()
와이드 문자열 함수	_getws_s(), _putws()	

3.1　getchar(), putchar(), _getch(), _putch()

표준 입출력 함수 getchar()는 1문자를 버퍼 입력하고, putchar()는 버퍼를 사용하여 1 문자를 출력한다.

콘솔 입출력 함수 _getch()는 버퍼를 사용하지 않고 키를 누르는 즉시 문자 코드값을 반환한다. 또한 키보드에서 문자 입력 없이 엔터키를 치면 getchar() 함수는 '\n'(0x0a)을 반환하고, _getch() 함수는 '\r'(0x0d)을 반환한다. getch() 함수를 사용하면 4996 경고가 발생한다. getch() 함수를 사용할 때 발생하는 경고는 #pragma warning (disable: 4996)로 해제할 수 있다. _putch() 함수는 버퍼를 사용하지 않고 1문자를 출력한다.

표 7.8　문자/문자열 입출력 함수

함 수	설 명
int getchar();	stdio.h　: 버퍼(buffered) 1 문자 입력
int putchar(int c)	stdio.h　: 버퍼(buffered) 문자 출력, putc(int c, stdout)
int _getch();	conio.h　: 비버퍼(unbuffered) 문자 입력
int _putch(int c);	conio.h　: 비버퍼(unbuffered) 문자 출력

[예제 7.10] ANSI 1문자 입출력: getchar(), _getch(), putchar()

```
01:  #include <stdio.h>
02:  #include <conio.h> /* _getch()  */
03:  int main()
04:  {
05:       int ch;
06:
07:       ch = getchar(); /* 버퍼 문자 입력 */
08:       printf("ch = %c, %x, %d\n", ch, ch, ch);
09:       putchar(ch); /* putc(ch, stdout); */
10:       putchar('\n');
11:
12:       ch = _getch(); /* 비버퍼  문자입력 */
13:       printf("ch = %c, %x, %d\n", ch, ch, ch);
14:       return 0;
15:  }
```

● 실행 결과

▌ 프로그램 설명

① 2행

콘솔 입출력 헤더 파일 <conio.h>는 _getch() 함수를 사용하기 위해 포함한다. getch() 함수를 사용할 때 발생하는 경고는 #pragma warning (disable: 4996)로 해제할 수 있다.

② 5행

getchar(), _getch(), putchar()에서 1문자 입출력 위해 int형 변수 ch를 선언한다.

③ 7-10행

7행은 ch = getchar()로 키보드에서 1문자 입력을 받는다. 문자 'a'를 입력하고 엔터를 누르면 ch = 0x61이 입력된다. 키보드에서 문자 입력 없이 엔터키를 누르면 ch = 10, 즉 ch = '\n'이다. putchar(ch), putc(ch, stdout), _putch(ch), printf("%c", ch)는 모두 ch의 문자를 출력한다.

④ 12-13행

ch = _getch()는 문자 'b'를 누르자마자 ch = 0x62가 입력된다. 키보드에서 문자 입력 없이 엔터키를 치면 ch = 13, 즉 '\r'이다.

[예제 7.11] ANSI 문자의 putchar(), _putch(), setlocale()

```
01:  #include <stdio.h>
02:  #include <conio.h>  /* _putch() */
03:  #include <locale.h> /* setlocale() */
04:  int main()
05:  {
06:      char *str;
07:
08:      printf("putchar()\n");
09:      putchar(0xc7);
10:      putchar(0xd1);
11:      putchar('\n');
12:
13:      printf("_putch()\n");
14:      _putch(0xc7);
15:      _putch(0xd1);
16:      _putch('\n');
17:
18:      printf("_putch() with setlocale()\n");
19:      str = setlocale(LC_ALL, "");
20:      printf("str = %s", str);
21:      _putch(0xc7);
22:      _putch(0xd1);
```

```
23:        _putch('\n');
24:        return 0;
25: }
```

● 실행 결과

▌ 프로그램 설명

① 2-3행

콘솔 입출력 헤더 파일 <conio.h>은 _putch() 함수를 사용하기 위해 포함하고, 로케일 헤더
파일 locale.h은 setlocale() 함수를 사용하기 위해 포함한다.

② 8-11행

'한'의 멀티 바이트(MBCS) 코드는 0xc7, 0xd1의 2바이트이다. 코드값을 연속으로 출력하기
위해 putchar(0xc7)와 putchar(0xd1)를 연속하여 사용하면 버퍼에 출력 내용을 모았다가 문
자 '한'을 올바르게 출력한다.

③ 13-16행

_putch(0xc7), _putch(0xd1)로 코드값을 연속으로 출력하면 버퍼를 사용하지 않고 바로 1바
이트씩 출력하기 때문에 문자 '한'이 출력되지 않는다.

④ 18-23행

setlocale(LC_ALL, "")는 언어 및 국가/언어 로케일을 설정한다. [그림 7.6]과 같이 제어판
의 [국가 및 언어]가 한국어(대한민국)로 설정되어 있으면 setlocale(LC_ALL, "korean")과
같다. 19행의 setlocale() 함수는 현재 로케일을 반환하여 str = "Korean_Korea.949"이다.
setlocale() 함수가 한국어로 설정되어 있으면, 21과 22행의 비버퍼 문자출력 _putch(0xc7),
_putch(0xd1)는 '한'을 올바르게 출력한다.

3.2 gets_s(), puts()

gets_s() 함수는 키보드에서 엔터를 누를 때까지의 문자열 1라인을 버퍼를 사용하여 입
력한다. 줄 바꿈 문자 ('\n')까지 모든 문자를 buffer에 읽고, 줄 바꿈 문자 ('\n')를 널 문
자('\0')로 변경하여 반환한다. scanf() 함수에서 "%s"에 의한 문자열 입력은 공백 전까지
문자열을 입력하므로 1라인을 모두 읽는 gets_s()와는 다르다. MSDN 문서에 따르면 비
주얼 스튜디오 2015부터는 gets() 함수는 사용할 수 없다고 명시하고 있다. 그러나 경고
는 나오지만 오류는 발생하지 않는다. puts() 함수는 문자열을 출력하고 행을 변경한다.

표 7.9 문자열 입출력 함수

함 수	설 명
char *gets_s(char *buffer, size_t sizeInCharacters);	버퍼 1라인 문자열 입력
int puts(const char *str)	버퍼 문자열 출력

[예제 7.12] ANSI 1라인 문자열 입출력 : gets_s(), puts()

```
01:  #include <stdio.h>
02:  #define N 128
03:  int main()
04:  {
05:       char buffer[N];
06:
07:       gets_s(buffer, N);  /*  N = sizeof(buffer) */;
08:       for (int i = 0; buffer[i] != 0; i++)
09:            printf("%hhx, ", buffer[i]);
10:       putchar('\n');
11:
12:       puts(buffer);
13:       printf("buffer = %s\n", buffer);
14:       return 0;
15:  }
```

● 실행 결과

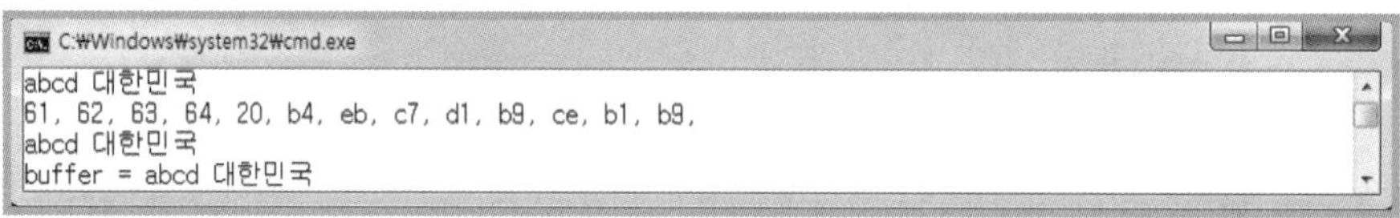

▌프로그램 설명

① 5행
멀티 바이트 ANSI 문자열 입력을 위해 크기 128의 char 문자 배열 s를 선언한다.

② 7행
gets_s(s, N)는 키보드에서 문자열(공백 포함)을 입력하고 엔터를 누르면 배열 s에 1라인의 문
자열을 입력한다. N 대신 sizeof(buffer)를 사용할 수 있다.

③ 8-10행
버퍼에 저장된 멀티 바이트 ANSI 코드를 출력한다. 아스키코드는 1문자, 한글은 2바이트 완
성형 코드로 출력한다. 10행은 줄 바꿈을 한다.

④ 12-13행
puts(s)는 배열 s에 문자열을 출력하고 라인을 변경한다. printf("%s\n", s)와 같다.

3.3 getwchar(), putwchar(), _getwch(), _getws_s(), _putws()

getwchar(), putwchar(), _getwch(), _getws_s(), _putws() 등은 와이드(UTF-16 유니코드) 문자/문자열 입출력 함수이다.

헤더 파일 ⟨stdio.h⟩에 선언된 getwchar()와 putwchar()는 버퍼를 사용하는(buffered) 와이드 문자 표준 입력 함수이고, 헤더 파일 conio.h에 선언된 _getwch()와 _putwch()는 버퍼를 사용하지 않는(unbuffered) 와이드 문자 콘솔 입출력 함수이다.

헤더 파일 stdio.h에 선언된 _getws_s(), _putws() 함수는 와이드 문자열 표준 입력 함수이다. _getws_s() 함수는 줄 바꿈 문자 ('\n')까지 모든 문자를 buffer에 읽고, 줄 바꿈 문자('\n')를 널 문자('\0')로 변경하여 반환한다. wint_t, wchar_t는 모두 2바이트 정수형 unsigned short 이다. 명령창에서 유니코드 한글 입출력은 setlocale() 함수로 국가 및 언어 로케일을 설정해야 한다. 와이드 문자 입출력 함수는 ⟨wchar.h⟩ 헤더 파일에도 선언되어 있다.

표 7.10 와이드 문자/문자열 입출력 함수

함 수	설 명
wint_t getwchar();	⟨stdio.h⟩ : 버퍼 와이드 문자 입력
wint_t putwchar(wchar_t c);	⟨stdio.h⟩ : 버퍼 와이드 문자 출력
wint_t _getwch(void);	⟨conio.h⟩ : 비버퍼 와이드 문자 입력
wint_t _putwch(wchar_t c);	⟨conio.h⟩ : 비버퍼 와이드 문자 출력
wchar_t *_getws_s(wchar_t *buffer, size_t sizeInCharacters);	⟨stdio.h⟩ : 버퍼 와이드 문자열 입력
int _putws(const wchar_t *str);	⟨stdio.h⟩ : 버퍼 와이드 문자열 출력

[예제 7.13] 유니코드 1문자 입출력 : getwchar(), putwchar(), _getwch(), _putwch()

```
01:  #include <stdio.h>
02:  #include <conio.h>   /* _getwch()  */
03:  #include <locale.h>  /* setlocale() */
04:  int main()
05:  {
06:      wchar_t ch;
07:
08:      setlocale(LC_ALL, "");
09:      ch = getwchar(); /* 버퍼 문자 입력 */
10:      wprintf(L"ch = %c, %x, %d\n", ch, ch, ch);
11:
12:  /*   putwchar(ch);  */   /* putwc(ch, stdout); */
13:      _putwch(L'한');
14:      _putwch(L'\n');
15:
16:      ch = _getwch();     /* 비버퍼 콘솔 문자입력 */
17:      wprintf(L"ch = %c, %x, %d\n", ch, ch, ch);
```

```
18:        return 0;
19: }
```

● 실행 결과

▋ 프로그램 설명

① 2-3행
콘솔 입출력 헤더 파일 <conio.h>은 _getwch(), _putwch()를 사용하기 위해 포함하고, 로케일 헤더 파일 locale.h은 setlocale() 함수를 사용하기 위해 포함한다.

② 8행
한글 입출력을 위하여 setlocale() 함수로 국가 및 언어 로케일을 설정한다. setlocale(LC_ALL, "korean")과 같다. setlocale() 함수가 없으면 한글은 멀티 바이트(MBCS, ANSI/OEM 949) 문자로 처리한다.

③ 9-10행
9행은 키보드에서 '한'을 입력하고, 엔터키를 누르면 와이드 문자 코드 값을 반환하여 ch = 0xd55c이다. 10행은 wprintf() 함수로 와이드 문자 ch를 문자, 16진수, 10진수로 출력한다.

④ 12-14행
12행의 putwchar() 함수는 와이드 문자 ch를 출력한다. 비주얼 스튜디오 2013에서 putwchar() 함수는 한글을 올바르게 출력하지만, 비주얼 스튜디오 2015에서는 한글을 올바르게 출력하지 못한다. putwc(ch, stdout) 역시 한글을 올바르게 출력하지 못한다. 그러나 fp = fopen("test.txt", "w")로 파일을 개방하여 putwc(ch, fp)로 파일에 출력하면 올바르게 출력되는 것을 확인 할 수 있다. 13-14행은 _putwch() 함수는 한글을 올바르게 출력한다.

⑤ 16-17행
16행의 ch = _getwch()는 비버퍼 와이드 문자 콘솔 입력으로, 영문은 키를 누르면 바로 와이드 문자 코드를 반환하여 ch에 저장한다. 한글 문자를 입력하고 스페이스바를 누르면 바로 와이드 문자 코드를 ch에 저장한다. 17행은 wprintf() 함수로 와이드 문자 ch를 출력한다.

[예제 7.14] 유니코드 1라인 문자열 입출력 : _getws_s(), _putws()

```
01:  #include <stdio.h>
02:  #include <locale.h> /* setlocale() */
03:  #define N 128
04:  int main()
05:  {
06:        wchar_t buffer[N];
07:
08:        setlocale(LC_ALL, "");
09:
10:        _getws_s(buffer, N);  /* _countof(buffer), stdlib.h */
```

```
11:        for (int i = 0; buffer[i] != 0; i++)
12:            printf("%hx, ", buffer[i]);
13:        putchar('\n');
14:
15:        _putws(buffer);
16:        wprintf(L"buffer = %s\n", buffer);
17:        return 0;
18:  }
```

● 실행 결과

```
C:\Windows\system32\cmd.exe
abcd 대한민국
61, 62, 63, 64, 20, b300, d55c, bbfc, ad6d,
abcd 대한민국
buffer = abcd 대한민국
```

▌ 프로그램 설명

① 2행
로케일 헤더파일 <locale.h>은 setlocale() 함수를 사용하기 위해 포함한다.

② 6행
와이드(UTF-16 유니코드) 문자열 입력을 위해 크기 N의 wchar_t 배열 s를 선언한다.

③ 8행
한글 입력을 위하여 setlocale() 함수로 언어 및 국가 로케일을 설정한다. setlocale(LC_ALL,
"korean")과 같다. setlocale() 함수가 없으면 _getws_s() 함수는 멀티 바이트(MBCS, ANSI/
OEM 949) 문자열로 입력한다.

④ 10-13행
10행은 키보드에서 1라인의 문자열을 입력하고 엔터키를 누르면 줄 바꿈 문자('\n')까지 모든
문자를 buffer에 와이드 문자열로 읽고, 줄 바꿈 문자('\n')를 널 문자('\0')로 변경하여 저장
한다. 배열 s의 크기인 N 대신 공통 라이브러리 헤더파일 stdlib.h의 매크로 함수 _countof()
를 사용할 수 있다. 11-12행은 문자열의 각 문자의 2바이트 코드를 16진수로 출력한다.
putchar('\n')은 라인을 변경한다.

⑤ 15-16행
_putws(), wprintf() 함수는 와이드 문자열을 출력한다.

3.4 _kbhit(), getche(), ungetch()

헤더 파일 〈conio.h〉에 포함된 _getch(), _putch(), _getwch(), _putwch() 등의 콘솔
문자 입출력 함수는 이미 설명하였다. 여기서는 _kbhit(), _getche(), ungetch()에 대해
설명한다.

① _kbhit() 함수는 콘솔 키보드를 검사한다. 키를 누르면 0이 아닌 값(1)을 반환한다. 어떤

키도 누르지 않으면 반환값은 0이다. 이때 누른 키는 _getch() 또는 _getche()로 확인할 수 있다.

② _getche() 함수는 _getch() 함수와 같이 비버퍼 문자 입력을 하고, 입력 문자를 콘솔에 에코 출력한다.

③ _ungetch() 함수는 문자 c를 콘솔에 푸시(push)한다. _ungetch() 함수로 푸시한 문자는 _getch() 또는 _getche()로 읽을 수 있다.

④ _getwche(), _ungetwch() 함수는 와이드 문자 함수이다.

표7.11 콘솔 문자 입출력 함수(conio.h)

함 수	설 명
int _kbhit(void);	키보드를 눌렀는지 여부 검사
int _getche(void);	_getch()와 같고, 문자를 에코 출력
int _ungetch(int c);	문자 c를 콘솔에 푸시
wint_t _getwche(void);	_getwch()와 같고, 문자를 에코 출력
wint_t _ungetwch(wint_t c);	유니코드 문자 c를 콘솔에 푸시

[예제 7.15] 콘솔 입출력 함수1 : _kbhit()

```
01:  #include <stdio.h>
02:  #include <conio.h>
03:  int main()
04:  {
05:       int i = 0;
06:       while (!_kbhit())      /* kbhit() */
07:            printf("i = %d\n", i++);
08:
09:       printf("\n Hit Key : %c \n", _getch());
10:       return 0;
11:  }
```

● 실행 결과

▌프로그램 설명

① 2행
콘솔 입출력 헤더 파일 conio.h은 _kbhit(), _getch() 함수를 사용하기 위해 포함한다.

② 6-7행
프로그램을 실행시키고, 키보드에서 어떤 키도 누르지 않으면 _kbhit() 함수는 0을 반환하고, !_kbhit() 함수의 결과는 참이 되어 i 값을 증가시키며 while 문을 무한 반복한다. 아무

키나 누르면 _kbhit() 함수는 0이 아닌 값(1)을 반환하므로 !_kbhit() 함수의 결과는 거짓이
되어 while 문을 종료한다.

③ 9행
_getch() 함수는 키보드에서 누른 키를 입력한다.

[예제 7.16] 콘솔 입출력 함수 2 : getche(), ungetch()

```
01:  #include <stdio.h>
02:  #include <conio.h>
03:  int main()
04:  {
05:      int ch, ch2;
06:
07:      ch = _ungetch('A');
08:      ch2 = _getch();    /* _getche() */
09:
10:      printf("ch = %c\n", ch);
11:      printf("ch2 = %c\n", ch2);
12:      return 0;
13:  }
```

● 실행 결과

▌프로그램 설명

① 7행
ch = _ungetch('A')는 문자 'A'를 콘솔에 푸시하고 반환하여 ch에 저장한다.

② 8행
8행은 키보드 입력을 위해 멈추지 않고, _ungetch() 함수로 푸시한 문자 'A'를 _getch() 또는
_getche() 함수를 이용하여 읽어 ch2에 저장한다.

04 수학 함수(math.h)

헤더파일 〈math.h〉은 abs(), fabs(), sin(), cos(), tan(), asin(), acos(), atan(),
sqrt(), log(), log2(), log10(), pow(), exp(), atof(), ceil(), floor(), round(), trunc(),

hypot() 등의 수학 함수를 포함한다. sin(), cos(), tan() 등의 삼각 함수는 각도로 라디 안(radian)을 사용한다. 0~360도의 각도(degree)에 M_PI / 180을 곱하면 라디안으로 변경된다. 〈math.h〉 헤더 파일을 포함하기 전에 _USE_MATH_DEFINES를 정의하면 주요 수학 상수를 사용할 수 있다.

표 7.12 수학 함수(math.h)

함 수	설 명
int abs(int X);	정수 X의 절대값
double fabs(double X);	실수 X의 절대값
double sin(double X);	사인 sin(X)
double cos(double X);	코사인 cos(X)
double tan(double X);	탄젠트 tan(X)
double sqrt(double X);	제곱근 $\sqrt{X}$
double log(double X);	자연로그 $\log_e X$
double log2(double X);	이진로그 $\log_2 X$
double log10(double X);	상용로그 $\log_{10} X$
double asin(double X);	$\sin^{-1}(X)$
double acos(double X);	$\cos^{-1}(X)$
double atan(double X);	$\tan^{-1}(X)$
double pow(double X, double Y);	거듭제곱 X^Y
double exp(double X);	지수함수 e^X
double atof(char const* String);	실수 표현 형식인 문자열을 실수로 변환
double ceil(double X);	$\lceil X \rceil$, X보다 크거나 같으면서 가장 작은 정수
double floor(double X);	$\lfloor X \rfloor$, X보다 작거나 같으면서 가장 큰 정수
double round(double X);	X에 가장 가까운 정수로 반올림
double trunc(double X);	X의 소숫점 부분 절단
double hypot(double X, double Y);	두 변이 X, Y인 직각삼각형의 빗변

```
// Define _USE_MATH_DEFINES before including 〈math.h〉
//  to expose these macro
    #define M_E          2.71828182845904523536   // e
    #define M_LOG2E      1.44269504088896340736   // log2(e)
    #define M_LOG10E     0.43429448190325182765l  // log10(e)
    #define M_LN2        0.693147180559945309417  // ln(2)
    #define M_LN10       2.30258509299404568402   // ln(10)
    #define M_PI         3.14159265358979323846   // pi
    #define M_PI_2       1.57079632679489661923   // pi/2
    #define M_PI_4       0.785398163397448309616  // pi/4
    #define M_1_PI       0.318309886183790671538  // 1/pi
    #define M_2_PI       0.636619772367581343076  // 2/pi
    #define M_2_SQRTPI   1.12837916709551257390   // 2/sqrt(pi)
```

```
#define M_SQRT2    1.41421356237309504880    // sqrt(2)
#define M_SQRT1_2  0.70710678118654752440l   // 1/sqrt(2)
```

[예제 7.17] 수학 함수 1

```c
01:  #include <stdio.h>
02:  #include <math.h>
03:  int main()
04:  {
05:      double a, b, c, d, e, f, g;
06:
07:      a = fabs(-10.0);
08:      printf("fabs(-10.0) = %lf\n", a);
09:
10:      b = pow(3.0, 2.0);
11:      printf("pow(3.0, 2.0) = %lf\n", b);
12:
13:      c = sqrt(b);
14:      printf("sqrt(%f) = %f\n", b, c);
15:
16:      d = trunc(1.1);
17:      printf("trunc(1.1) = %f\n", d);
18:
19:      e = ceil(1.1);
20:      printf("ceil(1.1) = %f\n", e);
21:
22:      f = floor(1.1);
23:      printf("floor(1.1) = %f\n", f);
24:
25:      g = round(1.499999);
26:      printf("round(1.499999) = %f\n", g);
27:
28:      h = hypot(3.0, 4.0);
29:      printf("hypot(3.0, 4.0) = %f\n", h);
30:
31:      printf("atof(\"3.14\") = %f\n", atof("3.14"));
32:      return 0;
33:  }
```

● 실행 결과

```
C:\Windows\system32\cmd.exe
fabs(-10.0)= 10.000000
pow(3.0, 2.0)= 9.000000
sqrt(9.000000)= 3.000000
trunc(1.1)= 1.000000
ceil(1.1)= 2.000000
floor(1.1)= 1.000000
round(1.499999)= 1.000000
hypot(3.0, 4.0)= 5.000000
```

▌프로그램 설명

① 2행

수학 라이브러리 함수를 사용하기 위하여 <math.h> 헤더 파일을 포함한다.

② 7행

-10의 절대값은 a = fabs(-10) = 10.0이다.

③ 10행

pow() 함수는 거듭제곱을 계산한다. b = pow(3.0, 2.0) = 3^2 = 9.0이다.

④ 13행

sqrt() 함수는 제곱근을 계산한다. c = sqrt(b) = $\sqrt{9}$ = 3.0이다.

⑤ 16행

trunc() 함수는 소수점 이하를 절단한다. d = trunc(1.1) = 1.0이다.

⑥ 19행

ceil(x) 함수는 $\lceil x \rceil$를 계산한다. 즉, x보다 크거나 같으면서 가장 작은 정수를 반환한다. e = ceil(1.1) = 2.0이다. ceil(-1.1)은 -1.0을 반환한다.

⑦ 22행

floor(x) 함수는 $\lfloor x \rfloor$를 계산한다. 즉, x보다 작거나 같으면서 가장 큰 정수를 반환한다. f = floor(1.1) = 1.0이다. floor(-1.1)는 -2.0이다.

⑧ 25행

round() 함수는 가장 가까운 정수로 반올림한다. g = round(1.499999) = 1.0이다. round(-1.499999)는 -1이다.

⑨ 28행

두 변이 3.0, 4.0인 직각삼각형의 빗변의 길이는 h = hypot(3.0, 4.0) = 5.0이다.

⑩ 31행

atof("3.14")는 실수 3.14를 반환한다.

[예제 7.18] 수학 함수 2

```c
01:  #include <stdio.h>
02:  #define _USE_MATH_DEFINES
03:  #include <math.h>
04:  int main()
05:  {
06:      double cX = 10.0, cY = 10.0, r = 100;
07:      double x, y, theta, fAngleStep = 30;
08:      printf("Circle: Radius = %f, Center = (%f, %f)\n", r, cX, cY);
09:
10:      printf("Points on the circle\n");
11:      for (theta = 0.0; theta < 360; theta += fAngleStep)
12:      {
```

```
13:              x = cX + r * cos(theta * (M_PI / 180.0));
14:              y = cY + r * sin(theta * (M_PI / 180.0));
15:              printf("(x, y) = (%6.2f, %6.2f)\n", x, y);
16:          }
17:          return 0;
18: }
```

● 실행 결과

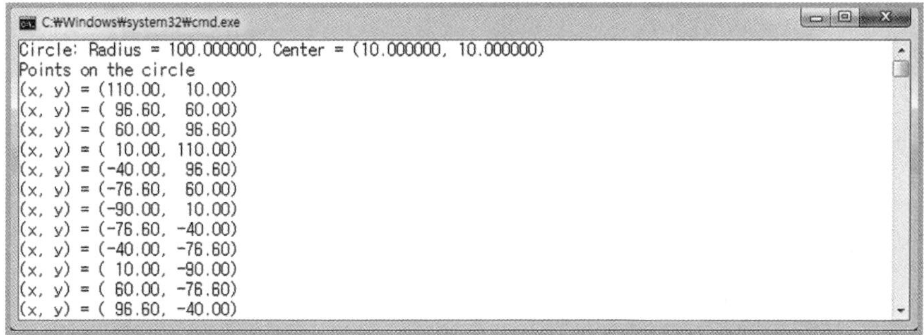

▌프로그램 설명

① 2-3행
수학 상수 M_PI를 사용하기 위하여 _USE_MATH_DEFINES를 정의하고, 수학 라이브러리 함수를 사용하기 위하여 <math.h> 헤더파일을 포함한다.

② 6-16행
원의 중심이 (cX, cY)이고, 반지름이 r인 원 위의 좌표 (x, y)를 fAngleStep 각도 간격으로 계산하여 출력한다. 각도(theta)는 rad = theta *M_PI/180에 의해 라디안으로 변환하여 계산한다.

$$x = cX + r \cos(rad)$$
$$y = cY + r \sin(rad)$$

05 문자 검사 및 변환 함수(ctype.h)

헤더파일 〈ctype.h〉은 아스키(ANSI) 코드의 문자 검사 및 변환 함수를 포함한다. isalpha(), isupper(), islower(), isdigit(), isxdigit(), isspace(), isalnum() 등의 함수는 조건이 참이면 0이 아닌 값을 반환하고, 거짓이면 0을 반환한다. toupper(), tolower() 함수는 각각 대문자, 소문자로 변환한다. __toascii() 함수는 아스키코드로 변환한다. 와이드 코드의 문자 검사 및 변환 함수는 ctype.h 또는 wchar.h 헤더파일에 선언되어 있으며 iswalnum(wint_t c), iswalpha(wint_t c), towlower(wint_t c), towupper(wint_t c) 등과 같이 함수 이름에 'w'를 포함하고 있다.

표 7.13 문자 검사 및 변환 함수(ctype.h)

함 수	설 명(0이 아닌 값인 경우)
int isalnum(int c);	알파벳 또는 숫자
int isalpha(int c);	알파벳
int iscntrl(int c);	제어 문자
int isdigit(int c);	숫자
int isgraph(int c);	인쇄 가능 문자(공백 포함하지 않음)
int islower(int c);	영문 소문자
int isprint(int c);	인쇄 가능 문자(공백 포함)
int ispunct(int c);	구두점(punctation)
int isspace(int c);	공백 문자
int isupper(int c);	영문 대문자
int isxdigit(int c);	16진수 문자(0123456789ABCDEFabcdef)
int tolower (int c);	소문자로 변환
int toupper (int c);	대문자로 변환
int __toascii (int c);	c의 하위 7비트만을 반환한다. #define toascii __toascii로 정의되어 있어 toascii()로 사용 가능

[예제 7.19] 문자 검사 및 변환 함수

```
01:   #include <stdio.h>
02:   #include <ctype.h>
03:   int main()
04:   {
05:       for (int c = 0; c < 128; c++)
06:       {
07:           if (isxdigit(c)) /* 16진수 문자 검사 */
08:           {
09:               printf("c = %hhx, %c\n", c, c);
10:           }
11:       }
12:
13:       /* 문자 변환 */
14:       printf("tolower('A') = %c\n", tolower('A'));
15:       printf("toupper('a') = %c\n", toupper('a'));
16:       printf("toascii(0xc1) = %c\n", toascii(0xc1));
17:       return 0;
18:   }
```

● 실행 결과

```
C:\Windows\system32\cmd.exe
c = 30, 0
c = 31, 1
c = 32, 2
c = 33, 3
c = 34, 4
c = 35, 5
c = 36, 6
c = 37, 7
c = 38, 8
c = 39, 9
c = 41, A
c = 42, B
c = 43, C
c = 44, D
c = 45, E
c = 46, F
c = 61, a
c = 62, b
c = 63, c
c = 64, d
c = 65, e
c = 66, f
tolower('A') = a
toupper('a') = A
toascii(0xc1) = A
```

▌ 프로그램 설명

① 5-11행
아스키코드(0에서 127) 중에서 isxdigit(c) 함수로 16 진수 문자를 찾아 16진수 코드와 문자를
출력한다.

② 14-16행
14행의 tolower('A')는 소문자 'a'를 반환하고, 15행의 toupper('a')는 대문자 'A'를 반환한다.
16행의 toascii(0xc1)는 0xc1의 하위 7비트인 0x41을 반환한다. 0x41은 문자 'A'이다.

06 문자열 함수(string.h)

헤더파일 〈string.h〉은 문자열의 길이, 문자열 복사, 문자열 연결, 문자열 비교 등의 문
자열 관련 함수를 포함한다.

① strlen() 함수는 널 문자('\0')를 제외한 문자열의 길이(바이트 수)를 반환한다. 멀티 바이
트에서 한글은 2바이트로 계산한다. size_t는 unsigned int이다.
② strcpy() 함수는 src 문자열을 dst 문자열에 복사한다. strncpy() 함수는 최대 n개의 문
자를 복사한다.
③ strcat() 함수는 ds 문자열 뒤에 src를 연결하여 붙인다. strncat() 함수는 src 문자열에

서 최대 n개의 문자를 dst 뒤에 연결하여 붙인다. strcmp() 함수는 문자열 str1과 str2
를 사전순서(lexicographic order)로 비교하여 str1 〉 str2이면 양수를 반환하고, str1
== str2이면 0 반환하고, str1 〈 str2이면 음수를 반환한다.

④ strncmp() 함수는 최대 n개의 문자까지 비교한다.

⑤ _strset() 함수는 널 문자('\0')로 끝나는 문자열 str을 문자 c로 채운다.

⑥ strtok() 함수는 문자열 str에서 seps 문자열의 각 문자에 의해 구분되는 토큰(token)을
반환하고, strtok(NULL, seps)에 의해 다음 토큰을 반환값이 NULL일 때까지 계속 수
행한다.

strcpy_s(), strncat_s(), strtok_s() 등의 안전 기능 함수가 있으며, wcslen(), wcscpy_
s(), wcscat_s(), wcscmp(), wcsncmp(), _wcsset(), _wcsset_s(), wcstok(), wcstok_
s() 등의 와이드 코드 함수가 있다.

표 7.14 문자열 함수(string.h)

함 수	설 명
size_t strlen(const char * str);	문자열의 길이
char * strcpy(char * dst, const char * src);	src를 dst에 복사
char * strcat(char * dst, const char * src);	dst 뒤에 src를 연결하여 붙임
int strcmp(const char * str1, const char * str2);	str1과 str2의 사전순서 비교
char *_strset(char *str, int c);	str을 문자 c로 채움
char *strtok(char *str, const char *seps);	str을 seps의 문자로 분리

[예제 7.20] 문자열의 길이

```
01:  #include <stdio.h>
02:  #include <string.h>
03:  #include <stdlib.h>         /* _countof() */
04:  int main()
05:  {
06:       char   s1[]   = "hello";
07:       char   s2[]   = "hello 대한民國";
08:       wchar_t s3[] = L"hello";
09:       wchar_t s4[] = L"hello 대한民國";
10:
11:       printf("sizeof(s1) = %d\n", sizeof(s1));
12:       printf("sizeof(s2) = %d\n", sizeof(s2));
13:       printf("sizeof(s3) = %d\n", sizeof(s3));
14:       printf("sizeof(s4) = %d\n", sizeof(s4));
15:
16:       printf("\nstrlen(s1) = %d\n", strlen(s1));
17:       printf("strlen(s2) = %d\n", strlen(s2));
18:       printf("wcslen(s3) = %d\n", wcslen(s3));
19:       printf("wcslen(s4) = %d\n", wcslen(s4));
20:
```

```
21:        printf("\n_countof(s1) = %d\n", _countof(s1));
22:        printf("_countof(s2) = %d\n", _countof(s2));
23:        printf("_countof(s3) = %d\n", _countof(s3));
24:        printf("_countof(s4) = %d\n", _countof(s4));
25:        return 0;
26:  }
```

● 실행 결과

```
C:\Windows\system32\cmd.exe

sizeof(s1)=6
sizeof(s2)=15
sizeof(s3)=12
sizeof(s4)=22

strlen(s1)=5
strlen(s2)=14
wcslen(s3)=5
wcslen(s4)=10

_countof(s1) = 6
_countof(s2) = 15
_countof(s3) = 6
_countof(s4) = 11
```

▌ 프로그램 설명

① 3행
매크로 함수 _countof()를 사용하기 위하여 공통 라이브러리 헤더파일 <stdlib.h>를 포함한다.

② 6-9행
6-7행은 char 문자배열 s1, s2에 멀티 바이트(MBCS, ANSI/OEM 949) 문자열 상수를 초기화한다. 멀티 바이트 코드는 아스키코드는 1바이트, 그 외의 문자는 2바이트로 표현한다. 그러므로 배열 s1은 6 바이트, s2는 15 바이트의 메모리를 차지한다. 문자열은 마지막에 널 문자('\0')포함한다. 8-9행은 wchar_t 문자배열 s3, s4에 와이드(유니코드, UTF16) 문자열 상수를 초기화한다. UTF-16 유니코드는 모든 문자에 대하여 2바이트로 표현한다. 그러므로 배열 s3은 12 바이트, s4는 22 바이트의 메모리를 차지한다. 문자열은 마지막에 널 문자(L'\0')포함한다.

③ 11-14행
sizeof 연산자는 메모리 할당 바이트크기를 계산한다. 멀티 바이트 문자 배열 s1, s2에서 아스키 문자는 1바이트('\0' 포함), 아스키 이외의 문자는 2바이트로 표현된다. sizeof(s1) = 6, sizeof(s2) = 15 바이트이다. UTF-16 유니코드 문자 배열 s3, s4에서 모든 문자(L'\0' 포함)는 2바이트로 표현된다. sizeof(s3) = 12, sizeof(s4) = 22 바이트이다.

④ 16-19행
16-17행은 strlen() 함수로 널 문자('\0')를 제외한 문자열의 길이를 계산한다. strlen(s1) = 5, strlen(s2) = 14이다. 18-19행은 wcslen() 함수로 널 문자(L'\0')를 제외한 문자열의 길이를 계산한다. wcslen(s3) = 5, wcslen(s4) = 10이다.

⑤ 21-24행
매크로 함수 _countof()는 배열 요소의 개수를 계산한다. 널 문자('\0' 또는 L'\0')도 카운트

하여, 문자열의 길이를 계산하는 strlen(), wcslen() 함수의 값 보다 1 크다. _countof(s1) = 6, _countof(s2) = 15, _countof(s3) = 6, _countof(s4) = 11이다.

[예제 7.21] 문자열 복사

```
01: #include <stdio.h>
02: #include <locale.h> /* setlocale()  */
03: #include <string.h>
04: #define N 128
05: int main()
06: {
07:        char      *s1   = "hello 대한民國";
08:        char      s2[N], s3[N];
09:        wchar_t *w1    = L"hello 대한民國";
10:        wchar_t  w2[N], w3[N];
11:
12: /*    s2 = s1; */      /* 오류 */
13:
14:     /* 멀티 바이트 문자열 복사 */
15: //    strcpy(s2, s1);
16:        strcpy_s(s2, N, s1);
17:        printf("s2 = %s\n", s2);
18:
19: /*    strncpy(s3, s1, 10); s3[10] = 0; */
20:        strncpy_s(s3, N, s1, 10);
21:        printf("s3 = %s\n", s3);
22:
23:        /* 유니코드 문자열 복사 */
24: //    wcscpy(w2, w1);
25:        wcscpy_s(w2, N, w1);
26:        wcsncpy_s(w3, N, w1, 8);
27:
28:        setlocale(LC_ALL, "");        /* 한글 한자 출력 */
29:        wprintf(L"w2 = %s\n", w2);
30:        wprintf(L"w3 = %s\n", w3);
31:        return 0;
32: }
```

● 실행 결과

■ 프로그램 설명

① 7–10행

7행은 char 문자열 포인터 s1을 선언하고, 멀티 바이트 문자열 상수로 초기화 한다. 8행은 크기 N의 char 배열 s2, s3을 선언한다. 9행은 wchar_t 문자열 포인터 w1를 선언하고, 유니코드(UTF-16) 문자열 상수로 초기화한다. 10행은 크기 N의 wchar_t 배열 w2, w3을 선언한다.

② 12행

지정문 s2 = s1에 의해 배열에 복사 되지 않는다. 배열 이름 s2는 상수 주소로 = 연산자 왼쪽에 있을 수 없어 문법 오류가 발생한다.

③ 14–21행

15–16행은 char 포인터 s1이 가리키는 문자열을 배열 s2에 복사한다. strcpy_s() 함수는 복사될 문자 배열 s2 뒤에 배열의 크기 N이 필요하다. 19–20행은 s1에서 n = 10개(아스키 문자는 1, 그 외의 문자는 2로 카운트)의 문자를 s3로 복사한다. 19행의 strncpy(s3, s1, 10)는 널 문자('\0')를 추가하지 않기 때문에 21행의 출력을 위해 s3[10] = 0로 널 문자를 추가한다.

④ 23–30행

24–25행은 wchar_t 포인터 w1이 가리키는 문자열을 배열 w2에 복사한다. wcscpy_s() 함수는 복사될 문자 배열 w2 뒤에 배열의 크기 N 또는 _countof(w2)가 필요하다. _countof() 매크로 함수는 stdlib.h에 선언되어 있다. 26행은 w1에서 n = 8개(각 문자는 1씩 카운트)의 문자를 w3로 복사한다.

⑤ 28–30행

setlocale(LC_ALL, "")은 wprintf() 함수로 유니코드에서 한글, 한자 출력하기 위해 국가 및 언어 로케일을 설정한다.

[예제 7.22] 문자열 비교

```
01:    #include <stdio.h>
02:    #include <string.h>
03:    int main()
04:    {
05:        char    *s1 = "abcd";
06:        wchar_t *s2 = L"가나다라";
07:        int n1, n2, n3, n4;
08:
09:        /* 멀티 바이트 문자열 비교 */
10:        n1 = strcmp(s1, "abce");
11:        printf("n1 = %d\n", n1);
12:
13:        n2 = strncmp(s1, "abce", 3);
14:        printf("n2 = %d\n", n2);
15:
16:        /* 유니코드 문자열 비교 */
17:        n3 = wcscmp(s2, L"가나다");
18:        printf("n3 = %d\n", n3);
```

```
19:
20:        n4 = wcsncmp(s2, L"가나다", 3);
21:        printf("n4 = %d\n", n4);
22:        return 0;
23:  }
```

● 실행 결과

■ 프로그램 설명

① 10-14행
멀티 바이트 문자열을 비교한다. 10행은 "abcd" < "abce"이므로 n1 = -1이다. 13행은 두 문자
열의 앞의 3자가 같기 때문에 n2 = 0이다.

② 17-21행
유니코드 문자열을 비교한다. 17행은 L"가나다라" > L"가나다" 이므로 n3 = 1이다. 20행은
두 문자열의 앞의 3글자가 같기 때문에 n4 = 0이다.

[예제 7.23] 문자열 연결 및 채우기

```
01:  #include <stdio.h>
02:  #include <string.h>
03:  #include <stdlib.h> /* _countof() */
04:  #define N 128
05:  int main()
06:  {
07:        char    s1[N] = "0123456789";
08:        wchar_t  s2[N] = L"0123456789";
09:
10:        printf("_countof(s1) = %d\n", _countof(s1));
11:        printf("_countof(s2) = %d\n", _countof(s2));
12:
13:        /* 문자열 채우기 */
14:  //    _strset(s1, '*');
15:        _strset_s(s1, _countof(s1), '*');
16:        printf("s1 = %s\n", s1);
17:
18:        _wcsset_s(s2, _countof(s2), '#');
19:        wprintf(L"s2 = %s\n", s2);
20:
21:        /* 문자열 연결 */
22:        strcat_s(s1, _countof(s1), "abcd");
23:        printf("s1 = %s\n", s1);
```

```
24:
25:        wcscat_s(s2, _countof(s2), L"abcd");
26:        wprintf(L"s2 = %s\n", s2);
27:        return 0;
28:  }
```

● 실행 결과

```
C:\Windows\system32\cmd.exe
_countof(s1) = 128
_countof(s2) = 128
s1 = **********
s2 = ##########
s1 = **********abcd
s2 = ##########abcd
```

▌ 프로그램 설명

① 10−11행

매크로 함수 _countof()는 인자로 주어진 배열 요소의 개수를 계산한다. _countof(s1) =128, _countof(s2) = 128이다.

② 13−19행

14−15행은 배열 s1에서 널 문자('\0') 이전까지 '*' 문자로 채운다. _strset(), _strset_s() 함수는 배열 s1이 널 문자('\0')로 끝나는 문자열이 저장되어 있어야 한다. 7행에서 배열이 문자열로 초기화 되어 있지 않으면 실행시간 오류가 발생한다. 18행은 _wcsset_s() 함수로 유니코드 문자 배열 s2에서 널 문자(L'\0') 이전까지 '#' 문자로 채운다. 8행에서 배열이 문자열로 초기화 되어 있지 않으면 실행시간 오류가 발생한다.

③ 21−26행

22행은 strcat_s() 함수로 문자 배열 s1의 널 문자 위치부터 "abcd" 문자열을 연결시켜 s1 = "**********abcd"이다. 25행은 wcscat_s() 함수로 문자 배열 s2의 널 문자 위치부터 L"abcd" 문자열을 연결시켜 s2 = L"##########abcd"이다.

[예제 7.24] 문자열로부터 토큰 출력

```
01:  #include <stdio.h>
02:  #include <string.h>
03:  int main()
04:  {
05:        char str[] = "apple,banana, grape  peach\tstrawberry";
06:        char seps[] = " ,\t";
07:        char *token;
08:        char *nextToken = NULL;
09:
10:  /*    token = strtok(s1, seps); */
11:        token = strtok_s(str, seps, &nextToken);
12:        while (token != NULL)
13:        {
```

```
14:            printf("token= %s\n", token);
15: /*         printf("nextToken= %s\n", nextToken);  */
16:
17: /*         token = strtok(NULL, seps); */  /* 다음토큰 */
18:            token = strtok_s(NULL, seps, &nextToken);
19:        }
20:     return 0;
21: }
```

● 실행 결과

▌프로그램 설명

① 5-8행

5행은 char 배열 str을 선언하고 문자열 상수를 초기화한다. 6행은 배열 seps를 선언하고, 분리 기준 문자를 포함하는 문자열 상수 " ,\t"로 초기화한다. 즉, 공백문자(' '), 콤마(','), 탭('\t') 문자를 기준으로 토큰 문자열을 분리한다. 문자 포인터 token은 분리된 문자열 포인터이고, 문자 포인터 nextToken은 str에서 token을 분리해 내고, 남은 str 문자열의 시작 포인터이다.

② 10-11행

10행은 strtok() 함수로 문자열 s1에서 seps의 분리 기준으로 토큰을 분리해 반환하여 포인터 token에 저장한다. 처음 토큰은 token = "apple"이다. 11행은 strtok_s() 함수로 문자열 s1에서 seps의 분리 기준으로 토큰을 분리해 반환하여 포인터 token에 저장한다. 포인터 nextToken은 문자열 s1에서 "apple"을 토큰으로 분리하고, 남은 문자열을 가리킨다. nextToken = "banana, grape peach\tstrawberry"이다.

③ 12-19행

조건 token != NULL이 참인 동안 반복하여 토큰을 분리한다. 17-18행은 다음 토큰 문자열을 분리한다. 17행은 token = strtok(NULL, seps)로 다음 토큰을 분리한다. 18행은 token = strtok_s(NULL, seps, &nextToken)로 다음 토큰을 분리한다. 2번째 토큰은 token = "banana"이고, nextToken = "grape peach\tstrawberry"이다.

④ 유니코드 문자열에서 토큰 생성은 wcstok(), wcstok_s() 함수를 사용 할 수 있다.

07 메모리 함수(memory.h)

헤더파일 〈memory.h〉는 메모리 버퍼에서 복사, 비교, 초기화 등의 함수를 포함한다.

① memcpy() 함수는 포인터 src가 가리키는 주소부터, count 바이트를 포인터 dst가 가리키는 주소의 메모리에 복사한다.

② memcmp() 함수는 포인터 buf1, buf2에 의해 지정된 두 메모리 영역의 count 바이트를 비교하여 buf1 〈 buf2이면 음수, buf1 == buf2이면 0, buf1 〉 buf2이면 양수를 반환한다.

③ memset() 함수는 포인터 dst가 가리키는 주소에서 count 바이트를 c로 초기화하고 시작주소를 반환한다.

문자열 복사, 비교, 초기화 관련 strcpy(), strcmp(), _strset() 함수와 유사하지만, memcpy(), memcmp(), memset() 함수의 인수인 src, dst가 문자열일 필요는 없다. memcpy_s(), wmemcpy(), wmemcpy_s(), wmemcmp(), wmemset() 등의 안전 기능 함수 및 와이드 코드 함수가 있다.

표 7.15 메모리 함수(memory.h)

함 수	설 명
void *memcpy(void *dst, const void *src, size_t count);	메모리 버퍼 복사
int memcmp(const void *buf1, const void *buf2, size_t count);	메모리 버퍼 비교
void *memset(void *dst, int c, size_t count);	메모리 초기화

[예제 7.25] 메모리 복사에 의한 부동소수점 표현 확인

```
01:  #include <stdio.h>
02:  #include <memory.h>
03:  int main()
04:  {
05:      char data1[] = { 0x00, 0x00, 0x40, 0xBF };   /* -0.75의 float 표현 */
06:      char data2[] = { 0x00, 0x00, 0xA0, 0x3F };   /* 1.25의 float 표현 */
07:      float value1, value2;
08:      int nRes;
09:
10:      memcpy(&value1, data1, 4);
11:      printf("value1 = %f\n", value1);
12:
13:      memcpy(&value2, data2, 4);
14:      printf("value2 = %f\n", value2);
```

```
15:
16:        nRes = memcmp(data1, data2, 4);
17:        printf("nRes = %d\n", nRes);
18:        return 0;
19: }
```

● 실행 결과

```
C:\Windows\system32\cmd.exe
value1 = -0.750000
value2 = 1.250000
nRes = -1
```

▌ 프로그램 설명

① 4-5행

10진수 실수 -0.75의 16진수 메모리 표현은 0xBF 40 00 00이다([예제 2.2] 참조). 인텔 CPU
는 메모리에서 LSB(하위 바이트)가 상위 바이트(MSB) 보다 먼저 배치되는 리틀 엔디안(little
endian)을 따르기 때문에, 문자 배열 data1에 0x00, 0x00, 0x40, 0xBF 순으로 초기화한다.
10진수 실수 1.25의 16진수 메모리 표현은 0x3F A0 00 00이다. 문자 배열 data2는 0x00,
0x00, 0xA0, 0x3F 순으로 초기화한다.

② 10-11행

배열 data1의 4 바이트 값을 float 변수 value1의 값으로 복사한다. 11행에서 value1 = -0.75
이다.

③ 13-14행

배열 data2의 4 바이트 값을 float 변수 value2의 값으로 복사한다. 11행에서 value2 = 1.25
이다.

④ 16-17행

배열 이름인 주소 data1과 data2에서 4바이트를 비교하면 처음 2바이트는 같고, 3번째 바이
트에서 0x40 < 0xA0이기 때문에 음수를 반환하여 nRes = -1이다.

08 공통 라이브러리 함수(stdlib.h)

헤더파일 〈stdlib.h〉는 문자열 숫자 변환, 난수 생성, 정렬과 탐색, 동적 메모리 할당 등
의 공통 라이브러리 함수를 포함한다. 동적 메모리 할당은 뒤에서 설명한다.

① exit() 함수는 프로세스를 정상적으로 종료한다. status는 종료 상태 코드이다. status =

0(EXIT_SUCCESS)이면 정상종료, status = 1(EXIT_FAILURE)이면 비정상 종료이다. atoi() 함수는 문자열 str을 정수로 변환하여 반환한다.

② atof() 함수는 문자열 str을 실수로 변환하여 반환한다. atoi(), atof() 함수는 숫자로 반환할 수 없는 경우 0을 반환한다.

③ _itoa() 함수는 정수 value를 문자열 buffer에 radix 진법으로 변환한다.

④ _gcvt() 함수는 실수 value를 digits 유효숫자 자릿수의 문자열 buffer로 변환한다. 변환할 수 없으면 NULL을 반환한다. 실수를 문자열로 변환하는 _ecvt(), _fcvt() 등의 함수가 있다.

⑤ _itoa_s(), _i64toa_s(), _ui64toa_s(), _gcvt_s(), _fcvt_s(), _ecvt_s() 등의 버퍼 크기를 요구하는 안전기능 함수가 있으며, _itow(), _itow()_s(), _wtoi(), _wtof() 등의 와이드 문자 함수가 있다.

⑥ srand( ) 함수는 난수생성 함수 rand()에 대한 시작 시드 값을 설정한다. 주로 시간 함수를 사용하여 srand(time(NULL))로 사용한다.

⑦ rand( ) 함수는 0에서 RAND_MAX (32767) 사이의 정수 난수를 반환한다. 생성된 난수는 균등 분포(uniform distribution)를 따른다.

⑧ qsort() 함수는 퀵 정렬(quick sorting) 알고리즘을 수행하여 배열 요소를 정렬한다. base는 정렬하려는 배열의 시작 주소, num은 배열의 크기, width는 배열 요소의 바이트크기, compare는 정렬을 위한 비교함수로 compare((void *) & elem1, (void *) & elem2) 형태이다. 안전 기능을 갖는 qsort_s() 함수가 있다.

⑨ bsearch() 함수는 이진 탐색(binary searching)을 수행한다. 이진 탐색을 하려면 배열의 데이터가 정렬되어 있어야한다. key는 찾으려는 대상 값, base는 정렬하려는 배열의 시작 주소, num은 배열의 크기, width는 배열 요소의 바이트크기, compare는 탐색을 위해 두 요소를 비교하는 함수로 인수 key는 검색 키에 대한 포인터, datum은 키와 비교할 배열 요소에 대한 포인터이다. *key ⟨ *datum이면 음수(⟨0)이고, *key == *datum이면 0, *key ⟩ *datum이면 양수(⟩ 0)이다. 안전 기능을 갖는 bsearch_s() 함수가 있다.

표7.16 공통 라이브러리 함수(stdlib.h)

함 수	설 명
void exit(int status);	프로세스 정상 종료
int atoi(const char * str);	str을 정수로 변환
double atof(const char * str);	str을 실수로 변환
char *_itoa(int value, char *str, int radix);	정수를 문자열로 변환
char *_gcvt(double value, int digits, char *buffer);	실수를 문자열로 변환
void srand(unsigned int seed);	난수를 seed로 초기화
int rand(void);	난수 생성
void qsort (void * base, size_t num, size_t width, 　　　　int (__cdecl *compare)(const void *, const void *));	퀵 정렬
void * bsearch (const void * key, const void * base, 　　　　size_t num, size_t size, int (__cdecl *compare) 　　　　(const void *key, const void *datum));	이진 탐색

[예제 7.26] 문자와 숫자의 변환 : atoi(), atof(), _itoa(), _gcvt()

```
01:   #include <stdio.h>
02:   #include <stdlib.h>
03:   int main()
04:   {
05:        char  buf[128];
06:        int    nValue = -1, radix = 16;
07:        double fValue = -3.141592;
08:
09:        printf("atoi(\"-10\")= %d\n", atoi("-10"));
10:        printf("atof(\"3.14\")= %f\n", atof("3.14"));
11:
12:   /*    _itoa(nValue, buf, radix);*/ /* radix = 16, 10, 8, 2 */
13:        _itoa_s(nValue, buf, sizeof(buf), radix);
14:        printf("nValue=%d의 16진수: %s\n", nValue, buf);
15:
16:   /*    _gcvt(fValue, 5, buf);  */
17:        _gcvt_s(buf, sizeof(buf), fValue, 5);
18:        printf("buf = %s\n", buf);
19:        return 0;
20:   }
```

● 실행 결과

▌프로그램 설명

① 9-10행
atoi("-10")는 정수 -10이고, atof("3.14")는 실수 3.14이다.

② 12-14행
정수 nValue = -1을 radix 진법으로 buf에 문자열로 변환한다. radix = 16이면 buf = "ffffffff"
이다. radix = 2이면 buf에 2진수 문자열로 변환한다.

③ 16-18행
실수 fValue = -3.141592를 digits = 5 유효숫자 자릿수로 문자열 buf로 변환한다.

[예제 7.27] 난수 생성 : srand(), rand()

```
01:   #include <stdio.h>
02:   #include <stdlib.h>
03:   #include <time.h>
04:   #define N 10
05:   int main()
```

```
06:  {
07:      int nData[N];
08:      int i;
09:
10:      srand((unsigned int)time(NULL));
11:      for (i = 0; i < N; i++)
12:      {
13:          nData[i] = rand() % 100;
14:          printf("nData[%d] = %d\n", i, nData[i]);
15:      }
16:      return 0;
17:  }
```

● 실행 결과

```
C:\Windows\system32\cmd.exe
nData[0] = 26
nData[1] = 69
nData[2] = 41
nData[3] = 31
nData[4] = 69
nData[5] = 38
nData[6] = 59
nData[7] = 58
nData[8] = 15
nData[9] = 62
```

▌프로그램 설명

① 10행

시간 함수 time()을 이용하여 난수의 시드 값을 설정한다. time() 함수는 1970년 1월 1일 자정 이후 경과된 시간(초)을 반환한다. 프로그램을 실행할 때마다 time() 함수의 반환 값이 다르기 때문에, rand() 함수에 의해 다른 난수 열(sequence)를 얻을 수 있다.

② 11-15행

rand() % 100에 의해 0에서 99 사이의 정수 난수 N개를 생성하여 nData 배열에 저장한다. rand() 함수는 0에서 RAND_MAX (32767) 사이의 정수 난수를 반환한다.

[예제 7.28] 데이터 정렬 : qsort()

```
01:  #include <stdio.h>
02:  #include <stdlib.h>
03:  #include <string.h>
04:  /* 비교 함수 원형 선언 */
05:  int compareC(const void*c1, const void *c2);
06:  int compareP(const void*s1, const void *s2);
07:  int compareS(const void*s1, const void *s2);
08:  int compareI(const void*s1, const void *s2);
09:  int compareD(const void*s1, const void *s2);
10:  int main()
11:  {
12:      char   str[] = "badce";
```

```c
13:        char *pFruits[]={"banana", "strawberry", "grape", "apple","peach" };
14:        char sFruits[][20]={"banana","strawberry","grape", "apple","peach"};
15:        int    nData[] = { 3, 5, 2, 4, 1 };
16:        double  dData[] = { 3.0, 5.0, 2.0, 4.0, 1.0 };
17:        int   num;  /* 배열의 요소 개수     */
18:        int   width; /* 1개 요소의 바이트 크기 */
19:
20:        printf("문자열 정렬 \n");
21:        width = sizeof(str[0]); /* sizeof(char) */
22:        num = strlen(str);
23:        printf("width = %d, num=%d\n", width, num);
24:        qsort(str, num, width, compareC);
25:        printf("str = %s\n", str);
26:
27:        printf("\n포인터 배열의 문자열 정렬 \n");
28:        width = sizeof(pFruits[0]);          /* sizeof(char*) */
29:        num = sizeof(pFruits) / width;       /* num = _countof(pFruits); */
30:        printf("width = %d, num=%d\n", width, num);
31:        qsort(pFruits, num, width, compareP);
32:        for (int i = 0; i < num; i++)
33:            printf("pFruits[%d]= %s\n", i, pFruits[i]);
34:
35:        printf("\n2차원 배열의 문자열 정렬 \n");
36:        width = sizeof(sFruits[0]);
37:        num = sizeof(sFruits) / width;    /* num = _countof(sFruits); */
38:        printf("width = %d, num=%d\n", width, num);
39:        qsort(sFruits, num, width, compareS);
40:        for (int i = 0; i < num; i++)
41:            printf("sFruits[%d]= %s\n", i, sFruits[i]);
42:
43:        printf("\n1차원 정수 배열의 정렬 \n");
44:        width = sizeof(nData[0]);
45:        num = sizeof(nData) / width;     /* num = _countof(nData); */
46:        printf("width = %d, num=%d\n", width, num);
47:        qsort(nData, num, width, compareI);
48:        for (int i = 0; i < num; i++)
49:            printf("nData[%d]= %d\n", i, nData[i]);
50:
51:        printf("\n1차원 실수 배열의 정렬 \n");
52:        width = sizeof(dData[0]);
53:        num = sizeof(dData) / width;     /* num = _countof(dData); */
54:        printf("width = %d, num=%d\n", width, num);
55:        qsort(dData, num, width, compareD);
56:        for (int i = 0; i < num; i++)
57:            printf("dData[%d]= %lf\n", i, dData[i]);
58:        return 0;
59: }
60: int compareC(const void*c1, const void *c2)
```

```c
61: {
62:        return (*(char *)c1 - *(char *)c2);      /* 오름차순 */
63: /*    return (*(char *)c2 - *(char *)c1); */  /* 내림차순 */
64: }
65: int compareP(const void*s1, const void *s2)
66: {
67:        const char *s1_ = *(const char **)s1;
68:        const char *s2_ = *(const char **)s2;
69:        return strcmp(s1_, s2_);
70: }
71: int compareS(const void*s1, const void *s2)
72: {
73:        return strcmp((char*)s1, (char*)s2);
74: }
75: int compareI(const void*a1, const void *a2)
76: {
77:        return *(int*)a1 - *(int*)a2;
78: }
79: int compareD(const void*a1, const void *a2)
80: {
81:        double diff = *(double*)a1 - *(double*)a2;
82:        int nRes = diff > 0.0 ? 1 : (diff < 0.0 ? -1 : 0);
83:        return nRes;
84: }
```

● 실행 결과

```
C:\Windows\system32\cmd.exe

문자열 정렬
width = 1, num=5
str = abcde

포인터 배열의 문자열 정렬
width = 4, num=5
pFruits[0]= apple
pFruits[1]= banana
pFruits[2]= grape
pFruits[3]= peach
pFruits[4]= strawberry

2차원 배열의 문자열 정렬
width = 20, num=5
sFruits[0]= apple
sFruits[1]= banana
sFruits[2]= grape
sFruits[3]= peach
sFruits[4]= strawberry

1차원 정수 배열의 정렬
width = 4, num=5
nData[0]= 1
nData[1]= 2
nData[2]= 3
nData[3]= 4
nData[4]= 5

1차원 실수 배열의 정렬
width = 8, num=5
dData[0]= 1.000000
dData[1]= 2.000000
dData[2]= 3.000000
dData[3]= 4.000000
dData[4]= 5.000000
```

▌프로그램 설명

① 5-9행
정렬을 위한 두 배열의 요소를 비교하는 함수의 원형을 선언한다.

② 12-18행
12-16행은 정렬을 위한 다양한 자료형의 배열을 선언하고, 초기화한다. 17행의 num은 배열의 요소 개수, 18행의 width은 배열 요소 하나의 바이트 크기이다.

③ 20-25행
문자열 배열 str의 문자를 정렬한다. 21-23행에서 str이 char 배열이므로 width = 1바이트, 배열의 요소 개수는 num = 5이다. 24행은 qsort() 함수로 배열 요소의 비교를 compareC() 함수를 사용하여 str을 정렬한다.

④ 27-33행
문자 포인터 배열 pFruits의 문자열을 정렬한다. 28-29행에서 배열 pFruits이 char* 배열이므로 width = 4바이트(Win32/x86에서 모든 포인터는 4바이트), 배열의 요소 개수는 num = 5이다. num = _countof(pFruits)로 계산할 수 있다. 31행은 qsort() 함수로 배열 요소의 비교를 compareP() 함수를 사용하여 pFruits를 정렬한다.

⑤ 35-41행
2차원 문자열 배열 sFruits의 문자열을 정렬한다. 36-38행에서 width = 20바이트, 배열의 요소 개수는 num = 5이다. num = _countof(sFruits)로 계산할 수 있다. 39행은 qsort() 함수로 배열 요소의 비교를 compareS() 함수를 사용하여 sFruits를 정렬한다.

⑥ 43-49행
1차원 정수 배열 nData의 정수를 정렬한다. 44-46행에서 width = 4바이트(sizeof(int)), 배열의 요소 개수는 num = 5이다. num = _countof(nData)로 계산할 수 있다. 47행은 qsort() 함수로 배열 요소의 비교를 compareI() 함수를 사용하여 nData를 정렬한다.

⑦ 51-57행
1차원 배정도 실수 배열 dData의 정수를 정렬한다. 52-54행에서 width = 8바이트(sizeof(double)), 배열의 요소 개수는 num = 5이다. num = _countof(nData)로 계산할 수 있다. 55행은 qsort() 함수로 배열 요소의 비교를 compareD() 함수를 사용하여 dData를 정렬한다.

⑧ 60-64행
compareC() 함수는 두 개의 문자를 비교한다. (*(char *)c1 - *(char *)c2)는 오름차순 정렬, (*(char *)c2 - *(char *)c1)은 내림차순 정렬한다.

⑨ 65-70행
compareP() 함수는 문자 포인터 배열에서 2중포인터를 이용하여 포인터 s1_, s2_를 구하여, strcmp() 함수로 두 문자열을 비교한다. 69행에서 -strcmp(s1_, s2_)를 반환하면 문자열을 내림차순 정렬한다.

⑩ 71-74행
compareS() 함수는 strcmp() 함수로 두 문자열을 비교한다. 73행에서 -strcmp((char*)s1, (char*)s2)를 반환하면 문자열을 내림차순 정렬한다.

⑪ 75-78행

compareI() 함수는 두 정수를 비교한다. 77행에서 *(int*)a2 - *(int*)a1를 반환하면 내림차순 정렬한다.

⑫ 79-84행

compareD() 함수는 두 배정도 실수를 비교한다. 83행에서 -nRes를 반환하면 내림차순 정렬한다.

[예제 7.29] 이진 탐색 1 : 문자 찾기

```c
01:  #include <stdio.h>
02:  #include <stdlib.h>
03:  #include <string.h>
04:  int compareC(const void*var1, const void *var2);
05:  int main()
06:  {
07:        char str[] = "badceACB";
08:        char cKey = 'd';  /* check for 'Z' */
09:        char *p, *pResult;
10:
11:        /* 퀵 정렬 */
12:        qsort(str, strlen(str), sizeof(char), compareC);
13:        printf("str = %s\n", str);
14:
15:        /* 이진 탐색 */
16:        pResult = (char *)bsearch(&cKey, str, strlen(str), 1, compareC);
17:        for (p = str; *p != 0; p++)
18:              printf("p = %p, *p = %c\n", p, *p);
19:        if (pResult)
20:              printf("cKey = %c, pResult = %p, *pResult = %c\n",
21:                    cKey, pResult, *pResult);
22:        else
23:              printf("no cKey = '%c' in str = '%s'\n", cKey, str);
24:        return 0;
25:  }
26:  int compareC(const void *c1, const void *c2)
27:  {
28:        return (*(char *)c1 - *(char *)c2);
29:  }
```

● 실행 결과

```
C:\Windows\system32\cmd.exe
str = ABCabcde
p = 0024FD34, *p = A
p = 0024FD35, *p = B
p = 0024FD36, *p = C
p = 0024FD37, *p = a
p = 0024FD38, *p = b
p = 0024FD39, *p = c
p = 0024FD3A, *p = d
p = 0024FD3B, *p = e
cKey = d, pResult = 0024FD3A, *pResult = d
```

▌프로그램 설명

① 12행

이진 탐색을 위해 qsort() 함수로 문자열 str의 문자를 오름차순으로 정렬한다.

② 16-23행

16행은 bsearch() 함수로 cKey = 'd'를 문자열 str에서 찾아 반환하여 pResult 포인터에 저장한다. 17-18행은 for 문을 사용하여 문자열 str의 각 문자의 주소(p) 및 문자(*p)를 출력한다. 19-23행은 이진 탐색의 반환값인 pResult 포인터를 이용하여 주소(pResult)와 값(*pResult)을 출력한다. pResult == NULL이면 탐색 문자가 str에 없는 경우이다. 8행에서 cKey = 'Z'로 이진 탐색하면 문자열 str에 없기 때문에 23행이 실행된다.

[예제 7.30] 이진 탐색2 : 문자열 찾기

```
01:  #include <stdio.h>
02:  #include <stdlib.h>
03:  #include <string.h>
04:  int compareP(const void *s1, const void *s2);
05:  int compareP2(const char **s1, const char **s2);
06:  int main()
07:  {
08:      char *pFruits[]={"banana", "strawberry", "grape", "apple","peach" };
09:      char *key = "banana"; /* check for "cherry" */
10:      char **pResult;
11:      int   num, width;
12:
13:      /* 퀵 정렬 */
14:      width = sizeof(pFruits[0]);
15:      num = sizeof(pFruits) / width;
16:      qsort(pFruits, num, width, compareP2);
17:      for (int i = 0; i < num; i++)
18:          printf("pFruits[%d] = %s\n", i, pFruits[i]);
19:
20:      /* 이진 탐색 */
21:      pResult = (char **)bsearch(&key, pFruits, num, width, compareP2);
22:
23:      if (pResult)
24:          printf("key = %s, *pResult = %s\n", key, *pResult);
```

```
25:        else
26:            printf("no key = '%s' in pFruits\n", key);
27:        return 0;
28: }
29: int compareP(const void*s1, const void *s2)
30: {
31:        const char *s1_ = *(const char **)s1;
32:        const char *s2_ = *(const char **)s2;
33:        return strcmp(s1_, s2_);
34: }
35: int compareP2(const char **s1, const char **s2)
36: {
37:        return strcmp(*s1, *s2);
38: }
```

● 실행 결과

▌ 프로그램 설명

① 14-18행
이진 탐색을 위해 qsort() 함수로 문자열 str의 문자를 오름차순으로 정렬한다.

② 21-26행
21행은 bsearch() 함수로 key = "banana"를 문자 포인터 배열 pFruits에서 찾아 반환하여 2
중포인터 pResult에 저장한다. 23-26행은 이진 탐색의 반환값인 2중포인터 pResult를 이용
하여 문자열(*pResult)을 출력한다. pResult == NULL이면 탐색 문자열이 없는 경우이다. 9
행에서 char *key = "cherry"로 이진 탐색하면 pResult에 없기 때문에 26행이 실행된다.

③ 29-38행
포인터 배열의 각 요소에 의한 문자열을 비교하는 compareP() 함수와 compareP2() 함수는
같은 결과를 갖는다.

09 시간 함수(time.h)

헤더파일 〈time.h〉은 시간과 날짜를 얻거나 조작하는 함수를 포함한다. [표 7.17]은 시간 관련 자료형 및 상수이다. clock()/CLOCKS_PER_SEC은 프로그램 실행 시작부터 경과 시간을 초로 계산한다. clock_t는 4바이트 정수(long), time_t는 8바이트 정수(long long)이다.

① clock() 함수는 프로그램의 실행 상태인 프로세스가 시작된 이후 경과 시간을 밀리초(milliseconds) 단위인 틱(ticks)을 반환한다. clock()/CLOCKS_PER_SEC은 프로그램 실행 시작부터 경과 시간을 초로 계산한다. long형의 표현 범위를 벗어 날 수 있음에 유의해서 사용한다.

② time() 함수는 1970년 1월 1일 자정(00:00:00), UTC(협정 세계시) 이후 경과된 시간(초)을 반환한다. 주로, time(NULL)로 호출한다. 우리나라의 시간은 UTC+9(서울)이다. 관련된 함수는 _time32(), _time64() 등의 함수가 있다.

③ ctime() 함수는 시간값 timer를 제어판의 [날짜 및 시간]에서 설정된 지역 시간대(local time zone) 설정을 고려하여 문자열로 변환하여 반환한다. 관련된 함수는 _ctime32(), _ctime64(), _wctime(), _wctime32(), _wctime64(), ctime_s(), _ctime32_s(), _ctime64_s(), _wctime_s(), _wctime32_s(), _wctime64_s() 등의 함수가 있다.

④ asctime() 함수는 시간 구조체 tm를 문자열로 변환한다. 관련된 함수는 _wasctime(), asctime_s(), _wasctime_s() 함수 등이 있다.

⑤ localtime() 함수는 시간값 timer를 현지 시간의 구조체 형식으로 변환한다. 관련됨 함수는 localtime_s(), _localtime32_s(), _localtime64_s() 함수 등이 있다.

⑥ mktime() 함수는 구조체 시간을 time_t 시간으로 변환한다.

⑦ difftime() 함수는 종료시간 time1에서 시작시간 time0까지의 경과 시간(초)을 반환한다.

```
struct tm
{
   int tm_sec;    // 초 : [0, 60]
   int tm_min;    // 분: [0, 59]
   int tm_hour;   // 시간: [0, 23]
   int tm_mday;   // 날짜: [1, 31]
   int tm_mon;    // 월: [0, 11]
   int tm_year;   // 1900년 이후 연도
   int tm_wday;   // 요일: [0, 6]
   int tm_yday;   // 1월 1일 이후의 날짜: [0, 365]
   int tm_isdst;  // 섬머타임 플래그
};
```

표 7.17 시간 관련 자료형 및 상수

함 수	설 명
#define CLOCKS_PER_SEC 1000	clock()/CLOCKS_PER_SEC 초
typedef long clock_t;	long 정수
typedef __time64_t time_t;	__time64_t은 8바이트 정수(long long)

표 7.18 시간 함수(time.h)

함 수	설 명
clock_t clock (void);	프로그램 실행 시작부터 경과 시간(ticks)
time_t time (time_t * timer);	1970년 1월 1일 자정 이후 경과초(seconds)
char * ctime (const time_t * timer);	timer를 문자열로 변환
char * asctime (const struct tm * timeptr);	구조체 형식 시간을 문자열로 변환
struct tm * localtime(const time_t * timer);	timer를 현지 시간의 구조체 형식으로 변환
time_t mktime (struct tm * timeptr);	구조체 형식 시간을 time_t 형식으로 변환
double difftime (time_t time1 , time_t time0);	(time1 − time0)/CLOCKS_PER_SEC(초)

[예제 7.31] 시간 함수 1

```
01:   #include <stdio.h>
02:   #include <time.h>
03:   void sleep(clock_t duration);
04:   int main()
05:   {
06:        time_t t1, timer;
07:        clock_t start, finish;
08:        int nTicks;
09:        char buffer[128];
10:
11:        t1 = time(&timer);
```

```
12:        printf("t1 = %lld, timer = %lld\n", t1, timer);
13:
14:  /*   printf("ctime(%lld) = %s\n", timer, ctime(&timer)); */
15:        ctime_s(buffer, sizeof(buffer), &timer);
16:        printf("ctime(%lld) = %s\n", timer, buffer);
17:
18:        start = clock();
19:        sleep(2000);
20:        finish = clock();
21:
22:        nTicks = finish - start;
23:        printf("start = %ld, finish = %ld, ticks = %ld\n", start, finish, nTicks);
24:        printf("difftime = %lf\n", difftime(finish, start));
25:        printf("ticks/CLOCKS_PER_SEC = %lf secs\n",
26:                        (double)nTicks / CLOCKS_PER_SEC);
27:        return 0;
28:  }
29:  void sleep(clock_t duration)
30:  {
31:        clock_t start;
32:        start = clock();
33:        while (clock() < start + duration);
34:  }
```

● 실행 결과

```
C:\Windows\system32\cmd.exe
t1 = 1484387931, timer = 1484387931
ctime(1484387931) = Sat Jan 14 18:58:51 2017

start = 1, finish = 2001, ticks = 2000
difftime = 2000.000000
ticks/CLOCKS_PER_SEC = 2.000000 secs
```

▌프로그램 설명

① 11-12행

time() 함수로 1970년 1월 1일 자정 이후 경과 시간(seconds)을 timer, t1에 저장한다. 대략 경과 시간을 년도로 변경해보면 1484387931/(365*24*60*60) = 47.0696325152207년이다. 1970 + 47 = 2017년이다.

② 14-16행

timer 시간(초)을 ctime(), ctime_s() 함수로 문자열 buffer에 변환한다.

③ 18-25행

18-20행은 19행의 sleep(2000)의 경과 시간을 확인하기 위하여, clock() 함수로 시작시간 (start), 종료시간(finish)에 저장한다. 22행은 nTicks = finish - start에 의해 19행의 경과시 간을 밀리초로 nTicks에 계산한다. difftime(finish, start) = 2000.0의 결과와 같다. (double) nTicks / CLOCKS_PER_SEC = 2.0초를 계산한다.

④ 28-33행

sleep() 함수는 duration 밀리초 동안 while 문을 반복한다. `공통 라이브러리 헤더 파일
stdlib.h의 _sleep() 함수는 프로세스를 밀리초 동안 중지(suspend)한다.

[예제 7.32] 시간 함수 2

```
01:    #include <stdio.h>
02:    #include <time.h>
03:    int main()
04:    {
05:        struct tm *pTm;
06:        time_t timer, timer2;
07:        char *sTime;
08:
09:        time(&timer);
10:        pTm = localtime(&timer);
11:        sTime = asctime(pTm);
12:        printf("timer = %lld\n", timer);
13:        printf("sTime = %s\n", sTime);
14:
15:        timer2 = mktime(pTm);
16:        printf("timer2 = %lld\n", timer2);
17:
18:        printf("pTm->tm_sec = %d\n", pTm->tm_sec);
19:        printf("pTm->tm_min = %d\n", pTm->tm_min);
20:        printf("pTm->tm_hour = %d\n", pTm->tm_hour);
21:
22:        printf("pTm->tm_mday = %d\n", pTm->tm_mday);
23:        printf("pTm->tm_mon = %d\n", pTm->tm_mon);
24:        printf("pTm->tm_year = %d\n", pTm->tm_year);
25:
26:        printf("pTm->tm_wday = %d\n", pTm->tm_wday);
27:        printf("pTm->tm_yday = %d\n", pTm->tm_yday);
28:        printf("pTm->tm_isdst = %d\n", pTm->tm_isdst);
29:        return 0;
30:    }
```

● 실행 결과

```
C:\Windows\system32\cmd.exe
timer = 1484395288
sTime = Sat Jan 14 21:01:28 2017

timer2 = 1484395288
pTm->tm_sec = 28
pTm->tm_min = 1
pTm->tm_hour = 21
pTm->tm_mday = 14
pTm->tm_mon = 0
pTm->tm_year = 117
pTm->tm_wday = 6
pTm->tm_yday = 13
pTm->tm_isdst = 0
```

▌ 프로그램 설명

① 9-16행

9행은 time(&timer)로 1970년 1월 1일 자정 이후 경과 시간(seconds)을 timer에 저장한다. 10행은 pTm = localtime(&timer)로 timer 시간을 tm 구조체 포인터 pTm에 저장한다. 11행은 sTime = asctime(pTm)으로 구조체 시간 정보를 문자열 sTime에 변환한다. 15행은 timer2 = mktime(pTm)에 의해 구조체 시간 정보를 경과 시간인 timer2에 변환한다. 즉, 9행의 timer와 15행의 timer2는 같은 값이다.

② 18-28행

초(pTm->tm_sec), 분(pTm->tm_min), 시간(pTm->tm_hour), 날짜(pTm->tm_mday), 월(pTm->tm_mon), 년도(pTm->tm_year), 요일(pTm->tm_wday), 1월 1일 이후의 날짜(pTm->tm_yday), 썸머타임 플래그(pTm->tm_isdst) 정보를 출력한다. pTm->tm_mon = 0은 1월을 의미한다. pTm->tm_year = 117은 1900년 이후의 년도로 2017년을 의미한다. pTm->tm_wday = 6은 토요일이다. pTm->tm_yday = 13은 1월 1일 이후 13일 지났음을 의미한다. pTm->tm_isdst = 0은 썸머타임(summer time; 여름철에 표준시보다 1시간 시계를 앞당겨 놓는 제도)이 실시되지 않음을 의미한다.

10 동적 메모리 할당(malloc.h)

프로그램에서 주기억장치 메모리를 사용하기 위하여 메모리 할당(memory allocation)하는 방법은 정적 할당과 동적 할당이 있다.

프로그램의 데이터는 전역 메모리(global memory), 스택 메모리(stack memory), 힙 메모리(heap)에 있다. 전역 메모리는 8장에서 설명할 함수 밖에 선언된 비지역(non local) 변수, 정적 변수를 위한 공간이고, 스택 메모리는 함수 내의 지역변수를 위한 공간이고, 힙 메모리(heap memory)는 동적 메모리 할당을 위한 공간이다.

10.1 정적 메모리 할당

정적 할당(static allocation)은 프로그램의 컴파일시간(compile time)에 메모리를 할당한다. 구체적으로는 프로그램을 작성할 때 변수, 배열을 정의하는 것이 정적 할당에 속한다.

```
int  a;
int  nData[100];
```

위의 예에서, 컴파일러는 변수 a를 위해 sizeof(int) = 4 바이트를 할당한다. 정수 배열 nData를 위해 sizeof(int)×100 = 400 바이트를 메모리에서 연속으로 할당한다. 이처럼 정적 할당은 필요한 메모리를 프로그램이 실행되기 전에 미리 확보하고 사용한다. 메모리를 미리 확보하고 사용하기 때문에 실행시간이 빠를 수 있다. 그러나 프로그램이 실행하는 모든 시점에서 항상 필요한 메모리가 같지 않을 수 있다.

정적 할당은 메모리를 미리 최대로 할당해 놓고 사용하기 때문에 메모리가 낭비될 수 있는 단점이 있다. 예를 들면, 정수 배열 nData가 대부분의 경우 크기가 10인 경우이고, 어느 한 순간만 크기가 100인 경우가 있어도 배열 nData는 크기 100으로 할당해 놓고 사용해야 한다.

10.2 동적 메모리 할당

동적 할당(dynamic allocation)은 프로그램의 실행시간(run time)에 메모리를 힙 메모리(heap)에서 할당한다. 헤더 파일 ⟨malloc.h⟩와 ⟨stdlib.h⟩는 malloc(), calloc(), realloc(), free() 함수 등 동적 메모리 할당 함수를 모두 포함한다. 동적으로 할당된 메모리는 연속으로 할당되기 때문에 배열과 같이 접근하여 사용할 수 있다.

① malloc() 함수는 size 바이트를 연속으로 할당하여 시작 주소를 void 포인터로 반환한다. 만약 메모리가 부족하여 size 크기의 메모리를 연속으로 할당할 수 없으면 NULL 포인터를 반환한다. 캐스트 연산자를 사용하여 적절한 자료형의 포인터로 변환하여 사용한다. malloc() 함수로 할당 된 메모리는 초기화 되지 않는다.

② calloc() 함수는 배열 요소의 개수 num, 각 요소의 바이트 크기 size에 대한 메모리를 할당하고, 각 요소를 0으로 초기화하여 시작 주소를 반환한다.

③ realloc() 함수는 이전에 할당된 메모리의 포인터 memblock에 새로운 바이트 크기 size로 메모리를 다시 할당하여 포인터를 반환한다. 충분한 메모리가 있으면 메모리의 포인터 memblock는 변경되지 않는다. size = 0이면 메모리가 해제되고 NULL을 반환한다.

④ free() 함수는 calloc(), malloc(), realloc() 함수로 포인터 memblock에 할당된 메모리를 해제한다. 동적 할당된 메모리는 free() 함수로 해제하지 않으면, 프로그램이 종료되어도 컴퓨터가 종료될 때까지 할당된 채로 남아 있게 되어 메모리가 누수가 발생한다.

⑤ _msize() 함수는 포인터 memblock에 할당된 바이트 크기를 반환한다.

표 7.19 동적 메모리 관리 함수(malloc.h, stdlib.h)

함 수	설 명
void *malloc(size_t size);	메모리 할당
void *calloc(size_t num, size_t size);	메모리 할당 및 0으로 초기화
void *realloc(void *memblock, size_t size);	메모리 재할당
void free(void *memblock);	할당 메모리 해제
size_t _msize(void *memblock);	할당된 바이트 크기

[예제 7.33] 동적 메모리 할당 1 : malloc(), calloc(), free()

```
01:  #include <stdio.h>
02:  #include <stdlib.h>  /* malloc.h */
03:  int main()
04:  {
05:      int *buf;
06:      int i, size = 5;
07:      size_t _size1, _size2;
08:
09:      buf = (int *)malloc(sizeof(int) * size);
10:      if (buf == NULL)
11:      {
12:          printf("메모리 할당 실패\n");
13:          exit(1);
14:      }
15:      _size1 = _msize(buf);
16:      printf("buf = %p\n", buf);
17:      printf("_size1 = %d 바이트\n", _size1);
18:
19:      for (i = 0; i < size; i++)
20:      {
21:          buf[i] = rand() % 10;
22:          printf("buf[%d] = %d\n", i, buf[i]);
23:      }
24:      free(buf);
25:
26:      buf = (int *)calloc(size * 2, sizeof(int));
27:      if (buf == NULL)
28:      {
29:          printf("메모리 할당 실패\n");
30:          exit(1);
31:      }
32:      _size2 = _msize(buf);
33:      printf("\nbuf = %p\n", buf);
34:      printf("_size2 = %d 바이트\n", _size2);
35:      for (i = 0; i < size * 2; i++)
36:      {
```

```
37:              printf("buf[%d] = %d\n", i, buf[i]);
38:         }
39:      free(buf);
40:      return 0;
41: }
```

● 실행 결과

▌ 프로그램 설명

① 9-24행

9행은 malloc() 함수로 정수 size = 5개를 저장할 수 있는 sizeof(int) * size = 20 바이트를 할당하고, 시작 주소를 (int *)로 캐스팅하여 정수 포인터 buf에 저장한다. 10-14행은 buf == NULL이면 프로그램을 종료한다. 15행은 _size1 = _msize(buf)로 buf에 할당된 바이트를 계산하여 _size1 = 20이다. 19-23행은 0에서 9사이의 난수를 포인터 buf를 사용하여 배열과 같이 접근하여 buf[i]에 저장하고, 출력한다. 24행은 free() 함수로 할당된 메모리를 해제한다.

② 26-39행

26행은 calloc() 함수로 정수 size * 2 = 10개를 저장할 수 있는 sizeof(int) * (size*2) = 40 바이트를 할당하고, 0으로 초기화하고, 시작 주소를 (int *)로 캐스팅하여 정수 포인터 buf에 저장한다. 27-31행은 buf == NULL이면 프로그램을 종료한다. 32행은 _size2 = _msize(buf)로 buf에 할당된 바이트를 계산하여 _size2 = 40이다. 35-38행에서 할당된 메모리를 출력하면 calloc() 함수에 의해 0으로 초기화 된 것을 확인할 수 있다. 39행은 free() 함수로 할당된 메모리를 해제한다. 16행과 33행의 buf의 주소는 같을 수도 있고, 다를 수도 있다.

[예제 7.34] 동적 메모리 할당 2 : 1차원 할당 메모리를 2차원 배열처럼 사용

```
01:  #include <stdio.h>
02:  #include <stdlib.h> /* malloc.h */
03:  #include <memory.h> /* memset() */
04:  int *IntArray(int nR, int nC);
05:  void ZeroArray(int *pM, int nR, int nC);
```

```c
06:   void SetArrayElement(int *pM, int nR, int nC, int i, int j, int value);
07:   void PrintArray(char *name, int *pM, int nR, int nC);
08:
09:   int main()
10:   {
11:       int *pM;
12:       int nR = 3; /* 행(row) 개수    */
13:       int nC = 5; /* 열(column) 개수 */
14:       pM = IntArray(nR, nC);
15:
16:       for (int i = 0; i < nC; i++)
17:           SetArrayElement(pM, nR, nC, 1, i, 5 + i);
18:       PrintArray("pM", pM, nR, nC);
19:
20:       ZeroArray(pM, nR, nC);
21:       PrintArray("pM", pM, nR, nC);
22:
23:       free(pM);
24:       return 0;
25:   }
26:   int *IntArray(int nR, int nC)
27:   {
28:       int *pM;
29:   /*   pM = (int *)malloc(sizeof(int) * nR * nC); */
30:       pM = (int *)calloc(nR * nC, sizeof(int));
31:       if (!pM)
32:       {
33:           printf("메모리 할당 실패!\n");
34:           exit(1);
35:       }
36:   /*   ZeroArray(pM, nR, nC); */
37:       return pM;
38:   }
39:   void ZeroArray(int *pM, int nR, int nC)
40:   {
41:       memset(pM, 0, sizeof(int) * nR * nC);
42:   }
43:   void SetArrayElement(int *pM, int nR, int nC, int i, int j, int value)
44:   {
45:       int k;
46:       k = i * nC + j;
47:       if (k < nR * nC)
48:           pM[k] = value;
49:   }
50:   void PrintArray(char *name, int *pM, int nR, int nC)
51:   {
```

```
52:        int i, j, k;
53:        printf("%s = [\n", name);
54:        for (i = 0; i < nR; i++)
55:        {
56:             for (j = 0; j < nC; j++)
57:             {
58:                  k = i * nC + j;
59:                  printf("%2d,", pM[k]);
60:             }
61:             printf("\n");
62:        }
63:        printf("]\n");
64: }
```

● 실행 결과

```
C:\Windows\system32\cmd.exe

pM = [
 0, 0, 0, 0, 0,
 5, 6, 7, 8, 9,
 0, 0, 0, 0, 0,
]
pM = [
 0, 0, 0, 0, 0,
 0, 0, 0, 0, 0,
 0, 0, 0, 0, 0,
]
```

█ 프로그램 설명

① 9-25행

14행은 IntArray() 함수로 1차원 포인터 pM에 nR×nC 크기의 정수 메모리를 할당한다.
16-17행은 SetArrayElement() 함수로 pM에 의한 2차원 배열의 1행에 5 + i 값을 저장한다.
18행은 PrintArray() 함수로 pM을 출력한다. 20행은 ZeroArray() 함수로 pM에 의한 2차원
배열을 0으로 초기화한다. 21행은 PrintArray() 함수로 pM을 출력한다. 23행은 free() 함수로
할당된 메모리 pM을 해제한다.

② 26-38행

InitArray() 함수는 malloc(), calloc() 함수로 nR × nC 크기의 정수 메모리를 할당하여 반환
한다. calloc() 함수로 할당하면 0으로 초기화한다. malloc() 함수로 할당하고, ZeroArray()
함수를 호출하면 0으로 초기화한다.

③ 39-42행

ZeroArray() 함수는 포인터 pM에 할당된 메모리를 memset() 함수를 사용하여 0으로 초기화
한다.

④ 43-49행

SetArrayElement() 함수는 포인터 pM에 할당된 메모리를 2차원 행렬로 접근하여 i행, j열의
값을 value로 저장한다.

⑤ 50-64행

PrintArray() 함수는 포인터 pM에 할당된 메모리의 값을 2차원 행렬 형태로 출력한다.

[예제 7.35] 동적 메모리 할당 3 : 2중포인터를 사용한 2차원 배열

```c
01:  #include <stdio.h>
02:  #include <stdlib.h> /* malloc.h */
03:  #include <memory.h> /* memset() */
04:  int **IntArray(int nR, int nC);
05:  void FreeIntArray(int **pM, int nR);
06:  void ZeroArray(int **pM, int nR, int nC);
07:  void SetArrayElement(int **pM,int nR, int nC, int i, int j, int value);
08:  void PrintArray(char *name, int **pM, int nR, int nC);
09:  int main()
10:  {
11:      int **pM;
12:      int nR = 3; /* 행(row) 개수   */
13:      int nC = 5; /* 열(column) 개수 */
14:      pM = IntArray(nR, nC);
15:
16:      for (int i = 0; i < nC; i++)
17:          SetArrayElement(pM, nR, nC, 1, i, 5 + i);
18:      PrintArray("pM", pM, nR, nC);
19:
20:      ZeroArray(pM, nR, nC);
21:      PrintArray("pM", pM, nR, nC);
22:
23:      FreeIntArray(pM, nR);
24:      return 0;
25:  }
26:  int **IntArray(int nR, int nC)
27:  {
28:      int i;
29:      int **pM;
30:
31:      /* 행의 개수만큼 포인터 배열 메모리 할당 */
32:      pM = (int **)malloc(sizeof(int *) * nR);
33:      if (!pM)
34:      {
35:          printf("메모리 할당 실패!\n");
36:          exit(1);
37:      }
38:      /* 각 행의 포인터 배열에 nC개 메모리를 할당하여 열을 만듦 */
39:      for (i = 0; i < nR; i++)
40:      {
41:          /* pM[i] = (int *)malloc(sizeof(int) * nC); */
42:          pM[i] = (int *)calloc(nC, sizeof(int));
```

```
43:            if (!pM)
44:            {
45:                    printf("메모리 할당 실패!\n");
46:                    exit(1);
47:            }
48:        }
49: /*     ZeroArray(pM, nR, nC);  */
50:        return pM;
51: }
52: void ZeroArray(int **pM, int nR, int nC)
53: {
54:        for (int i = 0; i < nR; i++)
55:        memset(pM[i], 0, sizeof(int) *  nC);
56: }
57: void FreeIntArray(int **pM, int nR)
58: {
59:        int i;
60:        for (i = 0; i < nR; i++)
61:            free((int *)(pM[i]));    /* 열을 먼저 해제함 */
62:        free((int *)pM);             /* 행을 해제함 */
63: }
64: void SetArrayElement(int **pM, int nR, int nC, int i, int j, int value)
65: {
66:        if (i < nR && j < nC)
67:            pM[i][j] = value;
68: }
69: void PrintArray(char *name, int **pM, int nR, int nC)
70: {
71:        int i, j;
72:        printf("%s = [\n", name);
73:        for (i = 0; i < nR; i++)
74:        {
75:            for (j = 0; j < nC; j++)
76:                printf("%2d,", pM[i][j]);
77:            printf("\n");
78:        }
79:        printf("]\n");
80: }
```

● 실행 결과

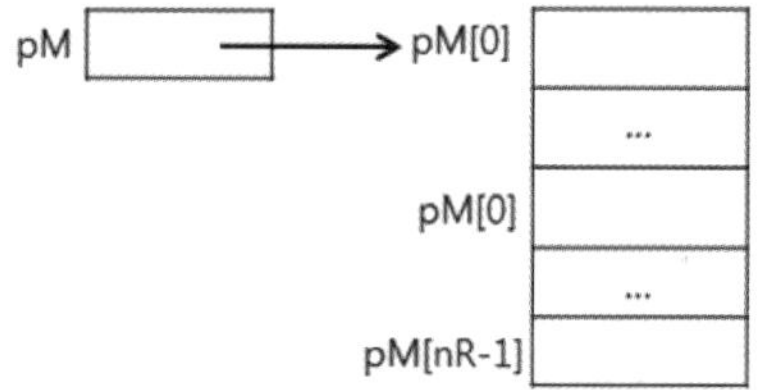

프로그램 설명

① 9-25행

14행은 IntArray() 함수로 2차원 포인터 pM에 nR × nC 크기의 정수 메모리를 할당한다. 16-17행은 SetArrayElement() 함수로 pM에 의한 2차원 배열의 1행에 5 + i 값을 저장한다. 18행은 PrintArray() 함수로 pM을 출력한다. 20행은 ZeroArray() 함수로 pM에 의한 2차원 배열을 0으로 초기화한다. 21행은 PrintArray() 함수로 pM을 출력한다. 23행은 FreeIntArray() 함수로 할당된 메모리 pM을 해제한다.

② 26-51행

32행은 malloc() 함수로 [그림 7.7]과 같이 행의 개수 nR 크기의 정수 포인터 메모리를 할당하여 2중포인터 pM에 저장한다. 39-48행은 [그림 7.8]과 같이 각 행에 pM[i]에 calloc() 함수로 열 개수 nC 만큼 정수 메모리를 할당하여 붙인다. calloc() 함수를 사용하면 메모리를 초기화한다. malloc() 함수로 할당하고, ZeroArray() 함수를 호출하면 0으로 초기화한다. 50행에서 2중포인터 pM을 반환한다.

[그림 7.7] pM = (int **)malloc(sizeof(int *) * nR);

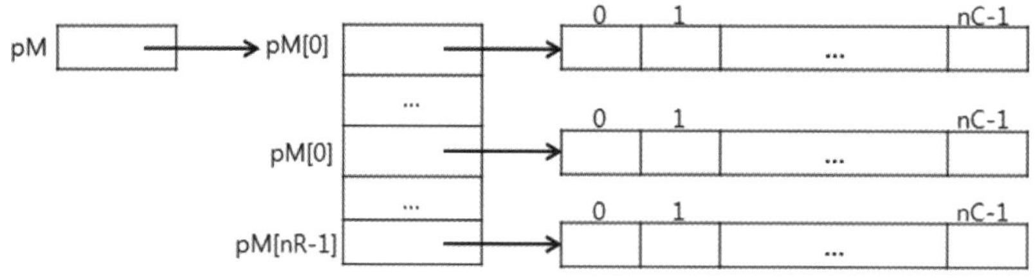

[그림 7.8] pM[i] = (int *)calloc(nC, sizeof(int))

③ 52-56행

ZeroArray() 함수는 2중포인터 pM에 할당된 메모리를 memset() 함수를 사용하여 0으로 초기화한다.

④ 57-63행

FreeIntArray() 함수는 2중포인터 pM에 할당된 메모리를 해제한다. InitArray() 함수에서 할당한 역순으로 메모리를 해제한다. 먼저 60-61행에서 열에 할당된 메모리를 해제하고, 62행에서 행에 할당된 메모리를 해제한다.

⑤ 64-68행

SetArrayElement() 함수는 pM[i][j] = value에 의해 i행, j열의 값을 value로 저장한다.

⑥ 69-80행

PrintArray() 함수는 2중포인터 pM에 할당된 메모리의 값을 2차원 행렬 형태로 출력한다.

[예제 7.36] 메모리 누수 확인 1 : _CrtDumpMemoryLeaks()

```c
#include <stdio.h>
#include <stdlib.h> /* malloc.h */
#include <crtdbg.h>
int main()
{
    char *buf;

    buf = (char *)malloc(10);
    _CrtDumpMemoryLeaks();
    return 0;
}
```

```
Detected memory leaks!
Dumping objects ->
{58} normal block at 0x00239B60, 10 bytes long.
 Data: <                > CD CD CD CD CD CD CD CD CD CD
Object dump complete.
```

[그림 7.9] _CrtDumpMemoryLeaks() 함수로 메모리 누수(memory leaking) 확인

프로그램 설명

① _CrtDumpMemoryLeaks() 함수는 프로그램 실행 이후 메모리를 동적 할당하고, 해제하지 않아 메모리 누수(leak)가 발생되면, 힙(heap)의 모든 개체 정보를 덤프한다. _CrtDumpMemoryLeaks() 함수를 사용하려면 헤더 파일 <crtdbg.h>을 포함하고, _DEBUG 정의된 디버그 환경에서 실행해야 한다. _CrtDumpMemoryLeaks() 함수는 메모리 누수가 발견되면 TRUE를 반환한다.

② 8-9행

malloc() 함수로 10바이트를 buf에 할당하고, free() 함수로 해제하지 않고, 프로그램 종료 전에 _CrtDumpMemoryLeaks() 함수를 호출하여 메모리 누수를 확인한다. [디버그]-[디버깅 시작 F5]로 실행하면 [그림 7.9]와 같이 0x00239B60 주소부터 10 바이트의 메모리 누수를 확인하여 덤프한다.

[예제 7.37] 메모리 누수 확인 2 : _CrtSetDbgFlag()

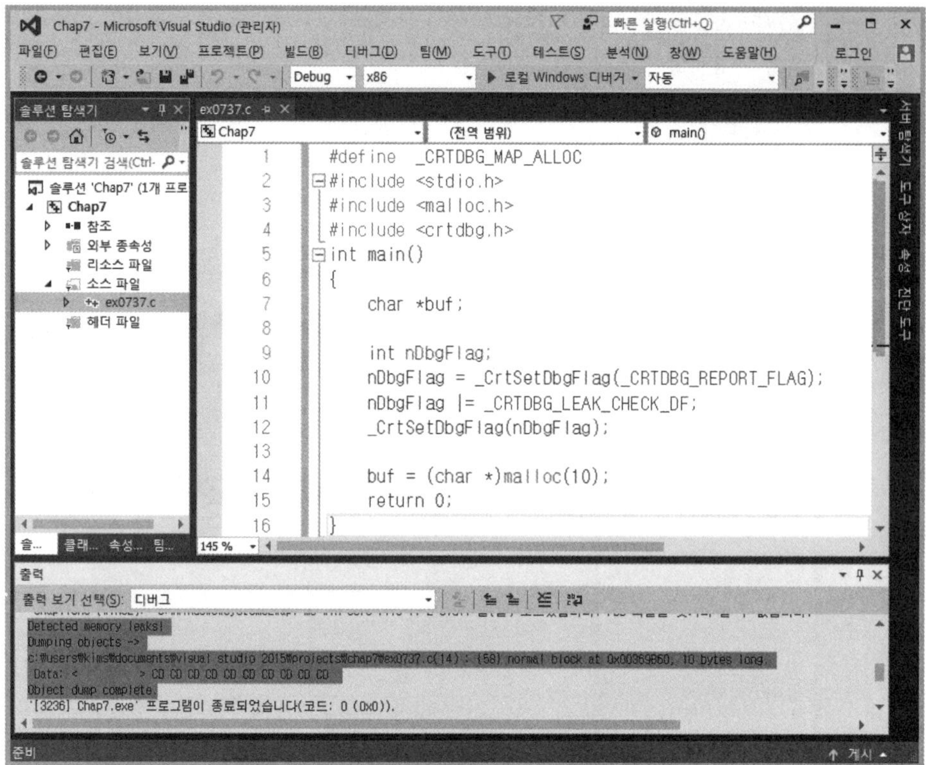

[그림 7.10] _CrtSetDbgFlag() 함수로 메모리 누수 확인

▌ 프로그램 설명

① int _CrtSetDbgFlag(int newFlag);
_CrtSetDbgFlag() 함수는 newFlag로 _crtDbgFlag 플래그 비트를 수정하여 메모리 할당을
추적한다. _crtDbgFlag 플래그의 이전 상태를 반환한다. _CrtSetDbgFlag() 함수는
_DEBUG 정의된 디버그 환경에서 실행해야한다.

② 1행
헤더 파일 <crtdbg.h>에 _CRTDBG_MAP_ALLOC이 정의되어 있으면, [그림 7.10]의 출력 창
과 같이 메모리 누수가 발생한 파일 이름(__FILE__), 라인(__LINE__)을 출력한다.

③ 10행
_CrtSetDbgFlag() 함수로 _crtDbgFlag의 현재 상태를 읽어서 nDbgFlag에 저장한다.

④ 11-12행
11행은 _crtDbgFlag의 현재 상태에 _CRTDBG_LEAK_CHECK_DF를 추가하여 nDbgFlag에
저장한다. _CRTDBG_LEAK_CHECK_DF를 설정하여, 12행에서 _CrtSetDbgFlag() 함수를
호출하면 프로그램이 종료될 때, _CrtDumpMemoryLeaks() 함수를 호출하여 자동 누수 검
사를 수행하여 덤프한다.

11 프로세스 함수(process.h)

헤더 파일 〈process.h〉은 [표 7.20]의 system(), _beginthread(), _endthread() 함수 등 프로세스와 스레드 관련 함수를 포함한다.

① system() 함수는 〈stdlib.h〉 헤더 파일에도 포함되어 있으며, 명령(command)를 명령 인터프리터에 전달하여 실행시킨다. 실행 파일 또는 명령창의 cls, dir, type 등의 명령을 실행할 수 있다.

- **다중스레드(multi-thread)**
  윈도우즈와 같이 멀티타스킹 운영체제는 CPU 시간을 프로세스 또는 스레드에 분배하여 실행한다. 프로세스(process)는 실행중인 프로그램(program in execution)으로 프로세스에서 실행 주체는 스레드(thread)이다, 즉, CPU 시간을 분배받는 단위가 스레드이다.

  주어진 시분할(time slice) 간격의 CPU 시간을 사용한 다음, 콘텍스트 스위칭(context switching)을 위하여 선점된(preempted) 스레드의 콘텍스트를 큐에 저장하고, 스케줄러가 다음 실행할 스레드를 결정하고 콘텍스트를 복구한다. 단위 시간이 아주 짧기 때문에 여러 개의 프로세스 및 스레드가 동시에 수행하는 것처럼 보인다.

  하나의 프로세스는 반드시 하나의 메인 스레드를 갖고 있다. _beginthread(), _beginthreadex() 함수로 새로운 스레드를 생성하고, _endthread(), _endthreadex() 함수로 스레드를 종료하는 다중 스레드 프로그램을 작성할 수 있다. 다중 스레드 프로그래밍을 위해서는 [표 7.1], [표 7.2], [표 7.3]의 다중 스레드 컴파일 옵션(/MT, /MTd, /MD, /MDd) 설정이 필요하다.

② _beginthread() 함수는 스레드를 생성하고, 생성된 스레드 핸들을 반환한다. start_address는 생성된 스레드의 실행할 함수 이름 포인터이다. stack_size는 생성된 스레드의 스택 크기로 stack_size = 0이면 메인 스레드와 같은 크기로 할당된다. arglist는 전달할 인수에 대한 포인터이다. arglist = NULL이면 인수가 없음을 의미한다.

③ _endthread() 함수는 _beginthread() 함수로 생성한 스레드를 종료시킨다. beginthread() 함수에서 start_address로 지정된 함수가 종료되면 _endthread() 함수가 자동으로 호출된다.

표 7.20 프로세스 함수(process.h)

함 수	설 명
int system(const char *command);	명령 실행
uintptr_t _beginthread(void(__cdecl *start_address)(void *), unsigned stack_size, void *arglist);	스레드생성
void _endthread(void);	스레드 종료

[예제 7.38] system() 함수

```
01:  #include <process.h>
02:  int main()
03:  {
04:      system("cls");
05:      system("dir");
06:      return 0;
07:  }
```

● 실행 결과

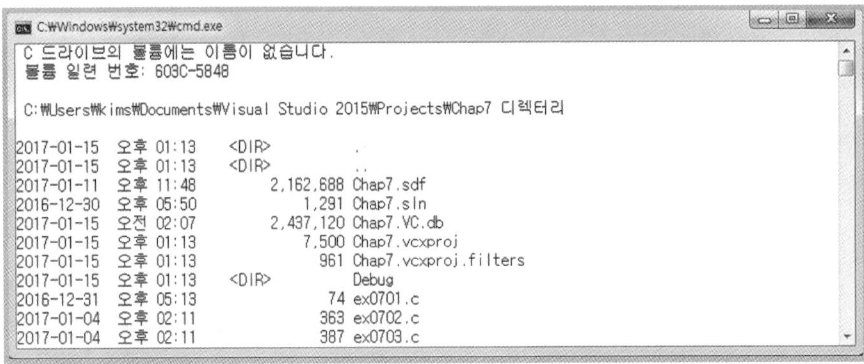

▌ 프로그램 설명

① 4행
명령창(cmd)에서 cls 명령을 실행시켜 화면을 지운다(clear screen).

② 5행
명령창(cmd)에서 dir 명령을 실행시켜 폴더(디렉토리)에 있는 파일 목록을 보여준다
(directory).

[예제 7.39] 다중 스레드 : _beginthread(), _endthread()

```c
01:  #include <stdio.h>
02:  #include <process.h>
03:  #define MAX  10
04:  int g_nThreadCount = 0;
05:  void ThreadFunc1(void *pArg);
06:  void ThreadFunc2(void *pArg);
07:
08:  int main()
09:  {
10:      int i = 0;
11:      _beginthread(ThreadFunc1, 0, NULL); g_nThreadCount++;
12:      _beginthread(ThreadFunc2, 0, NULL); g_nThreadCount++;
13:      while (g_nThreadCount > 0)
14:          printf("Main thread: %d\n", i++);
15:      return 0;
16:  }
17:  void ThreadFunc1(void *pArg)
18:  {
19:      int i;
20:      for (i = MAX; i > 0; i--)
21:          printf("Thread 1 : %d \n", i);
22:      printf("ThreadFunc1 is terminated!\n");
23:      g_nThreadCount--;
24:      _endthread();     /* 생략 가능 */
25:  }
26:  void ThreadFunc2(void *pArg)
27:  {
28:      int i;
29:      for (i = MAX; i > 0; i--)
30:          printf("Thread 2 : %d \n", i);
31:      printf("ThreadFunc2 is terminated!\n");
32:      g_nThreadCount--;
33:      _endthread();     /* 생략 가능 */
34:  }
```

● 실행 결과

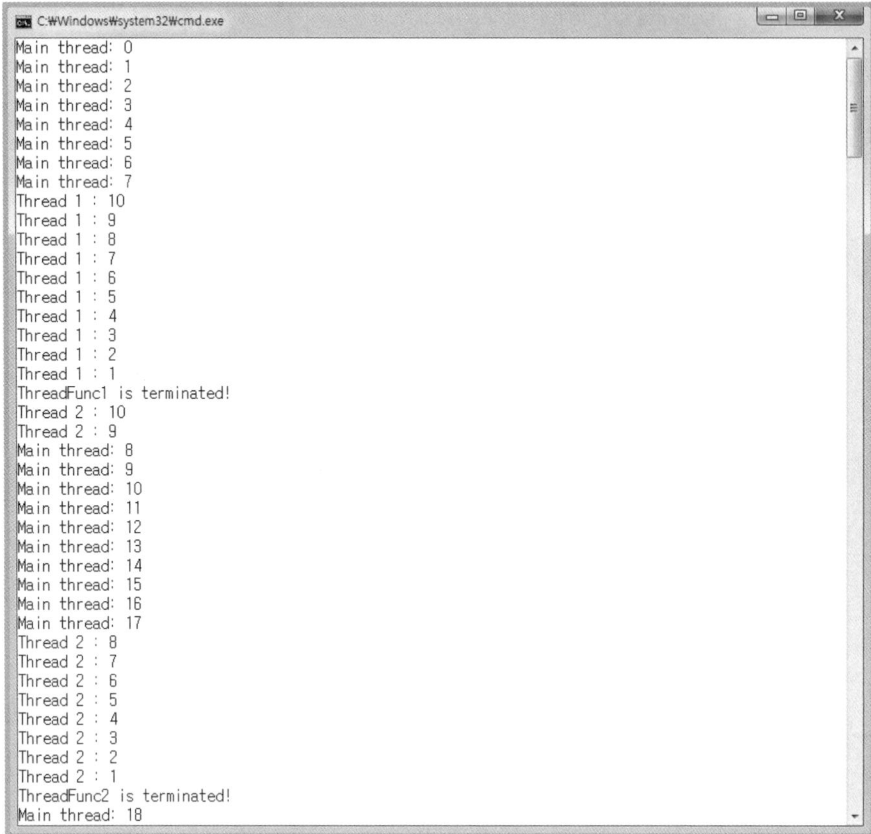

프로그램 설명

① 4행
전역변수 g_nThreadCount는 메인 스레드를 제외한, _beginthread() 함수에 의해 생성된 스레드 개수를 카운트한다.

② 11행
_beginthread() 함수로 스레드를 생성하고, 스레드가 실행할 주소를 ThreadFunc1() 함수로 설정하고, 스레드를 카운트하는 전역변수 g_nThreadCount를 1증가한다.

③ 12행
_beginthread() 함수로 스레드를 생성하고, 스레드가 실행할 주소를 ThreadFunc2() 함수로 설정하고, 스레드를 카운트하는 전역변수 g_nThreadCount를 1증가한다.

④ 13-14행
스레드가 실행할 함수 ThreadFunc1() , ThreadFunc2() 함수가 종료하기 전에 메인 스레드가 종료되지 않게 하며, 메인 스레드가 실행됨을 보이기 위해 변수 i를 증가시키며 출력한다.

⑤ 17-25행
11행에서 생성된 스레드가 실행할 ThreadFunc1() 함수는 for 문을 사용하여 21행의 printf() 함수를 MAX번 실행한다. 실행이 종료되면 전역변수인 g_nThreadCount의 값을 1 감소시키

고 _endthread() 함수로 스레드를 종료시킨다. 24행은 생략 가능하다.

⑥ 26-34행
12행에서 생성된 스레드가 실행할 ThreadFunc2() 함수는 for 문을 사용하여 30행의 printf() 함수를 MAX번 실행한다. 실행이 종료되면 전역변수인 g_nThreadCount의 값을 1 감소시키고 _endthread() 함수로 스레드를 종료시킨다. 33행은 생략 가능하다.

⑦ 단일 스레드에 의한 프로그램 실행처럼, ThreadFunc1() 함수, ThreadFunc2() 함수, main() 함수의 13-14행이 차례로 수행되지 않는다. 실행 결과를 보면, main() 함수의 13-14행에서 i = 0 부터 7까지 반복된 후에, ThreadFunc1() 함수에서 i = 10 부터 1까지 수행을 마친 다음 스레드를 종료하고, ThreadFunc2() 함수에서 i = 10, 9를 수행한 다음, 다시 메인 함수에서 i = 8부터 17까지 반복된 후에, ThreadFunc2() 함수에서 i = 8부터 1까지 반복하고 스레드를 종료하고, 두 스레드가 모두 종료되기 때문에 메인 스레드로 종료한다. 이러한 결과는 실행할 때마다 달라 질 수 있다.

⑧ 스레드에 의해 실행되는 함수 ThreadFunc1(), ThreadFunc2()의 오래 실행시키기 위하여 3행의 MAX를 10000으로 변경하고, 작업관리자(Ctrl+Alt+Del)를 시작시키면 [그림 7.11] 과 같이 Chap7.exe 프로세스는 3개의 스레드가 실행되고 있음을 알 수 있다.

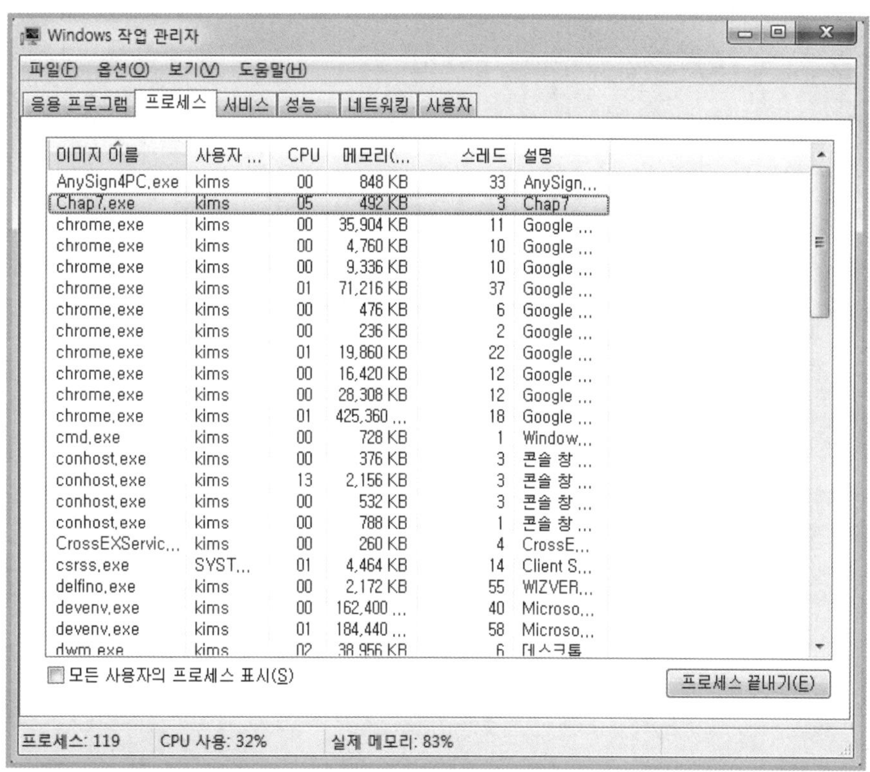

[그림 7.11] 작업관리자(Ctrl+Alt+Del)에서 멀티스레드 확인

변수의 유효 범위와 기억 클래스

CHAPTER **08**

01 개요

C 언어는 변수를 사용할 수 있는 유효 범위를 중괄호 블록에 의한 정적 유효 범위 규칙 (static scope rule)을 사용한다.

변수는 지역 변수(local variable)와 비지역 변수(nonlocal variable)로 구분한다. 지역 변수는 함수 등에서 중괄호 블록 내에 정의된 변수로, 블록 내에서만 사용 가능하다. 비지역 변수는 함수의 블록 외부에 정의된 변수이다. 비지역 변수는 변수가 선언된 행 아래의 모든 함수에서 사용할 수 있다. 비지역 변수 중에서 모든 함수에서 사용 가능한 변수를 전역 변수(global variable)라 한다.

변수의 유효 범위는 변수의 수명(life time)과 관련이 있다. 변수의 수명은 변수가 메모리에 할당되었을 때부터 메모리에서 해제될 때까지를 의미한다. 변수의 수명은 지역 수명(local lifetime)과 전역 수명(global lifetime)이 있다. 지역 수명을 갖는 변수는 블록이 실행될 때 메모리를 할당받고, 블록의 실행을 마치면 메모리를 해제하여 사용할 수 없다. 반면, 전역 수명 변수는 프로그램을 실행중인 동안 계속 메모리를 유지하고 있어, 선언에서부터 프로그램이 종료될 때까지 사용될 수 있다.

동일한 유효 범위에서는 동일한 변수 이름을 사용할 수 없고, 서로 다른 유효 범위에서는 동일한 변수 이름을 사용할 수 있다. 블록이 내포(nesting)되어 있을 경우, 문장에서 사용한 변수가 어디에서 선언한 변수인지 결정하는 방법은 정적 유효 범위 규칙에 따라 변수가 사용된 문장을 포함한 블록의 안쪽에서 바깥쪽 방향으로 변수 선언을 찾는다. 즉, [그림 8.1]과 같이 지역 변수를 먼저 찾고, 비지역 변수를 찾는다. 비지역 변수에도 선언되어 있지 않으면 "선언되지 않은 식별자(undeclared identifier)" 오류가 발생한다.

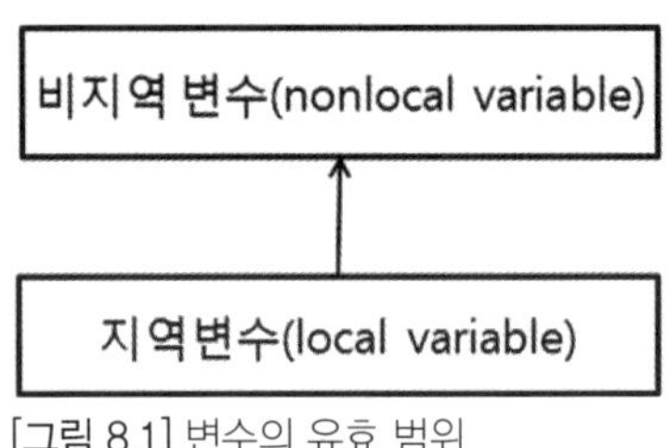

[그림 8.1] 변수의 유효 범위

1.1 지역 변수

지역 변수(local variable)는 함수 등에서 중괄호 블록 내에 정의된 변수로, 블록 내에서만 사용 가능한 변수이다. 이때, 함수 정의에서 사용하는 형식 인수(formal parameters)

는 블록 밖에 있지만 함수의 지역 변수임에 주의한다. 지역 변수는 뒤에 설명할 4가지 기억 클래스 키워드 auto, static, extern, register 모두 사용할 수 있다. 그러나 함수의 인수에 대해서는 기억 클래스를 사용하지 않는다. 지역 변수의 기억 클래스가 생략되면 auto로 간주한다. 기본적으로 지역 변수의 수명은 해당 변수가 선언된 블록으로 제한된다(기억 클래스 static은 예외이다). 지역 변수는 선언과 동시에 값을 초기화할 수 있다.

[예제 8.1] 지역 변수의 유효 범위

```
01:  #include <stdio.h>
02:  void test();
03:  int main()
04:  {
05:       int a = 1, b = 2;   /* main() 함수의 지역 변수 */
06:       test(a, b);
07:       return 0;
08:  }
09:  void test()
10:  {
11:       int a = 10, b = 20; /* test() 함수의 지역 변수 */
12:       printf("a = %d, b = %d \n", a, b);
13:  }
```

● 실행 결과

▌프로그램 설명

① 5행
정수형 변수 a, b는 main() 함수에서만 사용 가능한 정수형 변수이다.

② 9-13행
test() 함수를 정의한다. 11행은 정수형 변수 a, b는 test() 함수에서만 사용 가능한 정수형 변수이다. test() 함수의 정수형 변수 a, b와 main() 함수의 정수형 변수 a, b는 서로 다른 변수이다. main() 함수와 test() 함수에서 printf("&a = %p, &b = %p \n", &a, &b)로 출력하면 서로 다른 주소가 출력된다.

[예제 8.2] 함수의 형식 인수인 지역 변수

```
01:  #include <stdio.h>
02:  void test(int a, int b);
03:  int main()
04:  {
05:       int a = 1, b = 2;
06:       test(a, b);
07:       return 0;
```

```
08:  }
09:  void test(int a, int b)       /* test() 함수의 지역 변수 */
10:  {
11:         /* int a= 10;  오류  */
12:         printf("a = %d, b = %d \n", a, b);
13:  }
```

● 실행 결과

프로그램 설명

① 5행

main() 함수에 지역 변수 a, b가 선언되어 있다.

② 9행

test() 함수의 정수형 인수 a와 b는 test() 함수의 지역 변수이다.

③ 11행

주석을 제거하면 지역 변수에 같은 이름이 두 개로 중복 정의되어 오류가 발생한다. 동일한 유효 범위 내에 이름이 같은 변수를 중복하여 선언할 수 없다.

[예제 8.3] 함수의 블록에 선언된 지역 변수

```
01:  #include <stdio.h>
02:  int main()
03:  {
04:         int a = 1, b = 2;
05:         printf("a = %d, b = %d\n", a, b);
06:         {
07:              int a = 30, b = 20, c = 10;
08:              printf("a = %d, b = %d, c = %d\n", a, b, c);
09:         }
10:         /* int c; */    /* VS2010에서는 오류, VS2015에서는 오류 아님 */
11:         printf("a = %d, b = %d\n", a, b);
12:         {
13:              int c = 40;
14:              printf("a = %d, b = %d, c = %d\n", a, b, c);
15:         }
16:         return 0;
17:  }
```

● 실행 결과

▌ 프로그램 설명

① 6-9행, 12-15행
함수 내부에서 블록만 있는 더미블록(dummy block)을 사용할 수 있다. 블록에서 새로운 변수를 선언할 수 있다. 블록에서 변수를 여러 행에 나누어 선언할 수 있다. C 언어의 C89 표준을 따르는 VS2010에서는 실행 문이 나오면 이후로는 변수를 선언할 수 없다. 그러므로 블록에서 필요한 모든 지역 변수를 블록의 시작 부분에서 모두 먼저 선언하고 사용한다. 그러나 C99 표준을 지원하는 VS2013, VS2015는 C++ 문법처럼 문장의 임의 위치에서 변수 선언을 허용한다.

② 5행
printf() 함수는 3-17행 블록에 속한다. 변수 a와 b는 4행에서 선언되고 초기화된 a = 1, b = 2 를 출력한다.

③ 8행
printf() 함수는 6-9행 블록에 속한다. 변수 a와 b, c는 7행에서 선언되고 초기화된 a = 30, b = 20, c = 10을 출력한다.

④ 10행
주석을 없애면, int c는 3-17행 블록에 속한다. C89 표준인 VS2010에서는 3-17행 블록에서 5행의 함수 호출 때문에 오류가 발생한다. 그러나, C99 표준인 VS2015에서는 오류가 아니다.

⑤ 11행
printf() 함수는 3-17행 블록에 속한다. 변수 a와 b는 4행에서 선언되고 초기화된 a = 1, b = 2 를 출력한다.

⑥ 14행
printf() 함수는 12-15행 블록에 속한다. 변수 c는 블록 내의 지역 변수로 13행에서 선언되고 초기화된 c = 40을 출력한다. 변수 a와 b는 printf() 함수가 속한 12-15행 블록에 없으므로, 외부 블록인 3-17행에서 변수 a와 b를 찾는다. 따라서 4행에서 선언되고 초기화된 a = 1, b = 2 를 출력한다.

1.2 비지역 변수와 전역 변수

비지역 변수(nonlocal variable)는 함수의 블록 외부에 정의된 변수이다. 비지역 변수는 선언된 라인 아래의 모든 함수에서 공통으로 사용 가능하다. 비지역 변수를 사용하면, 함수에 인수를 전달할 필요 없이 비지역 변수를 통해 손쉽게 값을 주고받을 수 있는 장점이 있다. 그러나 비지역 변수를 지나치게 많이 사용하여 작성된 프로그램을 읽기 어렵게 한다. 또한 이미 작성된 함수를 다른 프로그램에서 다시 사용하는 것을 방해한다.

비지역 변수는 전역 메모리(global memory)의 데이터 세그먼트(data segment) 영역에 할당되어, 프로그램이 종료될 때까지 수명을 갖는다. 비지역 변수는 함수의 외부 어느 곳에서나 선언할 수 있으며, 변수가 선언된 행 이후의 함수에서 사용할 수 있다. 프로그램의 시작 부분에 선언되어 모든 함수에서 사용 가능한 함수를 전역 변수(global variable)라 한다. 비지역 변수는 선언과 동시에 값을 초기화할 수 있으며, 명시적으로 초기화 하지 않으면 0으로 자동으로 초기화된다. 비지역 변수의 기억 클래스는 생략하거나 static, extern을 사용할 수 있다. auto, register 키워드는 사용하지 않는다.

[예제 8.4] 비지역 변수의 유효 범위

```
01:   include <stdio.h>
02:   int a = 1; /* 전역 변수, 비지역 변수 */
03:   void test();
04:   int main()
05:   {
06:       int a = 2;   /* 지역 변수 */
07:       printf("a = %d\n", a);
08:       test();
09:       /* printf(" b = %d\n", b); */  /* 오류 */
10:       return 0;
11:   }
12:
13:   int b = 10;      /* 비지역 변수 */
14:   /*int a = 2; */  /* 재정의 오류 */
15:   void test()
16:   {
17:       a += 2;
18:       printf("a = %d, b = %d\n", a, b);
19:   }
```

● 실행 결과

▌ 프로그램 설명

① 2행과 13행에서 비지역 변수 2개를 선언하고 있다. 비지역 변수는 변수가 선언된 행 이후의 함수에서 사용할 수 있다. 2행에 선언된 비지역 변수 a는 main(), test() 함수에서 모두 사용 가능하다. 13행에 선언된 비지역 변수 b는 test() 함수에서만 사용 가능하다. 뒤에서 설명할 extern 키워드를 사용하면 main() 함수에서도 사용할 수 있다.

② main() 함수는 지역 변수 a를 선언하고 있다. test() 함수는 지역 변수가 선언되어 있지 않다. 사용된 변수를 찾는 순서는 지역 변수에서 먼저 찾고, 없으면 비지역 변수에서 찾는다.

③ 7행

printf() 함수는 5-11행의 main() 함수 블록에 속한다. printf() 함수에서 사용된 변수 a는 main() 함수의 지역 변수이므로 a = 2를 출력한다.

④ 9행

주석을 없애면 오류("b는 선언되지 않은 식별자")가 발생한다. 9행의 변수 b는 main() 함수에 지역 변수로 선언되어 있지 않고, 9행 이전에 비지역 변수로도 선언되어 있지 않기 때문이다. 비지역 변수는 변수가 선언된 이후의 함수에서 사용할 수 있다. 그러므로 9행에서 13행의 비지역 변수 b를 사용할 수 없다.

⑤ 14행

주석을 없애면 오류("변수 a 재정의")가 발생한다. 14행은 비지역 변수 선언 공간이다. 2행에 이미 비지역 변수로 변수 a가 선언되어 있기 때문이다. 동일한 유효 범위에서 같은 이름을 중복해서 정의할 수 없다.

⑥ 18행

test() 함수는 지역 변수를 선언하고 있지 않으므로, 비지역 변수에서 찾으면, 변수 a는 2행에서 선언한 전역 변수이고, 변수 b는 13행에서 선언한 비지역 변수이다. a = 3, b = 10을 출력한다.

[예제 8.5] 비지역 변수를 이용한 변수의 값 교환

```
01:   #include <stdio.h>
02:   int a, b; /* 전역 변수, 비지역 변수 */
03:   void swap();
04:   int main()
05:   {
06:       a = 10;
07:       b = 20;
08:       swap();
09:       printf("a = %d, b = %d\n", a, b);
10:       return 0;
11:   }
12:   void swap()
13:   {
14:       int temp; /* 비지역 변수 */
15:       temp = a;
16:       a = b;
17:       b = temp;
18:   }
```

● 실행 결과

```
C:\Windows\system32\cmd.exe
a = 20, b = 10
```

▌프로그램 설명

① 2행에 선언된 비지역 변수이면서 전역 변수인 a와 b를 이용하여, main() 함수에서 지정된 변수의 값 a = 10, b = 20을 swap() 함수에서 a = 20, b = 10으로 교환한다.

② swap() 함수는 지역 변수 temp를 이용하여 전역 변수 a, b의 값을 교환한다. swap() 함수에 인수 전달 없이 swap(). 함수 내에서 간편하게 전역 변수 a와 b의 값을 변경하고, main() 함수의 9행에서 전역 변수 a와 b의 값을 출력하면 a = 20, b = 10을 출력한다. swap() 함수를 다른 C 언어 프로그램에서 재사용하고 싶을 때, 비지역 변수 a와 b를 함께 복사해 가야 하는 단점이 있다.

02 변수의 기억 클래스

C 언어는 변수의 메모리 할당 방식은 [표 8.1]과 같이 자동(auto), 정적(static), 외부(extern), 레지스터(register)의 4가지 기억 클래스(storage class) 방식이 있다. 자동 변수, 정적 변수, 외부 변수, 레지스터 변수라 한다. 자동 변수와 레지스터 변수는 지역 변수만 선언 가능하고, 정적 변수와 외부 변수는 지역 변수, 비지역 변수에서 모두 선언 가능하다.

실제 메모리는 전역 메모리 (global memory) 영역과 스택 메모리 영역(stack memory) 그리고 힙 메모리(heap memory) 영역에 할당된다.

표 8.1 기억 클래스

기억 클래스	메모리 할당	변수 유효 범위(scope)
auto	메인 메모리 스택 메모리 영역 (함수 호출시 할당, 리턴시 해제)	지역 변수
static	메인 메모리 전역 메모리 영역 (프로그램이 종료될 때까지 유지)	지역 변수, 비지역 변수
extern	메모리 할당하지 않음	지역 변수, 비지역 변수
register	CPU의 레지스터 (함수 호출시 할당, 리턴시 해제)	지역 변수

2.1 자동 기억 클래스

자동 변수(auto storage class variable)는 변수 선언에서 자료형 앞에 auto 키워드를 사용하여 선언한다. 함수 내의 지역 변수에서 auto 키워드를 생략하면 자동 변수로 간주한다.

함수의 인수(parameter)는 자동 변수(레지스터도 가능)이다. 지금까지 사용한 함수 안의 모든 변수는 자동 변수이다. 비지역 변수는 auto 키워드를 사용할 수 없다. 즉, 비지역 변수는 자동 변수가 아니다. 자동 변수는 블록이 시작될 때 메모리 내의 스택(stack) 영역에 할당되고, 블록을 빠져 나올 때, 스택에서 메모리가 해제되어 변수의 수명이 끝난다. 자동 변수를 스택 변수(stack variable)라고도 한다. 자동 변수는 변수 선언과 초기화를 같이 할 수 있다. 그러나 변수 선언만 되어 있으면, 메모리를 할당하고 초기화를 하지 않는다. 자동 변수는 함수가 반환(return)되면 없어지므로, 다음 번 호출까지 값을 유지할 수 없다.

[예제 8.6] 함수에서 자동 변수

```
01:   #include <stdio.h>
02:   int sum(int n);
03:   int main()
04:   {
05:       int s1, s2; /* auto int s1, s2; */
06:       s1 = sum(1);
07:       printf("s1 = %d\n", s1);
08:
09:       s2 = sum(2);
10:       printf("s2 = %d\n", s2);
11:       return 0;
12:   }
13:   int sum(int n) /* auto int n */
14:   {
15:       int s = 0; /* auto int s1 = 0; */
16:       s += n;
17:       return s;
18:   }
```

● 실행 결과

▌프로그램 설명

① 3–12행

main() 함수는 5행에서 지역 변수 s1과 s2를 자동 변수로 선언한다. auto int s1, s2;와 같다. 자동 변수는 메모리가 할당되고 초기화는 되지 않는다.

② 13–18행

sum() 함수의 인수 n은 자동 변수이고, 지역 변수 s도 자동 변수이다. sum() 함수는 호출될 때마다, 15행에 의해 자동 변수 변수 s에 메모리를 할당받고 s = 0으로 초기화한다. 17행에 의해 반환되고 18행에 의해 함수가 끝나면 변수 s의 메모리는 해제되어 없어진다. 즉, 16행에 의해 계산한 값을 다음 번 호출 때까지 유지할 수 없다.

③ 6-7행

6행에서 s1 = sum(1)은 sum() 함수를 호출하여, sum() 함수에서 지역 변수이며 자동 변수인 s에 메모리를 할당하고, s = 0으로 초기화한다. 현재 값 s = 0과 인수로 전달 받은 n = 1을 더하여 s = 1을 저장하고, 반환하여 s1 = 1을 저장한다. 7행은 s1 = 1을 출력한다. 이때 sum() 함수의 지역 변수 s는 기억 클래스가 자동 변수이므로 메모리를 해제하여 없어진다.

④ 9-10행

9행에서 s2 = sum(2)은 sum() 함수를 호출하여, sum() 함수에서 지역 변수이며 자동 변수인 s에 메모리를 다시 할당하고, s = 0으로 초기화한다. 현재 값 s = 0과 인수로 전달 받은 n = 2를 더하여 s = 2를 저장하고, 반환하여 s2 = 2를 저장한다. 10행은 s2 = 2를 출력한다.

2.2 정적(static) 기억 클래스

정적 변수(static storage class variable)는 변수 선언에서 자료형 앞에 static 키워드를 사용하여 선언한다. 정적 변수는 메모리를 스택에 할당하지 않고, 컴파일할 때 데이터 세그먼트(data segment) 영역에 할당하여, 함수의 블록을 빠져나온 뒤에도 메모리를 계속 유지하고 있을 수 있다. 정적 변수의 초기화는 함수를 호출할 때마다 수행하지 않고, 컴파일 할 때 한번만 수행한다. 정적 변수는 선언과 동시에 값을 초기화할 수 있으며, 만약 초기화 하지 않으면 0으로 자동으로 초기화된다.

지역 변수와 비지역 변수 모두에서 정적 변수 선언이 가능하다. 지역 변수를 정적 변수로 선언하면, 함수가 반환되어도 메모리가 반환되지 않으므로, 함수가 다음에 호출될 때까지 값을 유지할 수 있다. 비지역 변수를 정적 변수로 선언하면, 변수의 유효 범위가 해당 C 언어 파일로 제한된다. 여러 개의 파일로 나누어 프로그램을 작성하는 경우에 비지역 변수를 정적 변수로 선언하면, 해당 파일에서면 비공개(private)로 사용할 수 있다. 함수 정의에서 static 키워드를 사용하여 함수를 비공개할 수도 있다. 즉, static 키워드를 사용하면, 변수 또는 함수를 C 언어 파일 단위로 비공개 할 수 있어, C 언어 파일에서 동일한 함수 이름 또는 비지역 변수 이름을 사용할 수 있다.

[예제 8.7] 함수에서 정적 변수

```
01:   #include <stdio.h>
02:   int sum(int n);
03:   int main()
04:   {
05:       int s1, s2;          /* auto int s1, s2; */
06:       printf("s1 = %d\n", s1); /* 무시 */
07:
08:       s1 = sum(1);
09:       printf("s1 = %d\n", s1);
10:
11:       s2 = sum(2);
12:       printf("s2 = %d\n", s2);
```

```
13:        return 0;
14:  }
15:  int sum(int n)
16:  {
17:        static int s = 0;  /*정적 변수, 지역 변수*/
18:        s += n;
19:        return s;
20:  }
```

● 실행 결과

▌프로그램 설명

① 3-14행
main() 함수는 5행에서 지역 변수 s1과 s2를 자동 변수로 선언한다. auto int s1, s2;와 같다.
자동 변수는 메모리가 할당되고 초기화는 되지 않는다.

② 15-20행
sum() 함수는 인수 n은 자동 변수이고, 지역 변수 s는 정적 변수이다. sum() 함수에서 17행의
정적 변수 s는 컴파일할 때 데이터 세그먼트에 할당되고 0으로 한번만 초기화한다. sum() 함
수가 반환되어도 메모리가 사라지지 않고 값을 유지한다.

③ 5-6행
5행에서 지역 변수이고 자동 변수인 s1과 s2에 메모리는 할당되고, 초기화는 되지 않는다. 따
라서 6행에서 s1값을 출력할 때, "Debug Error, Run-Time Check Failure" 오류가 메시지가
나타난다. 오류 메시지 창에서 [무시(I)] 버튼을 누르면, 변수 s1에 있는 임의 값을 출력한다.

④ 8-9행
8행에서 s1 = sum(1)은 sum() 함수를 호출하여 sum() 함수에서 지역 변수이며 정적 변수인 s
의 현재 값 s = 0과 인수로 전달 받은 n = 1을 더하여 s = 1을 저장하고, 반환하여 s1 = 1을 저
장한다. 9행은 s1 = 1을 출력한다. 이때 sum() 함수의 지역 변수 s는 기억 클래스가 정적 변수
이므로 메모리를 해제하지 않고, s = 1 값을 유지한다.

⑤ 11-12행
11행에서 s2 = sum(2)은 sum() 함수를 호출하여, sum() 함수에 대한 이전 호출에서 계산하여
저장된 값 s = 1과 인수로 전달 받은 n = 2를 더하여 s = 3을 저장하고, 반환하여 main() 함수
에서 s2 = 3을 저장한다. 12행은 s2 = 3을 출력한다. sum() 함수가 호출될 때 정적 변수 s를 초
기화하는 17행은 수행되지 않는다.

[예제 8.8] 하나의 파일에서 정적 비지역 변수

```
01:   #include <stdio.h>
02:   static int a = 1;    /* 전역 변수, 비지역 변수, 정적 변수 */
03:   void test();
04:   int main()
05:   {
06:       a = 10;
07:       test();
08:       printf("In main(), a = %d\n", a);
09:       return 0;
10:   }
11:   void test()
12:   {
13:       a *= 2;
14:       printf("In test(), a = %d\n", a);
15:   }
```

● 실행 결과

▌프로그램 설명

① 2행
정수형 변수 a를 전역 변수, 비지역 변수, 정적 변수로 선언한다. 비지역 변수를 정적 변수로
선언하면, 다른 파일로부터 비공개(private)할 수 있다. 그러나 하나의 파일만을 사용하는 프
로젝트에서는 비지역 변수를 정적 변수로 선언하는 것이 의미 없다.

② 4-10행
main() 함수의 6행에서는 2행에 선언된 비지역 변수 a의 값을 a = 10으로 변경하고, 7행에서
test() 함수를 호출하여, test() 함수에서 a = 20으로 변경하고, 8행은 a = 20을 출력한다.

③ 11-15행
test() 함수는 2행에 선언된 비지역 변수 a의 값을 2배하여 a의 값을 변경하고, printf() 함수
로 출력한다.

[예제 8.9] 두 개의 파일에서 정적 비지역 변수

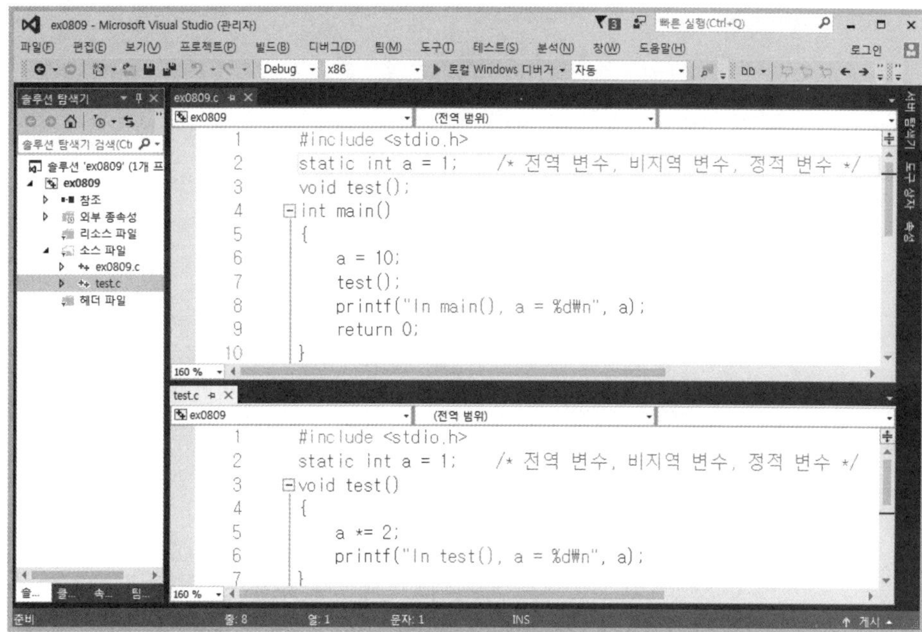

[그림 8.2] 두 개의 파일에서 정적 비지역 변수를 갖는 프로젝트

● 실행 결과

프로그램 설명

① 프로젝트 ex0809에 "ex0809.c" 파일과 "test.c" 파일을 작성한다. 각각의 파일에 정수형 변수 a를 비지역 변수, 정적 변수로 선언하고 1로 초기화한다. 비지역 변수를 정적 변수로 선언하였기 때문에, 비지역 변수 a는 다른 파일로부터 비공개(private)이다. 그러므로 각각의 파일에서만 비지역 변수로 사용된다.

② main() 함수에서 사용된 비지역 변수 a는 "ex0809.c"의 2행에 선언된 비지역 정적 변수이다. 8행은 a = 10을 출력한다. 즉, "test.c"의 비지역 변수 a와 다른 변수이다.

③ test() 함수에서 사용된 비지역 변수 a는 "test.c"의 2행에 선언된 비지역 정적 변수이다. 6행은 a = 2를 출력한다.

④ "ex0809.c" 파일과 "test.c" 파일 중에서, 하나의 비지역 변수 선언만 static을 제거하고 프로젝트를 빌드하면 오류가 발생하지 않고, 결과를 출력한다.

```
/* ex0809.c */
#include <stdio.h>
int a = 1;    /* 전역 변수, 비지역 변수 */

....
```

```
/* test.c */
#include <stdio.h>
static int a = 1;   /* 전역 변수, 비지역 변수, 정적 변수 */

....
```

⑤ 그러나, "ex0809.c" 파일과 "test.c" 파일 모두에서, static을 제거하고 프로젝트를 빌드하면 오류가 발생한다. 비지역 변수영역에 동일한 변수 이름이 중복되어 선언되기 때문에 링크할 때 [그림 8.3]과 같이 오류가 발생한다.

```
/* ex0809.c */
#include <stdio.h>
int a = 1;   /* 전역 변수, 비지역 변수 */

....
```

```
/* test.c */
#include <stdio.h>
int a = 1;   /* 전역 변수, 비지역 변수, 정적 변수 */

....
```

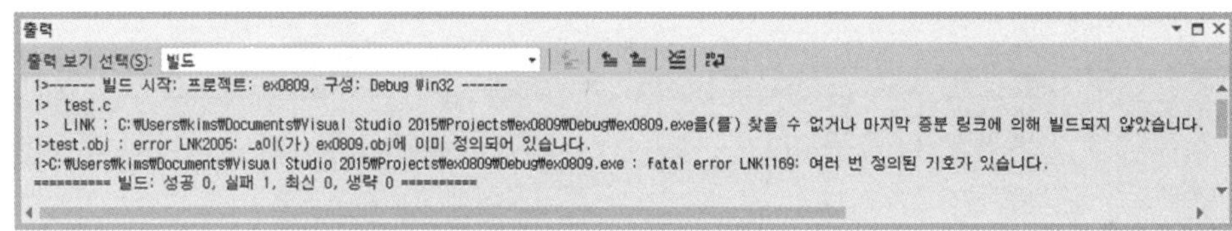

[그림 8.3] 비지역 변수의 중복 정의에 의한 링크 오류

[예제 8.10] 두 개의 파일에서 정적 함수

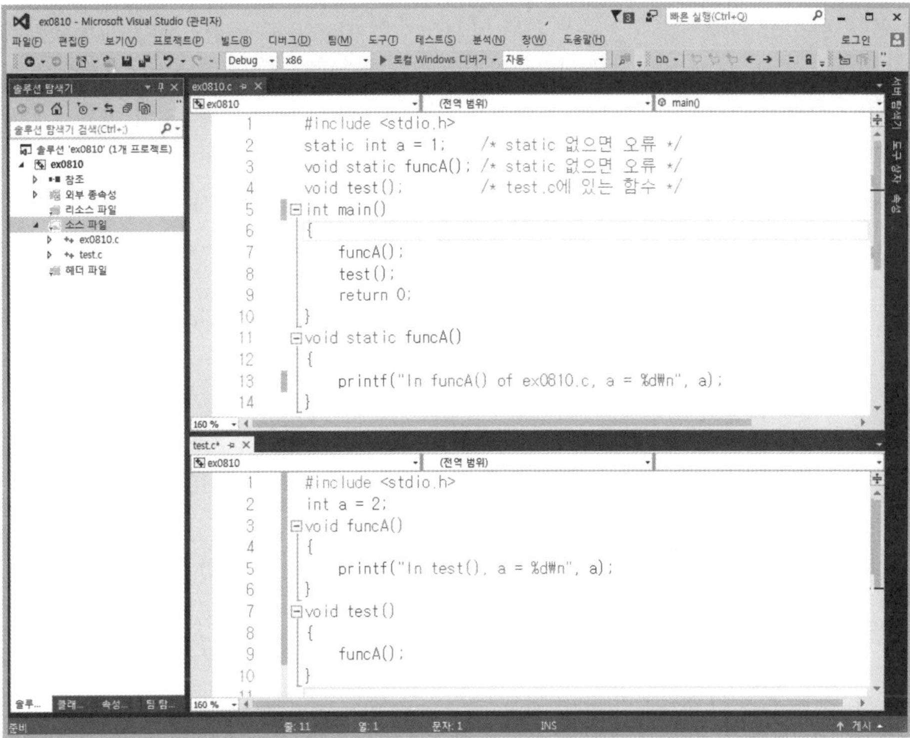

[그림 8.4] 두 개의 파일에서 정적 함수를 갖는 프로젝트

● 실행 결과

▌ 프로그램 설명

① 프로젝트 ex0810에 "ex0810.c" 파일과 "test.c" 파일을 작성한다.

② "ex0810.c" 파일은 정수형 변수 a를 비지역 정적 변수로 선언하고 1로 초기화한다. funcA() 함수를 정적 함수로 선언한다. 즉, 비지역 변수 a와 funcA() 함수를 "ex0819.c" 파일에서 비공개(private)로 선언한다.

③ test.c 파일은 정수형 변수 a를 비지역 변수로 선언하고 2로 초기화한다. funcA(), test() 함수가 정의되어 있다. test() 함수는 내부에서 funcA() 함수를 호출한다.

④ main() 함수에서 funcA() 함수를 호출하면, funcA() 함수가 정적 함수이기 때문에 "ex0819.c" 파일에 있는 funcA() 함수를 호출한다. test() 함수를 호출하면, "test.c" 파일에 있는 test() 함수가 호출되고, test() 함수는 내부에서 "test.c" 파일에 있는 funcA() 함수를 호출한다.

⑤ "ex0819.c" 파일에서 funcA() 함수의 정의와 함수 원형 선언에서 static을 삭제하고 빌드하면, 링크할 때 funcA() 함수 중복 정의되어 오류가 발생한다.

2.3 외부(extern) 기억 클래스

extern 키워드를 사용하여 외부 변수를 선언하면, 외부에 선언되어 있음을 알리는 역할을 하고, 실제 메모리를 할당하지 않는다. 지역 변수와 비지역 변수 모두에서 외부 변수 선언이 가능하다. 외부 변수 선언은 값을 초기화를 할 수 없다. 지역 변수를 외부 변수로 선언하면, 실제 변수가 비지역 변수에 있는 것을 알려 주는 역할을 한다. 비지역 변수를 외부 변수로 선언하면, 실제 변수가 다른 C 언어 파일의 비지역 변수에 있는 것을 알려 주는 역할을 한다.

extern 키워드에 의한 외부 변수 선언은 여러 개의 파일로 나누어 작성된 프로젝트에서 비지역 변수(전역 변수)를 공유할 때 주로 사용한다.

- **변수의 선언과 정의**

  ① 프로그램에서 자료형에 따라 기억장소를 할당하여 사용하기 위해, 변수 선언이란 용어를 사용한다. 지금까지 사용한 "변수 선언"의 보다 정확한 용어는 "변수 정의"이다.

  ② 변수 선언(declaration)은 기억장소는 할당하지 않고, 단지 컴파일러에게 변수의 자료형(data type), 변수 이름 등의 정보를 알려주는 것을 말한다.

  ③ 변수 정의(definition)는 변수의 자료형, 변수 이름, 기억장소 할당을 포함한다. 즉 변수의 선언과 정의는 기억장소를 할당하는지의 차이이다.

  ④ 프로그램을 작성할 때, 대부분 변수의 선언과 정의를 구별할 필요가 없기 때문에, 일반적으로 변수 선언이라 함은 기억장소까지 할당하는 의미로 사용한다. 그러나 extern 키워드를 사용할 때는 변수의 선언과 정의를 구별할 필요가 있다. extern 키워드는 기억장소를 할당하지 않고, 컴파일러에게 외부에 이미 선언된 변수의 자료형, 이름 등의 정보를 알려 주는 역할만을 하는 변수 선언이다.

[예제 8.11] 하나의 파일에서 외부 변수

```
01:  #include <stdio.h>
02:  void test();
03:  int main()
04:  {
05:      extern int b; /* 외부 변수 선언 */
06:      printf("In main() 1, b = %d\n", b);
07:      test();
08:      printf("In main() 2, b = %d\n", b);
09:  }
10:
11:  int b = 10;    /* 비지역 변수 정의*/
12:  void test()
13:  {
14:      b *= 2;
```

```
15:        printf("In test(), b = %d\n", b);
16: }
```

● 실행 결과

▌프로그램 설명

① 3~9행

5행은 extern 키워드를 사용하여 정수형 변수 b가 main() 함수 외부에 비지역 변수가 정의되어 있음을 선언하여, 컴파일러에게 알려준다. 외부 변수 b를 위한 메모리를 할당하지 않는다. 하나의 파일에서 extern 키워드에 의한 외부 변수는 뒤에 정의된 비지역 변수를 앞쪽의 함수에서 접근할 때 사용한다. 6행은 11행의 비지역 변수 b의 초기값 b = 10을 출력한다. test() 함수를 호출하면 11행의 비지역 변수 b의 값이 b = 20으로 변경되고, 8행은 b = 20을 출력한다.

② 11~16행

11행은 비지역 변수 b를 정의하고 b = 10으로 초기화한다. 비지역 변수 b는 11행 이후의 함수에서 접근할 수 있다. 11행 이전의 함수에서 접근하려면, 예제 프로그램의 main() 함수와 같이 함수 내부에서 extern 카워드를 사용하여 외부 변수로 선언해야 한다. test() 함수는 비지역 변수 b의 값을 2배하여 변경하고, printf() 함수로 출력한다.

[예제 8.12] 두 개의 파일에서 외부 변수

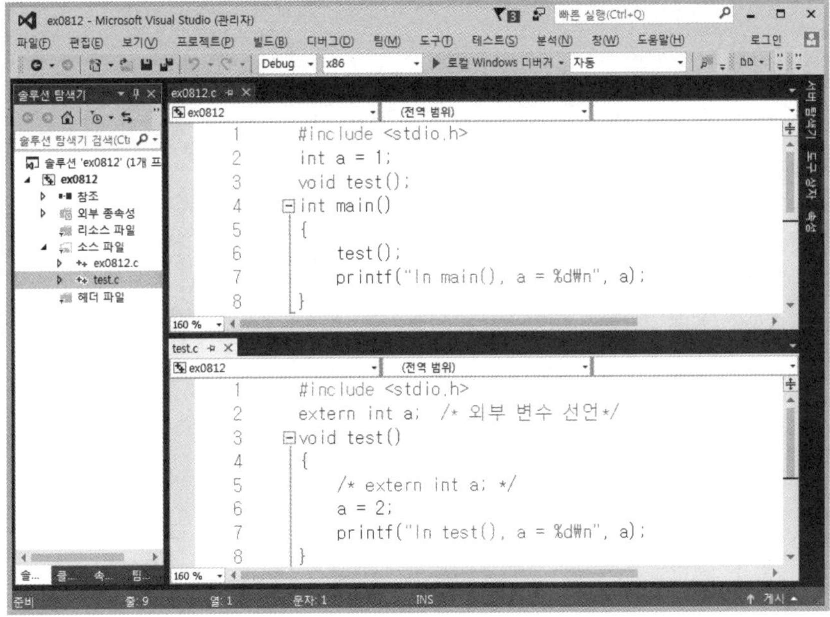

[그림 8.5] 두 개의 파일에서 외부 변수를 갖는 프로젝트

● 실행 결과

```
C:\Windows\system32\cmd.exe
In test(), a = 2
In main(), a = 2
```

▌ 프로그램 설명

① 프로젝트 ex0812에 "ex0812.c" 파일과 "test.c" 파일을 작성한다.

② "ex0812.c" 파일은 정수형 변수 a를 비지역 변수로 선언하고 1로 초기화한다. test() 함수 원형을 선언한다.

③ "test.c" 파일은 정수형 변수 a를 외부 변수로 선언한다. test() 함수에서만 비지역 변수를 접근하기 위하여 5행과 같이, 외부 변수를 선언할 수 있다.

④ main() 함수에서 test() 함수를 호출하면, test() 함수에서 "ex0812.c" 파일에 선언되어 있는 비지역 변수 a의 값을 a = 2로 변경하고, printf() 함수로 출력한다. main() 함수의 printf() 함수는 test() 함수에 의해 변경된 a = 2를 출력한다.

⑤ extern 키워드에 의한 외부 변수 선언은 여러 파일로 나누어 작성된 프로젝트에서 비지역 변수(전역 변수)를 공유할 때 주로 사용한다.

2.4 레지스터(register) 기억 클래스

레지스터 변수는 register 키워드를 사용한다. 레지스터 변수는 지역 변수만 사용 가능하다. 즉, 비지역 변수는 레지스터 변수로 선언할 수 없다.

레지스터 변수는 기억장소를 주기억장치(RAM)에 할당하지 않고 중앙처리장치(CPU)의 레지스터에 할당한다. 레지스터가 주기억창치보다 훨씬 빠르기 때문에 변수의 접근(access:read, write)이 많은 반복문의 카운터 변수에 주로 사용한다. 그러나 레지스터는 한정되어 있기 때문에 무한히 사용할 수 없다. 레지스터 변수로 선언되었지만, 사용할 수 있는 CPU의 레지스터가 남아 있지 않으면, 자동 변수로 취급한다.

[예제 8.8] 하나의 파일에서 정적 비지역 변수

```
01:  #include <stdio.h>
02:  int main()
03:  {
04:      int s = 0;          /* 지역 변수, 자동 변수 */
05:      register int i;     /* 지역 변수, 레지스터 변수 */
06:      for (i = 1; i <= 10; i++)
07:          s += i;
08:      printf("s = %d\n", s);
09:      return 0;
10:  }
```

● 실행 결과

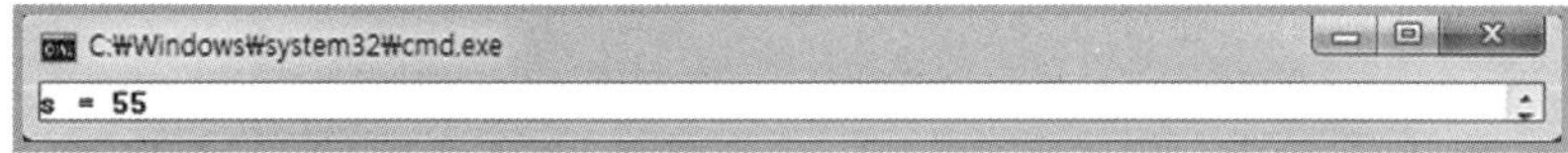

▌프로그램 설명

① main() 함수는 2개의 지역 변수 s와 i를 갖는다. 변수 s는 자동 변수로 주기억장치의 스택에 메모리를 할당하고, 변수 i는 레지스터 변수로 CPU의 레지스터에 할당한다.

② for 문의 카운터 변수 i와 같이 자주 접근(read/write)하는 변수를 레지스터 변수로 선언하면, 프로그램의 실행 속도를 빠르게 할 수 있다.

구조체와 공용체

CHAPTER **09**

01 구조체

C 언어의 구조체(struct)는 서로 다른 자료형을 묶어 정의할 수 있는 사용자 정의 복합 자료형이다. 일반적인 자료(data) 표현에서 구조체는 레코드(record)를 정의한다. 레코드의 각 필드(field)는 구조체의 멤버이다.

1.1 구조체 정의

구조체는 struct 키워드를 사용하며, 중괄호 안에 각 멤버를 나열하여 정의한다. 구조체의 이름(예를 들면, student)은 식별자(identifier)이다.

```c
struct student  /* 구조체 정의 */
{
        char name[8];
        int score;
};
```

1.2 구조체 선언

구조체는 struct 키워드와 구조체 이름을 이용하여 구조체 변수, 구조체 포인터, 구조체 배열 등을 선언하고 중괄호를 이용하여 멤버를 초기화할 수 있다.

```c
struct student  s1;                        /* 구조체 변수 선언 */
struct student *ps1;                       /* 구조체 포인터 변수 선언 */
struct student  s2[10];                    /* 구조체 배열 선언 */
struct student  s3 = { "손오공", 80 };     /* 구조체 변수 선언 및 초기화 */
```

구조체를 정의와 변수 선언을 동시에 할 수 있다. 구조체 이름을 생략할 수 있으나, 구조체 이름을 생략하는 경우, 다른 문장에서 구조체 변수를 선언할 수 없다.

```c
struct  student{
        char name[8];
        int score;
} s1, *ps1, s2[10], s3 = { "손오공", 80 };
```

1.3 구조체의 메모리 할당

구조체 student의 멤버 변수는 [그림 9.1]과 같이 선언된 순서대로 name 멤버 변수는 0에서 7번 바이트까지 8바이트에 할당되고, score 멤버는 8에서 11번 바이트까지 4바이트의 메모리에 할당된다. 구조체에 할당된 메모리의 크기는 멤버 변수에 할당된 바이트 크기의 합과 같다. sizeof(struct student)는 sizeof(char name[8]) + sizeof(int) = 12바이트이다. sizeof(struct student*)는 다른 포인터 자료형과 같이 x86에서 4바이트, x64에서 8바이트이다.

마이크로소프트 비주얼 C++ 컴파일러에서는 디폴트로 메모리를 4의 배수로 패킹(packing)하여 할당하기 때문에, 구조체 멤버들의 메모리 할당 크기는 4의 배수이다. 조건부 컴파일 지시문 #pragma pack(n)에 의해 패킹 바이트를 설정할 수 있다. 패킹 단위 n은 1, 2, 4, 8, 16이다.

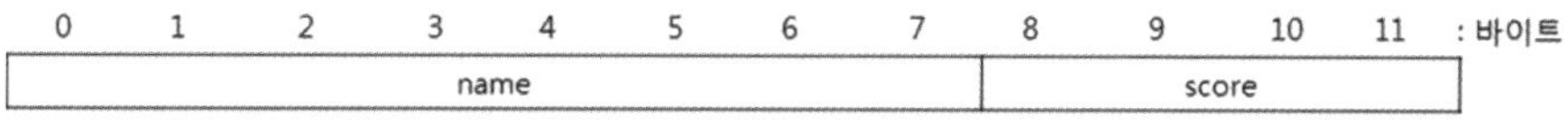

[그림 9.1] 구조체 student의 메모리 할당

1.4 구조체의 멤버 접근

구조체의 각 멤버 변수는 일반 구조체 변수 s1.name, s1.score와 같이 점(.)을 사용하여 접근한다. 구조체 포인터 변수는 ps1-⟩name, ps1-⟩score와 같이 화살표(-⟩)를 사용하거나, 포인터가 가리키는 주소의 값 *ps1을 이용하여 (*ps1).name와 (*ps1).score로 접근한다. 구조체 배열은 배열 첨자 i를 사용하여 s2[i].name, s2[i].score로 접근한다.

[예제 9.1] 구조체 메모리 할당과 패킹(#pragma pack(n))

```
01:  #include <stdio.h>
02:  #pragma pack(1)      /* 1, 2, 4, 8, 16 */
03:  struct grade_score{
04:       char grade;
05:       int  score;
06:  };
07:  int main()
08:  {
09:       struct grade_score a;
10:       char *pa = (char *)&a;
11:
12:       printf("sizeof(a) = %d\n", sizeof(a));
13:       printf("sizeof(a.grade) = %d\n", sizeof(a.grade));
14:       printf("sizeof(a.score) = %d\n", sizeof(a.score));
15:
16:       printf("&a = %p, pa = %p\n", &a, pa);
```

```
17:        printf("&a.grade = %p\n", &a.grade);
18:        printf("&a.score = %p\n", &a.score);
19:        return 0;
20: }
```

● 실행 결과

```
C:\Windows\system32\cmd.exe
sizeof(a) = 5
sizeof(a.grade) = 1
sizeof(a.score) = 4
&a = 001BF99C, pa = 001BF99C
&a.grade = 001BF99C
&a.score = 001BF99D
```

▌ 프로그램 설명

① 2행
조건부 컴파일 지시문 #pragma pack(1)에 의해 구조체 메모리를 1바이트로 패킹하여 할당
한다. 패킹 바이트는 1, 2, 4, 8, 16로 설정할 수 있다. 디폴트는 4바이트이다.

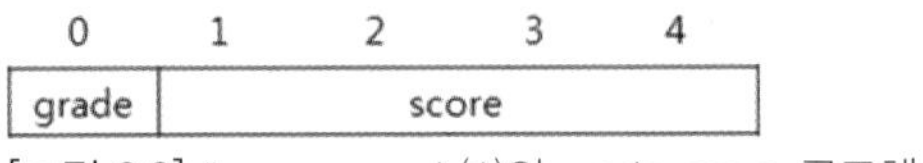

[그림 9.2] #pragma pack(1)의 grade_score 구조체 메모리

② 3-6행
학점(name)과 성적(score)을 멤버로 갖는 구조체 grade_score를 정의한다.

③ 9-10행
구조체 grade_score의 변수 a를 선언하고, char * 포인터 변수 pa를 선언하고, 변수 a의 주
소(&a)로 초기화한다.

④ 12-14행
구조체 변수 a의 메모리 할당 크기는 2행의 #pragma pack(1)에 의해 구조체 메모리를 1
바이트로 패킹하여 할당하기 때문에 sizeof(a) = 5바이트이다. sizeof(a.grade) = 1바이트,
sizeof(a.score) = 4바이트이다.

⑤ 16-18행
변수 a의 주소(&a)와 포인터 pa가 가리키는 주소는 같다. 구조체 grade_score의 멤버의 주소
&a.grade, &a.score를 출력하여 메모리 할당 구조를 확인한다.

⑥ 2행에서 #pragma pack(2)로 구조체 메모리를 2바이트로 패킹 할당하면 구조체 grade_
score는 [그림 9.3]과 같이 메모리가 할당되어, sizeof(a) = 6 바이트,   sizeof(a.grade) = 1바
이트, sizeof(a.score) = 4 바이트이다. grade 뒤의 1바이트는 사용하지 않는다.

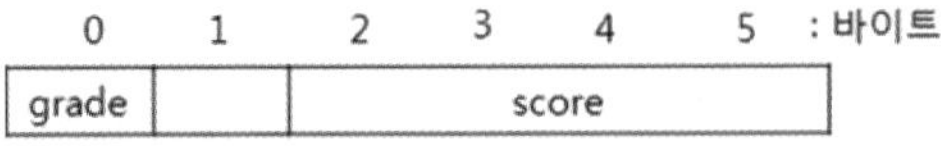

[그림 9.3] #pragma pack(2)의 grade_score 구조체 메모리

⑦ 2행을 주석 처리하거나 #pragma pack(4)로 4바이트 패킹하면 구조체 grade_score는 [그림 9.4]와 같이 메모리가 할당되어, sizeof(a) = 8바이트, sizeof(a.grade) = 1바이트, sizeof(a.score) = 4바이트이다. grade 뒤의 3바이트는 사용하지 않는다.

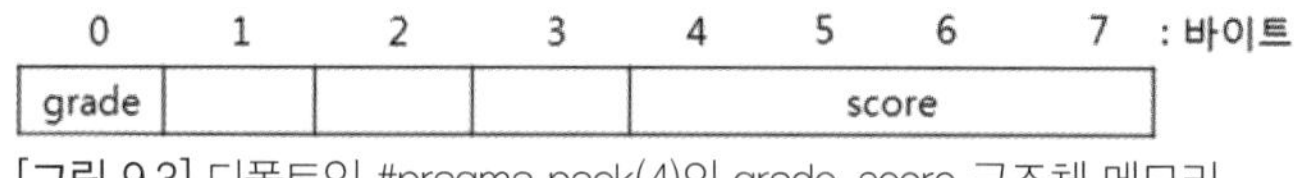

[그림 9.3] 디폴트인 #pragma pack(4)의 grade_score 구조체 메모리

[예제 9.2] 변수 선언, 멤버 접근, 초기화 1

```
01:   #include <stdio.h>
02:   struct student {
03:        char name[8];
04:        int  score;
05:   };
06:   int main()
07:   {
08:        struct student s1 = { "손오공", 80 };
09:        struct student *ps1 = &s1;
10:
11:        printf("sizeof(struct student) = %d\n", sizeof(struct student));
12:        printf("sizeof(struct student*) = %d\n", sizeof(struct student*));
13:        printf("sizeof(s1) = %d\n", sizeof(s1));
14:        printf("sizeof(ps1) = %d\n", sizeof(ps1));
15:
16:        printf("s1.name = %s\n", s1.name);
17:        printf("s1.score = %d\n", s1.score);
18:
19:        printf("ps1->name = %s\n", ps1->name);
20:        printf("ps1->score = %d\n", ps1->score);
21:
22:        printf("(*ps1).name = %s\n", (*ps1).name);
23:        printf("(*ps1).score = %d\n", (*ps1).score);
24:        return 0;
25:   }
```

- 실행 결과

```
C:\Windows\system32\cmd.exe
sizeof(struct student) = 12
sizeof(s1) = 12
sizeof(struct student*) = 4
sizeof(ps1) = 4
s1.name = 손오공
s1.score = 80
ps1->name = 손오공
ps1->score = 80
(*ps1).name = 손오공
(*ps1).score = 80
```

▌ 프로그램 설명

① 2-5행
학생의 이름(name)과 성적(score)을 멤버로 갖는 구조체 student를 정의한다.

② 8-9행
8행은 student 구조체 변수 s1을 선언하고, s1 = { "손오공", 80 }로 초기화한다. 9행은 student 구조체 포인터 변수 ps1을 선언하고, s1의 주소(&s1)로 초기화한다.

③ 11-14행
11-12행의 구조체 struct의 메모리 할당 크기는 sizeof(struct student) = 12, sizeof(s1) = 12 바이트이다. 13-14행의 student 구조체 포인터의 메모리 할당 크기는 x86에서 다른 포인터 변수들과 같이 sizeof(struct student*) = 4, sizeof(pS1) = 4바이트이다.

④ 16-17행
student 구조체 변수 s1의 멤버는 s1.name = "손오공", s1.score = 80이다.

⑤ 19-23행
student 구조체 포인터 ps1를 이용하여 s1의 멤버를 ps1->name, ps1->score로 접근하거나, *ps1을 이용하여 (*ps1).name, (*ps1).score로 접근한다.

⑥ student 구조체의 name 멤버를 char name[8]로 변경해도 비주얼 C++ 컴파일러의 디폴트 메모리 패킹(packing) 때문에 sizeof(struct student) = 12, sizeof(s1) = 12바이트이다.

[예제 9.3] 변수 선언, 멤버 접근, 초기화 2

```
01:   #include <stdio.h>
02:   struct  student {
03:         char name[8];
04:         int score;
05:   } *ps1, s1 = { "손오공", 80 };
06:   int main()
07:   {
08:         ps1 = &s1;
09:         printf("s1.name = %s\n", s1.name);
10:         printf("s1.score = %d\n", s1.score);
11:
12:         printf("ps1->name = %s\n", ps1->name);
13:         printf("ps1->score = %d\n", ps1->score);
14:
15:         printf("(*ps1).name = %s\n", (*ps1).name);
16:         printf("(*ps1).score = %d\n", (*ps1).score);
17:         return 0;
18:   }
```

● 실행 결과

```
C:\Windows\system32\cmd.exe
s1.name = 손오공
s1.score = 80
ps1->name = 손오공
ps1->score = 80
(*ps1).name = 손오공
(*ps1).score = 80
```

▌ 프로그램 설명

① 2-5행

학생의 이름(name)과 성적(score)를 멤버로 갖는 구조체 student를 정의하고, 구조체 전역
변수로 포인터 ps1과 일반 변수 s1을 선언하고, s1 = { "손오공", 80 }으로 초기화한다.

② 8행

8행은 student 구조체 포인터 ps1에 &s1을 저장한다.

③ 9-16행

student 구조체 변수 s1의 멤버는 s1.name = "손오공", s1.score = 80이다. 포인터 ps1을 이
용하여 ps1->name, ps1->score 또는 (*ps1).name, (*ps1).score로 s1의 멤버를 접근한다.

02 새로운 자료형 정의(typedef)

typedef 문장을 사용하면 새로운 자료형의 이름을 정의할 수 있다. typedef 문장은 구조
체(struct), 공용체(union)를 짧은 이름으로 줄여 사용하는데 유용하다. typedef를 사용
하여 기존 자료형의 새로운 이름을 정의하는 형식은 다음과 같다.

```
typedef oldType newType;
```

oldType는 이미 정의된 기존의 자료형이며, newType는 oldType에 대한 새로운 자료형
이름이다. newType은 콤마에 의해 하나 이상 나열할 수 있다. newType은 식별자를 만
드는 규칙과 같지만 기존의 자료형과 구분하기 위해 주로 대문자를 사용한다. newType
뒤에는 반드시 세미콜론(;)이 있어야 한다. newType을 사용하여 변수를 선언할 수 있
다. 다음은 typedef 문을 사용하여 자료형을 정의한 예제이다.

```
① typedef char* PSTR;
② typedef enum {FALSE, TRUE} BOOL;
③ typedef int (* LPFUNC) (int n);
④ typedef struct _POINT { int x, y; } POINT;
```

```
⑤ typedef struct _RECT { int left, top, right, bottom; } RECT, *PRECT;
⑥ typedef struct student {
        char name[8];

        int score;

   } STUDENT;
⑦ typedef struct {
        char name[8];

        int score;

   } STUDENT, *PSTUDENT;
⑧ typedef struct {double r, i; } FCOMPLEX;
⑨ typedef struct { int bunJa, bunMo; } RATIONAL;
```

① char*를 PSTR로 정의한다.

② enum {FALSE, TRUE}를 BOOL로 정의한다.

③ LPFUNC는 정수 인수를 하나 갖고, 정수를 반환하는 함수 포인터형을 정의한다.

④ 구조체 _POINT를 POINT로 정의한다.

⑤ 구조체 _RECT를 RECT로 정의한다.

⑥ 구조체 student를 STUDENT로 정의한다.

⑦ 구조체 이름을 생략하고 STUDENT로 정의하고, 구조체 포인터를 PSTUDENT로 정의한다.

⑧ 복소수 구조체 FCOMPLEX를 정의한다.

⑧ 유리수 구조체 RATIONAL을 정의한다.

[예제 9.4] typedef을 이용한 구조체 정의

```c
01:  #include <stdio.h>
02:  typedef struct {
03:        char name[8];
04:        int score;
05:  } STUDENT, *PSTUDENT;
06:  int main()
07:  {
08:        STUDENT s1 = { "손오공", 80 };
09:        PSTUDENT ps1 = &s1;    /* STUDENT *ps1 = &s1; */
10:
11:        printf("sizeof(STUDENT) = %d\n", sizeof(STUDENT));
12:        printf("sizeof(PSTUDENT) = %d\n", sizeof(PSTUDENT));
13:
14:        printf("s1.name = %s\n", s1.name);
15:        printf("s1.score = %d\n", s1.score);
16:
17:        printf("ps1->name = %s\n", ps1->name); /* (*ps1).name */
18:        printf("ps1->score = %d\n", ps1->score); /* (*ps1).score */
19:        return 0;
20:  }
```

● 실행 결과

```
C:\Windows\system32\cmd.exe
sizeof(STUDENT) = 12
sizeof(PSTUDENT) = 4
s1.name = 손오공
s1.score = 80
ps1->name = 손오공
ps1->score = 80
```

■ 프로그램 설명

① 2-5행
학생의 이름(name)과 성적(score)을 저장할 수 있는 구조체 STUDENT와 포인터 PSTUDENT를 정의한다. PSTUDENT는 STUDENT*와 같다.

② 8-9행
구조체 STUDENT의 변수 s1을 선언하고, s1 = { "손오공", 80 }으로 초기화하고, 포인터 ps1을 선언하고, s1의 주소(&s1)로 초기화한다.

③ 11-12행
sizeof(STUDENT) = 12바이트, x86에서 sizeof(PSTUDENT) = 4바이트이다.

④ 14-18행
STUDENT 구조체 변수 s1의 멤버는 s1.name = "손오공", s1.score = 80이다. 포인터 ps1을 이용하여 ps1->name, ps1->score 또는 (*ps1).name, (*ps1).score로 s1의 멤버를 접근한다.

[예제 9.5] 구조체 배열 초기화

```c
01:  #include <stdio.h>
02:  #define MAXSIZE  5
03:  typedef struct student {
04:       char name[8];
05:       int score;
06:  } STUDENT;
07:  int main()
08:  {
09:       int i;
10:       STUDENT st[MAXSIZE] = { { "이영희", 80 },
11:                               { "김철수", 90 },
12:                               { "홍길동", 60 },
13:                               { "손오공", 50 },
14:                               { "박민수", 70 } };
15:
16:       printf("sizeof(st) = %d\n", sizeof(st));
17:       for (i = 0; i < MAXSIZE; i++)
18:           printf("st[%d] : (%s, %d)\n", i, st[i].name, st[i].score);
19:       return 0;
20:  }
```

● 실행 결과

```
C:\Windows\system32\cmd.exe
sizeof(st) = 60
st[0] : (이영희, 80)
st[1] : (김철수, 90)
st[2] : (홍길동, 60)
st[3] : (손오공, 50)
st[4] : (박민수, 70)
```

▌프로그램 설명

① 2~5행
구조체 STUDENT를 정의한다.

② 10~14행
MAXSIZE 크기의 STUDENT 구조체 배열 st를 선언하고, 문자열 상수와 정수를 사용하여 배열 요소의 name, score 멤버를 초기화한다.

③ 16행
sizeof(st) = MAXSIZE×sizeof(STUDENT) = 5 × 12 = 60바이트이다.

④ 17~18행
for 문을 사용하여 배열 st의 i번째 요소의 멤버 st[i].name, st[i].score를 출력한다.

[예제 9.6] 복소수 구조체와 사칙연산

```c
01:  #include <stdio.h>
02:  #include <math.h>  /* fabs() */
03:  #define N  4
04:  typedef struct { double r, i; } FCOMPLEX;/* 복소수 구조체 */
05:  FCOMPLEX CMPLX(double r, double i);
06:  FCOMPLEX Cadd(FCOMPLEX a, FCOMPLEX b);
07:  FCOMPLEX Csub(FCOMPLEX a, FCOMPLEX b);
08:  FCOMPLEX Cmul(FCOMPLEX a, FCOMPLEX b);
09:  FCOMPLEX Cdiv(FCOMPLEX a, FCOMPLEX b);
10:  void printCmplex(char *name, FCOMPLEX a);
11:  int main()
12:  {
13:      char buf[128];
14:      FCOMPLEX a, b;
15:      FCOMPLEX cmplx[N];
16:      a = CMPLX(1.0, 2.0); /* a = 1.0 + 2.0j */
17:      b = CMPLX(2.0, 3.0); /* b = 2.0 + 3.0j */
18:      cmplx[0] = Cadd(a, b);
19:      cmplx[1] = Csub(a, b);
20:      cmplx[2] = Cmul(a, b);
21:      cmplx[3] = Cdiv(a, b);
22:      printCmplex("a", a);
23:      printCmplex("b", b);
24:      for (int i = 0; i < N; i++)
```

```
25:        {
26:                sprintf_s(buf, sizeof(buf), "cmplx[%d]", i);
27:                printCmplex(buf, cmplx[i]);
28:        }
29:        return 0;
30: }
31: FCOMPLEX CMPLX(double r, double i)
32: {
33:        FCOMPLEX c;
34:        c.r = r;
35:        c.i = i;
36:        return c;
37: }
38: FCOMPLEX Cadd(FCOMPLEX a, FCOMPLEX b)
39: {
40:        FCOMPLEX c;
41:        c.r = a.r + b.r;
42:        c.i = a.i + b.i;
43:        return c;
44: }
45: FCOMPLEX Csub(FCOMPLEX a, FCOMPLEX b)
46: {
47:        FCOMPLEX c;
48:        c.r = a.r - b.r;
49:        c.i = a.i - b.i;
50:        return c;
51: }
52: FCOMPLEX Cmul(FCOMPLEX a, FCOMPLEX b)
53: {
54:        FCOMPLEX c;
55:        c.r = a.r * b.r - a.i * b.i;
56:        c.i = a.i * b.r + a.r * b.i;
57:        return c;
58: }
59: FCOMPLEX Cdiv(FCOMPLEX a, FCOMPLEX b)
60: {
61:        FCOMPLEX c;
62:        double r, den;
63:        if (fabs(b.r) >= fabs(b.i))
64:        {
65:                r = b.i / b.r;
66:                den = b.r + r * b.i;
67:                c.r = (a.r + r * a.i) / den;
68:                c.i = (a.i - r * a.r) / den;
69:        }
70:        else
```

```
71:        {
72:                r = b.r / b.i;
73:                den = b.i + r * b.r;
74:                c.r = (a.r * r + a.i) / den;
75:                c.i = (a.i * r - a.r) / den;
76:        }
77:        return c;
78: }
79: void printCmplex(char *name, FCOMPLEX a)
80: {
81:        printf("%s =(%.2lf + %.2lfj)\n", name, a.r, a.i);
82: }
```

● 실행 결과

```
C:\Windows\system32\cmd.exe
a =(1.00 + 2.00j)
b =(2.00 + 3.00j)
cmplx[0] =(3.00 + 5.00j)
cmplx[1] =(-1.00 + -1.00j)
cmplx[2] =(-4.00 + 7.00j)
cmplx[3] =(0.62 + 0.08j)
```

▌프로그램 설명

① 4행

복소수 구조체 FCOMPLEX를 정의한다. 구조체 FCOMPLEX의 멤버 변수 r은 실수부(real part), i는 허수부(imaginary part)이다. 헤더 파일 <math.h>에는 struct _complex가 정의되어 있다. 허수 $j = \sqrt{-1}$ 은 구조체에 표현하지 않고 사칙연산 함수에서 고려하여 계산한다.

② 5-10행

복소수의 생성함수 CMPLX(), 사칙연산 함수 Cadd(), Csub(), Cmul(), Cdiv(), 출력함수 printCmplex()의 함수 원형을 선언한다.

③ 16-28행

16-17행은 CMPLX() 함수를 사용하여 a= 1.0 + 2.0j, b = 2.0 + 3.0j의 복소수를 생성한다. 18-21행은 복소수의 사칙연산 함수로 복소수 행렬 cmplx에 계산한다. 22-28행은 printCmplex() 함수로 복소수를 출력한다.

④ 31-82행

31-37행은 실수 r, i를 복소수 구조체로 생성하는 함수 CMPLX()를 정의한다. 38-44행은 복소수 a, b의 덧셈을 반환하는 Cadd() 함수를 정의한다. 45-51행은 복소수 a, b의 뺄셈을 반환하는 Csub() 함수를 정의한다. 52-58행은 복소수 a, b의 곱셈을 반환하는 Cmul() 함수를 정의한다. 59-78행은 복소수 a, b의 나눗셈을 반환하는 Cdiv() 함수를 정의한다. 79-82행은 복소수를 주어진 이름 name과 함께 출력한다.

[예제 9.7] 유리수 구조체와 사칙연산

```
01:  #include<stdio.h>
02:  #include<stdlib.h>     /* exit() */
03:  #define N 4
04:  typedef struct { int bunJa, bunMo; } RATIONAL;   /* 유리수 구조체 */
05:  int funcGCD(int n, int m);     /* 최대공약수 */
06:  int funcLCM(int n, int m);     /* 최소 공배수 */
07:  void Reduction(RATIONAL *a);
08:  int  Rational(RATIONAL *a, int bunJa, int bunMo);
09:  RATIONAL Radd(RATIONAL a, RATIONAL b);
10:  RATIONAL Rsub(RATIONAL a, RATIONAL b);
11:  RATIONAL Rmul(RATIONAL a, RATIONAL b);
12:  RATIONAL Rdiv(RATIONAL a, RATIONAL b);
13:  void printRational(char *name, RATIONAL a);
14:  int main()
15:  {
16:      char buf[128];
17:      RATIONAL a, b;
18:      RATIONAL r[N];
19:
20:      if (Rational(&a, 2, 5) == 0)
21:      {
22:          printf("a.bunMo 0 Error\n");
23:          exit(1);     /* EXIT_FAILURE */
24:      }
25:      if (Rational(&b, 2, 10) == 0)
26:      {
27:          printf("b.bunMo 0 Error\n");
28:          exit(1); /* EXIT_FAILURE */
29:      }
30:
31:      r[0] = Radd(a, b);
32:      r[1] = Rsub(a, b);
33:      r[2] = Rmul(a, b);
34:      r[3] = Rdiv(a, b);
35:
36:      printRational("a", a);
37:      printRational("b", b);
38:      for (int i = 0; i < N; i++)
39:      {
40:          sprintf_s(buf, sizeof(buf), "r[%d]", i);
41:          printRational(buf, r[i]);
42:      }
43:      return 0;
44:  }
45:  int Rational(RATIONAL *a, int bunJa, int bunMo)
```

```c
46: {
47:      if (bunMo == 0) /* 유리수 아님 */
48:           return 0;
49:      a->bunJa = bunJa;
50:      a->bunMo = bunMo;
51:      return 1;
52: }
53: RATIONAL Radd(RATIONAL a, RATIONAL b)
54: {
55:      RATIONAL c;
56:      int lcm;
57:      lcm = funcLCM(a.bunMo, b.bunMo);
58:      c.bunMo = lcm;
59:      c.bunJa = (lcm / a.bunMo)*a.bunJa + (lcm / b.bunMo)*b.bunJa;
60:      Rreduction(&c); /* 약분 */
61:      return c;
62: }
63: RATIONAL Rsub(RATIONAL a, RATIONAL b)
64: {
65:      RATIONAL c;
66:      int lcm;
67:      lcm = funcLCM(a.bunMo, b.bunMo);
68:      c.bunMo = lcm;
69:      c.bunJa = (lcm / a.bunMo)*a.bunJa - (lcm / b.bunMo)*b.bunJa;
70:      Rreduction(&c); /* 약분 */
71:      return c;
72: }
73: RATIONAL Rmul(RATIONAL a, RATIONAL b)
74: {
75:      RATIONAL c;
76:      c.bunJa = a.bunJa*b.bunJa;
77:      c.bunMo = a.bunMo*b.bunMo;
78:      Rreduction(&c); /* 약분 */
79:      return c;
80: }
81: RATIONAL Rdiv(RATIONAL a, RATIONAL b)
82: {
83:      RATIONAL c;
84:      c.bunJa = a.bunJa*b.bunMo;
85:      c.bunMo = a.bunMo*b.bunJa;
86:      Rreduction(&c); /* 약분 */
87:      return c;
88: }
89: void Rreduction(RATIONAL *a)
90: {
91:      int gcd;
```

```
92:        gcd = funcGCD(a->bunJa, a->bunMo);
93:        a->bunJa /= gcd;
94:        a->bunMo /= gcd;
95:  }
96:  int funcLCM(int n, int m)
97:  {
98:        int gcd, lcm;
99:        gcd = funcGCD(n, m);
100:       lcm = (n*m) / gcd;
101:       return lcm;
102:}
103: int funcGCD(int n, int m)
104: {
105:       int t;
106:       while (n != 0) {
107:            t = n;
108:            n = m % n;
109:            m = t;
110:       }
111:       return m;
112:}
113: void printRational(char *name, RATIONAL a)
114: {
115:       printf("%s = %d/%d\n", name, a.bunJa, a.bunMo);
116:}
```

- 실행 결과

▌프로그램 설명

① 4행
유리수 구조체 RATIONAL를 정의한다. 구조체 RATIONAL의 멤버 변수 bunJa, bunMo는 정수이고, bunMo는 0은 아니다.

② 5-13행
최대공약수 함수 funcGCD(), 최소공배수 함수 funcLCM(), 최대공약수에 의한 약분 함수 Reduction(), 유리수의 생성 함수 Rational(), 사칙연산 함수 Radd(), Rsub(), Rmul(), Rdiv(), 출력함수 printRational()의 함수 원형을 선언한다.

③ 20-29행
유리수의 생성 함수 Rational()을 사용하여, 유리수 a, b를 생성한다. 분모가 0인 경우는 유리

수가 아니므로 exit(1)로 종료한다.

④ 31-42행

31-34행은 유리수의 사칙연산 함수의 결과를 행렬 r에 저장한다. 36-42행은 printRational()함수로 유리수를 출력한다.

⑤ 45-116행

45-52행은 두 정수를 인수로 받아 유리수를 생성하는 함수 Rational()을 정의한다. 복소수와 같이 유리수를 반환하지 않고 포인터를 사용하여 반환하는 이유는 분모가 0인 경우 유리수가 아니기 때문에, 반환값은 유리수인지 여부를 나타내기 위해 사용하고, 생성된 유리수는 포인터 인수 a를 사용하여 반환한다. 53-62행은 유리수 a, b의 덧셈을 반환하는 Radd() 함수를 정의한다. 63-72행은 유리수 a, b의 뺄셈을 반환하는 Rsub() 함수를 정의한다. 73-80행은 유리수 a, b의 곱셈을 반환하는 Rmul() 함수를 정의한다. 81-88행은 유리수 a, b의 나눗셈을 반환하는 Rdiv() 함수를 정의한다. 89-95행은 유리수를 분모, 분자의 최대공약수로 약분한다. 유리수의 사칙연산은 Reduction() 함수로 약분한다. 96-102행은 정수의 최소공배수를 반환하는 funcLCM() 함수를 정의한다. 103-112행은 최대공약수를 반환하는 funcGCD() 함수를 정의한다. 113-116행은 유리수 a를 변수 이름 name과 함께 출력한다.

03 자기 참조 구조체

배열과 같이 연속적인 공간을 할당하지 않고도 구조체 포인터와 메모리의 동적 할당을 사용하여 연결 리스트(linked list)를 구성하면 데이터를 효율적으로 관리할 수 있다. 연결 리스트를 구성하려면 자기와 동일한 형태의 구조체 주소를 저장할 수 있는 멤버가 있어야 한다. 이러한 구조체를 자기 참조 구조체(self-referential struct)라 한다.

연결 리스트에서 하나의 요소를 노드(node)라고 한다. 단방향 연결 리스트는 노드의 데이터 멤버를 나열하고, 자신과 동일한 형태의 노드 주소를 저장하기 위한 링크(link)가 하나만 있다. 링크는 struct _NODE * 또는 typedef으로 PNODE를 정의하고 사용한다. [그림 9.5]와 [그림 9.6]은 단방향 연결 리스트(single linked list)를 위한 노드의 예제이다.

```
① typedef struct _NODE{
        int data;
        struct _NODE *link;
   } NODE, *PNODE;


② typedef struct _NODE *PNONE;
   typedef struct _NODE{
        int data;
        PNODE link;
   } NODE;
```

data	link

[그림 9.5] 구조체 NODE 표현

```
typedef struct _NODE {
    char name[8];
    int score;
    struct _NODE *link;
 } NODE, *PNODE;
```

name	score	link

[그림 9.6] 구조체 NODE 표현

[예제 9.8] 단방향 연결 리스트 생성

```
01:  #include <stdio.h>
02:  #include <stdlib.h>   /* malloc.h */
03:  typedef struct node *PNODE;
04:  typedef struct _NODE {
05:      int data;
06:      PNODE link;
07:  } NODE;
08:  int main()
09:  {
10:      PNODE ptrHead, ptr, ptr1, ptr2, ptr3;
11:      /* 노드 할당 */
12:      ptr3 = (PNODE)malloc(sizeof(NODE));
13:      ptr3->data = 30;
14:      ptr3->link = NULL;
15:
16:      /* 노드 할당 및 연결 */
17:      ptr2 = (PNODE)malloc(sizeof(NODE));
```

```
18:         ptr2->data = 20;
19:         ptr2->link = ptr3;
20:
21:         /* 노드 할당 및 연결 */
22:         ptr1 = (PNODE)malloc(sizeof(NODE));
23:         ptr1->data = 10;
24:         ptr1->link = ptr2;
25:         ptrHead = ptr1;
26:
27:         /* 리스트 순회 */
28:         /*
29:         ptr = ptrHead;
30:         while(ptr != NULL)
31:         {
32:             printf("%d -> ", ptr->data);
33:             ptr = ptr->link;
34:         }
35:         */
36:         for (ptr = ptrHead; ptr != NULL; ptr = ptr->link)
37:             printf("%d -> ", ptr->data);
38:         printf("NULL\n");
39:
40:         /* 메모리 해제 */
41:         for (ptr = ptrHead; ptrHead != NULL; ptr = ptrHead)
42:         {
43:             ptrHead = ptrHead->link;
44:             free(ptr);
45:         }
46:         return 0;
47: }
```

● 실행 결과

▌프로그램 설명

① 10-14행

10행은 PNODE를 사용하여 노드 포인터 ptr, ptr1, ptr2, ptr3을 선언한다. malloc() 함수로 NODE 구조체의 메모리 크기인 sizeof(NODE) = 8 바이트를 할당하고, [그림 9.7]과 같이 시작 주소를 포인터 ptr3에 저장하고, data 멤버에 30을 저장한 뒤 link 멤버에는 NULL을 저장한다. NULL은 연결 리스트의 마지막을 나타낸다.

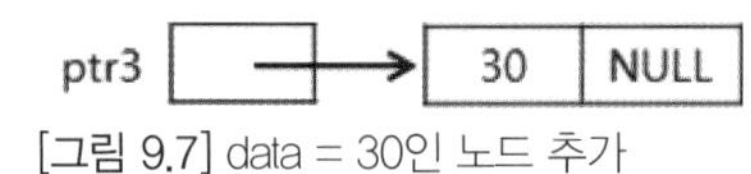

[그림 9.7] data = 30인 노드 추가

② 16-19행

포인터 ptr2에 malloc() 함수로 노드를 할당하여 data 멤버에 20을 저장하고, link에 ptr3을
저장하여 [그림 9.8]과 같이 연결한다.

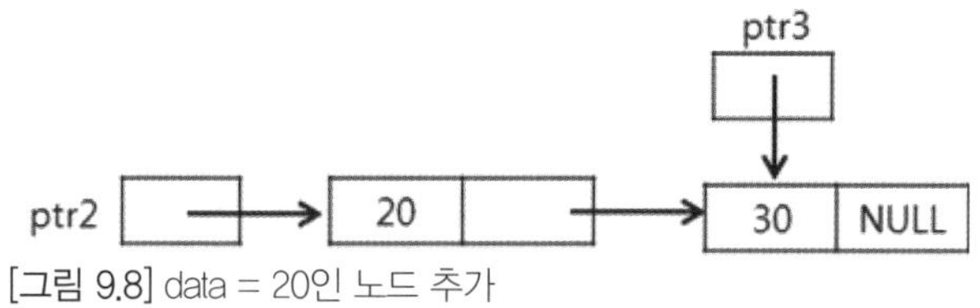

[그림 9.8] data = 20인 노드 추가

③ 21-25행

포인터 ptr1에 malloc() 함수로 노드를 할당하여 data 멤버에 10을 저장하고, link에 ptr2를
저장하고, ptrHead에 ptr1을 저장하여 [그림 9.9]와 같이 연결한다. ptr1, ptrHead은 모두
data = 10인 노드를 가리킨다. ptrHead 포인터는 연결 리스트의 처음 노드를 가리키는 헤드
포인터이다. 헤드 포인터만 있으면 연결 리스트의 모든 자료를 방문 할 수 있다.

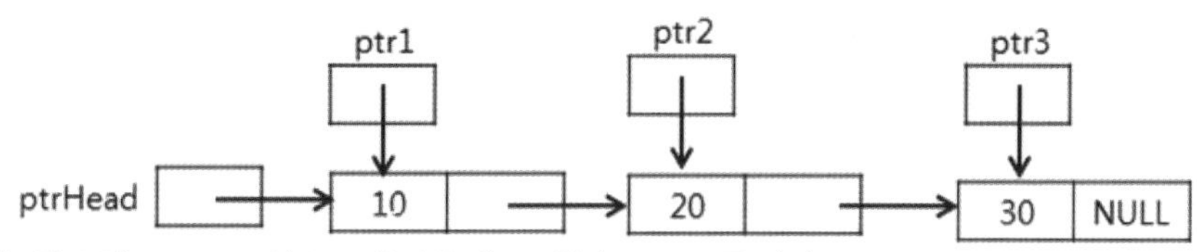

[그림 9.9] data = 10인 노드 추가와 헤드포인터 ptrHead를 저장

④ 27-38행

28-35행은 헤드 포인터 ptrHead를 ptr에 저장하고, while 문을 사용하여 ptr != NULL 조건
이 참인 동안 노드의 ptr->data를 출력하고, ptr = ptr->link에 의해 다음 노드를 방문한다.
36-37행은 for 문을 사용하여 노드를 방문하여 ptr->data를 출력한다. 포인터 ptr은 노드 방
문을 위한 포인터 변수로 사용하였으며, 헤드 포인터 ptrHead는 여전히 연결 리스트의 처음
노드를 가리킨다. 연결 리스트의 모든 노드를 방문하는 것을 순회(traverse)라 한다. 단순 연
결 리스트의 순회는 for 문을 사용하는 것이 보다 간결하다.

⑤ 40-45행

malloc() 함수로 동적으로 노드의 메모리를 할당하였으므로, free() 함수로 메모리를 해제한
다. 43행에 의해 헤드 포인터 ptrHead를 하나 앞의 노드로 이동 시키고, ptr이 가리키는 이전
노드를 free() 함수로 해제한다.

[예제 9.9] 단방향 연결 리스트의 헤드에 노드 추가

```
01:  #include <stdio.h>
02:  #include <stdlib.h>   /* malloc.h */
03:  typedef struct _NODE {
04:      int data;
05:      struct _NODE *link;
06:  } NODE, *PNODE;
07:  PNODE createNode(int data);
08:  void insertHead(PNODE *head, int data);
```

```c
09:  void deleteList(PNODE *head);
10:  void printList(PNODE head);
11:  int main()
12:  {
13:      PNODE ptrHead = NULL;
14:      insertHead(&ptrHead, 30);
15:      insertHead(&ptrHead, 20);
16:      insertHead(&ptrHead, 10);
17:
18:      printList(ptrHead);
19:      deleteList(&ptrHead);
20:      return 0;
21:  }
22:  void insertHead(PNODE *head, int data)
23:  {
24:      PNODE ptr = createNode(data);
25:      ptr->link = *head;
26:      *head = ptr;
27:  }
28:  PNODE createNode(int data)
29:  {
30:      PNODE ptr;
31:      ptr = (PNODE)malloc(sizeof(NODE));
32:      ptr->data = data;
33:      ptr->link = NULL;
34:      return ptr;
35:  }
36:  void deleteList(PNODE *head)
37:  {
38:      PNODE ptr;
39:      for (ptr = *head; *head != NULL; ptr = *head)
40:      {
41:          *head = (*head)->link;
42:          if (ptr != NULL)
43:              free(ptr);
44:      }
45:  }
46:  void printList(PNODE head)
47:  {
48:      PNODE ptr;
49:      for (ptr = head; ptr != NULL; ptr = ptr->link)
50:          printf("%d -> ", ptr->data);
51:      printf("NULL\n");
52:  }
```

● 실행 결과

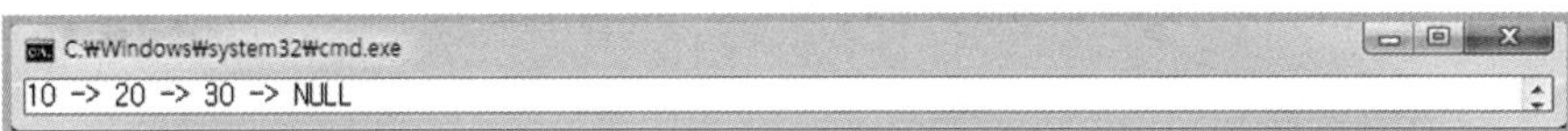

▌프로그램 설명

① [예제 9.8]을 insertHead(), createNode(), deleteList(), printList() 함수로 작성한다. insertHead() 함수는 연결 리스트의 헤드에 노드를 추가한다. createNode() 함수는 노드를 하나 생성해서 포인터를 반환한다. deleteList() 함수는 모든 노드의 메모리를 해제한다. printList() 함수는 모드 노드를 방문하여 data를 출력한다.

② 3-6행
연결 리스트의 노드를 위한 구조체 NODE와 포인터 PNODE를 정의한다.

③ 22-27행
insertHead() 함수는 연결 리스트의 제일 앞에 data 값을 갖는 노드를 추가한다. insertHead() 함수의 포인터 head는 PNODE가 포인터이므로 2중 포인터이다. 이중 포인터를 사용하는 이유는 호출하는 실인수(ptrhead)에 연결 리스트를 연결하기 위함이다. [그림 9.10]은 main() 함수에서 ptrHead = NULL로 insertHead() 함수를 호출할 때, 실인수(ptrhead)와 형식 인수(head)의 관계이며, *head는 NULL이다. 24행은 ptr에 createNode(data)로 노드를 생성하고, 25-26행은 생성한 노드(ptr)을 연결 리스트의 제일 앞에 연결한다.

[그림 9.10] ptrHead = NULL로 insertHead() 함수 호출

④ 14행
[그림 9.11]과 같이 연결 리스트의 헤드 포인터 ptrHead에 data = 30인 노드를 생성하여 연결한다.

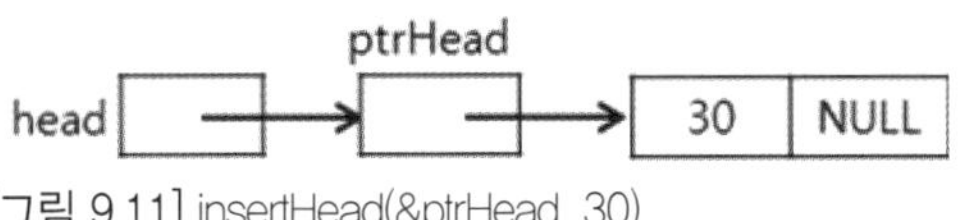
[그림 9.11] insertHead(&ptrHead, 30)

⑤ 15행
[그림 9.12]와 같이 연결 리스트의 헤드 포인터 ptrHead에 data = 20인 노드를 생성하여 연결한다.

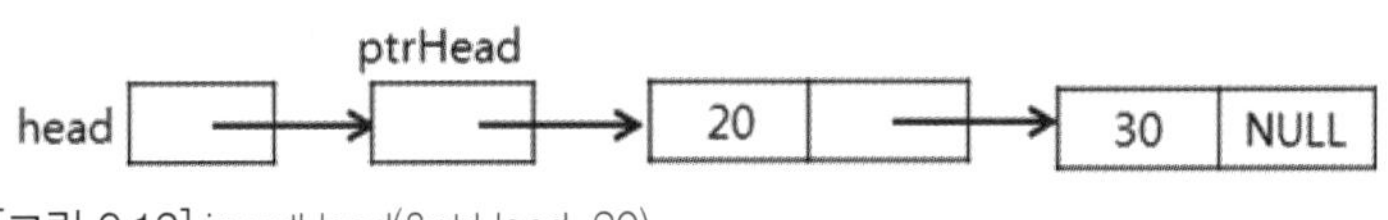
[그림 9.12] insertHead(&ptrHead, 20)

⑥ 16행

[그림 9.13]과 같이 연결 리스트의 헤드 포인터 ptrHead에 data = 10인 노드를 생성하여 연결한다.

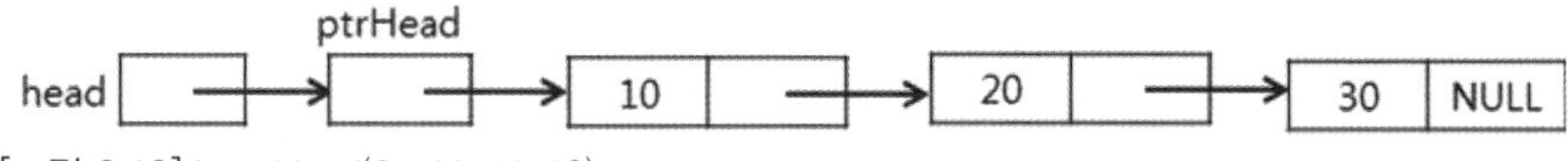

[그림 9.13] insertHead(&ptrHead, 10)

⑦ 18행

printList() 함수로 헤드 포인터가 ptrHead인 연결 리스트의 모든 노드를 방문하여 data를 출력한다.

⑧ 19행

deleteList() 함수로 헤드 포인터가 ptrHead인 연결 리스트의 모든 노드의 메모리를 해제하고 ptrHead = NULL로 한다.

⑨ 28-35행

createNode() 함수는 노드를 하나 생성해서 포인터를 반환한다.

⑩ 36-45행

deleteList() 함수는 모든 노드의 메모리를 해제한다. 실인수를 PNODE *head의 2중 포인터를 사용하면 모든 메모리가 해제되고 나서, main() 함수의 실인수 ptrHead = NULL이 된다.

⑪ 46-52행

printList() 함수는 모드 노드를 방문하여 data를 출력한다.

[예제 9.10] 단방향 연결 리스트의 끝에 노드 추가

```
01:  #include <stdio.h>
02:  #include <stdlib.h>  /* malloc.h */
03:  typedef struct _NODE {
04:      int data;
05:      struct _NODE *link;
06:  } NODE, *PNODE;
07:
08:  void    insertTail(PNODE *head, int data);
09:  PNODE createNode(int data);
10:  void    printList(PNODE head);
11:  void    deleteList(PNODE *head);
12:  int main()
13:  {
14:      PNODE ptrHead = NULL;
15:
16:      insertTail(&ptrHead, 30);
17:      insertTail(&ptrHead, 20);
18:      insertTail(&ptrHead, 10);
19:
```

```c
20:        printList(ptrHead);
21:        deleteList(&ptrHead);
22:        return 0;
23: }
24: void insertTail(PNODE *head, int data)
25: {
26:        PNODE tailPtr;
27:        PNODE ptr = createNode(data);
28:        if (*head == NULL)
29:        {
30:            *head = ptr;
31:        }
32:        else
33:        {
34:            /* 마지막 노드 찾음 */
35:            tailPtr = *head;
36:            while (tailPtr->link != NULL)
37:                tailPtr = tailPtr->link;
38:            tailPtr->link = ptr; /* 마지막에 노드를 연결함 */
39:        }
40: }
41: PNODE createNode(int data)
42: {
43:        PNODE ptr;
44:        ptr = (PNODE)malloc(sizeof(NODE));
45:        ptr->data = data;
46:        ptr->link = NULL;
47:        return ptr;
48: }
49: void deleteList(PNODE *head)
50: {
51:        PNODE ptr;
52:        for (ptr = *head; *head != NULL; ptr = *head)
53:        {
54:            *head = (*head)->link;
55:            free(ptr);
56:        }
57: }
58: void printList(PNODE head)
59: {
60:        PNODE ptr;
61:        for (ptr = head; ptr != NULL; ptr = ptr->link)
62:            printf("%d -> ", ptr->data);
63:        printf("NULL\n");
64: }
```

● 실행 결과

프로그램 설명

① PNODE 구조체, createNode(), deleteList() printList() 함수는 [예제 9.9]와 같고, 연결 리스트의 끝(tail)에 노드를 추가하는 insertTail() 함수만 다르다.

② 16행
[그림 9.14]와 같이 연결 리스트가 비어 있으므로 헤드 포인터 ptrHead에 data = 30인 노드를 생성하여 연결한다.

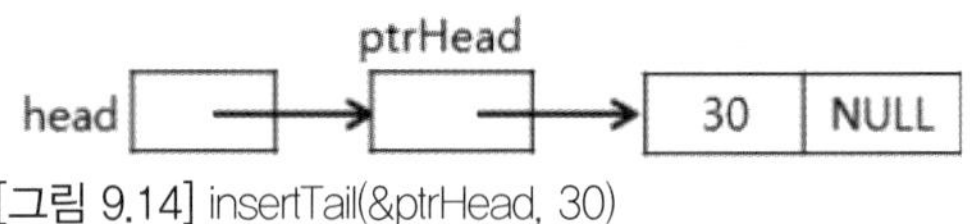

[그림 9.14] insertTail(&ptrHead, 30)

③ 17행
[그림 9.15]와 같이 연결 리스트의 마지막에 data = 20인 노드를 생성하여 연결한다.

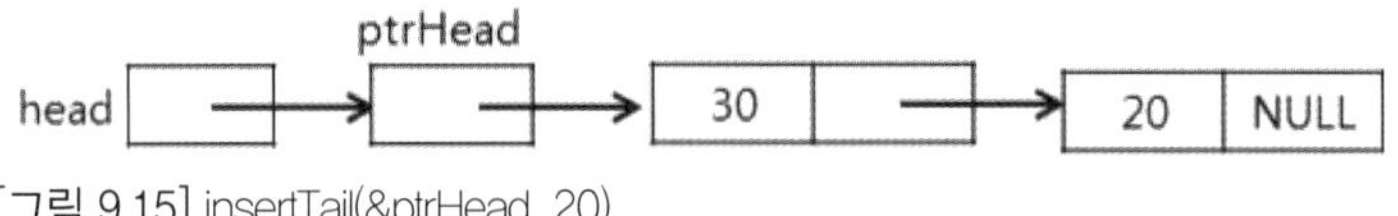

[그림 9.15] insertTail(&ptrHead, 20)

④ 18행
[그림 9.16]과 같이 연결 리스트의 마지막에 data = 10인 노드를 생성하여 연결한다.

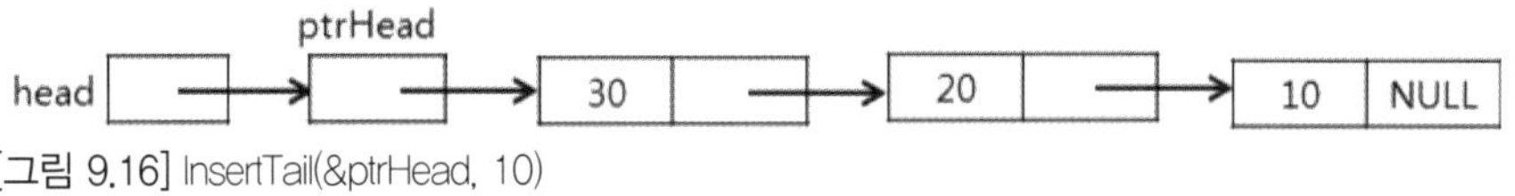

[그림 9.16] InsertTail(&ptrHead, 10)

⑤ 20-21행
printList() 함수로 헤드 포인터가 ptrHead인 연결 리스트의 모든 노드를 방문하여 data를 출력한다. deleteList() 함수로 헤드 포인터가 ptrHead인 연결 리스트의 모든 노드의 메모리를 해제하고 ptrHead = NULL로 한다.

⑥ 24-40행
insertTail() 함수는 연결 리스트의 마지막에 data 값을 갖는 노드를 추가한다. insertTail() 함수의 포인터 head는 2중 포인터이다. 27행은 ptr에 createNode(data)로 노드를 생성한다. 28-31행은 *head == NULL이 참이면, 즉 연결 리스트에 노드가 없으면 생성한 노드(ptr)를 연결 리스트의 헤드 포인터에 연결하고, 32-39행은 이미 연결 리스트에 노드가 있는 경우로 while 문을 사용하여 연결 리스트의 링크가 NULL인 마지막 노드의 포인터를 tailPtr에 찾아 tailPtr->link에 생성한 노드(ptr)를 저장하여 연결한다.

04 공용체

공용체(union)는 구조체와 유사하게 정의된다. 구조체는 각 멤버들에 대해 개별적으로 메모리를 할당하지만, 공용체는 모든 멤버가 메모리를 공유한다. 그러므로 공용체 멤버 중에서 메모리를 가장 많이 차지하는 멤버의 바이트만큼 메모리를 할당하고, 다른 멤버들과 메모리를 공유한다. 공용체 멤버의 접근은 구조체와 동일하게 점(.)과 화살표(->)를 사용한다. 구조체와 같이 typedef로 새로운 이름으로 정의할 수 있다. typedef을 사용하는 경우 공용체 이름을 생략할 수 있다.

[그림 9.17]은 공용체 BYTEWORD의 표현이다. BYTEWORD의 메모리 할당 크기는 sizeof(BYTEWORD) = 2바이트이다. byte 멤버 변수는 하위 1바이트를 사용하고, word 멤버 변수는 할당된 2바이트를 모두 사용한다.

```
① union byteWord {
        char byte;
        short int word;
    };
② typedef union {
        char byte;
        short int word;
    } BYTEWORD;
```

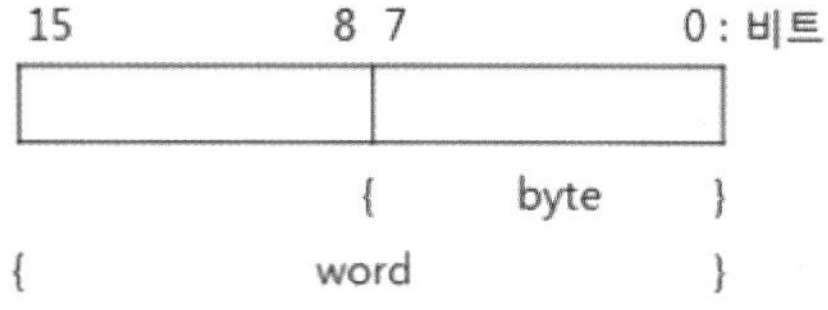

[그림 9.17] 공용체 BYTEWORD

[예제 9.11] 공용체

```
01:   #include <stdio.h>
02:   typedef union {
03:       char byte;
04:       short int word;
05:   } BYTEWORD;
06:   int main()
07:   {
08:       BYTEWORD u1;
```

```
09:        printf("sizeof(BYTEWORD) = %d\n", sizeof(BYTEWORD));
10:        printf("sizeof(u1) = %d\n", sizeof(u1));
11:
12:        u1.word = 0x0141;
13:        printf("u1.byte = %c\n", u1.byte);
14:        printf("u1.word = %hx\n", u1.word);
15:
16:        u1.byte = 'B';
17:        printf("u1.byte = %c\n", u1.byte);
18:        printf("u1.word = %hx\n", u1.word);
19:        return 0;
20: }
```

● 실행 결과

▌ 프로그램 설명

① 2-5행
공용체 BYTEWORD를 정의한다.

② 8-10행
8행은 공용체 BYTEWORD 변수 u1을 선언한다. 9-10행의 공용체 BYTEWORD의 메모리 할
당 크기는 sizeof(BYTEWORD) = 2, sizeof(u1) = 2바이트이다.

③ 12-14행
12행은 [그림 9.18]과 같이 16진수 정수 0x0141을 2바이트에 저장한다. u1.byte = 0x41로 문
자로 출력하면 'A'이다. u1.word = 0x0141이다.

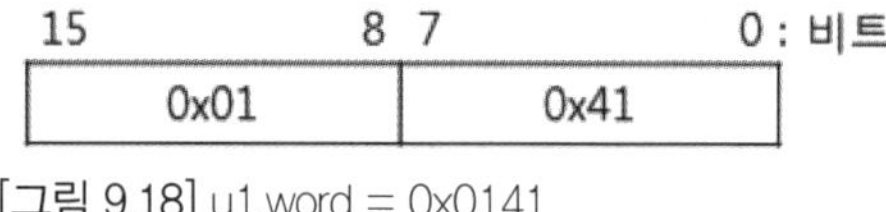

[그림 9.18] u1.word = 0x0141

④ 16-18행
16행은 [그림 9.19]와 같이 공용체 변수 u1의 하위 1바이트를 0x042로 변경한다. 상위 바이
트의 값(0x01)은 변경되지 않는다. u1.byte = 0x42로 문자로 출력하면 'B'이다. u1.word =
0x0142이다.

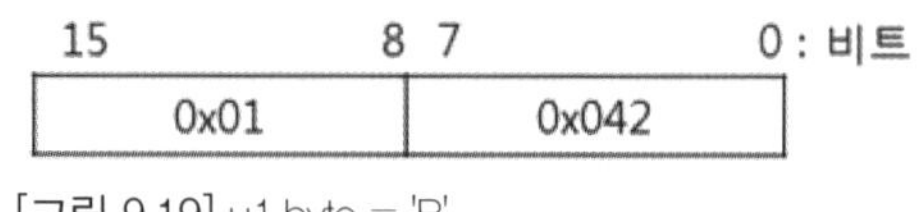

[그림 9.19] u1.byte = 'B'

05 비트 필드

구조체(struct)와 공용체(union)의 멤버를 선언할 때 멤버 변수에 할당되는 비트를 명시하여 메모리를 효율적으로 사용할 수 있다. 비트 필드로 선언할 수 있는 멤버 변수는 ANSI 표준은 int와 unsigned이다. 비주얼 C++는 정수(char, short, int, long)와 이들 각각의 unsigend형을 사용할 수 있다. 비트 필드는 콜론 뒤에 할당 비트 수(자료형의 비트 범위 안에서)를 정수로 지정한다. 비트 필드 멤버는 주소 연산자(&)를 사용할 수 없다. 비주얼 C++에서 비트 필드는 LSB(least significant bit)에서 MSB(most significant bit) 순으로 할당된다. 자리수를 맞추기 위해 변수 이름 없는 비트 필드를 사용할 수 있다.

[예제 9.12] 비트 필드 1

```
01:  #include<stdio.h>
02:  typedef struct
03:  {
04:      unsigned char low : 4;
05:      unsigned char high : 4;
06:  } SFIELD;
07:  typedef union
08:  {
09:      unsigned char byte : 8;
10:      unsigned char low : 4;
11:  } UFIELD;
12:
13:  int main()
14:  {
15:      SFIELD a;
16:      UFIELD b;
17:      char  *pa = (char *)&a;
18:
19:      printf("sizeof(SFIELD) = %d\n", sizeof(SFIELD));
20:      printf("sizeof(UFIELD) = %d\n", sizeof(UFIELD));
21:
22:      a.high = 4;
23:      a.low = 1;
24:
25:      printf("a.high = %x\n", a.high);
26:      printf("a.low  = %x\n", a.low);
27:      printf("*pa = %x\n", *pa);
28:
29:      b.byte = 0x1F;
```

```
30:        printf("b.byte = %x\n", b.byte);
31:        printf("b.low = %x\n", b.low);
32:        return 0;
33: }
```

● 실행 결과

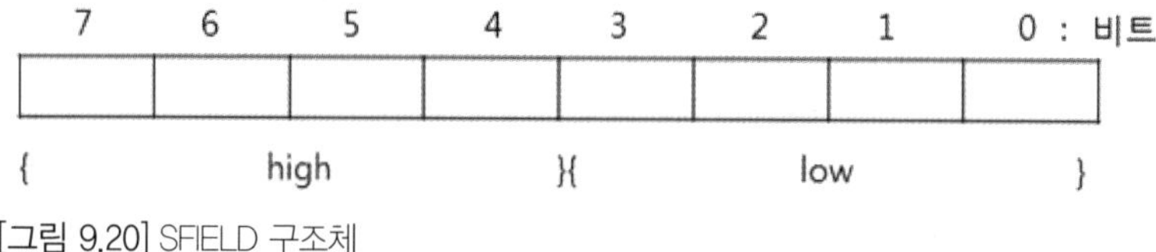

▌프로그램 설명

① 2-6행

[그림 9.20]과 같은 비트 필드를 갖는 구조체 SFIELD를 정의한다. SFIELD 구조체는 1바이트 (unsigned char)의 메모리를 멤버 변수 low가 LSB 4비트(0에서 3비트), high가 MSB 4비트(4 에서 7비트)를 분할하여 사용한다.

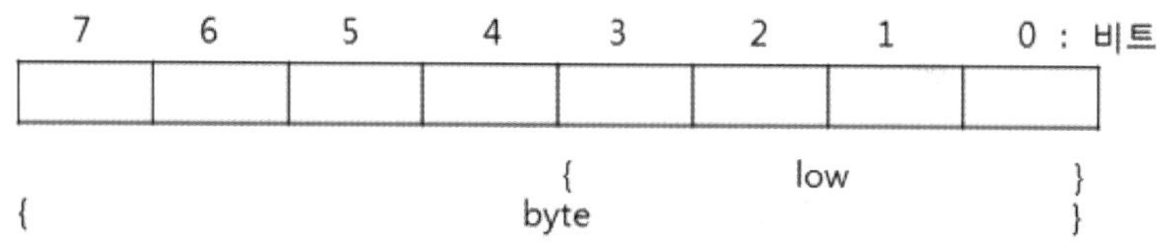

[그림 9.20] SFIELD 구조체

② 7-11행

[그림 9.21]과 같은 비트 필드를 갖는 공용체 UFIELD를 정의한다. UFIELD 공용체는 1바이트 (unsigned char)의 메모리를 멤버 변수 byte가 전체 8비트를 사용하고, low가 LSB 4비트를 공 유한다. byte 멤버는 비트 필드로 전체 8비트를 지정하므로, 비트 필드 크기를 생략할 수 있다.

[그림 9.21] UFIELD 공용체

③ 15-17행

구조체 SFIELD 변수 a와 공용체 UFIELD 변수 b를 선언한다. 구조체 SFIELD 변수 a를 바이 트로 접근하기 위하여 char * 포인터 변수 pa를 선언하고, 구조체 변수 a의 주소(&a)로 초기 화한다.

④ 19-20행

구조체 SFIELD의 메모리 할당은 sizeof(SFIELD) = 1바이트이다. 공용체 UFIELD의 메모리 할당은 sizeof(UFIELD) = 1바이트이다.

⑤ 22-27행

구조체 변수 a의 a.low = 1, a.high = 4를 저장하면, *pa = 0x41이다.

⑥ 29-31행

공용체 변수 b에서 b.byte = 0x1F로 저장하면 b.low = 0x0f이다.

[예제 9.13] 비트 필드 2

```c
01:  #include<stdio.h>
02:  #pragma pack(1)  /* #pragma pack(2) */
03:  typedef struct
04:  {
05:      unsigned char   low : 4;
06:      unsigned short  high : 8;
07:  } SFIELD;
08:
09:  int main()
10:  {
11:      SFIELD  a;
12:      char  *pa = (char *)&a;
13:      int   n = sizeof(SFIELD);
14:
15:      printf("sizeof(SFIELD)  = %d\n", n);
16:      printf("&a = %p, pa = %p\n", &a, pa);
17:
18:      a.high = 4;
19:      a.low = 1;
20:      printf("a.high = %x\n", a.high);
21:      printf("a.low  = %x\n", a.low);
22:      for (int i = 0; i < n; i++)
23:              printf("*(pa + %d) = %hhx\n", i, *(pa + i));
24:      return 0;
25:  }
```

● 실행 결과 1 : #pragma pack(1)

```
C:\Windows\system32\cmd.exe
sizeof(SFIELD)  = 3
&a = 001FFBF4,  pa = 001FFBF4
a.high = 4
a.low  = 1
*(pa+0) = c1
*(pa+1) = 4
*(pa+2) = cc
```

- 실행 결과 2 : #pragma pack(2)

프로그램 설명

① 2행

구조체 메모리를 1바이트로 패킹하여 할당한다.

② 3-7행

구조체 SFIELD의 메모리는 [그림 9.22]와 같이 1바이트 패킹에 의해 sizeof(SFIELD) = 3바이트이다. 비트 4에서 비트 7, 비트 16에서 비트 23은 사용하지 않는다. [그림 9.23]은 2바이트 패킹에 의해 sizeof(SFIELD) = 4바이트이다.

23		16	15		8	7		4	3		0 : 비트
				high						low	

[그림 9.22] SFIELD 구조체(#pragma pack(1))

31		24	23		16	15		4	3		0 : 비트
				high						low	

[그림 9.23] SFIELD 구조체(#pragma pack(2))

③ 11-16행

구조체 SFIELD 변수 a를 선언하고, char * 포인터 변수 pa를 선언하고 a의 주소(&a)로 초기화한다. 정수 변수 n을 선언하고 구조체 SFIELD의 메모리 할당 바이트 크기로 초기화한다. 변수 a의 주소(&a)와 포인터 pa가 가리키는 주소는 같다.

④ 18-23행

18-21행은 a.high = 4, a.low = 1로 저장하고 출력한다. 22-23행에서 *(pa + i)값을 출력하여 SFIELD의 변수 a에 할당된 n바이트를 확인한다. 비트 필드 멤버는 &(a.low), &(a.high)로 주소를 접근할 수 없다.

[예제 9.14] 비트 필드 3 : 바이트의 2진수 표현

```
01:   #include<stdio.h>
02:   typedef struct {
03:        unsigned char b0 : 1;
04:        unsigned char b1 : 1;
05:        unsigned char b2 : 1;
06:        unsigned char b3 : 1;
07:        unsigned char b4 : 1;
08:        unsigned char b5 : 1;
09:        unsigned char b6 : 1;
```

```
10:        unsigned char b7 : 1;
11:   } SFIELD;
12:   typedef union {
13:        unsigned char byte;
14:        SFIELD bits;
15:   } UFIELD;
16:
17:   int main()
18:   {
19:        UFIELD a;
20:        printf("sizeof(UFIELD) = %d\n", sizeof(UFIELD));
21:        a.byte = 0x1A;
22:
23:        printf("a.byte = %X\n", a.byte);
24:        printf("a.bits.b7 = %d\n", a.bits.b7);
25:        printf("a.bits.b6 = %d\n", a.bits.b6);
26:        printf("a.bits.b5 = %d\n", a.bits.b5);
27:        printf("a.bits.b4 = %d\n", a.bits.b4);
28:        printf("a.bits.b3 = %d\n", a.bits.b3);
29:        printf("a.bits.b2 = %d\n", a.bits.b2);
30:        printf("a.bits.b1 = %d\n", a.bits.b1);
31:        printf("a.bits.b0 = %d\n", a.bits.b0);
32:        return 0;
33:   }
```

● 실행 결과

프로그램 설명

① 2-11행

비트 필드를 갖는 구조체 SFIELD를 정의한다. 구조체 SFIELD는 1바이트(unsigned char)의
메모리를 8개의 멤버 변수(b0부터 b7까지)가 1비트씩 차지한다.

② 12-15행

공용체 UFIELD는 unsigned char형 멤버 byte와 구조체 SFIELD 멤버 bits가 1바이트를 공
유한다.

③ 19-21행

sizeof(UFIELD) = 1 바이트이다. 공용체 UFIELD 변수 a를 선언하고 a.byte = 0x1A를 저장하
면 공용체의 메모리 공유에 의해 SFIELD 멤버 bits의 b0부터 b7의 비트 필드가 저장된다.

④ 23-31행

a.byte와 LSB 비트 a.bits.b0부터 MSB 비트 a.bits.b7까지 0x1A의 2진수를 출력한다.

⑤ bits 멤버 없이 a.b0, a.b1, a.b2, a.b3, a.b4, a.b5, a.b6 a.b7과 같이 사용하려면 공용체 UFIELD를 다음과 같이 변수 이름이 없는 구조체를 사용하여 정의한다.

```
typedef union {
    unsigned char byte;
    struct {
        unsigned char b0 : 1;
        unsigned char b1 : 1;
        unsigned char b2 : 1;
        unsigned char b3 : 1;
        unsigned char b4 : 1;
        unsigned char b5 : 1;
        unsigned char b6 : 1;
        unsigned char b7 : 1;
    };
} UFIELD;
```

[예제 9.15] 비트 필드 4 : 단정도 실수(float)의 비트 표현

```
01:  #include<stdio.h>
02:  typedef union {
03:      float fValue;
04:      struct
05:      {
06:          unsigned int mantissa : 23;
07:          unsigned int exponent : 8;
08:          unsigned int sign : 1;
09:      };
10:  } FLOAT;
11:
12:  int main()
13:  {
14:      FLOAT a;
15:      char *pa = (char*)&a;
16:
17:      printf("sizeof(FLOAT) = %d\n", sizeof(FLOAT));
18:
19:      a.fValue = -0.75f;   /* [예제 2.2] 참조 */
20:      printf("a.fValue = %f\n", a.fValue);
21:      printf("a.sign   = %X\n", a.sign);
22:      printf("a.exponent = %X\n", a.exponent);
23:      printf("a.mantissa = %X\n", a.mantissa);
24:
25:      printf("&a = %p, pa = %p\n", &a, pa);
```

```
26:        for (int i = 0; i<4; i++)
27:             printf("*(pa+%d) = %hhX\n", i, *(pa + i));
28:        return 0;
29: }
```

● 실행 결과

```
C:\Windows\system32\cmd.exe
sizeof(FLOAT) = 4
a.fValue = -0.750000
a.sign    = 1
a.exponent = 7E
a.mantissa = 400000
&pa = 002DFE04, pa = 002DFE04
*(pa+0) = 0
*(pa+1) = 0
*(pa+2) = 40
*(pa+3) = BF
```

▋프로그램 설명

① 2-10행

float 실수 멤버 fValue와 변수 이름이 없는 비트 필드 구조체 멤버를 갖는 공용체 FLOAT를
정의한다.

② 14-17행

FLOAT 변수 a를 선언하고, 변수 a의 주소(&a)를 바이트 단위로 접근하기 위하여 char * 포
인터 변수 pa에 저장한다. 공용체 FLOAT의 메모리는 sizeof(FLOAT) = 4바이트이다.

③ 19-23행

a.fValue = -0.75f를 저장하면, 공용체의 메모리 공유에 의해 a.sign = 1, a.exponent = 0x7E,
a.mantissa = 0x400000이다.

④ 25-27행

공용체 변수 a의 주소(&a)와 포인터 pa가 가리키는 주소는 15행의 초기화에 의해 같은 주소
이다. 포인터 pa를 이용하여 공용체 변수 a가 차지하는 n바이트를 16진수로 출력하면 -0.75f
의 리틀 엔디안(little endian)의 2진수 표현에 의해 0x00, 0x00, 0x40, 0xBF이다.

[예제 9.16] 비트 필드 5 : 배정도 실수(double)의 비트 표현

```
01:   #include<stdio.h>
02:   typedef union {
03:        double dValue;
04:        struct
05:        {
06:             unsigned long long mantissa : 52;
07:             unsigned long long exponent : 11;
08:             unsigned long long sign : 1;
09:        };
10:   } DFLOAT;
11:
12:   int main()
```

```
13:  {
14:      DFLOAT a;
15:      char *pa = (char*)&a;
16:
17:      printf("sizeof(DFLOAT) = %d\n", sizeof(DFLOAT));
18:
19:      a.dValue = -0.75; /* [예제 2.3] 참조 */
20:      printf("a.dValue = %f\n", a.dValue);
21:      printf("a.sign = %llX\n", a.sign);
22:      printf("a.exponent = %llX\n", a.exponent);
23:      printf("a.mantissa = %llX\n", a.mantissa);
24:
25:      printf("&a = %p, pa = %p\n", &a, pa);
26:      for (int i = 0; i < 8; i++)
27:          printf("*(pa + %d) = %hhX\n", i, *(pa + i));
28:      return 0;
29:  }
```

● 실행 결과

```
C:\Windows\system32\cmd.exe
sizeof(DFLOAT) = 8
a.dValue = -0.750000
a.sign    = 1
a.exponent = 3FE
a.mantissa = 8000000000000
&a = 0019FABC, pa = 0019FABC
*(pa+0) = 0
*(pa+1) = 0
*(pa+2) = 0
*(pa+3) = 0
*(pa+4) = 0
*(pa+5) = 0
*(pa+6) = E8
*(pa+7) = BF
```

▌프로그램 설명

① 2-10행
double 실수 멤버 dValue와 변수 이름 없는 비트 필드 구조체 멤버를 갖는 공용체 DFLOAT
를 정의한다.

② 14-17행
DFLOAT 변수 a를 선언하고, 변수 a의 주소(&a)를 바이트 단위로 접근하기 위하여 char * 포
인터 변수 pa에 저장한다. 공용체 DFLOAT의 메모리는 sizeof(DFLOAT) =8바이트이다.

③ 19-23행
a.dValue = -0.75를 저장하면, 공용체의 메모리 공유에 의해 a.sign = 1, a.exponent =
0x3FE, a.mantissa=0x8000000000000이다.

④ 25-27행
공용체 변수 a의 주소(&a)와 포인터 pa가 가리키는 주소는 15행의 초기화에 의해 같은 주소
이다. 포인터 pa를 이용하여 공용체 변수 a가 차지하는 8바이트를 16진수로 출력하면 -0.75

의 리틀 엔디안(little endian)의 2진수 표현에 의해 0x00, 0x00, 0x00, 0x00, 0x00, 0x00, 0xE8, 0xBF이다.

[예제 9.16] 비트 필드 5 : 배정도 실수(double)의 비트 표현

```c
01:  #include<stdio.h>
02:  typedef union {
03:      double dValue;
04:      struct
05:      {
06:          unsigned long long mantissa : 52;
07:          unsigned long long exponent : 11;
08:          unsigned long long sign : 1;
09:      };
10:  } DFLOAT;
11:
12:  int main()
13:  {
14:      DFLOAT a;
15:      char *pa = (char*)&a;
16:
17:      printf("sizeof(DFLOAT) = %d\n", sizeof(DFLOAT));
18:
19:      a.dValue = -0.75; /* [예제 2.3] 참조 */
20:      printf("a.dValue = %f\n", a.dValue);
21:      printf("a.sign   = %llX\n", a.sign);
22:      printf("a.exponent = %llX\n", a.exponent);
23:      printf("a.mantissa = %llX\n", a.mantissa);
24:
25:      printf("&a = %p, pa = %p\n", &a, pa);
26:      for (int i = 0; i < 8; i++)
27:          printf("*(pa+%d) = %hhX\n", i, *(pa + i));
28:      return 0;
29:  }
```

● 실행 결과

```
C:\Windows\system32\cmd.exe
sizeof(DFLOAT) = 8
a.dValue = -0.750000
a.sign    = 1
a.exponent = 3FE
a.mantissa = 8000000000000
&a = 0019FABC, pa = 0019FABC
*(pa+0) = 0
*(pa+1) = 0
*(pa+2) = 0
*(pa+3) = 0
*(pa+4) = 0
*(pa+5) = 0
*(pa+6) = E8
*(pa+7) = BF
```

▌ 프로그램 설명

① 2–10행

double형 멤버 dValue와 변수 이름이 없는 비트 필드 구조체 멤버를 갖는 공용체 DFLOAT를 정의한다.

② 14–17행

DFLOAT 변수 a를 선언하고, 변수 a의 주소(&a)를 바이트 단위로 접근하기 위하여 char * 포인터 변수 pa에 저장한다. 공용체 DFLOAT의 메모리는 sizeof(DFLOAT) = 8바이트이다.

③ 19–23행

a.dValue = -0.75를 저장하면, 공용체의 메모리 공유에 의해 a.sign = 1, a.exponent = 0x3FE, a.mantissa = 0x8000000000000이다.

④ 25–27행

공용체 변수 a의 주소(&a)와 포인터 pa가 가리키는 주소는 15행의 초기화에 의해 같은 주소이다. 포인터 pa를 이용하여 공용체 변수 a가 차지하는 8바이트를 16진수로 출력하면 −0.75의 리틀 엔디안(little endian)의 2진수 표현에 의해 0x00, 0x00, 0x00, 0x00, 0x00, 0x00, 0xE8, 0xBF이다.

파일 입출력

CHAPTER 10

01 고수준 파일 처리

이 장에서는 디스크에 저장된 파일에서 입력 데이터를 읽고, 프로그램의 실행 결과를 파일에 저장하기 위한 파일 입출력에 대해 설명한다. C 언어에서 파일 입출력 방법은 고수준 파일 처리와 저수준 파일 처리가 있다.

고수준 파일 입출력(high level file I/O)은 데이터를 블록 단위로 버퍼에 읽어 입출력 처리를 하는 방식이다. 고수준 파일 입출력에 관련된 정의 및 함수 선언은 〈stdio.h〉 헤더 파일에 있다. fopen(), fclose(), feof(), fscanf(), fprintf(), fgetc(), fputc(), fgets(), fputs(), fread(), fwrite(), fseek() 등의 함수가 있다.

1.1 fopen(), fclose() 함수

파일에 접근하려면 fopen() 함수를 사용하여 파일을 열어야 한다. 열린 파일은 사용한 후에 fclose() 함수를 사용하여 반드시 닫는다. FILE은 파일 스트림의 현재 상태에 대한 정보를 저장하기 위한 구조체로 〈stdio.h〉 헤더 파일에 정의되어 있다. 모든 고수준 파일 입출력 함수에서 fopen(), fopen_s() 함수 등에 의해 저장된 FILE * 포인터 변수가 필요하다.

[표 10.1]은 표준 입출력과 관련된 함수가 선언되어 있는 〈stdio.h〉 헤더 파일의 fopen(), fopen_s(), _wfopen(), _wfopen_s(), fclose(), _fcloseall() 함수의 원형이다.

① fopen() 함수는 filename 파일을 mode로 개방하고 파일 포인터를 반환한다. 파일 열기 모드(mode)는 텍스트 파일과 이진 파일에 따라 구분된다. 기존에 없는 파일을 쓰기(write) 모드 또는 추가(append) 모드로 열면 파일을 새로 생성한다. 또한 기존에 있는 파일을 쓰기 모드로 열면 파일의 기존 내용이 지워진다. 존재하지 않는 파일을 읽기 위해 열면 오류가 발생한다. fopen() 함수는 오류가 발생하면 NULL을 반환한다.

② fopen_s() 함수는 안전 기능을 갖는 파일 열기 함수이다. 파일 열기가 성공하면 0을 반환하고, 실패하면 오류 코드를 반환한다.

③ fclose() 함수는 열린 파일을 닫는다. _fcloseall() 함수는 열린 모든 파일을 닫는다.

④ _wfopen(), _wfopen_s() 함수는 와이드 문자 버전 파일 열기 함수이다.

표 10.1 fopen(), fclose() 함수

함수
FILE *fopen(const char *filename, const char *mode);
errno_t fopen_s(FILE** pFile, const char *filename, const char *mode);
FILE *_wfopen(const wchar_t *filename, const wchar_t *mode);
errno_t _wfopen_s(FILE** pFile, const wchar_t *filename, const wchar_t *mode);
int fclose(FILE *stream);
int _fcloseall(void);

- **텍스트 파일 모드**

텍스트 파일은 인쇄 가능한 문자 데이터 파일이다. 텍스트 파일은 문자의 인코딩과 관련
있다. 즉, 입출력에서 코드표에 의한 변환을 수행한다. 기본적인 인코딩은 ANSI 인코딩
(윈도우즈에서는 멀티 바이트)을 사용한다.

텍스트 파일에 저장할 때는 라인피드(LF)를 캐리지 리턴(CR, 0x0D)과 라인피드(LF,
0x0A)로 변환하여 출력한다. 반대로 텍스트 파일에서 읽을 때는 캐리지 리턴과 라인피
드를 라인피드로 변환한다. 텍스트 파일 모드는 읽기("r"), 쓰기("w"), 추가("a") 등이 있
다. 읽기 및 쓰기 가능 모드는 "rw" 또는 '+'를 추가하여 "r+", "w+", "a+" 등이 있다. 텍
스트 모드를 나타내는 't'를 추가하여 "rt", "wt", "at", "rt+", "wt+", "at+" 등과 같이 사용
할 수 있다.

① mode ="r"
파일을 읽기 모드로 개방한다. 파일이 있어야 한다. 파일이 없으면 NULL을 반환한다.

② mode = "w"
파일을 쓰기 모드로 개방한다. 파일이 없으면 새 파일을 생성하고, 파일이 있으면 내용
이 삭제된다.

③ mode = "a"
파일을 추가(append) 모드로 개방한다. 데이터를 파일에 쓰기 전에 EOF 표식을 제거
하지 않는다. 파일의 내용이 삭제되지 않는다. 파일이 없으면 새 파일을 생성한다.

④ mode ="r+"
파일을 읽기, 쓰기 가능 모드로 개방한다. 파일이 있어야 한다. 파일이 없으면 NULL
을 반환한다.

⑤ mode ="w+"
파일을 읽기, 쓰기 가능 모드로 개방한다. 파일이 없으면 새 파일을 생성하고, 파일이
있으면 내용이 삭제된다.

⑥ mode ="a+"
파일을 읽기, 추가 가능 모드로 개방한다. 데이터를 파일에 쓰기 전에 EOF 표식을 제
거한다. 파일이 없으면 새 파일을 생성한다.

- **이진 파일 모드**

이진 파일은 실행 파일, 영상 파일, 동영상 파일 등과 같이 메모장과 같은 에디터에서 파일을 열어도 제대로 볼 수 없는 인쇄 가능하지 않은 형태의 파일이다. 사운드, 영상, 동영상 등의 문자로의 변환(인코딩)이 필요 없는 멀티미디어 파일의 입출력에서 주로 사용한다. 이진 파일 열기 모드로는 읽기("rb"), 쓰기("wb"), 추가("ab") 등이 있다. 읽기 및 쓰기 가능 모드는 '+'를 추가하여 "rb+", "wb+", "ab+" 등이 있다.

- **유니코드 파일 모드**

fopen(), fopen_s() 등으로 유니코드 파일을 열려면 mode 문자열의 ccs 플래그에 UNICODE, UTF-16LE, UTF-8 등의 인코딩을 지정한다. UNICODE은 파일이 유니코드 리틀엔디안(UTF-16LE) 또는 UTF-8임을 의미한다. 유니코드 빅엔디안은 ccs 플래그로 지원하지 않는다.

```
① FILE *fp = fopen("input.txt", "r, ccs = UNICODE");
② FILE *fp = fopen("input.txt", "w, ccs = UTF-16LE");
③ FILE *fp = fopen("input.txt", "r+, ccs = UTF-8");
```

이미 있는 파일을 읽기 모드 또는 추가 모드로 개방할 경우, UNICODE 인코딩은 파일의 BOM(Byte Order Maker)에 따라 인코딩이 결정된다. BOM이 2바이트(0xFF, 0xFE)이면 UTF-16LE이고, BOM이 3바이트(0xEF, 0xBB, 0xBF)이면 UTF-8이다. 쓰기 모드이면 UNICODE와 UTF-16LE 인코딩은 BOM으로 2바이트(0xFF, 0xFE)가 자동으로 파일에 저장되고, UTF-8 인코딩은 BOM으로 3바이트(0xEF, 0xBB, 0xBF)가 자동으로 파일에 저장된다.

[예제 10.1] 파일 열기 및 닫기 1 : fopen(), fclose()

```
01:   #include <stdio.h>
02:   int main()
03:   {
04:       FILE *fpR, *fpW;
05:
06:       if ((fpW = fopen("test.txt", "w")) == NULL)
07:       {
08:           printf("Output File Open Error!!!\n");
09:           return 1;  /* EXIT_FAILURE, exit(1) in stdlib.h */
10:       }
11:       fclose(fpW);
12:
13:       if ((fpR = fopen("test.txt", "r")) == NULL)
14:       {
15:           printf("Input File Open Error!!!\n");
16:           return 1;  /* EXIT_FAILURE, exit(1) in stdlib.h */
```

```
17:        }
18:        fclose(fpR);
19:        return 0;        /* EXIT_SUCCESS in stdlib.h */
20:  }
```

프로그램 설명

① 1행

구조체 FILE과 fopen(), printf() 함수를 사용하기 위해 헤더 파일 <stdlib.h>을 포함한다.

② 4행

구조체 FILE의 파일 포인터 변수 fpR과 fpW를 선언한다.

③ 6-11행

fopen() 함수를 사용하여 "test.txt" 파일을 쓰기 모드("w")로 파일 포인터 fpW에 개방한다. fpW = NULL로 파일을 개방할 수 없으면 return 1;로 비정상 종료한다. <stdlib.h>을 포함하고 exit(1)을 호출한 결과와 같다. 11행에서 파일 포인터 fpW를 닫으면, ANSI로 인코딩된 파일의 크기가 0 바이트인 "test.txt" 파일을 생성한다.

④ 13-18행

fopen() 함수를 사용하여 "test.txt" 파일을 읽기 모드("r")로 파일 포인터 fpR에 개방한다. 파일을 개방할 수 없으면 return 1;로 종료한다. 18행은 개방된 파일 포인터 fpR를 닫는다.

⑤ fopen() 함수를 사용하면 경고가 발생한다. 경고를 제거하려면 fopen_s() 함수를 사용하거나, 프로젝트 속성의 [C/C++]-[전처리기]-[전처리기 정의]에서 _CRT_SECURE_NO_WARNINGS를 추가한다. 또는 프로그램의 첫 번째 행에서 #define _CRT_SECURE_NO_WARNINGS를 정의하거나 #pragma warning(disable: 4996)을 지정한다.

[예제 10.2] 파일 열기 및 닫기 2 : fopen_s()

```
01:  #include <stdio.h>
02:  int main()
03:  {
04:        FILE *fpW;
05:        errno_t err;
06:
07:        if (err = fopen_s(&fpW, "testAnsi.txt", "w") != 0)
08:        {
09:              printf("Output File Open Error[%d]!!!\n", err);
10:              return 1;
11:        }
12:        fclose(fpW);
13:        return 0;
14:  }
```

프로그램 설명

① 4~5행

파일 포인터 변수 fpW를 선언하고, 오류 번호를 저장할 변수 err을 선언한다. errno_t 자료형은 int 자료형이다.

② 7~12행

fopen_s() 함수를 사용하여 "testAnsi.txt" 파일을 쓰기 모드("w")로 파일 포인터 fpW에 개방한다. fopen_s() 함수의 반환값을 err에 저장하고 0이 아니면 10행의 return 1;로 종료한다. 12행에서 파일 포인터 fpW를 닫으면, ANSI로 인코딩된 파일의 크기가 0 바이트인 "testAnsi.txt" 파일을 생성한다.

③ fpW == NULL 조건을 확인하여 파일 개방이 실패한지 확인할 수 있다. 메모장(notepad.exe)으로 "testAnsi.txt" 파일을 열고, [파일]-[다른 이름으로 저장]을 선택하면 인코딩이 ANSI로 설정된 것을 확인할 수 있다.

[예제 10.3] 파일 열기 및 닫기 3 : 유니코드 파일

```
01:  #include <stdio.h>
02:  int main()
03:  {
04:      FILE *fpW;
05:      errno_t err;
06:
07:      if(err = fopen_s(&fpW, "testUnicode.txt", "w, ccs = UNICODE") != 0)
08:      {
09:          printf("Output File Open Error[%d]!!!\n", err);
10:          return 1;
11:      }
12:      fclose(fpW);
13:
14:      if(err = fopen_s(&fpW, "testUTF-16le.txt", "w, ccs = UTF-16LE") != 0)
15:      {
16:          printf("Output File Open Error[%d]!!!\n", err);
17:          return 1;
18:      }
19:      fclose(fpW);
20:
21:      if(err = fopen_s(&fpW, "testUTF-8.txt", "w,  ccs = UTF-8") != 0)
22:      {
23:          printf("Output File Open Error[%d]!!!\n", err);
24:          return 1;
25:      }
26:      fclose(fpW);
27:      return 0;
28:  }
```

▌ 프로그램 설명

① 7-12행

fopen_s() 함수를 사용하여 "testUnicode.txt" 파일을 쓰기 모드("w"), ccs = UNICODE 인코딩으로 파일 포인터 fpW에 개방한다. 12행에서 파일 포인터 fpW를 닫으면, 유니코드(리틀엔디안)로 인코딩된 파일의 크기가 2바이트(BOM:0xFF, 0xFE)인 "testUnicode.txt" 파일이 생성한다.

② 14-19행

fopen_s() 함수를 사용하여 "testUTF-16le.txt" 파일을 쓰기 모드("w"), ccs = UTF-16LE 인코딩으로 파일 포인터 fpW에 개방한다. 19행에서 파일 포인터 fpW를 닫으면, 유니코드(리틀엔디안)로 인코딩된 파일의 크기가 2바이트(BOM:0xFF, 0xFE)인 "testUTF-16le.txt" 파일이 생성한다.

③ 21-26행

fopen_s() 함수를 사용하여 "testUTF-8.txt" 파일을 쓰기 모드("w"), ccs = UTF-8 인코딩으로 파일 포인터 fpW에 개방한다. 26행에서 파일 포인터 fpW를 닫으면, UTF-8 유니코드로 인코딩된 파일의 크기가 3바이트(BOM:0xEF, 0xBB, 0xBF)인 "testUTF-8.txt" 파일을 생성한다.

④ 메모장(notepad.exe)으로 프로그램에서 생성한 "testUnicode.txt", "testUTF-16le.txt", "testUTF-8.txt" 파일을 열고, [파일]-[다른 이름으로 저장]을 선택하면 인코딩을 확인할 수 있다.

1.2 fscanf(), fprintf() 함수

fprintf()와 fscanf()는 형식을 이용한 일반적인 파일 입출력 함수이다. printf(), scanf()와 유사하지만 파일 포인터 인수가 추가로 필요하다. 파일 포인터는 fopen(), fopen_s() 등의 함수에 의해 개방된 파일에 대한 포인터이다. fprintf()와 fscanf()는 파일 포인터에 연결된 파일을 대상으로 입출력을 한다. fscanf() 함수는 파일의 끝에 도달하면 EOF를 반환한다. EOF는 -1이다.

[표 10.2]는 fprintf(), fscanf() 등의 일반적인 파일 입출력 함수 원형이다. fscanf_s(), fwscanf_s() 함수는 안전 기능 함수이며, fwprintf(), fwscanf(), fwscanf_s() 함수는 와이드 문자 함수이다.

표 10.2 fprintf(), fscanf() 함수

함수
int fprintf(FILE *stream, const char *format [, argument]...);
int fwprintf(FILE *stream, const wchar_t *format [, argument]...);
int fscanf(FILE *stream, const char *format [, argument]...);
int fscanf_s(FILE *stream, const char *format [, argument]...);
int fwscanf(FILE *stream, const wchar_t *format [, argument]...);
int fwscanf_s(FILE *stream, const wchar_t *format [, argument]...);

[예제 10.4] 문자열 상수를 ANSI 텍스트 파일에 출력 및 읽기

```
01:  #include <stdio.h>
02:  int main()
03:  {
04:        FILE *   fpR, *fpW;
05:        errno_t  err;
06:        char     ch, *p;
07:        char     *str = "hello, 안녕하세요.";
08:
09:        /* 파일에 쓰기 */
10:        if (err = fopen_s(&fpW, "testAnsi.txt", "w") != 0)
11:        {
12:            printf("Output File Open Error[%d]!!!\n", err);
13:            return 1;
14:        }
15:        for (p = str; *p != 0; p++)
16:            fprintf(fpW, "%c", *p);
17:        fclose(fpW);
18:
19:        /* 파일에서 읽기 */
20:        if (err = fopen_s(&fpR, "testAnsi.txt", "r") != 0)
21:        {
22:            printf("Input File Open Error[%d]!!!\n", err);
23:            return 1;
24:        }
25:        /* while (fscanf(fpR, "%c", &ch) != EOF) */
26:        while (fscanf_s(fpR, "%c", &ch, 1) != EOF)
27:            printf("%c", ch);
28:        fclose(fpR);
29:        return 0;
30:  }
```

● 실행 결과

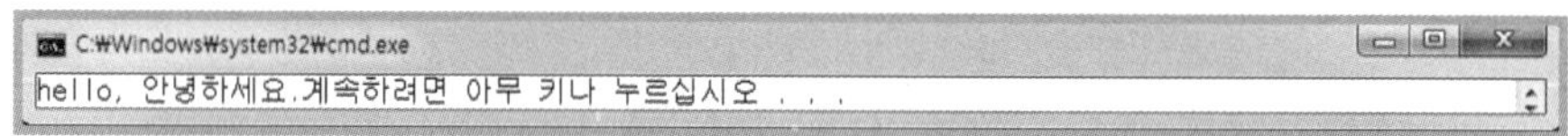

▌프로그램 설명

① 9-17행

10행은 fopen_s() 함수로 "testAnsi.txt" 파일을 쓰기 모드("w")로 파일 포인터 fpW에 개방한다. 15-16행은 str이 가리키는 문자열을 포인터 p를 사용하여 1문자씩 fprintf() 함수를 사용하여 파일 포인터 fpW에 연결된 파일에 출력한다.

② 19-28행

20행은 "testAnsi.txt" 파일을 읽기 모드("r")로 파일 포인터 fpR에 개방한다. 25-27행은 파일 포인터 fpR에 연결된 파일에서 1문자씩 ch 변수에 읽고, printf() 함수로 명령창에 출력한다.

안전함수 fscanf_s()는 &ch 뒤에 크기 1이 필요하다.

③ 16행, 27행에서 문자 출력 서식은 "%c"와 같이 공백이 없어야 ANSI(멀티 바이트)에서 2바이트로 표현되는 한글이 올바르게 출력된다.

[예제 10.5] 유니코드 문자열 상수를 유니코드 파일에 출력 및 읽기

```c
01:  #include <stdio.h>
02:  #include <locale.h> /* setlocale(), wprintf() 한글 출력 */
03:  int main()
04:  {
05:      FILE     *fpR, *fpW;
06:      errno_t  err;
07:      wchar_t  ch, *p;
08:      wchar_t  *str = L"hello, 안녕하세요.";
09:      char     *mode = "w, ccs = UTF-16LE";   /*  "w, ccs = UTF-8"  */
10:
11:      /* 파일에 쓰기 */
12:      if (err = fopen_s(&fpW, "testUnicode.txt", mode) != 0)
13:      {
14:          printf("Output File Open Error[%d]!!!\n", err);
15:          return 1;
16:      }
17:      for (p = str; *p != 0; p++)
18:          fwprintf(fpW, L"%c", *p);
19:      fclose(fpW);
20:
21:      /* 파일에서 읽기 */
22:      if (err = fopen_s(&fpR, "testUnicode.txt", "r, ccs = UNICODE") != 0)
23:      {
24:          printf("Input File Open Error[%d]!!!\n", err);
25:          return 1;
26:      }
27:
28:      setlocale(LC_ALL, "");
29:      /* while (fwscanf(fpR, L"%c", &ch) != EOF) */
30:      while (fwscanf_s(fpR, L"%c", &ch, 1) != EOF)
31:          wprintf(L"%c", ch);
32:      fclose(fpR);
33:      return 0;
34:  }
```

• 실행 결과

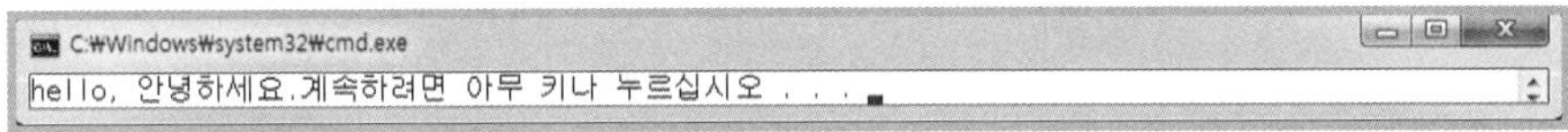

▌ 프로그램 설명

① 5-9행

5행은 파일 포인터 fpR, fpW를 선언한다. 6행은 파일 개방 오류 번호를 저장할 변수 err을 선언하고, 7행은 와이드 문자 변수 ch, 포인터 p를 선언한다. 8행은 와이드 문자 포인터 str을 선언하고, 파일에 출력할 와이드 문자열(L"hello, 안녕하세요.") 상수로 초기화한다. 9행은 문자 포인터 mode를 선언하고 12행에서 "testUnicode.txt" 파일의 쓰기 모드로 사용할 문자열 상수를 초기화한다. mode = "w, ccs = UTF-16LE"는 "testUnicode.txt" 파일을 유니코드 UTF-16LE 인코딩으로 생성한다. mode = "w, ccs = UTF-8"은 "testUnicode.txt" 파일을 유니코드 UTF-8 인코딩으로 생성한다.

② 11-19행

12행은 fopen_s() 함수로 "testUnicode.txt" 파일을 mode의 문자열로 파일 포인터 fpW에 개방한다. 17-18행은 str이 가리키는 와이드 문자열을 포인터 p를 사용하여 1 와이드 문자씩 fwprintf() 함수를 사용하여 파일 포인터 fpW에 연결된 파일에 출력한다.

② 21-32행

22행은 "testUnicode.txt" 파일을 "r, ccs = UNICODE" 모드로 파일 포인터 fpR에 개방한다. 인코딩 플래그 ccs = UNICODE는 9행, 12행의 모드를 mode = "w, ccs = UTF-16LE", mode = "w, ccs = UTF-8"로 설정하여 생성한 유니코드 파일에 대해 올바르게 동작한다. 28행의 setlocale() 함수는 31행의 wprintf() 함수로 한글 유니코드를 출력할 수 있도록 국가 및 언어를 설정한다. 29-31행은 파일 포인터 fpR에 연결된 파일에서 1문자씩 ch 변수에 읽고, wprintf() 함수로 콘솔에 출력한다. 안전 함수 fwscanf_s()는 &ch 뒤에 크기 1이 필요하다.

③ 29-30행의 fwscanf(), fwscanf_s() 함수는 파일 포인터 fpR에 연결된 파일("testUnicode.txt")로 부터 와이드 문자 변수 ch에 UTF-16LE 코드로 읽는다.

[예제 10.6] ANSI 텍스트 파일 복사 1

```
01:   #include <stdio.h>
02:   int main()
03:   {
04:       FILE    *fpR, *fpW;
05:       errno_t err;
06:       char    ch;
07:
08:       if (err = fopen_s(&fpR, "testAnsi.txt", "r") != 0)
09:       {
10:           printf("Input File Open Error[%d]!!!\n", err);
11:           return 1;
12:       }
13:       if (err = fopen_s(&fpW, "testAnsi2.txt", "w") != 0)
14:       {
15:           printf("Output File Open Error[%d]!!!\n", err);
16:           return 1;
17:       }
18:
```

```
19:        /* 파일 복사 */
20:        /* while (fscanf(fpR, "%c", &ch) != EOF) */
21:        while (fscanf_s(fpR, "%c", &ch, 1) != EOF)
22:        {
23:              fprintf(fpW, "%c", ch);
24:              printf("%c", ch);
25:        }
26:        fclose(fpR);
27:        fclose(fpW);
28:        return 0;
29:  }
```

▌프로그램 설명

① 8-17행
"testAnsi.txt" 파일을 읽기 모드("r")로 파일 포인터 fpR에 개방하고, "testAnsi2.txt" 파일을 쓰기 모드("w")로 파일 포인터 fpW에 개방한다.

② 20-27행
fscanf() 함수로 파일 포인터 fpR에 연결된 파일("testAnsi.txt")에서 파일의 끝까지 1문자를 ch 변수에 읽고, fprintf() 함수로 파일 포인터 fpW에 연결된 파일("testAnsi2.txt")에 ch 변수의 문자를 출력하고, printf() 함수로 명령창에 출력한다.

③ 사운드, 영상, 동영상 등의 이진 파일을 복사할 때는, 8행, 13행을 각각 "rb", "wb"로 변경하고, 화면에 문자를 출력하는 24행의 printf() 함수를 주석 처리한다. 1바이트를 읽고, 1바이트를 출력하기 때문에 복사 속도는 느리다. fread(), fwrite() 함수로 블록 단위로 입출력하면 빠르게 복사할 수 있다.

[예제 10.7] 유니코드 파일 복사 1

```
01:  #include <stdio.h>
02:  #include <locale.h> /* setlocale() */
03:  int main()
04:  {
05:        FILE      *fpR, *fpW;
06:        errno_t  err;
07:        wchar_t ch;
08:
09:        /*  읽기 모드에서 ccs = UNICODE는 BOM에 따라
10:             UTF-16LE 또는 UTF-8이다.                    */
11:        if (err =  fopen_s(&fpR, "testUnicode.txt", "r, ccs = UNICODE") != 0)
12:        {
13:              printf("Input File Open Error[%d]!!!\n", err);
14:              return 1;
15:        }
16:        /* 쓰기 모드에서 ccs = UNICODE는 UTF-16LE와 같다. */
17:        if (fopen_s(&fpW, "testUnicode2.txt", "w, ccs = UNICODE") != 0)
```

```
18:        {
19:               printf("Output File Open Error[%d]!!!\n", err);
20:               return 1;
21:        }
22:
23:        setlocale(LC_ALL, "");
24:        /* 파일 복사 */
25:        /* while (fwscanf(fpR, L"%c", &ch) != EOF) */
26:        while (fwscanf_s(fpR, L"%c", &ch, 1) != EOF)
27:        {
28:               fwprintf(fpW, L"%c", ch);
29:               wprintf(L"%c", ch);
30:        }
31:        fclose(fpR);
32:        fclose(fpW);
33:        return 0;
34:  }
```

▌ 프로그램 설명

① 9-21행

11행은 "testUnicode.txt" 파일을 읽기 모드("r"), ccs = UNICODE 인코딩으로 파일 포인터 fpR에 개방한다. 읽기 모드에서 ccs = UNICODE 인코딩은 파일의 BOM에 따라 UTF-16LE 또는 UTF-8 인코딩으로 파일 포인터 fpR에 개방한다. 17행은 "testUnicode2.txt" 파일을 쓰기 모드("w"), ccs = UNICODE 인코딩으로 파일 포인터 fpW에 개방한다. 쓰기 모드에서 ccs = UNICODE 인코딩은 UTF-16LE 인코딩과 같다.

② 23-32행

23행은 wprintf() 함수로 명령창에 한글을 출력하기 위해 국가 및 언어를 설정한다. 25-30행은 fwscanf() 함수로 파일 포인터 fpR에 연결된 파일("testUnicode.txt")에서 파일의 끝까지 와이드 문자를 ch 변수에 읽고, fwprintf() 함수로 파일 포인터 fpW에 연결된 파일("testUnicode2.txt")에 와이드 문자를 출력하고, wprintf() 함수로 명령창에 출력한다.

③ 11행의 원본 파일 "testUnicode.txt" 파일은 유니코드(UTF-16LE 또는 UTF-8) 뿐만 아니라 ANSI 인코딩 파일도 유니코드(UTF-16LE) 인코딩인 "testUnicode2.txt" 파일로 복사된다. 그러나, "testUnicode.txt" 파일의 인코딩이 유니코드(big endian)이면 11행에서 실행오류가 발생한다.

1.3 fgetc(), fputc() 함수

[표 10.3]은 fgetc(), fputc(), fgetwc(), fputwc() 등의 문자 파일 입출력 함수의 원형이다. fgetwc()와 fputwc() 함수는 와이드 문자 입출력 함수이다.

① fgetc()와 fgetwc() 함수는 파일 스트림에서 문자를 읽어 반환한다. 파일의 끝에 도달하면 fgetc() 함수는 EOF를 반환하고, fgetwc() 함수는 WEOF를 반환한다.

② fputc(), fputwc() 함수는 파일 스트림에 문자를 출력하고, 반환한다. 오류가 발생하면 fputc()는 EOF를 반환하고, fputwc()는 WEOF를 반환한다.

표 10.3 fgetc(), fputc() 함수

함수
int fgetc(FILE *stream);
wint_t fgetwc(FILE *stream);
int fputc(int c, FILE *stream);
wint_t fputwc(wchar_t c, FILE *stream);

[예제 10.8] ANSI 텍스트 파일 복사 2

```
01:  #include <stdio.h>
02:  int main()
03:  {
04:       FILE      *fpR, *fpW;
05:       errno_t  err;
06:       char      ch;
07:
08:       if (err = fopen_s(&fpR, "testAnsi.txt", "r") != 0)
09:       {
10:           printf("Input File Open Error[%d]!!!\n", err);
11:           return 1;
12:       }
13:       if (err = fopen_s(&fpW, "testAnsi3.txt", "w") != 0)
14:       {
15:           printf("Output File Open Error[%d]!!!\n", err);
16:           return 1;
17:       }
18:
19:       /* 파일 복사 */
20:       while ((ch = fgetc(fpR)) != EOF)
21:       {
22:           fputc(ch, fpW);
23:           putchar(ch);  /* printf("%c", ch); */
24:       }
25:       fclose(fpR);
26:       fclose(fpW);
27:       return 0;
28:  }
```

프로그램 설명

① 8~17행
"testAnsi.txt" 파일을 읽기 모드("r")로 파일 포인터 fpR에 개방하고, "testAnsi3.txt" 파일을 쓰기 모드("w")로 파일 포인터 fpW에 개방한다.

② 20-26행

fgetc() 함수로 파일 포인터 fpR에 연결된 파일("testAnsi.txt")에서 파일의 끝까지 1문자를 ch 변수에 읽고, fputc() 함수로 파일 포인터 fpW에 연결된 파일("testAnsi3.txt")에 ch 변수의 문자를 출력하고, putchar() 함수로 명령창에 출력한다.

③ 사운드, 영상, 동영상 등의 이진 파일을 복사할 때는, 8행, 13행을 각각 "rb", "wb"로 변경하고, 화면에 문자를 출력하는 23행의 putchar() 함수를 주석 처리한다. 1바이트를 읽고, 1바이트를 출력하기 때문에 복사 속도는 느리다. fread(), fwrite() 함수로 블록 단위로 입출력하면 빠르게 복사할 수 있다.

[예제 10.9] 유니코드 파일 복사 2

```
01:   #include <stdio.h>
02:   #include <locale.h> /* setlocale() */
03:   int main()
04:   {
05:       FILE     *fpR, *fpW;
06:       errno_t  err;
07:       wchar_t  ch;
08:
09:       /* 읽기 모드에서 ccs = UNICODE는 BOM에 따라
10:       UTF-16LE 또는 UTF-8이다.            */
11:       if (er r= fopen_s(&fpR, "testUnicode.txt", "r, ccs = UNICODE") != 0)
12:       {
13:           printf("Input File Open Error[%d]!!!\n", err);
14:           return 1;
15:       }
16:       /* 쓰기 모드에서 ccs = UNICODE는 UTF-16LE와 같다. */
17:       if (fopen_s(&fpW, "testUnicode3.txt", "w, ccs = UNICODE") != 0)
18:       {
19:           printf("Output File Open Error[%d]!!!\n", err);
20:           return 1;
21:       }
22:
23:       setlocale(LC_ALL, "");
24:       /* 파일 복사 */
25:       while ((ch = fgetwc(fpR)) != WEOF)
26:       {
27:           fputwc(ch, fpW);
28:           wprintf(L"%c", ch);
29:       }
30:       fclose(fpR);
31:       fclose(fpW);
32:       return 0;
33:   }
```

▌프로그램 설명

① 9-21행
11행은 "testUnicode.txt" 파일을 읽기 모드("r"), ccs = UNICODE 인코딩으로 파일 포인터 fpR에 개방한다. 읽기 모드에서 ccs = UNICODE 인코딩은 파일의 BOM에 따라 UTF-16LE 또는 UTF-8 인코딩으로 파일 포인터 fpR에 개방한다. 17행은 "testUnicode3.txt" 파일을 쓰기 모드("w"), ccs = UNICODE 인코딩으로 파일 포인터 fpW에 개방한다. 쓰기 모드에서 ccs = UNICODE 인코딩은 UTF-16LE 인코딩과 같다.

② 23-31행
23행은 wprintf() 함수로 명령창에 한글을 출력하기 위해 국가 및 언어를 설정한다. 25-29행은 fgetwc() 함수로 파일 포인터 fpR에 연결된 파일("testUnicode.txt")에서 파일의 끝까지 와이드 문자를 ch 변수에 읽고, fputwc() 함수로 파일 포인터 fpW에 연결된 파일("testUnicode3.txt")에 와이드 문자를 출력하고, wprintf() 함수로 명령창에 출력한다.

③ 11행의 원본 파일 "testUnicode.txt" 파일은 유니코드(UTF-16LE 또는 UTF-8) 뿐만 아니라 ANSI 인코딩 파일도 유니코드(UTF-16LE) 인코딩인 "testUnicode3.txt" 파일로 복사된다. 그러나, "testUnicode.txt" 파일의 인코딩이 유니코드(big endian)이면 11행에서 실행 오류가 발생한다.

1.4 fgets(), fputs() 함수

[표 10.4]의 fgets(), fputs(), fgetws(), fputws() 함수는 파일에서 라인 단위로 문자열을 입출력한다. fgetws(), fputws() 함수는 와이드 문자 함수이다.

① fgets()는 파일에서 라인을 문자열 버퍼 str에 읽는다. 에디터에서 문자를 편집할 때 엔터 키를 누르면 CR(0x0D), LF(0x0A)가 추가된다. fgets() 함수는 파일에서 처음 CR과 LF까지 문자로 버퍼로 읽고, CR과 LF는 줄 바꿈 문자('\n')로 변환하고, 마지막에 널 문자('\0')를 추가한다. 만약 n이 행의 문자 개수 보다 작으면 n-1 문자까지 읽고, 마지막에 널 문자('\0')를 추가한다. fgets()는 입력 버퍼 str 포인터를 반환하고, 파일의 끝을 만나면 NULL을 반환한다.
② fputs() 함수는 문자열 버퍼 str에서 널 문자('\n')를 제외한 문자열을 출력한다.

▌표 10.4 fgets(), fputs() 함수

함수
char   *fgets(char *str, int n, FILE *stream);
wchar_t *fgetws(wchar_t *str, int n, FILE *stream);
int   fputs(const char *str, FILE *stream);
int   fputws(const wchar_t *str, FILE *stream);

[예제 10.10] 행 번호 출력 파일 생성

```
01:  #include <stdio.h>
02:  #define  BUFSIZE  128
03:  int main()
04:  {
05:      FILE      *fpR, *fpW;
06:      errno_t  err;
07:      char      lineBuf[BUFSIZE];
08:      int        lineCount = 0;
09:
10:      if (err = fopen_s(&fpR, "ex1010.c", "r") != 0)
11:      {
12:          printf("Input File Open Error[%d]!!!\n", err);
13:          return 1;
14:      }
15:      if (err = fopen_s(&fpW, "output.c", "w") != 0)
16:      {
17:          printf("Output File Open Error[%d]!!!\n", err);
18:          return 1;
19:      }
20:
21:      /* 행 복사 */
22:      while ( fgets(lineBuf, BUFSIZE, fpR) != NULL)
23:      {
24:          fprintf(fpW, "%02d :", ++lineCount);
25:          fputs(lineBuf, fpW);
26:
27:          fputs(lineBuf, stdout); /* printf("%s", lineBuf); */
28:      }
29:      fclose(fpR);
30:      fclose(fpW);
31:      return 0;
32:  }
```

▌프로그램 설명

① 5-8행

파일 입출력을 위한 파일 포인터 fpR, fpW를 선언하고, 파일 개방 오류를 저장할 변수로 err 변수를 선언하고, 행 단위의 입력 버퍼로 사용할 BUFSIZE의 문자 배열 lineBuf를 선언한다. 라인카운터로 사용할 lineCount를 선언하고 0으로 초기화한다.

② 10-19행

"ex1010.c" 파일을 읽기 모드("r")로 파일 포인터 fpR에 개방하고, "output.c" 파일을 쓰기 모드("w")로 파일 포인터 fpW에 개방한다.

③ 21-30행

fgets() 함수로 파일 포인터 fpR에 연결된 "ex1010.c" 파일에서 파일의 끝까지 1행씩 문자 배열 lineBuf에 읽고, fprintf() 함수로 ++lineCount를 사용하여 2자리 정수로 행 번호를 출력하고, fputs() 함수로 파일 포인터 fpW에 연결된 "output.c" 파일에 lineBuf 배열을 출력한다. 27행은 fputs() 함수로 표준 출력 파일 스트림 stdout을 이용하여 명령창에 lineBuf 배열을 출력한다.

④ 출력 파일 "output.c"은 교재의 예제 프로그램과 같은 행 번호를 갖는다.

1.5 fflush(), feof(), fread(), fwrite(), ftell(), fseek() 함수

[표 10.5]는 fflush(), feof(), fread(), fwrite(), fseek(), ftell() 등의 함수 원형이다. 쓰기 모드에서 fflush() 함수를 사용하면 모두 출력한다. feof() 함수는 파일의 끝을 확인하고, fread() 함수와 fwrite() 함수는 버퍼를 이용한 파일 입출력하고, fseek() 함수는 파일 포인터의 위치를 변경하고, ftell()은 파일 포인터의 현재의 위치를 알려준다.

표 10.5 fread(), fwrite(), fseek() 함수

함수
int   fflush(FILE *stream);
int   feof(FILE *stream);
size_t fread(void *buffer, size_t size, size_t count, FILE *stream);
size_t fread_s(void *buffer, size_t bufferSize, size_t elementSize, size_t count, FILE *stream);
size_t fwrite(const void *buffer, size_t size, size_t count, FILE *stream);
long ftell(FILE *stream);
int   fseek(FILE *stream, long offset, int origin);

① fflush() 함수는 파일 포인터에 연결된 버퍼를 비운다. 버퍼가 성공적으로 비워지면 0을 반환한다. 오류가 발생하면 EOF를 반환한다.

② feof() 함수는 파일 포인터(stream)가 파일의 끝(end of file)을 확인한다. 파일의 끝이면 (EOF)면 0 아닌 값(nonzero)을 반환하고, 끝이 아니면 0을 반환한다.

③ fread() 함수는 파일에서 buffer에 입력한다. size는 블록의 바이트 크기, count는 블록의 개수로 size×count 바이트 buffer에 읽어온다. 실제 읽은 블록의 개수를 반환한다. 파일의 끝에 도달했는지 여부는 feof() 함수로 검사한다. fread() 함수에서 파일을 텍스트 모드로 개방하면 캐리지 리턴(CR, 0x0D)과 라인피드(LF, 0x0A)를 라인피드(LF, '\n')로 읽는다. fread_s() 함수는 안전 버퍼 블록 입력 함수로 buffer 뒤에 버퍼 크기 bufferSize가 있다.

④ fwrite() 함수는 buffer를 파일에 출력한다. size는 블록의 바이트 크기, count는 블록의 개수로 size×count 바이트의 buffer 버퍼를 파일에 출력한다. 실제 출력한 블록의 개수를 반환한다. fwrite() 함수는 텍스트 모드이면, 라인피드(LF, '\n')를 CR(0x0D)과

LF(0x0A)를 출력한다.

⑤ ftell() 함수는 파일 포인터의 현재 위치를 정수로 반환한다.

⑥ fseek() 함수는 파일 포인터를 origin 위치를 기준으로 offset 바이트만큼 이동한다. 옵셋의 기준이 시작 위치이면 origin = SEEK_SET(또는 0)이고, 기준이 현재 위치이면 origin = SEEK_CUR(또는 1)이며, 기준이 끝 위치이면 origin = SEEK_END(또는 2)이다. offset은 정수로 음수도 가능하다.

[예제 10.11] ANSI 텍스트 파일 복사 3

```
01:   #include <stdio.h>
02:   #define  BUFSIZE  128
03:   int main()
04:   {
05:       FILE     *fpR, *fpW;
06:       errno_t  err;
07:       char     lineBuf[BUFSIZE];
08:       int      nReadSize;
09:       int      k = 0;
10:       int      fileSize = 0;
11:
12:       if (err = fopen_s(&fpR, "ex1011.c", "r") != 0)
13:       {
14:           printf("Input File Open Error[%d]!!!\n", err);
15:           return 1;
16:       }
17:       if (err = fopen_s(&fpW, "output.c", "w") != 0)
18:       {
19:           printf("Output File Open Error[%d]!!!\n", err);
20:           return 1;
21:       }
22:
23:       /* 파일복사 */
24:       while (!feof(fpR))
25:       {
26:           nReadSize = fread(lineBuf, 1, BUFSIZE, fpR);
27:           fwrite(lineBuf, 1, nReadSize, fpW);
28:           fileSize += nReadSize;
29:           printf("%d : nReadSize=%d \n", ++k, nReadSize);
30:       }
31:       /*
32:       while ((nReadSize = fread(lineBuf, 1, BUFSIZE, fpR)) > 0)
33:       {
34:           fwrite(lineBuf, 1, nReadSize, fpW);
35:           fileSize += nReadSize;
36:           printf("%d : nReadSize=%d \n", ++k, nReadSize);
```

```
37:     }
38:     */
39:     printf("fileSize = %d\n", fileSize);
40:     fclose(fpR);
41:     fclose(fpW);
42:     return 0;
43: }
```

● 실행 결과

▌ 프로그램 설명

① 12-21행

"ex1011.c" 파일을 읽기 모드("r")로 파일 포인터 fpR에 개방하고, "output.c" 파일을 쓰기 모드("w")로 파일 포인터 fpW에 개방한다.

② 24-30행

feof() 함수로 파일 포인터 fpR이 파일의 끝에 도달하지 않은 동안 25-30행을 반복한다. 26행은 fread() 함수로 블록의 바이트 크기 1, 블록의 개수 BUFSIZE로 파일 포인터 fpR에서 buffer에 읽고, 실제 읽은 블록의 개수를 nReadSize에 저장한다. 27행은 fwrite() 함수로 블록의 바이트 크기 1, 블록의 개수 nReadSize로 파일 포인터 fpW에 buffer의 내용을 출력한다. 28행은 실제 읽은 nReadSize×1 바이트를 fileSize에 누적시킨다. 주석 처리된 31-38행은 24-30행의 결과와 같다.

③ 39행

fread() 함수로 읽은 바이트 크기의 합계는 fileSize = 851이다. "ex1011.c" 파일의 실제 파일 크기는 893바이트이다. 이러한 차이는 편집기에서 행을 변경하는 엔터키를 누를 때 0x0D, 0x0A가 이진 파일에는 추가 되지만, 텍스트 모드로 읽을 때는 0x0A로만 읽기 때문이다. "ex1011.c" 파일은 43행이며 마지막 행은 줄바꿈이 없으므로, fread() 함수에서 42개의 0x0D가 누락되었기 때문이다. 851 + 42 = 893로 파일의 실제 바이트 크기와 같다. _write() 함수를 사용하여 출력된 "output.c" 파일의 크기가 "ex1011.c" 파일의 크기와 같은 893바이트인 이유는 _write() 함수는 텍스트 모드에서 0x0A를 0x0D, 0x0A로 출력하기 때문이다.

[예제 10.12] 이진 파일 복사

```
01:  #include <stdio.h>
02:  #define  BUFSIZE  128
03:  int main()
04:  {
05:      FILE    *fpR, *fpW;
```

```
06:        errno_t  err;
07:        char     lineBuf[BUFSIZE];
08:        int      nReadSize;
09:        int      k = 0;
10:        int      fileSize = 0;
11:
12:        if (err = fopen_s(&fpR, "ex1012.c", "rb") != 0)
13:        {
14:                printf("Input File Open Error[%d]!!!\n", err);
15:                return 1;
16:        }
17:        if (err = fopen_s(&fpW, "output.c", "wb") != 0)
18:        {
19:                printf("Output File Open Error[%d]!!!\n", err);
20:                return 1;
21:        }
22:
23:        /* 파일복사 */
24:        while ((nReadSize = fread(lineBuf, 1, BUFSIZE, fpR)) > 0)
25:        {
26:                fwrite(lineBuf, 1, nReadSize, fpW);
27:                fileSize += nReadSize;
28:                printf("%d : nReadSize=%d \n", ++k, nReadSize);
29:        }
30:        printf("fileSize = %d\n", fileSize);
31:        fclose(fpR);
32:        fclose(fpW);
33:        return 0;
34: }
```

● 실행 결과

▋ 프로그램 설명

① 12-16행
파일 "ex1012.c"를 이진 파일 읽기 모드로 파일 포인터 fpR에 개방한다.

② 17-21행
파일 "output.c"를 이진 파일 쓰기 모드로 파일 포인터 fpW에 개방한다.

③ 24-29행

fread() 함수로 fpR에 연결된 파일에서 BUFSIZE 크기의 문자 배열 lineBuf에서 실제 읽은 nReadSize가 양수(파일 끝에서는 0이다)인 동안, fwrite() 함수로 문자배열 lineBuf의 nReadSize 바이트를 fpW에 연결된 파일에 출력한다. fileSize 변수에 실제 읽은 바이트 크기를 누적한다. 이진 모드로 파일을 개방하기 때문에 while 문의 각 반복에서 BUFSIZE 바이트를 읽고 쓰며, 마지막 반복에서만 BUFSIZE 크기보다 작게 입출력을 한다.

④ 30행

fread() 함수로 읽은 바이트의 크기의 합계는 fileSize = 695바이트로, "ex1012.c" 파일의 파일 크기와 같다. "output.c" 파일의 파일 크기도 695바이트이다. 이진 모드는 코드 변환 없이 읽은 바이트를 그대로 출력한다.

⑤ 이 프로그램으로 사운드, 영상, 동영상 등의 이진 파일을 빠르게 복사할 수 있다. 버퍼의 크기에 따라 실행 속도가 달라진다.

[예제 10.13] 파일 크기 확인

```
01:  #include <stdio.h>
02:  int main()
03:  {
04:      FILE *fpR;
05:      errno_t err;
06:      int nEndPos;
07:      char*sName = "C:/Users/Public/Pictures/Sample Pictures/desert.jpg";
08:      if (err = fopen_s(&fpR, sName, "rb") != 0)
09:      {
10:          printf("Input File Open Error[%d]!!!\n", err);
11:          return 1;
12:      }
13:      /* 파일 포인터 이동*/
14:      fseek(fpR, 0, SEEK_END);
15:      nEndPos = ftell(fpR);
16:      printf("FileSize= %d 바이트\n", nEndPos);
17:      fclose(fpR);
18:      return 0;
19:  }
```

• 실행 결과

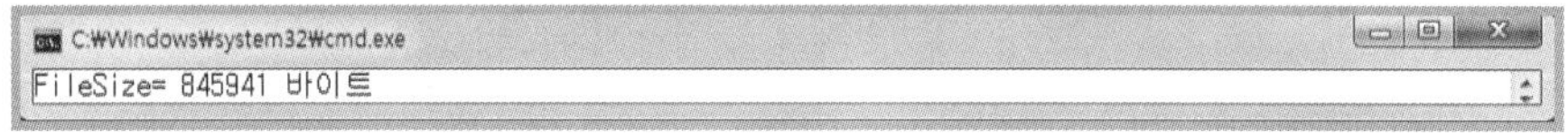

▌프로그램 설명

① 7행

문자 포인터 sName을 선언하고, 윈도우즈의 [라이브러리]-[사진]-[사진 샘플]의 [사막] 영상을 경로를 포함한 파일 이름으로 초기화한다. 폴더는 '/'를 사용하거나 역슬래시 2개를 사용하여 "C:\\Users\\Public\\Pictures\\Sample Pictures\\desert.jpg"로 한다.

② 8행

영상 파일은 이진 파일이므로 "rb" 모드로 개방한다.

③ 14~16행

14행은 fseek() 함수로 파일 포인터 fpR를 origin = SEEK_END 기준으로 offset = 0으로 파일의 끝으로 이동한다. 15행은 ftell() 함수로 파일 포인터 fpR의 위치를 nEndPos에 저장한다. 파일 포인터가 파일의 마지막으로 이동해 있기 때문에 nEndPos은 파일 크기이다. "desert.jpg" 파일의 크기는 84,5941바이트이다.

02 저수준 파일 처리

저수준 파일 처리는 운영체제가 입출력하는 방식인 시스템 입출력이다. open(), close(), read(), write(), eof(), lseek(), tell() 등의 저수준 파일 처리 함수는 헤더 파일 ⟨io.h⟩에 선언되어 있다. 또한 파일 연산 옵션(oflag)을 위해 ⟨fcntl.h⟩ 헤더 파일, 권한 설정 옵션(pmode)을 위해 ⟨sys\stat.h⟩ 헤더 파일을 포함해야 한다.

마이크로소프트의 Visual Studio 2015(VS 2015, v14)는 저수준 파일 처리 함수 및 옵션들이 _open(), _close(), _read(), _write(), _lseek(), _tell(), _O_CREAT, _O_TEXT 등과 같이 언더바(_)가 추가되어 있다. 저수준 파일 처리 함수를 언더바 없이 사용하면 경고(warning C4996: deprecated(중요도가 덜어져 사라질))가 발생한다. 여기서는 VS 2015 기준으로 설명한다.

2.1 open(), close() 함수

_open() 함수는 정수 파일 디스크립터(file descriptor)를 반환한다. 오류가 발생하면 −1을 반환한다. _close() 함수는 파일 디스크립터를 사용하여 파일을 닫는다. _wopen() 함수는 와이드 문자 함수이고, _sopen(), _wsopen_s() 함수는 공유 파일 열기 함수이며, 파일 공유 옵션 shflag를 위해 ⟨share.h⟩ 헤더 파일을 포함한다. 공유 파일 열기 안전 함수인 _sopen_s(), _wsopen_s()는 파일 개방에 성공하면 0, 오류가 발생하면 0이 아닌 오류 번호를 반환한다.

① oflag는 연산 종류 옵션으로 _O_CREAT는 파일 생성 모드, _O_TEXT는 텍스트 파일 모드, _O_BINARY는 이진 파일 모드, _O_APPEND는 추가 모드, _O_U8TEXT는 UTF-8 모드, 그리고 _O_WTEXT는 유니코드 모드(BOM을 확인), _O_RDONLY는 읽

기 전용 모드이며, _O_WRONLY는 쓰기 전용 모드, _O_RDWR는 읽기 및 쓰기 모드, 파일을 열고 내용을 지우고 길이 0으로 하는 _O_TRUNC 등이 있다. 비트 연산자를 사용하여 하나 이상의 연산 옵션을 결합하여 O_RDONLY|O_TEXT, O_RDONLY | O_BINARY 등과 같이 사용할 수 있다. _O_CREAT|_O_TRUNC를 사용하면 파일을 생성하거나 기존 파일을 내용을 지우고 길이 0으로 개방한다.

② pmode는 권한 설정 옵션으로 _S_IREAD는 읽기 허용 옵션이고, _S_IWRITE는 쓰기 허용 옵션이며, _S_IREAD | _S_IWRITE는 읽기와 쓰기 모두 허용하는 옵션이다. 윈도우즈에서 _S_IWRITE는 읽기와 쓰기 모두 허용한다.

③ shflag는 공유 옵션으로 _SH_DENYRW는 읽기 쓰기 금지, _SH_DENYWR는 쓰기 금지, _SH_DENYRD는 읽기 금지, _SH_DENYNO는 읽기 쓰기 허용 등이 있다.

표 10.6 open(), close() 함수

함수
int _open(const char *filename, int oflag [, int pmode]);
int _wopen(const wchar_t *filename, int oflag [, int pmode]);
int _sopen(const char *filename,   int oflag,   int shflag [, int pmode]);
int _wsopen(const wchar_t *filename, int oflag, int shflag [, int pmode]);
errno_t _sopen_s(int* pfh, const char *filename, int oflag, int shflag, int pmode);
errno_t _wsopen_s(int*pfh,const wchar_t *filename,int oflag,int shflag,int pmode);
int _close(int fd);

2.2 eof(), read(), write(), lseek(), tell()

[표 10.7]은 eof(), read(), write(), lseek(), tell() 함수 선언이다.

표 10.7 eof(), read(), fwrite(), lseek(), tell() 함수

함수
int _eof(int fd);
int _read(int fd, void *buffer, unsigned int count);
int _write(int fd,   const void *buffer,   unsigned int count);
long _tell(int handle);
long _lseek(int fd, long offset, int origin);

① _eof() 함수는 파일 디스크립터 fd가 파일 끝(end of file)이면 1을 반환하고, 파일 끝이 아니면 0을 반환한다. 오류가 발생하면 −1을 반환한다.

② _read() 함수는 파일 디스크립터 fd에 연결된 파일로부터 최대 count 바이트를 읽어서 buffer에 저장한다. _read() 함수는 실제로 읽은 바이트 수를 반환하고, 오류가 발생하면 −1을 반환하고, 파일의 끝에서는 0을 반환한다.

③ _write() 함수는 파일 디스크립터 fd에 연결된 파일에 데이터가 저장된 buffer에서 count

바이트를 출력한다. 실제 출력한 바이트 수를 반환하고, 오류가 발생하면 −1을 반환한다.

④ _lseek() 함수는 파일 디크립터 fd의 포인터 위치를 origin을 기준으로 offset 바이트 이동한다. 기준 위치를 지정하는 origin은 fseek() 함수와 마찬가지로 SEEK_SET(또는 0)는 파일의 시작 위치, SEEK_CUR(또는 1)는 현재 위치, SEEK_END(또는 2)는 파일의 끝 위치를 사용한다.

⑤ _tell() 함수는 파일의 현재 위치를 반환한다. 오류가 발생하면 −1을 반환한다.

[예제 10.14] ANSI 텍스트 파일 복사4

```
01:  #include <stdio.h>
02:  #include <io.h>
03:  #include <fcntl.h>
04:  #include <sys\stat.h>
05:  #include <share.h>
06:  #define BUFSIZE  128
07:  int main()
08:  {
09:      int      fdR, fdW;
10:      errno_t  err;
11:      char     lineBuf[BUFSIZE];
12:      int      nReadSize;
13:      int      k = 0;
14:      int      fileSize = 0;
15:
16:  /*   if((fdR = _open("ex1014.c", O_RDONLY|O_TEXT)) == -1) */
17:       if (err = _sopen_s(&fdR, "ex1014.c",
18:              _O_RDONLY | _O_TEXT, _SH_DENYWR, _S_IREAD) != 0)
19:       {
20:           printf("Input File Open Error[%d]!!!\n", err);
21:           return 1;
22:       }
23:  /*   if((fdW=_open("output.c",O_CREAT|O_WRONLY|O_TEXT))==-1)*/
24:       if (err = _sopen_s(&fdW, "output.c",
25:              _O_CREAT | _O_TRUNC | _O_WRONLY | O_TEXT,
26:              _SH_DENYNO, _S_IWRITE) != 0)
27:       {
28:           printf("Output File Open Error[%d]!!!\n", err);
29:           return 1;
30:       }
31:       /* 파일 복사 */
32:       while (!_eof(fdR))
33:       {
34:           nReadSize = _read(fdR, lineBuf, BUFSIZE);
35:           _write(fdW, lineBuf, nReadSize);
```

```
36:            printf("%d : nReadSize = %d \n", ++k, nReadSize);
37:            fileSize += nReadSize;
38:        }
39:        /*
40:        while ((nReadSize = _read(fdR, lineBuf, BUFSIZE)) > 0)
41:        {
42:            _write(fdW, lineBuf, nReadSize);
43:            fileSize += nReadSize;
44:            printf("%d : nReadSize = %d\n", k++, nReadSize);
45:        }
46:        */
47:        printf("fileSize = %d\n", fileSize);
48:        _close(fdR);
49:        _close(fdW);
50:        return 0;
51: }
```

● 실행 결과

▌ 프로그램 설명

① 16-22행
파일 "ex1012.c"를 텍스트 파일 읽기 전용으로 파일 디스크립터 fdR에 개방한다.

② 23-30행
파일 "output.c"를 텍스트 파일 쓰기 전용으로 파일을 생성하고 파일 디스크립터 fdW에 개방
한다.

③ 32-38행
_eof() 함수로 fdR이 파일의 끝에 도달 할 때까지, _read() 함수로 fdR에 연결된 파일에서
BUFSIZE 크기의 문자 배열 lineBuf에 읽는다. 실제 읽은 문자의 크기는 nReadSize이다.
_write() 함수로 문자 배열 lineBuf의 nReadSize 문자를 fdW에 연결된 파일에 출력한다.
fileSize 변수에 실제 읽은 문자의 크기를 누적한다. 주석 처리된 39-46행은 32-38행의 결과
와 같다.

④ 47-49행
_read() 함수로 읽은 바이트 크기의 합계는 fileSize = 1173이다. 그러나 "ex1014.c" 파일의 실
제 파일 크기는 1223 바이트이다. 이러한 차이는 편집기에서 라인을 변경하는 엔터키를 누를
때 0x0D와 0x0A가 이진 파일에는 추가 되지만, 텍스트 모드로 읽을 때는 0x0A로만 읽기 때

문이다. "ex1014.c" 파일은 51행이며 마지막 행은 줄바꿈이 없으므로, _read() 함수에서 50개의 0x0D가 누락되었기 때문이다. 1173 + 50 = 1223으로 파일의 실제 크기와 같다. _write() 함수로 출력된 "output.c" 파일의 크기가 "ex1014.c" 파일의 크기와 같은 1223 바이트인 이유는 _write() 함수는 텍스트 모드에서 0x0A를 0x0D, 0x0A로 출력하기 때문이다. 48-49행은 파일 디스크립처 fdR, fdW를 닫는다.

[예제 10.15] 이진 파일 복사2

```
01:   #include <stdio.h>
02:   #include <io.h>
03:   #include <fcntl.h>
04:   #include <sys\stat.h>
05:   #include <share.h>
06:   #define BUFSIZE  128
07:   int main()
08:   {
09:       int fdR, fdW;
10:       errno_t err;
11:       char lineBuf[BUFSIZE];
12:       int nReadSize;
13:       int k = 0;
14:       int fileSize = 0;
15:
16:   /*    if((fdR = _open("ex1015.c", O_RDONLY|_O_BINARY)) == -1) */
17:       if (err = _sopen_s(&fdR, "ex1015.c",
18:               _O_RDONLY | _O_BINARY, _SH_DENYWR, _S_IREAD) != 0)
19:       {
20:           printf("Input File Open Error[%d]!!!\n", err);
21:           return 1;
22:       }
23:   /*    if((fdW = _open("output.c",O_CREAT|O_WRONLY|_O_BINARY)) == -1)*/
24:       if (err = _sopen_s(&fdW, "output.c",
25:               _O_CREAT | _O_TRUNC | _O_WRONLY | _O_BINARY,
26:               _SH_DENYNO, _S_IWRITE) != 0)
27:       {
28:           printf("Output File Open Error[%d]!!!\n", err);
29:           return 1;
30:       }
31:       /* 파일 복사 */
32:       while ((nReadSize = _read(fdR, lineBuf, BUFSIZE)) > 0)
33:       {
34:           _write(fdW, lineBuf, nReadSize);
35:           fileSize += nReadSize;
36:           printf("%d : nReadSize = %d\n", k++, nReadSize);
37:       }
38:       printf("fileSize = %d\n", fileSize);
39:       _close(fdR);
```

```
40:        _close(fdW);
41:        return 0;
42: }
```

● 실행 결과

▌ 프로그램 설명

① 16-22행
파일 "ex1015.c"를 이진 파일 그리고 읽기 전용으로 파일 디스크립터 fdR에 개방한다.

② 23-30행
파일 "output.c"를 이진 파일로 그리고 쓰기 전용으로 파일을 생성하고 파일 디스크립터 fdW에 개방한다.

③ 32-37행
_read() 함수로 fdR에 연결된 파일에서 BUFSIZE 크기의 문자 배열 lineBuf에서 실제 읽은 nReadSize 바이트가 양수인 동안, _write() 함수로 문자 배열 lineBuf의 nReadSize 바이트를 fdW에 연결된 파일에 출력한다. fileSize 변수에 실제 읽은 바이트의 크기를 누적한다. 이진 모드로 파일을 개방하기 때문에 while 문의 각 반복에서 BUFSIZE 바이트를 읽고 쓰며, 마지막 반복에서만 BUFSIZE 크기보다 작게 입출력을 한다.

④ 38행
_read() 함수로 읽은 바이트의 크기의 합계는 fileSize = 1039 바이트로, "ex1015.c"와 "output.c" 파일의 파일 크기와 같다. 이진 모드는 코드 변환 없이 읽은 바이트를 그대로 출력한다.

전처리

CHAPTER **11**

01 전처리 개요

C 언어 프로그램에 나타나는 # 기호는 전처리(preprocessing) 지시 기호이다. 예제 프로그램들에서 이미 #include, #define 등을 사용했다.

[그림 11.1]은 전처리기(preprocessor), 컴파일러(compiler), 링커(linker), 라이브러리(*.lib, *.dll) 등의 관계를 보인다. 컴파일러는 C 언어 프로그램을 컴파일하기 전에 # 기호를 먼저 처리하는 전처리에 의해서 확장된 C 언어 프로그램을 생성하여 컴파일 한다. 이러한 전처리 기능은 컴파일러에 포함되어 있다.

비주얼 C++에 포함된 컴파일러(cl.exe)는 전처리기, 컴파일러, 링커 기능을 통합하고 있다. # 기호에 의한 전처리 기능은 C 언어 프로그램의 구조를 간단하게 하는 장점이 제공한다. C 언어의 전처리는 파일을 프로그램에 포함하는 #include, 매크로를 정의 및 해제하는 #define와 #undef, C 언어 프로그램의 일부분을 선택적으로 컴파일 할 수 있는 #if, #else, #endif, #ifdef, #ifndef 등의 조건부 컴파일 지시문, 전처리 명령을 정의하는 #pragma 등이 있다.

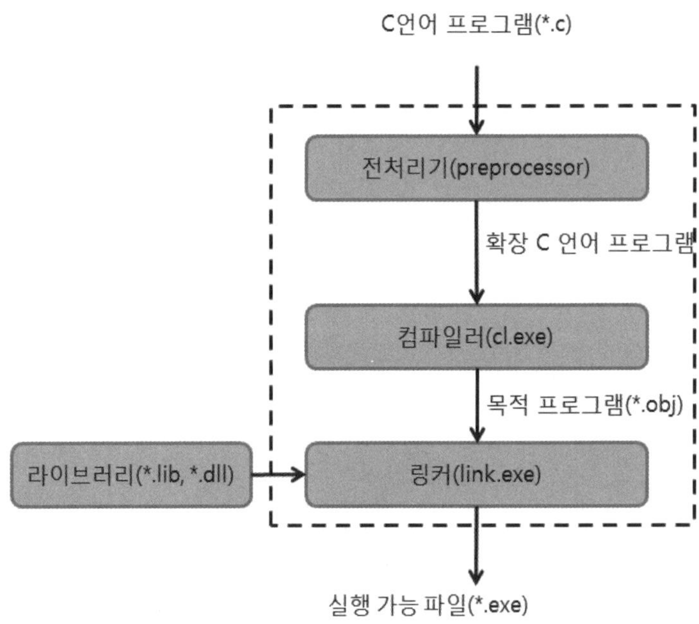

[그림 11.1] 전처리와 컴파일

02 파일 삽입

#include 지시문은 파일을 포함한다. 파일 이름은 꺽쇠괄호(〈 〉) 또는 큰 따옴표(" ")를 사용하여 지정한다. 컴파일러의 Include 폴더에 있는 헤더 파일이면 꺽쇠괄호를 사용하고, 프로그래머가 작성한 헤더 파일이면 큰 따옴표를 사용한다. 큰 따옴표를 사용하는 경우, 현재 폴더에 지정한 파일이 없으면 컴파일러의 Include 폴더에서 해당 파일을 찾는다.

파일 이름은 상대 경로 및 절대 경로를 추가하여 사용할 수 있다. 프로그램에서 #include 지시문이 있는 위치에 해당 파일을 복사하는 것과 같다. 큰 따옴표를 사용한 헤더 파일 포함은 여러 개의 파일에 나누어 프로그램을 작성하여 분리 컴파일하는 경우 효율적으로 사용된다. 헤더 파일에는 상수, 자료형, 함수 원형 선언 등을 주로 포함한다.

```
① #include <stdio.h>
② #include "student.h"
③ #include "./data/student.h"
```

[예제 11.1] 사용자 작성 헤더 파일 포함

```c
01:  /* filename: ex1101.c */
02:  #include <stdio.h>
03:  #include "student.h"
04:  int main()
05:  {
06:      STUDENT s1 = { "손오공", 80 };
07:      STUDENT *ps1 = &s1;
08:
09:      printf("sizeof(STUDENT) = %d\n", sizeof(STUDENT));
10:      printf("sizeof(STUDENT*) = %d\n", sizeof(STUDENT*));
11:
12:      printf("s1.name = %s\n", s1.name);
13:      printf("s1.score = %d\n", s1.score);
14:
15:      printf("ps1->name = %s\n", ps1->name);    /* (*ps1).name  */
16:      printf("ps1->score = %d\n", ps1->score);   /* (*ps1).score */
17:      return 0;
18:  }
```

[예제 11.1] 사용자 작성 헤더 파일

```
19:  /* filename: student.h */
20:  typedef struct student {
21:      char name[8];
22:      int  score;
23:  } STUDENT;
```

● 실행 결과

▌프로그램 설명

① 1-18행은 "ex1101.c" 파일의 프로그램이다.

② 2행
표준 입출력 헤더 파일 <stdio.h> 헤더 파일을 컴파일러의 Include 폴더에서 포함시킨다.

③ 3행
현재 폴더의 "student.h" 파일에 작성된 19-23행의 STUDENT 구조체를 포함한다.

④ [예제 9.4]와 같은 프로그램이다.

[예제 11.2] 분리 컴파일에서 헤더 파일 포함

```
01:  /* filename: ex1102.c */
02:  #include <stdio.h>
03:  #include "test.h"
04:  int a = 1;
05:  int main()
06:  {
07:      test();
08:      printf("In main(), a = %d\n", a);
09:  }
```

[예제 11.2] 사용자 작성 헤더 파일 : 함수 원형 선언

```
10:  /* filename: test.h */
11:  void test();
```

[예제 11.2] 사용자 작성 헤더 파일 : 함수 정의

```
12:  /* filename: test.c */
13:  #include <stdio.h>
14:  extern int a;  /* 외부 변수 선언*/
15:  void test()
16:  {
17:      /* extern int a; */
18:      a = 2;
19:      printf("In test(), a = %d\n", a);
20:  }
```

● 실행 결과

```
C:\Windows\system32\cmd.exe
In test(), a = 2
In main(), a = 2
```

▋ 프로그램 설명

① 1-9행은 "ex1102.c" 파일의 프로그램이다.

② 2행
표준 입출력 헤더 파일 <stdio.h> 헤더 파일을 컴파일러의 Include 폴더에서 포함시킨다.

③ 3행
현재 폴더의 "test.h" 파일에 작성된 10-11행의 test() 함수 원형을 포함한다.

④ 12-20행
현재 폴더의 "test.c" 파일에서 외부변수 a를 선언하고, test() 함수를 정의한다.

⑤ "ex1102.c"와 "test.c" 파일은 프로젝트의 소스 파일에 포함되어야 한다. [예제 8.12]와 같은 프로그램이다.

03 매크로 정의, 해제, 전처리 연산자

3.1 #define, #undef

3.1.1 #define

프로그램에서 상수를 직접 사용하면, 프로그램을 읽을 때 상수의 의미를 알기가 어렵게 한다. 또한 상수 값을 변경하려면 상수를 사용한 곳을 모두 찾아가 변경해야 한다. 따라

서 프로그램을 작성할 때 상수를 직접 사용하는 것보다는 다음과 같이 #define을 사용하여 이름으로 정의하여 사용한다. 전처리에 의해 매크로 정의를 확장하여 사용한다.

① 매크로 정의
  #define macroName tokenString

② 매크로 함수 정의
  #define macroName(parameters, …) tokenString

① macroName은 식별자(identifier)이다. 일반적으로 변수 이름, 함수 이름과 구분하기 위해 macroName은 대문자를 사용한다. tokenString은 키워드, 상수, 문장 등이다. macroName과 tokenString 사이에는 한 개 이상의 공백이 있다. #define으로 정의한 뒤에 프로그램에서 macroName을 사용하면, 전처리에서 tokenString으로 변환된다. 단순히 매크로 정의가 필요할 때는 tokenString을 생략할 수 있다. 뒤에서 다룰 조건 컴파일에서 자주 사용한다.

② 함수처럼 인수를 받는 매크로 함수를 정의한다. 전처리에서 tokenString에 있는 형식 인수는 실인수로 변경된다. tokenString에서 인수는 괄호로 감싸는 것이 매크로 확장에서 애매함을 없앤다.

3.1.2 #undef

#undef는 #define으로 정의한 매크로 정의를 해제한다.

[예제 11.3] #define, #undef

```
01:  #include<stdio.h>
02:  #define  STR          "This is a sample program."
03:  #define  MAX( a, b )  ( ((a) > (b)) ? (a) : (b) )
04:  int main()
05:  {
06:      int a;
07:
08:      printf("%s\n", STR);
09:
10:      a = MAX(10, 20);
11:      printf(" a = %d\n", a);
12:      /*
13:      #undef STR
14:      printf("%s\n", STR);
15:      */
16:      return 0;
17:  }
```

● 실행 결과

■ 프로그램 설명

① 2행
"This is a sample program."을 STR로 정의한다.

② 3행
? 연산자를 사용하여 인수 a, b 중에 큰 값을 찾는 매크로 함수 MAX를 정의한다.

③ 8행
전처리에 의해 printf("%s\n", "This is a sample program.");로 변환된다.

④ 10행
전처리에 의해 a = (((10) > (20)) ? (10) : (20)); 로 변환된다.

⑤ 12-15행
13행에서 #undef STR로 매크로를 해제하고, 14행에서 STR을 사용하면 오류가 발생한다.

3.2 전처리 연산자

전처리 연산자는 매크로 함수에서 사용한다. 문자열화 연산자(#)는 인수를 문자열로
변경한다. 토큰 붙여넣기 연산자(##)는 다른 토큰(식별자)을 생성하기 위해 연결된다.
defined 연산자는 조건부 컴파일에서 설명한다.

[예제 11.4] 문자열화 연산자(#)

```
01:  #include <stdio.h>
02:  #define PRINT(token)   printf(#token " = %d\n", token)
03:  int main()
04:  {
05:       int a = 10;
06:
07:       PRINT(a);
08:       return 0;
09:  }
```

● 실행 결과

▌프로그램 설명

① 2행

매크로 함수 PRINT()의 정의에서 #token 인수 token을 문자열로 변환한다.

② 7행

PRINT(a)는 2행의 매크로 함수 PRINT()에 의해 printf("a" " = %d\n", token)로 확장된다.

[예제 11.5] 토큰 붙여넣기 연산자(##)

```
01:  #include<stdio.h>
02:  #define  HANDLE_MSG(msg)  func_##msg()
03:  void func_A();
04:  void func_B();
05:  int main()
06:  {
07:      HANDLE_MSG(A); /* func_A() */
08:      HANDLE_MSG(B); /* func_B() */
09:      return 0;
10:  }
11:  void func_A()
12:  {
13:      printf("called func_A()\n");
14:  }
15:  void func_B()
16:  {
17:      printf("called func_B()\n");
18:  }
```

● 실행 결과

▌프로그램 설명

① 2행

매크로 함수 HANDLE_MSG()의 정의에서 func_##msg()는 func_ 뒤에 인수 msg를 붙여 새로운 식별자를 생성한다.

② 7행

HANDLE_MSG(A)는 2행의 매크로 함수 HANDLE_MSG()에 의해, func_A()로 확장된다. func_A()를 호출한 것과 같다.

③ 8행

HANDLE_MSG(B)는 2행의 매크로 함수 HANDLE_MSG()에 의해, func_B()로 확장된다. func_B()를 호출한 것과 같다.

04 컴파일 지시문

4.1 조건 컴파일 지시문

4.1.1 #if, #elif, #else, #endif

#if, #elif, #else, #endif 지시문은 소스 프로그램의 일부분을 선택적으로 컴파일 한다. 제어문의 if 문은 실행할 때 조건에 따라 분기하는 실행 문장이다. 그러나 #if는 컴파일 러가 프로그램을 선택적으로 컴파일 하는 조건 문장이다. #if ~ #else ~ #endif는 2가지 분기, #if ~ #elif ~ #else ~ #endif는 다중 분기 조건 컴파일 지시문이다.

```
#if constantExpression
        /* true인 경우 */
#else
        /* false인 경우 */
#endif
```

constantExpression은 정수 상수와 defined 연산자를 포함한 상수 수식이다. 수식을 평 가하여 참이면 #if와 #else 사이의 문장을 컴파일하고, 거짓이면 #else와 #endif 사이의 문장을 컴파일한다.

4.1.2 defined 연산자

전처리 연산자 defined는 매크로 이름이 정의되었는지 확인한다. defined 연산자는 macroName이 정의되어 있으면 참이고, 정의되어 있지 않으면 거짓이다. 논리 부정 연 산자(!)와 함께 사용할 수 있다.

```
defined macroName
defined(macroName)
!defined(macroName)
```

4.1.3 #ifdef, #ifndef

#ifdef, #ifndef는 #define 문으로 매크로 정의 여부에 따라 분기하는 조건 컴파일 지 시문으로 #elif, #else, #endif 등과 함께 사용한다. #ifdef macroName은 #if defined (macroName)과 같은 의미이고, #ifndef macroName은 #if !defined(macroName)와 같은 의미이다.

```
#ifdef macroName
#ifndef macroName
```

[예제 11.6] 조건부 컴파일 1

```
01:  #include<stdio.h>
02:  #define  STR  "This is a sample program."
03:  int main()
04:  {
05:  #if defined(STR)
06:      printf("STR0 = %s\n", STR);
07:  #endif
08:
09:  #undef STR
10:
11:  #ifdef STR
12:      printf("STR1 = %s\n", STR);
13:  #endif
14:      return 0;
15:  }
```

● 실행 결과

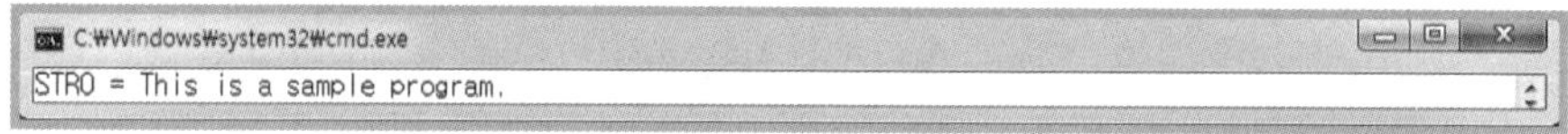

프로그램 설명

① 2행
문자열 "This is a sample program."을 상수 이름 STR로 정의한다.

② 5-7행
전처리에서 5행의 defined(STR)가 참이기 때문에 6행이 컴파일 된다.

③ 9행
전처리에 의해#undef STR로 매크로를 해제한다.

④ 11-13행
STR 매크로가 9행에 의해서 해제되었기 때문에, 12행이 컴파일 된다.

⑤ 헤더 파일 <stdio.h>의 전처리는 너무 길어서, 편의상 그대로 두고, 2-15행을 전처리한 결과는 다음과 같다.

```
#include<stdio.h>
int main()
{
    printf("STR0 = %s\n", "This is a sample program.");
    return 0;
}
```

[예제 11.7] 조건부 컴파일 2

```
01:  #include <stdio.h>
02:  typedef unsigned short WORD; /* 2바이트 */
03:  typedef unsigned long DWORD; /* 4바이트 */
04:
05:  /* #undef _MSC_VER */
06:  #if ( _MSC_VER >= 1200 )
07:  #include <pshpack2.h>   /* #pragma pack(push, 2) */
08:  #endif
09:
10:  typedef struct tagBITMAPFILEHEADER {
11:      WORD bfType;        /* 0x4D42 = "BM"     */
12:      DWORD bfSize;       /* 파일의 바이트 크기 */
13:      WORD bfReserved1;   /* 항상 0          */
14:      WORD bfReserved2;   /* 항상 0          */
15:      DWORD bfOffBits;    /* 이미지 데이터 시작 위치에 대한 오프셋 바이트 */
16:  } BITMAPFILEHEADER;
17:
18:  #if ( _MSC_VER >= 1200 )
19:  #include <poppack.h>        /* #pragma pack(pop) */
20:  #endif
21:
22:  int main()
23:  {
24:  #if(defined(_MSC_VER))
25:      printf("_MSC_VER = %d\n", _MSC_VER);
26:  #endif
27:      printf("sizeof(WORD) = %d\n", sizeof(WORD));
28:      printf("sizeof(DWORD) = %d\n", sizeof(DWORD));
29:      printf("sizeof(BITMAPFILEHEADER) = %d\n",
30:              sizeof(BITMAPFILEHEADER));
31:      return 0;
32:  }
```

● 실행 결과

```
C:\Windows\system32\cmd.exe
_MSC_VER = 1900
sizeof(WORD) = 2
sizeof(DWORD) = 4
sizeof(BITMAPFILEHEADER) = 14
```

▌프로그램 설명

① 비주얼 C++ 컴파일러는 기본적으로 구조체(struct)의 메모리를 4의 배수로 패킹 (packing)하여 할당한다. sizeof(WORD) = 2바이트, sizeof(DWORD) = 4바이트이다. sizeof(BITMAPFILEHEADER)는 14바이트가 되어야 한다. 그러나 메모리가 4의 배수로 패킹되면 16바이트가 된다. <pshpack2.h> 파일을 포함하면 2의 배수로 패킹한다. 이전 상태(4 바

이트 패킹)로 되돌아가려면 <poppack.h> 파일을 포함한다. _MSC_VER은 비주얼 C++의 버전 번호를 정의한 상수이다. VS2015(14)는 _MSC_VER는 1900이고, VS2013(12)은 _MSC_VER는 1800이다. VS98(6.0)은 _MSC_VER는 1200이다.

② 6-8행
구조체 BITMAPFILEHEADER 정의 앞에서 _MSC_VER >= 1200 수식이 참이면 7행의 <pshpack2.h> 파일을 포함하여 구조체 메모리 할당을 2의 배수로 패킹한다. #pragma pack(push, 2)과 같다.

③ 10-16행
비트맵을 위한 구조체 BITMAPFILEHEADER를 정의한다.

④ 18-20행
_MSC_VER >= 1200 수식이 참이면 <poppack.h> 파일을 포함하여 이전 상태(4 바이트 패킹)로 되돌린다. #pragma pack(pop)과 같다.

⑤ 24-26행
VS2015(14)에 실행하면 _MSC_VER는 1900으로 정의되어 있다. defined(_MSC_VER)이 참이므로 25행이 컴파일 된다.

⑥ 27-30행
sizeof(WORD) = 2바이트, sizeof(DWORD) = 4바이트, sizeof(BITMAPFILEHEADER) = 14바이트이다.

⑦ 5행의 주석처리를 없애서, _MSC_VER 정의를 해제하면, 7행, 19, 25행이 컴파일 되지 않는다. 구조체의 메모리 할당이 기본적인 4바이트 패킹에 의해 sizeof(BITMAPFILEHEADER) = 16바이트이다.

4.2 #pragma 지시문

#pragma 지시문은 컴파일러에 하드웨어 및 운영체제의 특징을 반영하는 방법을 제공한다. [표 11.1]은 주요 #pragma 지시문이다.

표 11.1 주요 #pragma 지시문

#pragma	의미 및 사용 예
#pragma once	헤더 파일을 한 번만 포함한다.
#pragma message(messagestring)	컴파일 때 출력창에 messagestring 문자열을 출력한다. #pragma message("Compiling"__FILE__)
#pragma comment (comment-type [, commentstring])	목적 코드 또는 실행 코드에 comment 내용을 포함한다. #pragma comment(lib, "winmm.lib")
#pragma pack([n])	구조체와 공용체 멤버의 메모리 패킹 방법을 명시한다. n은 1, 2, 4, 8, 16 패킹 바이트이다.

#pragma pack ([[{push | pop},][identifier,]][n])	스택을 사용하여 단위 프로그램마다 서로 다른 메모리 패킹을 할수 있다. #pragma pack(push, 2) #pragma pack(pop)
#pragma warning (disable : warning-number-list)	지정된 경고 메시지를 생성하지 않는다. #pragma warning(disable : 4996)

[예제 11.8] #pragma once에 의한 헤더 파일 한 번만 포함

```
01:  /* filename: ex1106.c */
02:  #include <stdio.h>
03:  #include "student.h"
04:  #include "student.h"
05:  #pragma message( "Compiling....."__FILE__ )
06:  int main()
07:  {
08:      STUDENT s1 = { "손오공", 80 };
09:      STUDENT *ps1 = &s1;
10:
11:      printf("sizeof(STUDENT) = %d\n", sizeof(STUDENT));
12:      printf("sizeof(STUDENT*) = %d\n", sizeof(STUDENT*));
13:
14:      printf("s1.name = %s\n", s1.name);
15:      printf("s1.score = %d\n", s1.score);
16:
17:      printf("ps1->name = %s\n", ps1->name);
18:      printf("ps1->score = %d\n", ps1->score);
19:      return 0;
20:  }
```

[예제 11.8] 사용자 정의 헤더 파일

```
21:  /* filename: student.h */
22:  #pragma once
23:  typedef struct student {
24:      char name[8];
25:      int  score;
26:  } STUDENT;
```

● 실행 결과

```
C:\Windows\system32\cmd.exe
sizeof(STUDENT) = 12
sizeof(STUDENT*) = 4
s1.name = 손오공
s1.score = 80
ps1->name = 손오공
ps1->score = 80
```

▌프로그램 설명

① 3-4행

"student.h" 헤더 파일을 2번 포함한다. "student.h" 헤더 파일의 22행에서 #pragma once로 헤더 파일을 한 번만 포함하도록 하고 있어 오류가 발생하지 않는다. 헤더 파일의 02행을 주석 처리하면 구조체 재정의 오류가 발생한다.

② 5행

컴파일할 때 경로를 포함한 파일 이름을 빌드 출력창에 출력한다.

③ 21-26행

"student.h" 헤더 파일에서 구조체 STUDENT를 정의한다. 22행은 #pragma once로 헤더 파일을 한 번만 포함하도록 한다.

다음과 같이 #ifndef 조건부 컴파일을 이용하여 헤더 파일이 중복 포함되지 않게 할 수 있다. _STUDENT가 정의되어 있지 않으면 #define _STUDENT으로 정의하고, 구조체 STUDENT를 정의한다. "student.h" 헤더 파일을 처음 포함할 때 _STUDENT를 정의하고, STUDENT 구조체를 정의한다. 2번 이상 포함할 경우, _STUDENT가 정의되어 있기 때문에 구조체 정의를 하지 않는다.

```
/* student.h */
#ifndef _STUDENT
#define _STUDENT
typedef struct student {
    char name[8];
    int score;
} STUDENT;
#endif
```

응용 예제 프로그램

CHAPTER **12**

01 수치 계산 예제

직선과의 거리계산, 원의 내부 외부 판단, 사각형 면적의 합계에 의한 적분계산, 가우스 소거법에 의한 연립방정식의 해 계산, 난수의 히스토그램, 정규분포 난수, 1차원 푸리에 변환 등의 수치 계산 문제를 간단한 예제로 설명한다.

1.1 직선, 평면의 거리 계산

임의의 2차원 점(x_1, y_1)와 직선 $ax + by + c = 0$ 사이의 거리 d는 수식 (12.1)로 계산한다.

$$d = \frac{|ax_1 + by_1 + c|}{\sqrt{a^2 + b^2}} \quad (12.1)$$

3차원 공간에서 점(x_0, y_0, z_0)을 지나고 벡터(a, b, c)에 평행한 직선은 수식 (12.2) 또는 수식 (12.3)과 같다.

$$\frac{x - x_0}{a} = \frac{y - y_0}{b} = \frac{z - z_0}{c} \quad (12.2)$$

$$x = x_0 + at, y = y_0 + bt, z = z_0 + ct, \quad -\infty < t < \infty \quad (12.3)$$

3차원 공간에서 두 점(x_0, y_0, z_0), (x_1, y_1, z_1)을 지나는 직선은 수식 (12.4) 또는 수식 (12.5)와 같다. $(a, b, c) = (x_1 - x_0, y_1 - y_0, z_1 - z_0)$이다.

$$\frac{x - x_0}{x_1 - x_0} = \frac{y - y_0}{y_1 - y_0} = \frac{z - z_0}{z_1 - z_0} \quad (12.4)$$

$$x = x_0 + (x_1 - x_0)t, y = y_0 + (y_1 - y_0)t, z = z_0 + (z_1 - z_0)t, \quad -\infty < t < \infty \quad (12.5)$$

3차원 공간에서 점(x_1, y_1, z_1)에서 수식 (12.2)의 직선까지의 거리는 수식 (12.6)과 같다.

$$d = \sqrt{\frac{[c(y_1 - y_0) - b(z_1 - z_0)]^2 + [a(z_1 - z_0) - c(x_1 - x_0)]^2 + [b(x_1 - x_0) - a(y_1 - y_0)]^2}{a^2 + b^2 + c^2}} \quad (12.6)$$

3차원 공간에서의 점(x_0, y_0, z_0)과 법선벡터(a, b, c)에 의해 정의되는 평면은 수식 (12.7)과 같다.

$$a(x - x_0) + b(y - y_0) + c(z - z_0) = 0 \quad (12.7)$$

3차원 공간에서의 점 (x_1, y_1, z_1)와 $ax + by + cz + d = 0$의 평면 사이의 거리는 수식 (12.8)과 같다.

$$d = \frac{|ax_1 + by_1 + cz_1 + d|}{\sqrt{a^2 + b^2 + c^2}} \quad (12.8)$$

[예제 12.1] 2차원 점과 직선의 거리 1

```
01:  #include <stdio.h>
02:  #include <math.h>
03:  float distPointLine2D(float a, float b, float c, float x, float y);
04:  int main()
05:  {
06:      float x, y, d;
07:      float a = 3.0f, b = 4.0f, c = -3.0f;
08:
09:      printf("Input p(x, y) : ");
10:      scanf_s("%f %f", &x, &y);
11:      d = distPointLine2D(a, b, c, x, y);
12:      printf("d = %f\n", d);
13:      return 0;
14:  }
15:  float distPointLine2D(float a, float b, float c, float x, float y)
16:  {
17:      double d;
18:      d = fabs(a*x + b*y + c) / sqrt(a*a + b*b);
19:      return (float)d;
20:  }
```

● 실행 결과

▌ 프로그램 설명

① a, b, c를 실수 변수로 선언하고 a = 3.0, b = 4.0, c = -3.0으로 초기화하고 임의의 2차원 좌표(x, y)를 실수로 입력받아 직선 3x + 4y - 3 = 0까지의 거리 d를 계산한다.

② 9-12행
좌표 x, y를 입력하고, distPointLine2D() 함수를 사용하여 계수 (a, b, c)를 갖는 직선과 좌표 (x, y) 사이의 거리 d를 계산한다. 2차원 좌표(2, 3)에서 직선 3x + 4y - 3 = 0까지의 가장 가까운 거리는 d = 3.0이다.

③ 15-20행
distPointLine2D() 함수는 계수 (a, b, c)를 갖는 직선과 좌표 (x, y) 사이의 거리를 계산하여 반환한다. 만약, 18행에서 절대 값을 취하지 않고, d = (a*x + b*y + c) / sqrt(a*a + b*b)로 거리

를 계산하면, 직선 위의 임의의 점은 d = 0, 양수(d > 0) 영역, 음수(d < 0) 영역으로 구분한다.

[예제 12.2] 2차원 점과 직선의 거리2

```
01:  #include <stdio.h>
02:  #include <math.h>
03:  typedef struct {
04:      float a, b, c;
05:  } LINE2;
06:  typedef struct {
07:      float x, y;
08:  } POINT2;
09:  float distPointLine2D(LINE2 line, POINT2 p1);
10:  int main()
11:  {
12:      LINE2   line = { 3.0f, 4.0f, -3.0f };
13:      POINT2 p1;
14:      float d;
15:
16:      printf("Input p(x, y) : ");
17:      scanf_s("%f %f", &p1.x, &p1.y);
18:      d = distPointLine2D(line, p1);
19:      printf("d = %f\n", d);
20:      return 0;
21:  }
22:  float distPointLine2D(LINE2 line, POINT2 p1)
23:  {
24:      double numerator, denominator;
25:      numerator = fabs(line.a*p1.x + line.b*p1.y + line.c);
26:      denominator = sqrt(line.a*line.a + line.b*line.b);
27:      return (float)numerator / (float)denominator;
28:  }
```

프로그램 설명

① 구조체 LINE2는 2차원 라인을 표현하고, POINT2는 2차원 점을 표현한다.

② 12행
$line : 3x + 4y - 3 = 0$인 직선을 정의한다.

③ 18행
distLine2D() 함수로 line과 p1 사이의 거리 d를 계산한다.

④ 22-28행
distLine2D() 함수는 점 p1에서 line까지의 거리를 계산한다. 결과는 [예제 12.1]과 같다.

[예제 12.3] 3차원 점과 직선의 거리

```
01:  #include <stdio.h>
02:  #include <math.h>
03:  typedef struct {
04:      float a, b, c;
05:      float x0, y0, z0;
06:  } LINE3;
07:  typedef struct {
08:      float x, y, z;
09:  } POINT3;
10:  float distPointLine3D(LINE3 line, POINT3 p1);
11:  int main()
12:  {
13:      LINE3  line = { 3, 1, 1, -4, -5, -1 };
14:      POINT3 p1 = { -6, 1, 21 };
15:      float d;
16:
17:      d = distPointLine3D(line, p1);
18:      printf("d = %f\n", d);
19:      return 0;
20:  }
21:  float distPointLine3D(LINE3 line, POINT3 p1)
22:  {
23:      double numerator, denominator;
24:      double t1, t2, t3;
25:      t1 = line.c * (p1.y - line.y0) - line.b * (p1.z - line.z0);
26:      t2 = line.a * (p1.z - line.z0) - line.c * (p1.x - line.x0);
27:      t3 = line.b * (p1.x - line.x0) - line.a * (p1.y - line.y0);
28:
29:      numerator = t1*t1 + t2*t2 + t3*t3;
30:      denominator = line.a * line.a + line.b * line.b + line.c * line.c;
31:      return (float)sqrt(numerator / denominator);
32:  }
```

● 실행 결과

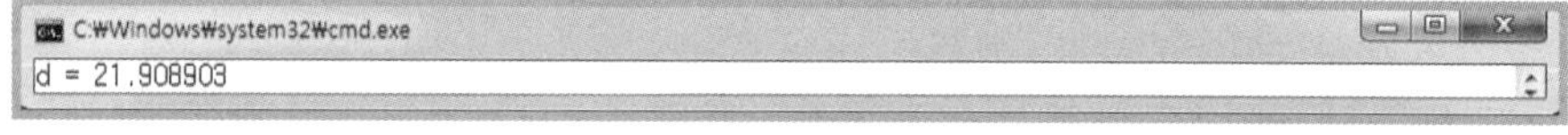

▌프로그램 설명

① 구조체 LINE3은 (x0, y0, z0)점을 지나고, 벡터 (a, b, c)에 평행한 3차원 직선을 표현하고, POINT3은 3차원 점을 표현한다.

② 13행

$line: \dfrac{x+4}{3} = \dfrac{y+5}{1} = \dfrac{z+1}{1}$ 인 직선을 선언한다.

③ 14행

3차원 점 p1 = (-6, 1, 21)을 선언한다.

④ 17-18행

distPointLine3D() 함수로 line과 p1사이의 거리 d = 21.908903을 계산한다.

⑤ 21-32행

distPointLine3D() 함수는 점 p1에서 line까지의 거리를 계산한다.

[예제 12.4] 3차원 점과 평면의 거리

```
01:  #include <stdio.h>
02:  #include <math.h>
03:  typedef struct {
04:       float a, b, c, d;
05:  } PLANE3;
06:  typedef struct {
07:       float x, y, z;
08:  } POINT3;
09:  float distPointPlane3D(PLANE3 plane, POINT3 p1);
10:  int main()
11:  {
12:       PLANE3  plane = { 2, 1, -1, 1 };
13:       POINT3 p1 = { 3, 1, -2 };
14:       float d;
15:
16:       d = distPointPlane3D(plane, p1);
17:       printf("d = %f\n", d);
18:       return 0;
19:  }
20:  float distPointPlane3D(PLANE3 plane, POINT3 p1)
21:  {
22:       double numerator, denominator;
23:       double t1, t2, t3;
24:
25:       numerator = plane.a * p1.x + plane.b * p1.y + plane.c * p1.z + plane.d;
26:       denominator = plane.a*plane.a + plane.b*plane.b + plane.c*plane.c;
27:       return (float)fabs(numerator) / (float)sqrt(denominator);
28:  }
```

● 실행 결과

```
C:\Windows\system32\cmd.exe
d = 4.082483
```

▌프로그램 설명

① 구조체 PLANE3은 계수 (a, b, c, d)를 갖는 평면을 표현하고, POINT3은 3차원 점을 표현한다.

② 12행
$plane: 2x + y - z + 1 = 0$인 평면을 선언한다.

③ 13행
3차원 점 p1 = (3, 1, -2)을 선언한다.

④ 16-17행
distPointPlane3D() 함수로 plane과 p1 사이의 거리 d = 4.082483을 계산한다.

⑤ 20-28행
distPointPlane3D() 함수는 점 p1에서 plane까지의 거리를 계산한다.

1.2 타원의 내외부점 판단

수식 (12.9)는 원점이 (x0, y0)이고, x-축으로 길이가 a이고, y-축 길이가 b인 타원이다. r = a = b이면 반지름이 r인 원이다. 수식 (12.10)은 회전각도 angle인 일반적인 타원이다.

$$\frac{(x-x_0)^2}{a^2} + \frac{(y-y_0)^2}{b^2} = 1 \qquad (12.9)$$

$$\frac{[\cos(t)(x-x_0) + \sin(t)(y-y_0)]^2}{a^2} + \frac{[\sin(t)(x-x_0) - \cos(t)(y-y_0)]^2}{b^2} = 1 \qquad (12.10)$$

여기서, $t = RADIAN(angle)$

수식 (12.11)의 $d_1(x,y)$는 임의의 점(x, y)에서 타원 방정식 (12.9)의 함수값이다. 점(x, y)은 $d_1(x,y) = 0$이면 타원 위의 점, $d_1(x,y) < 0$이면 타원의 내부점, $d_1(x,y) > 0$이면 타원의 외부점이다. 여기서, $d_1(x,y)$는 점(x, y)에서 타원까지의 정확한 거리는 아니다. 정확한 거리를 계산하기 위해서는 타원과 직선의 교점 계산이 필요하다. 수식 (12.10)의 회전각을 갖는 일반적인 타원에 대해서도 유사하게 타원의 내부/외부점을 판단 할 수 있다.

$$d_1(x,y) = \frac{(x-x_0)^2}{a^2} + \frac{(y-y_0)^2}{b^2} - 1 = 0 \qquad (12.11)$$

[예제 12.5] 타원 위의 점, 내부점, 외부점 판단 1

```
01:  #include <stdio.h>
02:  #include <math.h>
03:  typedef struct {
04:      double a, b;
05:      double x0, y0;
06:  } ELLIPSE2;
```

```c
07:  typedef struct {
08:       double x, y;
09:  } POINT2;
10:  double distPointEllipse2D(ELLIPSE2 ellipse, POINT2 p1);
11:  int main()
12:  {
13:       ELLIPSE2  ellipse = { 5, 2, 5, 0 };
14:       POINT2 p1;
15:       double d;
16:
17:       for (int x = 5; x < 15; x++)
18:       {
19:            p1.x = (double)x;
20:            p1.y = 0.0;
21:            d = distPointEllipse2D(ellipse, p1);
22:            if (d == 0)
23:                 printf("p1=(%f,%f), d=%.1f: on the ellipse.\n",
24:                             p1.x, p1.y, d);
25:            else if (d < 0)
26:                 printf("p1=(%f,%f), d=%.1f: indside point.\n",
27:                             p1.x, p1.y, d);
28:            else
29:                 printf("p1=(%f,%f), d=%.1f: outside point.\n",
30:                             p1.x, p1.y, d);
31:       }
32:       return 0;
33:  }
34:  double distPointEllipse2D(ELLIPSE2 ellipse, POINT2 p1)
35:  {
36:       double a, b;
37:       double a1, b1, a2, b2;
38:       double d;
39:
40:       a = ellipse.a;
41:       b = ellipse.b;
42:
43:       a1 = p1.x - ellipse.x0;
44:       a2 = a1*a1;
45:
46:       b1 = p1.y - ellipse.y0;
47:       b2 = b1*b1;
48:       d = a2 / (a*a) + b2 / (b*b) - 1.0;
49:       return d;
50:  }
```

● 실행 결과

```
C:\Windows\system32\cmd.exe
p1=(5.000000,0.000000), d=-1.0: indside point.
p1=(6.000000,0.000000), d=-1.0: indside point.
p1=(7.000000,0.000000), d=-0.8: indside point.
p1=(8.000000,0.000000), d=-0.6: indside point.
p1=(9.000000,0.000000), d=-0.4: indside point.
p1=(10.000000,0.000000), d=0.0: on the ellipse.
p1=(11.000000,0.000000), d=0.4: outside point.
p1=(12.000000,0.000000), d=1.0: outside point.
p1=(13.000000,0.000000), d=1.6: outside point.
p1=(14.000000,0.000000), d=2.2: outside point.
```

프로그램 설명

① 구조체 ELLIPSE2는 원점이 (x0, y0)이고, x-축으로 길이가 a, y-축 길이가 b인 수식 (12.9)의 타원을 표현한다.

② 13행

$$\frac{(x-5)^2}{5^2} + \frac{(y-0)^2}{2^2} = 1$$인 타원을 선언한다.

③ 17−31행

p1을 x-축 위의 점 (5, 0)부터 (14, 0)까지 변경하면서 distPointEllipse2D() 함수로 d를 계산하여 d = 0이면 타원 위의 점, d < 0이면 내부점, d > 0이면 외부점으로 판단한다. 여기서 d는 점 p1에서 타원까지의 정확한 거리는 아니다. 정확한 거리를 계산하기 위해서는 타원과 직선의 교점 계산이 필요하다.

④ 34−50행

distPointEllipse2D() 함수는 점 p1에서 ellipse의 함수 값을 계산한다.

[예제 12.6] 타원 위의 점, 내부점, 외부점 판단 2

```c
01:  #include <stdio.h>
02:  #define _USE_MATH_DEFINES
03:  #include <math.h>
04:  #define RADIAN(angle) (angle*M_PI/180.0)
05:  typedef struct {
06:      double a, b;
07:      double x0, y0;
08:      double angle;  /* degree */
09:  } ELLIPSE2;
10:  typedef struct {
11:      double x, y;
12:  } POINT2;
13:  double distPointEllipse2D(ELLIPSE2 ellipse, POINT2 p2);
14:  int main()
15:  {
16:      ELLIPSE2  ellipse = { 5, 2, 5, 0, 45 };
17:      POINT2 p0 = { 5, 0 }; /* center point */
18:      POINT2 p1 = { 10, 10 };
19:      POINT2 p2;
```

```c
20:         double d, t;
21:
22:         for (t = 0; t <= 1.0; t += 0.1)
23:         {
24:                 p2.x = p0.x + t*(p1.x - p0.x);
25:                 p2.y = p0.y + t*(p1.y - p0.y);
26:                 d = distPointEllipse2D(ellipse, p2);
27:                 if (d == 0)
28:                         printf("p2=(%f,%f),d=%.1f: on the ellipse.\n",
29:                                 p2.x, p2.y, d);
30:                 else if (d < 0)
31:                         printf("p2=(%f,%f),d=%.1f: indside point.\n",
32:                                 p2.x, p2.y, d);
33:                 else
34:                         printf("p2=(%f,%f),d=%.1f: outside point.\n",
35:                                 p2.x, p2.y, d);
36:         }
37:         return 0;
38: }
39: double distPointEllipse2D(ELLIPSE2 ellipse, POINT2 p2)
40: {
41:         double a, b;
42:         double a1, b1, a2, b2;
43:         double c, s, d;
44:         double rad = RADIAN(ellipse.angle);
45:
46:         a = ellipse.a;
47:         b = ellipse.b;
48:
49:         c = cos(rad);
50:         s = sin(rad);
51:         a1 = c*(p2.x - ellipse.x0) + s*(p2.y - ellipse.y0);
52:         a2 = a1*a1;
53:
54:         b1 = s*(p2.x - ellipse.x0) - c*(p2.y - ellipse.y0);
55:         b2 = b1*b1;
56:         d = a2 / (a*a) + b2 / (b*b) - 1.0;
57:         return d;
58: }
```

• 실행 결과

```
C:\Windows\system32\cmd.exe
p2=(5.000000,0.000000),d=-1.0: indside point.
p2=(5.500000,1.000000),d=-0.9: indside point.
p2=(6.000000,2.000000),d=-0.7: indside point.
p2=(6.500000,3.000000),d=-0.3: indside point.
p2=(7.000000,4.000000),d=0.2: outside point.
p2=(7.500000,5.000000),d=0.9: outside point.
p2=(8.000000,6.000000),d=1.7: outside point.
p2=(8.500000,7.000000),d=2.7: outside point.
p2=(9.000000,8.000000),d=3.9: outside point.
p2=(9.500000,9.000000),d=5.2: outside point.
p2=(10.000000,10.000000),d=6.6: outside point.
```

▌프로그램 설명

① 구조체 ELLIPSE2는 원점이 (x0, y0)이고, x-축으로 길이가 a, y-축 길이가 b, 회전각도 angle인 수식 (12.10)의 회전 가능한 타원을 표현한다.

② 16행

$$\frac{[\cos(t)(x-5)+\sin(t)(y-0)]^2}{5^2}+\frac{[\sin(t)(x-5)-\cos(t)(y-0)]^2}{2^2}=1$$ 인 타원을 선언한다.
여기서, $t = RADIAN(45)$

③ 17-36행
타원의 원점 p0 = (5, 0)에서 p1 = (10, 10)까지의 직선 위의 점을 파라미터 t에 의한 점 p2를 생성하여, distPointEllipse2D() 함수로 d를 계산하여 d = 0이면 타원 위의 점, d < 0이면 내부 점, d > 0이면 외부점으로 판단한다. 여기서 d는 점 p1에서 타원까지의 정확한 거리는 아니다. 정확한 거리를 계산하기 위해서는 타원과 직선의 교점 계산이 필요하다.

④ 39-58행
distPointEllipse2D() 함수는 점 p2에서 ellipse의 함수 값을 계산한다.

1.3 간단한 적분 계산

$y = x^2$을 구간 [a, b]에서의 적분은 수식 (12.12)에 의해 정확히 계산할 수 있다. 여기서 는 적분을 반복문을 사용하여 사각형의 면적의 합계로 적분을 계산한다.

$$Area = \int_a^b x^2 dx = \frac{1}{3}[b^3 - a^3] \qquad (12.12)$$

[예제 12.7] 사각형의 면적의 합에 의한 적분 계산

```
01:  #include <stdio.h>
02:  #include <math.h>
03:  #define EPSILON 0.01
04:  typedef double(*FUNC1)(double x);
05:  double fx2(double x);
06:  double Integral(FUNC1 f, double dx, double a, double b);
07:  int main()
08:  {
```

```c
09:        double dx = 10.0;
10:        double curArea = 0.0;
11:        double preArea;
12:        double a = 0.0, b = 10.0;
13:        const int maxIter = 20;
14:        int k = 0;
15:
16:        do
17:        {
18:            preArea = curArea;
19:            curArea = Integral(fx2, dx, a, b);
20:            printf(" k = %d, dx = %f: area = %lf,\n", k, dx, curArea);
21:            dx *= 0.5;
22:        } while (fabs(preArea - curArea) > EPSILON && k++ < maxIter);
23:        return 0;
24: }
25: double Integral(FUNC1 f, double dx, double a, double b)
26: {
27:        double x, y;
28:        double area = 0.0;
29:        for (x = a; x <= b; x += dx)
30:        {
31:            y = f(x);
32:            area += y * dx;
33:        }
34:        return area;
35: }
36: double fx2(double x)
37: {
38:        return x*x;
39: }
```

● 실행 결과

```
C:\Windows\system32\cmd.exe
k = 0, dx = 10.000000: area = 1000.000000,
k = 1, dx = 5.000000: area = 625.000000,
k = 2, dx = 2.500000: area = 468.750000,
k = 3, dx = 1.250000: area = 398.437500,
k = 4, dx = 0.625000: area = 365.234375,
k = 5, dx = 0.312500: area = 349.121094,
k = 6, dx = 0.156250: area = 341.186523,
k = 7, dx = 0.078125: area = 337.249756,
k = 8, dx = 0.039063: area = 335.289001,
k = 9, dx = 0.019531: area = 334.310532,
k = 10, dx = 0.009766: area = 333.821774,
k = 11, dx = 0.004883: area = 333.577514,
k = 12, dx = 0.002441: area = 333.455414,
k = 13, dx = 0.001221: area = 333.394371,
k = 14, dx = 0.000610: area = 333.363852,
k = 15, dx = 0.000305: area = 333.348592,
k = 16, dx = 0.000153: area = 333.340963,
```

▌ 프로그램 설명

① $y = x^2$을 구간 [a, b]에서의 적분은 수식 (12.11)에 의해 정확히 계산할 수 있다. 여기서는 반복문을 사용하여 사각형의 면적의 합계로 적분을 계산한다. 밑변의 길이 dx를 초기값 dx = 10.0부터 반씩 줄여가며 사각형을 조밀하게 채워 면적을 계산하여 수렴함을 보인다.

② 9-14행
dx는 사각형의 밑변의 길이로 dx = 10.0으로 초기화한다. curArea는 현재의 반복에서 면적 preArea는 이전 반복에서의 면적이다. a = 0, b = 10은 면적을 계산할 구간이다. k는 반복 카운터이고, 최대 반복 maxIter = 20으로 13행에서 정의한 상수이다.

③ 16-22행
18행은 이전의 계산 면적 preArea를 현재의 면적 curArea에 저장한다. 19행은 Integral() 함수로 fx2의 구간 [a, b]의 면적을 curArea에 계산한다. 21행은 사각형의 밑변의 길이 dx를 반으로 줄인다. 22행은 면적이 수렴하는지를 확인한다. fabs(preArea - curArea) > EPSILON 보다 크면 dx를 줄여 다시 면적을 계산한다. 너무 많은 반복을 수행하지 않기 위하여 k++ < maxIter 조건을 추가한다. 실행 결과를 보면 수식 (12.11)의 실제 적분은 1000 / 3에 수렴함을 알 수 있다.

④ 25-35행
Integral() 함수는 함수 f에서 구간 [a, b]의 면적을 사각형의 밑변의 길이를 dx로 Area를 계산한다.

⑤ 36-39행
fx2() 함수는 $y = f(x) = x^2$을 계산한다.

1.4 선형 연립방정식의 해

선형 연립 방정식(system of linear equations)의 해(solution)를 구하기 위하여 가우스 소거(Gaussian elimination)과 후진 대입(back substitution)을 구현한다.

수식 (12.13)의 n개의 미지수(x_0, x_1, ..., x_{n-1})와 n개의 선형방정식 (E_0, E_1, ... E_{n-1})으로 이루어진 선형연립방정식의 해를 구하기 위하여, 선형 방정식을 수식 (12.14)의 $n \times (n+1)$ 확장행렬(augmented matrix) A로 표현한다.

$$
\begin{aligned}
E_0 &: |a_{0,0}x_0 + \quad |a_{0,1}x_1 + ... \quad |+ a_{0,n-1}x_{n-1} \quad |= a_{0,n} \\
E_1 &: |a_{1,0}x_0 + \quad |a_{1,1}x_1 + ... \quad |+ a_{1,n-1}x_{n-1} \quad |= a_{1,n} \\
&\quad |............... \\
E_{n-1} &: |a_{n-1,0}x_0 + |a_{n-1,1}x_1 + ...|+ a_{n-1,n-1}x_{n-1}|= a_{n-1,n}
\end{aligned}
\tag{12.13}
$$

$$
A = \begin{bmatrix}
a_{0,0,} & a_{0,1} & ... & a_{0,n-1} & a_{0,n} \\
a_{1,0,} & a_{1,1} & ... & a_{1,n-1} & a_{1,n} \\
& & ... & & \\
a_{n-1,0,} & a_{n-1,1} & ... & a_{n-1,n-1} & a_{n-1,n}
\end{bmatrix}
= (a_{i,j}),\ i = 0,1,...n-1,\ j = 0,1,...,n
\tag{12.14}
$$

예를 들어, 수식 (12.15)의 선형 방정식은 수식 (12.16)의 확장행렬 A로 표현된다.

$$\begin{aligned}
E_0 &: 2x_0 - x_1 + x_2 = -1 \\
E_1 &: 3x_0 + 3x_1 + 9x_2 = 0 \\
E_2 &: 3x_0 + 3x_1 + 5x_2 = 4
\end{aligned} \qquad (12.15)$$

$$A = \begin{bmatrix} 2 & -1 & 1 & -1 \\ 3 & 3 & 9 & 0 \\ 3 & 3 & 5 & 4 \end{bmatrix} \qquad (12.16)$$

1.4.1 가우스 소거

선형 방정식을 수식 (12.14)의 확장행렬(augmented matrix)로 표현하고 가우스 소거 과정을 통해 마지막 열을 제외한 정방행렬에서 대각 요소($a_{i,i}$) 아래의 값이 0인 상−삼각행렬(upper triangular matrix)로 변환한다. 확장행렬 A의 각행의 방정식 E에 다음의 세 가지 연산을 수행해도 결과는 같다.

① $\lambda E_i \rightarrow E_i$
방정식 E_i에 0이 아닌 실수 λ을 곱하여 방정식 E_i로 한다.

② $E_i + \lambda E_j \rightarrow E_i$
방정식 E_j에 0이 아닌 실수 λ을 곱하여 E_i을 더한 것을 E_i로 한다.

③ $E_i \leftrightarrow E_j$
방정식 E_i와 E_j의 순서를 교환한다.

가우스 소거 단계(Step1 ~ Step6)

Step 1 : for i = 0, … , n − 2 do Steps 2~4

Step 2 : 조건 $i \leq p \leq n-1$이고, $a_{p,i} \neq 0$을 만족하는 가장 작은 피벗(pivot) 첨자를 p라 한다. 조건을 만족하는 p가 없으면 "No unique solution"을 출력하고 프로그램을 종료한다. 실수 나눗셈에 의한 오차를 줄이기 위한 한 방법으로, 대각 요소에 가장 큰 값이 위치하도록 행렬의 행을 교환할 수 있다.
　즉, 조건 $i \leq p, k \leq n-1$, $a_{p,i} \neq 0$, $a_{p,i} > a_{k,i}$을 만족하는 피봇 첨자 p를 선택할 수 있다.

Step 3 : if p!= i, then $E_p \leftrightarrow E_i$

Step 4 : for j=i+1, … , n−1 do Step 5,6

Step 5 : $m_{j,i} = a_{j,i}/a_{i,i}$

Step 6 : $((E_j - m_{j,i}E_i) \rightarrow E_j$

Step 7 : if $a_{n-1,n-1} = 0$, then "No unique solution"을 출력하고 종료한다.

예를 들어, 수식 (12.16)의 확장행렬 A에 대해 가우스 소거 과정을 다음과 같은 순서로 수행한다.

① 행렬 A의 0-열 $a_{1,0} \cdot a_{2,0}$ 을 0으로 소거하면 수식 (12.17)이 된다.

$$i = 0, p = 0, a_{0,0} = 2 \neq 0$$
$$m_{1,0} = a_{1,0}/a_{0,0} = 3/2$$
$$m_{2,0} = a_{2,0}/a_{0,0} = 3/2$$
$$E_1 - m_{1,0}E_0 \leftrightarrow E_1$$
$$E_2 - m_{2,0}E_0 \leftrightarrow E_2$$

$$A = \begin{bmatrix} 2 & -1 & 1 & -1 \\ 0 & 9/2 & 15/2 & 3/2 \\ 0 & 9/2 & 7/2 & 11/2 \end{bmatrix} \qquad (12.17)$$

② 행렬 A의 1-열 $a_{2,1}$을 0으로 소거하면 수식 (12.18)과 같이 마지막 열을 제외한 정방 행렬에서 상-삼각행렬이 된다.

$$i = 1, p = 1, a_{1,1} = (9/2) \neq 0$$
$$m_{2,0} = a_{2,0}/a_{1,1} = 1$$
$$E_2 - m_{2,1}E_1 \leftrightarrow E_2$$

$$A = \begin{bmatrix} 2 & -1 & 1 & -1 \\ 0 & 9/2 & 15/2 & 3/2 \\ 0 & 0 & -4 & 4 \end{bmatrix} \qquad (12.18)$$

1.4.2 후진 대입

가우스 소거에 의해 대각 요소 아래의 값이 0인 상-삼각행렬 A에 후진 대입을 적용하여 해를 구한다.

> **후진 대입 단계(Step 8, 9)**
>
> Step 8 : $x_{n-1} = a_{n-1,n}/a_{n-1,n-1}$
> Step 9 : for i = n−2, ... , 0
> $$x_i = (a_{i,n} - \sum_{j=i+1}^{n-1} a_{i,j} \times x_j) / a_{i,i}$$
> Step 10 : 연립 방정식의 해, $(x_0, x_1, ..., x_{n-1})$을 출력한다.
> Step 11 : 프로그램을 종료한다.

예를 들어, 수식 (12.17)의 상-삼각행렬에서 후진 대입으로 미지수 (x_0, x_1, x_2)를 계산한다.

$$x_2 = a_{2,3}/a_{2,2} = 4/(-4) = -1$$
$$x_1 = (a_{1,3} - a_{1,2}x_2)/a_{1,1} = 2$$
$$x_0 = (a_{0,3} - (a_{0,1}x_1 + a_{0,2}x_2))/a_{0,0} = 1$$

[예제 12.8] 선형 연립 방정식의 해

```
01:  #include <stdio.h>
02:  #define EPSILON 0.000001  // 허용 오차
03:  #define N 3
04:  void PrintA(float A[][N + 1]);
05:  int  GaussElimination(float A[][N + 1]);
06:  void BackSubstitution(float A[][N + 1], float X[]);
07:  int main()
08:  {
09:      float A[N][N + 1] = { 2, -1, 1, -1,
10:                            3,  3, 9,  0,
11:                            3,  3, 5,  4 };
12:      float X[N];        /* Unknown Vector */
13:      int i;
14:
15:      PrintA(A);
16:
17:      printf("Gaussian Ellimination Process...\n");
18:      if (GaussElimination(A) < 0)
19:      {
20:          printf("No unique solution");
21:          return 1;
22:      }
23:
24:      printf("Backward substitution Process...\n");
25:      BackSubstitution(A, X);
26:
27:      printf("\n** Solution Vector X **\n");
28:      for (i = 0; i < N; i++)
29:      {
30:          printf("X[%d] = %f\n", i, X[i]);
31:      }
32:      return 0;
33:  }
34:  int GaussElimination(float A[][N + 1])
35:  {
36:      int   i, j, k, p;
37:      float m, t;
38:
39:      /* 대각 요소에 가장 큰 값이 오도록 피벗을 하지는 않음 */
40:      for (i = 0; i < N - 1; i++) /* 각 열의 대각선 이하를 0으로 소거 */
41:      {
42:          printf("\n** i = %d, for checking **\n", i);
43:          for (p = i; p < N; p++)
44:          {
45:              /*  if (A[p][i] != 0)  */
```

```
46:                 if (!((-EPSILON < A[p][i]) && (A[p][i] < EPSILON)))
47:                     break;
48:             }
49:         if (p < N)
50:         {
51:             printf("p = %d, for checking\n", p);
52:             if (i != p)
53:             {
54:                 printf("Exchange Raw: E%d <-> E%d", i, p);
55:                 for (k = 0; k <= N; k++)
56:                 {
57:                     t = A[i][k];
58:                     A[i][k] = A[p][k];
59:                     A[p][k] = t;
60:                 }
61:             }
62:         }
63:         else
64:         {
65:             /* printf("No unique solution"); */
66:             return -1;
67:         }
68:         for (j = i + 1; j < N; j++)
69:         {
70:             m = A[j][i] / A[i][i];
71:             printf("m=A[%d][%d]/A[%d][%d]=%f, for checking\n",
72:                     j, i, i, i, m);
73:             for (k = 0; k <= N; k++)
74:             {
75:                 A[j][k] = A[j][k] - m * A[i][k];
76:             }
77:         }
78:         if (A[N - 1][N - 1] == 0)
79:         {
80:             /* printf("No unique solution"); */
81:             return -1;
82:         }
83:         /* printf("\n** Matrix A for checking **\n"); */
84:         PrintA(A);
85:     }
86:     return 0;
87: }
88: void BackSubstitution(float A[][N + 1], float X[])
89: {
90:     int i, j;
91:     float fSum;
```

```
 92:
 93:        X[N - 1] = A[N - 1][N] / A[N - 1][N - 1];
 94:        for (i = N - 2; i >= 0; i--)
 95:        {
 96:        fSum = 0.0;
 97:            for (j = i + 1; j < N; j++)
 98:                 fSum += A[i][j] * X[j];
 99:             X[i] = (A[i][N] - fSum) / A[i][i];
100:        }
101:}
102:void PrintA(float A[][N + 1])
103:{
104:        int i, j;
105:        printf("** Matrix A **\n");
106:        for (i = 0; i < N; i++)
107:        {
108:             for (j = 0; j <= N; j++)
109:                  printf("%6.2f ", A[i][j]);
110:             printf("\n");
111:        }
112:        printf("\n");
113:}
```

● 실행 결과

```
C:\Windows\system32\cmd.exe
** Matrix A **
  2.00  -1.00   1.00  -1.00
  3.00   3.00   9.00   0.00
  3.00   3.00   5.00   4.00

Gaussian Ellimination Process...

** i = 0, for checking **
p = 0, for checking
m=A[1][0]/A[0][0]=1.500000,for checking
m=A[2][0]/A[0][0]=1.500000,for checking
** Matrix A **
  2.00  -1.00   1.00  -1.00
  0.00   4.50   7.50   1.50
  0.00   4.50   3.50   5.50


** i = 1, for checking **
p = 1, for checking
m=A[2][1]/A[1][1]=1.000000,for checking
** Matrix A **
  2.00  -1.00   1.00  -1.00
  0.00   4.50   7.50   1.50
  0.00   0.00  -4.00   4.00

Backward substitution Process...

** Solution Vector X **
X[0] = 1.000000
X[1] = 2.000000
X[2] = -1.000000
```

▌ 프로그램 설명

① 9–12행
수식 (12.15), 수식 (12.16)의 선형 방정식의 확장행렬 A를 2차원 배열로 선언하고 초기화한다. 1차원 배열 X는 미지수 벡터이다.

② 15행
PrintA() 함수로 행렬 A를 출력한다.

③ 17–22행
GaussElimination(A)은 행렬 A를 가우스 소거를 수행하여, 마지막 열을 제외한 정방행렬에서 상-삼각행렬을 만든다.

④ 24–25행
BackSubstitution(A, X)로 상-삼각행렬 A를 후진 대입하여 해를 X 배열에 계산한다.

⑤ 27–31행
가우스 소거와 후진 대입으로 계산된 해 X[0] = 1, X[1] = 2, X[2] = -1을 출력한다.

1.5 균일분포 난수, 히스토그램, 정규분포 난수

rand() 함수로 생성한 난수(random number)는 균일분포(uniform distribution)를 갖는다. 1,000개의 난수를 발생시키고, 평균, 표준편차, 히스토그램, 확률을 계산한다. Box–Muller 방법(wikipedia 참조)에 의한 가우스 분포(정규분포, normal distribution) 난수를 생성하여 난수를 발생시키고, 평균, 표준편차, 히스토그램, 확률을 계산한다.

[예제 12.9] 균일분포, 평균, 표준편차, 히스토그램, 확률

```
01:  #include <stdio.h>
02:  #include <stdlib.h>
03:  #include <time.h>
04:  #include <math.h>
05:  #define N 1000 /*  # of data = nCount */
06:  #define M 10    /* random number range [0, N-1] */
07:
08:  void calculateStat(int nRand[], int nCount, float *fMean, float *fStd);
09:  void uniformRand(int nRand[], int nCount, int nM);
10:  void calculateHist(int nRand[], int nHist[], int nCount);
11:  void calculatePdf(int nHist[], float fPDF[], int nCount);
12:  int main()
13:  {
14:      int nRand[N];
15:      int nHist[M];
16:      float fPDF[M];
17:      float fMean, fStd;
18:      int i;
19:      FILE *fp;
```

```
20:         fopen_s(&fp, "histUniform.txt", "w");
21:
22:         uniformRand(nRand, N, M);
23:         calculateStat(nRand, N, &fMean, &fStd);
24:         printf("fMean=%f, fStd=%f\n", fMean, fStd);
25:
26:         calculateHist(nRand, nHist, N);
27:         for (i = 0; i < M; i++)
28:         {
29:             printf("nHist[%d] = %d\n", i, nHist[i]);
30:             fprintf(fp, "%d\n", nHist[i]);
31:         }
32:         fclose(fp);
33:         calculatePdf(nHist, fPDF, N);
34:         for (i = 0; i < M; i++)
35:             printf("fPDF[%d] = %f\n", i, fPDF[i]);
36:         return 0;
37: }
38: void uniformRand(int nRand[], int nCount, int nM)
39: {
40:         int i;
41:         srand((unsigned int)time(NULL));
42:         for (i = 0; i < nCount; i++)
43:         {
44:             nRand[i] = rand() % nM;   /* 0, 1, ..., nM-1 */
45:         }
46: }
47: void calculateStat(int nRand[], int nCount, float *fMean, float *fStd)
48: {
49:         int i;
50:         int nSum = 0, nSum2 = 0;
51:         for (i = 0; i < nCount; i++)
52:         {
53:             nSum += nRand[i];
54:             nSum2 += nRand[i] * nRand[i];
55:         }
56:         *fMean = (float)nSum / (float)nCount;
57:         *fStd = (float)sqrt((float)nSum2 / (float)nCount - (*fMean) * (*fMean));
58: }
59: void calculateHist(int nRand[], int nHist[], int nCount)
60: {
61:         int i;
62:         for (i = 0; i < M; i++)
63:             nHist[i] = 0;
64:
65:         for (i = 0; i < nCount; i++)
```

```
66:        {
67:              nHist[nRand[i]]++;
68:        }
69: }
70: void calculatePdf(int nHist[], float fPDF[], int nCount)
71: {
72:        int i;
73:        for (i = 0; i < M; i++)
74:        {
75:              fPDF[i] = (float)nHist[i] / (float)nCount;
76:        }
77: }
```

● 실행 결과

```
C:\Windows\system32\cmd.exe
fMean=4.623000,  fStd=2.908758
nHist[0] = 114
nHist[1] = 79
nHist[2] = 91
nHist[3] = 92
nHist[4] = 97
nHist[5] = 104
nHist[6] = 105
nHist[7] = 105
nHist[8] = 104
nHist[9] = 109
fPDF[0] = 0.114000
fPDF[1] = 0.079000
fPDF[2] = 0.091000
fPDF[3] = 0.092000
fPDF[4] = 0.097000
fPDF[5] = 0.104000
fPDF[6] = 0.105000
fPDF[7] = 0.105000
fPDF[8] = 0.104000
fPDF[9] = 0.109000
```

▌프로그램 설명

① uniformRand() 함수로 N개의 난수를 배열 nRand에 계산하고, calculateStat() 함수로 난수의 평균(fMean)과 표준편차(fStd)를 계산하고, calculateHist() 함수로 난수의 히스토그램을 배열 nHist에 계산하고, "histUniform.txt" 파일에 출력한다. [그림 12.1]은 엑셀로 히스토그램을 표시한 결과이다. calculatePdf() 함수로 확률 분포를 배열 fPDF에 계산한다.

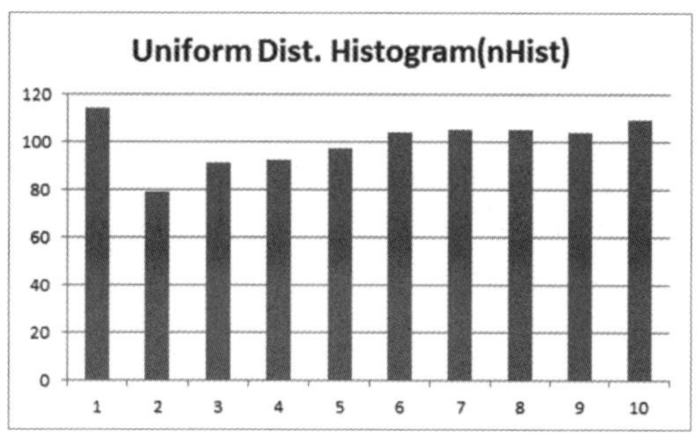

[그림 12.1] "histUniform.txt"의 균일분포 히스토그램(nHist)

② 38-46행

uniformRand() 함수는 배열 nRand에 nCount개의 [0, nM - 1] 범위의 정수 난수를 생성한다.

③ 47-58행

calculateStat() 함수는 배열 nRand의 평균(fMean)과 표준편차(fStd)를 계산한다.

④ 59-69행

calculateHist() 함수는 배열 nRand의 히스토그램을 배열 nHist에 계산한다. 배열 nHist의 값을 모두 더하면 난수의 개수 N(nCount)이다.

⑤ 70-77행

calculatePdf() 함수는 히스토그램을 배열 nHist을 난수의 개수 nCount로 나누어 확률 분포를 배열 fPDF에 계산한다. fPDF의 값을 모두 더하면 1.0이다.

[예제12.10] 정규분포, 평균, 표준편차, 히스토그램, 확률

```
01:   #include <stdio.h>
02:   #include <stdlib.h>
03:   #include <time.h>
04:   #include <math.h>
05:
06:   #define N 1000 /* # of data = nCount */
07:   #define M 11   /* random number range [0, N] */
08:   void calculateStat(double fRand[], int nCount,
09:                     double *fMean, double *fStd, double *fMin, double *fMax);
10:   double normalRand(double mu, double sigma);
11:   void calculateHist(double fRand[], int nHist[],
12:                     double fMin, double fMax, int nCount);
13:   void calculatePdf(int nHist[], double fPDF[], int nCount);
14:   int main()
15:   {
16:       double fRand[N];
17:       int   nHist[M];
18:       double fPDF[M];
19:       double fMean, fStd, fMin, fMax;
20:       int nSum = 0;
21:       int i;
22:       FILE *fp;
23:       fopen_s(&fp, "histNorm.txt", "w");
24:
25:       srand((unsigned int)time(NULL));
26:       for (i = 0; i < N; i++) {
27:           fRand[i] = normalRand(10.0, 2.0);
28:       }
29:       calculateStat(fRand, N, &fMean, &fStd, &fMin, &fMax);
30:       printf("fMean=%f, fStd=%f\n", fMean, fStd);
31:       printf("fMin=%f, fMax=%f\n", fMin, fMax);
32:
```

```c
33:         calculateHist(fRand, nHist, fMin, fMax, N);
34:         for (i = 0; i < M; i++)
35:         {
36:             nSum += nHist[i];
37:             printf("nHist[%d] = %d\n", i, nHist[i]);
38:             fprintf(fp, "%d\n", nHist[i]);
39:         }
40:         fclose(fp);
41:         printf("nSum = %d\n", nSum);
42:
43:         calculatePdf(nHist, fPDF, N);
44:         for (i = 0; i < M; i++)
45:             printf("fPDF[%d] = %f\n", i, fPDF[i]);
46:         return 0;
47: }
48: /* https://en.wikipedia.org/wiki/Box%E2%80%93Muller_transform */
49: double normalRand(double mu, double sigma)
50: {
51:     static double z1;
52:     double z0;
53:     double u, v, w;
54:     static int bFlag = 0;
55:     bFlag = !bFlag;
56:     if (!bFlag)
57:         return z1*sigma + mu; /* 이전 계산  z1 반환 */
58:     do {
59:         /* u, v : [-1.0, 1.0] 사이의 균일 분포 난수 */
60:         u = 2 * ((double)rand() / RAND_MAX) - 1.0;
61:         v = 2 * ((double)rand() / RAND_MAX) - 1.0;
62:         w = u * u + v * v;
63:     } while (w >= 1.0);
64:     w = sqrt((-2.0 * log(w)) / w);
65:     z0 = w * u;
66:     z1 = w * v;
67:     return z0 * sigma + mu;
68: }
69: void calculateStat(double fRand[], int nCount,
70:                 double *fMean, double *fStd, double *fMin, double *fMax)
71: {
72:     int i;
73:     double fSum = 0.0, fSum2 = 0.0;
74:     *fMin = *fMax = fRand[0];
75:     for (i = 0; i < nCount; i++)
76:     {
77:         fSum += fRand[i];
78:         fSum2 += fRand[i] * fRand[i];
```

```
 79:
 80:              if (*fMin > fRand[i])
 81:                   *fMin = fRand[i];
 82:              if (*fMax < fRand[i])
 83:                   *fMax = fRand[i];
 84:          }
 85:       *fMean = fSum / (double)nCount;
 86:       *fStd = sqrt(fSum2 / (double)nCount - (*fMean)*(*fMean));
 87: }
 88: void calculateHist(double fRand[], int nHist[],
 89:                       double fMin, double fMax, int nCount)
 90: {
 91:      int i;
 92:      int index;
 93:      double slope = (double)(M - 1) / (fMax - fMin);
 94:
 95:      for (i = 0; i < M; i++)
 96:           nHist[i] = 0;
 97:      for (i = 0; i < nCount; i++)
 98:      {
 99:           index = (int)(slope*(fRand[i] - fMin) + 0.5);
100:           nHist[index]++;
101:      }
102:}
103: void calculatePdf(int nHist[], double fPDF[], int nCount)
104:{
105:      int i;
106:      for (i = 0; i < M; i++)
107:      {
108:           fPDF[i] = (double)nHist[i] / (double)nCount;
109:      }
110:}
```

● 실행 결과

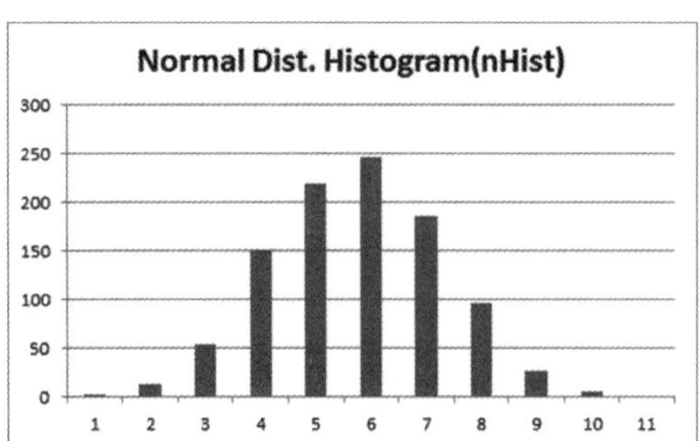

```
C:\Windows\system32\cmd.exe
fMean=10.008349, fStd=2.026012
fMin=3.845836, fMax=16.883277
nHist[0] = 3
nHist[1] = 13
nHist[2] = 54
nHist[3] = 151
nHist[4] = 218
nHist[5] = 246
nHist[6] = 185
nHist[7] = 96
nHist[8] = 27
nHist[9] = 6
nHist[10] = 1
nSum = 1000
fPDF[0] = 0.003000
fPDF[1] = 0.013000
fPDF[2] = 0.054000
fPDF[3] = 0.151000
fPDF[4] = 0.218000
fPDF[5] = 0.246000
fPDF[6] = 0.185000
fPDF[7] = 0.096000
fPDF[8] = 0.027000
fPDF[9] = 0.006000
fPDF[10] = 0.001000
```

■ 프로그램 설명

① normalRand() 함수로 평균, mu = 10.0, 표준편차 sigma = 2.0인 난수를 배열 nRand에 생성하고, calculateStat() 함수로 배열 nRand의 평균(fMean), 표준편차(fStd), 최소값(fMin), 최대값(fMax)을 계산하고, calculateHist() 함수로 히스토그램을 배열 nHist에 계산하고, "histNorm.txt" 파일에 출력한다. [그림 12.2]는 엑셀로 히스토그램을 막대그래프로 표시한 결과이다. calculatePdf() 함수로 확률 분포를 배열 fPDF에 계산한다.

[그림 12.2] "histNorm.txt"의 가우스분포 히스토그램(nHist)

② 48-68행

normalRand() 함수는 Box-Muller 방법(wikipedia 참조)으로 평균 mu, 표준편차 sigma인 가우스 분포 난수를 반환한다. Box-Muller 방법은 극좌표를 사용하여 한번에 2개의 난수를 z0, z1을 생성한다. z1을 정적 변수로 선언하여 저장하고 있다가 bFlag를 사용하여 다음 호출에서 반환한다.

③ 69-87행

calculateStat() 함수는 배열 nRand의 평균(fMean), 표준편차(fStd), 최소값(fMin), 최대값(fMax)을 계산한다.

④ 88-102행

calculateHist() 함수는 배열 nRand의 히스토그램을 [fMin, Max]을 [0, M - 1]로 매핑하는 직선을 사용하여, 히스토그램을 배열 nHist에 계산한다. 배열 nHist의 값을 모두 더하면 전체 난수의 개수 N(nCount)이다.

⑤ 103-110행

calculatePdf() 함수는 히스토그램을 배열 nHist을 전체 난수의 개수 nCount로 나누어 확률분포를 배열 fPDF에 계산한다. fPDF의 값을 모두 더하면 1.0이다.

1.6 이산 푸리에 변환

신호 처리(signal processing)에서 임의 주기 함수를 sin()과 cos()의 서로 다른 주기 함수의 합으로 주파수 분해하는 1차원 이산 푸리에 변환(discrete Fourier transform)을 9장의 복소수 구조체 FCOMPLEX를 이용하여 작성한다. 수식 (12.18)의 푸리에 변환(forward Fourier transformation) 시간 함수 $f(t)$의 N개의 실수 데이터를 주파수 공간 $F(u)$로 변환하고, 수식 (12.19)의 역 푸리에변환(backward Fourier transformation)은 주파수 공산에서 시간함수 $f(x)$을 복원한다.

$$F(u) = \frac{1}{N}\sum_{t=0}^{N-1} f(t)\exp[-j2\pi ut/N], u = 0,1,...,N-1 \tag{12.18}$$

여기서, $\exp(-j2\pi ut/N) = \cos(2\pi ut/N) - j\sin(2\pi ut/N)$

$$f(t) = \sum_{u=0}^{N-1} F(u)\exp[j2\pi ut/N], t = 0,1,...,N-1 \tag{12.19}$$

여기서, $\exp(j2\pi ut/N) = \cos(2\pi ut/N) + j\sin(2\pi ut/N)$

$f(t)$을 푸리에 변환한 후의 결과인 $F(u)$를 역방향 푸리에 변환하면 원래 함수 $f(t)$가 재구성된다. 신호처리에서 연속 신호 함수를 일정 간격으로 샘플링한 데이터를 주파수 분해한 후, 다시 역변환하면 원래 신호를 얻을 수 있다. 여기서 임의의 함수에서 일정 간격으로 샘플링한 값을 배열에 저장하고, 푸리에 변환한 후에 역 변환하면 원래의 값이 나오는지 확인한다.

주파수 공간 $F(u)$는 복소수이다. 수식 (12.18)의 푸리에 변환에서 실수 함수 $f(t)$는 허수부가 0인 복소수로 변환한다. $F(0)$는 함수 $f(t)$의 면적이다. $F(1)$부터 $F(N/2)$은 양의 주파수(positive frequency)이고(각 주파수는 u/N), 음의 주파수(negative frequency), $-u/N$은 $(N-u)/N$으로 역순으로 저장된다. 즉, $F(N-1) = F(-1)$이다. 자세한 수학적인 해석은 신호처리 또는 영상처리 교재를 참고하기 바라며, 여기서는 푸리에 변환 수식 (12.18)과 역방향 푸리에 변환 수식 (12.19)을 구현한다. 보다 빠른 구현 방법인 FFT(fast Fourier transform) 알고리즘이 존재한다(FFTW 같은 라이브러리를 구할 수 있다).

[예제 12.11] 1차원 이산 푸리에 변환

```c
01:  #include <stdio.h>
02:  #define _USE_MATH_DEFINES
03:  #include <math.h>
04:  #define  MAX 1000
05:  typedef struct { double r, i; } FCOMPLEX;
06:  FCOMPLEX Cadd(FCOMPLEX a, FCOMPLEX b);
07:  FCOMPLEX Cmul(FCOMPLEX a, FCOMPLEX b);
08:  FCOMPLEX Cdiv(FCOMPLEX a, FCOMPLEX b);
09:  FCOMPLEX CMPLX(double r, double i);
10:  void dft(double data[], FCOMPLEX F[], int N);
11:  void idft(FCOMPLEX F[], FCOMPLEX f[], int N);
12:  int main()
13:  {
14:  /*   a signal with a sampling frequency of 1 kHz
15:       and a signal duration of 1 second  */
16:
17:       int Fs = 1000;          /* Sampling frequency */
18:       double T = 1. / Fs;     /* Sampling period */
19:       double t[MAX];          /* time vector  */
20:       double signal[MAX];   /* signal input data */
21:
22:       FCOMPLEX F[MAX];   /* Frequency domain */
23:       FCOMPLEX f[MAX];    /* Time      domain */
24:       double   P2[MAX];      /* the two-side spectrum   */
25:       double   P1[MAX / 2];  /* the single-side spectrum */
26:       int k, u;
27:       int N = MAX;
28:       double error, a, b, c;
29:       FILE *fp;
30:       fopen_s(&fp, "signal.txt", "w");
31:
32:  /*  a signal with a 10 Hz sineof amplitude 0.5,
33:       a 50  Hz sine of amplitude 1,
34:       a 100 Hz cosine of amplitude 2.  */
35:
36:       double dArea = 0.0;
37:       for (k = 0; k < N; k++)
38:       {
39:            t[k] = k * T;
40:            a = 0.5 * sin(2 * M_PI * 10 * t[k]);
41:            b = sin(2 * M_PI * 50 * t[k]);
42:            c = 2 * cos(2 * M_PI * 100 * t[k]);
43:            signal[k] = a + b + c;
44:            fprintf(fp, "%f, %f, %f, %f\n", a, b, c, signal[k]);
45:            dArea += signal[k] * T;    /* for checking */
```

```c
46:         }
47:         fclose(fp);
48:         printf("dArea = %e\n", dArea); /* Area of signal */
49:
50:         dft(signal, F, N); /* 푸리에 변환  */
51:
52:         /* 양방향 스펙트럼 계산*/
53:         for (u = 0; u < N; u++)
54:             P2[u] = sqrt(F[u].r * F[u].r + F[u].i * F[u].i);
55:
56:         /* 단방향 스펙트럼 계산 */
57:         P1[0] = P2[0];
58:         printf("P1[0]=%e\n", P1[0]); /* Area of signal */
59:         for (u = 1; u < N / 2; u++)
60:             P1[u] = 2 * P2[u];
61:
62:         fopen_s(&fp, "spectrum.txt", "w");
63:         for (u = 1; u < N / 2; u++)
64:         {
65:             fprintf(fp, "%f\n", P1[u]);
66:             if (P1[u] > 0.000000001)
67:                 printf("P1[%d]=%f\n", u, P1[u]);
68:         }
69:         fclose(fp);
70:
71:         idft(F, f, N);        /* 역 푸리에 변환 */
72:         error = 0.0;
73:         for (k = 0; k < N; k++)
74:         {
75:             error += fabs(signal[k] - f[k].r);
76:         }
77:         printf("error = %lf\n", error);
78:         return 0;
79: }
80: FCOMPLEX Cadd(FCOMPLEX a, FCOMPLEX b)
81: {
82:     FCOMPLEX c;
83:     c.r = a.r + b.r;
84:     c.i = a.i + b.i;
85:     return c;
86: }
87: FCOMPLEX Cmul(FCOMPLEX a, FCOMPLEX b)
88: {
89:     FCOMPLEX c;
90:     c.r = a.r * b.r - a.i * b.i;
91:     c.i = a.i * b.r + a.r * b.i;
```

```
92:        return c;
93:  }
94:  FCOMPLEX Cdiv(FCOMPLEX a, FCOMPLEX b)
95:  {
96:        FCOMPLEX c;
97:        double r, den;
98:        if (fabs(b.r) >= fabs(b.i))
99:          {
100:              r = b.i / b.r;
101:              den = b.r + r * b.i;
102:              c.r = (a.r + r * a.i) / den;
103:              c.i = (a.i - r * a.r) / den;
104:          }
105:        else
106:          {
107:              r = b.r / b.i;
108:              den = b.i + r * b.r;
109:              c.r = (a.r * r + a.i) / den;
110:              c.i = (a.i * r - a.r) / den;
111:          }
112:        return c;
113:}
114:FCOMPLEX CMPLX(double r, double i)
115:{
116:        FCOMPLEX c;
117:        c.r = r;
118:        c.i = i;
119:        return c;
120:}
121:void dft(double f[], FCOMPLEX F[], int N)
122:{
123:        int u, t;
124:        double b, c;
125:        FCOMPLEX a, d, e;
126:        FCOMPLEX sum;
127:
128:        for (u = 0; u < N; u++)
129:          {
130:              sum = CMPLX(0, 0);
131:              for (t = 0; t < N; t++)
132:                {
133:                      a = CMPLX(f[t], 0.0);
134:                      b = cos(2 * M_PI * u * t / N);
135:                      c = sin(2 * M_PI * u * t / N);
136:                      d = CMPLX(b, -c);
137:                      e = Cmul(a, d);
```

```
138:
139:                sum = Cadd(sum, e);
140:            }
141:            a = CMPLX((double)N, 0.0);
142:            sum = Cdiv(sum, a);
143:            F[u] = sum;
144:        }
145: }
146: void idft(FCOMPLEX F[], FCOMPLEX f[], int N)
147: {
148:        int u, t;
149:        FCOMPLEX a, d, e;
150:        double b, c;
151:        FCOMPLEX sum;
152:
153:        for (u = 0; u < N; u++)
154:        {
155:            sum = CMPLX(0, 0);
156:            for (t = 0; t < N; t++)
157:            {
158:                a = F[t];
159:                b = cos(2 * M_PI * u * t / (double)N);
160:                c = sin(2 * M_PI * u * t / (double)N);
161:                d = CMPLX(b, c);
162:
163:                e = Cmul(a, d);
164:                sum = Cadd(sum, e);
165:            }
166:            f[u] = sum;
167:        }
168: }
```

● 실행 결과

▌프로그램 설명

① 9장의 복소수 구조체 FCOMPLEX를 이용한 연산을 이용하여 이산 푸리에 변환을 구현한다.

② 14-30행

샘플링 주파수 1kHz인 1초 동안의 신호를 분석하기 위한 변수 및 배열을 선언하고 초기화한다. Fs는 샘플링 주파수로 1000으로 초기화한다. T는 샘플링 주기이다. t는 샘플링 주기별 각

시간을 저장할 배열이다. signal은 입력 신호를 저장할 배열이다. F는 푸리에 변환으로 주파수 변환한 결과를 저장할 복소수 배열, f는 역 푸리에 변환에 의해 입력 신호를 재구성할 복소수 배열이다. P2는 양의 주파수 및 음의 주파수 스펙트럼을 계산할 배열이고, P1은 양의 스펙트럼을 2배하여 스펙트럼을 계산할 배열이다. N의 푸리에 변환의 데이터 개수이다. 입력신호는 "signal.txt" 파일에 저장한다.

③ 32-48행

입력 신호를 사인(sine)과 코사인(cosine)을 이용하여 생성한다. 변수 a에 10Hz, 크기 0.5의 사인 신호를 생성하고, 변수 b에 50Hz, 크기 1.0의 사인 신호를 생성하고, 변수 c에 100Hz, 크기 2.0의 코사인 신호를 생성하여, signal 배열에 신호 a, b, c의 합성 신호를 생성한다. 입력 신호, a, b, c, signal을 "signal.txt" 파일에 저장한다. 45행은 dArea에 입력신호 signal의 면적을 계산한다. [그림 12.3]은 "signal.txt" 파일을 엑셀을 이용하여 k = 100까지를 그래프로 표시한 결과이다.

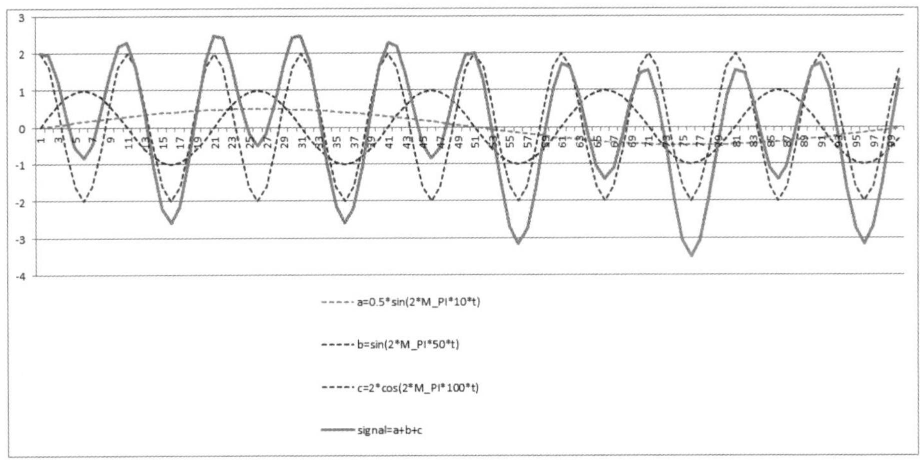

[그림 12.3] 입력신호 $signal(t) = 0.5\sin(2\pi*10t) + \sin(2\pi*50t) + 2\cos(2\pi*100t)$

④ 50-69행

50행은 dft() 함수로 합성신호 signal을 F 배열에 주파수 변환한다. 52-54행은 배열 F를 이용하여 배열 P2에 양방향 스펙트럼을 계산한다. 56-60행은 배열 P1에 단방향 스펙트럼을 계산한다. F[0]의 스펙트럼은 입력신호 signal의 면적 dArea와 같다. 62-69행은 스펙트럼 배열 P1의 u=1부터 "spectrum.txt" 파일에 저장한다. 배열의 거의 모든 요소가 0이어서 일정 값 이상만을 출력하였다. P1[10] = 0.5, P1[50] = 1.0, P1[100] = 2.0으로 정확히 signal에 합성된 3개의 신호의 주파수10Hz, 50Hz, 100Hz에 해당하는 첨자에 신호 크기가 계산됨을 확인할 수 있다. [그림 12.4]는 "spectrum.txt" 파일을 엑셀을 이용하여 u = 200까지를 그래프로 표시한 결과이다.

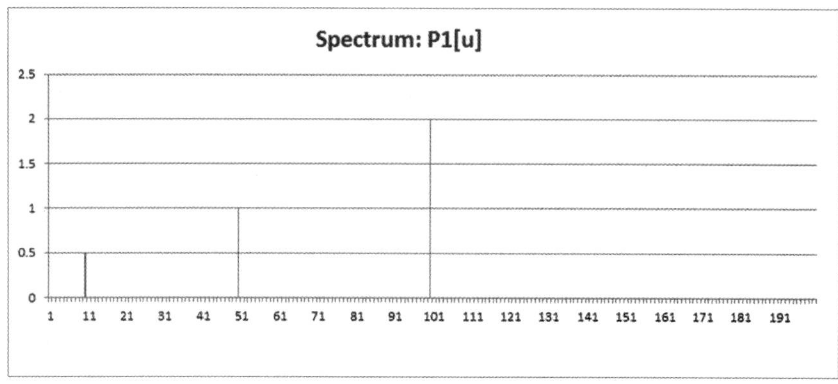

[그림 12.4] 주파수 스펙트럼, $P1(u) = |F(u)|$

⑤ 71-77행

71행은 idft() 함수로 주파수 배열 F를 배열 f에 역 푸리에 변환을 수행한다. f의 실수부에 원래의 신호가 재구성된다. 72-77행은 입력신호 signal[k]와 f[k].r이 같음을 보이기 위하여 오차를 error에 계산하여 출력하면 error = 0.0으로 입력신호가 재구성되었음을 알 수 있다.

⑥ dft() 함수를 수행한 후에, 특정 주파수를 0으로 제거하고, 역 푸리에 변환하여 입력신호에서 제거 할 수 있다. 121-145행의 dft() 함수와 146-168행의 idft() 함수를 flag 인수를 사용하여 하나의 함수로 작성할 수 있다.

02   자료구조 예제

순열 계산, 스택, 큐, 배열의 정렬(sorting)/탐색(searching), 연결 리스트의 정렬/탐색, 이진트리, 이진 탐색 트리(binary search tree), 동치류(equivaliance class) 문제를 간단한 예제로 설명한다.

2.1 순열 계산

배열 요소의 모든 가능한 순열(permutation)을 구현한다. n개의 데이터의 순열을 계산할 때, (n-1)개의 요소의 순열 (n-1)!을 생성하고 처음 또는 마지막에 나머지 하나의 요소를 배치한다. [예제 12.12]의 permute1() 함수는 각 배열 요소로 시작하고, 나머지 (n-1)개 요소에 대한 순열을 계산한다. 예를 들어, (1, 2, 3)의 순열은 다음과 같이 계산한다.

① 1로 시작하는 (2, 3)의 모든 순열 :　(1, 2, 3), (1, 3, 2)
② 2로 시작하는 (1, 3)의 모든 순열 :　(2, 1, 3), (2, 3, 1)
③ 3으로 시작하는 (1, 2)의 모든 순열 : (3, 1, 2), (3, 2, 1)

[예제 12.12]의 permute2() 함수는 각 배열 요소로 끝나고, 나머지 $(n - 1)$개 요소에 대한 순열을 계산한다. 예를 들어, (1, 2, 3)의 순열은 다음과 같이 계산한다.
① 1로 끝나는 (2, 3)의 모든 순열 :　(2, 3, 1), (3, 2, 1)
② 2로 끝나는 (1, 3)의 모든 순열 :　(1, 3, 2), (3, 1, 2)
③ 3으로 끝나는 (1, 2)의 모든 순열 : (1, 2, 3), (2, 1, 3)

[예제 12.12]의 permute3() 함수 힙(Heap, 1963)의 알고리즘을 재귀함수로 구현하고, permute4() 함수는 배열 c[0], ..., c[n − 1]을 이용하여 재귀를 없애고 반복문으로 구현한다(wikipedia, SEDGEWICK, "Permutation Generation Methods," Computing Surveys, 1977).

[예제 12.12] 순열 계산

```
01:  #include <stdio.h>
02:  #include <stdlib.h>
03:  #include <memory.h>
04:  void swap(int *a, int*b);
05:  void output(int A[], int size);
06:  int permute1(int n, int size, int A[]);
07:  int permute2(int n, int size, int A[]);
08:  int permute3(int n, int size, int A[]);
09:  int permute4(int n, int A[]);
10:  int swapCount = 0;
11:  int main()
12:  {
13:      int A[] = { 1, 2, 3 };
14:      int size = sizeof(A) / sizeof(A[0]);
15:      int n = size;
16:      int count;
17:
18:      count = permute1(0, size - 1, A);
19:  //   count = permute2(n, size, A);
20:  //   count = permute3(n, size, A);
21:  //   count = permute4(size, A);
22:
23:      printf("swapCount = %d\n", swapCount);
24:      printf("count = %d permutations\n", count);
25:      return 0;
26:  }
27:  void swap(int *a, int*b)
```

```c
28: {
29: //    printf("called !(%d <-> %d)\n", *a, *b);
30:       int t;
31:       t = *a;
32:       *a = *b;
33:       *b = t;
34:       swapCount++;
35: }
36: /*ref:Foundamentals of Data Structure in C, Horowitz,Sahni et. al. */
37: int permute1(int n, int size, int A[])
38: {
39:       static int count = 0;
40:       int i;
41:       if (n == size)
42:       {
43:           count++;
44:           output(A, size + 1);
45:           return 1;   /* 1 is no meaning */
46:       }
47:       for (i = n; i <= size; i++)
48:       {
49:           swap(&A[i], &A[n]);
50:           permute1(n + 1, size, A);
51:           swap(&A[i], &A[n]);
52:       }
53:       return count;
54: }
55: /* ref: http://www.cs.princeton.edu/~rs/talks/perms.pdf */
56: int permute2(int n, int size, int A[])
57: {
58:       static int count = 0;
59:       int i;
60:       if (n == 1)
61:       {
62:           count++;
63:           output(A, size);
64:           return 1; /* 1 is no meaning */
65:       }
66:       for (i = 0; i < n; i++)
67:       {
68:           swap(&A[i], &A[n - 1]);
69:           permute2(n - 1, size, A);
70:           swap(&A[i], &A[n - 1]);
71:       }
72:       return count;
73: }
```

```c
74:  /* ref1: https://en.wikipedia.org/wiki/Heap's_algorithm */
75:  /* ref2: http://www.cs.princeton.edu/~rs/talks/perms.pdf */
76:  int permute3(int n, int size, int A[])
77:  {
78:       static int count = 0;
79:       int i, b;
80:       if (n == 1)
81:       {
82:            count++;
83:            output(A, size);
84:            return 1;      /* 1 is no meaning */
85:       }
86:       for (i = 0; i < n - 1; i++)
87:       {
88:            permute3(n - 1, size, A);
89:
90:            /* Wells' algorithm, modified by J.Boothroyd
91:            b = (n % 2 == 0 && i > 1) ? n - i - 1 : n - 2; */
92:
93:            b = (n % 2) ? 0 : i;  /* Heap's Alg. */
94:            swap(&A[b], &A[n - 1]);
95:       }
96:       permute3(n - 1, size, A);
97:       return count;
98:  }
99:  /* ref1: https://en.wikipedia.org/wiki/Heap's_algorithm */
100: /* ref2: http://www.cs.princeton.edu/~rs/talks/perms.pdf */
101: int permute4(int n, int A[])
102: {
103:      int count = 0;
104:      int i;
105:      int *c = (int *)malloc(sizeof(int)*n);
106:
107:      memset(c, 0, sizeof(int)*n);
108:      output(A, n); count++;
109:
110:      i = 0;
111:      while (i < n)
112:      {
113:         /* printf("i = %d, c[i]=%d\n", i, c[i]); */
114:          if (c[i] < i)
115:          {
116:               if (i % 2)
117:                    swap(&A[c[i]], &A[i]);
118:               else
119:                    swap(&A[0], &A[i]);
```

```
120:                output(A, n); count++;
121:                c[i] += 1;
122:                i = 0;
123:            }
124:            else
125:            {
126:                c[i] = 0;
127:                i++;
128:            }
129:
130:        }
131:    free(c);
132:    return count;
133:}
134: void output(int A[], int size)
135: {
136:     int i;
137:     for (i = 0; i < size; i++)
138:     {
139:         printf("%2d", A[i]);
140:     }
141:     printf("\n");
142: }
```

프로그램 설명

① 18행

permute1() 함수는 참고문헌(Foundamentals of Data Structure in C, Horowitz, Sahni et. al.)에 나오는 함수로 각 배열 요소로 시작하고, 나머지 (n - 1)개 요소에 대한 순열을 계산한다. 3개의 배열 요소의 순열을 계산하기 위해 배열 요소를 교환하는 swap() 함수를 swapCount = 18번 호출한다.

② 19행

permute2() 함수는 각 배열 요소로 끝나고, 나머지 (n - 1)개 요소에 대한 순열을 계산한다. 3개의 배열 요소의 순열을 계산하기 위해 배열 요소를 교환하는 swap() 함수를 swapCount = 18번 호출한다.

③ 20행

permute3() 함수는 힙(Heap)의 순열 알고리즘을 재귀함수로 구현한다. 3개의 배열 요소의 순열을 계산하기 위해 배열 요소를 교환하는 swap() 함수를 swapCount = 5번 호출한다.

④ 21행

permute4() 함수는 힙(Heap)의 순열 알고리즘을 재귀를 없애고 반복문으로 구현한다. 3개의 배열 요소의 순열을 계산하기 위해 배열 요소를 교환하는 swap() 함수를 swapCount = 5번 호출한다.

⑤ 74-98행

permute3() 함수는 힙(Heap)의 순열 알고리즘을 재귀함수로 구현한다. 배열의 마지막 요소와 교환할 대상을 찾을 때 91행은 Well의 알고리즘으로 b를 선택하고, 93행은 힙의 알고리즘으로 찾는다. 이 방법들은 교환을 위한 인덱스 테이블 없이 효과적으로 교환을 수행하여 순열을 찾는다[SEDGEWICK 참조].

⑥ 99-133행

permute4() 함수는 힙(Heap)의 순열 알고리즘을 배열 c[0],...., c[n - 1]을 이용하여 스택을 사용하지 않고 리팩토링하여 재귀를 없애고 반복문으로 구현한다[SEDGEWICK 참조].

2.2 스택과 큐

배열을 사용하여 스택과 큐를 구현한다.

2.2.1 스택

스택(stack)은 한쪽 방향에서만 삽입과 삭제를 할 수 있으며, 마지막에 삽입(push)한 데이터를 가장 먼저 삭제(pop)하는 LIFO(Last In First Out) 자료구조이다. 일상에서 접시를 차례로 쌓는(push) 순서와 위(top)에서부터 차례로 꺼내(pop) 사용하는 것이 스택의 예이다. 프로그래밍 언에서는 함수를 호출할 때 순서와 반환되는 순서가 역순인 스택을 사용한다.

미로 찾기(maze)에서 길이 막히면 갔던 길을 되돌아 되돌아오거나, 재귀함수를 반복함수로 변경할 때 등 스택을 사용하는 알고리즘이 많이 있다. [예제 12.13]은 문자 배열 스택을 구현하여, 스택에 문자를 삽입하는 푸시(push) 연산과 스택의 최상위(top)에서 문자를 삭제해 반환하는 팝(pop) 연산을 함수로 작성한다.

[예제 12.13] 문자열 배열 스택 1

```
01:  #include <stdio.h>
02:  #define STACK_SIZE 3
03:  typedef enum { FALSE, TRUE } BOOL;
04:  BOOL isFullStack(int top);
05:  BOOL isEmptyStack(int top);
06:  int  push(char stack[], int *top, char data);
07:  char pop(char stack[], int *top);
08:  void printStack(char stack[], int top);
09:  int main()
10:  {
11:      char stack[STACK_SIZE];
12:      int top = -1;
13:      char ch;
14:
15:      printf("***stack push operations***\n");
16:      for (ch = 'A'; !isFullStack(top); ch++)
17:      {
18:          push(stack, &top, ch);
19:          printStack(stack, top);
20:      }
21:      printf("top = %d\n", top);
22:
23:      printf("***stack pop operations***\n");
24:      for (; !isEmptyStack(top); )
25:      {
26:          ch = pop(stack, &top);
27:          printf("pop = %c\n", ch);
```

```c
28:             printStack(stack, top);
29:         }
30:         printf("top = %d\n", top);
31:         return 0;
32: }
33: int push(char stack[], int *top, char ch)
34: {
35:         printf("push(stack, '%c')\n", ch);
36:         if (isFullStack(*top))
37:         {
38:                 printf("Stack full\n");
39:                 return -1;
40:         }
41:         stack[++(*top)] = ch;
42:         return 0;
43: }
44: char pop(char stack[], int *top)
45: {
46:         if (isEmptyStack(*top))
47:         {
48:                 printf("Stack empty\n");
49:                 return -1;
50:         }
51:         return stack[(*top)--];
52: }
53: BOOL isFullStack(int top)
54: {
55:         if (top >= STACK_SIZE - 1)
56:                 return TRUE;
57:         return FALSE;
58: }
59: BOOL isEmptyStack(int top)
60: {
61:         if (top < 0)
62:                 return TRUE;
63:         return FALSE;
64: }
65: void printStack(char stack[], int top)
66: {
67:         int i;
68:         for (i = top; i >= 0; i--)
69:                 printf("stack[%d]=%c\n", i, stack[i]);
70:         printf("\n");
71: }
```

● 실행 결과

```
C:\Windows\system32\cmd.exe

***stack push operations***
push(stack, 'A')
stack[0]=A

push(stack, 'B')
stack[1]=B
stack[0]=A

push(stack, 'C')
stack[2]=C
stack[1]=B
stack[0]=A

top = 2
***stack pop operations***
pop = C
stack[1]=B
stack[0]=A

pop = B
stack[0]=A

pop = A

top = -1
```

프로그램 설명

① 11-12행
STACK_SIZE 크기의 문자 스택 배열 stack을 선언하고, top = -1로 초기화하여 스택을 빈 상태로 한다.

② 15-21행
isFullStack() 함수로 스택의 가득 찬 상태를 확인하여, push() 함수로 스택에 ch = 'A'부터 차례로 영문 대문자를 추가하고, 현재의 스택 내용을 printStack() 함수로 출력한다. MAXSIZE가 3이면, 'A', 'B', 'C'가 차례로 스택에 추가되면, top = 2가 되어, 스택은 빈공간이 없게 되어 더 이상 추가되지 않는다.

③ 23-30행
isEmptyStack() 함수로 스택이 비어 있는 상태를 확인하여, pop() 함수로 스택에서 문자를 꺼내 출력하고, 현재의 스택 내용을 printStack() 함수로 출력한다. 스택에 추가된 순서의 역순인 'C', 'B', 'A' 순서로 출력된다.

[예제 12.14] 문자열 배열 스택 2

```c
01:  #include<stdio.h>
02:  #define STACK_SIZE  3
03:
04:  typedef enum { FALSE, TRUE } BOOL;
05:  typedef struct {
06:       char data[STACK_SIZE];
07:       int top;
08:  } STACK;
09:
10:  void initStack(STACK *stack);
11:  int  push(STACK *stack, char ch);
```

```c
12:  int  pop(STACK *stack);
13:  BOOL isEmptyStack(STACK *stack);
14:  BOOL isFullStack(STACK *stack);
15:  void printStack(STACK *stack);
16:  int main()
17:  {
18:      STACK stack;
19:      char ch;
20:
21:      printf("***stack push operations***\n");
22:      initStack(&stack);
23:      for (ch = 'A'; !isFullStack(&stack); ch++)
24:      {
25:          push(&stack, ch);
26:          printStack(&stack);
27:      }
28:      printf("stack.top = %d\n", stack.top);
29:
30:      printf("***stack pop operations***\n");
31:      for (; !isEmptyStack(&stack); )
32:      {
33:          ch = pop(&stack);
34:          printf("pop = %c\n", ch);
35:          printStack(&stack);
36:      }
37:      printf("stack.top = %d\n", stack.top);
38:      return 0;
39:  }
40:  void initStack(STACK *stack)
41:  {
42:      stack->top = -1;
43:  }
44:  int push(STACK *stack, char ch)
45:  {
46:      printf("push(stack, '%c')\n", ch);
47:      if (isFullStack(stack))
48:      {
49:          printf("Stack full\n");
50:          return -1;
51:      }
52:      stack->top = stack->top + 1;
53:      stack->data[stack->top] = ch;
54:      return 0;
55:  }
56:  int pop(STACK *stack)
57:  {
```

```
58:        int data;
59:        if (isEmptyStack(stack))
60:        {
61:            printf("Stack empty\n");
62:            return -1;
63:        }
64:        data = stack->data[stack->top--];
65:        return data;
66: }
67: BOOL isEmptyStack(STACK *stack)
68: {
69:        if (stack->top < 0)
70:            return TRUE;
71:        return FALSE;;
72: }
73: BOOL isFullStack(STACK *stack)
74: {
75:        if (stack->top >= STACK_SIZE - 1)
76:            return TRUE;
77:        return FALSE;
78: }
79: void printStack(STACK *stack)
80: {
81:        int i;
82:        for (i = stack->top; i >= 0; i--)
83:            printf("stack[%d]=%c\n", i, stack->data[i]);
84:        printf("\n");
85: }
```

┃ 프로그램 설명

① [예제 12.13]을 5-8행의 구조체 STACK을 이용하여 다시 작성한다.

② 40-85행
initStack() 함수는 스택을 초기화하고, push() 함수는 스택에 문자를 추가하고, pop() 함수는 스택에서 문자를 하나 꺼내고, isEmptyStack(), isFullStack() 함수는 스택이 비었는지 또는 채워졌는지를 검사하고, printStack() 함수는 스택의 데이터를 출력한다. isEmptyStack(), isFullStack(), printStack() 함수는 stack 인수를 포인터로 받아 실인수와 형식인수 사이의 복사를 방지했다.

[예제 12.15] 중위(infix)수식을 후위(postfix)수식으로 변환 및 계산

```
01: /* ref: Fundamentals of Data Structures in C, Horowitz, Sahni et al*/
02: #include<stdio.h>
03: #define STACK_SIZE 20
04: typedef enum { FALSE, TRUE } BOOL;
05: typedef enum { lparen, rparen, plus, minus, times, divide, mod, eos, operand } TYPE;
```

```c
06:    const int isp[]={ 0,  0, 1, 1, 2, 2, 2, 0 }; /* in-stack  precedence */
07:    const char   symbol[] = "()+-*/%\0"; /* no symbol about operand */
08:
09:    typedef struct {
10:         int data[STACK_SIZE];
11:         int top;
12:    } STACK;
13:
14:    typedef struct {
15:         TYPE  type;
16:         char  symbol;
17:    } TOKEN;
18:
19:    TOKEN get_token(char *expr, int *n);
20:    void initStack(STACK *stack);
21:    BOOL isEmptyStack(STACK *stack);
22:    BOOL isFullStack(STACK *stack);
23:    int push(STACK *stack, int data);
24:    int pop(STACK *stack);
25:    int evalPostfix(char sPostfix[]);
26:    void toPostfix(char sInfix[], char sPostfix[]);
27:    int main()
28:    {
29:         char  sInfix[] = "4*(2+3)/2";
30:    /*   char  sInfix[] = "((6/(2-3+4))*(5-6))*7"; */
31:         char  sPostfix[128];
32:         int val;
33:
34:         toPostfix(sInfix, sPostfix);
35:         printf("sPostfix = %s\n", sPostfix);
36:
37:         val = evalPostfix(sPostfix);
38:         printf("val = %d\n", val);
39:         return 0;
40:    }
41:    void toPostfix(char sInfix[], char sPostfix[])
42:    {
43:         STACK  stack;
44:         TOKEN  token;
45:         int    x, n = 0, k = 0;
46:         int    icp; /* incoming  precedence */
47:
48:         initStack(&stack);
49:         push(&stack, eos);
50:         for (token = get_token(sInfix, &n); token.symbol != 0;
51:              token = get_token(sInfix, &n))
```

```
52:        {
53:               printf("token.symbol = %c\n", token.symbol);
54:               if (token.type == operand)
55:               {
56:                      sPostfix[k++] = token.symbol;
57:               }
58:               else if (token.type == rparen)
59:               {
60:                      while (stack.data[stack.top] != lparen)
61:                      {
62:                             x = pop(&stack);
63:                             sPostfix[k++] = symbol[x];
64:                      }
65:                      pop(&stack); /* lparen을 버림*/
66:               }
67:               else
68:               {
69:                      icp = (token.type == lparen) ? 20 : isp[token.type];
70:                      while (isp[stack.data[stack.top]] >= icp)
71:                      {
72:                             x = pop(&stack);
73:                             sPostfix[k++] = symbol[x];
74:                      }
75:                      push(&stack, token.type);
76:               }
77:        }
78:        while ((x = pop(&stack)) != eos)
79:               sPostfix[k++] = symbol[x];
80:        sPostfix[k++] = '\0';
81: }
82: int evalPostfix(char sPostfix[])
83: {
84:        STACK  stack;
85:        TOKEN  token;
86:        int op1, op2;
87:        int n = 0;
88:
89:        initStack(&stack);
90:        for (token = get_token(sPostfix, &n); token.symbol != 0;
91:               token = get_token(sPostfix, &n))
92:        {
93:               printf("token.symbol = %c\n", token.symbol);
94:               if (token.type == operand)
95:               {
96:                      push(&stack, token.symbol - '0');
97:               }
```

```
98:            else
99:            {
100:                op2 = pop(&stack);
101:                op1 = pop(&stack);
102:                switch (token.type)
103:                {
104:                    case plus:
105:                        push(&stack, op1 + op2);
106:                        break;
107:                    case minus:
108:                        push(&stack, op1 - op2);
109:                        break;
110:                    case times:
111:                        push(&stack, op1*op2);
112:                        break;
113:                    case divide:
114:                        push(&stack, op1 / op2);
115:                        break;
116:                    case mod:
117:                        push(&stack, op1%op2);
118:                        break;
119:                }
120:            }
121:    }
122:    return pop(&stack);
123:}
124: TOKEN get_token(char *expr, int *n)
125:{
126:    TOKEN token;
127:
128:    while ((token.symbol = expr[(*n)++]) == ' ');
129:    switch (token.symbol)
130:    {
131:        case '(': token.type = lparen;  break;
132:        case ')': token.type = rparen;  break;
133:        case '+': token.type = plus;    break;
134:        case '-': token.type = minus;  break;
135:        case '/': token.type = divide;  break;
136:        case '*': token.type = times;   break;
137:        case '%': token.type = mod;    break;
138:        case '\0':token.type = eos;      break;
139:        default:  token.type = operand;
140:    }
141:    return token;
142:}
143: void initStack(STACK *stack)
```

```c
144:{
145:      stack->top = -1;
146:}
147:int push(STACK *stack, int data)
148:{
149:      if (isFullStack(stack))
150:      {
151:            printf("Stack full\n");
152:            return -1;
153:      }
154:      stack->top = stack->top + 1;
155:      stack->data[stack->top] = data;
156:      return 0;
157:}
158:int pop(STACK *stack)
159:{
160:      int data;
161:      if (isEmptyStack(stack))
162:      {
163:            printf("Stack empty\n");
164:            return -1;
165:      }
166:      data = stack->data[stack->top--];
167:      return data;
168:}
169:BOOL isEmptyStack(STACK *stack)
170:{
171:      if (stack->top < 0)
172:            return TRUE;
173:      return FALSE;;
174:}
175:BOOL isFullStack(STACK *stack)
176:{
177:      if (stack->top >= STACK_SIZE - 1)
178:            return TRUE;
179:      return FALSE;
180:}
```

● 실행 결과

```
C:\Windows\system32\cmd.exe
token.symbol = 4
token.symbol = *
token.symbol = (
token.symbol = 2
token.symbol = +
token.symbol = 3
token.symbol = )
token.symbol = /
token.symbol = 2
sPostfix = 423+*2/
token.symbol = 4
token.symbol = 2
token.symbol = 3
token.symbol = +
token.symbol = *
token.symbol = 2
token.symbol = /
val = 10
```

■ 프로그램 설명

① 4-18행

5행은 열거형 TYPE을 정의한다. 숫자는 operand 타입이고, 나머지는 각 연산자의 이름을 갖는다. 6행의 isp 배열은 중위(infix) 수식을 후위(postfix) 수식으로 바꿀 때 스택에서의 연산자 우선순위이다. 왼쪽 괄호(lparen)의 운선 순위를 0으로 한 것은 스택에 왼쪽 괄호가 있을 때, 다른 모든 연산자가 스택에 들어갈 수 있도록 가장 낮은 우선순위를 설정한 것이다. 오른쪽 괄호는 스택에 넣지 않으므로 우선순위는 의미 없다. 토큰이 오른쪽 괄호일 때 스택에서 왼쪽 괄호가 나올 때까지 꺼내 출력한다. 숫자(operand)의 우선순위는 필요없다. 7행의 문자열 symbol은 TYPE의 각 열거형에 따른 연산자 문자이다. 9-12행은 정수 스택을 위한 STACK 구조체를 정의한다. 14-17행은 TOKEN 구조체를 정의한다.

② 34-38행

34행은 toPostfix() 함수로 중위수식 문자열 sInfix를 후위수식 문자열 sPostfix로 변환한다. 37행은 evalPostfix() 함수로 후위수식 문자열 sPostfix를 val에 계산한다.

③ 41-82행

toPostfix() 함수는 스택을 사용하여 중위수식 문자열 sInfix를 후위수식 문자열 sPostfix로 변환한다. 스택에 연산자에 대한 열거형 TYPE이 들어간다. 43행은 지역 변수로 스택을 선언하고, 48행은 스택을 초기화한다. 49행은 스택에 가장 낮은 우선순위를 갖는 eos를 추가한다. 50-51행에서 get_token() 함수로 문자열 sInfix에서 토큰(token)을 가져온다. 54-57행에서 토큰이 숫자(operand)이면 문자열 sPostfix에 token.symbol 문자를 출력하고, 58-66행에서 토큰이 오른쪽 괄호(rparen)이면 60-64행에 의해 스택의 탑(top)에 왼쪽 괄호(lparen)가 나올 때까지 스택의 연산자(스택에는 열거형 TYPE 이 저장됨)를 꺼내 해당 문자를 sPostfix에 출력한다. 65행은 탑에 있는 왼쪽 괄호를 스택에서 꺼내 버린다. 67-76행은 숫자(operand)도 아니고 오른쪽 괄호(rparen)도 아닌 연산자의 경우로 69행에서 현재 읽은 토큰의 우선순위를 icp에 계산한다. 왼쪽 괄호(lparen)이면 icp = 20으로 높게 하고, 나머지 연산자는 isp 배열의 우선순위를 사용한다. 읽은 토큰의 왼쪽 괄호의 우선순위를 가장 높은 값으로 설정하는 이유는 왼쪽 괄호는 스택의 연산자를 꺼내지 않고 스택에 넣기 위함이다. 스택의 탑(top)의 연산자의 우선순위가 현재 토큰의 우선순위 보다 높거나 같으면 70-74행에 의해 스택의 연산자를 꺼내, 문자를 sPostfix에 출력한다. 75행은 현재 읽은 토큰을 스택에 넣는다. 78-79행은 모든 토큰을 처리하고 난 뒤에 스택에 남은 연산자를 꺼내 문자를 sPostfix에 출력한다. 80행은 문자열의 마지막에 널 문자를 추가한다.

④ 82-123행

evalPostfix() 함수는 정수 스택을 사용하여 후위수식 문자열 sPostfix를 계산한다. 스택에 ㄴ
연산자/숫자(operand) 및 중간 계산 결과인 정수가 들어간다. 84행은 지역 변수로 스택을 선
언하고, 89행은 스택을 초기화한다. 90-91행에서 get_token() 함수로 문자열 sPostfix에서
토큰(token)을 가져온다. 94-97행에서 토큰이 숫자(operand)이면 token.symbol - '0'으로
숫자로 변경하여 스택에 넣는다. 연산자이면 스택에서 2개의 피연산자를 op2, op1에 꺼내서
102-119행에서 토큰의 종류에 맞게 계산한 결과를 스택에 넣는다. 모든 토큰을 처리하면 스
택에 결과가 남는다. 122행은 스택에서 꺼내 수식의 계산 결과를 반환한다.

⑤ 124-142행

get_token() 함수는 문자열 expr에서 토큰을 분리해 반환한다. token.symbol은 토큰의 문자,
token.type은 토큰의 종류이다. 128행은 공백을 제외한 문자를 token.symbol에 저장한다. 정
수 포인터 n에 의해 문자열의 처리 위치를 기억하고, 다음 호출에서 적절한 토큰을 반환한다.

⑥ 143-180행

스택 연산을 위한 initStack(), push(), pop(), isEmptyStack(), isFullStack() 함수를 구현한다.

2.2.2 큐

큐(queue)는 한쪽에서는 삽입만 일어나고 다른 한쪽에서는 삭제만 할 수 있으며, 먼저
삽입한 데이터를 먼저 삭제하는 FIFO(First In First Out) 자료구조이다. 일상에서 은행
에 가면 제일 먼저 대기표를 뽑고 기다리면, 담당자가 순서대로 먼저 온 고객의 일을 처
리해 주는 것이 큐의 예이다. 큐는 운영체제에서 프로세스 스케줄링을 할 때나 버퍼링할
때 사용되며, 큐를 사용하는 알고리즘도 많이 있다.

큐에서 삽입은 뒤(rear)에서 일어나고, 삭제는 앞(front)에서 일어난다. [예제 12.14]
는 문자 배열 큐에 문자를 삽입하는 addQueue()와 큐에서 먼저 삽입된 문자를 삭제하는
deleteQueue() 함수를 구현한다. 배열의 크기가 QSIZE일 때, 첨자의 범위는 [0, QSIZE
- 1]이다. (QSIZE - 1)개가 추가되면 가득 찬(queue full) 상태가 된다. 큐의 비어 있는
상태와 가득 찬 상태를 구분하기 위하여, 원형 큐에서 하나의 요소는 사용하지 않는다.

[예제 12.16] 문자열 배열 원형큐(circular queue) 1

```
01:   #include <stdio.h>
02:   #include <stdlib.h>   /* srand(), rand()  */
03:   #include <time.h>     /* time() */
04:   #define QSIZE   5
05:   typedef enum { FALSE, TRUE } BOOL;
06:   BOOL isEmptyQueue(int front, int rear);
07:   BOOL isFullQueue(int front, int rear);
08:   int  addQueue(char queue[], int front, int *rear, char ch);
09:   char deleteQueue(char queue[], int *front, int rear);
10:   void printQueue(char queue[], int front, int rear);
11:   int main()
```

```c
12: {
13:     int front = 0, rear = 0;
14:     char queue[QSIZE];
15:     char cData = 'A';
16:     char cRet;
17:
18:     srand((unsigned int)time(NULL));
19:     for (int i = 0; i < 10; i++)
20:     {
21:         if (rand() % 3)
22:             addQueue(queue, front, &rear, cData++);
23:         else
24:         {
25:             cRet = deleteQueue(queue, &front, rear);
26:             if (cRet > 0)
27:                 printf("deleted data = '%c'\n", cRet);
28:         }
29:         printQueue(queue, front, rear);
30:     }
31:     return 0;
32: }
33: int addQueue(char queue[], int front, int *rear, char ch)
34: {
35:     printf("add  '%c' to queue.\n", ch);
36:     if (isFullQueue(front, *rear))
37:     {
38:         printf("Queue full!!!\n");
39:         return -1;
40:     }
41:     *rear = (*rear + 1) % QSIZE;
42:     queue[*rear] = ch;
43:     return 0;
44: }
45: char deleteQueue(char queue[], int *front, int rear)
46: {
47:     printf("delete from queue.\n");
48:     if (isEmptyQueue(*front, rear))
49:     {
50:         printf("Queue empty!!!\n");
51:         return -1;
52:     }
53:     *front = (*front + 1) % QSIZE;
54:     return queue[*front];
55: }
56: BOOL isFullQueue(int front, int rear)
57: {
58:     rear = (rear + 1) % QSIZE;
```

```
59:        if (front == rear)
60:            return TRUE;
61:        return FALSE;
62:  }
63:  BOOL isEmptyQueue(int front, int rear)
64:  {
65:        if (front == rear)
66:            return TRUE;
67:        return FALSE;
68:  }
69:  void printQueue(char queue[], int front, int rear)
70:  {
71:        int i, k;
72:        int length = (rear - front + QSIZE) % QSIZE;
73:
74:        for (i = front + 1; i <= front + length; i++)
75:        {
76:            k = (i + QSIZE) % QSIZE;
77:            printf("queue[%d]='%c'\n", k, queue[k]);
78:        }
79:        printf("\n");
80:  }
```

● 실행 결과

```
C:\Windows\system32\cmd.exe

add  'A' to queue.
queue[1]='A'

add  'B' to queue.
queue[1]='A'
queue[2]='B'

add  'C' to queue.
queue[1]='A'
queue[2]='B'
queue[3]='C'

delete from queue.
deleted data = 'A'
queue[2]='B'
queue[3]='C'

delete from queue.
deleted data = 'B'
queue[3]='C'

add  'D' to queue.
queue[3]='C'
queue[4]='D'

delete from queue.
deleted data = 'C'
queue[4]='D'

add  'E' to queue.
queue[4]='D'
queue[0]='E'

delete from queue.
deleted data = 'D'
queue[0]='E'

delete from queue.
deleted data = 'E'
```

■ 프로그램 설명

① 13-16행

QSIZE 크기의 문자 큐 배열 queue를 선언하고, front = 0, rear = 0로 초기화하여 큐를 빈 상태로 한다. 큐에 넣을 데이터 cData = 'A'로 초기화한다. 변수 cRet는 큐에서 꺼낼 데이터를 위한 변수이다.

② 18-30행

srand() 함수로 난수를 초기화하고, rand() % 3의 결과가 1, 2이면 addQueue() 함수로 큐에 추가하고, 0이면 deleteQueue() 함수로 큐에서 데이터를 cRet에 꺼낸다. 큐에 넣는 연산을 큐에서 꺼내는 연산보다 더 많이 한다. printQueue() 함수는 front + 1부터 rear까지 큐의 내용을 출력한다.

[예제 12.17] 문자열 배열 원형큐(circular queue) 2

```
01:  #include <stdio.h>
02:  #include <stdlib.h>   /* srand(), rand() */
03:  #include <time.h>     /* time() */
04:  #define QSIZE  5
05:  typedef enum { FALSE, TRUE } BOOL;
06:  typedef struct {
07:      char data[QSIZE];
08:      int  front, rear;
09:  } QUEUE;
10:  void initQueue(QUEUE *queue);
11:  int  addQueue(QUEUE *queue, char ch);
12:  char deleteQueue(QUEUE *queue);
13:  BOOL isFullQueue(QUEUE *queue);
14:  BOOL isEmptyQueue(QUEUE *queue);
15:  void printQueue(QUEUE *queue);
16:  int main()
17:  {
18:      QUEUE queue;
19:      char cData = 'A';
20:      char cRet;
21:
22:      initQueue(&queue);
23:      srand((unsigned int)time(NULL));
24:      for (int i = 0; i < 5; i++)
25:      {
26:          if (rand() % 3)
27:              addQueue(&queue, cData++);
28:          else
29:          {
30:              cRet = deleteQueue(&queue);
31:              if (cRet > 0)
32:                  printf("deleted data = '%c'\n", cRet);
33:          }
```

```
34:            printQueue(&queue);
35:        }
36:        return 0;
37: }
38: void initQueue(QUEUE *queue)
39: {
40:        queue->front = 0;
41:        queue->rear = 0;
42: }
43: int addQueue(QUEUE *queue, char ch)
44: {
45:        printf("addQueue(queue, '%c')\n", ch);
46:        if (isFullQueue(queue))
47:        {
48:            printf("Queue full!!!\n");
49:            return -1;
50:        }
51:        queue->rear = (queue->rear + 1) % QSIZE;
52:        queue->data[queue->rear] = ch;
53:        return 0;
54: }
55: char deleteQueue(QUEUE *queue)
56: {
57:        printf("delete from queue.\n");
58:        if (isEmptyQueue(queue))
59:        {
60:            printf("Queue empty!!!\n");
61:            return -1;
62:        }
63:        queue->front = (queue->front + 1) % QSIZE;
64:        return queue->data[queue->front];
65: }
66: BOOL isFullQueue(QUEUE *queue)
67: {
68:        int rear = (queue->rear + 1) % QSIZE;
69:        if (queue->front == rear)
70:                return TRUE;
71:        return FALSE;
72: }
73: BOOL isEmptyQueue(QUEUE *queue)
74: {
75:        if (queue->front == queue->rear)
76:                return TRUE;
77:        return FALSE;
78: }
79: void printQueue(QUEUE *queue)
```

```
80:  {
81:      int i, k;
82:      int length = (queue->rear - queue->front + QSIZE) % QSIZE;
83:
84:      for (i = queue->front + 1; i <= queue->front + length; i++)
85:      {
86:          k = (i + QSIZE) % QSIZE;
87:          printf("queue[%d]='%c'\n", k, queue->data[k]);
88:      }
89:      printf("\n");
90:  }
```

▌ 프로그램 설명

① [예제 12.16]을 6-9행의 구조체 QUEUE을 이용하여 다시 작성한다. 실행 결과는 같다.

② 38-90행
initQueue() 함수는 큐를 초기화하고, addQueue() 함수는 큐에 문자를 추가하고,
deleteQueue() 함수는 큐에서 문자를 하나 삭제하고, isFullQueue(), isEmptyQueue() 함수
는 큐가 채워졌는지 비어 있는지를 검사한다. printQueue() 함수는 큐의 데이터를 출력한다.
isFullQueue(), isEmptyQueue(), printQueue() 함수의 queue 인수를 포인터로 받아 실인수
와 형식인수 사이의 복사를 방지했다.

2.3 데이터 정렬

데이터를 키(key)를 기준으로 순서(오름차순, 대림차순)로 나열하는 것을 정렬(sort)이라
고 한다. 버블 정렬(bubble sort), 삽입 정렬(insertion sort), 퀵 정렬(quick sort) 등 다
양한 정렬 방법이 있다. 여기서는 간단한 정수 배열의 오름차순(ascending order) 버블
정렬 프로그램, 삽입 정렬, 퀵 정렬 프로그램을 함수로 작성한다.

2.3.1 버블 정렬

버블 정렬(bubble sort)은 인접한 데이터를 비교하여 앞에 있는 데이터가 큰 경우 두 데
이터의 값을 교환한다. 한 단계에서 가장 큰 값을 하나씩 정렬된 제 자리에 위치시키는
방식이다. 일반적으로 n개의 데이터가 있을 때 (n − 1)개 데이터를 정렬하면 되므로 (n
− 1) 단계가 필요하다. [표 12.1]은 5개의 정수가 저장된 배열 A를 오름차순으로 버블정
렬 과정이다.

표 12.1 버블 정렬

단계	A[0]	A[1]	A[2]	A[3]	A[4]
원본 데이터	5	2	3	4	1
step1(i=0)	2	3	4	1	[5]
step2(i=1)	2	3	1	[4	5]
step3(i=2)	2	1	[3	4	5]
step4(i=3)	1	[2	3	4	5]

[예제 12.18] 버블 정렬

```
01:   #include <stdio.h>
02:   void swap(int *i, int *j);
03:   void bubbleSort(int A[], int n);
04:   void printArr(int A[], int n);
05:   int main()
06:   {
07:       int A[] = { 5, 2, 3, 4, 1 };
08:
09:       printf("\n  Input A: ");
10:       printArr(A, 5);
11:
12:       bubbleSort(A, 5);
13:
14:       printf("\n***Bubble sort result!\n");
15:       printArr(A, 5);
16:       return 0;
17:   }
18:   void swap(int *i, int *j)
19:   {
20:       int temp;
21:       temp = *i;
22:       *i = *j;
23:       *j = temp;
24:   }
25:   void bubbleSort(int A[], int n)
26:   {
27:       int i, j;
28:       int nSwap;
29:       for (i = 0; i < n - 1; i++) /* 단계 */
30:       {
31:           nSwap = 0;
32:           for (j = 0; j < n - 1 - i; j++) /* 인접데이터 비교 */
33:           {
34:               if (A[j] > A[j + 1])
35:               {
36:
```

```
37:                    swap(&A[j], &A[j + 1]);
38:                    nSwap++;
39:                }
40:            }
41:            if (nSwap == 0)
42:                break;
43:            printf("step(i = %d) : ", i);
44:            printArr(A, n);
45:        }
46: }
47: void printArr(int A[], int n)
48: {
49:        int i;
50:        for (i = 0; i < n; i++)
51:            printf("%d  ", A[i]);
52:        printf("\n");
53: }
```

● 실행 결과

```
C:\Windows\system32\cmd.exe

 Input A: 5  2  3  4  1
step(i = 0) : 2  3  4  1  5
step(i = 1) : 2  3  1  4  5
step(i = 2) : 2  1  3  4  5
step(i = 3) : 1  2  3  4  5

***Bubble sort result!
1  2  3  4  5
```

▌ 프로그램 설명

① 7-15행
A 배열을 선언하고 입력 데이터 정수를 초기화한다. bubbleSort() 함수로 A 배열을 오름차순
으로 정렬한다.

② 25-46행
29행의 for 문은 정렬 단계(step i)를 나타낸다. 32행의 for 문은 34행의 if 문에 의해 인접 데
이터를 비교하여 오름차순 조건 A[j] > A[j + 1]이 참이면 swap() 함수로 교환한다. A[j] < A[j +
1] 조건을 사용하면 내림차순으로 정렬한다. nSwap은 교환횟수이다. 41-42행의 nSwap = 0
이면 이미 데이터가 정렬되었으므로 29행의 반복문을 탈출한다.

2.3.2 삽입 정렬

삽입 정렬(insertion sort)은 이미 정렬되어 있는 데이터의 배열에 [표 12.2]와 같이 요소
를 하나씩 삽입해서 정렬된 상태로 만든다. 처음에 A[0] = 5는 그 자체로 정렬된 것으로
간주한다. 단계 1에서 A[1]의 값 4를 이미 정렬된 [5]에 삽입하기 위해 tmp = A[1]로 저
장하고, 정렬된 데이터 [5]를 뒤에서부터 비교하여 tmp가 작으면 정렬된 데이터를 뒤에
있는 첨자로 이동시킨다. 조건 tmp < A[j]를 만족하지 않는 위치 j가 tmp가 들어갈 위치

가 된다. 이렇게 하면 [4 5]와 같이 두 데이터가 정렬된 상태가 된다. 단계 2에서는 tmp = A[2]를 저장하고, 이미 정렬된 [4 5]에 삽입하여 [3 4 5]로 정렬한다. 삽입 정렬은 데이터의 수가 적을 때 매우 효율적인 알고리즘이다.

표 12.2 삽입정렬

단계	A[0]	A[1]	A[2]	A[3]	A[4]
원본 데이터	5	2	3	4	1
step1(i = 0)	[2	5]	3	4	1
step2(i = 1)	[2	3	5]	4	1
step3(i = 2)	[2	3	4	5]	1
step4(i = 3)	[1	2	3	4	5]

[예제 12.19] 삽입 정렬

```
01:   #include <stdio.h>
02:   void insertionSort(int A[], int n);
03:   void printArr(int A[], int n);
04:   int main()
05:   {
06:       int A[] = { 5, 2, 3, 4, 1 };
07:
08:       printf("\n  Input A: ");
09:       printArr(A, 5);
10:
11:       insertionSort(A, 5);
12:
13:       printf("\n***Insertion sort result!\n");
14:       printArr(A, 5);
15:       return 0;
16:   }
17:   void insertionSort(int A[], int n)
18:   {
19:       int i, j;
20:       int tmp;
21:       for (i = 1; i < n; i++)
22:       {
23:           tmp = A[i];
24:           for (j = i - 1; j >= 0 && tmp < A[j]; j--)
25:               A[j + 1] = A[j];
26:           A[j + 1] = tmp;
27:
28:           printf("step(i = %d) : ", i);
29:           printArr(A, n);
30:       }
31:   }
```

```
32:    void printArr(int A[], int n)
33:    {
34:        int i;
35:        for (i = 0; i < n; i++)
36:            printf("%d  ", A[i]);
37:        printf("\n");
38:    }
```

● 실행 결과

```
 Input A: 5   2   3   4   1
step( i = 1 ) :  2   5   3   4   1
step( i = 2 ) :  2   3   5   4   1
step( i = 3 ) :  2   3   4   5   1
step( i = 4 ) :  1   2   3   4   5

***Insertion sort result!
1  2  3  4  5
```

▌프로그램 설명

① 6-14행

A 배열을 선언하고 입력 데이터 정수를 초기화한다. insertionSort() 함수로 A 배열을 오름차순으로 정렬한다.

② 17-31행

21행의 for 문은 i = 1부터 i = n - 1까지 A[i]를 정렬된 [A[i - 1], A[0]]에서 삽입될 위치 j + 1을 찾는다. j >= 0 && tmp < A[j] 조건이 참이면 tmp = A[i]가 삽입될 위치는 A[j]보다 앞이므로 A[j + 1] = A[j]로 한 칸씩 뒤로 이동시키고, A[j + 1]에 tmp를 저장한다. 조건을 j >= 0 && tmp > A[j] 로 변경하면 내림차순으로 정렬한다.

2.3.3 퀵 정렬

퀵정렬(quick sort)은 피봇(일반적으로 배열의 처음 값 또는 마지막 값) 값을 기준으로 작은 값은 왼쪽에 큰 값은 오른쪽으로 나누는 분할(partition) 과정으로 피봇을 전체 데이터에서 정렬된 위치에 놓이게 하고, 정렬되지 않은 피봇의 왼쪽 부분, 오른쪽 부분에 대해 동일한 과정을 거쳐 정렬한다.

[표 12.3]은 [예제 12.17]의 partition() 함수(Hoare 방법)에 의한 분할로 퀵 정렬을 설명한다. partition() 함수는 왼쪽 방향에서 변수 i를 사용하여 피봇보다 큰 값을 찾고, 오른쪽 방향에서 j변수로 피봇보다 작은 값을 찾는다. i < j이면 A[i]와 A[j]를 교환한다. 조건 i < j인 동안 계속 교환하다, i >= j이면 피봇 A[left]와 A[j]를 교환한다. A[0]부터 A[j - 1]까지는 A[j]보다 작고, A[j + 1]부터 A[right]까지는 A[j]보다 크거나 같다. 피봇 A[j]가 정확히 제 위치에 있게 된다. [left, j - 1]까지 퀵정렬하고, [j + 1, right]까지 퀵 정렬한다. 퀵 정렬은 가장 빠른 정렬 중에 하나이다.

표 12.3 partition()을 사용한 퀵 정렬

데이터	A[0]	A[1]	A[2]	A[3]	A[4]	A[5]	A[6]	A[7]	[left, right]
피봇	2	8	7	1	3	5	6	4	
A[0] = 2	[1]	2	[7	8	3	5	6	4]	[0, 7]
A[2] = 7	1	2	[6	4	3	5]	7	[8]	[2, 7]
A[2] = 6	1	2	[5	4	3]	6	7	8	[2, 5]
A[2] = 5	1	2	[3	4]	5	6	7	8	[2, 4]
A[2] = 3	1	2	3	[4]	5	6	7	8	[2, 3]

[예제 12.20] 퀵 정렬(quick sort)

```
01:  #include <stdio.h>
02:  void quickSort(int A[], int left, int right);
03:  int partition(int A[], int left, int right); /* Hoare */
04:  int partition2(int A[], int left, int right);/* Lomuto */
05:  void swap(int *i, int *j);
06:  void printArr(int A[]);
07:  void printPartionArr(int A[], int p, int left, int right);
08:  #define N 8
09:  int main()
10:  {
11:      int A[] = { 2, 8, 7, 1, 3, 5, 6, 4 };
12:
13:      printf("\n  Input A: ");
14:      printArr(A);
15:
16:      quickSort(A, 0, N - 1);
17:
18:      printf("\n***Quick sort result!\n");
19:      printArr(A);
20:      return 0;
21:  }
22:  void quickSort(int A[], int left, int right)
23:  {
24:      int p;
25:      if (left < right)
26:      {
27: /*       printf("left = %d, right = %d\n", left, right); */
28:          p = partition(A, left, right);
29:          printPartionArr(A, p, left, right);
30:          quickSort(A, left, p - 1);
31:          quickSort(A, p + 1, right);
32:      }
33:  }
34:  int partition(int A[], int left, int right)/* Hoare */
```

```c
35: {
36:         int i, j, pivot;
37:         pivot = A[left];
38:         i = left;
39:         j = right + 1;
40:         do {
41:                 do { i++; } while (A[i] < pivot);
42:                 do { j--; } while (A[j] > pivot);
43:                 if (i < j)
44:                         swap(&A[i], &A[j]);
45:         } while (i < j);
46:         swap(&A[left], &A[j]);
47:         return j;
48: }
49: int partition2(int A[], int left, int right)/* Lomuto */
50: {
51:         int i, j, pivot;
52:         pivot = A[right];
53:         i = left - 1;
54:         for (j = left; j < right; j++)
55:         {
56:                 if (A[j] <= pivot)
57:                 {
58:                         i++;
59:                         swap(&A[i], &A[j]);
60:                 }
61:         }
62:         swap(&A[i + 1], &A[right]);
63:         return i + 1;
64: }
65: void swap(int *i, int *j)
66: {
67:         int temp;
68:         temp = *i;
69:         *i = *j;
70:         *j = temp;
71: }
72: void printPartionArr(int A[], int p, int left, int right)
73: {
74:         int i;
75:
76:         for (i = 0; i < left; i++)
77:                 printf("%4d", A[i]);d  ", A[i]);
78:         printf("[");
79:         for (i = left; i < p; i++)
80:                 printf("%4d", A[i]);
```

```
81:        printf("]%4d", A[p]);
82:
83:        if (p <= right)
84:            printf("[");
85:        for (i = p + 1; i <= right; i++)
86:            printf("%4d", A[i]);
87:        printf("]");
88:        for (i = right + 1; i <N; i++)
89:            printf("%4d", A[i]);
90:        printf("\n");
91: }
92: void printArr(int A[])
93: {
94:        int i;
95:        for (i = 0; i < N; i++)
96:            printf("%d  ", A[i]);
97:        printf("\n");
98: }
```

● 실행 결과

▌프로그램 설명

① 11−19행
배열 A를 선언하고 입력 데이터 정수를 초기화한다. quickSort() 함수로 배열 A를 left = 0,
right = N - 1에서 오름차순으로 정렬한다.

② 22−33행
조건 left == right 참이면 1개의 데이터만 있으므로 정렬이 필요 없다. 조건 left < right가 참
이면 p = partition(A, left, right)로 A[left]를 피봇으로 분할한다. A[left]부터 A[p - 1]까지는
A[p]보다 작고, A[p + 1]부터 A[right]까지는 A[p]보다 크거나 같다. printPartionArr() 함수로
분할 결과를 출력한다. left에서 p - 1까지 퀵정렬하고, p + 1, right까지 퀵 정렬한다.

③ 34−48행
partition() 함수는 Hoare 방법에 의한 분할 방법이다. 피봇을 A[left]로 사용한다,

④ 49−64행
partition2() 함수는 Lomuto 방법에 의한 분할 방법이다. 피봇을 A[right]로 사용한다, i = left
- 1로 설정하고, j 변수가 left부터 오른쪽으로 가면서 조건 A[j] <= pivot에 의해 피봇보다 작

거나 같으면 i를 증가시키고 A[i], A[j]를 교환한다. j = right - 1까지 계속 교환하고, 반복을 마치고 62행에서 A[i + 1]과 피봇 A[right]를 교환하면 A[left]부터 A[i]까지는 피봇A[i + 1]보다 작거나 같고, A[i + 2]부터 A[right]까지는 피봇 A[i + 1]보다 크게 분할된다.

⑤ 72~91행
printPartionArr() 함수에서 p는 partition(), partition2() 함수의 반환 값으로 A[p]를 기준으로 작은 값은 왼쪽, 큰값은 오른쪽으로 나누어 A[0], A[1], [A[left], ..A[p - 1]] A[p] [A[p + 1], ..., A[right]]와 같이 출력한다.

2.4 데이터 탐색

탐색/검색(search)은 저장된 데이터에서 주어진 키(key)를 찾는 과정이다. 배열에 저장된 데이터에서 순차 탐색(sequential search)과 이진 탐색(binary search)을 간단한 함수로 구현한다. 배열에서 탐색은 찾으려고 하는 키가 배열에 있는지 없는지를 알려주고, 만약 있으면 저장된 위치(배열이면 첨자, 연결 리스트이면 포인터)를 알 수 있다.

2.4.1 순차 탐색

순차 탐색은 배열의 데이터가 정렬되어 있지 않은 경우에 사용하는 방법으로 앞에서부터 순서대로 비교하여 찾는다. 순차 탐색은 데이터에 따라 한 번의 비교로 찾을 수도 있고, 마지막에서 찾을 수도 있으며, 찾는 데이터(key)가 없는 경우도 모든 데이터를 비교해야만 알 수 있다.

[예제 12.21] 순차 탐색

```
01:   #include <stdio.h>
02:   #include <string.h>
03:   typedef struct {
04:        char name[10];
05:        int score;
06:   } STUDENT;
07:   int sequentialSearch(char key[], STUDENT stArr[], int n);
08:   int main()
09:   {
10:        STUDENT stArr[] = { { "이영희", 80 },
11:                           { "김철수", 90 },
12:                           { "홍길동", 60 },
13:                           { "손오공", 50 },
14:                           { "박인수", 70 } };
15:        char key[10];
16:        int n = sizeof(stArr) / sizeof(STUDENT);      /* n = 5 */
17:        int k; /* search index */
18:
19:        printf("name : ");
```

```
20:        scanf_s("%s", key, sizeof(key));
21:
22:        k = sequentialSearch(key, stArr, n);
23:        if (k < 0)
24:            printf("%s는 없습니다.\n", key);
25:        else
26:            printf("%s의 성적은 %d입니다.\n", stArr[k].name, stArr[k].score);
27:        return 0;
28: }
29: int sequentialSearch(char key[], STUDENT stArr[], int n)
30: {
31:        int i;
32:        for (i = 0; i < n; i++)
33:        {
34:            if (strcmp(stArr[i].name, key) == 0) /* 같은지 확인 */
35:                break;
36:        }
37:        if (i < n)
38:            return i;
39:        return -1;
40: }
```

● 실행 결과

┃ 프로그램 설명

① 10-17행

구조체 STUDENT 배열 stArr을 선언하고 5개의 이름과 성적으로 초기화한다. key는 검색할
이름을 입력할 배열이다. 배열 stArr의 크기 n = 5를 계산한다.

② 19-26행

콘솔에서 이름(name)을 key에 입력한다. 22행은 sequentialSearch() 함수로 배열 stArr의
name 멤버가 key인 첨자 k를 찾는다. key가 없으면 k = -1이다.

③ 29-40행

sequentialSearch() 함수는 for 문으로 strcmp() 함수로 stArr[i].name와 key가 같으면
break로 탈출하고 첨자 i를 반환한다. stArr[i].name에 key가 없으면 -1을 반환한다.

2.4.2 이진 탐색

데이터가 찾고자 하는 키(key)에 의해 정렬되어 있으면 순차적으로 찾는 것보다, 이진
탐색에 의해 중간(middle) 위치의 값과 비교하고, 같으면 바로 찾고, 키가 작으면 중간
왼쪽(오름차순) 부분에서 찾고, 키가 크면 중간 오른쪽(오름차순) 부분에서 찾는 방법을
사용하면 빨리 찾을 수 있다.

[예제 12.22] 이진 탐색

```c
01:  #include <stdio.h>
02:  #include <string.h>
03:  typedef struct {
04:        char name[10];
05:        int score;
06:  } STUDENT;
07:  void insertionSortByName(STUDENT stArr[], int n);
08:  int binarySearch1(char key[], STUDENT stArr[], int left, int right);
09:  int binarySearch2(char key[], STUDENT stArr[], int left, int right);
10:  int main()
11:  {
12:        STUDENT stArr[] = { { "이영희", 80 },
13:                            { "김철수", 90 },
14:                            { "홍길동", 60 },
15:                            { "손오공", 50 },
16:                            { "박인수", 70 } };
17:        char key[10];
18:        int n = sizeof(stArr) / sizeof(STUDENT);        /* n = 5 */
19:        int k; /* search index */
20:
21:        insertionSortByName(stArr, n);
22:
23:        printf("sort by name!\n");
24:        for (int i = 0; i < n; i++)
25:        {
26:              printf("stArr[%d]:(%s, %d)\n",
27:                          i, stArr[i].name, stArr[i].score);
28:        }
29:
30:        printf("name : ");
31:        scanf_s("%s", key, sizeof(key));
32:
33:        k = binarySearch1(key, stArr, 0, n - 1);
34:        // k = binarySearch2(key, stArr, 0, n - 1);
35:        if (k < 0)
36:              printf("%s는 없습니다.\n", key);
37:        else
38:              printf("%s의 성적은 %d입니다.\n", stArr[k].name, stArr[k].score);
39:
40:        return 0;
41:  }
42:  void insertionSortByName(STUDENT stArr[], int n)
43:  {
44:        int i, j;
45:        STUDENT tmp;
```

```
46:
47:        for (i = 1; i < n; i++)
48:        {
49:            tmp = stArr[i];
50:            for (j = i - 1; j >= 0&&strcmp(tmp.name, stArr[j].name)<0; j--)
51:            {
52:                stArr[j + 1] = stArr[j];
53:            }
54:            stArr[j + 1] = tmp;
55:        }
56: }
57: int binarySearch1(char key[], STUDENT stArr[], int left, int right)
58: {
59:        int middle;
60:        while (left <= right)
61:        {
62:            middle = (left + right) / 2;
63:            switch (strcmp(key, stArr[middle].name))
64:            {
65:                case -1:
66:                    right = middle - 1;
67:                    break;
68:                case 0:
69:                    return middle;
70:                case 1:
71:                    left = middle + 1;
72:                    break;
73:            }
74:        }
75:        return -1;
76: }
77: int binarySearch2(char key[], STUDENT stArr[], int left, int right)
78: {
79:        int middle;
80:        if (left <= right)
81:        {
82:            middle = (left + right) / 2;
83:            switch (strcmp(key, stArr[middle].name))
84:            {
85:                case -1:
86:                    return binarySearch2(key, stArr, left, middle - 1);
87:                case 0:
88:                    return middle;
89:                case 1:
90:                    return binarySearch2(key, stArr, middle + 1, right);
91:            }
```

```
92:      }
93:      return -1;
94: }
```

●실행 결과

▌프로그램 설명

① 21-28행
21행은 insertionSortByName() 함수로 배열 stArr의 name 멤버를 기준으로 삽입 정렬한다.
23-28행은 이름으로 정렬된 배열 stArr을 출력한다.

② 30-38행
콘솔에서 이름(name)을 key에 입력하고, 33행은 binarySearch1() 함수로 배열 stArr의
name 멤버가 key인 첨자 k를 찾는다. key가 없으면 k = -1이다.

③ 42-56행
insertionSortByName() 함수는 배열 stArr의 name 멤버를 기준으로 삽입 정렬한다.

④ 57-76행
binarySearch1() 함수는 배열 stArr의 left, right에서 key를 반복문으로 찾는다. 중간 위치
middle = (left + right) / 2를 계산하고, strcmp(key, stArr[middle].name) == 0이면 middle
을 반환하고, strcmp(key, stArr[middle].name) < 0이면 right = middle - 1로 조정하여 왼
쪽에서 찾고, stArr[middle].name) > 0이면 left = middle + 1로 조정하여 오른쪽에서 찾는다.
left > right이면 key가 없으므로 -1을 반환한다.

⑤ 77-94행
binarySearch2() 함수는 배열 stArr의 left, right에서 key를 재귀함수로 찾는다.

2.5 자기 참조 구조체 활용

자기 참조 구조체(self-referential struct)를 사용하여 정렬된 연결 리스트, 이진 탐색
트리(binary search tree), 동치류(equivalence class), 후위(postfix) 수식의 이진트리
생성 및 이진 트리의 순회(traversal) 예제를 작성한다.

2.5.1 연결 리스트의 정렬 및 탐색

연결 리스트에 저장되어 있는 데이터에서 순차 탐색은 포인터 링크를 따라가면서 키
(key)를 비교하여 데이터를 찾는다. 연결 리스트에 key가 없으면 연결 리스트의 끝까지

비교해야 알 수 있다. 그러나 연결 리스트가 키에 의해 정렬되어 있으면, 연결 리스트에 key가 없는 경우 효과적으로 판단할 수 있다.

[예제 12.23] 정렬된 연결 리스트

```
01:   #include <stdio.h>
02:   #include <malloc.h>
03:   typedef struct _NODE {
04:        int data;
05:        struct _NODE *link;
06:   } NODE, *PNODE;
07:   PNODE createNode(int data);
08:   void insertSortedList(PNODE *ptrHead, int key);
09:   void printList(PNODE head);
10:   void deleteList(PNODE *head);
11:   int main()
12:   {
13:        int A[] = { 4, 2, 3, 5, 1 };
14:        PNODE ptrHead = NULL;
15:
16:        for (int i = 0; i<5; i++)
17:             insertSortedList(&ptrHead, A[i]);
18:        printList(ptrHead);
19:        deleteList(&ptrHead);
20:        return 0;
21:   }
22:   PNODE createNode(int data)
23:   {
24:        PNODE ptr;
25:        ptr = (PNODE)malloc(sizeof(NODE));
26:        ptr->data = data;
27:        ptr->link = NULL;
28:        return ptr;
29:   }
30:   void insertSortedList(PNODE *head, int key)
31:   {
32:        PNODE ptr1, ptr2;
33:        PNODE ptr = createNode(key);
34:        if (*head == NULL)
35:        {
36:             *head = ptr;
37:        }
38:        else
39:        {
40:             ptr1 = *head;
41:             ptr2 = NULL;
42:             while (ptr1 && ptr1->data < key)
```

```
43:              {
44:                   ptr2 = ptr1;
45:                   ptr1 = ptr1->link;
46:              }
47:              if (ptr2 == NULL)
48:              {
49:                   ptr->link = *head;        /* ptr->link = ptr1; */
50:                   *head = ptr;
51:              }
52:              else
53:              {
54:                   ptr2->link = ptr;
55:                   ptr->link = ptr1;
56:              }
57:         }
58: }
59:  void printList(PNODE head)
60: {
61:      PNODE ptr;
62:      for (ptr = head; ptr != NULL; ptr = ptr->link)
63:      {
64:           if (ptr->link)
65:                printf("%d -> ", ptr->data);
66:           else
67:                printf("%d ", ptr->data);
68:      }
69:      printf("\n");
70: }
71:  void deleteList(PNODE *head)
72: {
73:      PNODE ptr;
74:      for (ptr = *head; *head != NULL; ptr = *head)
75:      {
76:           *head = (*head)->link;
77:           free(ptr);
78:      }
79: }
```

● 실행 결과

▌ 프로그램 설명

① 13-19행

16-17행은 [그림 12.5]에서 [그림 12.9]와 같이 배열 A의 요소를 연결 리스트에 오름차순 정

렬되도록 추가한다. 18행은 printList() 함수로 헤드 포인터가 ptrHead인 연결 리스트를 차
례로 출력한다. 19행은 deleteList() 함수로 연결 리스트의 모든 노드의 메모리를 삭제하고,
ptrHead = NULL로 한다.

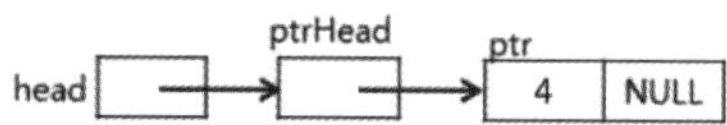

[그림 12.5] insertSortedList(&ptrHead, 4);

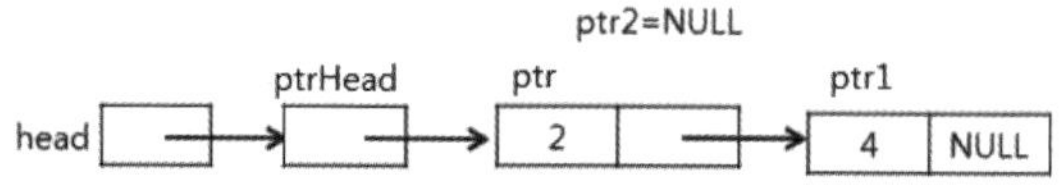

[그림 12.6] insertSortedList(&ptrHead, 2);

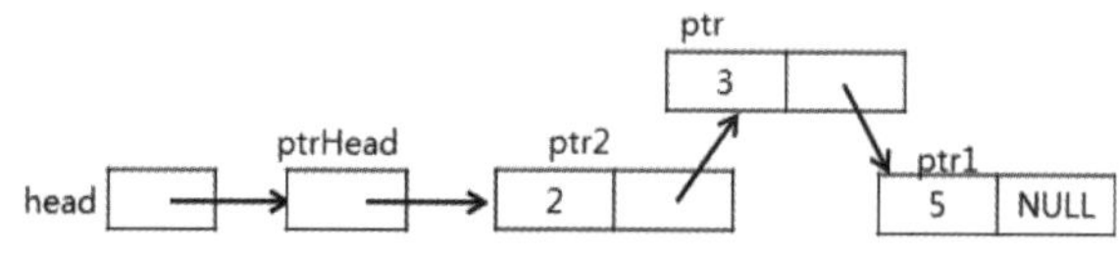

[그림 12.7] insertSortedList(&ptrHead, 3);

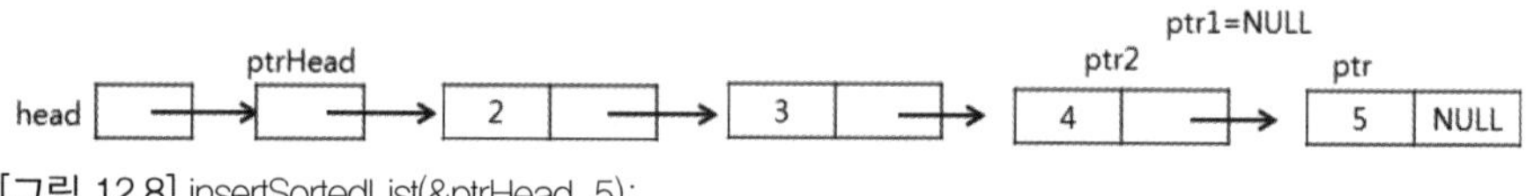

[그림 12.8] insertSortedList(&ptrHead, 5);

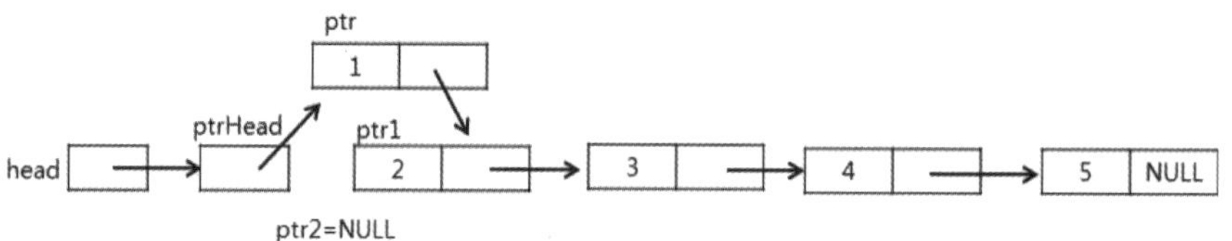

[그림 12.9] insertSortedList(&ptrHead, 1);

② 30-58행
insertSortedList() 함수는 단방향 연결 리스트의 데이터를 오름차순 정렬로 유지한다. 헤
드 포인터 *head가 NULL이면 생성한 노드(ptr)를 헤드 포인터에 저장하고, NULL이 아니면
while 문을 사용하여 생성한 노드가 들어갈 위치를 찾는다. ptr1은 다음 노드이고, ptr2는 이
전 노드 포인터이다. 생성한 노드 ptr은 ptr2 다음에 연결한다.

③ 59-70행
printList() 함수는 헤드 연결 리스트를 차례로 출력한다. 64행 if 문이 참이면 리스트의 종간
노드이고, 거짓이면 마지막 노드이다.

④ 71-79행
deleteList() 함수는 연결 리스트의 헤드 쪽의 노드부터 차례로 메모리를 해제하여, 모든 노드
의 메모리를 해제하고, ptrHead = NULL로 한다.

[예제 12.24] 정렬된 연결 리스트에서 탐색

```c
01:    #include <stdio.h>
02:    #include <string.h>
03:    #include <malloc.h>
04:
05:    typedef struct {
06:         char name[10];
07:         int score;
08:    } STUDENT;
09:
10:    typedef struct _NODE
11:    {
12:         STUDENT  data;
13:         struct _NODE *link;
14:    } NODE, *PNODE;
15:
16:    PNODE createNode(STUDENT st);
17:    void  insertSortedList(PNODE *head, STUDENT data);
18:    PNODE searchInList(char key[], PNODE head);
19:    void printList(PNODE head);
20:    void deleteList(PNODE *head);
21:    int main()
22:    {
23:         PNODE ptrHead = NULL, ptr;
24:         STUDENT stArr[] = { { "이영희", 80 },
25:                             { "김철수", 90 },
26:                             { "홍길동", 60 },
27:                             { "손오공", 50 },
28:                             { "박인수", 70 } };
29:
30:         int i;
31:         char key[20];
32:         int n = sizeof(stArr) / sizeof(STUDENT);        /* n = 5 */
33:
34:         for (i = 0; i < n; i++)
35:              insertSortedList(&ptrHead, stArr[i]);
36:         printList(ptrHead);
37:
38:         printf("name : ");
39:         scanf_s("%s", key, sizeof(key));
40:
41:         ptr = searchInList(key, ptrHead);
42:         if (ptr == NULL)
43:              printf("%s는 없습니다.\n", key);
44:         else
45:              printf("%s의 성적은 %d입니다.\n",ptr->data.name, ptr->data.score);
```

```c
46:
47:        deleteList(&ptrHead);
48:        return 0;
49:  }
50:  PNODE searchInList(char key[], PNODE head)
51:  {
52:        PNODE ptr;
53:        ptr = head;
54:        while (ptr != NULL && strcmp(key, ptr->data.name) != 0
55:                        && strcmp(key, ptr->data.name) > 0)
56:            ptr = ptr->link;
57:
58:        if (ptr && strcmp(key, ptr->data.name) != 0)
59:        {
60:            return NULL;
61:        }
62:        return ptr;
63:  }
64:  PNODE createNode(STUDENT data)
65:  {
66:        PNODE ptr;
67:        ptr = (PNODE)malloc(sizeof(NODE));
68:        ptr->data = data;
69:        ptr->link = NULL;
70:        return ptr;
71:  }
72:  void insertSortedList(PNODE *head, STUDENT data)
73:  {
74:        PNODE ptr1, ptr2;
75:        PNODE ptr = createNode(data);
76:
77:        if (*head == NULL)
78:            *head = ptr;
79:        else
80:        {
81:            ptr1 = *head;
82:            ptr2 = NULL;
83:
84:            while (ptr1 && strcmp(ptr1->data.name, data.name) < 0)
85:            {
86:                ptr2 = ptr1;
87:                ptr1 = ptr1->link;
88:            }
89:            if (ptr2 == NULL)
90:            {
91:                ptr->link = *head;
```

```
 92:                    *head = ptr;
 93:                }
 94:                else
 95:                {
 96:                    ptr2->link = ptr;
 97:                    ptr->link = ptr1;
 98:                }
 99:        }
100:}
101:void printList(PNODE head)
102:{
103:        PNODE ptr;
104:        for (ptr = head; ptr != NULL; ptr = ptr->link)
105:                printf("%s %d\n", ptr->data.name, ptr->data.score);
106:        printf("\n");
107:}
108:void deleteList(PNODE *head)
109:{
110:        PNODE ptr;
111:        for (ptr = *head; *head != NULL; ptr = *head)
112:        {
113:                *head = (*head)->link;
114:                if (ptr != NULL)
115:                        free(ptr);
116:        }
117:}
```

● 실행 결과

프로그램 설명

① 34-35행
insertSortedList() 함수로 구조체 STUDENT 배열 stArr을 이용하여 이름으로 정렬된 연결 리스트를 생성한다.

② 38-45행
콘솔에서 이름(name)을 key에 입력하고, 41행은 searchInList() 함수로 헤드 포인터가 ptrHead인 연결 리스트에서 key를 찾는다. key를 찾으면 노드 포인터를 반환하고, 없으면 NULL을 반환한다.

③ 50-63행

searchInList() 함수는 연결 리스트가 이름으로 정렬되어 있기 때문에, 정렬된 연결 리스트에서 key보다 큰 name이 나오면 더 이상의 노드를 비교해 보지 않아도 연결 리스트에 없다는 것을 알 수 있다.

2.5.2 이진트리 및 이진 탐색 트리

자기 참조 구조체를 사용하여 왼쪽 자식(left child)과 오른쪽 자식(right child)을 갖는 이진트리(binary tree: 자식이 최대 2개인 트리)를 생성하기 위한 구조체 TREE_NODE 는 왼쪽 자식에 대한 링크 pLeft와 오른쪽 자식에 대한 링크 pRight가 있고, 정수 데이터를 저장하기 위한 data 변수가 있다. 다음의 트리 노드 구조체 TREE_NODE와 포인터 PTREE_NODE는 [예제 12.22]의 구조체와 같다.

```
typedef struct _TREE_NODE *PTREE_NODE;
typedef struct _TREE_NODE {
        int data;
        PTREE_NODE pLeft;
        PTREE_NODE pRight;
} TREE_NODE;
```

이진 탐색 트리(binary search tree)는 모든 노드에서 왼쪽 자식(pLeft) 노드에 있는 값이 부모(parent) 노드에 있는 값보다 작고, 오른쪽 자식(pRight) 노드에 있는 값이 부모 노드에 있는 값보다 큰 이진트리이다.

이진 탐색 트리는 데이터 탐색이 빠른 장점이 있다. 그리고 이진 탐색 트리를 중위순회 (inorder traversal)하여 데이터 값을 출력하면 오름차순 정렬한 결과가 된다. 이진 탐색 트리에서 좌우 균형이 맞지 않으면, 탐색 시간이 오래 걸린다. 최악의 경우 순차적으로 선형 탐색하는 것과 동일하게 시간이 걸릴 수 있다. 좌우균형을 유지하며 이진 탐색 트리를 생성하는 방법과 트리를 이용한 다양한 예제는 자료구조(data structure) 관련 서적을 참고한다.

[예제 12.25] 이진 탐색 트리 생성

```
01:    #include <stdio.h>
02:    #include <malloc.h>
03:
04:    typedef struct _TREE_NODE {
05:        int data;
06:        struct _TREE_NODE *pLeft;
07:        struct _TREE_NODE *pRight;
08:    } TREE_NODE, *PTREE_NODE;
09:
10:    PTREE_NODE createNode(int data);
```

```
11:    PTREE_NODE findPositionInBST(PTREE_NODE ptr, int key);
12:    void insertInBST(PTREE_NODE *ptrHead, int key);
13:    void visitTreeInOrder(PTREE_NODE ptr);
14:    void deleteTree(PTREE_NODE *head);
15:    void deleteAllTreeNode(PTREE_NODE ptr);
16:    int main()
17:    {
18:        PTREE_NODE ptrHead = NULL;
19:        int A[] = { 20, 30, 10, 15 };
20:
21:        for (int i = 0; i < 4; i++)
22:            insertInBST(&ptrHead, A[i]);
23:
24:        visitTreeInOrder(ptrHead);
25:        deleteTree(&ptrHead);
26:        return 0;
27:    }
28:    void insertInBST(PTREE_NODE *head, int key)
29:    {
30:        PTREE_NODE ptr;
31:        PTREE_NODE tmp;
32:
33:        /* 노드 생성 */
34:        ptr = createNode(key);
35:        if (*head == NULL)
36:        {
37:            *head = ptr;
38:        }
39:        else
40:        {   /* ptr을 연결할 위치를 찾음 */
41:            tmp = findPositionInBST(*head, key);
42:            if (tmp != NULL)
43:            {
44:                if (key < tmp->data)
45:                    tmp->pLeft = ptr;
46:                else
47:                    tmp->pRight = ptr;
48:            }
49:        }
50:    }
51:    PTREE_NODE findPositionInBST(PTREE_NODE ptr, int key)
52:    {
53:        if (key == ptr->data)
54:            return NULL;
55:        else if (key < ptr->data)
56:        {
```

```
 57:            if (ptr->pLeft == NULL)
 58:                return ptr;
 59:            else
 60:                return findPositionInBST(ptr->pLeft, key);
 61:        }
 62:        else
 63:        {
 64:            if (ptr->pRight == NULL)
 65:                return ptr;
 66:            else
 67:                return findPositionInBST(ptr->pRight, key);
 68:        }
 69: }
 70: PTREE_NODE createNode(int data)
 71: {
 72:        PTREE_NODE ptr;
 73:        ptr = (PTREE_NODE)malloc(sizeof(TREE_NODE));
 74:        ptr->data = data;
 75:        ptr->pLeft = NULL;
 76:        ptr->pRight = NULL;
 77:        return ptr;
 78: }
 79: void visitTreeInOrder(PTREE_NODE ptr)
 80: {   /* 중위 순회: (left, root, right) */
 81:        if (ptr != NULL)
 82:        {
 83:            visitTreeInOrder(ptr->pLeft);
 84:            printf("%d ", ptr->data);
 85:            visitTreeInOrder(ptr->pRight);
 86:        }
 87: }
 88: void deleteTree(PTREE_NODE *head)
 89: {
 90:        deleteAllTreeNode(*head);
 91:        *head = NULL;
 92: }
 93: void deleteAllTreeNode(PTREE_NODE ptr)
 94: {
 95:        /* 후위 순회: (left, right, root) */
 96:        if (ptr != NULL)
 97:        {
 98:            deleteAllTreeNode(ptr->pLeft);
 99:            deleteAllTreeNode(ptr->pRight);
100:            /* printf("Delete : %p: %d\n", ptr, ptr->data); */
101:            free(ptr);
102:        }
103:}
```

● 실행 결과

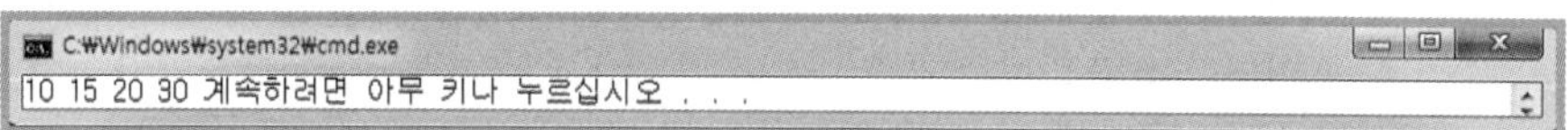

▌프로그램 설명

① 4-8행
이진트리를 위한 노드 구조체 TREE_NODE와 포인터 PTREE_NODE를 정의한다.

② 18-25행
이진 탐색 트리의 헤드 포인터 ptrHead을 선언하고, NULL로 초기화한다. 21-22행은
insertInBST() 함수로 [그림 12.10]에서 [그림 12.13]과 같이 배열 A의 요소를 차례로 이진 탐
색 트리가 되도록 노드를 생성하여 추가한다. 24행은 visitTreeInOrder() 함수로 헤드 노드가
ptrHead인 이진 탐색 트리를 중위 순회(in order traversal)하여 데이터를 출력하면 오름차
순으로 정렬되어 출력된다. 25행은 deleteTree() 함수로 이진 탐색 트리의 모든 노드의 메모
리를 해제하고, 헤드 포인터 ptrHead = NULL로 한다.

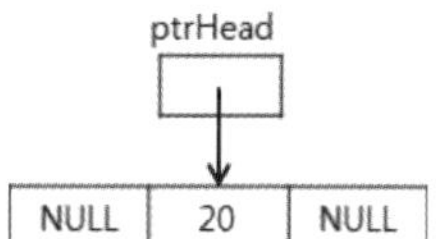

[그림 12.10] insertInBST(&ptrHead, 20)

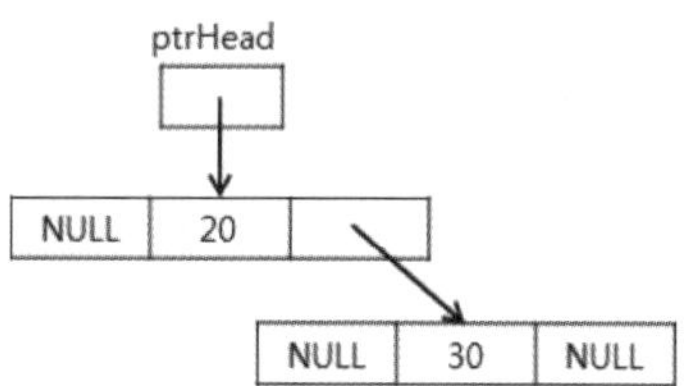

[그림 12.11] insertInBST(&ptrHead, 30)

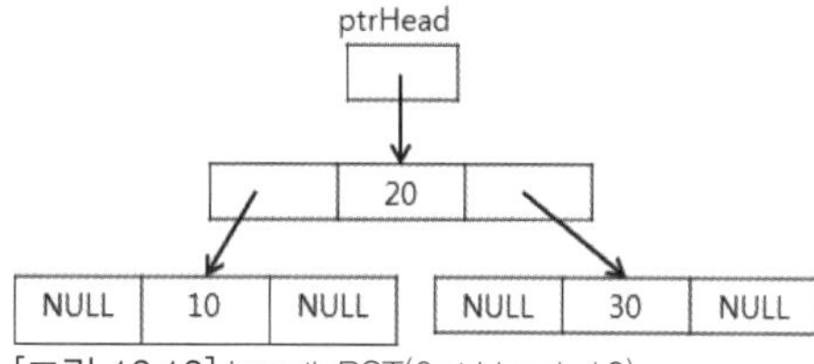

[그림 12.12] insertInBST(&ptrHead, 10)

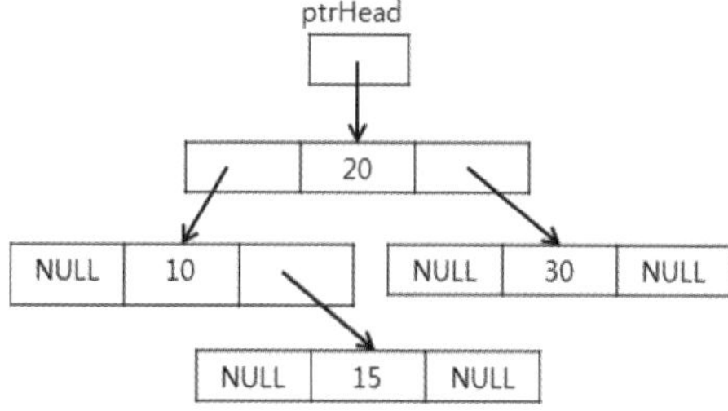

[그림 12.13] insertInBST(&ptrHead, 15)

③ 28-50행

insertInBST() 함수는 포인터 ptr에 생성한 노드를 이진 탐색 트리에 추가한다. 헤드 포인터가 NULL이면 헤드 노드에 추가하고, 그렇지 않으면(트리에 노드가 있으면) findPositionInBST() 함수를 사용하여 key값을 추가할 노드의 포인터 tmp를 찾는다. tmp가 NULL이면 key 값이 이미 이진 탐색 트리에 있는 경우로 ptr 노드를 추가하지 않는다. 그렇지 않으면 조건 key < tmp->data이면 tmp->pLeft = ptr로 왼쪽 차일드에 연결하고, key > tmp->data이면 tmp->pRight = ptr로 오른쪽 차일드에 연결한다.

④ 51-69행

findPositionInBST() 함수는 key값을 추가할 노드의 포인터를 찾아 반환하는 재귀함수이다. key == ptr->data이면 NULL을 반환하고, key < ptr->data이면 찾는 위치가 현재 노드의 왼쪽에 있다. ptr->pLeft가 NULL이면 NULL을 반환하고, 그렇지 않으면 findPositionInBST(ptr->pLeft, key)로 왼쪽 자식 노드로 재귀 호출한다. key > ptr->data이면 찾는 위치가 현재 노드의 오른쪽에 있다. ptr->pRight가 NULL이면 NULL을 반환하고, 그렇지 않으면 findPositionInBST(ptr->pRight, key)로 오른쪽 자식 노드로 재귀 호출한다.

⑤ 79-87행

visitTreeInOrder() 함수는 노드 포인터 ptr부터 이진트리를 모든 노드에서 pLeft, root, pRight로 방문하는 중위 순회(inorder traversal)하여 데이터를 출력하는 재귀함수이다.

⑥ 88-103행

deleteTree() 함수는 deleteAllTreeNode() 재귀함수를 호출하여 이진트리의 모든 노드의 메모리를 해제하고, 헤드 노드를 NULL로 한다. deleteAllTreeNode()는 pLeft, pRight, root로 방문하는 후위순회(postorder traversal)로 이진트리의 모든 노드의 메모리를 해제한다.

[예제 12.26] 이진 탐색 트리에서 탐색

```c
01:  #include <stdio.h>
02:  #include <string.h>
03:  #include <malloc.h>
04:
05:  typedef struct {
06:      char name[10];
07:      int  score;
08:  } STUDENT;
09:
10:  typedef struct _TREE_Node *PTREE_NODE;
11:  typedef struct _TREE_Node {
12:      STUDENT  data;
13:      PTREE_NODE pLeft;
14:      PTREE_NODE pRight;
15:  } TREE_NODE;
16:
17:  void insertInBST(PTREE_NODE *head, STUDENT data);
18:  PTREE_NODE findPositionInBST(PTREE_NODE ptr, char name[]);
19:  PTREE_NODE createNode(STUDENT data);
20:  PTREE_NODE searchInBST(PTREE_NODE ptr, char name[]);
```

```c
21:    void visitTreeInOrder(PTREE_NODE ptr);
22:    void deleteTree(PTREE_NODE *head);
23:    void deleteAllTreeNode(PTREE_NODE ptr);
24:    int main()
25:    {
26:        STUDENT stArr[] = { { "이영희", 80 },
27:                            { "김철수", 90 },
28:                            { "홍길동", 60 },
29:                            { "손오공", 50 },
30:                            { "박인수", 70 } };
31:        int i;
32:        char key[10];
33:        int n = sizeof(stArr) / sizeof(STUDENT);       /* n = 5 */
34:        PTREE_NODE ptrHead = NULL, ptr, retPtr;
35:
36:        for (i = 0; i < n; i++)
37:            insertInBST(&ptrHead, stArr[i]);
38:
39:        visitTreeInOrder(ptrHead);
40:
41:        printf("name : ");
42:        scanf_s("%s", key, sizeof(key));
43:        ptr = ptrHead;
44:        retPtr = searchInBST(ptr, key);
45:
46:        if (retPtr == NULL)
47:            printf("%s의 자료는 없습니다.\n", key);
48:        else
49:            printf("%s의 성적은 %d입니다.\n",
50:                    retPtr->data.name, retPtr->data.score);
51:        deleteTree(&ptrHead);
52:        return 0;
53:    }
54:    PTREE_NODE searchInBST(PTREE_NODE ptr, char name[])
55:    {
56:        if (strcmp(name, ptr->data.name) == 0)
57:            return ptr;
58:        else if (strcmp(name, ptr->data.name) < 0)
59:        {
60:            if (ptr->pLeft == NULL)
61:                return NULL;
62:            else
63:                return searchInBST(ptr->pLeft, name);
64:        }
65:        else
66:        {
```

```
67:                if (ptr->pRight == NULL)
68:                    return NULL;
69:                else
70:                    return searchInBST(ptr->pRight, name);
71:            }
72:  }
73:  void insertInBST(PTREE_NODE *head, STUDENT data)
74:  {
75:        PTREE_NODE ptr;
76:        PTREE_NODE tmp;
77:        /* 노드 생성 */
78:        ptr = createNode(data);
79:        if (*head == NULL)
80:        {
81:            *head = ptr;
82:        }
83:        else
84:        {   /* ptr을 연결할 위치를 찾음 */
85:            tmp = findPositionInBST(*head, data.name);
86:            if (tmp != NULL)      /* BST에 키 값이 없는 경우 */
87:            {
88:                if (strcmp(data.name, tmp->data.name) < 0)
89:                    tmp->pLeft = ptr;
90:                else
91:                    tmp->pRight = ptr;
92:            }
93:        }
94:  }
95:  PTREE_NODE findPositionInBST(PTREE_NODE ptr, char name[])
96:  {
97:        if (strcmp(name, ptr->data.name) == 0)
98:            return NULL;
99:        else if (strcmp(name, ptr->data.name) < 0)
100:       {
101:            if (ptr->pLeft == NULL)
102:                return ptr;
103:            else
104:                return findPositionInBST(ptr->pLeft, name);
105:       }
106:       else
107:       {
108:            if (ptr->pRight == NULL)
109:                return ptr;
110:            else
111:            return findPositionInBST(ptr->pRight, name);
112:       }
113:}
```

```
114: PTREE_NODE createNode(STUDENT data)
115: {
116:        PTREE_NODE ptr;
117:        ptr = (PTREE_NODE)malloc(sizeof(TREE_NODE));
118:        ptr->data = data;
119:        ptr->pLeft = NULL;
120:        ptr->pRight = NULL;
121:        return ptr;
122: }
123: void visitTreeInOrder(PTREE_NODE ptr)
124: {      /* 중위 순회: (left, root, right) */
125:        if (ptr != NULL)
126:        {
127:               visitTreeInOrder(ptr->pLeft);
128:               printf("%s : %d\n", ptr->data.name, ptr->data.score);
129:               visitTreeInOrder(ptr->pRight);
130:        }
131: }
132: void deleteTree(PTREE_NODE *head)
133: {
134:        deleteAllTreeNode(*head);
135:        *head = NULL;
136: }
137: void deleteAllTreeNode(PTREE_NODE ptr)
138: {
139:        /* 후위 순회: (left, right, root) */
140:        if (ptr != NULL)
141:        {
142:               deleteAllTreeNode(ptr->pLeft);
143:               deleteAllTreeNode(ptr->pRight);
144:               /* printf("Delete : %p: %d\n", ptr, ptr->data); */
145:               free(ptr);
146:        }
147: }
```

● 실행 결과

▌프로그램 설명

① 26-39행

36-37행은 [그림 12.14]와 같이 STUDENT 구조체 배열 stArr의 이름(name)을 기준으로 헤

드 포인터 ptrHead에 이진 탐색 트리를 생성한다. 39행은 visitTreeInOrder() 함수로 이진 탐색 트리를 중위 순회하여 이름(name)과 성적(score)을 출력하면, 이름에 의해 정렬되어 출력된다.

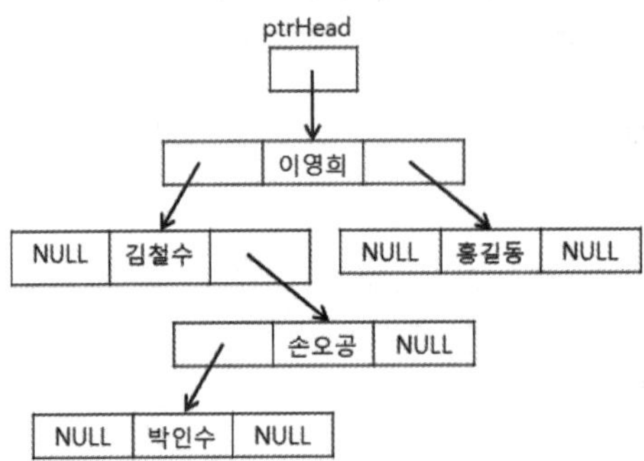

[그림 12.14] 구조체 배열 stArr의 이름(name)에 의한 이진 탐색 트리

② 41-50행

콘 솔에서 이름을 key에 입력하고, searchInBST() 함수로 이진 탐색 트리에서 노드를 retPtr에 찾는다. retPtr->data.name, retPtr->data.score으로 찾은 노드의 이름과 성적을 출력한다. retPtr이 NULL이면 key가 이진 탐색 트리에 없다.

2.5.3 후위(postfix) 수식의 이진트리 생성

후위 수식을 이용하여 수식의 이진트리(binary expression tree)를 생성한다. 수식의 이진트리에서 연산자(operator)는 자식 노드를 가지고, 피연산자(operand)는 자식 노드를 갖지 않는다. 즉, 수식 트리의 내부노드(internal node)는 연산자이고, 단말노드(leaf node)는 피연산자이다.

위키피디아(https://en.wikipedia.org/wiki/Binary_expression_tree)를 참고하여 스택을 이용하는 수식의 이진트리를 생성한다. 후위수식의 토큰이 피연산자이면 노드를 생성하여 포인터를 스택에 넣는다(push). 토큰이 연산자이면 연산자 노드를 생성하고, 스택에서 2개(이항 연산자로 가정)의 포인터 T1, T2를 꺼내서(pop), 연산자 노드의 왼쪽 링크에 T2 오른쪽 링크에 T1을 설정하고, 연산자 노드의 포인터를 스택에 다시 넣는다. 후위 수식의 토큰을 모두 처리한 후에 스택에 남은 하나의 포인터를 꺼내서 헤드 노드로 설정하면 수식의 이진트리가 생성된다.

[예제 12.27] 후위(postfix) 수식의 이진트리 생성

```
01:  /* ref: https://en.wikipedia.org/wiki/Binary_expression_tree */
02:  #include <stdio.h>
03:  #include <malloc.h>
04:  #define STACK_SIZE 20
05:  typedef enum { FALSE, TRUE } BOOL;
06:  typedef enum { lparen, rparen, plus, minus, times, divide, mod, eos, operand } TYPE;
07:
```

```c
08:  typedef struct _TREE_NODE *PTREE_NODE;
09:  typedef struct {
10:      PTREE_NODE data[STACK_SIZE];
11:      int top;
12:  } STACK;
13:  typedef struct {
14:      TYPE  type;
15:      char  symbol;
16:  } TOKEN;
17:  typedef struct _TREE_NODE {
18:      TOKEN  data;
19:      struct _TREE_NODE *pLeft;
20:      struct _TREE_NODE *pRight;
21:  } TREE_NODE;
22:
23:  /* stack functions */
24:  void initStack(STACK *stack);
25:  BOOL isEmptyStack(STACK *stack);
26:  BOOL isFullStack(STACK *stack);
27:  int push(STACK *stack, PTREE_NODE data);
28:  PTREE_NODE pop(STACK *stack);
29:
30:  TOKEN get_token(char *expr, int *n);
31:
32:  /* tree functions */
33:  PTREE_NODE postfix2Tree(char sPostfix[]);
34:  int evalTree(PTREE_NODE ptr);
35:  PTREE_NODE createNode(TOKEN data);
36:  void visitTreePostOrder(PTREE_NODE ptr);
37:  void visitTreePreOrder(PTREE_NODE ptr);
38:  void visitTreeInOrder(PTREE_NODE ptr);
39:  void deleteTree(PTREE_NODE *head);
40:  void deleteAllTreeNode(PTREE_NODE ptr);
41:  int main()
42:  {
43:      char sPostfix[] = "23+456+**";
44:      int val;
45:      PTREE_NODE ptrHead;
46:
47:      printf("sPostfix = %s\n", sPostfix);
48:      ptrHead = postfix2Tree(sPostfix);
49:      val = evalTree(ptrHead);
50:      printf("val = %d\n", val);
51:
52:      printf("Postfix :");
53:      visitTreePostOrder(ptrHead);
```

```
54:
55:        printf("\nPrefix :");
56:        visitTreePreOrder(ptrHead);
57:
58:        printf("\nInfix :");
59:        visitTreeInOrder(ptrHead);
60:        printf("\n");
61:
62:        deleteTree(&ptrHead);
63:        return 0;
64: }
65: PTREE_NODE postfix2Tree(char sPostfix[])
66: {
67:        STACK  stack;
68:        TOKEN  token;
69:        PTREE_NODE ptr;
70:        PTREE_NODE T1, T2;
71:        int n = 0;
72:
73:        initStack(&stack);
74:        for (token = get_token(sPostfix, &n); token.symbol != 0;
75:            token = get_token(sPostfix, &n))
76:        {
77:            printf("token.symbol = %c\n", token.symbol);
78:            ptr = createNode(token);
79:            if (token.type == operand)
80:            {
81:                push(&stack, ptr);
82:            }
83:            else
84:            {
85:                T1 = pop(&stack);
86:                T2 = pop(&stack);
87:                ptr->pLeft = T2;
88:                ptr->pRight = T1;
89:                push(&stack, ptr);
90:            }
91:        }
92:        return pop(&stack);
93: }
94: int evalTree(PTREE_NODE ptr)
95: {
96:        switch (ptr->data.type)
97:        {
98:            case plus:
99:                return evalTree(ptr->pLeft) + evalTree(ptr->pRight);
```

```
100:                break;
101:            case minus:
102:                return evalTree(ptr->pLeft) - evalTree(ptr->pRight);
103:                break;
104:            case times:
105:                return evalTree(ptr->pLeft)*evalTree(ptr->pRight);
106:                break;
107:            case divide:
108:                return evalTree(ptr->pLeft) / evalTree(ptr->pRight);
109:                break;
110:            case mod:
111:                return evalTree(ptr->pLeft) % evalTree(ptr->pRight);
112:                break;
113:            default: /* operand*/
114:                return ptr->data.symbol - '0';
115:        }
116:}
117: PTREE_NODE createNode(TOKEN data)
118:{
119:        PTREE_NODE ptr;
120:        ptr = (PTREE_NODE)malloc(sizeof(TREE_NODE));
121:        ptr->data = data;
122:        ptr->pLeft = NULL;
123:        ptr->pRight = NULL;
124:        return ptr;
125:}
126: void visitTreePostOrder(PTREE_NODE ptr)
127:{     /* 후위 순회: (left, right, root ) */
128:        if (ptr != NULL)
129:        {
130:            visitTreePostOrder(ptr->pLeft);
131:            visitTreePostOrder(ptr->pRight);
132:            printf("%c", ptr->data.symbol);
133:        }
134:}
135: void visitTreePreOrder(PTREE_NODE ptr)
136:{     /* 전위 순회: (root, left, right ) */
137:        if (ptr != NULL)
138:        {
139:            printf("%c", ptr->data.symbol);
140:            visitTreePreOrder(ptr->pLeft);
141:            visitTreePreOrder(ptr->pRight);
142:        }
143:}
144: void visitTreeInOrder(PTREE_NODE ptr)
145:{     /* 중위 순회: (left, root, right) */
```

```c
146:     if (ptr != NULL)
147:     {
148:         if (ptr->data.type != operand)
149:             printf("(");
150:
151:         visitTreeInOrder(ptr->pLeft);
152:         printf("%c", ptr->data.symbol);
153:         visitTreeInOrder(ptr->pRight);
154:
155:         if (ptr->data.type != operand)
156:             printf(")");
157:     }
158:}
159:void deleteTree(PTREE_NODE *head)
160:{
161:     deleteAllTreeNode(*head);
162:     *head = NULL;
163:}
164:void deleteAllTreeNode(PTREE_NODE ptr)
165:{
166:     /* 후위 순회: (left, right, root) */
167:     if (ptr != NULL)
168:     {
169:         deleteAllTreeNode(ptr->pLeft);
170:         deleteAllTreeNode(ptr->pRight);
171:         free(ptr);
172:     }
173:}
174:TOKEN get_token(char *expr, int *n)
175:{
176:     TOKEN token;
177:
178:     while ((token.symbol = expr[(*n)++]) == ' ');
179:     switch (token.symbol)
180:     {
181:         case '(': token.type = lparen; break;
182:         case ')': token.type = rparen; break;
183:         case '+': token.type = plus;   break;
184:         case '-': token.type = minus; break;
185:         case '/': token.type = divide;  break;
186:         case '*': token.type = times;  break;
187:         case '%': token.type = mod;   break;
188:         case '\0':token.type = eos;    break;
189:         default:  token.type = operand;
190:     }
191:     return token;
```

```
192:}
193:/* stack functions */
194:void initStack(STACK *stack)
195:{
196:    stack->top = -1;
197:}
198:int push(STACK *stack, PTREE_NODE data)
199:{
200:    if (isFullStack(stack))
201:    {
202:        printf("Stack full\n");
203:        return -1;
204:    }
205:    stack->top = stack->top + 1;
206:    stack->data[stack->top] = data;
207:    return 0;
208:}
209:PTREE_NODE pop(STACK *stack)
210:{
211:    PTREE_NODE data;
212:    if (isEmptyStack(stack))
213:    {
214:        printf("Stack empty\n");
215:        return NULL;
216:    }
217:    data = stack->data[stack->top--];
218:    return data;
219:}
220:BOOL isEmptyStack(STACK *stack)
221:{
222:    if (stack->top < 0)
223:        return TRUE;
224:    return FALSE;;
225:}
226:BOOL isFullStack(STACK *stack)
227:{
228:    if (stack->top >= STACK_SIZE - 1)
229:        return TRUE;
230:    return FALSE;
231:}
```

● 실행 결과

▌ 프로그램 설명

① [예제 12.15]의 스택 관련 구조체, 함수를 이진트리 노드 포인터 PTREE_NODE를 저장하기 위해 변경한다. 후위 수식 문자열에서 토큰을 얻기 위하여 get_token() 함수를 사용한다.

② 5-21행
9-12행은 STACK 구조체를 정의한다. 스택에 저장할 데이터는 이진트리 노드 포인터 PTREE_NODE이다. 13-16행은 후위 수식 문자열에서 토큰을 가져올 구조체 TOKEN을 정의한다. 17-21행은 이진트리를 위한 구조체 TREE_NODE를 정의한다. 노드 데이터는 TOKEN 자료형의 data에 저장한다.

③ 23-40행
23-28행은 스택 관련 함수의 함수 원형이다. 40행은 문자열 expr에서 토큰을 반환하는 함수 원형이다. 32-40행은 이진트리 관련 함수 원형이다.

④ 43-62행
48행은 postfix2Tree() 함수로 후위 수식 문자열 sPostfix를 스택을 이용하여 [그림 12.15]에서 [그림 12.20]과 같이 이진트리를 생성한다. [그림 12.20]에서 스택에서 포인터를 꺼내서 (pop) 반환하여 헤드 포인터 ptrHead에 저장한다. 49행은 evalTree() 함수로 수식의 이진트리를 계산하여 정수를 반환한다. 53행은 visitTreePostOrder() 함수로 이진트리를 후위 순회하여 후위 수식을 출력한다. 56행은 visitTreePreOrder() 함수로 이진트리를 전위 순회하여 전위 수식을 출력한다. 59행은 visitTreeInOrder() 함수로 이진트리를 중위 순회하여 괄호를 추가한 중위 수식을 출력한다. 62행은 deleteTree() 함수로 이진트리를 삭제한다.

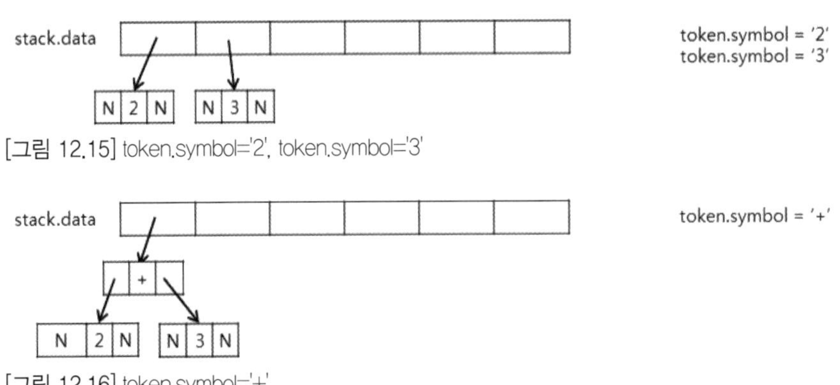

[그림 12.15] token.symbol='2', token.symbol='3'

[그림 12.16] token.symbol='+'

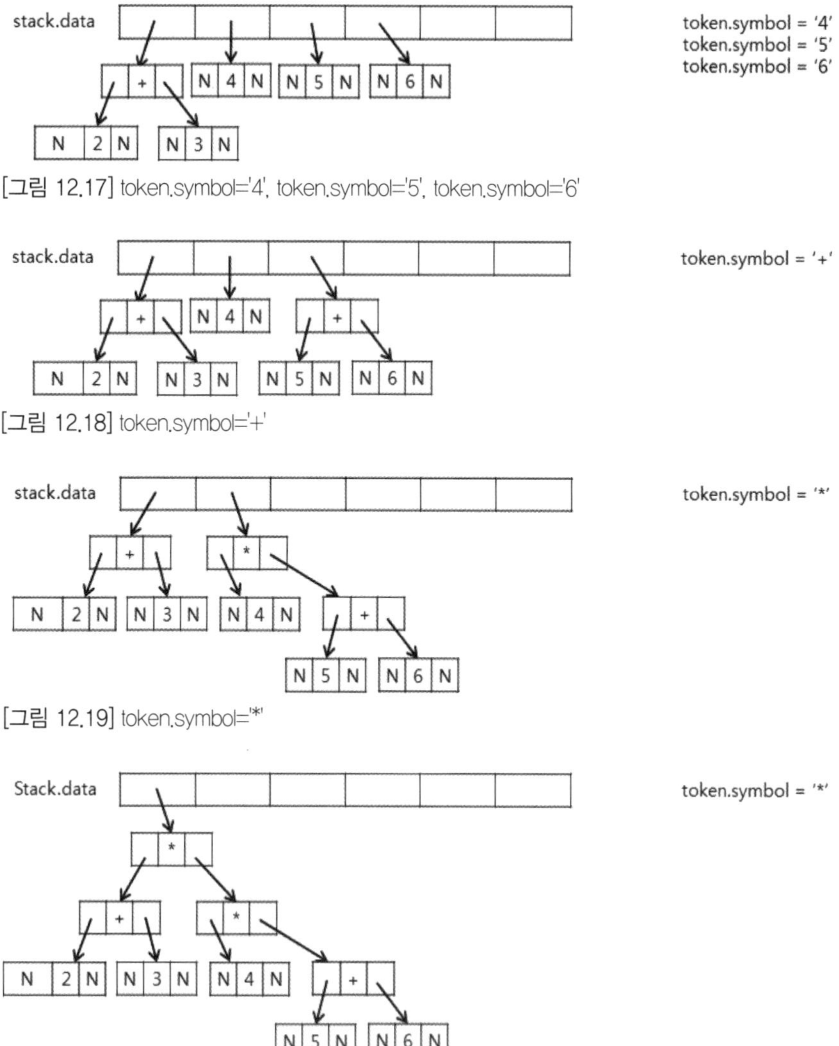

[그림 12.17] token.symbol='4', token.symbol='5', token.symbol='6'

[그림 12.18] token.symbol='+'

[그림 12.19] token.symbol='*'

[그림 12.20] token.symbol='*'

⑤ 65-93행

postfix2Tree() 함수는 후위 수식 문자열 sPostfix를 스택을 이용하여 [그림 12.15]에서 [그림 12.20]과 같이 이진트리를 생성한다. 67행은 스택을 선언하고, 73행은 스택을 초기화한다. 74-75행은 get_token() 함수로 후위 수식 문자열 sPostfix에서 토큰을 token에 가져온다. 78행은 토큰을 이용하여 트리 노드를 ptr에 생성한다. 79-82행은 token이 피연산자(operand)이면 토큰을 이용하여 생성한 노드(ptr)를 스택에 추가한다. 83-90행은 token이 연산자이면 스택에서 2개(이항 연산자로 가정)의 포인터 T1, T2를 꺼내서(pop), 토큰을 이용하여 생성한 노드(ptr)의 왼쪽 링크에 T2 오른쪽 링크에 T1을 설정하고, 노드 포인터 ptr를 스택에 넣는다. 92행은 후위 수식의 토큰을 모두 처리한 후에 스택에 남은 하나의 포인터를 꺼내서 반환한다.

⑥ 94-116행

evalTree() 함수는 이진트리의 수식을 재귀함수로 계산하여 정수를 반환한다. 노드가 피연산자(operand)이면 ptr->data.symbol - '0'으로 노드에 저장된 숫자 문자를 숫자로 변환하여

반환한다. 노드가 연산자이면 왼쪽 링크의 결과와 오른쪽 링크의 결과를 계산하여 연산자를
적용하여 반환한다.

⑦ 117-125행
createNode() 함수는 토큰으로 이진트리 노드를 생성하여 포인터를 반환한다.

⑧ 126-134행
visitTreePostOrder() 재귀함수는 이진트리를 방문하여 후위 수식을 출력한다.

⑨ 135-143행
visitTreePreOrder() 재귀함수는 이진트리를 방문하여 전위 수식을 출력한다.

⑩ 144-158행
visitTreeInOrder() 재귀함수는 이진트리를 방문하여 괄호를 포함한 중위 수식을 출력한다.
148-149행과 155-156행은 연산자 노드인 경우에 괄호를 포함해 출력한다.

⑪ 159-173행
deleteTree() 함수는 deleteAllTreeNode() 함수를 이용하여 트리의 모든 노드를 삭제하고 헤
드 포인터를 NULL로 설정한다.

⑫ 174-192행
get_token() 함수는 수식 문자열에서 토큰을 생성하여 반환한다.

⑬ 194-231행
이진트리 노드 포인터를 위한 initStack(), push(), pop(), isEmptyStack(), isFullStack() 등의
스택 관련 함수를 정의한다.

2.5.4 동치류

파일에 저장된 동치 관계(equivalence relation)를 읽어 동치류(equivalence class)를 계
산하는 프로그램을 작성한다. 예를 들어, (0, 4),(3, 1), (6, 10), (8, 9), (7, 4), (6, 8),
(3, 5), (2, 11), (11, 0)이 동치 관계이면 {0, 2, 4, 7, 11}, {1, 3, 5}, {6, 8, 9, 10}의 3개
의 동치류를 구할 수 있다. Horowitz, Sahni의 "Foundamentals of Data Structure in
C" 교재의 예제를 이용하여 프로그램을 작성한다. 콘솔 입력대신 파일로부터 입력하며,
배열을 사용하지 않고, 모두 연결 리스트를 사용하며, 콘솔에 출력은 물론 연결 리스트에
동치류를 계산해서 저장하고, 출력할 수 있으며, 할당된 모든 메모리를 해제한다.

[예제 12.28] 동치류 찾기

```
01:   /* ref: Fundamentals of Data Structures in C, Horowitz, Sahni et al*/
02:   #include<stdio.h>
03:   #include<stdlib.h>
04:   /* #include <crtdbg.h> */
05:   typedef enum { FALSE, TRUE } BOOL;
06:
07:   typedef struct _EQPAIR *PEQPAIR;
08:   typedef struct _EQPAIR { /* equivalence node */
09:       int i, j;
```

```c
10:        PEQPAIR link;
11:  } EQPAIR;
12:
13:  typedef struct _NODE* PNODE;
14:  typedef struct _NODE { /* sequence node*/
15:        int   data;
16:        PNODE link;
17:  }NODE;
18:
19:  typedef struct _CNODE* PCNODE;
20:  typedef struct _CNODE { /* class node */
21:        int    classNum; /* class number */
22:        PNODE   next;     /* link of class number */
23:        PCNODE  link;     /* class node link */
24:  }CNODE;
25:
26:  int readEqPairs(char *sName, PEQPAIR *pHead);
27:  int makeEqSeq(PEQPAIR pHead, PNODE seq[], int n);
28:  int findEqClass(PCNODE *pHead, PEQPAIR pEqPair, int n);
29:  int findEqClassInSeq(PCNODE *pHead, PNODE seq[], int n);
30:  void printEqClass(PCNODE pHead);
31:  void printSeq(PNODE seq[], int n);
32:  void printList(PNODE head);
33:  void insertSortedList(PNODE *head, int key);
34:
35:  void deleteEqClass(PCNODE pHead);
36:  void deleteList(PNODE head);
37:  void deleteSeq(PNODE seq[], int n);
38:  void deleteEqPairs(PEQPAIR head);
39:  int main()
40:  {
41:        PEQPAIR pEqPair = NULL;
42:        PCNODE  pClass = NULL;
43:
44:        int n = readEqPairs("data.txt", &pEqPair);
45:        findEqClass(&pClass, pEqPair, n);
46:        printEqClass(pClass);
47:
48:        deleteEqPairs(pEqPair);
49:        deleteEqClass(pClass);
50:        /* _CrtDumpMemoryLeaks(); */
51:        return 0;
52:  }
53:  int readEqPairs(char *sName, PEQPAIR *pHead)
54:  {
55:        FILE * fp;
```

```
56:         errno_t err;
57:         int i, j;        /* equivalence (i, j) */
58:         int n = -1;
59:         PEQPAIR ptr;
60:         if (err = fopen_s(&fp, sName, "r") != 0)
61:         {
62:             printf("입력 파일을 열 수 없습니다.\n");
63:             exit(1);
64:         }
65:         while (fscanf_s(fp, "%d %d", &i, &j) != EOF)
66:         {
67:             ptr = (PEQPAIR)malloc(sizeof(EQPAIR));
68:             ptr->i = i;
69:             ptr->j = j;
70:             ptr->link = *pHead;         /* 헤드 노드에 추가 */
71:             *pHead = ptr;
72:             if (n < i)
73:                     n = i;
74:             if (n < j)
75:                     n = j;
76:         }
77:         fclose(fp);
78:         return n + 1; /* 0, 1, ..., n */
79: }
80: int findEqClass(PCNODE *pHead, PEQPAIR pEqPair, int n)
81: {
82:         PNODE   *pSeq = NULL;
83:         int     nClass;
84:         pSeq = (PNODE *)malloc(sizeof(PNODE)*n);
85:         if (makeEqSeq(pEqPair, pSeq, n) < 0)
86:         {
87:             printf("동치류 생성 오류\n");
88:             return -1;
89:         }
90:         printSeq(pSeq, n);
91:         nClass = findEqClassInSeq(&*pHead, pSeq, n);
92:         free(pSeq);
93:         return nClass;
94: }
95: int makeEqSeq(PEQPAIR pHead, PNODE seq[], int n)
96: {
97:         PNODE ptr;
98:         int i, j;
99:         for (i = 0; i < n; i++)
100:             seq[i] = NULL;
101:         while (pHead != NULL)
```

```
102:        {
103:            // 데이터 가져오기
104:            i = pHead -> i;
105:            j = pHead -> j;
106:
107:            ptr = (PNODE)malloc(sizeof(NODE));
108:            if (!ptr) {
109:                printf("메모리 할당 오류\n");
110:                return -1;
111:            }
112:            ptr->data = j;
113:            ptr->link = seq[i];
114:            seq[i] = ptr;
115:
116:            ptr = (PNODE)malloc(sizeof(NODE));
117:            if (!ptr) {
118:                printf("메모리 할당 오류\n");
119:                return -1;
120:            }
121:            ptr->data = i;
122:            ptr->link = seq[j];
123:            seq[j] = ptr;
124:            pHead = pHead->link;
125:        }
126:        return 0;
127:}
128:PCNODE createClassNode(int data)
129:{
130:        PCNODE ptr;
131:        ptr = (PCNODE)malloc(sizeof(CNODE));
132:        ptr->classNum = data;
133:        ptr->link = NULL;
134:        ptr->next = NULL;
135:        return ptr;
136:}
137:int findEqClassInSeq(PCNODE *pHead, PNODE seq[], int n)
138:{
139:        int i, j;
140:        PNODE x, y, top, ptr;
141:        PCNODE pCtr;
142:        int count = 0;
143:        BOOL *pOut = (BOOL*)malloc(sizeof(BOOL)*n);
144:
145:        printf("\n*** findEqClass() ***\n");
146:        for (i = 0; i < n; i++)
147:            pOut[i] = TRUE;
```

```
148:
149:      for (i = 0; i < n; i++)
150:      {
151:          if (pOut[i])
152:          {
153:              printf("\nEquivalence Class %d:", count++);
154:              pCtr = createClassNode(count);
155:              pCtr -> link = *pHead;        /* 헤드 노드에 추가 */
156:              *pHead = pCtr;
157:
158:              printf("%5d", i);
159:              insertSortedList(&pCtr->next, i);
160:
161:              pOut[i] = FALSE;
162:              x = seq[i];
163:              top = NULL;
164:              for (;;)
165:              {
166:                  while (x)
167:                  {
168:                      j = x->data;
169:                      if (pOut[j])
170:                      {
171:                          printf("%5d", j);
172:                          insertSortedList(&pCtr->next, j);
173:
174:                          pOut[j] = FALSE;
175:                          y = x -> link;
176:                          x -> link = top;
177:                          top = x;
178:                          x = y;
179:                      }
180:                      else
181:                      {
182:                          ptr = x;
183:                          x = x->link;
184:                          free(ptr);
185:                      }
186:                  }
187:                  if (!top) break;
188:                  x = seq[top->data];
189:                  ptr = top;
190:                  top = top->link;
191:                  free(ptr);
192:              }
193:          }
```

```
194:    }
195:    printf("\n");
196:    free(pOut);
197:    return count;
198:}
199: void printEqClass(PCNODE pHead)
200:{
201:    PCNODE pCtr;
202:    printf("\n*** Equivalence Class ***\n");
203:    for (pCtr = pHead; pCtr != NULL; pCtr = pCtr -> link)
204:    {
205:        printf("class number%2d: ", pCtr -> classNum);
206:        printList(pCtr->next);
207:    }
208:}
209: void printList(PNODE pHead)
210:{
211:    PNODE ptr;
212:    for (ptr = pHead; ptr != NULL; ptr = ptr -> link)
213:    {
214:        if (ptr->link)
215:            printf("%5d,", ptr->data);
216:        else
217:            printf("%5d ", ptr->data);
218:    }
219:    printf("\n");
220:}
221: void printSeq(PNODE seq[], int n)
222:{
223:    printf("\n");
224:    for (int i = 0; i < n; i++)
225:    {
226:        printf("seq[%2d]: ", i);
227:        printList(seq[i]);
228:    }
229:}
230: void deleteEqClass(PCNODE pHead)
231:{
232:    PCNODE pCtr;
233:    printf("\n*** deleteEqClass ***\n");
234:    for (pCtr = pHead; pHead != NULL; pCtr = pHead)
235:    {
236:        pHead = pHead->link;
237:        deleteList(pCtr->next);
238:        free(pCtr);
239:    }
```

```
240:}
241:void deleteSeq(PNODE seq[], int n)
242:{
243:      for (int i = 0; i < n; i++)
244:      {
245:            printf("i=%d\n", i);
246:            deleteList(seq[i]);
247:            seq[i] = NULL;
248:      }
249:}
250:void deleteList(PNODE pHead)
251:{
252:      PNODE ptr;
253:      for (ptr = pHead; pHead != NULL; ptr = pHead)
254:      {
255:            pHead = pHead->link;
256:            free(ptr);
257:      }
258:}
259:void deleteEqPairs(PEQPAIR pHead)
260:{
261:      PEQPAIR ptr;
262:      for (ptr = pHead; pHead != NULL; ptr = pHead)
263:      {
264:            pHead = pHead->link;
265:            free(ptr);
266:      }
267:}
268:PNODE createNode(int data)
269:{
270:      PNODE ptr;
271:      ptr = (PNODE)malloc(sizeof(NODE));
272:      ptr -> data = data;
273:      ptr -> link = NULL;
274:      return ptr;
275:}
276:void insertSortedList(PNODE *head, int key)
277:{
278:      PNODE ptr1, ptr2;
279:      PNODE ptr = createNode(key);
280:      if (*head == NULL)
281:      {
282:            *head = ptr;
283:      }
284:      else
285:      {
```

```
286:            ptr1 = *head;
287:            ptr2 = NULL;
288:            while (ptr1 && ptr1->data < key)
289:            {
290:                ptr2 = ptr1;
291:                ptr1 = ptr1->link;
292:            }
293:            if (ptr2 == NULL)
294:            {
295:                ptr->link = *head; /* ptr->link = ptr1; */
296:                *head = ptr;
297:            }
298:            else
299:            {
300:                ptr2->link = ptr;
301:                ptr->link = ptr1;
302:            }
303:        }
304:}
```

● 실행 결과

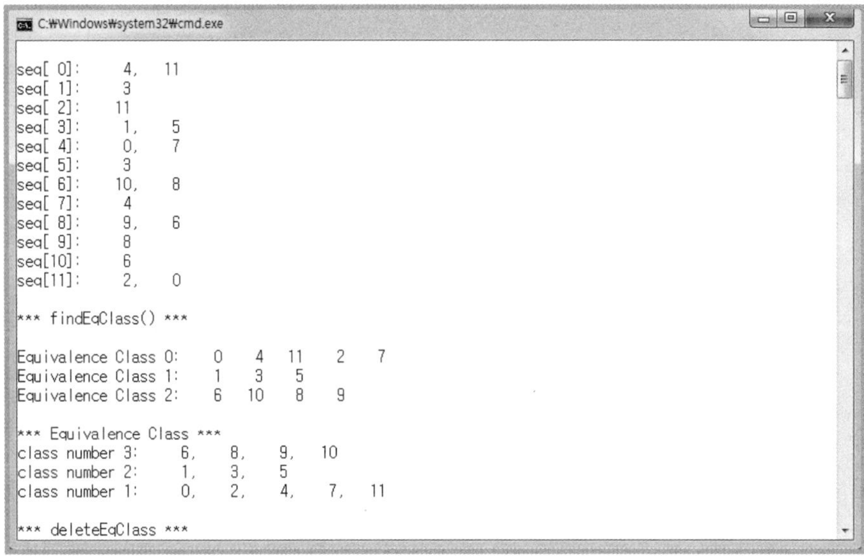

▌ 프로그램 설명

① 7–11행
구조체 EQPAIR는 파일에 저장된 동치 관계를 읽어 연결 리스트에 저장할 노드의 구조체이다.

② 13–17행
구조체 NODE는 동치 관계를 이용하여 구성할 시퀀스 또는 동치류의 번호를 저장할 노드의 구조체이다.

③ 19~24행

구조체 CNODE는 동치류 연결 리스트를 위한 노드 구조체이다. classNum은 클래스 번호이고, next는 같은 클래스의 번호를 갖는 PNODE 구조체의 연결 리스트이다. link는 다음 동치류로의 포인터이다.

④ 44행

readEqPairs() 함수로 "data.txt" 파일에서 동치 관계를 읽어, [그림 12.21]와 같이 헤드 포인터 pEqPair인 동치 관계 연결 리스트를 생성한다. n = 12는 가장 큰 번호(11) + 1이다.

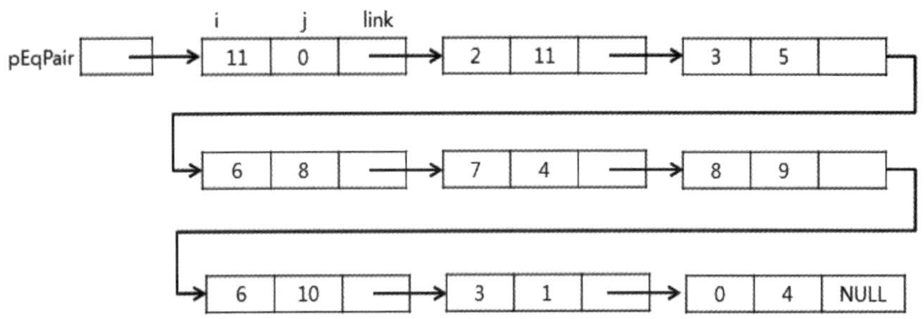

[그림 12.21] 동치 관계 연결 리스트 pEqPair

⑤ 45행

findEqClass() 함수로 동치 관계 연결 리스트 pEqPair를 이용하여 [그림 12.22]과 같이 동치류 연결 리스트 pClass를 생성한다.

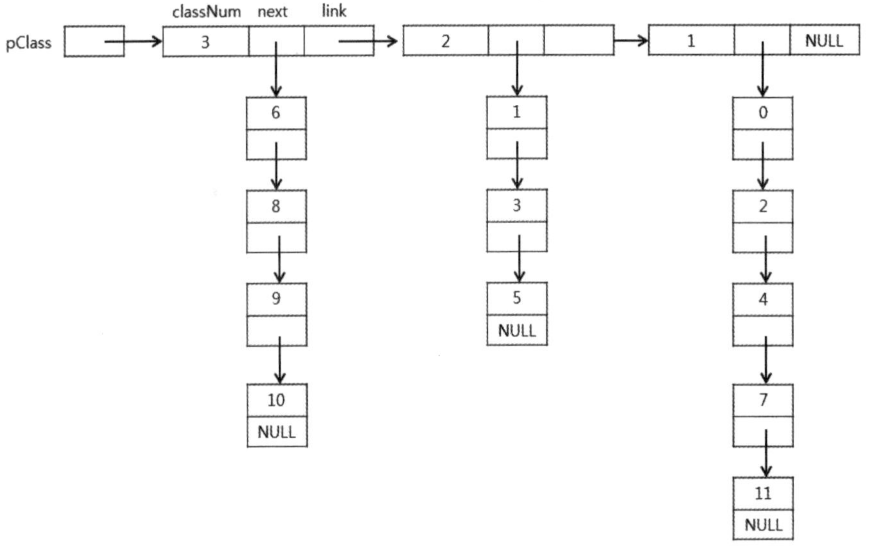

[그림 12.22] 동치류 연결 리스트 pClass

⑥ 48~49행

deleteEqPairs() 함수로 동치 관계 연결 리스트 pEqPair의 모든 노드 메모리를 해제한다.
deleteEqClass() 함수로 동치류 연결 리스트 pClass의 모든 노드 메모리를 해제한다.

⑦ 80-94행

findEqClass() 함수는 동치 관계 연결 리스트 pEqPair를 이용하여 동치류를 찾아 *pHead에 연결 리스트로 생성한다. 84행은 n 크기의 PNODE 포인터 배열 pSeq를 동적으로 할당한다. 85행은 makeEqSeq() 함수로 동치 관계 연결 리스트 pEqPair를 이용하여 [그림 12.23]과 같이 포인터 배열 pSeq에 동치류 계산을 위한 연결 리스트를 생성한다. 90행은 printSeq() 함수로 포인터 배열 pSeq의 각 연결 리스트를 출력한다. 91행은 findEqClassInSeq() 함수로 포인터 배열 pSeq를 이용하여 동치류를 *pHead에 찾는다. nClass는 동치류의 개수이다. 92행은 84행에서 할당한 메모리를 해제한다.

⑧ 95-127행

makeEqSeq() 함수는 동치 관계 연결 리스트 pHead를 이용하여 포인터 배열 seq에 [그림 12.23]과 같이 동치류 계산을 위한 연결 리스트를 생성한다. 동치 관계 (i, j)에 대해 seq[i]에 j를 추가하고, seq[j]에 i를 추가한다. 예를 들어, 동치 관계 (0, 4)에 대해 seq[0]에 4를 추가하고, seq[4]에 0을 추가한다. 동치 관계는 연결 리스트의 앞에 추가된다.

⑨ 137- 198행

findEqClassInSeq() 함수는 동치 관계로 생성한 포인터 배열 seq의 연결 리스트를 이용하여 동치류 pHead 연결 리스트에 찾는다. pOut 배열을 출력이 필요한지 여부를 표시한다. 모두 TRUE로 초기화하고, 출력하면 FALSE로 변경한다. 153-156행은 새로운 동치류를 생성하여 연결 리스트에 추가하고, 158-159행과 171-172행에서 insertSortedList() 함수로 동치류에 정렬되게 추가한다. 175-179행에서 내부적으로 top 포인터에 의한 포인터 스택으로 아직 처리되지 않은 노드를 스택에 넣고, 187-190행에서 스택에서 꺼내에 처리한다. 포인터 x가 현재 처리 포인터이고, y는 다음 노드를 위한 임시 포인터이다. findEqClassInSeq() 함수를 마치면 seq 배열의 연결 리스트의 포인터가 변경된다. 따라서 메모리 해제를 함수 내에서 처리해야 한다. 184행은 이미 처리한 노드의 메모리를 해제하고, 191행은 스택에서 꺼내 처리한 노드를 해제한다. 196행은 pOut의 메모리를 해제한다.

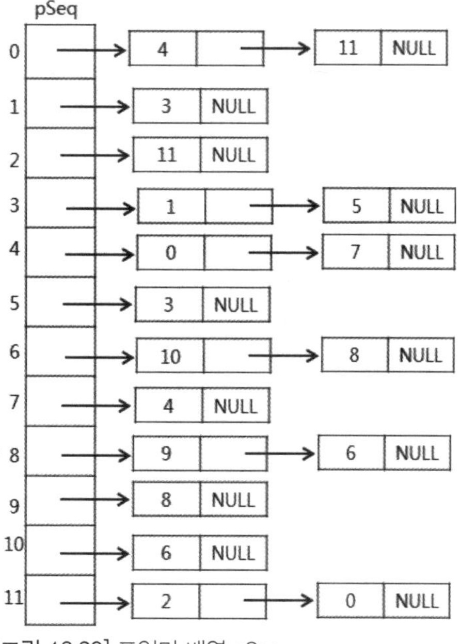

[그림 12.23] 포인터 배열 pSeq

03 파일 처리 및 기타 예제

3.1 요일 계산하기

연도(year), 월(month), 일(day)을 입력받아 1년 1월 1일부터 경과한 날짜를 계산하고, 경과한 날자를 7로 나눈 나머지를 계산하여 0이면 일요일, 1이면 월요일, 6이면 토요일로 계산한다. 날짜를 계산하기 위해서는 윤년을 판단해야 한다. 평년은 2월이 28이고, 윤년은 2월이 29일이다.

[예제 12.29] 요일 계산하기

```
01:  #include<stdio.h>
02:  int IsLeapYear(int nYear);
03:  int calculateDays(int nYear, int nMonth, int nDay);
04:  int main()
05:  {
06:      int nYear, nMonth, nDay, nDaySum, nW;
07:      char *sWeek[] = { "일","월","화","수","목","금","토" };
08:
09:      printf("Input (year month day):");
10:      scanf_s("%d %d %d", &nYear, &nMonth, &nDay);
11:
12:      nDaySum = calculateDays(nYear, nMonth, nDay);
13:      nW = nDaySum % 7;
14:      printf("%d년, %d월, %d일의 경과일은= %d일, \n",
15:              nYear, nMonth, nDay, nDaySum);
16:      printf("요일은 %s요일 입니다.\n", sWeek[nW]);
17:      return 0;
18:  }
19:  int IsLeapYear(int nYear)
20:  {
21:      if (nYear % 4 == 0 &&
22:          nYear % 100 != 0 || nYear % 400 == 0)
23:          return 1;
24:      return 0;
25:  }
26:  int calculateDays(int nYear, int nMonth, int nDay)
27:  {
28:      int nMonthDays[] = { 31, 28, 31, 30, 31, 30,
29:                           31, 31, 30, 31, 30, 31 };
30:      int nSumDays = 0;
31:      int y, m;
```

```
32:        for (y = 1; y < nYear; y++)
33:        {
34:            nSumDays += IsLeapYear(y) ? 366 : 365;
35:        }
36:        for (m = 0; m < nMonth - 1; m++)
37:        {
38:            nSumDays += nMonthDays[m];
39:            if (IsLeapYear(nYear) && m == 1)      /* 윤년인 해의 2월 */
40:                nSumDays++;                       /* 29일 */
41:        }
42:        nSumDays += nDay;
43:        return nSumDays;
44: }
```

● 실행 결과

▌ 프로그램 설명

① 12-16행
12행은 calculateDays() 함수로 1년 1월 1일부터 입력받은 연도(nYear), 월(nMonth), 일
(nDay)까지의 날짜를 nDaySum에 계산한다. 13행은 경과한 날짜 nDaySum을 7로 나
눈 나머지를 nW에 계산한다. 14-15행은 연도(nYear), 월(nMonth), 일(nDay), 경과일
(nDaySum)을 출력한다. 16행은 sWeek[nW]에 의해 요일을 출력한다.

② 19-25행
IsLeapYear() 함수는 년도(nYear)가 윤년이면 1을 반환한다. 평년이면 0을 반환한다.

③ 26-44행
calculateDays() 함수는 1년 1월 1일부터 입력받은 연도(nYear), 월(nMonth), 일(nDay)까
지의 날짜를 계산하여 반환한다. 28-29행은 평년인 해의 월별 날짜 수를 nMonthDays 배열
에 초기화한다. 1월은 nMonthDays[0]에 12월은 nMonthDays[11]에 저장되어 있다. 32-35
행은 입력한 년도의 전년도(nYear-1)까지 윤년이면 366일, 평년이면 365일을 nSumDays
에 더한다. 36-41행은 전월(nMonth-2)까지 월의 날짜를 nSumDays에 더한다. 입력한 년도
(nYear)가 윤년이고, m == 1로 2월이면 29일 되도록 1을 nSumDays에 더한다. 42-43행은
입력한 일(nDay)을 nSumDays에 더하고 반환한다.

3.2 성적 데이터 처리

학생의 이름(name), 국어(kor), 영어(eng), 수학(math) 성적이 저장된 "data.txt" 파일
을 읽어 각 학생의 총점(sum), 평균(average)을 계산하여 "result.txt" 파일에 출력한 프
로그램을 구조체 배열과 연결 리스트를 사용하여 작성한다.

[예제 12.30] 구조체 배열을 사용한 성적데이터 처리

```c
01:  #include <stdio.h>
02:  #include <stdlib.h>
03:  #include <string.h>
04:  #define MAXSIZE  100
05:  typedef struct {
06:      char name[10];
07:      int kor;
08:      int eng;
09:      int math;
10:      int sum;
11:      float average;
12:  } STUDENT;
13:  int readData(char *fname,  STUDENT student[]);
14:  void writeData(char *fname,  STUDENT student[], int nSize);
15:  void calculateAverage( STUDENT student[], int nSize);
16:  void insertionSort( STUDENT A[], int nSize);
17:  int main()
18:  {
19:      STUDENT student[MAXSIZE];
20:      int nSize;
21:      nSize = readData("data.txt", student);
22:      calculateAverage(student, nSize);
23:      insertionSort(student, nSize);
24:      writeData("result.txt", student, nSize);
25:      return 0;
26:  }
27:  int readData(char *fname, STUDENT student[])
28:  {
29:      int k, e, m;
30:      char name[10];
31:      int n = 0;
32:      FILE *fp;
33:      errno_t err;
34:      if (err = fopen_s(&fp, fname, "r") != 0)
35:      {
36:          printf("입력 파일을 열 수 없습니다.\n");
37:          exit(1);
38:      }
39:      while (fscanf_s(fp, "%s %d %d %d",
40:              name, sizeof(name), &k, &e, &m) != EOF)
41:      {
42:          strcpy_s(student[n].name, sizeof(student[n].name), name);
43:          student[n].kor = k;
```

```
44:                student[n].eng = e;
45:                student[n].math = m;
46:            n++;
47:        }
48:        fclose(fp);
49:        return n;
50: }
51: void writeData(char *fname,  STUDENT student[], int nSize)
52: {
53:        FILE *fp;
54:        errno_t err;
55:        int i;
56:        if (err = fopen_s(&fp, fname, "w") != 0)
57:        {
58:            printf("출력 파일을 열 수 없습니다.\n");
59:            exit(1);
60:        }
61:        fprintf(fp, "# :  name   kor  eng math sum  avg\n");
62:        fprintf(fp, "------------------------------------------\n");
63:        for (i = 0; i < nSize; i++)
64:        {
65:            fprintf(fp, "%d : %6s %4d %4d %4d %4d %10.6f",
66:                        i, student[i].name, student[i].kor, student[i].eng,
67:                        student[i].math, student[i].sum, student[i].average);
68:            if (i < nSize - 1)
69:                fprintf(fp, "\n");
70:        }
71: }
72: void insertionSort( STUDENT A[], int nSize)
73: {
74:        int i, j;
75:        STUDENT tmp;
76:        for (i = 1; i < nSize; i++)
77:        {
78:            tmp = A[i];
79:            for (j = i - 1; j >= 0 && tmp.average < A[j].average; j--)
80:                A[j + 1] = A[j];
81:            A[j + 1] = tmp;
82:        }
83: }
84: void calculateAverage( STUDENT student[], int nSize)
85: {
86:        int i;
87:        for (i = 0; i < nSize; i++)
88:        {
89:            student[i].sum = student[i].kor + student[i].eng + student[i].math;
```

```
90:                student[i].average = student[i].sum / 3.0f;
91:        }
92:  }
```

● 실행 결과

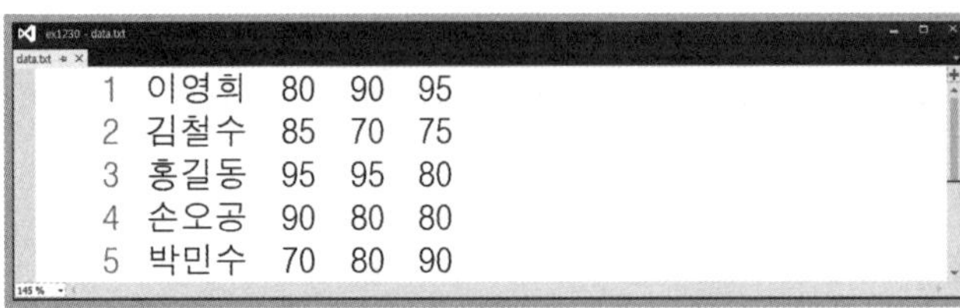

프로그램 설명

구조체 STUDENT의 배열 student를 MAXSIZE 크기로 선언한다. readData() 함수로 "data.txt" 파일에서 student 배열에 데이터를 읽는다. nSize는 읽은 학생 데이터의 수이다. calculateAverage() 함수로 student 배열을 이용하여 각 학생의 성적 총점과 평균을 계산한다. insertionSort() 함수로 student 배열을 평균에 의해 삽입 정렬한다. writeData() 함수로 "result.txt" 파일에 결과를 출력한다.

[예제 12.31] 구조체 배열을 사용한 성적데이터 처리2

```
01:  #include <stdio.h>
02:  #include <stdlib.h>
03:  #include <string.h>
04:  #define MAXSIZE  100
05:  typedef struct {
06:        char name[10];
07:        int kor;
08:        int eng;
09:        int math;
10:        int sum;
11:        float average;
12:  } STUDENT;
13:  int readDataSortedArray(char *fname, STUDENT student[]);
14:  void writeData(char *fname, STUDENT student[], int nSize);
15:  void insertData(STUDENT A[], STUDENT data, int nSize);
16:  int main()
17:  {
```

```
18:        STUDENT student[MAXSIZE];
19:        int nSize;
20:        nSize = readDataSortedArray("data.txt", student);
21:        writeData("result.txt", student, nSize);
22:        return 0;
23: }
24: int readDataSortedArray(char *fname, STUDENT student[])
25: {
26:        STUDENT  data;
27:        int n = 0;
28:        FILE *fp;
29:        errno_t err;
30:        if (err = fopen_s(&fp, fname, "r") != 0)
31:        {
32:            printf("입력 파일을 열 수 없습니다.\n");
33:            return -1;
34:        }
35:        while (fscanf_s(fp, "%s %d %d %d", data.name, sizeof(data.name),
36:                  &data.kor, &data.eng, &data.math) != EOF)
37:        {
38:            data.sum = data.kor + data.eng + data.math;
39:            data.average = data.sum / 3.0f;
40:            insertData(student, data, n++);
41:        }
42:        fclose(fp);
43:        return n;
44: }
45: void writeData(char *fname, STUDENT student[], int nSize)
46: {
47:        FILE *fp;
48:        errno_t err;
49:        int i;
50:        if (err = fopen_s(&fp, fname, "w") != 0)
51:        {
52:            printf("출력 파일을 열 수 없습니다.\n");
53:            exit(1);
54:        }
55:        fprintf(fp, "# : name   kor  eng math sum  avg\n");
56:        fprintf(fp, "-----------------------------------------\n");
57:        for (i = 0; i < nSize; i++)
58:        {
59:            fprintf(fp, "%d : %6s %4d %4d %4d %4d %10.6f",
60:                  i, student[i].name, student[i].kor, student[i].eng,
61:                  student[i].math, student[i].sum, student[i].average);
62:            if (i < nSize - 1)
63:                  fprintf(fp, "\n");
```

```
64:        }
65: }
66: void insertData(STUDENT A[], STUDENT data, int n)
67: {
68:        int j;
69:
70:        for (j = n - 1; j >= 0 && data.average < A[j].average; j--)
71:              A[j + 1] = A[j];
72:        A[j + 1] = data;
73: }
```

┃ 프로그램 설명

① 20-21행

readDataSortedArray() 함수로 "data.txt" 파일에서 데이터를 읽어 총점과 평균을 계산하고,
평균으로 정렬된 student 배열에 추가한다. writeData() 함수로 "result.txt" 파일에 결과를 출
력한다.

② 24-44행

readDataSortedArray() 함수는 37-38행에서 한 명의 데이터를 읽고, 40-41행에서 총점,
평균을 계산하고, 42행에서 insertData() 함수로 data를 평균으로 정렬된 student 배열에 추
가한다. 실행 결과는 [예제 12.30]과 같다.

[예제 12.32] 학생의 평균으로 정렬된 연결 리스트

```
01: #include <stdio.h>
02: #include <stdlib.h>
03: #include <string.h>
04:
05: typedef struct {
06:        char name[10];
07:        int kor;
08:        int eng;
09:        int math;
10:        int sum;
11:        float average;
12: } STUDENT;
13:
14: typedef struct _NODE{
15:        STUDENT data;
16:        struct _NODE *link;
17: } NODE, *PNODE;
18:
19: PNODE createNode(STUDENT data);
20: int  readDataSortedList(char *fname, PNODE *head);
21: void writeData(char *fname, PNODE *head);
22: void insertSortedList(PNODE *head, STUDENT data);
```

```
23:   void printList(PNODE head);
24:   void deleteList(PNODE *head);
25:   int main()
26:   {
27:        PNODE stdPtr = NULL;
28:
29:        readDataSortedList("data.txt", &stdPtr);
30:        printList(stdPtr);
31:        writeData("result.txt", &stdPtr);
32:        deleteList(&stdPtr);
33:        return 0;
34:   }
35:   int readDataSortedList(char *fname, PNODE *head)
36:   {
37:        int n = 0;
38:        STUDENT data;
39:        FILE *fp;
40:        errno_t err;
41:
42:        if (err = fopen_s(&fp, fname, "r") != 0)
43:        {
44:             printf("입력 파일을 열 수 없습니다.\n");
45:             return 0;
46:        }
47:        while (fscanf_s(fp, "%s %d %d %d", data.name, sizeof(data.name),
48:                  &data.kor, &data.eng, &data.math) != EOF)
49:        {
50:             data.sum = data.kor + data.eng + data.math;
51:             data.average = data.sum / 3.0f;
52:             insertSortedList(&*head, data);
53:             n++;
54:        }
55:        fclose(fp);
56:        return n;
57:   }
58:   void writeData(char *fname, PNODE *head)
59:   {
60:        FILE *fp;
61:        errno_t err;
62:        int i;
63:        PNODE ptr;
64:
65:        if (err = fopen_s(&fp, fname, "w") != 0)
66:        {
67:             printf("출력 파일을 열 수 없습니다.\n");
68:             exit(1);
```

```
69:        }
70:        fprintf(fp, "# :  name   kor  eng math sum  avg\n");
71:        fprintf(fp, "-----------------------------------------\n");
72:        for (ptr = *head, i = 0; ptr; ptr = ptr->link, i++)
73:        {
74:            fprintf(fp, "%d : %6s %4d %4d %4d %4d %10.6f\n",
75:                        i, ptr->data.name, ptr->data.kor, ptr->data.eng,
76:                        ptr->data.math, ptr->data.sum, ptr->data.average);
77:        }
78: }
79: PNODE createNode(STUDENT data)
80: {
81:     PNODE ptr;
82:     ptr = (PNODE)malloc(sizeof(NODE));
83:     ptr -> data = data;
84:     ptr -> link = NULL;
85:     return ptr;
86: }
87: void insertSortedList(PNODE *head, STUDENT data)
88: {
89:     PNODE ptr1, ptr2;
90:     PNODE ptr = createNode(data);
91:
92:     if (*head == NULL)
93:         *head = ptr;
94:     else
95:     {
96:         ptr1 = *head;
97:         ptr2 = NULL;
98:
99:         while (ptr1 && ptr1->data.average < data.average)
100:        {
101:            ptr2 = ptr1;
102:            ptr1 = ptr1->link;
103:        }
104:        if (ptr2 == NULL)
105:        {
106:            ptr->link = *head;
107:            *head = ptr;
108:        }
109:        else
110:        {
111:            ptr2->link = ptr;
112:            ptr->link = ptr1;
113:        }
114:    }
```

```
115:}
116:void printList(PNODE head)
117:{
118:    PNODE ptr;
119:    for (ptr = head; ptr; ptr = ptr->link)
120:    {
121:        printf("%6s %4d %4d %4d %4d %10.6f\n",
122:            ptr->data.name, ptr->data.kor, ptr->data.eng,
123:            ptr->data.math, ptr->data.sum, ptr->data.average);
124:    }
125:    printf("\n");
126:}
127:void deleteList(PNODE *head)
128:{
129:    PNODE ptr;
130:    for (ptr = *head; *head != NULL; ptr = *head)
131:    {
132:        *head = (*head)->link;
133:        free(ptr);
134:    }
135:}
```

● 실행 결과

▌프로그램 설명

① 29-32행

29행은 readDataSortedList() 함수로 "data.txt" 파일에서 데이터를 읽고, 총점, 평균을 계산하여 평균으로 정렬된 헤드 포인터가 stdPtr인 연결 리스트를 생성한다. 30행은 printList() 함수로 연결 리스트의 데이터를 콘솔에 출력한다. 31행은 writeData() 함수로 "result.txt" 파일에 결과를 출력한다. 32행은 deleteList() 함수로 연결 리스트의 모든 노드의 메모리를 해제한다.

② 35-57행

readDataSortedList() 함수는 47-48행에서 파일에서 한 명의 데이터를 읽고, 50-51행에서 총점, 평균을 계산하고, 52행에서 insertSortedList() 함수로 읽은 데이터 data를 정렬된 연결 리스트에 추가한다. 연결 리스트의 헤드 포인터를 전달할 실인수를 &*head로 호출함에 주의한다.

[예제12.33] 이름으로 정렬된 파일 병합(merge sort)

```c
01:    #include <stdio.h>
02:    #include <stdlib.h>
03:    #include <string.h>
04:    typedef struct {
05:         char name[10];
06:         int kor;
07:         int eng;
08:         int math;
09:         int sum;
10:         float average;
11:    } STUDENT;
12:
13:    FILE *fileOpen(char *sFileName, char *sMode);
14:    void mergeDataFile(char *sIn1, char *sIn2, char *sOut);
15:    int  readOneDataInFile(FILE *fp, STUDENT *pData);
16:    void writeOneDataToFile(FILE *fpOut, STUDENT data);
17:    void writeAllDataToFile(FILE *fp, FILE *fpOut);
18:    int main()
19:    {
20:         mergeDataFile("data1.txt", "data2.txt", "mergeResult.txt");
21:         return 0;
22:    }
23:    FILE * fileOpen(char *sFileName, char *sMode)
24:    {
25:         FILE *fp;
26:         errno_t err;
27:
28:         if (err = fopen_s(&fp, sFileName, sMode) != 0)
29:         {
30:              printf("파일(%s)을 열 수 없습니다.\n", sFileName);
31:              exit(1);
32:              /* return NULL; */
33:         }
34:         return fp;
35:    }
36:    void mergeDataFile(char *sIn1, char *sIn2, char *sOut)
37:    {
38:         FILE *fp1, *fp2, *fpOut;
39:         STUDENT data1;        /* fp1에서 읽음 */
40:         STUDENT data2;        /* fp2에서 읽음 */
41:         int nState1;
42:         int nState2;
43:
44:         fp1 = fileOpen(sIn1, "r");
45:         fp2 = fileOpen(sIn2, "r");
```

```
46:        fpOut = fileOpen(sOut, "w");
47:
48:        nState1=readOneDataInFile(fp1,&data1);
49:        nState2 = readOneDataInFile(fp2, &data2);
50:        while (nState1 == 1 || nState2 == 1)
51:        {
52:            if (nState1 == EOF)       /* data2만 데이터가 있는 경우 */
53:            {
54:                writeOneDataToFile(fpOut, data2);
55:                writeAllDataToFile(fp2, fpOut);       /*나머지 데이터 출력 */
56:                break;
57:            }
58:            else if (nState2 == EOF) /* data1만 데이터가 있는 경우 */
59:            {
60:                writeOneDataToFile(fpOut, data1);
61:                writeAllDataToFile(fp1, fpOut);       /*나머지 데이터 출력 */
62:                break;
63:            }
64:            else      /* 입력 파일 2개에서 데이터를 읽은 경우 */
65:            {
66:                if (strcmp(data1.name, data2.name) <= 0)
67:                {
68:                    writeOneDataToFile(fpOut, data1);
69:                    nState1 = readOneDataInFile(fp1, &data1);
70:                }
71:                else
72:                {
73:                    writeOneDataToFile(fpOut, data2);
74:                    nState2 = readOneDataInFile(fp2, &data2);
75:                }
76:
77:            }
78:        }     /* while 문 끝 */
79:        fclose(fp1);
80:        fclose(fp2);
81:        fclose(fpOut);
82: }
83: int readOneDataInFile(FILE *fp, STUDENT *pData)
84: {
85:        char name[10];
86:        int k, e, m;
87:        int sum;
88:        float avg;
89:        if (fscanf_s(fp, "%s %d %d %d %d %f",
90:                name, sizeof(name), &k, &e, &m, &sum, &avg) != EOF)
91:        {
```

```
 92:             strcpy_s(pData->name, sizeof(pData->name), name);
 93:             pData->kor = k;
 94:             pData->eng = e;
 95:             pData->math = m;
 96:             pData->sum = sum;
 97:             pData->average = avg;
 98:             return 1;      // 정상적으로 데이터를 읽음
 99:     }
100:     else
101:     {
102:             return EOF;      // 파일의 끝(EOF = -1)
103:     }
104:}
105:void writeOneDataToFile(FILE *fpOut, STUDENT data)
106:{
107:     fprintf(fp, "%6s %4d %4d %4d %4d %10.6f\n",
108:             data.name, data.kor, data.eng, data.math,
109:             data.sum, data.average);
110:}
111:void writeAllDataToFile(FILE *fp, FILE *fpOut)
112:{
113:     char name[10];
114:     int k, e, m;
115:     int sum;
116:     float avg;
117:     while (fscanf_s(fp, "%s %d %d %d %d %f",
118:             name, sizeof(name), &k, &e, &m, &sum, &avg) != EOF)
119:     {
120:         fprintf(fpOut, "%6s %4d %4d %4d %4d %10.6f\n",
121:                 name, k, e, m, sum, avg);
122:     }
123:}
```

● 실행 결과

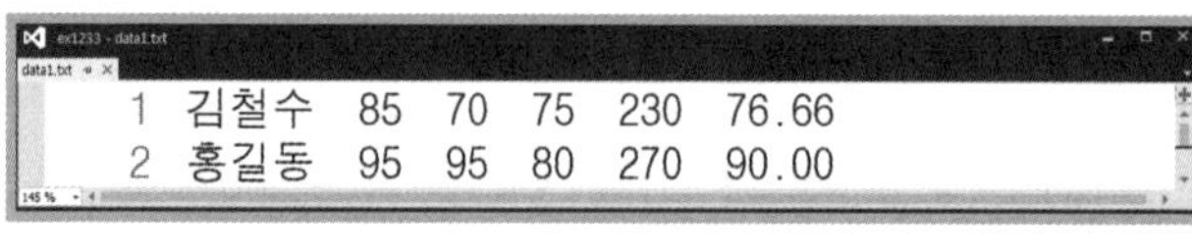

```
ex1233 - mergeResult.txt
mergeResult.txt

    1    김철수    85    70    75    230    76.660004
    2    박인수    70    80    90    240    80.000000
    3    손오공    90    80    80    250    83.330002
    4    이영희    80    90    95    265    88.330002
    5    홍길동    95    95    80    270    90.000000
```

▌ 프로그램 설명

① 20행

mergeDataFile() 함수로 이름으로 정렬된 두 개의 입력 파일 "data1.txt"와 "data2.txt"를 하나의 정렬된 파일로 "mergeResult.txt"를 생성한다.

② 23-35행

fileOpen() 함수는 sFileName 파일을 sMode 모드로 개방하여 파일 포인터를 반환한다.

③ 36-82행

mergeDataFile() 함수는 이름으로 정렬된 입력 파일 sIn1, sIn2를 병합정렬(merge sort)을 수행하여 sOut 파일에 출력한다. 44-46행은 파일을 개방한다. 48-49행은 readOneDataInFile() 함수로 입력 파일 포인터 fp1, fp2에서 데이터를 하나 씩 data1, data2에 읽어온다. 각 파일의 상태인 nState1, nState2는 1이면 읽을 데이터가 더 있고, EOF이면 더 이상 없음을 의미한다. 50행의 while 문은 두 입력 파일 중에서 적어도 하나에서 데이터가 있는 동안 51-78행을 반복한다. 52-57행은 fp2 파일의 data2만 데이터가 있는 경우로 writeOneDataToFile() 함수로 이미 읽은 데이터 data2를 출력하고, writeAllDataToFile() 함수로 fp2 파일의 나머지 데이터 전부 출력한다. 58-63행은 fp1 파일의 data1만 데이터가 있는 경우로 writeOneDataToFile() 함수로 이미 읽은 데이터 data1를 출력하고, writeAllDataToFile() 함수로 fp1 파일의 나머지 데이터 전부 출력한다. 64-77행은 입력 파일 2개에서 모두 데이터를 읽은 경우로, 읽은 데이터의 이름을 비교하여 data1.name<=data2.name이면 fp1 파일의 data1을 출력하고, readOneDataInFile() 함수로 fp1 파일에서 data1에 데이터를 하나 읽는다.data1.name>data2.name이면 fp2 파일의 data2을 출력하고, readOneDataInFile() 함수로 fp2 파일에서 data2에 데이터를 하나 읽는다.

④ 83-104행

readOneDataInFile() 함수는 파일 포인터 fp에서 하나의 데이터를 pData에 읽는다. 정상적으로 파일에서 데이터를 읽었으면 1을 반환하고, 파일의 데이터가 없으면 EOF를 반환한다.

⑤ 105-110행

writeOneDataToFile() 함수는 파일 포인터 fp에 data를 출력한다.

⑥ 111-123행

writeAllDataToFile() 함수는 입력 파일 포인터 fp의 데이터를 모두 출력 파일 포인터 fpOut에 출력한다.

⑦ 병합정렬(merge sort)은 외부정렬(external sort)로 예제와 같이 선택 정렬, 버블 정렬, 삽입 정렬, 퀵 정렬 등의 내부 정렬(internal sort) 알고리즘에 의해 정렬된 파일을 병합하여 정렬된 파일을 생성할 때 주로 사용된다.

3.3 비트맵(BMP) 파일

마이크로소프트 윈도우즈의 기본 이미지 파일 형식인 BMP 파일을 읽어 비트맵 파일 정보를 출력하고, 비트맵 파일을 생성하는 프로그램을 작성한다. [표 12.4]는 헤더 파일 wingdi.h에 정의에 정의된 BMP 파일 관련 구조체 BITMAPFILEHEADER, BITMAPINFO, BITMAPINFOHEADER, RGBQUAD이다. 비트맵 파일은 처음 14바이트에 파일 정보가 저장되어 있다. 다음 40바이트는 비트맵 정보가 저장되어 있다. 인덱스 컬러(indexed/pseudo color)인 경우는 팔레트 정보가 저장되고 트루컬러(true color)인 경우는 팔레트 정보가 없다. 그 뒤에 비트맵의 이진 데이터가 저장되어 있다. WORD는 unsigned short이고, DWORD는 unsigned long, LONG은 long이다.

표 12.4 BMP 파일 구조 및 구조체

순서	구조체		설명
1	BITMAPFILEHEADER		14바이트에 파일정보
2	BITMAPINFO	BITMAPINFOHEADER	40바이트에 비트맵정보
3		RGBQUAD	인덱스 컬러일 때 팔레트정보
4	비트맵 이진 데이터		픽셀 데이터저장 (아래에서 위로, 왼쪽에서 오른쪽 순서)

3.3.1 BITMAPFILEHEADER 구조체

BMP 파일의 처음 14바이트에는 BMP 파일 정보가 있다. BITMAPFILEHEADER 구조체는 14바이트의 의미를 정의한다.

```
typedef struct tagBITMAPFILEHEADER {
        WORD bfType;          /* 0x4D42="BM"   */
        DWORD bfSize;         /* 파일의 바이트 크기 */
        WORD bfReserved1;  /* 항상 0        */
        WORD bfReserved2;  /* 항상 0        */
        DWORD bfOffBits;      /* 비트맵 데이터의 오프셋 바이트 */
} BITMAPFILEHEADER, *PBITMAPFILEHEADER;
```

① bfType에는 BMP 파일 형식을 확인하는 문자열 "BM"의 ASCII 값(0x4D42)으로 BMP 파일을 확인한다.

② bfSize는 파일의 전체 바이트 수이다.

③ bfReserved1, bfReserved2는 사용하지 않는다.

④ bfOffBits은 실제 비트맵 데이터가 시작되는 위치까지의 오프셋 바이트 수이다. 비트맵 파일에 따라서 트루 컬러(24비트, 16비트)이면 RGB 테이블이 없고, 256 색상(8비트)이면 RGB 테이블이 있기 때문에 BMP 파일마다 실제 비트맵 데이터가 시작되는 위치인 bfOffBits는 다를 수 있다.

3.3.2 BITMAPINFO 구조체

BITMAPINFO구조체는 BITMAPINFOHEADER와 RGBQUAD 구조체로 구성된다.

```
typedef struct tagBITMAPINFO {
    BITMAPINFOHEADER bmiHeader;
    RGBQUAD  bmiColors[1];
} BITMAPINFO;
```

3.3.3 BITMAPINFOHEADER 구조체

BITMAPINFOHEADER 구조체로 읽은 14바이트 바로 뒤에 오는 40바이트는 BMP 파일의 가로 크기, 세로 크기, 픽셀의 비트 수 등의 정보가 저장되어 있다. BITMAPINFOHEADER 구조체로 읽을 수 있다.

```
typedef struct tagBITMAPINFOHEADER {
    DWORD biSize;              /* sizeof(BITMAPINFOHEADER)=40바이트 */
    LONG  biWidth;             /* 픽셀 단위 가로 크기  */
    LONG  biHeight;            /* 픽셀 단위 세로 크기  */
    WORD  biPlanes;            /* 항상 1          */
    WORD  biBitCount;          /* 픽셀의 비트 수(1, 4, 8, 16, 24, 32) */
    DWORD biCompression;       /* 압축:0(압축안함),1(RLE-8), 2(RLE-4) */
    DWORD biSizeImage;         /* 비트맵의 바이트 크기 */
    LONG biXPelsPerMeter;      /* 미터당 수평 화소 크기 */
    LONG biYPelsPerMeter;      /* 미터당 수직 화소 수   */
    DWORD biClrUsed;           /* 사용된 색상 수       */
    DWORD biClrImportant;      /* 중요한 색상 수       */
} BITMAPINFOHEADER, *PBITMAPINFOHEADER;
```

① biWidth, biHeight는 BMP 파일의 가로, 세로 픽셀 크기이다. 이 값들을 통해 연속적으로 저장되어 있는 비트맵 데이터를 2차원으로 해석할 수 있다. 비트맵의 가로(biWidth)바이트 수는 4의 배수이다. BMP 파일을 생성할 때는 이를 고려하여 생성해야 한다.

② biBitCount는 픽셀에 할당된 비트 수(bits/pixel)이다. biBitCount = 24, 16이면 트루컬러로 팔레트 테이블(RGBQUAD) 부분이 없이 바로 비트맵 데이터가 있다. biBitCount = 8, 4, 2, 1이면 팔레트 테이블이 있고 그 뒤에 비트맵 데이터가 있다.

③ biCompression은 압축 방법을 지정한다. biCompression = 0(BI_RGB)이면 비트맵 데이터가 압축되어 있지 않고, biCompression = 1(BI_RLE8)이면 RLE-8 압축, biCompression = 2(BI_RLE4)이면 RLE-4 압축 알고리즘으로 비트맵 데이터가 압축이 되어 있다.

④ biSizeImage는 비트맵 데이터의 전체 바이트 크기이다.

⑤ biXPelsPerMeter, biYPelsPerMeter는 미터당 픽셀 수이다. 현재 출력 장치에서 비

트맵을 최적으로 출력하기 위한 값으로 사용할 수 있다.

⑥ biClrUsed는 현재 비트맵에서 사용하고 있는 컬러 인덱스의 수(팔레트 테이블의 인 덱스)이다. biClrUsed = 0이면, biClrUsed에 대응하는 최대 색상 수를 사용한다. biClrUsed ≠ 0이고 biClrUsed⟨16이면 biClrUsed는 실제 사용하는 색상 수이다. biClrUsed ⟩= 16이면 biClrUsed는 시스템 팔레트를 최적화할 수 있는 색상 수이다.

⑦ biClrImportant는 비트맵을 출력에 필요한 컬러 인덱스의 수이다. biClrImportant = 0 이면 모든 색상이 필요하다.

3.3.4 RGBQUAD 구조체

RGBQUAD 구조체는 비트맵의 팔레트 테이블에 대한 정보이다. 팔레트 테이블(RGB 테이블)은 BITMAPINFOHEADER 구조체의 biBitCount 멤버가 1비트, 2비트, 4비트(16 컬러), 8비트(256컬러)인 인덱스 컬러(indexed/pseudo color)만 있고, biBitCount 멤버가 16비트 또는 24비트인 트루 컬러는 팔레트 테이블이 없다. RGBQUAD 구조체는 팔레트 테이블의 한 행에 대한 R, G, B 값을 저장할 수 있다. 예약된 바이트를 포함하여 4바이트 크기이다. 예를 들어, biClrUsed = 0이고, biBitCount = 8이면 256*4바이트를 팔레트 테이블에 읽는다. 그러나, biClrUsed = 4이고, biBitCount = 8이면 256개 팔레트 인덱스를 사용하는 것이 아닌 4개의 팔레트 인덱스만을 사용하므로 4*4바이트를 팔레트 테이블에 읽어야 한다.

```
typedef struct tagRGBQUAD {
    BYTE rgbBlue;   /* Blue */
    BYTE rgbGreen; /* Green */
    BYTE rgbRed;    /* Red  */
    BYTE rgbReserved;
} RGBQUAD;
```

3.3.5 비트맵 데이터

비트맵 데이터는 BMP 파일이 보이는 방향과 반대 순서(아래에서 위, 왼쪽에서 오른쪽)로 저장된다. 만약 biBitCount = 24이고, biCompression = 0(압축 않음)이면 1픽셀 정보를 표현에 3바이트가 사용되며 B, G, R 순서로 저장된다. 만약 biBitCount = 16이고, biCompression = 0(압축 않음)이면 1픽셀 정보를 표현에 2바이트가 사용되며, LSB 5비트에 B, 다음 5비트에 G, 다음 5비트에 R를 저장한다. MSB 1비트는 사용하지 않는다.

[예제 12.34] BMP 파일의 정보 출력

```
01:  #include <stdio.h>
02:  #include <stdlib.h>
03:  #include <malloc.h>
04:  /*
```

```
05:   #include <windows.h>
06:   #include <wingdi.h>
07:   */
08:   typedef unsigned char BYTE;     /* 1바이트 */
09:   typedef unsigned short WORD; /* 2바이트 */
10:   typedef unsigned long DWORD; /* 4바이트 */
11:   typedef long  LONG;              /* 4바이트 */
12:   /* 조건부 컴파일 */
13:   #if ( _MSC_VER >= 1200 )
14:   /* #include <pshpack2.h> */
15:   #pragma pack(push, 2)
16:   #endif
17:
18:   typedef struct tagBITMAPFILEHEADER {
19:       WORD bfType;          /* 0x4D42="BM"    */
20:       DWORD bfSize;          /* 파일의 바이트 크기 */
21:       WORD bfReserved1; /* 항상 0            */
22:       WORD bfReserved2; /* 항상 0            */
23:       DWORD bfOffBits;       /* 비트맵 데이터의 오프셋 바이트 */
24:   } BITMAPFILEHEADER;
25:
26:   typedef struct tagBITMAPINFOHEADER {
27:       DWORD biSize;  /* sizeof(BITMAPINFOHEADER) = 40바이트 */
28:       LONG biWidth;   /* 픽셀 단위 가로 크기   */
29:       LONG biHeight;  /* 픽셀 단위 세로 크기   */
30:       WORD biPlanes; /* 항상  1              */
31:       WORD biBitCount;        /* 픽셀의 비트 수(1, 4, 8, 16, 24, 32)    */
32:       DWORD biCompression;   /* 압축: 0(압축 안함),1(RLE-8), 2(RLE-4) */
33:       DWORD biSizeImage;      /* 비트맵의 바이트 크기 */
34:       LONG biXPelsPerMeter;  /* 미터당 수평 화소 크기 */
35:       LONG biYPelsPerMeter;  /* 미터당 수직 화소 수   */
36:       DWORD biClrUsed;        /* 사용된 색상 수      */
37:       DWORD biClrImportant;  /* 중요한 색상 수      */
38:   } BITMAPINFOHEADER;
39:
40:   typedef struct tagRGBQUAD {
41:       BYTE rgbBlue;  /* Blue */
42:       BYTE rgbGreen; /* Green */
43:       BYTE rgbRed;   /* Red  */
44:       BYTE rgbReserved;
45:   } RGBQUAD;
46:
47:   #if ( _MSC_VER >= 1200 )
48:   /* #include <poppack.h> */
49:   #pragma pack(pop)
50:   #endif
```

```c
51:   void BmpFileInformation(char fileName[]);
52:   int main()
53:   {
54:         BmpFileInformation("Desert.bmp");
55:         return 0;
56:   }
57:   void BmpFileInformation(char fileName[])
58:   {
59:         FILE *fp;
60:         errno_t err;
61:         BITMAPFILEHEADER bmFH;
62:         BITMAPINFOHEADER bmIH;
63:         RGBQUAD *pRGB = NULL;
64:         BYTE *pBitmap = NULL;;
65:         int nColor;
66:         int nBitmapSize;
67:         if (err = fopen_s(&fp, fileName, "rb") != 0)
68:         {
69:               printf("%s 파일을 열수 없습니다.", fileName);
70:               exit(1);
71:         }
72:         fread(&bmFH, sizeof(BITMAPFILEHEADER), 1, fp);
73:         if (bmFH.bfType != 0x4D42)
74:               return;
75:         printf("\n파일의 바이트 크기 = %d", bmFH.bfSize);
76:         printf("\n오프셋 바이트 = %d", bmFH.bfOffBits);
77:         printf("\nReserved1 = %d", bmFH.bfReserved1);
78:         printf("\nReserved2 = %d", bmFH.bfReserved2);
79:
80:         fread(&bmIH, sizeof(BITMAPINFOHEADER), 1, fp);
81:         printf("\nbmIH.biSize = %d", bmIH.biSize);
82:         printf("\nbmIH.biWidth = %d", bmIH.biWidth);
83:         printf("\nbmIH.biHeight = %d", bmIH.biHeight);
84:         printf("\nbmIH.biPlanes = %d", bmIH.biPlanes);
85:         printf("\nbmIH.biBitCount = %d", bmIH.biBitCount);
86:         printf("\nbmIH.biCompression = %d", bmIH.biCompression);
87:         printf("\nbmIH.biSizeImage = %d", bmIH.biSizeImage);
88:         printf("\nbmIH.biClrUsed = %d", bmIH.biClrUsed);
89:         printf("\n");
90:         if (bmIH.biBitCount < 16)
91:         { /* 인덱스 컬러(indexed color)이면 팔레트 테이블을 읽음 */
92:               if (bmIH.biClrUsed == 0)      /* 사용중인 색상 수를 계산함 */
93:                     nColor = (1 << bmIH.biBitCount);
94:               else
95:                     nColor = bmIH.biClrUsed;
96:               /* 팔레트 테이블의 메모리를 할당하고 읽음 */
```

```
 97:             pRGB = (RGBQUAD*)malloc(nColor * sizeof(RGBQUAD));
 98:             fread(pRGB, sizeof(RGBQUAD), nColor, fp);
 99:             for (int i = 0; i < nColor; i++)
100:                 printf("\nRGB[%3d]=[%3d, %3d, %3d]", i,
101:                     pRGB[i].rgbRed, pRGB[i].rgbGreen, pRGB[i].rgbBlue);
102:         }
103:         /* 로(Raw) 비트맵 데이터 읽기 */
104:         nBitmapSize = bmFH.bfSize - bmFH.bfOffBits;
105:         pBitmap = (BYTE*)malloc(nBitmapSize);
106:         fread(pBitmap, nBitmapSize, 1, fp);
107:
108:         /* BMP 파일을 접근하려면 pBitmap 포인터에서부터
109:            bmIH.biWidth씩 끊어서 처리함
110:            주의할 점:
111:            1) 가로의 바이트 수가 4의 배수여야 함
112:            2) 상하가 뒤집힘(화면에서 볼 때 제일 아래쪽 이미지 부분이  먼저 나옴) */
113:         if (pRGB)
114:             free(pRGB);
115:         if (pBitmap)
116:             free(pBitmap);
117:         fclose(fp);
118: }
```

● 실행 결과

▌프로그램 설명

① 4-50행

주석처리된 5-6행을 사용하면 8-50행을 삭제할 수 있다. 8-11행은 BYTE, WORD, DWORD, LONG을 정의한다. 13-16행은 조건부 컴파일을 사용하여 _MSC_VER >= 1200(VS98, VC++6.0)이면 구조체의 메모리를 2의 배수로 패킹한다. 18-45행은 BITMAPFILEHEADER, BITMAPINFOHEADER, RGBQUAD 구조체를 정의한다. 47-50행은 조건부 컴파일을 사용하여 메모리 패킹을 기본인 4의 배수로 복구한다.

② 54행

BmpFileInformation() 함수로 "Desert.bmp" 파일의 헤더를 읽어 정보를 출력한다. "Desert.bmp" 파일은 "C:\Users\Public\Pictures\Sample Pictures" 폴더의 "Desert.jpg" 파일을 그

림판을 사용하여 24비트 비트맵으로 저장한 1024×768의 크기의 파일이다.

③ 57-118행

BmpFileInformation() 함수는 fileName 파일의 비트맵 헤더를 읽어 정보를 출력한다. 67행은 fileName 파일을 이진파일 읽기 모드로 파일 포인터 fp에 개방한다. 72행은 fread() 함수로 14바이트를 BITMAPFILEHEADER 구조체 변수 bmFH에 읽는다. 73행은 비트맵 파일을 확인하고, 75-78행은 파일 크기(bmFH.bfSize) 및 옵셋(bmFH.bfOffBits) 등을 출력한다. 80-89행은 fread() 함수로 40바이트를 BITMAPINFOHEADER 구조체 변수 bmIH에 읽고, 정보를 출력한다. 90-102행은 bmIH.biBitCount < 16이면 컬러 테이블이 존재하는 인덱스 컬러이므로 pRGB에 메모리를 할당하고 컬러 테이블을 읽는다. 104-106행은 비트맵 데이터 크기를 계산하고, pBitmap에 메모리를 할당하고 fread() 함수로 읽는다. BMP 파일의 픽셀로 접근하려면 pBitmap 포인터에서부터 bmIH.biWidth씩 끊어서 처리한다. 주의할 점은 가로의 바이트 수는 4의 배수이고, 화면에서 이미지를 볼 때 상하가 뒤집힌 순서로 저장되어 있다. 113-116행은 할당된 메모리를 해제한다.


```
01:  #include <stdio.h>
02:  #include <stdlib.h>
03:  /* #include <malloc.h> */
04:  #include <memory.h>
05:  #include <windows.h>
06:  #include <wingdi.h>
07:  /*
08:  #define RGB(r, g ,b)  ((DWORD) (((BYTE)(r) | \
09:                        ((WORD) (g) << 8))  |  \
10:                        (((DWORD) (BYTE) (b)) << 16)))
11:  */
12:  void bmpFileWrite(char fileName[], BYTE *pDIB);
13:  BYTE *createDibImg(int nWidth, int nHeight, int nBitCount);
14:  void bmpFillColor(BYTE *pDIB, DWORD color);
15:
16:  int main()
17:  {
18:       BYTE *pDIB = NULL;
19:
20:       pDIB = createDibImg(640, 480, 8);
21:       bmpFillColor(pDIB, 128);
22:       bmpFileWrite("test1.bmp", pDIB);
23:
24:       pDIB = createDibImg(640, 480, 24);
25:       bmpFillColor(pDIB, RGB(255, 255, 0));
26:       bmpFileWrite("test2.bmp", pDIB);
27:       return 0;
28:  }
29:  BYTE *createDibImg(int nWidth, int nHeight, int nBitCount)
30:  {
```

```
31:        BITMAPINFOHEADER bmIH;
32:        RGBQUAD *pRGB = NULL;
33:        BYTE *pDIB;
34:        int nColor = 0;
35:        int i;
36:        bmIH.biSize = sizeof(BITMAPINFOHEADER);
37:        bmIH.biWidth = nWidth;
38:        bmIH.biHeight = nHeight;
39:        bmIH.biPlanes = 1;
40:        bmIH.biBitCount = nBitCount;
41:        bmIH.biCompression = 0;
42:        bmIH.biSizeImage = (nWidth * nHeight) * (nBitCount / 8);
43:        bmIH.biClrUsed = 0;
44:        bmIH.biClrImportant = 0;
45:        if (bmIH.biBitCount == 8)
46:        {
47:            nColor = (1 << bmIH.biBitCount);
48:            pRGB = (RGBQUAD*)malloc(nColor * sizeof(RGBQUAD));
49:            for (i = 0; i < nColor; i++)  /* 그레이 스케일 컬러 테이블 */
50:            {
51:                pRGB[i].rgbRed = (BYTE)i;
52:                pRGB[i].rgbGreen = (BYTE)i;
53:                pRGB[i].rgbBlue = (BYTE)i;
54:                pRGB[i].rgbReserved = 0;
55:            }
56:        }
57:        if (pRGB != NULL)
58:            pDIB=(BYTE*)malloc(bmIH.biSize + nColor * sizeof(RGBQUAD)
59:                    + bmIH.biSizeImage);
60:        else
61:            pDIB = (BYTE *)malloc(bmIH.biSize + bmIH.biSizeImage);
62:
63:        memcpy(pDIB, &bmIH, bmIH.biSize);
64:        if (pRGB != NULL)
65:        {
66:            memcpy(pDIB + bmIH.biSize, pRGB, nColor * sizeof(RGBQUAD));
67:            free(pRGB);
68:        }
69:        /* White(255)로 초기화 */
70:        memset(pDIB + bmIH.biSize + nColor * sizeof(RGBQUAD),
71:                255, bmIH.biSizeImage);
72:        return pDIB;
73: }
74: void bmpFillColor(BYTE *pDIB, DWORD color)
75: {
76:        BITMAPINFOHEADER *pbmIH;
```

```
 77:        BYTE *pBitmap;
 78:        int nColor, nColorSize = 0;
 79:        unsigned int i;
 80:
 81:        pbmIH = (BITMAPINFOHEADER *)pDIB;
 82:        if (pbmIH->biBitCount == 8)
 83:        {
 84:            nColor = (1 << pbmIH->biBitCount);
 85:            nColorSize = nColor * sizeof(RGBQUAD);
 86:        }
 87:        pBitmap = (BYTE *)(pDIB + 40 + nColorSize);
 88:
 89:        /* 채우기 색상 */
 90:        for (i = 0; i < pbmIH -> biSizeImage; i += pbmIH -> biBitCount / 8)
 91:        {
 92:            if (pbmIH -> biBitCount == 8)       /* 8bits pseudo color */
 93:                pBitmap[i] = (BYTE)(color);
 94:            else       /* 24bits pseudo color */
 95:            {
 96:                pBitmap[i] = (BYTE)(color >> 16);
 97:                pBitmap[i + 1] = (BYTE)(color >> 8);
 98:                pBitmap[i + 2] = (BYTE)(color);
 99:            }
100:        }
101:}
102: void bmpFileWrite(char fileName[], BYTE *pDIB)
103: {
104:        BITMAPFILEHEADER bmFH;
105:        BITMAPINFOHEADER *pbmIH;
106:        int nBitmapSize;
107:        int nColor, nColorSize = 0;
108:        FILE *fpW;
109:        pbmIH = (BITMAPINFOHEADER *)pDIB;
110:        nBitmapSize = pbmIH->biSizeImage;
111:        if (pbmIH -> biBitCount == 8)
112:        {
113:            nColor = (1 << pbmIH -> biBitCount);
114:            nColorSize = nColor * sizeof(RGBQUAD);
115:        }
116:        bmFH.bfType = 0x4D42;        /* "BM" */
117:        bmFH.bfSize = 14 + 40 + nColorSize + nBitmapSize;
118:        bmFH.bfReserved1 = 0;
119:        bmFH.bfReserved2 = 0;
120:        bmFH.bfOffBits = 14 + 40 + nColorSize;
121:
122:        fopen_s(&fpW, fileName, "wb");
```

```
123:
124:    fwrite(&bmFH, sizeof(BITMAPFILEHEADER), 1, fpW);
125:    fwrite(pDIB, 40 + nColorSize + nBitmapSize, 1, fpW);
126:    free(pDIB);
127:    fclose(fpW);
128:}
```

프로그램 설명

① 5-6행

BYTE, WORD, DWORD, LONG 자료형, BITMAPFILEHEADER, BITMAPINFOHEADER, RGBQUAD 구조체 정의를 사용하기 위하여 헤더 파일 "windows.h"을 포함한다. "windows.h" 파일을 포함하면 "wingdi.h"이 포함된다. 8-10행의 RGB()는 0에서 255사이의 값인 R, G, B 값을 받아 4바이트 DWORD 값을 만드는 매크로 함수로 "windows.h" 파일에 정의되어 있다.

② 20-22행

20행은 createDibImg() 함수로 640×480행의 8비트 인덱스 컬러 흰색 이미지를 pDIB 파일에 생성한다. 인덱스 컬러의 컬러 테이블은 그레이 스케일로 생성한다. 21행은 bmpFillColor() 함수로 pDIB 이미지를 128(회색)로 채운다. 22행은 bmpFileWrite() 함수로 pDIB 이미지를 [그림 12.24]의 "test1.bmp" 파일에 출력한다.

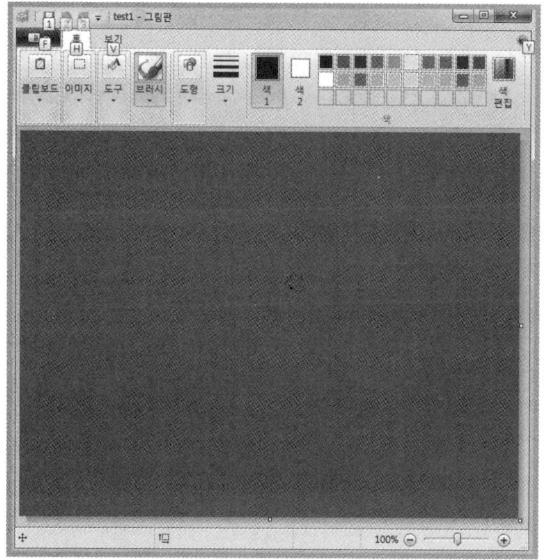

[그림 12.24] "test1.bmp" 파일

③ 24-26행

24행은 createDibImg() 함수로 640×480행의 24비트 트루 컬러 흰색 이미지를 pDIB 파일에 생성한다. 25행은 bmpFillColor() 함수로 pDIB 이미지를 RGB(255, 255, 0)로 채운다. 26행은 bmpFileWrite() 함수로 pDIB 이미지를 [그림 12.25]의 "test2.bmp" 파일에 출력한다.

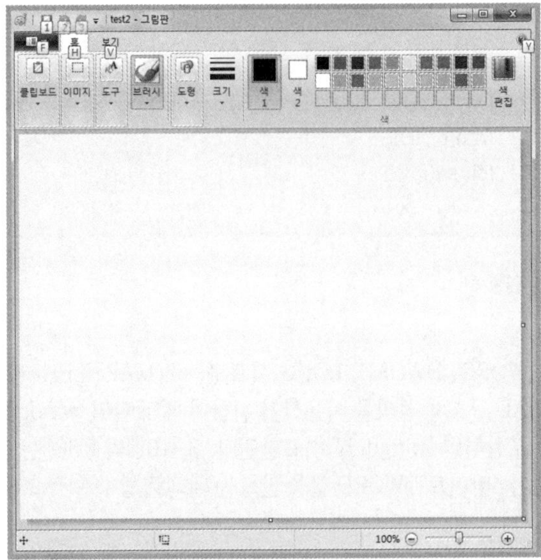

[그림 12.25] "test2.bmp" 파일

3.4 유니코드 UTF-16, UTF-8 인코딩

유니코드는 UTF-32, UTF-16, UTF-8 등의 인코딩 방법이 있다. UTF-16은 2개의 16비트 상/하위 서러게이트(high/low surrogate)를 사용하여 문자의 수를 확장한다. 서러게이트는 0xD800에서 0xDFFF까지의 값을 사용한다. 상/하위 서러게이트 32비트에서 상위 서러게이트(high surrogate)의 6비트(1101 11)와 하위 서러게이트(low surrogate)의 6비트(1101 11)를 제외하고 남은 20비트(각각에서 10 비트씩)에 USC 코드에서 2바이트를 넘는 코드를 표현하는데 사용한다. UTF-16으로 인코딩 할 수 있는 가장 큰 수는 0x10FFFF이다. 이 범위의 수를 인코딩하기 위하여 최소 2바이트, 최대 4바이트(서러게이트 사용하는 경우)를 사용한다. [표 12.5]는 서러게이트의 코드 범위를 보여준다. [표 12.6]은 UTF-16BE의 인코딩을 보인다.

UTF-8은 아스키코드와의 호환성을 고려하여 1에서 4바이트의 가변 길이 인코딩 방법이다. [표 12.7]은 UTF-8의 인코딩을 보인다. [예제 12.36], [예제 12.37]은 UTF-16과 UTF8 인코딩의 예를 보여준다.

표 12.5 UTF-16의 상/하위 서러게이트 코드 범위

서러게이트(hexa)	유니코드(binary)	설명
0xD800~0xDBFF	1101 1000 0000 0000~1101 1011 1111 1111	상위 서러게이트
0xDC00~0xDFFF	1101 1100 0000 0000~1101 1111 1111 1111	하위 서러게이트

표 12.6 UTF-16 인코딩

UTF-32 유니코드(hexa)	UTF-32 유니코드(binary)	UTF-16BE 인코딩	
000000~00FFFF	yyyy yyyy xxxx xxxx	Byte1	yyyy yyyy
		Byte2	xxxx xxxx
010000~10FFFF	000z zzzz xxxx xxyy yyyy yyyy	Byte1	1101 10ZZ
		Byte2	ZZxx xxxx
		Byte3	1101 11yy
		Byte4	yyyy yyyy

상위 서러게이트(Byte1, Byte2): 1101 10ZZ ZZxx xxxx

하위 서러게이트(Byte3, Byte4): 1101 11yy yyyy yyyy

ZZZZ = zzzzz − 1이다.

A = 0x53210이 0xFFFF보다 크기 때문에 서러게이트를 이용하여 UTF-16으로 인코딩해야 한다. [표 12.6]의 비트 순서를 이용하여 UTF-16 인코딩을 할 수도 있고, 아래와 같이 비트 연산으로 인코딩 할 수 있다.

① A1 = A − 0x10000에 의해 A1에 20비트를 얻는다.

   A1 = 0x53210 − 0x10000

     = 0x43210

     = 0100 0011 0010 0001 0000 : 2진수 20비트

② H와 L에 상위 10비트와 하위 10비트를 분리한다.

   H = 0100 0011 00 : A1의 상위 10비트

   L = 10 0001 0000 : A1의 하위 10비트

③ H와 상위 서러게이트의 시작 값(0xD800)을 비트 OR하여 SH = 0xD90C를 얻고, L과 하위 서러게이트의 시작 값(0xDC00)을 비트 OR하여 SL = 0xDE10을 얻어서, A = 0x53210은 16비트 코드 2개(SH = 0xD90C, SL = 0xDE10)로 인코딩된다.

   SH = (0xD800 | H) = 0xD90C

   SL = (0xDC00 | L) = 0xDE10

표 12.7 UTF-8 인코딩

UTF−32 유니코드(hexa)	UTF−32 유니코드(binary)	UTF−8 인코딩	
000000~00007F	0zzz zzzz	Byte1	0zzz zzzz
000080~0007FF	0000 0yyy yyzz zzzz	Byte1	110y yyyy
		Byte2	10zz zzzz
000800~00FFFF	xxxx yyyy yyzz zzzz	Byte1	1110 xxxx
		Byte2	10yy yyyy
		Byte3	10zz zzzz
010000~10FFFF	000wwwxx xxxxyyyy yyzzzzzz	Byte1	1111 0www
		Byte2	10xx xxxx
		Byte3	10yy yyyy
		Byte4	10zz zzzz

[예제 12.37] A = 0x53210의 UTF-8 인코딩

[표 12.7]을 보면 A = 0x53210은 UTF−8에서 4바이트로 인코딩된다.

① A를 이진 표현하고, w, x, y, z값을 비교한다.

    A = 0x53210

      = 0000 0101 0011 0010 0001 0000 : 2진수

      = 000w wwxx xxxx yyyy yyzz zzzz

    즉, www = 001, xxxxxx = 010011, yyyyyy = 001000, zzzzzz = 010000이다.

② A = 0x53210의 UTF−8 인코딩 결과는 Byte1 = 1111 0001 = 0xF1, Byte2 = 1001 0011 = 0x93, Byte3 = 1000 1000=0x88, Byte4 = 1001 0000 = 0x90 이다.

3.4.1 멀티 바이트(ANSI)와 유니코드 문자열 변환

멀티 바이트에서 영문은 1바이트, 한글은 완성형 2바이트를 사용한다. 이러한 멀티 바이트 문자 또는 문자열을 유니코드로 변환하기 위해서는 변환 테이블이 필요하기 때문에 [예제 12.36], [예제 12.37]과 같은 방법으로는 변경할 수 없다. 윈도우즈 커널에 있는 MultiByteToWideChar()와 WideCharToMultiByte() 함수는 멀티 바이트(ANSI) 문자열괴 유니코드 문자열 사이의 변환을 수행한다. 사용하려면 "windows.h" 헤더 파일을 포함한다.

```
int MultiByteToWideChar (
    _In_      UINT   CodePage,
    _In_      DWORD  dwFlags,
    _In_      LPCSTR lpMultiByteStr,
    _In_      int    cbMultiByte,
    _Out_opt_ LPWSTR lpWideCharStr,
    _In_      int    cchWideChar
);
```

① CodePage는 코드 페이지로 CP_ACP이면 윈도우즈의 디폴트 코드 페이지(ANSI), CP_UTF8이면 UTF-8을 명시한다.

② dwFlags는 변환 형태로, MB_PRECOMPOSED가 기본값이다. 0으로 지정하여 사용할 수 있다.

③ lpMultiByteStr은 변환할 멀티 바이트 문자열 포인터이다.

④ cbMultiByte는 변환할 문자열의 바이트 크기이다. 널 문자로 끝나면 −1을 사용할 수 있다.

⑤ lpWideCharStr는 변환 결과를 저장할 문자열 버퍼이다.

⑥ cchWideChar는 변환결과 문자열의 크기이다. 0이면 MultiByteToWideChar() 함수는 결과 문자열 크기를 반환한다.

```
int WideCharToMultiByte (
    _In_      UINT    CodePage,
    _In_      DWORD   dwFlags,
    _In_      LPCWSTR lpWideCharStr,
    _In_      int     cchWideChar,
    _Out_opt_ LPSTR   lpMultiByteStr,
    _In_      int     cbMultiByte,
    _In_opt_  LPCSTR  lpDefaultChar,
    _Out_opt_ LPBOOL  lpUsedDefaultChar
);
```

① lpWideCharStr은 변환할 유니코드 문자열 포인터이다.

② cchWideChar 변환할 문자열의 크기이다. 널 문자로 끝나면 −1을 사용할 수 있다.

③ lpMultiByteStr는 변환 결과를 저장할 멀티 바이트 문자열 버퍼이다.

④ cbMultiByte는 변환결과 문자열의 크기이다. 0이면 WideCharToMultiByte() 함수는 결과 문자열 크기를 반환한다.

⑤ lpDefaultChar는 변환할 수 없는 문자에 대한 디폴트 문자 포인터이다. 일반적으로 NULL로 설정한다.

⑥ lpUsedDefaultChar는 디폴트 문자의 사용 여부를 나타낸다. 일반적으로 NULL로 설정한다.

[예제 12.38] 멀티 바이트와 유니코드 변환

```
01:   #include <windows.h>
02:   #include <stdio.h>
03:   #define  N 256
04:   typedef enum {
05:        ANSI_UTF16, UTF16_ANSI, UTF16_UTF8,
06:        UTF8_UTF16, UTF32_UTF16, UTF16_UTF32
07:   } TYPE;
08:   typedef unsigned char  BYTE;
09:   typedef unsigned short UTF16;  /* wchar_t */
10:   typedef unsigned int   UTF32;
11:
12:   typedef union {
13:        BYTE byte;
14:        struct {
15:             BYTE b0 : 1;
16:             BYTE b1 : 1;
17:             BYTE b2 : 1;
18:             BYTE b3 : 1;
19:             BYTE b4 : 1;
20:             BYTE b5 : 1;
21:             BYTE b6 : 1;
22:        BYTE b7 : 1;
23:        };
24:   } UFIELD8;
25:   typedef union {
26:        UTF16 u16;
27:        struct {
28:             UTF16 z0 : 1;
29:             UTF16 z1 : 1;
30:             UTF16 z2 : 1;
31:             UTF16 z3 : 1;
32:             UTF16 z4 : 1;
33:             UTF16 z5 : 1;
34:             UTF16 y0 : 1;
35:             UTF16 y1 : 1;
36:             UTF16 y2 : 1;
37:             UTF16 y3 : 1;
38:             UTF16 y4 : 1;
39:             UTF16 y5 : 1;
40:             UTF16 x0 : 1;
41:             UTF16 x1 : 1;
42:             UTF16 x2 : 1;
43:             UTF16 x3 : 1;
44:        };
45:   } UFIELD16;
```

```
46:
47:   int convertStrCode(TYPE type, void *sIn, void *sOut);
48:   int convertStrCode2(TYPE type, void *sIn, void *sOut);
49:   int UTF16_to_UTF8(UTF16 u16[], BYTE u8[]);
50:   int UTF8_to_UTF16(BYTE u8[], UTF16 u16[]);
51:   int UTF32_to_UTF16(UTF32 u32, UTF16 u16[]);
52:   int UTF16_to_UTF32(UTF16 u16[], UTF32 *u32);
53:   void printHexa(char*sName, BYTE str[]);
54:   void wprintHexa(char*sName, UTF16 u16[]);
55:   int main()
56:   {
57:         BYTE    ansi[] = "1가a";
58:         BYTE    ansi2[N];
59:         BYTE    u8[N];
60:         UTF16   u16[N];
61:         UTF32   u32 = 0x53210, utf32;
62:
63:         printHexa("ansi=", ansi);
64:
65:         printf("\nconvertStrCode()\n");
66:         convertStrCode(ANSI_UTF16, ansi, u16);
67:         wprintHexa("ANSI_UTF16, u16 =", u16);
68:
69:         convertStrCode(UTF16_ANSI, u16, ansi2);
70:         printHexa("UTF16_ANSI, ansi2 =", ansi2);
71:
72:         convertStrCode(UTF16_UTF8, u16, u8);
73:         printHexa("UTF16_UTF8, u8 =", u8);
74:
75:         convertStrCode(UTF8_UTF16, u8, u16);
76:         wprintHexa("UTF8_UTF16, u16 =", u16);
77:
78:         printf("\nconvertStrCode2()\n");
79:         convertStrCode2(UTF16_UTF8, u16, u8);
80:         printHexa("UTF16_UTF8, u8 =", u8);
81:
82:         convertStrCode2(UTF8_UTF16, u8, u16);
83:         wprintHexa("UTF8_UTF16, u16 =", u16);
84:
85:         convertStrCode2(UTF32_UTF16, &u32, u16);
86:         wprintHexa("UTF32_UTF16, u16 =", u16);
87:
88:         convertStrCode2(UTF16_UTF32, u16, &utf32);
89:         printf("utf32 =%X\n", utf32);
90:         return 0;
91:   }
```

```
92:  int convertStrCode(TYPE type, void *sIn, void *sOut)
93:  {
94:      int len;
95:      BYTE  *ansi;
96:      UTF16 *u16;
97:      switch (type)
98:      {
99:          case ANSI_UTF16:
100:             ansi = (BYTE*)sIn;
101:             u16 = (UTF16*)sOut;
102:             len=MultiByteToWideChar(CP_ACP, 0, ansi, -1, NULL, 0);
103:             MultiByteToWideChar(CP_ACP, 0, ansi, -1, u16, len);
104:             break;
105:          case UTF16_ANSI:
106:             u16 = (UTF16*)sIn;
107:             ansi = (BYTE*)sOut;
108:             len = WideCharToMultiByte(CP_ACP, 0, u16, -1,
109:                      NULL, 0, NULL, NULL);
110:             WideCharToMultiByte(CP_ACP, 0, u16, -1,
111:                        ansi, len, NULL, NULL);
112:             break;
113:          case UTF16_UTF8:
114:             u16 = (UTF16*)sIn;
115:             ansi = (BYTE*)sOut;
116:             len = WideCharToMultiByte(CP_UTF8, 0, u16, -1,
117:                      NULL, 0, NULL, NULL);
118:             WideCharToMultiByte(CP_UTF8, 0, u16, -1,
119:                        ansi, len, NULL, NULL);
120:             break;
121:          case UTF8_UTF16:
122:             ansi = (BYTE*)sIn;
123:             u16 = (UTF16*)sOut;
124:             len = MultiByteToWideChar(CP_UTF8, 0, ansi, -1,
125:                      NULL, 0);
126:             MultiByteToWideChar(CP_UTF8, 0, ansi, -1,
127:                        u16, len);
128:             break;
129:      }
130:      return len;
131:}
132: int convertStrCode2(TYPE type, void *sIn, void *sOut)
133:{
134:      int len;
135:      BYTE  *u8;
136:      UTF16 *u16;
137:      UTF32 *u32;
```

```c
138:     switch (type)
139:     {
140:         case UTF16_UTF8:
141:             u16 = (UTF16*)sIn;
142:             u8 = (BYTE*)sOut;
143:             len = UTF16_to_UTF8(u16, u8);
144:             break;
145:         case UTF8_UTF16:
146:             u8 = (BYTE*)sIn;
147:             u16 = (UTF16*)sOut;
148:             len = UTF8_to_UTF16(u8, u16);
149:             break;
150:         case UTF32_UTF16:
151:             u32 = (UTF32*)sIn;
152:             u16 = (UTF16*)sOut;
153:             len = UTF32_to_UTF16(*u32, u16);
154:             break;
155:         case UTF16_UTF32:
156:             u16 = (UTF16*)sIn;
157:             u32 = (UTF32*)sOut;
158:             len = UTF16_to_UTF32(u16, u32);
159:             break;
160:     }
161:     return len;
162:}
163:int UTF16_to_UTF8(UTF16 u16[], BYTE u8[])
164:{
165:     UFIELD16 c;
166:     UFIELD8  u1, u2, u3;
167:     int k = 0;
168:     for (int i = 0; u16[i] != 0; i++)
169:     {
170:         c.u16 = u16[i];
171:         /* printf("u16[%d] = %hx\n", i, u16[i]); */
172:         if (c.u16 <= 0x7f)
173:         {
174:             u8[k++] = (BYTE)c.u16;
175:         }
176:         else if (c.u16 <= 0x7ff)
177:         {
178:             u1.b7 = 1; u1.b6 = 1; u1.b5 = 0;
179:             u1.b4 = (BYTE)c.y4;
180:             u1.b3 = (BYTE)c.y3;
181:             u1.b2 = (BYTE)c.y2;
182:             u1.b1 = (BYTE)c.y1;
183:             u1.b0 = (BYTE)c.y0;
```

```
184:                 u8[k++] = u1.byte;
185:
186:                 u2.b7 = 1; u2.b6 = 0;
187:                 u2.b5 = (BYTE)c.z5;
188:                 u2.b4 = (BYTE)c.z4;
189:                 u2.b3 = (BYTE)c.z3;
190:                 u2.b2 = (BYTE)c.z2;
191:                 u2.b1 = (BYTE)c.z1;
192:                 u2.b0 = (BYTE)c.z0;
193:                 u8[k++] = u2.byte;
194:             }
195:         else        /* if (c.u16 <= 0xffff) */
196:             {
197:                 u1.b7 = 1; u1.b6 = 1; u1.b5 = 1; u1.b4 = 0;
198:                 u1.b3 = (BYTE)c.x3;
199:                 u1.b2 = (BYTE)c.x2;
200:                 u1.b1 = (BYTE)c.x1;
201:                 u1.b0 = (BYTE)c.x0;
202:                 u8[k++] = u1.byte;
203:
204:                 u2.b7 = 1; u2.b6 = 0;
205:                 u2.b5 = (BYTE)c.y5;
206:                 u2.b4 = (BYTE)c.y4;
207:                 u2.b3 = (BYTE)c.y3;
208:                 u2.b2 = (BYTE)c.y2;
209:                 u2.b1 = (BYTE)c.y1;
210:                 u2.b0 = (BYTE)c.y0;
211:                 u8[k++] = u2.byte;
212:
213:                 u3.b7 = 1; u3.b6 = 0;
214:                 u3.b5 = (BYTE)c.z5;
215:                 u3.b4 = (BYTE)c.z4;
216:                 u3.b3 = (BYTE)c.z3;
217:                 u3.b2 = (BYTE)c.z2;
218:                 u3.b1 = (BYTE)c.z1;
219:                 u3.b0 = (BYTE)c.z0;
220:                 u8[k++] = u3.byte;
221:             }
222:         }
223:     return k;
224:}
225:int UTF8_to_UTF16(BYTE u8[], UTF16 u16[])
226:{
227:     int i = 0, k = 0;
228:     UTF16 u;
229:     for ( ; u8[i] != 0; )
```

```c
230:        {
231:            if ((u8[i] & 0xE0) == 0xE0)/* 3bytes check: 1110 */
232:            {
233:                u = ((u8[i] & 0x0F) << 12) |     /* xxxx*/
234:                    ((u8[i + 1] & 0x3F) << 6) | /* yy yyyy */
235:                    (u8[i + 2] & 0x3F);         /* zz zzzz */
236:                i += 3;
237:            }
238:            else if ((u8[i] & 0xC0) == 0xC0)        /* 2bytes check: 1100 */
239:            {
240:                u = ((u8[i] & 0x1F) << 6) |     /* y yyyy */
241:                    (u8[i + 1] & 0x3F);         /* zz zzzz */
242:                i += 2;
243:            }
244:            else
245:            {
246:                u = u8[i] & 0x7F;               /* 0zzz zzzz */
247:                i++;
248:            }
249:            u16[k++] = u;
250:        }
251:    return k;
252:}
253:int UTF32_to_UTF16(UTF32 u32, UTF16 u16[])
254:{
255:    unsigned int A1;
256:    wchar_t  H, L, SH, SL;
257:    if (u32 <= 0xffff)
258:    {
259:        u16[0] = (UTF16)u32;
260:        u16[1] = 0; /* nulll string */
261:        return 1;
262:    }
263:    A1 = u32 - 0x10000;
264:    H = (A1 >> 10) & 0x3FF;
265:    L = (A1 & 0x3FF);
266:    SH = 0xD800 | H;
267:    SL = 0xDC00 | L;
268:    u16[0] = SH;
269:    u16[1] = SL;
270:    u16[2] = 0; /* nulll string */
271:    return 2;
272:}
273:int is_surrogate(UTF16 u16)
274:{
275:    if ((0xD800 <= u16 && u16 <= 0xDBFF) ||
```

```
276:                    (0xDC00 <= u16 && u16 <= 0xDFFF))
277:            return 1; /* with surrogates */
278:        return 0;    /* without surrogates */
279: }
280: int UTF16_to_UTF32(UTF16 u16[], UTF32 *u32)
281: {
282:        UTF32 u;
283:        if (is_surrogate(u16[0]) && is_surrogate(u16[1]))
284:        { /* with surrogate */
285:            u = 0x10000;
286:            u += (u16[0] & 0x03FF) << 10;
287:            u += (u16[1] & 0x03FF);
288:            *u32 = u;
289:            return 1;
290:        }
291:        /* without surrogate */
292:        *u32 = (UTF32)u16[0];
293:        return  0;
294: }
295: void printHexa(char*sName, BYTE str[])
296: {
297:        int i;
298:        printf("%s", sName);
299:        for (i = 0; str[i] != 0; i++)
300:            printf("%hhX, ", str[i]);
301:        printf("\n");
302: }
303: void wprintHexa(char*sName, UTF16 u16[])
304: {
305:        int i;
306:        printf("%s", sName);
307:        for (i = 0; u16[i] != 0; i++)
308:            printf("%hX, ", u16[i]);
309:        printf("\n");
310: }
```

● 실행 결과

```
C:\Windows\system32\cmd.exe

ansi =31, B0, A1, 61,

convertStrCode()
ANSI_UTF16, u16 =31, AC00, 61,
UTF16_ANSI, ansi2 =31, B0, A1, 61,
UTF16_UTF8, u8 =31, EA, B0, 80, 61,
UTF8_UTF16, u16 =31, AC00, 61,

convertStrCode2()
UTF16_UTF8, u8 =31, EA, B0, 80, 61,
UTF8_UTF16, u16 =31, AC00, 61,
UTF32_UTF16, u16 =D90C, DE10,
utf32 =53210
```

｜ 프로그램 설명

① 4-52행

4-7행은 코드 변환 방법 지정을 위한 열거형 TYPE을 정의한다. 12-24행은 바이트의 비트를 접근하기 위한 공용체 UFIELD8을 정의한다. 25-45행은 2바이트의 UTF16의 비트를 접근하기 위한 공용체 UFIELD16을 정의한다.

② 57-76행

63행은 printHexa() 함수로 ansi 배열에 저장된 멀티 바이트(ANSI) 문자열의 16진수 코드를 출력한다. 66-67행은 convertStrCode() 함수로 type = ANSI_UTF16에 의해, 멀티 바이트(ANSI) 문자열 ansi을 UTF16 문자열로 u16에 변환하고, u16을 16진수로 출력한다. 69-70행은 convertStrCode() 함수로 type = UTF16_ANSI에 의해, UTF16 문자열 u16을 멀티 바이트(ANSI) 문자열로 ansi2에 변환하고, ansi2를 16진수로 출력한다. 문자열 ansi2와 ansi는 같다. 72-73행은 convertStrCode() 함수로 type = UTF16_UTF8에 의해, UTF16 문자열 u16을 UTF8 문자열로 u8에 변환하고, u8을 16진수로 출력한다. 75-76행은 convertStrCode() 함수로 type = UTF8_UTF16에 의해, UTF8 문자열 u8을 UTF16 문자열로 u16에 변환하고, u16을 16진수로 출력한다.

③ 78-89행

79-80행은 convertStrCode2() 함수로 type = UTF16_UTF8에 의해, UTF16 문자열 u16을 UTF8 문자열로 u8에 변환하고, u8을 16진수로 출력한다. 82-83행은 convertStrCode2() 함수로 type = UTF8_UTF16에 의해, UTF8 문자열 u8을 UTF16 문자열로 u16에 변환하고, u16을 16진수로 출력한다. 85-86행은 convertStrCode2() 함수로 type = UTF32_UTF16에 의해, UTF32 코드 u32를 UTF16 문자열 u16에 변환하고, u16을 16진수로 출력한다. 88-89행은 convertStrCode2() 함수로 type = UTF16_UTF32에 의해, UTF16 코드 문자열 u16을 UTF32 코드 utf32에 변환한다. utf32와 u32는 같다.

④ 92-131행

convertStrCode() 함수는 윈도우즈 함수 MultiByteToWideChar()와 WideCharToMultiByte() 함수를 사용하여 문자열의 코드를 변환한다. 형식 인수를 void 포인터를 사용하였으며, type에 따라 자료형을 변환하여 사용한다. 각각의 변환을 처리하는 case 문에서 같은 함수를 2번씩 호출하는 이유는, 처음 호출은 변환 결과의 문자열 길이를 계산하며, 두 번째 호출에서 실제 변환이 일어난다. ANSI_UTF16은 멀티 바이트(ANSI)에서 UTF16 유니코드로 변환하고, UTF16_ANSI는 UTF16 유니코드에서 멀티 바이트(ANSI)로 변환하고, UTF16_UTF8은 UTF16 유니코드에서 UTF8 유니코드로 변환하고, UTF8_UTF16은 UTF8 유니코드에서 UTF16 유니코드로 변환한다. UTF8 유니코드는 1바이트 문자(char, BYTE) 배열을 사용한다. UTF16 유니코드는 2 바이트 문자(unsigned short, wchar_t, UTF16) 배열을 사용한다.

⑤ 132-131행

convertStrCode2() 함수는 윈도우즈 함수 사용자 정의 함수를 사용하여 코드를 변환한다. type = UTF16_UTF8이면, UTF16_to_UTF8()함수로 UTF16 문자열을 UTF8 문자열로 변환하고, type = UTF8_UTF16이면, UTF8_to_UTF16() 함수로 UTF8 문자열을 UTF16 문자열로 변환하고, type = UTF32_UTF16이면, UTF32_to_UTF16() 함수로 UTF32 코드를 UTF16 코드로 변환하고, type = UTF16_UTF32이면, UTF16_to_UTF32() 함수로 UTF16 문자열에 저장된 코드(서러게이트를 포함할 수 있음)를 UTF32 숫자로 변환한다.

⑥ 163-225행

UTF16_to_UTF8()함수는 [표 12.7]과 [예제 12.37]을 사용하여 UTF-16 문자열 u16을 UTF8 문자열 u8로 변환한다. 코드 변환을 위한 비트 연산을 위해 공용체 UFIELD8, UFIELD16을 사용한다. 반환 값은 생성된 문자열의 길이를 반환한다. 0x010000~10FFFF 범위의 유니코드는 서러게이트(surrogate)를 포함하여 2개의 UTF16 코드로 표현된다. UTF16_to_UTF8() 함수는 이러한 서러게이트를 포함한 UTF16 코드는 처리하지 않는다. 참고로, is_surrogate() 함수로 서러게이트를 포함한지 여부를 판단하고, UTF16_to_UTF32() 함수로 UTF32 코드를 변환하고 [표 12.7]을 사용하면 UTF8로 변환할 수 있다.

⑦ 226-254행

UTF8_to_UTF16() 함수는 [표 12.7]과 [예제 12.37]의 반대 과정으로 UTF-8 문자열 u8을 UTF16 문자열 u16으로 변환한다. 0x010000~10FFFF 범위의 유니코드는 4 바이트로 표현되는 UTF8 코드는 UTF8_to_UTF16() 함수에서 처리하지 않았다.

⑧ 255-274행

UTF32_to_UTF16() 함수는 [표 12.5],[표 12.6], [예제 12.36]을 사용하여 UTF-32 숫자 u32를 UTF16으로 배열 u16에 변환한다. 259-264행은 u32가 2바이트의 UTF16으로 표현되는 경우로 u16[0] = (UTF16)u32에 의해 u16[0]에 저장하고, u16[1]에 널 문자를 저장하고 문자열의 길이를 1로 반환한다. 265-274행은 0x010000~10FFFF 범위의 유니코드로 [예제 12.36]을 사용하여 u16[0]에 SH를 저장하고, u16[1]에 SL를 저장하고, u16[2]에 널 문자를 저장하고, 문자열의 길이를 2로 반환한다. UTF32_to_UTF16() 함수는 하나의 유니코드를 UTF16 코드로 변환한다.

⑨ 275-281행

is_surrogate() 함수는 UTF16 코드가 서러게이트를 사용하여 변환된 코드인지를 확인한다.

⑩ 282-296행

UTF16_to_UTF32() 함수는 UTF16 코드를 UTF32 코드로 변환한다. 285-292행은 u16[0]과 u16[1]이 서러게이트를 포함하면, [예제 12.36]의 반대 과정으로 UTF32 코드를 포인터 인수 u32에 계산하고, 서러게이트가 있음을 표시하기 위하여 1을 반환한다. 294행은 서러게이트가 없는 경우 u16[0]을 포인터 인수 u32에 저장하고, 서러게이트가 없음을 표시하기 위하여 0을 반환한다.

⑪ 297-304행

printHexa() 함수는 1바이트 문자열(ANSI, UTF8)을 16진수로 출력한다.

⑫ 305-31행

wprintHexa() 함수는 2바이트 문자열(UTF16)을 16진수로 출력한다.

[예제 12.39] 메모장 유니코드(UTF-16) 파일의 한글 초성, 중성, 종성 분리

```
01:  #include <stdio.h>
02:  typedef enum { ANSI, UTF16LE, UTF16BE, UTF8 } TYPE;
03:  typedef unsigned short UTF16;
04:  TYPE checkEncoding(FILE *fp);
05:  int main()
06:  {
```

```
07:        FILE *fp;
08:        errno_t err;
09:        TYPE   type;
10:        int ch1, ch2;
11:        int b, i, m, f;
12:        int u16;
13:
14:        int nTotal = 0, nHanCount = 0;
15:
16:        char iJamo[][3] = { "ㄱ", "ㄲ", "ㄴ", "ㄷ", "ㄸ",
17:                            "ㄹ", "ㅁ", "ㅂ", "ㅃ", "ㅅ",
18:                            "ㅆ", "ㅇ", "ㅈ", "ㅉ", "ㅊ",
19:                            "ㅋ", "ㅌ", "ㅍ", "ㅎ" };
20:        char mJamo[][3] = { "ㅏ", "ㅐ", "ㅑ", "ㅒ", "ㅓ",
21:                            "ㅔ", "ㅕ", "ㅖ", "ㅗ", "ㅘ",
22:                            "ㅙ", "ㅚ", "ㅛ", "ㅜ", "ㅝ",
23:                            "ㅞ", "ㅟ", "ㅠ", "ㅡ", "ㅢ", "ㅣ" };
24:
25:        char fJamo[][3] = { "x",  "ㄱ", "ㄲ", "ㄳ", "ㄴ",
26:                            "ㄵ", "ㄶ", "ㄷ", "ㄹ", "ㄺ",
27:                            "ㄻ", "ㄼ", "ㄽ", "ㄾ", "ㄿ",
28:                            "ㅀ", "ㅁ", "ㅂ", "ㅄ", "ㅅ",
29:                            "ㅆ", "ㅇ", "ㅈ", "ㅊ", "ㅋ",
30:                            "ㅌ", "ㅍ", "ㅎ" };
31:
32:        if (err = fopen_s(&fp, "test.txt", "rb") != 0)
33:        {
34:            printf("파일을 열 수 없습니다.\n");
35:            return 1;
36:        }
37:        type = checkEncoding(fp);
38:        if (type != UTF16LE && type != UTF16BE)
39:        {
40:            printf("파일의 인코딩이 UTF16이 아닙니다.\n");
41:            return 1;
42:        }
43:        while ((ch1 = fgetc(fp)) != EOF)
44:        {
45:            ch2 = fgetc(fp);
46:            if (type == UTF16LE)
47:            {
48:                u16 = (ch2 & 0x000000FF) << 8;
49:                u16 |= (ch1 & 0x000000FF);
50:            }
51:            else     // type == UTF16BE
52:            {
```

```
53:              u16 = (ch1 & 0x000000FF) << 8;
54:              u16 |= (ch2 & 0x000000FF);
55:          }
56:          if (u16 == 0x20) continue; /* 공백 건너뛰기 */
57:          printf("%04x : ", u16);
58:          nTotal++;
59:
60:          if (u16 < 0xAC00 || u16 > 0xd7a3) /* U"가", U"힣" */
61:          {
62:              printf("%c\n", u16);
63:          }
64:          else /* U"가"<= u16 <= U"힣" */
65:          {
66:              b = u16 - 0xAC00;
67:              i = b / 588;              /* 초성 순서 18, ㅎ */
68:              m = (b - i * 588) / 28;    /* 중성 순서 0, ㅏ */
69:              f = (b - i * 588 - m * 28); /* 종성 순서 4, ㄴ */
70:              printf("%s, %s, %s\n",
71:                     iJamo[i], mJamo[m], fJamo[f]);
72:              nHanCount++;
73:          }
74:      }
75:      fclose(fp);
76:      printf("공백제외 전체 문자 수 = %d\n", nTotal);
77:      printf("한글문자  수 = %d\n", nHanCount);
78:      return 0;
79: }
80: TYPE checkEncoding(FILE *fp)
81: {
82:      int ch1, ch2, ch3;
83:      TYPE type;
84:
85:      ch1 = fgetc(fp);
86:      ch2 = fgetc(fp);
87:
88:      if (ch1 == 0xFF && ch2 == 0xFE)
89:          type = UTF16LE;
90:      else if (ch1 == 0xFE && ch2 == 0xFF)
91:          type = UTF16BE;
92:      else if (ch1 == 0xEF && ch2 == 0xBB)
93:      {
94:          ch3 = fgetc(fp);
95:          if (ch3 == 0xBF)
96:              type = UTF8;
97:      }
98:      else
```

```
99:      {
100:          type = ANSI;
101:          fseek(fp, 0, SEEK_SET);
102:      }
103:      return type;
104: }
```

● 실행 결과

■ 프로그램 설명

① 한글 관련 유니코드 내용은 위키피디아(https://en.wikipedia.org/wiki/Korean_language_and_computers)의 내용을 참조한다.

②16-30행
16-19행은 iJamo 배열에 한글의 초성 문자를 문자열로 초기화한다. 20-23행은 mJamo 배열에 한글의 중성 문자를 문자열로 초기화한다. 25-30행은 fJamo 배열에 한글의 종성 문자를 문자열로 초기화한다. fJamo[0]의 문자열 "x"는 종성이 없는 경우 출력할 문자열이다. iJamo, mJamo, fJamo 배열의 첨자를 사용하여 한글 문자의 유니코드를 생성할 수 있다. 예를 들어 U"한"의 유니코드는 초성("ㅎ")은 iJamo[18], 중성("ㅏ")은 mJamo[0], 종성("ㄴ")은 fJamo[4]의 첨자를 사용하여 u16 = 0xAC00 + (18 * 588) + (0 * 28) + 4 = 0xD55C이다.

③ 32-42행
32행은 메모장으로 작성한 "test.txt" 파일을 이진파일로 파일 포인터 fp에 개방한다. 37행은 checkEncoding() 함수로 파일의 인코딩을 확인하여 type에 저장한다. 38-42행은 파일의 인코딩이 UTF16(UTF16LE, UTF16BE)이 아니면 프로그램을 종료한다.

④ 43-74행
43-45행은 파일에서 2바이트를 ch1, ch2에 읽고, 46-55행은 UTF16LE 인코딩, UTF16BE 인코딩에 따라 UTF16 코드를 u16에 생성한다. 56행은 공백(0x20)을 건너뛰고, 57-58행은 UTF16 코드를 16진수로 출력하고, 공백이 아닌 문자수를 nTotal에 카운트한다. 60-63행은

한글이 아닌 문자는 u16 코드 문자를 그대로 출력하고, 64-73행은 유니코드 한글 문자를 출력한다. 유니코드 한글은 첫 글자 U"가"에서 마지막 글자 U"힣"까지이다. b = u16 - 0xAC00 로 유니코드 u16에서 기준값(U"가")을 빼고, i = b / 588은 초성의 첨자를 계산한다. m = (b - i * 588) / 28은 중성의 첨자를 계산한다. f = (b - i * 588 - m * 28)는 종성의 첨자를 계산한다. 70-71행은 iJamo[i], mJamo[m], fJamo[f]를 문자열로 출력하여 유니코드 한글 문자코드 u16 의 초성, 중성, 종성이 출력한다. 72행은 한글 문자의 개수를 nHanCount에 출력한다.

⑤ 80-104행

checkEncoding() 함수는 파일의 인코딩을 확인하여 열거형 TYPE 상수를 반환한다. 85-86 행은 파일에서 2바이트를 읽는다. 88-89행에서 2바이트가 0xFF, 0xFE이면 type = UTF16LE 인코딩이다. 90-91행에서 2바이트가 0xFE, 0xFF이면 type = UTF16BE 인코딩이다. 92-97 행에서 3바이트가 0xEF, 0xBB, 0xBF이면 type = UTF8 인코딩이다. 98-102행은 type = ANSI 인코딩이고, 85-86행에서 읽은 바이트도 BOM이 아니라 내용이므로 fseek() 함수로 파 일 포인터를 제일 앞으로 이동시킨다.

⑥ UTF8, 멀티 바이트(ANSI)의 한글은 [예제 12.38]을 사용하여 UTF16으로 변환하여 처리할 수 있다.

DEV C++ 컴파일러

01 DEV C++ 설치

대표적인 오픈소스 C/C++ 컴파일러는 GNU의 GCC 컴파일러이다. 윈도우즈 운영체제에서 사용할 수 있는 GCC 컴파일러는 MinGW, MinGW-w64, TDM-GCC 등이 있다.

MinGW(Minimalist GNU for Windows)는 GCC를 윈도우즈에 설치하고, 헤더 파일 및 윈도우즈 시스템 의존 환경을 추가하여 32비트 윈도우즈 API를 지원하기 위하여 개발된 GNU 소프트웨어로 2013년 10월 버전을 설치할 수 있다.

MinGW-w64는 새로운 윈도우즈 API를 포함하고, C++ 11 표준 일부를 포함하여 32비트 및 64비트 윈도우즈 7, 윈도우즈 10 등을 지원하기 위해 확장되었다. MinGW-w64는 2017년 1월에 버전 5가 배포되었다.

TDM(Twilight Dragon Media)-GCC는 GCC 5.1.0을 기반으로 MinGW-w64 프로젝트의 기능을 포함한 TDM32 MinGW, TDM64 MinGW-w64가 있다.

DEV C++는 델파이를 사용하여 개발된 통합 개발환경(IDE)으로 MinGW, TDM-GCC 등의 GCC 컴파일러를 사용한다. 2015년 4월에 배포된 최신 DEV C++ 5.11 버전은 TDM-GCC 4.9.2 컴파일러를 기반으로 32비트 버전과 64비트 버전이 있다.

1.1 DEV C++ 설치 파일

https://sourceforge.net/projects/orwelldevcpp/ 사이트에서 Dev C++ 설치 파일인 "Dev_Cpp TDM_GCC 4.9.2 Setup.exe"를 다운로드하여 설치한다. 다운로드한 설치 파일을 실행하면 [그림 13.1]에서 설치 언어를 선택하고 [OK] 버튼을 누른다. 이어지는 사용권 계약 대화상자에서는 사용권에 동의하기 위해 [동의함] 버튼을 클릭하여 설치를 진행한다.

[그림 13.1] 사용할 언어 선택

1.2 DEV C++ 구성요소 선택 및 설치 위치 선택

[그림 13.2]와 같이 DEV C++를 기본 구성요소로 선택하고 [다음] 버튼을 클릭한다.

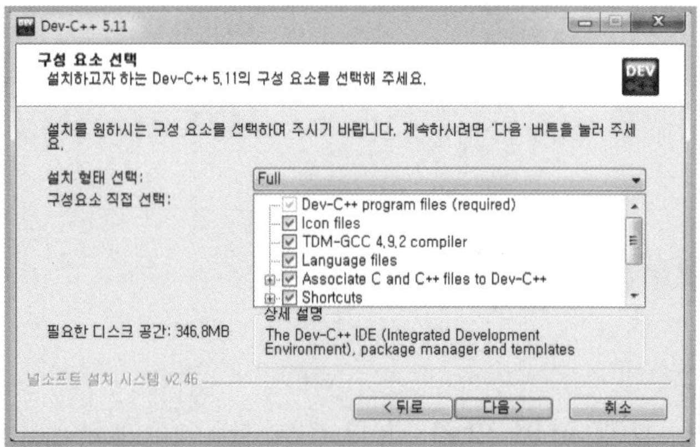

[그림 13.2] DEV C++의 구성요소

[그림 13.3]과 같이 설치 폴더를 "C:₩Program Files₩Dev-Cpp"로 하고 [설치] 버튼을 클릭하여 프로그램의 설치를 진행한다.

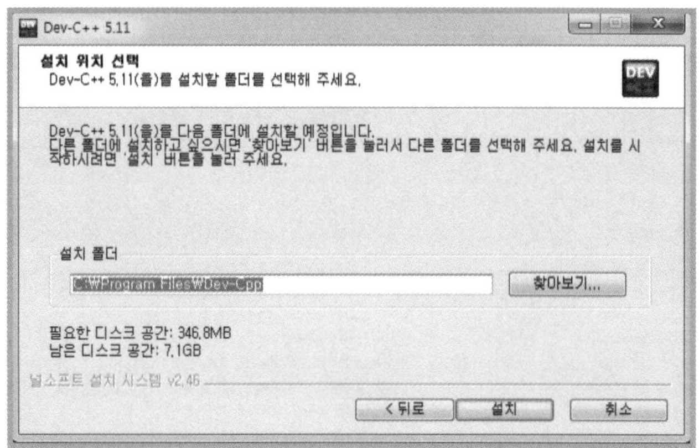

[그림 13.3] DEV C++의 설치 위치

프로그램의 설치가 완료되면 [마침] 버튼을 클릭하여 설치 프로그램을 종료한다.

1.3 DEV C++ 환경 설정

DEV C++가 설치되고 실행될 때, [그림 13.4]와 같이 통합개발환경(IDE)의 메뉴 항목 등에서 사용하게 될 언어를 선택한다.

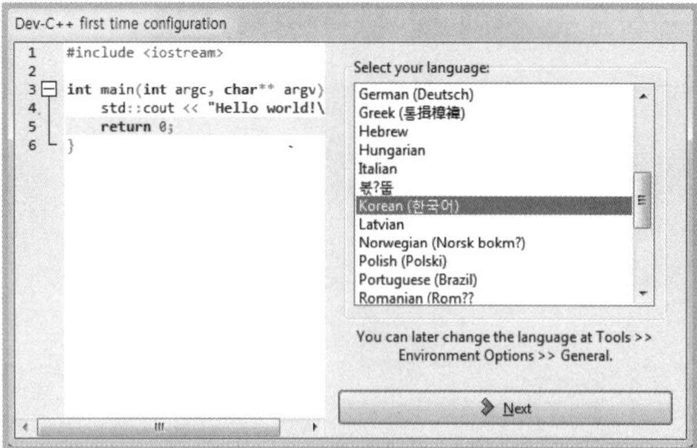

[그림 13.4] DEV C++의 사용언어 설정

1.4 DEV C++ 설치 파일 확인

[그림 13.5]는 DEV C++ 설치 폴더의 내용이다. "devcpp.exe" 파일이 DEV C++ 개발 환경 응용 프로그램이다. MinGW64 폴더에 컴파일러가 있고, Lang 폴더에 각 나라의 언어 파일, Templates 폴더에 프로젝트 종류의 템플릿이 있다. MinGW64 폴더 아래 실행 파일(*.exe), 정적 라이브러리(Archive) 파일(*.a), 목적코드(*.o), 윈도우즈 동적 연결 라이브러리(dll), 헤더 파일(*.h, *.hpp) 등이 있다.

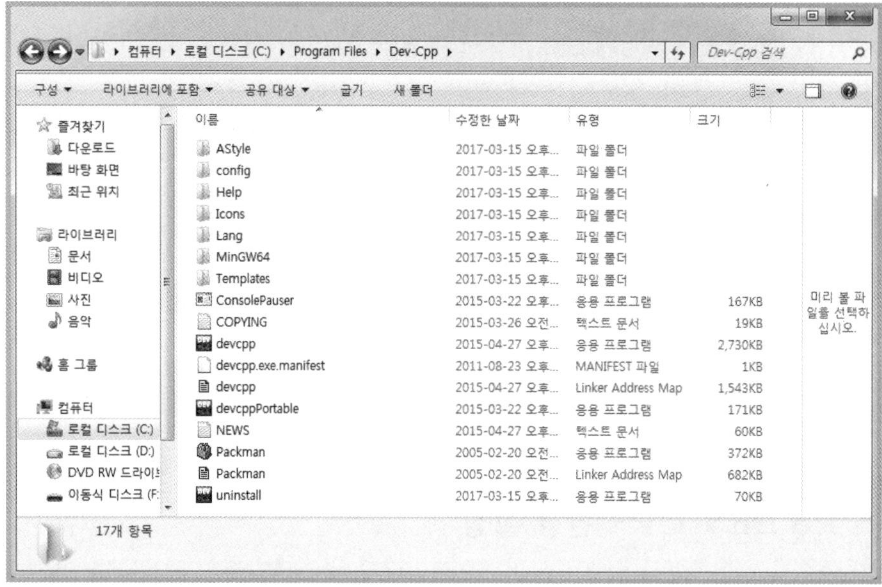

[그림 13.5] DEV C++ 설치 폴더의 구성

02   C 언어 프로그램 작성 및 컴파일

이 절에서는 DEV C++를 사용하여 C 언어 프로그램을 작성하고, 컴파일하고, 실행하는 방법을 설명한다. DEV C++는 프로젝트를 생성하지 않고 C 언어 프로그램을 직접 작성하고, 컴파일하면 C 언어 소스 파일과 같은 이름의 목적코드(*.o)와 실행 파일(*.exe)을 생성한다. 프로젝트(*.dev)를 생성하고, 프로젝트 파일에 C 언어 소스 파일을 포함하여 컴파일하면, C 언어 소스 파일 이름의 목적코드(*.o)가 생성되고, 프로젝트 이름으로 실행 파일(*.exe)을 생성한다.

[예제 13.1] DEV C++를 이용한 C 언어 프로그램 작성, 컴파일, 실행

① C 언어 프로그램 생성

DEV C++를 실행시키고, [파일]-[새로 만들기]-[소스 파일 Ctrl+N] 메뉴를 선택하고, [그림 13.6]과 같이 편집 창에서 C 기본 프로그램을 작성하고, [파일]-[저장 Ctrl+S] 메뉴를 선택하여 "ex1301.c" 파일에 저장한다.

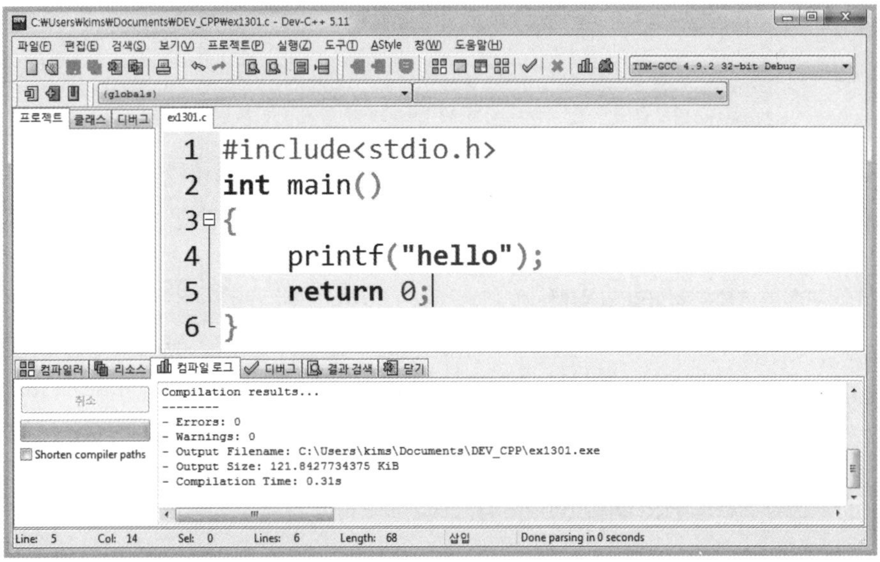

[그림 13.6] DEV C++의 C 언어 편집 및 컴파일

② C 언어 프로그램 컴파일 및 실행

[실행]-[컴파일 F9] 메뉴를 선택하여 컴파일하면 [그림 13.6]의 아랫부분인 컴파일 로그 창에 컴파일 결과를 표시한다. 오류 없이 컴파일되면, 목적 코드(ex1301.o)와 실행 파일(ex1301.exe)을 생성한다. [실행]-[실행 F10] 메뉴를 선택하면 [그림 13.7]과 같이 콘솔 창에 "hello" 문자열을 출력하고, 실행시간과 실행한다. [실행]-[컴파일 후 실행 F11] 메뉴를 사용하면 컴파일하고 실행한다. 오른쪽 위의 콤보박스에서 "TDM-GCC 4.9.2 32-

bit Release" 등의 서로 다른 컴파일 환경을 설정할 수 있다.

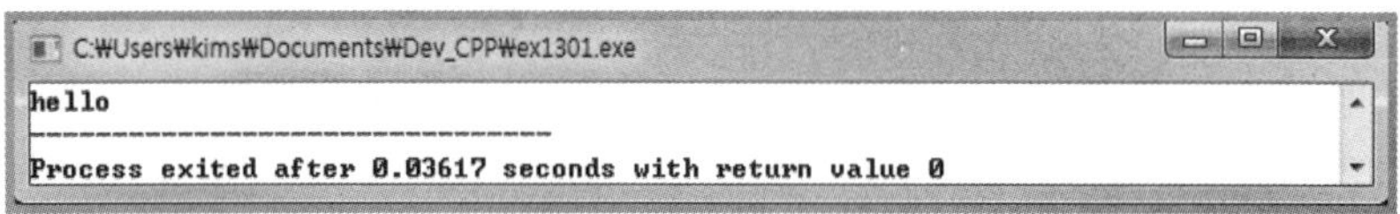

[그림 13.7] DEV C++의 C 언어 실행 결과

[예제 13.2] DEV C++를 이용한 프로젝트 생성

① 프로젝트 생성

DEV C++를 실행시키고, [파일]−[새로 만들기]−[프로젝트] 메뉴를 선택하고, [그림 13.8]에서 [Basic] 탭의 "Console Application"을 선택하고, "C" 라디오 버튼을 선택하여, 프로젝트 "ex1302"를 생성하면, "ex1302.dev" 프로젝트 파일과 "main.c" 파일에 기본 C 언어 프로그램을 생성한다. [그림 13.9]와 같이 출력을 위하여 printf() 함수를 추가한다.

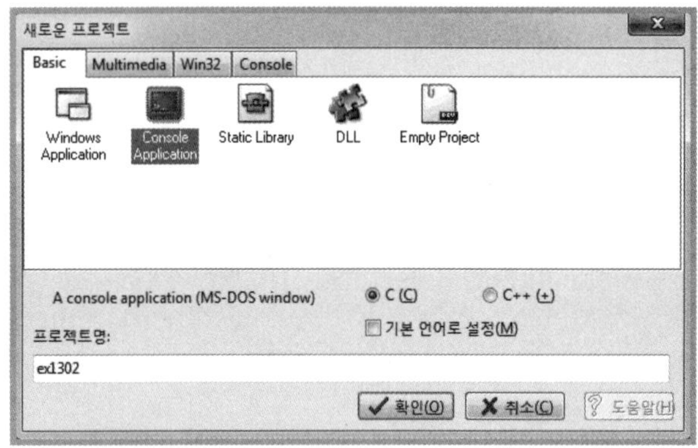

[그림 13.8] 새로운 프로젝트 생성

② 프로젝트 컴파일 및 실행

[실행]−[컴파일 후 실행 F11] 메뉴를 사용하면 컴파일하면, "Makefile.win" 파일을 생성하고 프로젝트에 포함된 C 언어 파일("main.c")을 컴파일하여 목적 코드("main.o")와 프로젝트 이름의 실행 파일("ex1302.exe")을 생성하고 실행한다. [실행]−[전체 재컴파일 F12] 메뉴를 통해 다시 컴파일하거나, [실행]−[컴파일 결과물 삭제] 메뉴로 삭제한 다음 프로젝트를 다시 컴파일할 수 있다.

③ 프로젝트에 파일 추가 및 제거

프로젝트 파일에서 오른쪽 버튼을 선택하고 팝업 메뉴에서 [프로젝트에 추가] 메뉴 항목을 선택하여 기존의 C 언어 파일을 프로젝트에 추가할 수 있다. [프로젝트에서 삭제] 메뉴 항목을 선택하여 파일을 삭제하거나, 삭제하려는 파일에서 마우스 오른쪽 버튼을 클릭하여 표시되는 단축 메뉴에서 [파일 삭제]를 선택하면 선택된 파일을 프로젝트에서 삭제할 수 있다.

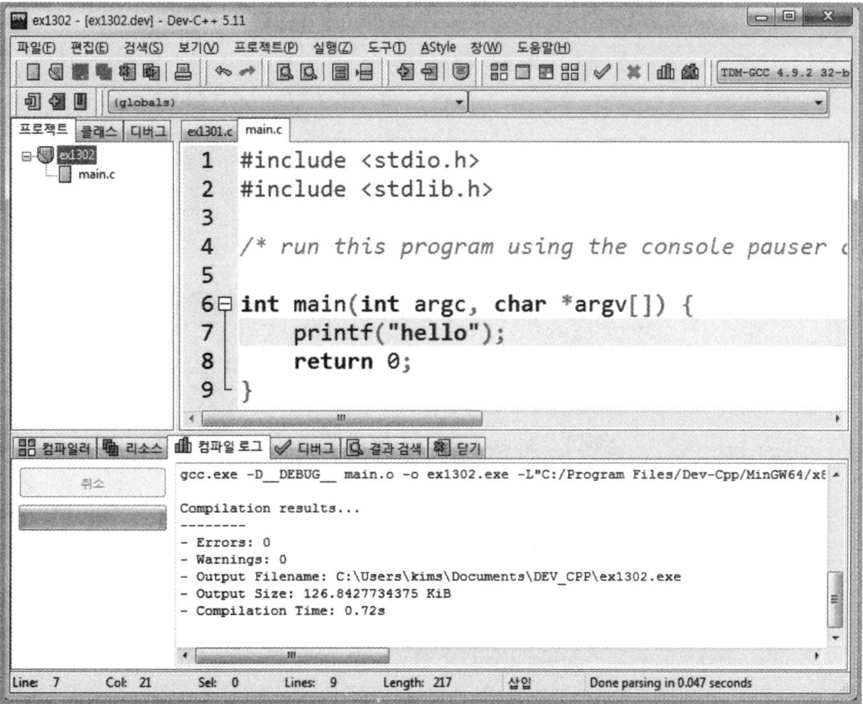

[그림 13.9] 생성된 프로젝트에서 main.c 파일 편집 및 컴파일

03 DEV C++에서 C99, C11 표준 사용

Visual Studio 2015(VS2015, v14)로 작성된 1장에서 12장까지의 C 언어 프로그램을 프로젝트 파일을 생성하지 않고 직접 DEV C++로 C 언어 파일을 컴파일하면, [표 13.1] 에 나열된 예제는 [그림 13.10]과 같이 for 문의 변수 선언에서 오류가 발생한다. 컴파일 옵션에 "-std=c99" 또는 "-std=gnu99"를 추가하여 C99 표준으로 설정을 변경하거나, "-std=c11" 또는 "-std=gnu11" 컴파일 옵션을 추가하여 C11 표준으로 설정하면 오류 가 해결된다. 프로젝트를 생성할 경우는 "Makefile.win" 파일을 보면 컴파일 옵션 설정 내용을 확인할 수 있다.

표 13.1 DEV C++에서 C99 또는 C11 표준이 필요한 예제

구분	예제 번호
3장	ex0323, ex0324, ex0325, ex0326, ex0327, ex0328, ex0329, ex0330, ex0334, ex0335
4장	ex0401, ex0402, ex0403, ex0413, ex0414
5장	ex0504, ex0506
6장	ex0627
7장	ex0712, ex0714, ex0719, ex0728, ex0730, ex0734, ex0735
9장	ex0906, ex0907, ex0913, ex0915, ex0916
12장	ex1205, ex1216, ex1217, ex1222, ex1223, ex1225, ex1228, ex1238

[예제 13.3] DEV C++ C99, C11 표준 사용(for 문의 변수 선언)

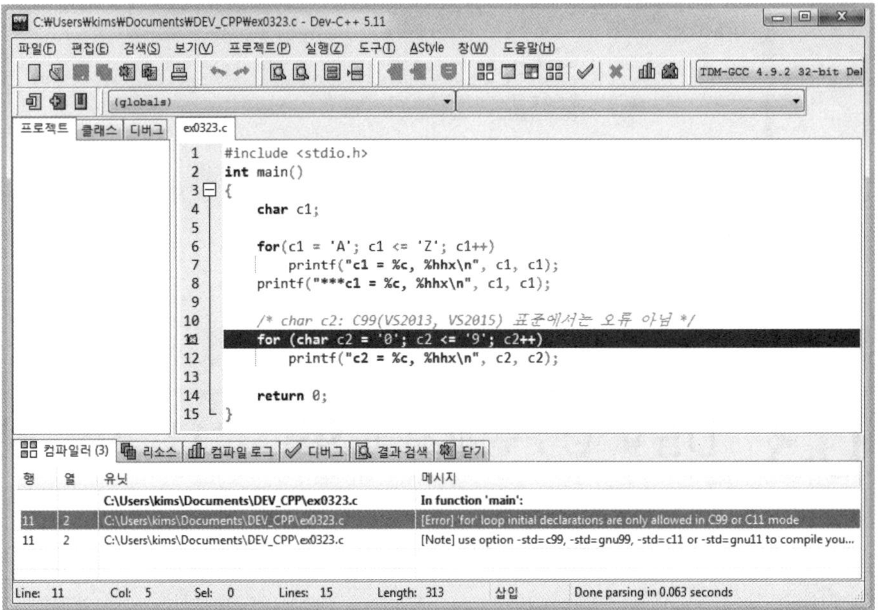

[그림 13.10] for 문에서 변수 선언 오류

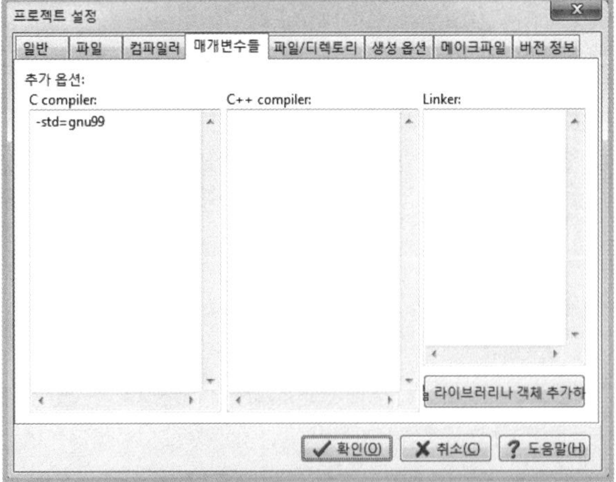

[그림 13.11] 프로젝트 설정에서 gnu99 표준 컴파일 옵션 설정

[그림 13.12] 컴파일러 설정에서 gnu99 표준 설정

① 파일 열기

프로젝트 파일을 생성하지 않고 [파일]–[파일 또는 프로젝트 열기… Ctrl+O] 메뉴로 "ex0323.c" 파일을 불러와서 DEV C++로 컴파일하면, [그림 13.10]과 같이 for 문의 변수 선언에서 오류("[Error] 'for' loop initial declarations are only allowed in C99 or C11 mode")가 발생한다.

② 프로젝트 설정에서 C99 표준 설정

DEV C++의 [프로젝트]–[프로젝트 옵션 Ctrl+H] 메뉴를 선택하고, [그림 13.11]의 [프로젝트 설정]–[매개변수들] 탭에서 "C compiler" 추가옵션에서, "–std=c99" 또는 "–std=gnu99" 옵션을 추가하여 C99 표준으로 설정을 변경하거나, 또는 "–std=c11" 또는 는 "–std=gnu11" 옵션을 추가하여 C11 표준으로 설정하면, 현재 프로젝트의 설정이 변경되어 오류가 해결된다.

③ 컴파일러 설정에서 C99 표준 설정

DEV C++의 [도구]–[컴파일러 설정] 메뉴의 [그림 13.12]의 [컴파일러] 탭에서 "컴파일러 추가명령" 체크박스를 체크하고, "–std=c99" 또는 "–std=gnu99" 옵션을 추가하여 C99 표준으로 설정을 변경하거나, 또는 "–std=c11" 또는 "–std=gnu11" 옵션을 추가하여 C11 표준으로 설정하면, C 언어 표준이 변경되어 오류는 해결되며, 표준 변경은 모든 프로젝트에 영향을 준다.

04 DEV C++에서 한글 사용

[표 13.2]는 문자 집합 설정 컴파일 옵션이다. 문자 집합은 ASCII, 유니코드 문자 집합 (UTF-8, UTF-16, UTF-32), 한글 포함 멀티 바이트 문자 집합(CP949, EUC-KR) 등이 있다. "-finput-charset=ASCII" 컴파일 옵션을 사용하면 한글 문자열에서 오류 ([Error] failure to convert ASCII to UTF-8)가 발생한다.

기본 입력문자 집합인 "-finput-charset=UTF-8"에서, char 문자열은 멀티 바이트 문자열로 인코딩된다. "-finput-charset=CP949" 컴파일 옵션을 설정하면 char 문자열은 UTF-8 인코딩되고, wchar_t 문자열은 UTF-16 인코딩된다. [표 13.3]은 문자 집합을 "-finput-charset=CP949" 또는 "-finput-charset=EUC-KR"로 설정하고 부분 수정 이 필요한 예제이다.

표 13.2 문자 집합 설정 컴파일 옵션

문자 집합 설정	설명
-finput-charset=charset	입력 파일의 문자 집합을 GCC 문자 집합(UTF-8)으로 변환을 위한 입력문자 집합, 디폴트는 UTF-8
-fexec-charset=charset	문자와 문자열 상수를 위한 실행 문자 집합으로 디폴트는 UTF-8
-fwide-exec-charset=charset	와이드 문자, 문자열 상수를 위한 와이드 실행문자 집합, 디폴트는 wchar_t의 바이트 크기인 UTF-16

표 13.3 DEV C++에서 문자 집합 설정 및 수정이 필요한 예제

구분	예제 번호
2장	0204, 0206, 0207
4장	ex0407
7장	ex0703, ex0704, ex0720, ex0721, ex0722
10장	ex1005, ex1007, ex1009

교재의 DEV C++에서 문자 집합관련 오류 설정 및 수정 방법

① 기본 입력문자 집합 "-finput-charset=UTF-8"에서, char 문자열은 멀티 바이트 문자열 이다. SetConsoleOutputCP(949) 코드 페이지에서 printf() 함수로 문자열을 출력한다.

② "-finput-charset=CP949" 컴파일 옵션을 설정에서, char 문자열은 UTF-8 문자열이 고, SetConsoleOutputCP(65001) 코드 페이지에서 printf() 함수로 문자열을 출력한다.

③ "-finput-charset=CP949" 컴파일 옵션을 설정에서, wchar_t 문자열은 접두어 L을 사용한 와이드 문자열 상수이다. setlocale(LC_ALL,"") 함수로 국가 및 언어를 로케일을

설정하고, 코드 페이지 949에서 wprintf() 함수로 출력한다.

④ 유니코드 파일에서 fwscanf_s() 함수로 파일에서 읽을 때 EOF로 파일의 끝을 확인할 수 없다(추후 확인 필요). 파일의 끝은 feof() 함수로 확인하거나, fgetwc(), fgetws(), getwline() 등의 함수를 사용한다.

[예제 13.4] DEV C++의 한글 포함 멀티 바이트 문자열

```c
#include <stdio.h>
/* 컴파일 옵션 : -finput-charset=UTF-8 */
int main()
{
    char      s1[] = "1가a";
    int i;
    for(i=0; s1[i] != 0; i++)
        printf("s1[%d] = %x\n", i, (unsigned char)s1[i]);

    printf("s1 = %s\n", s1);
    return 0;
}
```

[그림 13.13] 멀티 바이트 문자열

▌프로그램 설명

① 5행

char 자료형 배열 s1에 문자열 "1가a"를 초기화한다.

② 7-10행

7-8행은 문자열 s1의 각 바이트를 16진수로 출력한다. 멀티 바이트(ANSI 문자 1바이트, 한글 2바이트) 문자열 "1가a"의 16진수는 0x31, 0xb0, 0xa1, 0x61이다. 10행은 s1을 코드 페이지 949의 명령 창에 출력한다. [그림 13.14]는 실행 결과이다. 기본 컴파일 옵션인 "-finput-charset=UTF-8"로 입력문자 집합을 설정한 결과와 같다.

```
s1[0] = 31
s1[1] = b0
s1[2] = a1
s1[3] = 61
s1 = 1가a

--------------------------------
Process exited after 0.4592 seconds with return value 0
```

[그림 13.14] 멀티 바이트 문자열 출력

[예제 13.5] DEV C++의 한글 포함 UTF-8 문자열(CP949 -> UTF-8)

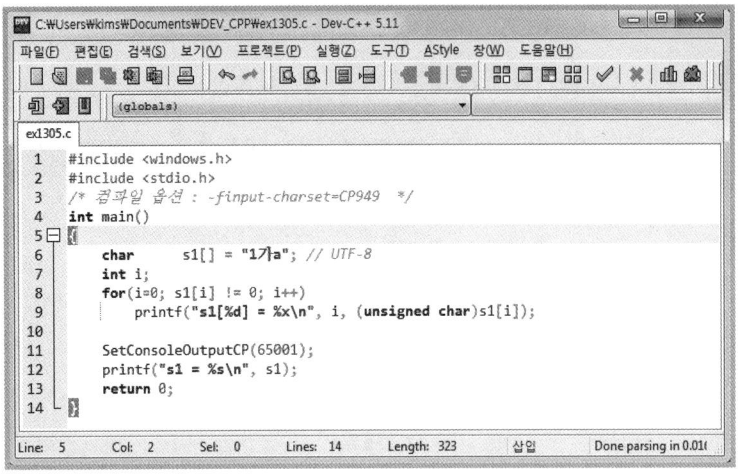

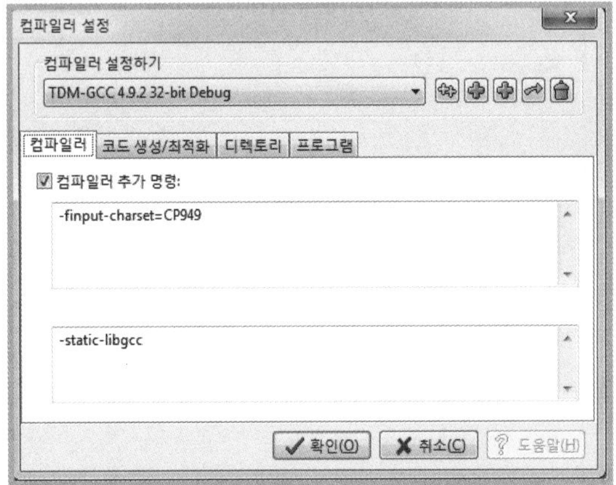

[그림 13.15] UTF-8 문자열

[그림 13.16] 입력문자 집합을 CP949로 설정

▌ 프로그램 설명

① [그림 13.16]과 같이 컴파일 옵션에서 "-finput-charset=CP949"로 입력문자 집합을 설정한다.

② 6-9행
6행은 char 배열 s1에 문자열 "1가a"를 초기화한다. 8-9행은 문자열 s1의 각 바이트를 16진수로 출력한다. 문자열을 CP949에서 UTF-8로 변환하여 "1가a"의 16진수는 0x31, 0xea, 0xb0, 0x80, 0x61이다.

② 11-12행
11행은 SetConsoleOutputCP() 함수로 명령창의 코드 페이지를 UTF-8의 65001 페이지로 변경한다. 12행의 printf() 함수에 의해 문자열을 정상 출력한다. 그러나 11행이 없으면 코드 페이지가 맞지 않아 한글이 정상적으로 출력되지 않는다. 명령 창의 글꼴은 "Consolas" 또는 "Lucida Console" 이어야 한다. [그림 13.17]은 실행 결과이다.

```
C:\Users\kims\Documents\DEV_CPP\cExample.exe

s1[0] = 31
s1[1] = ea
s1[2] = b0
s1[3] = 80
s1[4] = 61
s1 = 1가a

------------------------------------
Process exited after 0.09499 seconds with return value 0
Press any key to continue . . .
```

[그림 13.17] UTF–8 문자열 출력 결과

[예제 13.6] DEV C++의 한글 포함 wchar_t 문자열(UTF-16)

```c
#include <windows.h>
#include <stdio.h>
#include <locale.h> /* setlocale() */
/* 컴파일 옵션 : -finput-charset=CP949  */
int main()
{
    wchar_t s1[] = L"1가a";
    int i;

    printf("sizeof(wchar_t) = %d\n", sizeof(wchar_t));
    for(i=0; s1[i]!=0; i++)
        printf("s1[%d]=%x\n", i, s1[i]);

    SetConsoleOutputCP(949);
    setlocale(LC_ALL,"");
    for(i=0; s1[i]!=0; i++)
        wprintf(L"%c", s1[i]);
    printf("\n");

    wprintf(L"s1=%s\n", s1);
    return 0;
}
```

[그림 13.18] wchar_t 문자열(UTF–16)

프로그램 설명

① 컴파일 옵션에서 "-finput-charset=CP949"로 입력문자 집합을 설정한다.

② 7-10행

7행은 wchar_t 자료형 배열 s1에 와이드 문자열 L"1가a"를 초기화한다. 입력 문자열 집합으로 CP949를 설정하지 않으면 와이드 문자열 상수에서 오류가 발생한다. 10행은 sizeof(wchar_t) = 2바이트를 출력한다.

③ 11-12행

와이드 문자열 s1의 각 요소인 2바이트를 16진수로 출력한다. 와이드 문자열 L"1가a"의 16진수는 0x31, 0xac00, 0x61이다.

② 14-20행

14행은 코드 페이지를 949로 설정하고, 15행은 setlocale(LC_ALL,"")로 국가 및 언어를 대한민국으로 설정한다. 로케일이 대한민국으로 설정되지 않으면 wprintf() 함수에서 한글이 출력되지 않는다. 16-17행은 배열 s1의 각 와이드 문자를 wprintf() 함수로 출력한다. 20행은 배열 s1의 와이드 문자열을 wprintf() 함수로 출력한다. [그림 13.19]는 실행 결과이다.

```
C:\Users\kims\Documents\DEV_CPP\ex1306.exe
s1[0]=31
s1[1]=ac00
s1[2]=61
1가a
s1=1가a
------------------------------------
Process exited after 0.03974 seconds with return value 0
```

[그림 13.19] wchar_t 문자열(UTF-16) 출력

[예제 13.7] DEV C++의 유니코드 파일 입력 출력

```c
#include <windows.h>
#include <stdio.h>
#include <locale.h> /* setlocale(), wprintf() 한글 출력 */
/* 컴파일 옵션 : -finput-charset=CP949 */
int main()
{
    FILE *fpR, *fpW;
    errno_t err;
    wchar_t ch, *p;
    wchar_t *str = L"hello, 안녕하세요.";
    char *mode = "w, ccs=UTF-16LE";    /*    "w, ccs=UTF-8"   */

    if (err=fopen_s(&fpW, "testUnicode.txt", mode) != 0){
        printf("Output File Open Error[%d]!!!\n", err);
        return 1;
    }

    for (p = str; *p != 0; p++)
        fwprintf(fpW, L"%c", *p);
    fclose(fpW);

    if (err=fopen_s(&fpR, "testUnicode.txt", "r, ccs=UNICODE") != 0){
        printf("Input File Open Error[%d]!!!\n", err);
        return 1;
    }

    SetConsoleOutputCP(949);
    setlocale(LC_ALL, "");
//  while (fwscanf(fpR, L"%c", &ch) != EOF)
//  while (fwscanf_s(fpR, L"%c", &ch, 1) != EOF)
    while(!feof(fpR))
    {
//      fwscanf_s(fpR, L"%c", &ch, 1);
//      fwscanf(fpR, L"%c", &ch);
        ch = fgetwc(fpR);
        wprintf(L"%c", ch);
    }
    fclose(fpR);
    return 0;
}
```

[그림 13.20] 유니코드 파일 입출력

▌ 프로그램 설명

① 10장의 "ex1005.c" 프로그램을 가져와 27-37행 부분을 수정한 것이다. 컴파일 옵션에서 "-finput-charset=CP949"로 입력문자 집합을 설정한다.

② 27-37행

27-28행은 코드 페이지 949를 설정하고, 언어 및 국가 로케일을 대한민국으로 설정한다. 실험 결과 유니코드 파일에서 fwscanf(), fwscanf_s() 함수로 파일에서 와이드 문자 읽을 때 EOF로 파일의 끝을 확인할 수 없어서 29-30행을 주석 처리하고, 31행에서 feof() 함수로 파일의 끝이 아니면, 35행에서 ch = fgetwc(fpR)로 ch에 와이드 문자를 읽고, 36행에서 명령창에 출력하면 [그림 13.21]과 같이 올바르게 문자열을 입출력한다. 33-34행의 fwscanf(), fwscanf_s() 함수를 사용하여 ch에 와이드 문자를 읽으면 [그림 13.22]와 같이 파일의 마지막 문자를 한 번 더 읽어 출력한다.

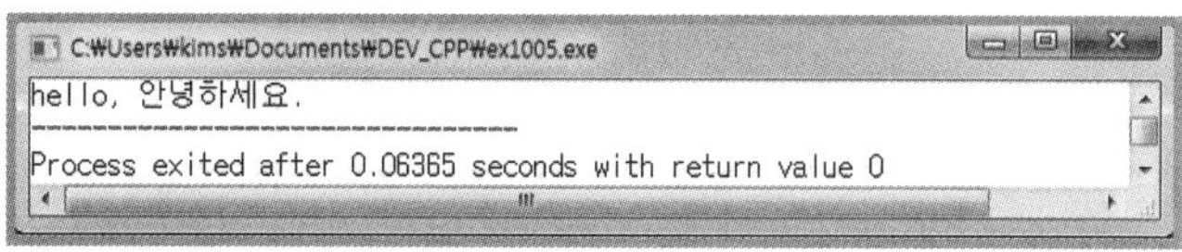

[그림 13.21] 유니코드 파일 입출력 결과(ch = fgetwc(fpR))

[그림 13.22] 유니코드 파일 입출력 결과(fwscanf(fpR, L"%lc", &ch))

[예제 13.8] DEV C++를 유니코드 파일 복사

```c
#include <stdio.h>
#include <locale.h> /* setlocale() */
/* 컴파일 옵션 : -finput-charset=CP949 */
int main()
{
    FILE *fpR, *fpW;
    errno_t err;
    wchar_t ch;

/*  읽기 모드에서 ccs = UNICODE는 BOM에 따라
    UTF-16LE 또는 UTF-8이다.                  */
    if (err=fopen_s(&fpR, "testUnicode.txt", "r, ccs=UNICODE") != 0)
    {
        printf("Input File Open Error[%d]!!!\n", err);
        return 1;
    }
    /* 쓰기 모드에서 ccs = UNICODE는 UTF-16LE와 같다. */
    if (fopen_s(&fpW, "testUnicode3.txt", "w, ccs=UNICODE") != 0)
    {
        printf("Output File Open Error[%d]!!!\n", err);
        return 1;
    }

    setlocale(LC_ALL, "");
    /* 파일 복사 */
    while ((ch = fgetwc(fpR)) != WEOF)
    {
        fputwc(ch, fpW);
        wprintf(L"%c", ch);
    }
    fclose(fpR);
    fclose(fpW);
    return 0;
}
```

[그림 13.23] 유니코드 파일 복사

▌ 프로그램 설명

① 10장의 "ex1009.c" 프로그램은 수정 없이, 컴파일 옵션에서 "-finput-charset=CP949"로 입력문자 집합을 설정하면 정상적으로 동작한다.

② fgetwc() 함수에 의한 와이드 문자 입력 및 파일의 끝 확인은 올바르게 수행된다.

인쇄 일자 : 2017년 9월 18일 초판 인쇄
발행 일자 : 2017년 9월 22일 초판 발행

펴낸곳 : 가메출판사(http://www.kame.co.kr)
발행인 : 성만경
지은이 : 김동근

주소 : 서울특별시 마포구 양화로 56 (서교동, 동양한강트레벨) 504호
전화 : 031)923-8317
팩스 : 031)923-8327

ISBN : 978-89-8078-291-8
등록번호 : 제313-2009-264호

정가 : 24,000원

잘못된 책은 구입하신 서점에서 교환해 드립니다.
이 책의 무단 전재 및 복제를 금합니다.